Allgemeine Mechanik

der Punkte und starren Systeme.

Ein Lehrbuch für Hochschulen

von

E. Budde.

Berlin.
Druck und Verlag von Georg Reimer.
1890.

Allgemeine Mechanik

der Punkte und starren Systeme.

Ein Lehrbuch für Hochschulen

von

E. Budde.

Erster Band.

Mechanik der Punkte und Punktsysteme.

Berlin.

Druck und Verlag von Georg Reimer.

1890.

Vorwort.

Das Lehrbuch, welches ich hiermit der Oeffentlichkeit übergebe, soll die allgemeine Mechanik in ein pädagogisch brauchbares System bringen. Wesentlich für die Brauchbarkeit scheint mir die Forderung, dass nicht bloss der Inhalt, vom Leichteren zum Schwereren aufsteigend, sich einfach aneinanderreihe, sondern dass auch aus der Stellung eines Satzes im System seine Anwendbarkeit auf praktische Aufgaben hervorleuchte. Wird der Lehrgang dieser Forderung gemäss eingerichtet, so ist zu hoffen, dass ein weit verbreiteter Uebelstand sich mildern werde, der Uebelstand nämlich, dass die meisten Studirenden, nachdem sie ihre theoretische Mechanik durchgearbeitet haben, der concreten Aufgabe hülflos gegenüber stehen, ohne zu wissen, wie sie dieselbe angreifen sollen. Die Erinnerung an Schwierigkeiten dieser Art, welche ich selbst beim Lernen gefunden habe, ist für mich die Hauptveranlassung gewesen, mich der Mühe des Schreibens zu unterziehen.

Man erhält ein übersichtliches System der verlangten Art, wenn man die Mechanik nicht nach den Principien, sondern nach den Objecten der Untersuchung anordnet. Das erste und einfachste bewegliche Object ist ein Punkt; hierauf folgen zwei und mehrere Punkte, dann starre Körper, deformirbare Linien, Flächen und Körper; damit hat man die Hauptrubriken, die nicht nur alle wichtigen Sätze bequem in sich aufnehmen, sondern auch jedem Theorem gleich an die Stirn schreiben, wo es anzuwenden sei.

Während ich an diesem Buch arbeitete, haben andere Autoren, z. B. W. Voigt, die gleiche Systematik bereits eingeführt. Trotzdem habe ich es nicht zurückgezogen, weil ich glaube, dass die etwas breit elementare Darstellung der Einzelheiten und die strenge Durchführung der Behandlungsweise einem vorhandenen Bedürfniss entgegenkommen.

Diese strenge Durchführung hat es mit sich gebracht, dass die Theorie des einzelnen Punktes vollständiger, als es gewöhnlich geschieht, erörtert wurde. Man wird z. B. in diesem Buch eine eingehende Darstellung der allgemeinen Bewegungsgleichungen Lagrange's für den einzelnen Punkt finden. Das mag auf den ersten Blick weitläufig erscheinen, ich glaube aber, dass daraus ein erheblicher Gewinn an Klarheit und Leichtigkeit in der Behandlung beliebiger Gebilde hervorgeht; man wird thatsächlich nicht bloss an Deutlichkeit, sondern auch an Zeit gewinnen, wenn man die Anwendung der zweiten Lagrange'schen Form auf zusammengesetzte Gebilde durch sorgfältige Bearbeitung derselben für den einzelnen Punkt vorbereitet.

Dafür, dass ich die physikalischen Grundlagen der Mechanik eingehend behandelt habe, glaube ich keiner Entschuldigung zu bedürfen. Ich wüsste nicht, wo sie zweckmässiger erörtert werden sollen, als in einem Lehrbuch der Mechanik, und dass die Erörterung nicht überflüssig ist, zeigen die mannigfachen Unklarheiten, die sich immer noch in der Litteratur über den Gegenstand finden.

Die Darstellung habe ich grundsätzlich so hausbacken einfach wie möglich gehalten. Geometrische Anschaulichkeit wurde gesucht, wo sie wirklich zu erreichen war. Wenn es sich aber um Dinge handelt, wie z. B. den Satz von Coriolis, wo man erstens die Coordinatenformeln auf jeden Fall braucht, und wo zweitens eine deutliche Figur kaum herzustellen ist, ziehe ich das rein analytische Verfahren vor.

Der Inhalt des Werkes geht an vielen Stellen über das nächste Bedürfniss einer elementaren Vorlesung hinaus. Das ist beabsichtigt, einerseits damit es als Nachschlagebuch dienen könne, andererseits, weil jedes Lehrbuch meines Erachtens über sich selbst hinausweisen soll. Ein Lehrer, der dasselbe etwa seinen Vorträgen zu Grunde legen will, wird leicht die Auswahl treffen. Wer sich z. B. genau an das Nöthigste halten will, kann den ganzen Abschnitt B des zweiten Buches auf die Paragraphen 209 und 210 reduciren.

Von Einzelheiten möge noch die Einführung eines besonderen Zeichens für die geometrische Addition und Subtraction erwähnt werden. Wenn man die geometrische von der algebraischen Addition unterscheiden will, ist es offenbar am richtigsten, die blossen Längenwerthe von den gerichteten Werthen irgendwie, z. B. durch Einklammerung zu unterscheiden, und die gewöhnlichen Zeichen $\pm$ beizubehalten; technisch ist aber das Verfahren, welches die Summation durch ein besonderes Vorzeichen $\hat{+}$ als geometrische charakterisirt, leichter durchzuführen, und desshalb habe ich es gewählt. Ich entschloss mich nicht ohne langes Zaudern dazu; das Fortschreiten der Arbeit hat mich aber überzeugt, dass die fragliche Neuerung für eine völlig klare Darstellung an manchen Stellen geradezu unentbehrlich ist, und ich hoffe, dass die Benutzer des Buches sich bald mit ihr befreunden werden.

Die eingestreuten Aufgaben sollen nur als Fingerzeige dienen; was ein Lehrbuch an Einzelaufgaben zu bieten im Stande ist, das kann und soll selbstverständlich weder die Aufgabensammlungen noch die mündliche Stellung und Behandlung von Problemen ersetzen.

Berlin, im October 1890.

Der Verfasser.

Inhalt.

Erstes Buch; Mechanik der Punkte.

Erste Abtheilung; der einzelne Punkt.

Erste Unterabtheilung; der einzelne Punkt im unveränderlich gedachten Coordinatensystem.

Hauptstück I; Phoronomie.

A. Ergebnisse der Bewegung ohne Rücksicht auf die Zeit.

B. Bewegung in der Zeit; erste Differentialquotienten.

Mit dem Vorstehenden endigt der erste Band.

Die nachfolgende zweite Hälfte des Inhaltsverzeichnisses wird, mit Seitenzahlen versehen, dem zweiten Bande beigegeben werden. Der zweite Band erscheint in wenigen Wochen.

Zwischenstück: Nähere Betrachtung wichtiger Summen.

2. Die Kräfte am starren Körper.

3. Der Dualismus.

B. Die allgemeine Reduction und Coordinatirung linienflüchtiger Vectoren.

1. Die Reduction auf geometrische Normalformen.

2. Die Coordinaten der linienflüchtigen Vectoren und Vectorensysteme.

3. Windung und Dyname; ihre gegenseitige geometrische Beziehung.

C. Die willkürliche Ausdehnung der heteraptischen Summation auf beliebige Vectoren am starren Körper; das Bewegungsgesetz des freien starren Körpers.

D. Der starre Körper mit fester Axe.

E. Der starre Körper mit einer gebundenen Ebene. (Starres Gebilde in zwei Dimensionen.)

1) Lage und Lagenunterschiede eines ebenen Gebildes.

2) Die continuirliche Bewegung von F; erste Differentialquotienten.

F. Der starre Körper mit einem festen Punkt.

1. Lage und Lagenunterschied.

2. Continuirliche Bewegung; erste Differentialquotienten.

3. Die zweiten Differentialquotienten.

Die Integration der Bewegungsgleichungen für einzelne Fälle.

G. Phoronomie der Windungen von endlichem Parameter.

H. Der freie starre Körper.

I. Der starre Körper unter beliebigen Bedingungen.

Zweite Abtheilung; Verbindungen mehrerer starren Gebilde.

Vor dem Gebrauch bittet man folgende Fehler zu verbessern:

S. 11 Zeile 18 v. u. statt an diesem lies von diesem.

S. 15 Zeile 12 v. u. statt $AB + BC + CD$ lies $AB \overset{\wedge}{+} BC \overset{\wedge}{+} CD$.

S. 344 in der ersten Gleichung ist auf der rechten Seite im Zähler von $\frac{\sum^{\nu_2} \mu x}{\sum^{\nu_2} \mu}$ der Factor $\sum^{\nu_2} \mu$ einzuschalten, so dass der zweite Posten daselbst heisst $\sum^{\nu_2} \mu \frac{\sum^{\nu_2} \mu x}{\sum^{\nu_2} \mu}$.

Einleitung.

Die Mechanik ist die Lehre von der Bewegung und ihren Bedingungen; Bewegung aber ist die Aenderung der geometrischen Bestimmungsstücke eines geometrisch bestimmbaren Objects.

Das einfachste aller geometrisch bestimmbaren Objecte ist ein Punkt, das nächst einfache ein starres Gebilde, d. h. ein ausgedehntes Gebilde, dessen Form sich durch die untersuchten Bewegungen nicht ändert. Dies Lehrbuch beschäftigt sich mit der Mechanik der Punkte und der starren Gebilde, so wie derjenigen Systeme, die sich aus Punkten und starren Gebilden zusammensetzen lassen. Die Zustände eines ausgedehnten Objects werden erkannt durch Betrachtung der Zustände seiner Punkte; um also die Bewegungen starrer Gebilde untersuchen zu können, muss man vorher wissen, wie man sich gegenüber den Bewegungen einzelner Punkte zu verhalten hat. Desswegen geht die Untersuchung der Punkte voran. Dies Werk zerfällt demnach in zwei Theile:

Erstes Buch: Mechanik eines Punktes, dann mehrerer Punkte.

Zweites Buch: Mechanik eines starren Gebildes, dann mehrerer starren Gebilde.

Denkt man sich ein continuirlich ausgedehntes Gebilde in unendlich kleine Elemente zerlegt, so können diese Elemente, soweit bloss ihr Ort zu betrachten ist, nach den Grundsätzen der Infinitesimalrechnung wie Punkte behandelt werden. Das ausgedehnte Gebilde erscheint dann als eine Summe von unendlich vielen Elementen, deren jedes drei bestimmte Coordinaten hat. In Folge dessen werden gewisse Summengrössen, die in der Theorie der Punktgruppen vorkommen, auch für die Mechanik der ausgedehnten Gebilde wichtig. Dieselben sind in einem Zwischenstück abgehandelt, welches seinen Platz zwischen dem ersten und dem zweiten Buch findet.

Erstes Buch.
Mechanik der Punkte.

Erste Abtheilung.
Der einzelne Punkt.

Erste Unterabtheilung.
Der einzelne Punkt im unveränderlich gedachten Coordinatensystem.

Hauptstück I. Phoronomie.

A. Bewegungsergebnisse ohne Rücksicht auf die Zeit.

1. Punkt. Der geometrische Punkt ist ein Ort im Raume. Als „mechanischen Punkt", „beweglichen Punkt", oder, wo kein Missverständniss entstehen kann, als „Punkt" schlechthin bezeichnen wir ein Individuum ohne Ausdehnung, welches in einem bestimmten Augenblick einen bestimmten Ort hat, d. h. mit einem bestimmten geometrischen Punkt zusammenfällt, und welches seinen Ort verändern kann, ohne seine Individualität zu verlieren. Ein beweglicher Punkt werde mit μ bezeichnet.

Beispiel eines beweglichen Punktes: Eine Ecke eines beweglichen Parallelepipeds.

Der Ort des Punktes μ wird bestimmt durch seine geometrischen Beziehungen zu irgend einem geometrischen Gebilde von drei Dimensionen, und zu seiner vollständigen Bestimmung sind nach den Grundsätzen der Geometrie drei solche Beziehungen erforderlich, die von einander unabhängig sind. Wir verwenden als solche im Anfang cartesische Coordinaten, und zwar meistens rechtwinklige; für spätere Betrachtungen sind Polar- und andere Coordinaten mit Vortheil brauchbar.

Die Bestimmungsstücke, deren Auftreten als Coordinaten von vorn herein vorgesehen werden kann, sind 1) Längen, 2) Winkel. Als Längeneinheit dient uns das Centimeter, der 100ste Theil der Länge bei 0° C. des von der internationalen Metercommission in Paris niedergelegten Urmeterstabes. Unsere Winkeleinheit ist derjenige Winkel, dessen Bogen gleich dem Radius ist.

Nach der Methode des Cartesius wird ein Ort bestimmt durch drei nach drei Axenrichtungen gemessene Längen x, y, z. Diese Längen können positiv und negativ sein; es muss in jedem Fall bei der Errichtung der Coordinatenaxen angegeben werden, in welchem Sinne die Coordinaten positiv zu zählen sind. Dabei sind zwei verschiedene Anordnungen der positiven Axenhälften möglich; denkt man sich einen Menschen so auf einer Coordinatenebene stehend, dass seine Füsse den Anfangspunkt bedecken und sein Kopf in die positive Hälfte der dritten Coordinatenaxe fällt, so kann ihm von den beiden positiven Axen der Ebene diejenige, welche der Buchstabenordnung nach die zweite ist, entweder links oder rechts von der ersten erscheinen. Ersteres ist z. B. der Fall, wenn die $+x$ nach Osten, $+y$ nach Norden, $+z$ nach Oben gerichtet sind; da liegt bei der angegebenen Stellung $+y$ links von $+x$, $+z$ links von $+y$ und $+x$ links von $+z$. Das Umgekehrte tritt ein, wenn $+x$ nach Osten, $+y$ nach Norden, $+z$ nach Unten gerichtet wird. Wir setzen, um allen künftigen Erörterungen über diesen Punkt enthoben zu sein, ein für alle Mal fest: Wir wählen immer solche Coordinatensysteme, bei denen für den wie oben postirten Beschauer die cyklische Reihenfolge der Axen von rechts nach links geht, und als deren Muster die Anordnung x nach Osten, y nach Norden, z nach Oben dient.

Die Ortsbestimmung ist ihrer Natur nach relativ; sie hat nur einen Sinn, insofern ihr ein als gegeben vorausgesetztes Coordinatensystem zu Grunde gelegt wird. Aendert der Punkt μ seinen Ort, so sind wir nicht in der Lage, diese Aenderung anders als relativ zu beschreiben; auch sie, die Aenderung, wird uns nur erkennbar, insofern sie auf ein gegebenes Coordinatensystem bezogen ist. Diese relative Erkenntniss der Ortsveränderung und ihrer Eigenschaften genügt für unsere Zwecke unter der selbstverständlichen Bedingung, dass alle Aenderungen einer Grösse auf dasselbe Coordinatensystem bezogen werden, in welchem die Grösse selbst bestimmt ist.

Die Ortsänderung von μ heisst seine Bewegung.

Man kann eine Ortsveränderung zunächst rein geometrisch, ohne alle Rücksicht auf ihre Ursachen, betrachten, und das soll in den nächsten Capiteln geschehen. Die Disciplin, welche sich mit dieser Betrachtung befasst, heisst Phoronomie oder Kinematik. Der Name Kinematik ist seit Resal der gebräuchlichere gewesen; neuerdings aber wird von Reulaux und seinen Schülern die Morphologie der Verknüpfung von Maschinentheilen als „Kinematik“ bezeichnet; wir wählen deshalb hier den Namen Phoronomie.

2. Strecken. Wenn der Punkt μ sich bewegt, so rückt er auf irgend eine Weise und in irgend einer Zeit von einem Orte A nach einem zweiten Orte B. Wir lassen zunächst die Frage nach dem zeitlichen Verlauf dieser Aenderung ganz ausser Betracht und halten uns blos daran, dass μ sich das eine Mal in A, das andre Mal in B befindet. Zwischen diesen beiden Orten besteht ein Unterschied, der gemessen wird durch die Strecke AB, d. h. die begrenzte gerade Linie, welche von A nach B geht.

Das Stück einer geraden Linie, welches zwischen den Punkten A und B enthalten ist, hat erstens eine gewisse Länge, zweitens eine gewisse Richtung. Was unter seiner Länge zu verstehen sei, ist unzweideutig; das Wort Richtung aber ist im gewöhnlichen Sprachgebrauch zweideutig, so dass wir einer Convention über seine Verwendung bedürfen. Man spricht nämlich von der Richtung einer Strecke 1) in dem Sinn, dass man dabei den einen Grenzpunkt derselben als Ausgangspunkt, den andern als Endpunkt betrachtet, und dass man, nachdem einmal ein bestimmter Grenzpunkt, z. B. A, als Anfangspunkt bezeichnet ist, keine Aenderung dieses Verhältnisses mehr zulässt. In diesem Sinne setzen wir z. B. fest: A soll der Ausgangspunkt der Strecke AB sein; dann ist die Strecke von A nach B hin gerichtet, nicht umgekehrt. 2) gebraucht man das Wort Richtung in der Art, wie die „Richtung" einer Linie in der analytischen Geometrie durch die Coefficienten p und q in den Gleichungen $z = px + m$, $z = qy + n$ festgelegt wird; dabei ist von Anfang und Ende nicht die Rede; man kann die Strecke s, welche zwischen A und B enthalten ist, und welche die „Richtung" AB hat, so auffassen, als sei sie von A nach B hin ausgedehnt, aber auch so, als sei sie von B nach A hin ausgedehnt. In seiner ersten Bedeutung ist das Wort Richtung einsinnig, in der zweiten doppelsinnig. Wir setzen fest, dass wir das Wort Richtung und demgemäss auch das Wort Strecke stets in einsinniger Bedeutung benutzen; dabei soll, wenn wir eine Strecke durch ihre Grenzpunkte bezeichnen, immer der Ausgangspunkt vorangestellt werden: Die Strecke AB beginnt bei A und ist nach B hin „gerichtet". Wird sie im umgekehrten Sinn genommen, so heisst sie BA. Es ist $BA = -AB$ gemäss der Definition des Zeichens $-$.

Ist eine unbegrenzte gerade Linie analytisch durch ihre Gleichungen gegeben, so kann sie aufgefasst werden als die Superposition zweier unendlichen Strecken von entgegengesetzter Richtung. Ebenso verhalten sich die Elemente einer Curve, welche bloss durch ihre Gleichungen bestimmt ist. Jedes einzelne kann als die Superposition zweier unendlich kleinen Strecken von entgegengesetzter Richtung angesehen werden. Wenn wir mit solchen Gebilden zu thun haben und ihre doppelsinnige Erstreckung mit einem Wort bezeichnen wollen, so werden wir das Wort Doppelrichtung gebrauchen. Wir sagen also z. B.: „Die gegenüberliegenden Seiten eines Parallelogramms haben dieselbe Doppelrichtung". Im dreiaxigen Coordinatensystem verstehen wir unter „Axenrichtung" stets die Richtung, nach welcher die positiven Coordinaten wachsen.

Eben so unsicher wie der Gebrauch des Wortes „Richtung" ist in der Litteratur der Gebrauch des Wortes „parallel". Bald unterscheidet man zwischen parallel und antiparallel, bald wird der Antiparallelismus dem Parallelismus subsummirt. Wir setzen für dieses Buch fest:

Parallel heissen zwei Linien von gleicher Doppelrichtung.

Homoparallel oder gleichläufig heissen zwei Linien von gleicher Richtung.

Antiparallel oder gegenläufig heissen zwei Linien von entgegengesetzter Richtung.

Strecken, die auf den Coordinatenaxen liegen, rechnen wir als positiv, wenn ihre Richtung mit der der Axen übereinstimmt, d. h. wenn die Coordinate des Endpunktes algebraisch grösser ist als die des Ausgangspunktes.

Die Strecke x_1x_2 z. B. ist $=7$, wenn $x_1=-13$, $x_2=-6$, sie ist gleich -4, wenn $x_1=10$, $x_2=6$.

Eine Strecke $AB=s$ von beliebiger Lage sei in einem beliebigen dreiachsigen Coordinatensystem gegeben. Wir projiciren sie durch die dem System entsprechende Parallelprojection auf die drei Coordinatenaxen. Dadurch erhalten wir auf jeder Axe drei Bestimmungsstücke, nämlich 1) die Coordinate von A, etwa x_1, 2) die Coordinate des Endpunktes B, etwa x_2, 3) die zwischen beiden enthaltene Strecke x_2-x_1, die wir s_x nennen. (Je drei entsprechende Grössen bekommen wir auf der y- und auf der z-Axe.) Offenbar bestimmen je zwei von diesen Stücken auf jeder Axe das dritte. Sind also zwei von ihnen auf jeder Axe gegeben, so ist damit ihre Gesammtheit gegeben, diese bestimmt eindeutig die Grenzpunkte A und B, also die Strecke s. Wählen wir also auf jeder Axe zwei von den genannten neun Stücken aus, so ist die Strecke s durch sie eindeutig bestimmt. Wir wählen

1) die drei Coordinaten x_1, y_1, z_1 des Ausgangspunktes A

2) die drei Längen s_x, s_y, s_z der Projectionen x_2-x_1, y_2-y_1 und z_2-z_1.

Das Vorzeichen der Letzteren ist nach der obigen Regel zu nehmen. Wir nennen diese 6 Stücke die Coordinaten der Strecke s.

Sie zerfallen sichtlich in zwei Gruppen: die drei letzten bestimmen Richtung und Länge von s, die drei ersteren den Punkt, an welchem die gerichtete Länge s angeheftet ist. s_x, s_y, s_z können Längencoordinaten, x_1, y_1, z_1 Anheftungscoordinaten der Strecke genannt werden.

Verlegen wir die drei Längencoordinaten s_x u. s. w. parallel mit sich selbst an den Anfangspunkt A der Strecke, so bilden sie, wie aus der Geometrie bekannt ist, die drei Kanten eines Parallelepipeds, dessen Diagonale s ist. Sind α, β, γ die drei Winkel, welche die Coordinatenaxen miteinander machen (cyklisch geordnet, sodass $\alpha=(z,y)$, $\beta=(x,z)$, $\gamma=(y,x)$), λ, μ, ν die drei Winkel, welche s mit den Axen macht, so bestehen drei Gleichungen:

$$(1) \qquad s_x = ls, \quad s_y = ms, \quad s_z = ns$$

und l, m, n sind lineare Funktionen von $\cos\lambda$, $\sin\lambda$, $\cos\alpha$, $\sin\alpha$ u. s. w.

Umgekehrt sind auch diese goniometrischen Grössen $\cos\lambda$ u. s. w. lineare Funktionen von l, m, n, letztere bestimmen also eindeutig die Winkel, welche s mit den Axen macht. Wir nennen l, m, n die Projectionsparameter von s. Die allgemeine Entwicklung der Beziehungen zwischen l, m, n und λ, μ, ν wird nicht leicht gebraucht; sie vereinfacht sich für den Fall rechtwinkliger Coordinaten. Es ergiebt sich dann direkt aus der Definition des Cosinus, dass

$$(2) \qquad l = \cos\lambda, \quad m = \cos\mu, \quad n = \cos\nu$$

oder

$$(3) \qquad s_x = s\cos\lambda, \quad s_y = s\cos\mu, \quad s_z = s\cos\nu.$$

Ferner ist

$$(4) \qquad l^2+m^2+n^2 = 1$$

oder nach Multiplikation mit s^2 und Einsetzung von s_x für $l.s$ u. s. w.

$$(5) \qquad s_x^2+s_y^2+s_z^2 = s^2.$$

Sind demnach s_x, s_y, s_z gegeben, so finden wir aus (5) die absolute Länge von s

$$(6) \qquad s = +\sqrt{s_x^2+s_y^2+s_z^2}$$

und daraus mit Gl. (3)

$$(7) \qquad \begin{cases} l = \cos\lambda = \dfrac{s_x}{s} = \dfrac{s_x}{\sqrt{s_x^2+s_y^2+s_z^2}}, \quad m = \cos\mu = \dfrac{s_y}{s}, \\ n = \cos\nu = \dfrac{s_z}{s}. \end{cases}$$

Multiplicirt man die Gleichungen (3) der Reihe nach mit $\cos\lambda$, $\cos\mu$ und $\cos\nu$ und addirt, so erhält man auf der rechten Seite $s(l^2+m^2+n^2)$, was nach (4) gleich s ist. Also

$$(8) \qquad s_x\cos\lambda+s_y\cos\mu+s_z\cos\nu = s.$$

Es sei MN (Fig. 1) eine Gerade. Auf ihr werde der feste Punkt A als Ausgangspunkt einer Strecke s angenommen. Der Endpunkt B derselben könne sich auf der Geraden MN beliebig verschieben; dann ist $s = AB$ eine veränderliche Strecke, und wenn MN, so wie A, ein für allemal gegeben ist, so können wir s auffassen als eine unabhängige Veränderliche,

Fig. 1.

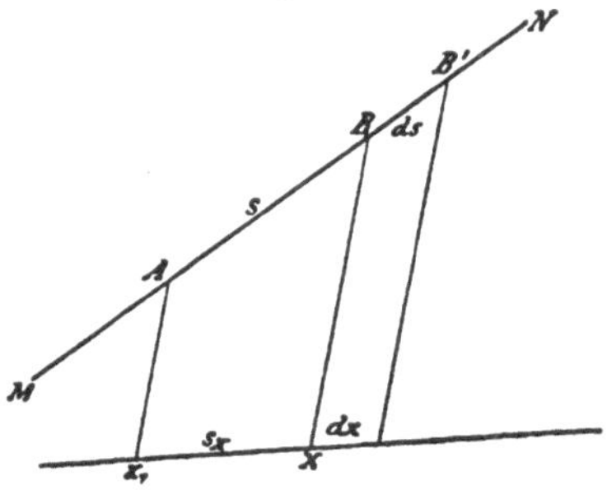

welche die Lage von B bestimmt. Die Bestimmung wird eindeutig, wenn wir festsetzen, dass Strecken, die von A nach N hingerichtet sind, auf der Linie MN als positiv zählen sollen. Insofern die Strecke s zur Bestimmung der Lage von B dient, nennen wir sie die Streckenabscisse von B. Rückt nun der Endpunkt B in die unendlich wenig abweichende Lage B', so wächst s um eine entsprechende unendlich kleine Grösse ds. Andrerseits hat B in irgend einem festen dreiaxigen System drei Coordinaten x, y, z und wenn s variirt, so variiren auch diese; die Axenprojectionen von B verschieben sich mit B zugleich. Auf der x-Axe z. B. nimmt x um dx zu, wenn s um ds wächst. Offenbar ist, vergl. Fig. 1, dx die Längen-Coordinate in x der unendlich kleinen Strecke ds, also

$$(9) \qquad \frac{dx}{ds} = l, \quad \frac{dy}{ds} = m, \quad \frac{dz}{ds} = n,$$

wo l, m, n wieder die Projectionsparameter sind.

Die Zähler der vorstehenden Differentialcoefficienten sind zugleich die Verlängerungen, welche s_x, s_y und s_z erleiden, wenn B um ds fortrückt. Man könnte also auch schreiben $\frac{ds_x}{ds} = l$ u. s. w., und in dieser Form ergeben sich die Gleichungen direct durch Differentiation von (1); doch führen wir die obige Schreibart (9) als die kürzere.

Im rechtwinkligen System, wo $l = \cos\lambda$ u. s. w., ist

$$(10) \qquad \frac{dx}{ds} = \cos\lambda, \quad \frac{dy}{ds} = \cos\mu, \quad \frac{dz}{ds} = \cos\nu$$

und in den Gleichungen (2) bis (8) kann überall $\frac{dx}{ds}$ für l oder $\cos\lambda$, $\frac{dy}{ds}$ für m, $\frac{dz}{ds}$ für n substituirt werden.

Wir machen noch auf den Unterschied aufmerksam, der darin hervortritt, dass die Coordinaten einer Strecke immer ein Vorzeichen haben, die Strecke selbst dagegen im Allgemeinen nicht. Die Vorzeichen + und — können nämlich da und nur da Anwendung finden, wo die zu bezeichnende Grösse zwei entgegengesetzte Erstreckungen haben kann, aber ausser diesen zweien keine andere. Die Coordinatenaxen sind der Richtung nach festgelegt; Strecken, die auf ihnen abgemessen sind, können sich nur vor- oder rückwärts erstrecken, deshalb unterliegen die Werthe der Coordinaten der Vorzeichnung + und —, und die Angabe dieser Vorzeichen in Verbindung mit dem Namen der betreffenden Axe genügt zur Mittheilung ihres Sinnes. Ganz dasselbe ist der Fall, wenn wir eine Linie MN mit ihrer Richtung im Raume gegeben denken, auf ihr einen Anfangspunkt A annehmen und eine Streckenabscisse AB abmessen; der Punkt B kann dann nur in der gegebenen Doppelrichtung MN vor- oder rückwärts gehen, also ist von AB ausser der Grösse nur der Sinn anzugeben, damit AB vollkommen bestimmt sei; und das geschieht durch die Vorzeichen. Wieder dasselbe ist der Fall, wenn wir sagen $BA = -AB$; denn dabei ist schon die Voraussetzung erfüllt, dass AB und BA auf der gleichen Doppelrichtung liegen. Hört aber die Voraussetzung auf, dass die untersuchte Strecke einer vorher festgelegten Geraden angehöre, muss also die Doppelrichtung der Strecke in den zu machenden Angaben berücksichtigt werden, dann hat die Strecke kein Vorzeichen mehr, sondern an die Stelle der Begriffe vor- und rückwärts tritt der allgemeinere Begriff der beliebigen Richtung; diese kann nicht bloss nach zwei, sondern nach unendlich vielen Erstreckungen hin variiren, lässt sich also nicht durch eine endliche Zahl von Vorzeichen bestimmen. Wenn ein Beobachter sie dem andern darthun will, so muss er sie seiner Anschauung zeigen. Wenn wir nun aber mit Coordinaten arbeiten, so setzen wir voraus, dass die Richtungen der drei Coordinatenaxen der Anschauung bereits vorgezeigt seien, und dann lässt sich auch die Richtung einer Strecke AB mit Hülfe der drei Vorzeichen von l, m, n eindeutig bestimmen, indem wir sie auf die Axen beziehen.

3. **Vectoren.** Der Ortsunterschied zwischen zwei Punkten A und B ist eine Grösse, deren Merkmale Länge und Richtung sind. Eine solche Grösse nennt man einen Vector; Ortsunterschiede gehören also zur Classe der Vectoren. Insofern der Vector AB von einem bestimmten Punkt μ beschrieben wird, hat er einen bestimmten Anfangspunkt; denn der Punkt μ befindet sich im Anfang seiner Bewegung in dem ganz bestimmten Punkt A. Man kann sich aber auch den Ortsunterschied an diesem Anfangspunkt abgelöst denken; er hat dann nur noch Länge und Richtung, ohne an einen bestimmten Anfangspunkt gebunden zu sein. In diesem Sinn sind zwei Vectoren identisch, wenn sie gleiche Länge und gleiche Richtung besitzen. Der Vector AB z. B. ist identisch mit dem Vector EF, wenn EF gleich und gleichläufig AB ist. Als Zeichen der Identität für Vectoren gebrauchen wir, wenn die gleiche Richtung ausdrücklich mit hervorgehoben werden soll, das Zeichen $\equiv$, während die Längengleichheit ohne Betonung der Richtung durch $=$ ausgedrückt wird.

Wir unterscheiden nach dem vorigen freie und angeheftete Vectoren. Frei heisst ein Vector, der keinen bestimmten Anfangspunkt hat, sondern an jedem beliebigen Punkt des Raumes angeheftet gedacht werden kann; angeheftet heisst er, nachdem ihm ein bestimmter Anfangspunkt vorgeschrieben ist. Der angeheftete Vector wird dargestellt durch eine Strecke, z. B. ein an A angehefteter Vector durch AB und wir bezeichnen ihn als „Vector AB“. Denselben Vector, wenn er frei ist, bezeichnen wir entweder durch einen einzelnen Buchstaben, wie p, oder wir denken uns ihn erst an einem bestimmten

Anfangspunkt A angeheftet, wo er dann durch eine Strecke AB dargestellt wird, hierauf losgelöst, und schreiben diese Strecke überstrichen, $\overline{AB}$. Das Symbol $\overline{AB}$ bedeutet also den nach Länge und Richtung bestimmten Ortsunterschied zwischen A und B, gemessen von A nach B hin, und abgelöst vom Anfangspunkt A. Zwischen $\overline{AB}$ und $\overline{EF}$ besteht kein Unterschied, wenn die Strecke AB, welche den ersteren Vector einen Augenblick lang darstellte, gleich und homoparallel der Strecke EF ist, welche den zweiten Vector darstellte.

Die Strecke AB stellt durch ihre Länge und Richtung den freien Vector $\overline{AB}$ dar. Von den 6 Coordinaten der Strecke bezeichnen drei, x_1, y_1, z_1 ihren Anfangspunkt, drei, s_x, s_y, s_z ihre Länge und Richtung. Da der freie Vector $\overline{AB}$ keinen bestimmten Anheftungspunkt hat, sind die drei Grössen x_1, y_1, z_1 für seine Bestimmung überflüssig; er wird bestimmt durch die drei Stücke s_x, s_y, s_z, welche seine drei Projectionen auf die Axen sind. Ein freier Vector hat hiernach drei Coordinaten; diese sind seine Axenprojectionen. Heisst der Vector v, so werden wir seine Coordinaten v_x, v_y, v_z nennen.

v_x, v_y, v_z sind selbst freie Vectoren, die keinen bestimmten Anfangspunkt haben, sondern in beliebiger Lage auf oder parallel den Axen gedacht werden können. Ist v gegeben, so findet man sie, indem man v an einen willkürlichen Anfangspunkt A anlegt und die so entstehende Strecke auf die drei Axenrichtungen projicirt. Sind v_x, v_y, v_z gegeben, so wähle man irgend einen Punkt A des Raumes willkürlich aus, lege an ihn drei Strecken AB, AC, AD, so dass $AB \equiv v_x$, $AC \equiv v_y$, $AD \equiv v_z$ ist, und construire das Parallelepiped, dessen Kanten AB, AC, AD sind; die von A ausgehende Diagonale AF dieses Parallelepipeds hat die Länge und Richtung von v, und $\overline{AF} \equiv v$.

Offenbar bestehen zwischen v_x, v_y, v_z und v dieselben Gleichungen, welche in 2. für s und s_x, s_y, s_z aufgestellt wurden; es ist in beliebigen Coordinaten

$$v_x = lv, \qquad v_y = mv, \qquad v_z = nv$$

$$l = \frac{dx}{dv}, \quad m = \frac{dy}{dv}, \quad n = \frac{dz}{dv},$$

in rechtwinkligen Coordinaten

$$l = \frac{dx}{dv} = \cos\lambda, \quad m = \cos\mu, \quad n = \cos\nu$$

$$v_x^2 + v_y^2 + v_z^2 = v^2, \quad v = v_x \cos\lambda + v_y \cos\mu + v_z \cos\nu.$$

4. Zusammensetzung und Zerlegung freier Vectoren. Consecutiv nennen wir zwei Grössen von bestimmter Länge und Richtung, wenn der Anfangspunkt der zweiten mit dem Endpunkt der ersten zusammenfällt. Zwei freie Vectoren können immer consecutiv gemacht werden; denn da man ihre Anfangspunkte willkürlich wählen kann, kann man immer den Anfangspunkt des zweiten in den Endpunkt des ersten legen. Dasselbe gilt offenbar für drei und mehr freie Vectoren. Wir nehmen an, dass die Vectoren, von denen im Folgenden die Rede ist, consecutiv seien.

Fig. 2.

Fig. 3.

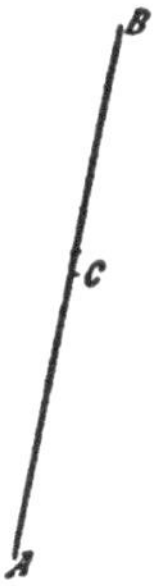

Sind zwei Vectoren gleich oder entgegengesetzt gerichtet, so kann man sie algebraisch addiren. In Fig. 2 und 3 z. B. ist

$$\overline{AC} = \overline{AB} + \overline{BC};$$

das folgt aus bekannten Grundsätzen der Algebra.

Wir können nun den Begriff der Addition dahin erweitern, dass eine entsprechende Gleichung auch für zwei Vectoren gelten soll, die einen beliebigen Winkel miteinander machen. Als Zeichen dieser erweiterten Addition führen wir das Zeichen $\hat{+}$ (sprich: „plus geometrisch") ein, und definiren dasselbe, indem wir willkürlich festsetzen: Es soll (vergl. Fig. 4)

Fig. 4.

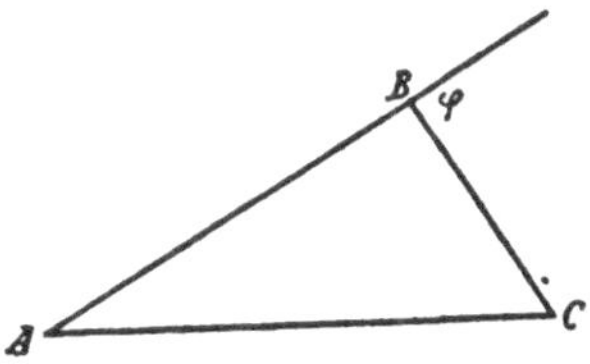

$$(1) \qquad \overline{AB} \mathbin{\hat{+}} \overline{BC} \equiv \overline{AC}$$

sein, wenn AB und BC beliebig gerichtet sind. Wir nennen $\overline{AC}$ die geometrische Summe oder Resultante von $\overline{AB}$ und $\overline{BC}$; letztere heissen die Componenten. Entsprechend Gl. (1) ist auch $\overline{BC} \mathbin{\hat{+}} \overline{CA} \equiv \overline{BA}$ und $\overline{CA} + \overline{AB} \equiv \overline{BC}$.

In Worten heissen die drei Gleichungen: Sind zwei Vectoren consecutiv gemacht, so ist die dritte Seite des aus ihnen gebildeten Dreiecks, vom Anfangspunkt des ersten zum Endpunkt des zweiten hin gerechnet, die Strecke, welche ihre geometrische Summe nach Richtung und Länge darstellt.

Dass die Operation in der That additiver Natur ist, ergiebt sich, wenn man Gl. (1) in den Worten ausspricht: Schreitet man von A erst um $\overline{AB}$ und dann von B um $\overline{BC}$ fort, so erzielt man im Ganzen den Ortsunterschied $\overline{AC}$. Die Addition in Fig. 1 und 2 lässt sich in denselben Worten aussprechen. Die geometrische Addition ist eine Addition mit Rücksicht auf die Richtung, während die algebraische bloss Länge und Sinn berücksichtigt.

Es sei φ der Winkel zwischen AB und BC. Gemäss unserer Convention über die Bedeutung der Buchstabenfolge repräsentirt φ den Richtungsunterschied zwischen den beiden Richtungen „von A nach B hin" und „von B nach C hin"; φ liegt also in Fig. 4 an der bezeichneten Stelle, nicht im Innern des Dreiecks. Nach einem bekannten Satz ist $AC^2 = AB^2 + BC^2 + 2AB.AC.\cos\varphi$; danach lautet die Gleichung für die blosse Länge einer geometrischen Summe zweier Vectoren v_1 und v_2, die den Winkel φ miteinander machen: Ist $v_r \equiv v_1 \hat{+} v_2$, so ist

$$(2) \qquad \text{Länge } v_r = \sqrt{v_1^2 + v_2^2 + v_1 v_2 \cos\varphi}.$$

Die Operation $\hat{+}$ ist commutativ, d. h.

$$(3) \qquad \overline{AB} \hat{+} \overline{CD} \equiv \overline{CD} \hat{+} \overline{AB}.$$

Fig. 5.

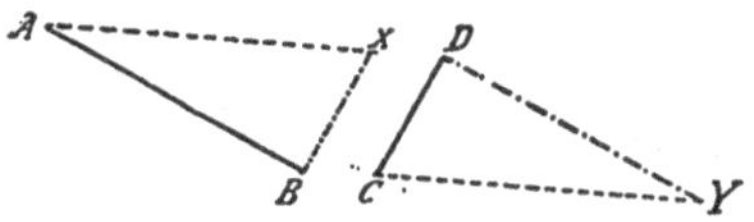

Denn: Die Summation links wird ausgeführt durch folgende Construction (Fig. 5): Lege an B die Strecke

$$BX \equiv CD;$$

ziehe AX, dann ist $\overline{AX} \equiv \overline{AB} \hat{+} \overline{CD}$. Die Summation rechts aber wird ausgeführt: Lege an D die Strecke

$$DY \equiv AB$$

und ziehe CY; dann ist $\overline{CY} \equiv \overline{CD} \hat{+} \overline{AB}$. Nun ist aber ABX offenbar congruent CDY, und ausserdem sind die Seiten beider Dreiecke parallel; also ist CY gleich und homoparallel AX; d. h. $\overline{CY} \equiv \overline{AX}$.

Haben die beiden Vectoren $\overline{AB}$ und $\overline{CD}$ gleiche oder entgegengesetzte Richtung, so wird für sie die Gleichung (1) identisch mit der algebraischen Gleichung $AB + BC = AC$; die geometrische Summation degenerirt zur algebraischen. Letztere ist daher ein Specialfall der ersteren, und das Zeichen $+$ der algebraischen Addition für Längenwerthe von gleicher Doppelrichtung kann immer durch $\hat{+}$ ersetzt werden.

Die Operation $\hat{+}$ kann ohne Weiteres auf beliebig viele consecutiv gemachte Vectoren ausgedehnt werden, indem man sie derselben Convention unterwirft, welche für das Zeichen $+$ in allgemeinem Gebrauch ist: Steht eine beliebige Anzahl von Vectoren, durch

$\hat{+}$ verbunden, hintereinander, so hat man sich hinter jedem eine Schlussklammer und alle entsprechenden Anfangsklammern vor dem ersten Posten zu denken. So wie $2+4-3+7-8$ heisst

$$\{([(2+4)-3]+7)-8\},$$

so bedeutet $AB \hat{+} BC \hat{+} CD \hat{+} DE$ so viel wie

$$\{([AB \hat{+} BC] \hat{+} CD) \hat{+} DE\}.$$

Es ist demnach z. B.

$$(4) \quad \begin{cases} \overline{AB} \hat{+} \overline{BC} \hat{+} \overline{CD} \hat{+} \overline{DF} \equiv (\overline{AB} \hat{+} \overline{BC}) \hat{+} \overline{CD} \hat{+} \overline{DF} \\ \equiv (\overline{AC} \hat{+} \overline{CD}) \hat{+} \overline{DF} \equiv \overline{AD} \hat{+} \overline{DF} \equiv \overline{AF}. \end{cases}$$

D. h. Um beliebig viele Vectoren geometrisch zu addiren, macht man sie alle consecutiv, und verbindet den Anfangspunkt des ersten mit dem Endpunkt des letzten; diese Verbindungsstrecke stellt durch ihre Länge und Richtung die Resultante sämmtlicher Vectoren dar.

In Fig. 6 z. B. ist

$$\overline{AB} \hat{+} \overline{BC} \hat{+} \overline{CD} \hat{+} \overline{DE} \hat{+} \overline{EF} \equiv \overline{AF}.$$

Fig. 6.

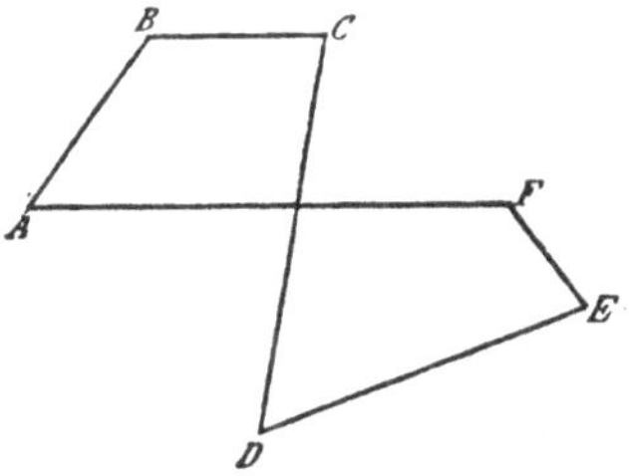

Selbstverständlich braucht das Polygon der Vectoren nicht eben zu sein. In dem besonderen Falle, wo der Endpunkt der letzten Componente mit dem Anfangspunkt der ersten zusammenfällt, ist die Resultante Null.

Eine Klammer, vor der das Zeichen $\hat{+}$ steht, kann ohne weiteres fortgelassen werden. Es ist z. B. $\overline{AB} \hat{+} (\overline{BC} \hat{+} \overline{CD}) \equiv \overline{AB} \hat{+} \overline{BD} \equiv \overline{AD} \equiv \overline{AC} \hat{+} \overline{CD} \equiv \overline{AB} + \overline{BC} + \overline{CD}$.

Nach Gl. (3) kann man nun irgend zwei Vectoren in der Reihenfolge der Componenten mit einander vertauschen, ohne das Resultat der Summation zu ändern; da man das beliebig oft thun und durch Wiederholung des Processes den Componenten in Gl. (4) jede beliebige Anordnung geben kann, folgt: Die Reihenfolge der Summanden in einer geometrischen Summe kann beliebig verändert werden; die Resultante wird dadurch nicht abgeändert.

Entsprechend der Summation erweitern wir nun auch den Begriff der Subtraction. Geometrische Differenz zweier Vectoren soll derjenige Vector heissen, der zum zweiten addirt den ersten ergiebt; das Zeichen der geometrischen Subtraction sei $\hat{-}$ (sprich: „minus geometrisch"). Die Definition desselben liegt in der Gleichung

$$(5)\qquad \overline{AC}\,\hat{-}\,\overline{AB} \equiv \overline{BC} \quad \text{oder} \quad \overline{AC}\,\hat{-}\,\overline{BC} \equiv \overline{AB}.$$

Dasselbe sagt der Satz:

Wenn

$$\overline{AB}\,\hat{+}\,\overline{CD} \equiv EF,$$

so ist

$$(6)\qquad \overline{EF}\,\hat{-}\,\overline{AB} \equiv \overline{CD} \quad \text{und} \quad \overline{EF}\,\hat{-}\,\overline{CD} \equiv \overline{AB}.$$

Die Definition ist hiernach gleichbedeutend mit der Bestimmung: Die Zeichen $\hat{+}$ und $\hat{-}$ werden von der einen Seite einer Gleichung auf die andere übertragen nach derselben Regel, wie $+$ und $-$. $\hat{+}$ auf der einen Seite wird $\hat{-}$ auf der anderen, und umgekehrt.

Nach (5) ist

$$(7)\qquad \overline{AC}\,\hat{-}\,\overline{AB} \equiv \overline{BC}.$$

Nach (1) und (3) ist

$$(8)\qquad \overline{AC}\,\hat{+}\,\overline{BA} = \overline{BA}\,\hat{+}\,\overline{AC} = \overline{BC},$$

also ist, da beide Operationen (7) und (8) dasselbe Ergebniss liefern,

$$(9)\qquad \hat{-}\,\overline{AB} \quad \text{gleichwerthig mit} \quad \hat{+}\,\overline{BA}.$$

Das Zeichen $\hat{-}$ kann also auch als Zeichen für die Addition des umgekehrten Vectors betrachtet werden. Daraus folgt, dass es commutativ ist;

$$(10)\qquad \hat{-}\,\overline{BC} + \overline{AB} \equiv \overline{AB}\,\hat{-}\,BC.$$

Ein Vector mit dem Zeichen $\hat{-}$ kann also auch in eine grössere Reihe von Summanden eingehen, und das Zeichen $\hat{-}$ kann dort wie ein gewöhnliches $-$ behandelt werden.

Nach Gl. (7) versteht sich auch von selbst, dass

$$(11)\qquad \hat{-}\,\overline{AB} \equiv \hat{+}(-AB),$$

denn $\hat{-}\,\overline{AB}$ ist $\hat{+}\,\overline{BA}$, und $\overline{BA}$ ist $-\overline{AB}$.

Ferner ist

$$(12)\qquad \hat{-}(\overline{AB}\,\hat{+}\,\overline{BC}) \equiv \hat{-}\,\overline{AB}\,\hat{-}\,\overline{BC}.$$

Denn $(\overline{AB}\,\hat{+}\,\overline{BC}) \equiv \overline{AC}$, also

$$\hat{-}(\overline{AB}\,\hat{+}\,\overline{BC}) \equiv \hat{-}\,\overline{AC} = \hat{+}\,\overline{CA} = \hat{+}(\overline{CB}\,\hat{+}\,\overline{BA}) = \hat{+}\,CB\,\hat{+}\,BA$$
$$= \hat{-}\,\overline{BC}\,\hat{-}\,\overline{AB} = \hat{-}\,\overline{AB}\,\hat{-}\,\overline{BC}.$$

Klammern hinter einem $\hat{-}$ zeichen sind also analog den algebraischen Minusklammern aufzulösen. Geometrisch gedeutet heisst der Satz (12):

„Kehrt man in einer Summe alle Componenten um, so erhält man die umgekehrte Resultante.“

Nach alledem sind die Operationen $\hat{+}$ und $\hat{-}$ analytisch gerade so zu behandeln, wie die algebraischen $+$ und $-$.

Wo also keine Gelegenheit zur Verwechslung der geometrischen mit der algebraischen Addition vorhanden ist, kann man auch einfach $+$ und $-$ statt $\hat{+}$ und $\hat{-}$ schreiben; der geometrische Character der Summation wird dann durch die Richtungsverschiedenheit der Summanden angedeutet; haben die letzteren zufällig gleiche Doppelrichtung, so degenerirt die geometrische Summation von selbst zur algebraischen. Da aber gerade in der Mechanik die Fälle nicht selten sind, wo es zweckmässig ist, die blosse Längengleichheit von der Längengleichheit mit Richtungsgleichheit auffällig zu unterscheiden, behalten wir die Zeichen $\hat{+}$ und $\hat{-}$ bei.

In der Algebra nennt man eine Reihe von Posten auch dann kurzweg eine Summe, wenn ein Theil derselben mit dem Minuszeichen behaftet ist; dem entsprechend werden wir eine Reihe von Vectoren, die durch die Zeichen $\hat{+}$ oder $\hat{-}$ miteinander verbunden sind, kurzweg eine Resultante oder eine geometrische Summe nennen.

Zerlegung. Jeder gegebene Vector v kann willkürlich als eine Resultante aufgefasst werden; die Componenten, aus denen man ihn entstehen lässt, müssen der Bedingung genügen, dass ihre geometrische Summe identisch v sei, können aber innerhalb dieser Bedingung willkürlich gewählt werden.

So, wie

$$13 = 2+7+4 = 11+19-17,$$

so ist auch

$$\overline{AB} \equiv \overline{AC} \hat{+} \overline{CD} \hat{+} \overline{D\cdot} \cdots \hat{+} \overline{\cdot Y} \hat{+} \overline{YZ} \hat{+} \overline{ZB},$$

wobei die Punkte C, D, ..., Y, Z willkürlich ausgewählt werden können. Einen Vector als Resultante anderer Vectoren ausdrücken, heisst ihn zerlegen. Der Vector v selbst wird durch die Zerlegung nicht unbestimmt, so wenig wie die Zahl 13 dadurch unbestimmt wird, dass man statt ihrer 11+19—17 schreibt; er hat vielmehr seinen ganz bestimmten gerichteten Grössenwerth $\overline{AB}$, auch wenn man ihn in der Form $\overline{AC} \hat{+} \overline{CD} \hat{+} \overline{DB}$ oder $\overline{AC} \hat{+} \overline{CD} \hat{-} \overline{ED} \hat{-} \overline{BE}$ schreibt; denn $\overline{AC} \hat{+} \overline{CD} \hat{-} \overline{ED} \hat{-} \overline{BE}$ ist ja $\equiv$ dem ganz bestimmt gerichteten, eine bestimmte Länge habenden Vector $\overline{AB}$.

Mancherlei Probleme machen die Zerlegung von Vectoren nöthig; die Auswahl der Componenten, in welche man einen gegebenen Vector zerfallen lässt, richtet sich in jedem Falle nach den Bedingungen des vorliegenden Problems.

Häufig kommen folgende Aufgaben vor: 1) den gegebenen Vector $\overline{AB}$ in der Ebene in zwei Componenten zu zerlegen, die zwei gegebenen, sich schneidenden Doppelrichtungen p und q parallel sind. Aufl. Ziehe durch A eine Linie parallel p, durch B eine parallel q; beide schneiden sich in einem Punkt X. $\overline{AX}$ ist die eine, $\overline{XB}$ die andere der gesuchten Componenten. 2) $\overline{AB}$ in zwei Componenten zu zerlegen, deren eine die Doppelrichtung p hat, die andere senkrecht darauf steht. Aufl. Ziehe durch A eine Gerade parallel p, fälle von B ein Perpendikel auf sie; der Fusspunkt sei X; $\overline{AX}$ und $\overline{XB}$ sind die gesuchten Componenten. 3) $\overline{AB}$ in drei Componenten parallel drei Doppelrichtungen p, q, r zu zerlegen, von denen nicht zwei einander parallel sind. Aufl. Lege durch A eine Ebene parallel q, r, durch B eine solche parallel p, r und dann durch A oder B eine solche parallel pq. Die drei Ebenen schneiden sich in drei Linien AX, XY, YB, die mit p, q, r parallel sind und consecutiv von A bis B reichen. $\overline{AX}$, $\overline{XY}$, $\overline{YZ}$ sind also die verlangten Componenten von $\overline{AB}$. Führt man die Construction doppelt aus, d. h. legt man durch A und durch B je drei Ebenen parallel pq, qr, rp, so erhält man ein Parallelepiped, dessen Diagonale $\overline{AB}$, dessen Kanten $\overline{AX}$, $\overline{XY}$, $\overline{YZ}$ darstellen.

Die letztere Aufgabe findet besonders häufige Anwendung im cartesischen Coordinatensystem; es liegt nahe, dort einen Vector v in drei Componenten zu zerlegen, welche den Axenrichtungen parallel sind. Nach dem vorigen werden die Componenten dargestellt durch die drei Kanten desjenigen Parallelepipeds, dessen Kanten parallel x, y, z sind und dessen Diagonale den Vector v selbst darstellt. Diese Kanten sind aber zugleich die Parallelprojectionen von v auf die Axen, also dieselben Grössen, welche wir früher mit v_x, v_y, v_z bezeichnet haben; also

die cartesischen Coordinaten eines Vectors sind zugleich seine Componenten parallel den Axen, oder

$$v_x \hat{+} v_y \hat{+} v_z = v,$$

Man spricht wohl schlechthin von „der Componente eines Vectors v, welche in die Doppelrichtung p fällt“. Dieser Ausdrucksweise liegt die Vorstellung zu Grunde, dass p dabei als eine Axenrichtung in einem rechtwinkligen Coordinatensystem gedacht werden soll. Die fragliche Componente ist also einfach die rechtwinklige Projection von v auf p, ihre Länge ist $v\cos(p, v)$.

5. Projection von Resultanten und deren Componenten; Coordinaten einer Resultante. Legt man beliebige Componenten $\overline{AB}$, $\overline{CD}$, ..., $\overline{GH}$ aneinander, wie es bei der Zusammensetzung geschieht, so ist der Endpunkt H der letzten zugleich der Endpunkt ihrer Resultante $\overline{AH}$. In der Projectionslehre wird nun der (übrigens für die Anschauung unmittelbar evidente) Satz aufgestellt: „Verbindet man zwei Punkte A und H durch einen beliebigen Linienzug und projicirt dann diesen Linienzug auf eine gegebene Richtung q, so ist die Projection des Zuges immer gleich der Projection der geraden Linie AH. Daraus folgt:

1. Die Coordinate einer Resultante, genommen auf irgend einer Axe, ist gleich der algebraischen Summe der gleichnamigen Coordinaten ihrer Componenten.

Denn die Coordinaten sind ja Parallelprojectionen auf die betreffende Axe.

Sind also verschiedene Vectoren v', v'', v''' etc. durch ihre Coordinaten v'_x, v''_x, v'''_x, ..., etc. gegeben und heisst ihre Resultante V, so findet man die Coordinaten von V durch algebraische Addition der Componentencoordinaten:

$$(1) \quad \begin{cases} V_x = v'_x + v''_x + v'''_x \dots \\ V_y = v'_y + v''_y + v'''_y \dots \\ V_z = v'_z + v''_z + v'''_z \dots \end{cases}$$

2. Projicirt man die Componenten eines Vectors rechtwinklig auf diesen selbst, so erhält man als algebraische Summe der Componentenprojectionen den Vector selbst.

Wählt man dazu die Axencomponenten v_x, v_y, v_z des Vectors v, so ergiebt sich die Gleichung

$$(2) \quad v_x \cos\lambda + v_y \cos\mu + v_z \cos\nu = v.$$

Dieselbe, die in **2.** Gl. (8), aber dort nur für rechtwinklige Coordinaten gegeben war.

6. Die Anwendbarkeit der Vectorengesetze auf die Ortsunterschiede, welche von einem beweglichen Punkt μ beschrieben werden. Die Definition des Zeichens $\hat{+}$ und die auf ihr beruhenden Sätze waren willkürlich; sie galten für consecutive Vectoren und für freie Vectoren, denn diese lassen sich definitionsgemäss immer consecutiv machen. Wenn aber ein gegebener Punkt μ einen Vector AB beschreibt, so ist der letztere nicht unbedingt frei, sondern zu Anfang des Vorgangs befindet sich μ in dem bestimmten Punkt A; der von ihm beschriebene Vector AB ist also angeheftet. Es entsteht demnach die Frage, ob die Ortsunterschiede, welche ein Punkt μ beschreibt, unter die in § **2** bis **5** bewiesenen Sätze fallen.

1. Man betrachte den Punkt μ in einem bestimmten Coordinatensystem der x, y, z. In diesem hat er jederzeit eine bestimmte Lage $x = x_1$, $y = y_1$, $z = z_1$, die wir kurz mit A bezeichnen. Beschreibt er einen Ortsunterschied, so gelangt er in eine andere Lage

$x = x_2$, $y = y_2$, $z = z_2$, die kurz mit B bezeichnet sei. Soll derselbe Punkt μ nun einen zweiten Vector beschreiben, so muss er nothwendig von B ausgehen, der zweite Vector beginnt in B, ist also mit AB von selbst consecutiv. Endigt der zweite Vector in C, so muss ein dritter Vector, den μ beschreibt, in C anfangen u. s. w. Also: Ortsunterschiede, die ein und derselbe Punkt μ nacheinander beschreibt, sind stets von selbst consecutiv; d. h., sie sind wie freie Vectoren zu behandeln.

2. Man spricht aber auch davon, dass ein Punkt μ gleichzeitig zwei und mehrere Bewegungen mache. Das ist eine abgekürzte Redensart. Betrachten wir den Punkt μ in einem bestimmten Coordinatensystem der x, y, z, so hat er in diesem jederzeit einen ganz bestimmten Ort, zur Zeit t_1 den Ort A, zur Zeit t_2 den Ort B, und der Vector, den er in dem Intervall $t_2 - t_1$ beschreibt, ist schlechtweg $\overline{AB}$. Man kann willkürlich $\overline{AB} \equiv \overline{AC} \dotplus \overline{CD} \dotplus \overline{DB}$ oder dergl. setzen, kann also auch willkürlich sagen, μ habe den an A angehefteten Vector $\overline{AC} \dotplus \overline{CD} \dotplus \overline{DB}$ beschrieben, da $\overline{AC} \dotplus \overline{CD} \dotplus \overline{DB}$ eben keinen andern Sinn hat, als $\overline{AB}$. Dass das erlaubt ist, bedarf keines besonderen Beweises. Spricht man in diesem Sinn von gleichzeitiger Beschreibung der Ortsunterschiede $\overline{AC}$, $\overline{CD}$, $\overline{DB}$, so soll damit nur gesagt sein, dass $\overline{AB}$ durch $\overline{AC} \dotplus \overline{CD} \dotplus \overline{DB}$ ersetzt wird, m. a. W. man definirt das Wort „gleichzeitig beschreiben“ dahin, dass man diejenigen Vectoren gleichzeitig beschrieben nennt, deren Resultante sich als thatsächlich beschrieben herausstellt. Das ist erlaubt, da jede Definition willkürlich ist.

3. Gewöhnlich aber gebraucht man den Ausdruck „gleichzeitig beschrieben“ in einem besonderen Sinn, den am besten ein Beispiel erläutert: Auf einem Strom legt ein Schiff eine Strecke p zurück, und gleichzeitig beschreibt ein Punkt μ auf dem Schiff die Strecke q. Man sagt dann: „μ hat gleichzeitig die Strecken p und q zurückgelegt.“ Was das eigentlich bedeutet, wird erst klar, wenn man bedenkt, dass der Punkt μ nur in einem bestimmten Coordinatensystem zu jeder Zeit einen bestimmten Ort hat, also auch nur in einem bestimmten Coordinatensystem eine bestimmte Strecke beschreiben kann. Der Vorgang wird desshalb erst deutlich ausgedrückt, wenn wir die angewandten Coordinatensysteme explicite einführen: Das Coordinatensystem der x, y, z liege fest im Ufer des Flusses, ein zweites System der ξ, η, ζ, dessen Axen den Axen der x, y, z homoparallel sind,

liege fest im Schiff. Dann legt der Anfangspunkt der ξ, η, ζ im System der x, y, z die Strecke p zurück, und gleichzeitig legt ein Punkt μ die Strecke q im System der ξ, η, ζ zurück. Die Frage ist nun: welche Strecke hat μ im System der x, y, z zurückgelegt?

Zu Anfang der Bewegung hatte der Anfangspunkt Ω der ξ, η, ζ im System der x, y, z drei Coordinaten x', y', z'. Sind p_x, p_y, p_z die drei Axencomponenten von p, so sind die Coordinaten von Ω zu Ende der Bewegung

$$x'+p_x, \quad y'+p_y, \quad z'+p_z.$$

Zu Anfang der Bewegung hatte nun μ im System der ξ, η, ζ die Coordinaten ξ_1, η_1, ζ_1; sind q_ξ, q_η, q_ζ die drei Projectionen von q auf die Axen der ξ, η, ζ, so hat μ am Ende der Bewegung im System der ξ, η, ζ die Coordinaten

$$\xi_1+q_\xi, \quad \eta_1+q_\eta, \quad \zeta_1+q_\zeta.$$

Da die Axen der ξ, η, ζ homoparallel den Axen der x, y, z sind, ist jede Projection auf ξ gleich der auf x u. s. w., also sind die drei letztgenannten Coordinaten auch auszudrücken durch

$$\xi_1+q_x, \quad \eta_1+q_y, \quad z_1+q_z.$$

Nun gilt für den Anfangs-, wie für den Endzustand die bekannte Formel der Transformation für homoparallele Coordinatensysteme: sind x, y, z und ξ, η, ζ die Coordinaten desselben Punktes μ in den Systemen der x, y, z und ξ, η, ζ, sind ferner a, b, c die Coordinaten des Anfangspunkts der ξ, η, ζ im System der x, y, z, so ist

$$x = a+\xi, \quad y = b+\eta, \quad z = c+\zeta.$$

Im Anfang ist nun $a = x'$, $\xi = \xi_1$ u. s. w., also sind die Coordinaten von μ im System der x, y, z zu Anfang

$$(1) \qquad x = x'+\xi_1, \quad y = y'+\eta_1, \quad z = z'+\zeta_1.$$

Zu Ende der Bewegung ist $a = x'+p_x$, $\xi = \xi_1+q_x$ u. s. w. Also ist zu Ende der Bewegung

$$(2) \qquad \begin{cases} x = x'+p_x+\xi_1+q_x, \quad y = y'+\eta_1+p_y+q_y, \\ \qquad z = z'+\zeta_1+p_z+q_z. \end{cases}$$

Die Ortsunterschiede, welche μ auf den Coordinatenaxen zurücklegt, findet man, indem man die Werthe (1) von den (2) abzieht. Also hat der Punkt μ während der Bewegung einen Ortsunterschied im System der xyz zurückgelegt, dessen Coordinaten sind

$$p_x+q_x, \quad p_y+q_y, \quad p_z+q_z;$$

d. h. der beschriebene Ortsunterschied ist $p \hat{+} q$. Er ist die Resultante aus den beiden Einzelvectoren p und q. Es folgt zweierlei:

a) Die „gleichzeitige Beschreibung“ zweier Strecken p und q ist subjectiv; sie entsteht erst dadurch, dass wir zwischen dem ursprünglichen Bezugssystem der x, y, z und dem Punkt μ ein bewegliches Coordinatensystem der ξ, η, ζ einschalten.

b) Sie unterliegt demselben Additionsgesetz, welches für nacheinander beschriebene Strecken gilt. Beschreibt μ gleichzeitig die Strecken p und q, d. h. genauer, beschreibt μ die Strecke q in einem System, welches selbst die Strecke p beschreibt, so beschreibt μ im Ganzen im festen System die Strecke $p \hat{+} q$.

Der Satz lässt sich unmittelbar auf beliebig viele gleichzeitig beschriebene Strecken ausdehnen. Beschreibt im System der x, y, z ein System der ξ', η', ζ' die Strecke p, in diesem ein System der ξ'', η'', ζ'' die Strecke q, in diesem ein System der ξ''', η''', ζ''' die Strecke r, u. s. w. im letzten aber μ die Strecke s, so beschreibt der Anfangspunkt der ξ'', η'', ζ'' in x, y, z die Strecke $p \hat{+} q$, der Anfangspunkt der ξ''', η''', ζ''' die Strecke $p \hat{+} q \hat{+} r$ u. s. w. und μ beschreibt im Ganzen die Strecke $p \hat{+} q \hat{+} r \hat{+} \cdots \hat{+} s$, die Resultante aller Einzelstrecken.

Das Ergebniss der Untersuchung lautet somit: Ortsunterschiede, die von ein und demselben Punkt μ beschrieben werden, sind entweder objectiv nacheinander oder subjectiv gleichzeitig beschrieben. Im ersten Fall sind sie von selbst consecutiv, im zweiten werden sie zusammengesetzt als ob sie consecutiv wären. *Ortsunterschiede desselben Punktes μ sind also stets wie freie Vectoren zusammenzusetzen.*

Dies ist die charakteristische Eigenschaft des einzelnen beweglichen Punktes.

Anmerkung. Sollen zwei Vectoren von einem Punkt μ beschrieben und zusammengesetzt werden, so zeichnet man sie meistens, wie AB und AC in Fig. 7, so dass sie beide an dem gleichen Anfangspunkt A angeheftet sind. Ihre Resultante erhält man, indem man AB parallel mit sich selbst an C oder AC parallel mit sich selbst an B anlegt; die Resultante ist daher die Diagonale AD des aus AB und AC construirten Parallelogramms. Daher die Bezeichnung „Paral-

Fig. 7.

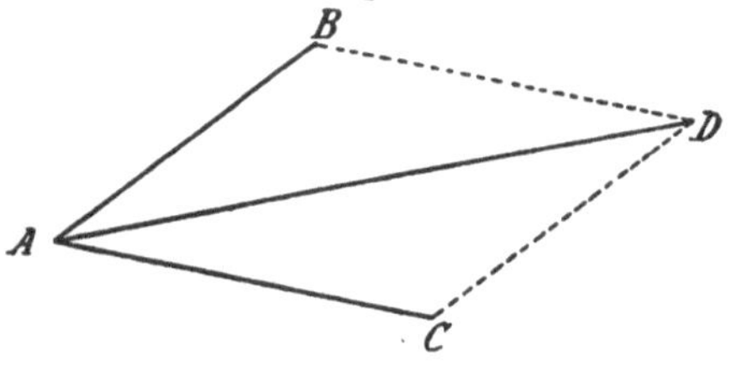

lelogramm der Vectoren" für die Zusammensetzungsfigur. Thatsächlich braucht man aber zur Zusammensetzung nur die eine Hälfte der Figur, das Dreieck *ACD* oder das Dreieck *ABD*. Es wäre also richtiger, vom „Dreieck der Vectoren" zu sprechen, welches Dreieck sich denn auch von selbst zum „Polygon der Vectoren" erweitert, wenn mehr als zwei Vectoren gegeben sind, wie in Fig. 6.

7. Momente, a) in der Ebene. Das Coordinatensystem sei rechtwinklig. Es sei $v = AB$, Fig. 8, ein angehefteter Vector, den

Fig. 8.

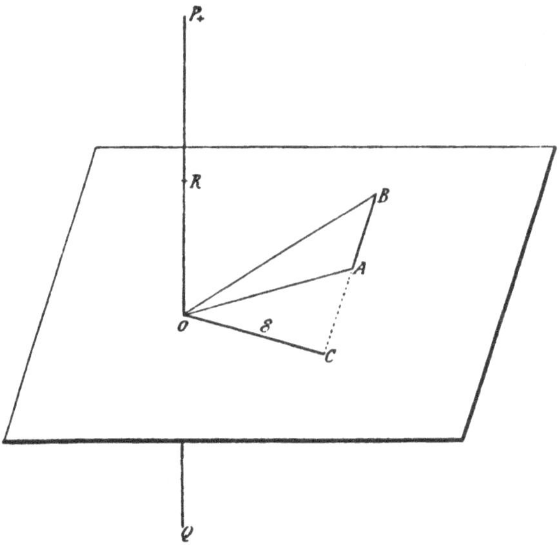

der Punkt μ, von A ausgehend, beschreibt. Wir wählen irgendwo einen Punkt O, legen durch O und AB eine Ebene und betrachten den Fortschritt, welchen μ macht, von O aus. Derselbe ist dann im Allgemeinen nach links oder nach rechts gerichtet; ziehen wir von O nach μ den Leitstrahl $O\mu$ und lassen diesen der Bewegung von μ folgen, so dreht sich der Leitstrahl (indem er zugleich seine Länge ändert) um O und beschreibt das „Vectorendreieck" AOB.

Wir beachten zunächst das Vorzeichen dieses Dreiecks und der Drehung, durch welche es beschrieben wird. Senkrecht zur Ebene AOB legen wir eine gerade Linie QOP und nennen sie die Axenlinie der Bewegung. Dieselbe hat zwei Hälften OP und OQ, und wir setzen willkürlich fest, dass OP ihre positive Hälfte sein soll. Wir denken uns nun in O einen Menschen auf der Ebene AOB stehen.

Derselbe kann zwei entgegengesetzte Stellungen einnehmen: Sein Kopf ragt entweder nach P oder nach Q hin. Im ersten Falle heisse er positiv postirt, im andern negativ postirt. Wir nehmen zunächst an, seine Position sei die positive; dann ist jede Drehung um O für ihn entweder links drehend oder rechts drehend, und wir haben zu entscheiden, welcher von diesen beiden Drehungen wir das positive Vorzeichen geben wollen. Das thun wir im Anschluss an die in 1. getroffene Convention. Wir denken uns OP als die positive z-Axe eines dreiaxigen rechtwinkligen Coordinatensystems; Drehungen in der xy-Ebene werden wir dann positiv zählen, wenn sie von der $+x$- zur $+y$-Axe hingehen; dann aber sind sie für unsern Beobachter von rechts nach links gerichtet. Für den einmal positiv postirten Beobachter zählen wir also eine Drehung positiv, wenn sie von rechts nach links, negativ, wenn sie von links nach rechts gerichtet ist.

Wechselt der Beobachter seine Position, so wechselt eine gegebene Drehung für ihn den Sinn. AB, Fig. 8, z. B. ist für den positiv postirten Beobachter links drehend, für einen negativ postirten rechts drehend. Wir können also den Beobachter in O immer so postiren, dass ein gegebener Vector AB ihm links drehend erscheint. Diese Bemerkung liefert uns das Mittel, den Sinn der von $O\mu$ vollzogenen Drehung conventionell auf eine besonders einfache Weise zu bezeichnen. Wir denken uns nämlich in O einen Beobachter so postirt, dass ihm die Drehung des Leitstrahls als eine Drehung von rechts nach links erscheint. Dabei ist seine Position in dem einen Falle (z. B. für den Vector AB) positiv, im andern (z. B. für den Vector BA oder AC) negativ. Ist er positiv postirt, so wollen wir sagen: Die Drehung des Leitstrahls geht um die Axe OP (positive Axenhälfte) vor sich; ist er negativ postirt, so sagen wir: Die Drehung geht um die Axe OQ (negative Axenhälfte) vor sich. Also z. B. in Fig. 8 repräsentirt das Fortschreiten des Punktes μ von A nach B mit Beziehung auf O eine Drehung um die Hälfte OP der Axenlinie, das Fortschreiten des Punktes μ von A nach C dagegen würde eine Drehung um OQ darstellen. Der Sinn der Drehung ist bei diesem Verfahren durch das Vorzeichen der Axenhälfte, welche wir als Drehungsaxe bezeichnen, bestimmt.

Damit ist nun auch der Sinn, in welchem das Vectorendreieck AOB vom Leitstrahl beschrieben wird, durch Angabe der Drehungsaxe ausgedrückt. Für den einmal positiv postirten Beobachter wäre der Flächeninhalt AOB offenbar positiv zu rechnen, wenn das Dreieck von rechts nach links, negativ, wenn es von links nach rechts beschrieben wird. In unserer Bezeichnung wird ein positives Dreieck AOB durch Drehung um die positive Axe OP beschrieben, und umgekehrt. Enthält nun das Dreieck AOB n Flächeneinheiten, so messen wir auf der ihm zugeschriebenen Axe von O aus n Längeneinheiten ab; der Endpunkt des so abgemessenen Stückes heisse R; dann ist der Vector OR eine Grösse, welche das Vectorendreieck AOB sowohl dem absoluten Inhalt als dem Sinne nach vollständig bestimmt. Denn seine Länge n giebt uns den absoluten Werth der Fläche AOB an, und der Sinn, in welchem diese Fläche beschrieben wird, ist unserer Convention gemäss linksdrehend für einen Beobachter, der mit den Füssen in O, mit dem Kopf in R steht.

(Dieselbe Art der Charakterisirung lässt sich offenbar für alle Drehungsergebnisse einführen, die für einen festpostirten Beobachter entgegengesetzte Vorzeichen haben können, z. B. für den Winkel AOB.)

Fällen wir nun von O ein Perpendikel auf v und nennen dasselbe δ, so ist der Inhalt des Dreiecks AOB offenbar $\frac{1}{2}v.\delta$. Der Bequemlichkeit wegen stellen wir unsere fernere Betrachtung mit Weglassung des Factors $\frac{1}{2}$ an dem Product $v.\delta$ an. Das ist das doppelt genommene Vectorendreieck, i. e. das Parallelogramm, dessen Seiten OA und AB sind. Wir erhalten seine Darstellung nach dem vorigen, indem wir den doppelten Inhalt des Dreiecks AOB auf derjenigen Axenhälfte abtragen, von der aus gesehen der Vector AB linksdrehend erscheint. $v.\delta$ heisst das Moment von v in Bezug auf O oder das Moment von v in Bezug auf die Axe OR. v heisst der Vector, δ der Arm desselben. Wir bezeichnen ein Moment durch den Buchstaben m, und zwar wollen wir uns die Momente immer als auf ihrer Axe dargestellt oder wenigstens darstellbar denken. Der Buchstabe m bezeichnet also in jedem Fall zugleich die Fläche $2AOB$ und einen Axenabschnitt $2OR$ von der Art des vorhin genannten.

Geht die Doppelrichtung von v gerade durch O, so ist offenbar wegen $\delta = 0$ auch $m = 0$. v ist in diesem Fall weder rechts- noch linksdrehend.

Verschiebt sich der Vector v auf seiner Richtungslinie ohne seine Grösse zu ändern, so bleibt sein Moment offenbar unverändert; dasselbe ist der Fall, wenn die ganze Figur sich um O dreht. Wir können, ohne das Moment m zu verändern, den Vector v ersetzen durch einen andern u,

1) wenn $u = v$ und auf derselben Geraden gelegen ist,

2) wenn $u = v$ ist und bei gleichem Sinn der Drehung gleichen Abstand von O hat wie v,

3) wenn v ungleich u, aber u so gewählt ist, dass $u\varepsilon = v\delta$, wo ε den Arm von u bezeichnet. Insbesondere trifft das Letztere zu, wenn wir $u = 1$ und $\varepsilon = v.\delta$ wählen; es lässt sich also jedes Moment m ersetzen durch das Moment eines Vectors, dessen Länge gleich 1 und dessen Arm gleich m ist. Ferner lässt m sich ersetzen durch das Moment eines Vectors, dessen Länge gleich m und dessen Arm gleich 1 ist.

Wir stellen uns nun die Aufgabe, m zu berechnen, wenn O, A und v in rechtw. Coordinaten gegeben sind.

Fig. 9.

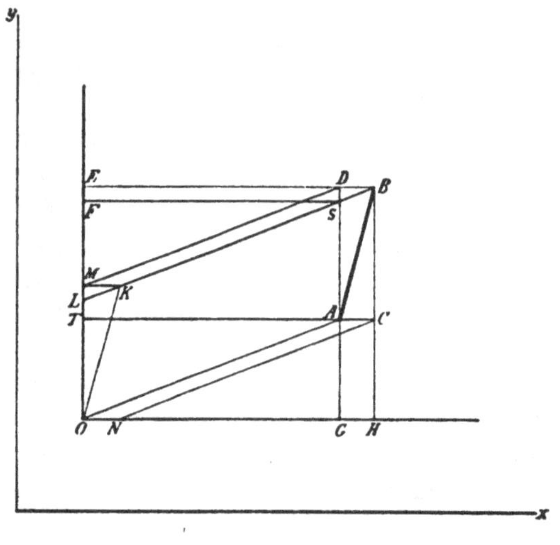

Wir nehmen die Ebene AOB zur xy-Ebene; in dieser habe O die Coordinaten ξ, η, A habe x, y; v habe v_x, v_y. Wir ziehen die Linien, Fig. 9, die in leicht ersichtlicher Weise theils parallel zu OA und AB, theils parallel zu den Coordinatenrichtungen sind. Nun ist m gleich $OABK = OASL = TASF = TADE - FSDE$. Es ist aber $TADE = \overline{TA}.\overline{AD} = (x-\xi).v_y$, und $FSDE = LSDM = KBDM = NCAO = HCAG = \overline{GA}.\overline{AC} = (y-\eta).v_x$. Also

$$(1) \qquad m = (x-\xi)v_y - (y-\eta)v_x.$$

Wir controliren noch das Vorzeichen des Ausdrucks an dem Specialfall $x > \xi$, $y > \eta$, $v_y > v_x > 0$, den Fig. 9 darstellt. Der früheren Convention gemäss ist, wenn wir senkrecht auf der Zeichnung noch eine z-Axe anbringen, die positive Hälfte derselben vertikal nach **oben** zu richten, also das Parallelogramm $OABK$ positiv zu nehmen, wenn B, von einem Punkt vertikal über O angesehen, links von A liegt. B liegt nun von O aus angesehen gerade hinter A, wenn

$$\frac{v_y}{v_x} = \frac{y-\eta}{x-\xi},$$

also liegt es links von A, wenn $\frac{v_y}{v_x} > \frac{y-\eta}{x-\xi}$; dann ist aber $(x-\xi).v_y > (y-\eta)v_x$ d. h. der Ausdruck (1) ist in derjenigen Anordnung, wie wir ihn niedergeschrieben haben, positiv, also richtig. Der Leser merke sich also ein für alle Mal: In dem Ausdruck für m haben die Coordinaten des Anheftungspunktes die cyklische Reihenfolge.

Nehmen wir O zum Anfangspunkt der Coordinaten, so ist

$$\xi = \eta = 0,$$

und (1) reducirt sich auf

$$(2) \qquad m = xv_y - yv_x.$$

Da man jedes O zum Anfangspunkt machen kann, wird der Ausdruck in dieser Form am meisten gebraucht. Dann ist die z-Axe zugleich die Axe von m, und zwar ist m auf der positiven Hälfte derselben abzutragen, wenn $xv_y - yv_x$ positiv ist, und umgekehrt.

Es ist zweckmässig, auch die analytische Ableitung von (2) zu kennen. Macht v mit den Axen der x und y die Winkel α, β, so ist die Gleichung der geraden Linie, auf der v liegt, wenn $\mathfrak{x}$ und $\mathfrak{y}$ die laufenden Coordinaten derselben sind

$$(3) \qquad \frac{\mathfrak{x}-x}{\cos\alpha} = \frac{y-\eta}{\cos\beta};$$

zugleich ist

$$(4) \qquad v\cos\alpha = v_x, \quad v\cos\beta = v_y.$$

Für das Perpendikel δ vom Anfangspunkt auf die Linie (3) haben wir die Formel

$$(5) \qquad \delta = \sqrt{(x\cos\beta - y\cos\alpha)^2} = \pm(x\cos\beta - y\cos\alpha).$$

Also

$$(6) \qquad m = v.\delta = \pm(xv\cos\beta - yv\cos\alpha) = \pm(xv_y - yv_x),$$

und durch die obige Betrachtung am Specialfall wird constatirt, dass wir das positive Vorzeichen zu wählen haben, wenn wir unsern bisherigen Conventionen treu bleiben wollen.

Moment einer Resultante von Vectoren in der Ebene. Am Punkt μ seien mehrere Vectoren v', v'', ... gegeben, die sämmtlich mit μ und O in der xy-Ebene liegen. Die Coordinaten von μ seien x, y und die Componenten der Vectoren seien v'_x, v'_y, v''_x, v''_y, ... Die Vectoren haben eine Resultante; diese heisse V, sie liegt, wie jene, in der xy-Ebene. Dabei ist

$$V_x = v'_x + v''_x + \cdots \quad V_y = v'_y + v''_y + \cdots.$$

Wir bilden das Moment M von V in Bezug auf die z-Axe; es ist

$$M = xV_y - yV_x = x(v'_y + v''_y + \cdots) - y(v'_x + v''_x + \cdots)$$

$$(7) \qquad M = (xv'_y - yv'_x) + (xv''_y - yv''_x) + \cdots.$$

Die rechtsstehenden Grössen sind aber die Momente der einzelnen

Vectoren v', v'', ... also, wenn diese Momente mit m', m'', ... bezeichnet werden,

$$(8) \qquad M = m' + m'' + \cdots.$$

Liegen mehrere Vectoren mit demselben Anfangspunkt in der gleichen Ebene, so ist das Moment ihrer Resultante, genommen in Bezug auf einen bestimmten Punkt O, gleich der algebraischen Summe der Momente der einzelnen Vectoren. Kürzer ausgedrückt: „Momente auf der gleichen Axenlinie sind algebraisch zu addiren“, ganz ähnlich, wie Vectoren auf der gleichen Richtungslinie.

8. Momente im Raum. Es sei nunmehr ein Vector v gleich AB in beliebiger Lage im Raum gegeben. Ausserhalb desselben werde ein beliebiger Punkt O ausgewählt, und zum Anfangspunkt eines dreiaxigen, rechtwinkligen Coordinatensystems genommen, dessen Axen übrigens gegen A eine beliebige Lage haben können.

Das Moment m des Vectors v in Bezug auf den Anfangspunkt können wir dann zunächst nach der in **7.** gegebenen Vorschrift construiren und auf seiner Axenlinie darstellen. Wir legen nämlich durch O und AB eine Ebene und construiren in dieser das Dreieck AOB. Der doppelte Inhalt desselben ist die Grösse des Moments von AB in Bezug auf O. Ferner errichten wir in O ein Perpendikel auf der Ebene AOB und zwar nach derjenigen Seite, von wo aus gesehen AB links drehend erscheint. Auf diesem Perpendikel tragen wir von O aus eine Strecke $OR = m$ ab, die soviel Längeneinheiten enthält, wie $2AOB$ Flächeneinheiten. Dann ist der Vector $OR = m$ die unserer früheren Convention entsprechende Darstellung des Momentes m.

Sind AB und der Punkt O gegeben, so lässt sich offenbar nur ein Perpendikel in O auf der Ebene AOB errichten; von den beiden Hälften desselben ist nur eine so gelegen, dass AB von ihr aus linksdrehend erscheint und auf dieser Hälfte ist nur ein Abschnitt $OR = m$ möglich. Ist umgekehrt OR gegeben, so lässt sich durch O nur eine Ebene senkrecht zu OR legen; in dieser ist die Grösse des Produktes $v.\delta$ durch die Länge von OR eindeutig bestimmt und der Sinn desselben dadurch eindeutig festgelegt, dass der Vector v linksdrehend sein muss für einen Beobachter, der mit den Füssen in O, mit dem Kopf in R steht. Der Vector OR ist also auch im Raum eindeutig durch das geometrisch gegebene Moment $2AOB$ bestimmt und liefert seinerseits eine eindeutige Bestimmung für Grösse und Sinn dieses Momentes.

Es mache nun OR mit den drei Coordinatenaxen die Winkel α, β, γ; dann macht die Ebene AOB mit den drei Coordinatenebenen in cyklischer Reihenfolge dieselben Winkel, nämlich α mit der yz-

Ebene, β mit der zx-Ebene u. s. w. Projiciren wir nun das Vectorendreieck AOB auf die yz-Ebene und nennen die doppelte Projection desselben m_x, so ist

$$(1) \qquad m_x = m \cos \alpha.$$

Projicirt man andererseits den Vector v auf die yz-Ebene, so ist m_x das doppelte Vectorendreieck der Projection. Betrachten wir dies m_x als ein selbständiges Moment, so ist die Axenlinie desselben identisch mit der x-Axe, und um das Moment m_x auf der x-Axe darzustellen, haben wir nach dem Früheren auf dieser einen Werth abzuschneiden, der an Grösse und Vorzeichen gleich m_x ist, d. h. wir haben auf ihr die Länge $m \cos \alpha$ abzutragen. Wenn wir aber OR direct auf die x-Axe projiciren, so erhalten wir dieselbe Grösse $m \cos \alpha$.

Ganz entsprechend: projiciren wir $2AOB$ auf die zx-Ebene, so erhalten wir in dieser Projection das Moment $m_y = m \cos \beta$; stellen wir dasselbe durch seinen Axenabschnitt dar, so ist dieser zugleich die Projection von OR auf die y-Axe. Und ebenso: projiciren wir $2AOB$ auf die xy-Ebene, so erhalten wir in dieser Projection das Moment $m_z = m \cos \gamma$; stellen wir dasselbe durch seinen Axenabschnitt dar, so ist dieser zugleich die Projection von OR auf die z-Axe.

Die Grösse $OR = m$ steht also zu den 3 Grössen m_x, m_y, m_z genau in demselben Verhältniss, wie ein Vector zu seinen Coordinaten; dies Verhältniss wird ausgedrückt durch die Gleichungen

$$(2) \qquad m_x = m \cos \alpha, \quad m_y = m \cos \beta, \quad m_z = m \cos \gamma,$$

aus denen folgt

$$(3) \qquad m_x^2 + m_y^2 + m_z^2 = m,$$

$$(4) \qquad m_x \widehat{+} m_y \widehat{+} m_z \equiv m,$$

wobei im Auge zu halten ist, dass m_x auf der x-Axe, m_y auf der y-Axe u. s. w. aufgetragen ist. Nach Gleichung (4) ist der Vector $m \equiv OR$ zugleich die Resultante der drei Vectoren m_x, m_y, m_z. Wir nennen daher m_x, m_y, m_z die Coordinaten von m und haben dann folgende Sätze:

Das Moment eines beliebig im Raum gelegenen Vectors v in Bezug auf den Coordinatenanfang O hat drei Coordinaten. Die erste derselben erhalten wir, indem wir den Vector nebst seinem Anheftungspunkt auf die yz-Ebene projiciren, das Moment der Projection in Bezug auf die x-Axe bestimmen und es auf dieser x-Axe, die seine natürliche Axenlinie ist, der Grösse nach auftragen, wobei die frühere

Zeichenregel zu berücksichtigen ist. Die zweite und dritte erhalten wir, indem wir die entsprechenden Projectionsmomente für die y- und z-Axe bilden und auf ihren Axen auftragen. Das auf seiner Axenlinie OR dargestellte Moment von v setzt sich aus diesen drei Coordinaten gerade so zusammen, wie ein Vector aus seinen Coordinaten.

Es sei nun v durch seine drei Coordinaten v_x, v_y, v_z gegeben, ebenso A durch seine Coordinaten x, y, z. Wir betrachten die Projection von $2AOB$ auf die yz-Ebene. In dieser hat die Projection von A die Coordinaten y, z, die Projection von v die Coordinaten v_y, v_z; also ist nach **7.** Gl. (2)

$$(5) \qquad m_x = yv_z - zv_y.$$

Ganz ebenso findet sich für die beiden andern Coordinaten

$$(6) \qquad m_y = zv_x - xv_z,$$

$$(7) \qquad m_z = xv_y - yv_x.$$

Das Gesammtmoment m findet sich hieraus mit Gl. (3) und (4).

Zusammensetzung von Momenten. Es seien nun v', v'', v''', ... verschiedene Vectoren mit den Componenten v'_x, v''_x, ..., v'_y, v''_y, ... u. s. w. und den Momenten m', m'', m''' u. s. w., deren Componenten wieder m'_x, m''_x, ..., m'_y, ... u. s. w. sind. Alle Vectoren seien am gleichen Punkt μ in A angeheftet, sie haben dann eine Resultante, die gleichfalls an A angeheftet gedacht werde; diese soll V heissen und die Componenten V_x, V_y, V_z, das Moment M haben. Es ist, wenn x, y, z die Coordinaten von A sind

$$(8) \qquad V = v' \widehat{+} v'' \widehat{+} v''' \dots \text{ etc.}$$

$$(9) \qquad M = M_x \widehat{+} M_y \widehat{+} M_z,$$

$$(10) \qquad M_x = yV_z - zV_y, \quad M_y = zV_x - xV_z, \quad M_z = xV_y - yV_x.$$

Nun ist

$$V_z = v'_z + v''_z + v'''_z + \cdots, \quad V_y = v'_y + v''_y + v'''_y \dots,$$

also

$$(11) \qquad \begin{cases} M_x = y(v'_z + v''_z + v'''_z + \cdots) - z(v'_y + v''_y + v'''_y + \cdots) \\ \quad = (yv'_z - zv'_y) + (yv''_z - zv''_y) + (yv'''_z - zv'''_y) + \text{ etc.} \end{cases}$$

$yv'_z - zv'_y$ ist aber m'_x, $yv''_z - zv''_z$ ist m''_x ... etc., also

$$(12) \qquad \begin{cases} \qquad\qquad M_x = m'_x + m''_x + m'''_x + \cdots \text{ etc.} \\ \text{Ebenso wird } M_y = m'_y + m''_y + m'''_y + \cdots \text{ etc.} \\ \qquad\qquad M_z = m'_z + m''_z + m'''_z + \cdots \text{ etc.} \end{cases}$$

Also: **Die Coordinaten des Moments der Resultante finden sich aus den Coordinaten der componirenden Momente durch einfache Addition**, ganz wie beim Vector. Wir können nun in den drei Gl. (12) alle $+$ durch $\hat{+}$ ersetzen und sie dann mittelst des Zeichens $\hat{+}$ addiren; dann folgt aus ihnen

$$M_x \hat{+} M_y \hat{+} M_z \equiv (m'_x \hat{+} m'_y \hat{+} m'_z) \hat{+} (m''_x \hat{+} m''_y \hat{+} m''_z) \hat{+} (m'''_x \hat{+} m'''_y \hat{+} m'''_z) \hat{+} \text{ etc.}$$

d. h.

$$(13) \qquad M \equiv m' \hat{+} m'' \hat{+} m''' \hat{+} \cdots$$

Das Moment der Resultante ist die Resultante aus den Momenten der Componenten.

Durch diese Sätze wird zwischen Vectoren und ihren Momenten ein vollständiger Dualismus hergestellt; um denselben hervortreten zu lassen, stellen wir die entsprechenden Sätze nebeneinander.

Ein Vector stellt einen Fortschritt längs einer einseitig gerichteten Geraden dar; diese Gerade ist seine Richtung.	Ein Moment stellt einen Fortschritt um eine einseitig gerichtete Gerade dar; diese Gerade ist seine Axenrichtung.
Der Vector v wird geometrisch dargestellt durch einen Abschnitt von der Länge v, genommen auf seiner Richtung.	Das Moment m wird geometrisch dargestellt durch einen Abschnitt von der Länge m, genommen auf seiner Axe.
Er hat drei Coordinaten v_x, v_y, v_z, die seine Projectionen auf die Coordinatenaxen sind.	Es hat drei Coordinaten m_x, m_y, m_z, die die Projectionen der geometrischen Darstellung von m auf die drei Coordinatenaxen sind.
Diese sind zugleich seine Componenten; $v \equiv v_x \hat{+} v_y \hat{+} v_z$.	Diese sind zugleich seine Componenten; $m \equiv m_x \hat{+} m_y \hat{+} m_z$.
Zwei constructiv gegebene Vectoren werden durch geometrische Summation zusammengefügt.	Zwei constructiv (auf ihren Axenlinien) gegebene Momente werden durch geometrische Summation zusammengefügt.
Jeder Vector v kann demnach willkürlich in Componenten v', v'', v''', ... etc. zerlegt werden, welche die Bedingung erfüllen, dass $v' \hat{+} v'' \hat{+} \cdots \equiv v$.	Jedes Moment m kann demnach willkürlich in Componenten m', m'', m''', ... etc. zerlegt werden, welche die Bedingung erfüllen, dass $m' \hat{+} m'' \hat{+} m''' \hat{+} \cdots \equiv m$.
Vectoren von gleicher oder entgegengesetzter Richtung werden algebraisch addirt.	Momente auf gleicher oder entgegengesetzter Axe werden algebraisch addirt.
Insbesondere gilt das für die Coordinaten der Vectoren; man erhält die Coordinaten einer Resultante, indem man die Coordinaten der Componenten algebraisch addirt.	Insbesondere gilt das für die Coordinaten der Momente; sind die Momente mehrerer Vectoren gegeben, so erhält man die Coordinaten des resultirenden Moments, indem man die Coordinaten der componirenden Momente algebraisch addirt.

Mit einem Wort: die Momente, dargestellt in der von uns angegebenen Weise, sind selbst Vectoren.

Man vergesse nicht, an welche Bedingungen die Gültigkeit aller Momentensätze vorläufig geknüpft ist: Wir beschäftigen uns hier mit Resultaten, die aus der Bewegung eines Punktes hervorgehen. Wenn also mehrere Vectoren in's Spiel kommen, so ist durch unsere Aufgabe die Voraussetzung gegeben, dass alle diese Vectoren an demselben Punkt μ angebracht sind, also dass sie alle den gleichen Anheftungspunkt A besitzen. Und diese Bedingung ist wesentlich, da ja das Moment m von den Coordinaten x, y, z des Punktes A wesentlich mit abhängt. Selbstverständlich ist auch wesentlich, dass alle Momente auf den gleichen Punkt O bezogen sind.

Wir nehmen nunmehr an, der Punkt O sei in einem Coordinatensystem der x, y, z gegeben, dessen Anfangspunkt er nicht ist und in welchem er die Coordinaten ξ, η, ζ hat. Dann können wir zunächst das Coordinatensystem homoparallel mit sich selbst so verschieben, dass sein Ursprung in O fällt, und können in ihm die obigen Sätze beweisen: „Das Moment eines Vectors v ist die geometrische Summe seiner drei Coordinaten. Die Coordinaten des Momentes sind die Momente der drei Projectionen von v auf die drei Coordinatenebenen. Das Moment einer Resultante ist die Resultante aus den Momenten der Componenten. Jede Coordinate eines resultirenden Moments ist die Summe der entsprechenden Coordinaten der componirenden Momente.“ Und da die Projectionen im verschobenen Coordinatensystem dieselben Werthe haben, wie im unverschobenen, gelten diese Sätze auch im System der x, y, z. Sie sind überhaupt von der Lage des Coordinatensystems unabhängig. In den Coordinatenformeln (5), (6), (7) aber tritt eine Aenderung ein. Der Punkt A hat im System der x, y, z die Coordinaten x, y, z. Verschieben wir den Anfang nach O, so bekommt A in diesem verschobenen System die Coordinaten $x-\xi$, $y-\eta$, $z-\zeta$. In den genannten Formeln treten also $x-\xi$, $y-\eta$, $z-\zeta$ an die Stelle von x, y, z. Aus (5), (6), (7) wird also der Satz: Hat ein Vector v die Componenten v_x, v_y, v_z, hat sein Anfangspunkt die Coordinaten x, y, z und hat der Punkt O die Coordinaten ξ, η, ζ, so sind die drei Axenmomente von v in Bezug auf O

$$(14)\qquad \begin{cases} m_x = (y-\eta)v_z - (z-\zeta)v_y \\ m_y = (z-\zeta)v_x - (x-\xi)v_z \\ m_z = (x-\xi)v_y - (y-\eta)v_x \end{cases}$$

während

$$(15) \qquad m_x = m\cos\alpha, \quad m_y = m\cos\beta, \quad m_z = m\cos\gamma$$

unverändert bestehen bleiben.

Vermöge des Satzes, dass das Moment einer Resultante gleich der Resultante der Momente der Componenten ist, lässt sich nun auch ein Moment, wie ein Vector, nach schiefwinkligen Axenrichtungen in Componenten zerlegen, eine Zerlegung, die wir indessen kaum je verwenden werden.

B. Bewegung in der Zeit; erste Differentialquotienten.

9. Zeit. Die Zeit ist eine Grösse von einer Dimension, welche als unabhängige, stets wachsende Veränderliche in alle Aenderungsprocesse eingeht. Wir bezeichnen sie ein für alle Mal mit t. Als Einheit derselben dient uns die mittlere Sonnensecunde, schlechthin Secunde genannt.

Die Möglichkeit, Zeiträume zu messen, beruht, wie jede Grössenmessung, auf der Möglichkeit 1) zwei Zeiträume miteinander zu vergleichen, 2) einen bestimmten Zeitraum, die Fundamentaleinheit, zu reproduciren. Dem Menschen (und vermuthlich auch den Thieren, die ja periodische Bewegungen ausführen) ist die Fähigkeit eingeboren, schätzungsweise zu erkennen, ob zwei consecutive Zeiträume einander gleich sind. (Zählen im Takt, etc.) Wir können nun physikalische Körper so unterstützen, dass ihnen die Freiheit bleibt, gewisse Bewegungen wiederholt in der gleichen Art und unter Umständen, die, soweit die Beobachtung reicht, dieselben sind, auszuführen. Wir bemerken dann, dass, immer mit der Genauigkeit, welche unsere Schätzung zulässt, die gleiche Bewegung in der gleichen Zeit gemacht wird (z. B. Schläge eines Sekundenpendels); wir schliessen, dass dies Verhältniss eine Begründung hat, und die kann nur darin liegen, dass die Gleichheit der Zeiträume eine Folge von der Gleichheit der Bewegungsbedingungen ist. Ist aber der Zusammenhang zwischen den Bedingungen der Bewegung und der zu ihr verbrauchten Zeit im Wesen der Bewegung begründet, so findet auf ihn der Grundsatz Anwendung: „Naturgesetze müssen streng richtig sein"; denn sonst wären sie nicht erkennbar. Es muss also aus genau gleichen Bewegungsbedingungen in aller Strenge der gleiche Zeitverbrauch hervorgehen, und der Satz, den uns die subjective Schätzung als ungefähr richtig liefert, muss genau und allgemein gültig sein: „Identische Bewegungen, die von ein und demselben Körper unter identischen Umständen ausgeführt werden, erfordern gleiche Zeiträume."

Sie können also zum Messen der Zeit gebraucht werden.

Als Normalkörper, der unter immer gleichen Umständen seine Bewegung wiederholt, dient uns zunächst ein schwingendes Pendel. Seine Schwingungszeit nehmen wir willkürlich zur Einheit der Zeit; wir verbinden es mit einem Registrirwerk (Uhr) und erhalten so das Mittel, Zeiträume von grösserer Dauer in jener willkürlichen Einheit zu messen. Mit dem Pendel machen wir die Entdeckung, dass die mittlere Dauer des Sonnentages eine Grösse ist, die sich im Laufe der Jahrhunderte annähernd gleichbleibt. Wir sehen in der That, dass die Umstände, unter denen die Erde ihre Rotation ausführt, auch für die verfeinerte Beobachtung sehr nahe constant sind. Wir schliessen, dass auch der mittlere Sonnentag eine Fundamentaleinheit für die Zeitmessung liefern kann. Wäre einerseits die Pendelschwingung, andererseits der mittlere Sonnentag von ganz constanter Dauer, so müsste auf einen Tag immer eine unveränderliche Zahl von Pendelschwingungen fallen. Die Beobachtung zeigt, dass das nicht der Fall ist, und die verfeinerte Beobachtung weist auch die Gründe dieser Abweichung nach. Die Gleichheit der Umstände, unter denen sich das Pendel bewegt, wird nämlich durch Störungen getrübt, von denen die wichtigste der Einfluss der Temperatur ist; ebenso wird die Bewegung der Erde durch die Gezeiten, durch Meteorsteine etc. beeinflusst. Die Störungen, welche die Erde erleidet, sind im Verhältniss zu ihrer Grösse viel geringer, als die des Pendels; auch findet sich, dass der Quotient aus Sonnentag und Pendeleinheit um so mehr der Constanz sich nähert, je mehr die Störungen, die am Pendel zu Tage treten, durch Correctionen beseitigt werden. Wir schliessen, dass der mittlere Sonnentag eine Grösse ist, die mit grösserer Genauigkeit constant bleibt, als die Schwingungsdauer unserer besten Pendel. Wir corrigiren also die Uhren nach dem Sonnentag, d. h. wir benutzen diesen als Fundamentaleinheit; sein 86400er Theil ist die Secunde.

Wir erkennen die Zeit nur als etwas Fortschreitendes und bestimmen einen Zeitpunkt t durch seinen Abstand von einem früheren t_1. Der Letztere ist willkürlich zu wählen. Für jedes Problem ist demnach der Nullpunkt der Zeit willkürlich, oder was dasselbe sagt, jede Zeitbestimmung enthält eine willkürliche Constante, die von der Wahl des Nullpunktes abhängt.

10. Continuirliche Bewegung; Bahn. Bewegt sich der Punkt μ, so gelangt er von einem Ort A nach einem zweiten Orte B, indem er irgend eine Folge von zwischenliegenden Punkten durchläuft; seine Coordinaten werden Funktionen der Zeit. Gehört der Punkt einem materiellen Körper an, so ist die Folge der durchlaufenen Punkte continuirlich, eine Curve, seine Coordinaten sind continuirliche Funktionen der Zeit. Wir setzen überdies voraus, dass sie und ihre Aenderungen stets endlich seien. Sie würden sich ja sonst der Betrachtung entziehen.

Die continuirliche Linie, welche ein Punkt durchläuft, heisst seine Bahn. Ist dieselbe eine Gerade, so heisst die Bewegung geradlinig, sonst krummlinig. Sind die Coordinaten des Punktes für jeden Zeitpunkt innerhalb der Grenzen t_1 und t_2 gegeben, so ist damit auch seine Bahn während des genannten Zeitraums gegeben. Erstere werden bestimmt durch drei Gleichungen $x = \varphi(t)$, $y = \psi(t)$, $z = \chi(t)$. Eliminirt man t zwischen diesen, so erhält man zwei Gleichungen zwischen x, y und z; diese werden von den successiven Orten des Punktes μ erfüllt, d. h. sie sind die Gleichungen seiner Bahn.

Beispiel: Man habe $x = a\sin t$, $y = a\cos t$, $z = bt$; man quadrire die beiden ersten Gleichungen, so findet sich $x^2+y^2 = a^2$; aus der dritten folgt

$$z = b\arcsin\frac{x}{a};$$

beide Gleichungen bezeichnen eine Kreiscylinderschraube vom Radius a und der Ganghöhe $2\pi b$.

Nehmen wir auf der gegebenen Bahn einen festen Anfangspunkt A_0 an, so bestimmt die Länge des Bahnstücks s, welches von A_0 nach μ führt, die Lage von μ. s, als Bestimmungsstück gefasst, heisst die Bahnabscisse von μ. Dieselbe hat natürlich, wenn μ in Bewegung ist, nur für einen bestimmten Zeitpunkt t einen bestimmten Werth. In der unendlich kleinen Zeit dt, welche dem Zeitpunkt t folgt, legt der Punkt μ ein Bahnelement ds zurück, seine Bahnabscisse ändert sich um ds. Die Richtung dieses Elements, genommen in dem Sinn, in welchem ds beschrieben wird, ist die Richtung der Bewegung zur Zeit t.

Es kann vorkommen 1) dass der Punkt μ ein bestimmtes Element ds einer Curve nur einmal, 2) dass er es wiederholt, aber immer in der gleichen Richtung, 3) dass er es bald in der einen, bald in der entgegengesetzten Richtung durchläuft. In den beiden ersten Fällen ist die Richtung von ds auch durch die Stelle s_1, an der es sich befindet, eindeutig bestimmt. Im letzten Fall ist die Bestimmung der Richtung von ds durch Angabe der Stelle s_1 zweideutig. Wir betrachten dann die Bahn in der Nähe von s_1 als die Superposition zweier oder mehrerer Bahnen von zwiefachem Sinn; jede Einzelne von diesen hat an der Stelle s_1 die Richtung, in welcher das zugehörige ds zugelegt wird. Zu einer bestimmten Zeit t_1 wird ds offenbar in einer bestimmten Richtung beschrieben; diese Richtung bezeichnen wir als die Richtung der Bahn zur Zeit t_1.

Zieht man in s_1 eine Tangente an die Bahn, so ist die Tangente definitionsgemäss die Verlängerung von ds. Sie hat, insofern sie durch ihre Gleichung bestimmt wird, zwei entgegengesetzte Richtungen, von denen die eine mit der von ds übereinstimmt. Wir denken uns die Tangente immer in derjenigen Richtung genommen, in welcher ds beschrieben wird, dann haben wir:

Die Richtung einer Bahn oder der in ihr stattfindenden Bewegung zur Zeit t ist die Richtung der Tangente an der entsprechenden Stelle s der Bahn.

$\frac{dx}{ds}$ (vergl. Fig. 10 S. 36) ist der Projectionsparameter l, welcher dem Bahnelement ds zukommt, $\frac{dy}{ds} = m$, $\frac{dz}{ds} = n$.

Fig. 10.

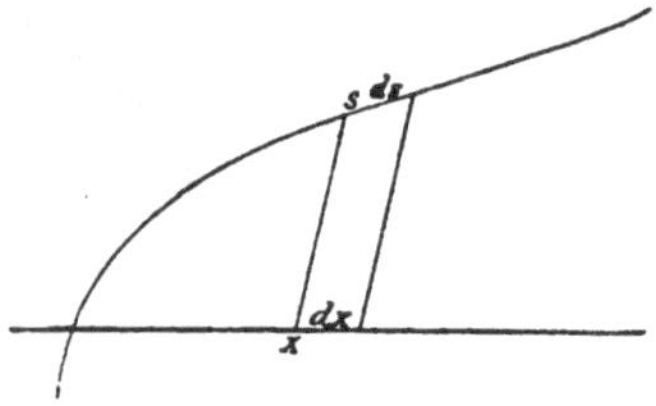

Die analytische Bedingung dafür, dass eine Bewegung geradlinig sei, ist offenbar die, dass $\frac{dx}{ds}$, $\frac{dy}{ds}$ und $\frac{dz}{ds}$ constant sind.

Bei rechtwinkligen Coordinaten seien α, β, γ die Winkel, welche die durch ds gelegte Tangente mit den Axen macht, dann ist

$$l = \cos\alpha \quad \text{u. s. w.}$$

also

$$(1) \qquad \frac{dx}{ds} = \cos\alpha, \quad \frac{dy}{ds} = \cos\beta, \quad \frac{dz}{ds} = \cos\gamma.$$

Gelangt ein Punkt μ von A nach B, so ist das Verschiebungsresultat, welches er erlitten hat, offenbar der Ortsunterschied, d. h. der (gerade) Vector $\overline{AB}$, ganz gleichgültig, auf welcher Bahn er den Ortsunterschied erlangt hat. Handelt es sich also bloss um die Bestimmung der schliesslich erlittenen Verschiebung, so ist die krumme Bahn ACB, Fig. 11 und jede andere krumme Bahn, die in A beginnt und in B aufhört, gleichwerthig mit der geraden Bahn AB. In der That ist, wenn wir die aufeinanderfolgenden Elemente der Curve ACB mit ds_1, ds_2, ds_3, ... etc. bezeichnen, gemäss der Definition des Zeichens $\hat{+}$

Fig. 11.

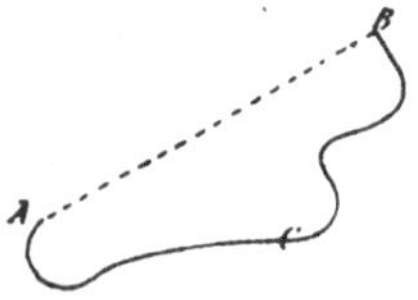

$$\overline{AB} \equiv ds_1 \hat{+} ds_2 \hat{+} ds_3 \ldots \text{ etc.}$$

Es folgt daraus, dass wenn wir bloss Verschiebungsresultate bestimmen wollen, krummlinige Bahnstücke gerade so, wie geradlinige Vectoren, in geometrische Summationen aufgenommen werden können. In Fig. 12 ist, wenn wir die krummlinigen Stücke durch einen übergesetzten Bogen bezeichnen

Fig. 12.

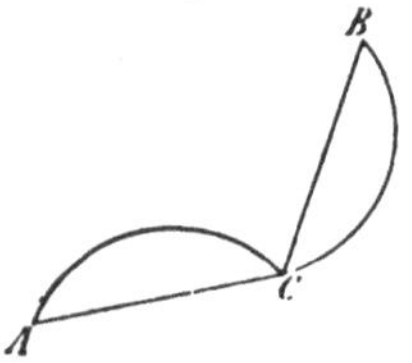

$$\widehat{AC} \hat{+} \widehat{CB} \equiv \overline{AC} \hat{+} \overline{CB} \equiv \overline{AB}$$

d. h. geht ein Punkt μ erst von A nach C, und dann von C nach B, so erlangt er im ganzen den Ortsunterschied $\overline{AB}$, einerlei ob er auf geraden oder gekrümmten Bahnen fortschreitet.

11. Geschwindigkeit. Legt der bewegte Punkt in dem an den Zeitpunkt t stossenden Zeitraum dt das Bahnstück ds zurück, so heisst $\frac{ds}{dt}$ seine Geschwindigkeit zur Zeit t. Dieselbe hat die Richtung von ds.

Legt ein Punkt in gleichen Zeiten immer gleiche Bahnlängen zurück, so heisst seine Bewegung gleichförmig. An diesem Fall ist der Begriff Geschwindigkeit zuerst gebildet worden. Heisst ein Zeitraum $\varDelta t$ und die in demselben zurückgelegte Bahnstrecke $\varDelta s$, so ist der Quotient $\frac{\varDelta s}{\varDelta t}$ für den gleichförmig bewegten Punkt eine bestimmte Grösse c, und diese nennen wir die Geschwindigkeit des Punktes. Ist aber die Bewegung von μ nicht gleichförmig, so hat der Quotient $\frac{\text{Bahnstrecke}}{\text{Zeitraum}}$ im Allgemeinen keinen bestimmten Werth, sondern variirt von einem Zeitraum zum andern. Wählen wir aber zur Beobachtung einen bestimmten unendlich kleinen Zeitraum dt aus, und wird in diesem die Strecke ds zurückgelegt, so hat der fragliche Quotient für den Zeitraum dt eine bestimmte Grösse $\frac{ds}{dt}$. Auf der unendlich kleinen Strecke ds kann die Bewegung von μ im Allgemeinen als gleichförmig angesehen werden, weil am Ende derselben $\frac{ds}{dt}$ sich von dem Anfangswerth nur um eine unendlich kleine Grösse $\frac{d}{dt}\left(\frac{ds}{dt}\right)dt$ unterscheidet. Also hat $\frac{ds}{dt}$ für die ungleichförmige Bewegung dieselbe Bedeutung wie $\frac{\varDelta s}{\varDelta t}$ für die gleichförmige; der Name Geschwindigkeit ist daher von diesem auf jenes übertragen worden. Die Definition: „Geschwindigkeit ist $\frac{ds}{dt}$“ umfasst auch den Fall der gleichförmigen Bewegung; denn wenn $\frac{\varDelta s}{\varDelta t} = c$ ist, so findet sich durch Differentiation auch $\frac{ds}{dt} = c$.

Es habe nun für einen Punkt μ zur Zeit t die Geschwindigkeit $\frac{ds}{dt}$ den in Zahlen angegebenen Werth v. Wir wählen einen fictiven Hülfspunkt ε und denken uns, dass dieser sich gleichförmig mit der Geschwindigkeit v in der Richtung von ds auf einer Geraden bewege. Dann legt ε in einem endlichen Zeitraum $\varDelta t$ auf der Geraden eine Strecke $\varDelta s$ zurück, und da definitionsgemäss

$$(1) \qquad v = \frac{\varDelta s}{\varDelta t},$$

so ist

$$(2) \qquad \varDelta s = v . \varDelta t.$$

Also, wenn man $\varDelta t = 1$ setzt und die in der Zeiteinheit von ε zurückgelegte Strecke $\varDelta_1 s$ nennt

$$(3) \qquad \varDelta_1 s = v,$$

d. h. die Strecke, welche der Punkt ε mit der Geschwindigkeit v in der Zeiteinheit zurücklegt, stellt durch ihre Länge den Grössenwerth v dar.

Da die Strecke $\Delta_1 s$ auch die Richtung der Geschwindigkeit v besitzt, so stellt ihre Richtung gleichzeitig die Richtung von v dar.

Länge und Richtung sind die bestimmenden Eigenschaften einer Geschwindigkeit. Die Geschwindigkeit ist also ein Vector, und die beiden vorstehenden Sätze heissen zusammengenommen: der geometrische Vector $\Delta_1 s$ ist die geometrische Darstellung der Geschwindigkeit v.

Die Geschwindigkeit v hat hiernach den Längenwerth 1, wenn ein constant mit ihr behafteter Punkt in der Zeiteinheit den Vector 1 beschreibt.

Es fragt sich wie die Einheit der Geschwindigkeit zu bezeichnen sei. Geschwindigkeit ist immer ein Bruch $\frac{\text{Anzahl von Längeneinheiten}}{\text{Anzahl von Zeiteinheiten}}$, einerlei, ob die Anzahl endlich oder unendlich klein ist. Dies drücken wir consequent aus, indem wir die Einheit der Geschwindigkeit $1\,\frac{\text{Längeneinheit}}{\text{Zeiteinheit}}$ nennen, oder, da unsere Längen- und Zeiteinheiten schon bestimmt sind

$$(4) \qquad 1 \text{ Geschwindigkeitseinheit} = 1\,\frac{\text{centimeter}}{\text{secunde}}.$$

Vermittelst dieser Festsetzung können wir jede Geschwindigkeitsgrösse durch eine einfache Zahl ausdrücken; $v = 600$ heisst für uns $v = 600\,\frac{\text{cm}}{\text{sec}}$; der Punkt, dessen Geschwindigkeit 600 ist, legt, wenn er gleichförmig in diesem Zustande verharrt, in 1 sec 600 cm zurück. Es steht natürlich jedem frei, andere Einheiten der Zeit und der Länge zu wählen; seine Zahlenangaben haben aber dann eine andere Bedeutung. Ist die Beziehung seiner Einheiten zu den unsrigen bekannt, so ist es leicht, Angaben in dem einen System auf das andere zu reduciren. Wollen wir z. B. die Zeit in Minuten und die Länge in Kilometern messen, so erhalten wir für das eben gewählte Beispiel

$$v = 600\,\frac{\text{cm}}{\text{sec}} = 600 \cdot \frac{0{,}00001 \text{ kilom}}{0{,}0166..\text{min}} = 0{,}36\,\frac{\text{kilom}}{\text{min}}.$$

Die Art, in welcher die Benennung der Geschwindigkeitseinheit auf die Benennung von Zeit- und Längeneinheiten zurückgeführt wird, drückt man auch aus durch den Satz „die Dimension der Geschwindigkeit ist Länge durch Zeit dividirt“, oder durch die symbolische Gleichung $\dim(v) = \frac{(L)}{(T)}$, wo (L) und (T) Länge und Zeit bedeuten.

Bestimmen wir v durch eine algebraische Gleichung, so lässt sich in dieser explicite nur der Längenwerth der Geschwindigkeit berücksichtigen; dabei hat man sich aber v im Allgemeinen mit seiner Richtung vorzustellen.

Sagen wir also: Die Geschwindigkeit eines Punktes μ zur Zeit t ist $v = 600$, so ist, wenn die Bestimmung von v vollständig sein soll, noch dessen Richtung vorzuzeigen, bezw. vorzustellen.

Ist die Geschwindigkeit $\frac{ds}{dt}$ eines Punktes μ veränderlich, so ist zu ihrer vollständigen Kenntniss und Darstellung erforderlich, dass man ihren Werth und ihre Richtung während der Zeit, welche die Bewegung beansprucht, für jeden Augenblick angeben bezw. in der oben gezeigten Weise geometrisch darstellen könne.

Zwischen den Zeitgrenzen t_1 und t_2 sei v für die Bewegung eines Punktes μ bekannt. Man kann dann nach dem algebraischen Mittelwerth von v in dem Intervall $t_2 - t_1$ fragen. Gemäss der Definition eines Mittelwerthes ist dieser $\frac{1}{t_2 - t_1}\int_{t_1}^{t_2} v\,dt$. Er heisst die mittlere Geschwindigkeit für das Intervall $t_2 - t_1$.

12. Coordinaten der Geschwindigkeit. Der geometrische Vector v, der eine Geschwindigkeit darstellt, hat drei Coordinaten v_x, v_y, v_z; diese nennen wir die Coordinaten der Geschwindigkeit und benutzen sie als Bestimmungsstücke für Letztere. v_x, v_y, v_z sind nach **3.** die Projectionen von v auf die Axen.

Ist eine Geschwindigkeit bekannt, so ist damit auch der entsprechende Vector v gegeben und dieser bestimmt nach **3.** eindeutig die drei Coordinaten v_x, v_y, v_z. Sind v_x, v_y, v_z gegeben, so ist nach **3.** der Vector v eindeutig durch sie bestimmt und damit auch die Geschwindigkeit, welche er darstellt.

Eine Geschwindigkeit, welche durch den Vector v dargestellt wird, nennen wir von jetzt ab schlechthin die Geschwindigkeit v. Die Grössen v_x, v_y, v_z können auch als die Darstellungen dreier Geschwindigkeiten auf den Axen angesehen werden. Diese heissen dann die Seitengeschwindigkeiten des Punktes μ, der die Geschwindigkeit v besitzt.

Bewegt sich μ auf der Bahn s, so bewegen sich die drei Projectionen x, y und z von μ gleichzeitig auf den Axen, und während die Bahnabscisse s um ds zunimmt, rückt x um dx fort u. s. w. $\frac{dx}{dt}$ ist dann die Geschwindigkeit, womit die Projection x auf ihrer Axe fortschreitet. x ist während der Bewegung eine Function von t; es kann zugleich aufgefasst werden als Function der Bahnabscisse s, welche selbst Function von t ist. Danach wird gemäss den Regeln der Differentialrechnung

$$(1) \qquad \frac{dx}{dt} = \frac{dx}{ds} \cdot \frac{ds}{dt}.$$

Hierin ist $\frac{ds}{dt}$ die Geschwindigkeit v des Punktes μ, $\frac{dx}{ds}$ aber der Projectionsparameter l aus **2.** Gl. (1); also $\frac{dx}{ds} \cdot \frac{ds}{dt} = l.v = v_x$, und

$$(2) \qquad \frac{dx}{dt} = v_x, \quad \text{ebenso} \quad \frac{dy}{dt} = v_y, \quad \frac{dz}{dt} = v_z.$$

Also ist die x-Coordinate von v zugleich die Geschwindigkeit, womit sich die Projection von μ auf der x-Axe bewegt u. s. w.

Zwischen einer Geschwindigkeit und ihren Coordinaten bestehen die bekannten Gleichungen, welche in **3.** am Schlusse zusammengestellt sind.

Sind v_x, v_y, v_z constant, so ist die Bewegung geradlinig und gleichförmig. Haben $\frac{v_x}{v_y}$ und $\frac{v_x}{v_z}$ constante Werthe, so ist sie geradlinig. Beweis dem Leser überlassen.

13. Zusammensetzung von Geschwindigkeiten. Gleichzeitige Geschwindigkeiten eines Punktes μ werden nach der für freie Vectoren gegebenen Regel zusammengesetzt und zerlegt.

Der Satz bedarf zum Theil bloss einer Erläuterung, zum Theil eines Beweises, da der Ausdruck „Zusammensetzung gleichzeitiger Geschwindigkeiten“ zweierlei Sinn hat.

1. Hat der Punkt μ zur Zeit t die Geschwindigkeit v, so würde er, wenn er diese Geschwindigkeit eine Sekunde lang beibehielte, in der Sekunde einen Ortsunterschied AB zurücklegen, der an Länge und Richtung gleich v ist. Es steht uns nun frei, $\overline{AB} \equiv \overline{AC} \dotplus \overline{CB}$ zu setzen, wo C ein willkürlich zu wählender Punkt ist; es steht uns also auch frei, zu sagen, der Punkt μ legt, wenn er seine Geschwindigkeit eine Secunde lang behält, die Vectorensumme $AC \dotplus CB$ zurück, d. h. er hat gleichzeitig die beiden Geschwindigkeiten, welche durch AC einerseits, durch CB andererseits dargestellt werden. Diese Auffassung ist ganz willkürlich; wollen wir sie anwenden, so sind wir an nichts weiter gebunden, als daran, dass wir die einmal willkürlich festgesetzte Bedeutung des Zeichens $\dotplus$ folgerichtig beibehalten, d. h. die Strecken AC und CB müssen so ausgewählt werden, dass sie aneinandergelegt ein Dreieck ergeben, dessen dritte Seite $AB = v$ ist. Offenbar kann man auch $AB = AC \dotplus CD \dotplus DE \dotplus EB$ u. s. w. setzen, also die Geschwindigkeit v in beliebig viele Vectoren zerlegen, die nur der Consequenz wegen so beschaffen sein müssen, dass sie aneinandergelegt ein Polygon ergeben, dessen Schlussseite AB ist.

Ganz dasselbe sagt folgende Betrachtung: In der Zeit dt legt μ die Strecke ds zurück; $\frac{ds}{dt}$ ist seine Geschwindigkeit. ds können wir willkürlich auffassen als geometrische Summe von Componenten $ds_1 \hat{+} ds_2 \hat{+} ds_3 \hat{+} \ldots$ Diese Componenten brauchen nur die Bedingung zu erfüllen, dass das $\hat{+}$ Zeichen richtig gehandhabt ist, also dass beim Aneinanderlegen von ds_1, ds_2, ds_3 u. s. w. ein unendlich kleines Polygon entsteht, dessen Sshlussseite ds ist. Ist nun

$$ds = ds_1 \hat{+} ds_2 \hat{+} ds_3 \ldots.$$

Ist ferner

$$\frac{ds}{dt} \text{ durch } v, \quad \frac{ds_1}{dt} \text{ durch } v_1, \quad \frac{ds_2}{dt} \text{ durch } v_2, \quad \ldots \text{ u. s. w.}$$

dargestellt, so ist auch

$$v = v_1 \hat{+} v_2 \hat{+} v_3 \ldots \text{ u. s. w.}$$

Denn v hat die Richtung von $\frac{ds}{dt}$, v_1 die von $\frac{ds_1}{dt}$, v_2 die von $\frac{ds_2}{dt}$, u. s. w. Ferner ist $v : v_1 : v_2 : v_3 \cdots = ds : ds_1 : ds_2 : ds_3 \ldots$. Das Polygon der aneinandergelegten v_1, v_2, v_3, ... ist also dem Polygon der ds_1, ds_2, ds_3 u. s. w. im Endlichen ähnlich, und wie ds die Schlussseite des letzteren, so ist v die Schlussseite des ersteren. Wir können also v als Resultante von $v_1 \hat{+} v_2 \hat{+} v_3 \ldots$ auffassen, oder was dasselbe sagt, $\frac{ds}{dt}$ als die Resultante $\frac{ds_1}{dt} \hat{+} \frac{ds_2}{dt} \hat{+} \frac{ds_3}{dt} \hat{+} \ldots$

Eine Geschwindigkeit v oder $\frac{ds}{dt}$ lässt sich hiernach willkürlich in Componenten zerlegen; dabei ist die Regel der Zerlegung festzuhalten, welche wir für Vectoren willkürlich aufgestellt haben; umgekehrt gilt dann auch für die Zusammensetzung der Componenten dieselbe Regel, nach der sie hergestellt werden. Der obige Satz hat also bei dieser Auffassung nur die Bedeutung, dass die willkürlich für Vectoren festgesetzte Regel consequent gehandhabt werden soll.

2. Man spricht aber auch von zwei gleichzeitigen Geschwindigkeiten des Punktes μ in dem Sinne, wie in § 6 No. 3 von gleichzeitig zurückgelegten Ortsunterschieden die Rede war. Das Coordinatensystem der x, y, z liege fest; in ihm bewegt sich ein Coordinatensystem der ξ, η, ζ so, dass die Axen der ξ, η, ζ denen der x, y, z parallel bleiben, dass aber der Anfangspunkt Ω der ξ, η, ζ die Geschwindigkeit v' hat. Im System der ξ, η, ζ bewege sich μ mit der Geschwindigkeit v''. Man sagt dann, μ habe gleichzeitig die Geschwindigkeiten v' und v''. (Vergl. den in § 6 citirten Punkt auf dem Schiff, wenn er sich auf dem Schiff und das Schiff sich auf dem Strom continuirlich bewegt.) In diesem Fall muss erst untersucht werden, welches die Geschwindigkeit von μ im System der x, y, z ist. Zur Zeit t, zu Anfang des Zeitelements dt, habe Ω im System der x, y, z die Coordinaten x', y', z'. Dann hat es zu Ende des Zeitelements dt die Coordinaten $x'+v'_x dt$, $y'+v'_y dt$, $z'+v'_z dt$. Zu Anfang des Elements dt habe ferner μ im System der ξ, η, ζ die Coordinaten ξ', η', ζ'; dann hat er zu Ende des Elements dt die Coordinaten $\xi'+v''_\xi dt$, $\eta'+v''_\eta dt$, $\zeta'+v''_\zeta dt$; hier sind v''_ξ, v''_η, v''_ζ die Projectionen von v'' auf die Axen der ξ, η, ζ, und da diese den Axen der x, y, z parallel sind, können wir statt v''_ξ, v''_η, v''_ζ auch die Projectionen von v'' auf die Axen der x, y, z, also v''_x, v''_y, v''_z einsetzen; also sind die Coordinaten von μ im

System der ξ, η, ζ nach der Zeit dt durch $\xi'+v''_x dt$, $\eta'+v''_y dt$, $\zeta'+v''_z dt$ ausgedrückt. Die Coordinaten, welche μ im System der x, y, z hat, sind somit nach der bekannten Transformationsformel

$$\text{zur Zeit } t: \quad x'+\xi', \quad y'+\eta', \quad z'+\zeta'$$

$$\text{zur Zeit } t+dt: \quad x'+\xi'+v'_x dt+v''_x dt, \quad y'+\eta'+v'_y dt+v''_y dt, \quad z'+\zeta'+v'_z dt+v''_z dt.$$

In der Zeit dt hat also μ im System der x, y, z die Strecke zurückgelegt, deren Componenten sind

$$(v'_x+v''_x)\,dt, \quad (v'_y+v''_y)\,dt, \quad (v'_z+v''_z)\,dt.$$

Das ist aber die Strecke $(v \hat{+} v)dt$, denn nach dem Satze, dass die Coordinaten einer Resultante gleich der Summe der Coordinaten ihrer Componenten sind, sind $(v'_x+v''_x)\,dt$ u. s. w. die Coordinaten von $(v' \hat{+} v'')\,dt$. Also ist

$$ds = (v' \hat{+} v'')\,dt \quad \text{oder} \quad \frac{ds}{dt} = v' \hat{+} v''$$

d. h. die Geschwindigkeit von μ im System der x, y, z ist die durch das Zeichen $\hat{+}$ ausgedrückte Verbindung der beiden Theilgeschwindigkeiten v' und v''. Demnach ist die Regel für die Zusammensetzung von Vectoren auf Geschwindigkeiten auch in dem Fall anzuwenden, wo man unter „gleichzeitiger Existenz zweier Geschwindigkeiten" von μ die Thatsache versteht, dass μ eine Geschwindigkeit v'' in einem beweglichen Coordinatensystem, und dass dies System selbst eine Geschwindigkeit v' in einem ruhenden System der x, y, z besitzt. Offenbar lässt sich der Satz ohne weiteres auf mehrere in einander geschachtelte Coordinatensysteme ausdehnen, von denen das zweite im ersten, das dritte im zweiten u. s. w., und μ im letzten beweglich ist.

Zusammenfassung. Der Punkt μ hat in einem bestimmten Coordinatensystem der x, y, z jederzeit eine bestimmte Geschwindigkeit v, die durch einen Vector AB dargestellt werden kann. Es steht uns frei, subjectiv, dies AB als geometrische Summe $AC \hat{+} CB$ und demgemäss v als Summe $v_1 \hat{+} v_2$ aufzufassen, oder auch zwischen das System der x, y, z und μ ein Coordinatensystem mit beweglichem Anfangspunkt einzuschieben. Im ersten Fall ist selbstverständlich, dass AC und CB aneinandergelegt AB, also v_1 und v_2 aneinandergelegt v als Resultante ergeben, dass also für die Zerlegung und Zusammensetzung von Geschwindigkeiten das Vectorengesetz in Anwendung kommt, im zweiten Fall zeigt die Rechnung mittels der Transformationsformeln dasselbe.

Die obige Rechnung ergiebt nebenbei den Satz: Lässt sich die Bewegung eines Punktes während der Zeit t_1 bis t_2 aus zwei oder mehreren Componenten zusammensetzen, die alle geradlinig und gleichförmig sind, so ist sie selbst geradlinig und gleichförmig.

Denn sind v', v'' u. s. w. die Componenten, v die Resultante der Geschwindigkeit zur Zeit t, so ist

$$v_x = v'_x+v''_x+\cdots, \quad v_y = v'_y+v''_y+\cdots, \quad v_z = v'_z+v''_z+\cdots.$$

Sind nun die Theilbewegungen in dem Intervall von t_1 bis t_2 geradlinig und gleichförmig, so sind in eben diesem Intervall

$$v'_x = \text{const.}, \quad v''_x = \text{const.}, \quad v'_y = \text{const.}, \quad v''_y = \text{const.}, \quad v'_z = \text{const. u. s. w.}$$

Also ist auch

$$v_x = \text{const.}, \quad v_y = \text{const.}, \quad v_z = \text{const.},$$

d. h. die resultirende Bewegung ist geradlinig und gleichförmig.

14. Polarcoordinaten, Radial-, Winkel- und Sectorengeschwindigkeit. Steht die Bewegung eines Punktes in Abhängigkeit von einem festen Punkt O, so ist es vielfach vortheilhaft, auf O bezogene Polarcoordinaten anzuwenden. Unter den Bewegungen, die in dieser Weise betrachtet werden, spielen solche in der Ebene eine besonders wichtige Rolle, so dass wir hier eine Auseinandersetzung für die Ebene vorangehen lassen. Bewegt sich μ in einer doppelt gekrümmten Curve, so gilt das Gesagte für ein bestimmtes Zeitelement dt, wenn wir durch O und das entsprechende Bahnelement ds eine Ebene legen und in dieser die Betrachtung anstellen.

I. Die Lage eines Punktes A in der Ebene werde bestimmt durch zwei Coordinaten r und φ; von diesen ist r die absolute Länge des Leitstrahls, der von einem festen Punkt O nach A gezogen wird, φ der Winkel, den dieser Leitstrahl mit einer durch O gelegten festen Fundamentallinie Ox macht, vergl. Fig. 13. Bewegt sich μ von A nach einem zweiten Ort B, so ist $\overline{AB}$ die erlittene Verschiebung. Wir schlagen um O einen Kreis mit dem Radius $r_1 = OA$. $\widehat{AC}$ bezeichne den Bogen desselben, der von A bis zum Durchschnitt mit OB reicht. Wir gelangen dann offenbar nach B, wenn wir den Punkt μ erst den Bogen AC und hierauf die Strecke CB durchlaufen lassen. Also

Fig. 13.

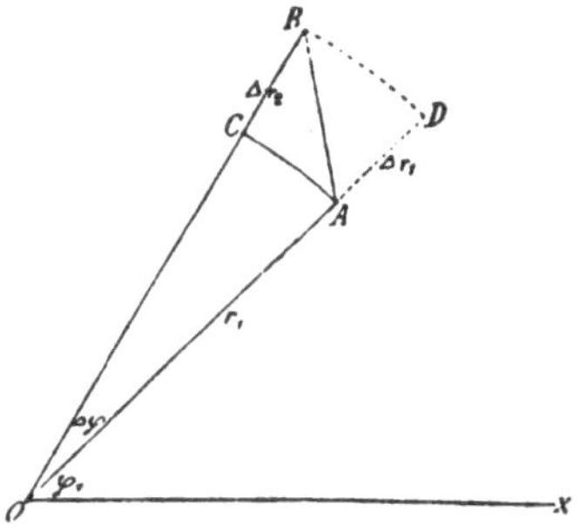

$$(1) \qquad \overline{AB} = \widehat{AC} \dotplus \overline{CB}.$$

Wir nennen $\Delta\varphi_1$ den Zuwachs, welchen φ beim Uebergang von A nach C erleidet, Δr_2 den Zuwachs, den r in der Lage OC durch Uebergang nach B bekommt, (die Marken an $\Delta\varphi_1$ und Δr_2 bezeichnen die Aufeinanderfolge der Zuwachse) dann ist offenbar $\widehat{AC} = r_1 \Delta\varphi_1$, $\overline{CB} = \Delta r_2$, also

$$(2) \qquad \overline{AB} = r_1 \Delta\varphi_1 \dotplus \Delta r_2.$$

Die Verschiebung $\overline{AB}$ ist somit in zwei Componenten zerlegt, die in näherer Beziehung zum Coordinatensystem stehen.

Anstatt erst von A nach C und dann von C nach B fortzuschreiten, können wir auch die Anordnung der Incremente umkehren. Wir verlängern r_1 und schlagen durch B einen Kreis mit dem Radius $r_2 = OB$. Dieser schneide r_1 in D und es sei nunmehr $\overline{AD}$ mit Δr_1, $\widehat{DB}$ mit $r_2 \Delta\varphi_2$ bezeichnet; dann ist

$$(3) \qquad \overline{AB} = \Delta r_1 \hat{+} r_2 \Delta\varphi_2 .$$

Δr_2 ist an Länge gleich Δr_1 aber anders gerichtet, $\widehat{AC} : \widehat{BD} = r_1 : r_2$.

Fig. 14.

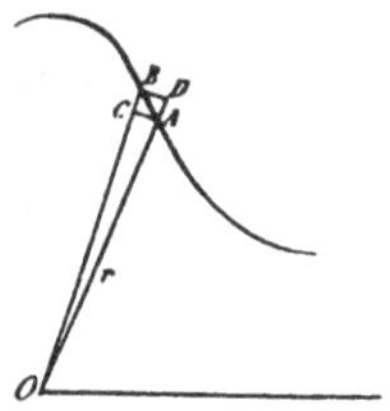

Nehmen wir nun an, die Verschiebung $\overline{AB}$ sei unendlich klein (Fig. 14), so ist sie ein Bahnelement ds des Punktes μ. AC und BD können dann als Gerade behandelt werden, $\Delta\varphi$ wird zu $d\varphi$, Δr zu dr, der Unterschied zwischen r_1 und r_2 verschwindet, die beiden in Gl. (2) und (3) ausgedrückten Zerlegungen fallen zusammen und ergeben

$$(4) \qquad ds = dr \hat{+} r d\varphi .$$

Heisst ε der Winkel DAB, den ds mit r macht, so ist offenbar

$$(5) \qquad \frac{AD}{AB} = \frac{dr}{ds} = \cos\varepsilon .$$

$$(6) \qquad \frac{r d\varphi}{ds} = \frac{DB}{AB} = \sin\varepsilon .$$

dr und $r d\varphi$ bestimmen nach dem vorigen ds. Ist die Lage von A bekannt, so ist damit r gegeben, also reichen dr und $d\varphi$ zur Bestimmung von ds aus. Da dr senkrecht auf $r d\varphi$ steht, giebt Gl. (4), algebraisch geschrieben und auf die absoluten Längen der Elemente bezogen

$$(7) \qquad ds^2 = dr^2 + (r d\varphi)^2 .$$

Geht nun die Veränderung ds in der Zeit dt vor sich, so ist $\frac{ds}{dt}$ die Geschwindigkeit v, womit μ in seiner Bahn fortschreitet. Gemäss (4) zerfällt dieselbe in zwei Componenten

$$(8) \qquad \frac{ds}{dt} = \frac{dr}{dt} \hat{+} r \frac{d\varphi}{dt} .$$

$\frac{dr}{dt}$ ist die Geschwindigkeit, womit der Leitstrahl wächst, wir bezeichnen es abgekürzt mit v_r; $r \frac{d\varphi}{dt}$ ist die Geschwindigkeit, womit die radiale Projection von μ auf den Kreis vom Radius r fortschreitet; nennen wir es v_φ; somit ist

$$(9) \qquad v = v_r \hat{+} v_\varphi$$

und algebraisch $v^2 = v_r^2 + v_\varphi^2$. Die Grösse $\frac{d\varphi}{dt}$ ist die Geschwindigkeit, womit φ wächst, oder was dasselbe sagt, die Geschwindigkeit, womit sich die Radialprojection von μ auf den Kreis mit dem Radius 1 bewegt. Wir nennen $\frac{dr}{dt}$ die Radialgeschwindigkeit, $\frac{d\varphi}{dt}$ die Winkelgeschwindigkeit von μ, $\frac{ds}{dt}$, wenn es der Deutlichkeit wegen besonders bezeichnet werden soll, die Tangentialgeschwindigkeit.

r und φ sind Functionen der Bahnabscisse s und diese ist Function von t, also

$$(10) \qquad v_r = \frac{dr}{dt} = \frac{dr}{ds}\frac{ds}{dt} = \cos\varepsilon . v.$$

$$(11) \qquad v_\varphi = r\frac{d\varphi}{dt} = r\frac{d\varphi}{ds}\frac{ds}{dt} = \sin\varepsilon . v.$$

Sind demnach die Polarcomponenten v_r und v_φ einer Geschwindigkeit gegeben, so findet man die resultirende Geschwindigkeit v der Grösse nach

$$(12) \qquad v = \sqrt{v_r^2 + v_\varphi^2}$$

und den Winkel, welchen sie mit dem Leitstrahl macht, aus Gl. (10) und (11), und daraus, wenn man ihn braucht, den Winkel ω, welchen v mit der Fundamentalaxe macht, mittelst der Gleichung

$$(13) \qquad \omega = \varphi + \varepsilon,$$

welche unmittelbar aus dem Anblick von Fig. 13 folgt.

Sectorengeschwindigkeit. Zur Zeit t sei $OA = r$ der Leitstrahl von μ; dann ist zwischen r, der Bahn und der Fundamentallinie Ox ein Sector $xOA = S$ enthalten. Geht μ in der Zeit dt von A nach B, so wächst der Sector S um das unendlich kleine Dreieck $dS = AOB$, und $\frac{dS}{dt}$ ist offenbar die Geschwindigkeit, mit welcher der Sector S wächst. Wir nennen $\frac{dS}{dt}$ abkürzend die Sectorengeschwindigkeit. Ihr Werth ist $\frac{AOB}{dt}$ oder, da das Dreieck ACB ein unendlich kleines zweiter Ordnung ist und gegen AOC verschwindet, $\frac{AOC}{dt}$, also, da $AOC = \frac{1}{2}r.AC = \frac{1}{2}r.rd\varphi$

$$(14) \qquad \frac{dS}{dt} = \frac{1}{2}r^2\frac{d\varphi}{dt}.$$

Nach der Definition eines Moments ist dS oder Dreieck AOB das halbe Moment von ds in Bezug auf O, also, wenn, wie früher, δ den Abstand zwischen O und der durch ds gelegten Tangente bedeutet, so ist

$$(15) \qquad dS = \frac{1}{2}ds.\delta,$$

also

$$(16) \qquad 2\frac{dS}{dt} = \frac{ds}{dt}\cdot\delta = v.\delta.$$

Die doppelte Sectorengeschwindigkeit ist das Moment der Geschwindigkeit in Bezug auf den Anfangspunkt O.

Daraus folgt ohne Weiteres, dass die Sectorengeschwindigkeit sich auf einer durch O gelegten Axe, welche senkrecht zu dS steht, darstellen, sich zerlegen, mit anderen zusammensetzen und sich im Raum durch drei Coordinaten bestimmen lässt, welche die Momente der auf die drei Coordinatenebenen projicirten Geschwindigkeit v sind. Sind v und μ in dreiaxigen rechtwinkligen Coordinaten gegeben, deren Anfangspunkt O ist, sind also x, y, z die Coordinaten von μ, und v_x, v_y, v_z diejenigen von v, nennen wir die drei Coordinaten der auf O bezogenen Sectorengeschwindigkeit $\frac{dS_x}{dt}$, $\frac{dS_y}{dt}$, $\frac{dS_z}{dt}$, so ist nach 8

$$(17) \qquad \begin{cases} 2\frac{dS_x}{dt} = yv_z - zv_y \\ 2\frac{dS_y}{dt} = zv_x - xv_z \\ 2\frac{dS_z}{dt} = xv_y - yv_x \end{cases}$$

und

$$(18) \qquad \frac{dS}{dt} \equiv \frac{dS_x}{dt} \hat{+} \frac{dS_y}{dt} \hat{+} \frac{dS_z}{dt}.$$

Die algebraische Gleichung für den absoluten Werth von $\frac{dS}{dt}$ enthält dieselben Grössen im Quadrat.

II. Polarcoordinaten im Raum. Im Raum bestimmen wir einen Ort A durch drei Coordinaten r, ϑ, φ. Von diesen ist r der vom Fundamentalpunkt O nach A gezogene Leitstrahl, ϑ der Winkel zwischen r und einer Fundamentallinie Ox, φ der Winkel, den die durch r und Ox gelegte Ebene mit einer festen Fundamentalebene macht.

Fig. 15.

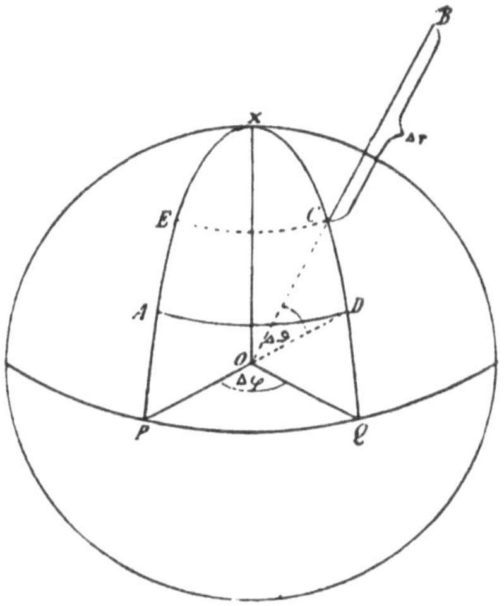

Fig. 15. Rückt der Punkt μ aus der Lage $A\ (r_1\vartheta_1\varphi_1)$ nach $B\ (r_2\vartheta_2\varphi_2)$, so können wir seine Ortsänderung entsprechend der Coordinatenbestimmung in drei Theile zerlegen. Wir schlagen um O mit dem Radius $r_1 = OA$ eine Kugel. Diese schneide die Fundamentallinie Ox in x, und x heisse, um einen bequemen Ausdruck zu haben, der Nordpol der Kugel; ein durch x gehender grösster Kreis heisse ein Meridian u. s. w. Wir ziehen nun OB, welches die Kugel in C schneide. Durch C legen wir den Meridian xCD und durch A den Parallelkreis AD; dann ist

$$(19) \qquad \widehat{AD} \dotplus \widehat{DC} \dotplus \overline{CB} \equiv \overline{AB}.$$

Rückt μ von A nach D, so ist sein r und sein ϑ (da $xD = xA$), unverändert geblieben. Der Bogen AD entspricht der Aenderung von φ um den Winkel $POQ = \varDelta\varphi$; er ist beschrieben mit dem Radius $r\sin\vartheta$, also

$$\widehat{AD} = r_1 \sin\vartheta\varDelta'\varphi,$$

wo das Wachsthum $\varDelta\varphi$ mit Einem Strich markirt ist, weil es den ersten Schritt in der Ortsänderung darstellt.

Rückt μ von D nach C, so bleibt φ wie r constant, und ϑ allein wächst um $\varDelta\vartheta$; der beschriebene Bogen ist mit dem Radius r_1 zurückgelegt, also beträgt der zweite Schritt

$$\widehat{DC} = r_1\varDelta''\vartheta.$$

Rückt endlich μ von C nach B, so ist seine Bewegung eine blosse Verlängerung des Leitstrahls

$$\overline{CB} = \Delta''' r.$$

Also ist, wenn die Wachsthümer nach der Reihenfolge ihres Auftretens markirt bleiben

$$\text{(20a)} \qquad \overline{AB} = r_1 \sin\vartheta_1\, \Delta'\varphi \hat{+} r_1\, \Delta''\vartheta \hat{+} \Delta''' r.$$

Damit ist $\overline{AB}$ in drei Componenten zerlegt, in welchen die Wachsthümer der drei Coordinaten gesondert auftreten. Fünf andere ähnliche Zerlegungen sind möglich. Eine erste Variante erhält man z. B., wenn man μ erst von A nach D gehen lässt, dann den Radius OD bis F verlängert, wo $OF = OB$, wenn man μ nach F schreiten und von da auf dem Meridian der Kugel vom Radius r_2 nach B gelangen lässt. Die Gleichung dieser Zerlegung lautet

$$\text{(20b)} \qquad \overline{AB} = r_1 \sin\vartheta_1\, \Delta'\varphi \hat{+} \Delta'' r \hat{+} r_2\, \Delta'''\vartheta.$$

Alle sechs möglichen Zerlegungen erhält man, wenn man die sechs möglichen Permutationen in der Reihenfolge der Wachsthümer von ϑ, φ und r behandelt, was der Leser für sich thun möge.

Lassen wir nun AB unendlich klein werden, so dass es ein Bahnelement ds von μ darstellt, dann fallen die sechs Gleichungen (20) zusammen, weil r_2 von r_1 u. s. w. nur um eine unendlich kleine Grösse verschieden ist. Also wird

$$\text{(21)} \qquad ds = dr \hat{+} r d\vartheta \hat{+} r \sin\vartheta\, d\varphi.$$

Die drei Componenten dr, $rd\vartheta$ und $r \sin \vartheta d\varphi$ stehen senkrecht auf einander, weil sie dem Radius, Meridian und Parallelkreis durch A angehören. Die Reihenfolge, in der man sie eintreten lässt, ist willkürlich. Sind α, β, γ die drei Winkel, welche sie mit ds machen, so ist

$$\text{(22)} \qquad \cos\alpha = \frac{dr}{ds}, \quad \cos\beta = r\frac{d\vartheta}{ds}, \quad \cos\gamma = r \sin\vartheta \frac{d\varphi}{ds}$$

nach dem alten Gesetz für rechtwinklige Zerlegung. Nach demselben ist algebraisch

$$\text{(23)} \qquad ds^2 = dr^2 + (r d\vartheta)^2 + (r \sin\vartheta\, d\varphi)^2.$$

Wird nun ds in der Zeit dt zurückgelegt, so ist $\frac{ds}{dt}$ die Geschwindigkeit von μ und diese zerfällt nach (21) in drei Polarcomponenten

$$\text{(24)} \qquad \frac{ds}{dt} \equiv \frac{dr}{dt} \hat{+} r\frac{d\vartheta}{dt} \hat{+} r \sin\vartheta \frac{d\varphi}{dt}.$$

$\frac{dr}{dt}$ heisst die Radialgeschwindigkeit; für $\frac{d\vartheta}{dt}$ und $\frac{d\varphi}{dt}$ sind besondere Namen nicht allgemein gebräuchlich; man könnte, die Namen von der Erde hernehmend, $\frac{d\vartheta}{dt}$ die Winkelgeschwindigkeit im Meridian, $\frac{d\varphi}{dt}$ die Winkelgeschwindigkeit auf dem Parallelkreis nennen, wobei aber nicht zu vergessen ist, dass der Pol in jedem Falle willkürlich gewählt werden kann.

Man kann auch die beiden Componenten $r\frac{d\vartheta}{dt}$ und $r\sin\vartheta\frac{d\varphi}{dt}$ in eine zusammenfassen. Diese ist dann $r\frac{d\vartheta}{dt}\hat{+}r\sin\vartheta\frac{d\varphi}{dt}$ und ihr Längenwerth ist $r\sqrt{\left(\frac{d\vartheta}{dt}\right)^2+\left(\sin\vartheta\frac{d\varphi}{dt}\right)^2}$. Diese ist dann die Componente, welche dem $r\frac{d\varphi}{dt}$ der Gleichung (8) entspricht; $\sqrt{\left(\frac{d\vartheta}{dt}\right)^2+\left(\sin\vartheta\frac{d\varphi}{dt}\right)^2}$ ist die Winkelgeschwindigkeit in der zur Zeit t durch O und ds gehenden Ebene. Mit dieser Grösse kann wieder die Sectorengeschwindigkeit zur Zeit t nach Gl. (14) bestimmt werden.

Sind die drei Grössen $\frac{dr}{dt}$, $\frac{d\vartheta}{dt}$ und $\frac{d\varphi}{dt}$ nebst den Anfangswerthen von r und ϑ gegeben, so findet man $\frac{ds}{dt}$ aus Gl. (24) und $\cos\alpha$, $\cos\beta$, $\cos\gamma$ aus (22).

Nehmen wir die Fundamentallinie Ox zur Axe der x in einem dreiaxigen rechtwinkligen Coordinatensystem, legen die y-Axe in die Fundamentalebene, die z-Axe senkrecht dazu, so ist bekanntlich

$$x = r\cos\vartheta,\quad y = r\sin\vartheta\cos\varphi,\quad z = r\sin\vartheta\sin\varphi$$

und die Cosinus der drei Winkel, welche der Radiusvector mit den Axen macht, sind $l_r = \frac{x}{r}$, $m_r = \frac{y}{r}$, $n_r = \frac{z}{r}$; diese sind zugleich die Richtungscosinus von $\frac{dr}{dt}$ in dem dreiaxigen System. Die Componente $r\sin\vartheta\frac{d\varphi}{dt}$ steht senkrecht auf $r\sin\vartheta$ in einer Ebene, welche parallel mit yz ist. Die Cosinus der Winkel, welche sie mit x, y, z macht sind also $l_\varphi = 0$, $m_\varphi = -\sin\varphi$, $n_\varphi = \cos\varphi$. Die dritte Componente steht senkrecht auf den beiden ersten, macht also mit x, y, z die Winkel, deren Cosinus sind $l_\vartheta = -\sin\vartheta$, $m_\vartheta = \cos\varphi\cos\vartheta$, $n_\vartheta = \sin\varphi\cos\vartheta$. Die Winkel, welche die resultirende Geschwindigkeit v mit den drei Axen macht, lassen sich hiermit bestimmen aus den drei Gleichungen

$$(25)\quad \left\{\begin{aligned} \cos(v, x) = \frac{dx}{ds} &= l_r\cos\alpha + l_\vartheta\cos\beta + l_\varphi\cos\gamma \\ \frac{dy}{ds} &= m_r\cos\alpha + m_\vartheta\cos\beta + m_\varphi\cos\gamma \\ \frac{dz}{ds} &= n_r\cos\alpha + n_\vartheta\cos\beta + n_\varphi\cos\gamma. \end{aligned}\right.$$

Besondere Fälle: sind die drei Polarcomponenten $\frac{dr}{dt}$, $r\frac{d\vartheta}{dt}$ und $r\sin\vartheta\frac{d\varphi}{dt}$ constant, so ist auch v constant; ist r constant, so bewegt sich μ auf einer Kugel, ist ϑ constant, auf einem Conus, ist φ constant, in einer Ebene, welche durch die Fundamentalaxe geht.

15. Die Integration der Geschwindigkeitsgleichungen. Wir stellen uns nun die Aufgabe, die endlichen Bewegungen zu bestimmen, welche der Punkt μ in dem Zeitraum Δt, der von t_1 bis t reicht, ausführt, wenn seine Geschwindigkeit innerhalb dieser Zeit bekannt ist. Man kann 1) nach der zurückgelegten Strecke, 2) nach dem erreichten Ort fragen. Wenn man die zurückgelegte Strecke an den Ausgangspunkt, welchen μ zur Zeit t_1 inne hatte, anheftet, so ist ihr Endpunkt offenbar der Ort, welchen μ zur Zeit t inne hat; die Lösung der zweiten Aufgabe unterscheidet sich also durch eine blosse Summation von der der ersten.

I. Die Bahn werde als bekannt vorausgesetzt. Die Lage des Punktes μ sei durch seine Bahnabscisse s bestimmt. Die zu beantwortenden Fragen lauten dann: Welche Bahnlänge Δs legt μ in Δt zurück, und an welchem Punkt s befindet er sich zur Zeit t, wenn er zur Zeit t_1 den Ort s_1 inne hat? Offenbar ist $\Delta s = s - s_1$.

Nach der Definition eines bestimmten Integrals ist

$$(1) \qquad \Delta s = s - s_1 = \int_{t_1}^{t} ds$$

oder

$$(2) \qquad s = s_1 + \int_{t_1}^{t} ds.$$

Gemäss dem Begriff des unbestimmten Integrals kann die bestimmte Integration auch ersetzt werden durch unbestimmtes Integriren mit nachfolgender Bestimmung der Constante. Stellt F die Integralfunction dar, deren Differential ds ist, so hat man

$$(3) \qquad s = \int ds = F + \text{const.},$$

wobei s von einem beliebigen, den Werth der Integrationsconstante bestimmenden Anfangspunkt gerechnet ist. Die Gleichung findet auf jeden Werth von s Anwendung, also wenn F zur Zeit t_1 den Werth F_1 hat, so ist auch

$$(4) \qquad s_1 = F_1 + \text{const.}$$

Daraus ergiebt sich const. $= s_1 - F_1$, und wenn man dies in Gl. (3)

einführt, erhält man die mit (2) identische Gleichung

$$(5) \qquad s = s_1 + F - F_1.$$

Soll das Problem vollständig bestimmt sein, so muss hiernach ausser den Angaben, welche ds bestimmen, auch noch eine Anfangsbedingung: „zur Zeit t_1 hat μ die Bahnabscisse s_1“ gegeben sein; diese Anfangsbedingung liefert in Gleichung (3) den Werth der Integrationsconstante.

A) Es kann nun $\frac{ds}{dt}$ gegeben sein als Function der Zeit, wo wir es mit $v(t)$ bezeichnen; dann folgt aus

$$\frac{ds}{dt} = v(t)$$

sofort

$$(6) \qquad ds = v(t)dt,$$

und durch directe Integration

$$(7) \qquad s - s_1 = \int_{t_1}^{t} v(t)dt,$$

womit beide Fragen beantwortet sind, da man s_1 nur auf die rechte Seite zu schaffen hat, um s zu finden.

Beispiel für eine bestimmte Functionsform $v(t)$: es sei $\frac{ds}{dt} = a + bt$, wo a und b Constanten. Aus $ds = (a+bt)dt$ folgt $s - s_1 = a(t-t_1) + \frac{1}{2}b(t^2 - t_1^2)$. Zahlenbeispiel: Ein Punkt befinde sich zur Zeit Null 40 cm über dem Erdboden und bewege sich senkrecht abwärts mit der Geschwindigkeit $4+5t$; wo befindet er sich zu den Zeiten $+2$ und -4? Aufl. Wir rechnen s vom Boden ab, dann ist $s_1 = 40$ und $\frac{ds}{dt} = -(4+5t)$, also $s - s_1 = -(4t + \frac{5}{2}t^2)$. Setzt man $s_1 = 40$, $t = 2$, so wird $s = 22$; $t = -4$ giebt $s = 16$.

Anm. 1. Die erlangte Gleichung zwischen s und t dient natürlich nicht blos dazu, s aus t zu bestimmen, sondern kann auch umgekehrt zur Berechnung derjenigen Werthe von t verwendet werden, welche irgend einer Bedingung in s genügen, und in Combination mit (6) zur Ermittlung von Werthen s oder t, die eine Bedingung in $\frac{ds}{dt}$ erfüllen.

Z. B. 1) Wann berührt der Punkt des vorstehenden Zahlenbeispiels den Erdboden? Antw. Wenn $s = 0$, also $40 = 4t + \frac{5}{2}t^2$ ist. Die Aufl. ergiebt

$$t = \frac{-4 \pm \sqrt{416}}{5},$$

also zwei Zeitpunkte, den einen vor, den andern nach dem Zeitpunkt Null. 2) In welcher Höhe ist die Geschwindigkeit des Punktes Null? Antw. Wenn $4+5t=0$, also $t=-\frac{4}{5}$; dann ist $s=40-(4t+\frac{5}{2}t^2)=41{,}6$.

Anm. 2. Die erlangte Gleichung gilt für dasjenige Zeitintervall, in welchem die Gleichung für $\frac{ds}{dt}$ gilt. Erstreckt die Gültigkeit der letzteren sich auf negative Zeiträume, so thut es auch die der ersteren. Hört die Gültigkeit der Gleichung $ds=v(t)dt$ zu irgend einer Zeit auf, so darf die Integration in (6) nicht über diese Grenze hinaus erstreckt werden.

Ob dergleichen eintritt, ergiebt sich aus den physikalischen Bedingungen des gerade vorliegenden Problems. Wenn z. B. der vorstehend behandelte Punkt durch den Erdboden still gestellt wird, so gelten die auf ihn bezüglichen Gleichungen nur innerhalb des Zeitraums von

$$t=\frac{-4-\sqrt{416}}{5} \quad \text{bis} \quad t=\frac{-4+\sqrt{416}}{5};$$

darüber hinaus ist μ in Ruhe und $s=0$.

Die Anm. 1 und 2 gelten für das Folgende mit.

B) $\frac{ds}{dt}$ kann gegeben sein als Function $v(s)$ von (s). Dann folgt aus

$$(8) \qquad \frac{ds}{dt}=v(s),$$

$$(9) \qquad \frac{ds}{v(s)}=dt$$

und daraus durch Integration

$$(10) \qquad \int_{s_1}^{s}\frac{ds}{v(s)}=t-t_1,$$

welche Gleichung nach Ausführung der Integration in Bezug auf s aufzulösen ist. Δs findet sich als $s-s_1$.

Beispiel. Es sei $\frac{ds}{dt}=as$; dann ist $\frac{ds}{s}=a\,dt$, $\log s-\log s_1=a(t-t_1)$, also $s=s_1e^{a(t-t_1)}$; $\Delta s=s_1e^{a(t-t_1)}-s_1$.

C) Es kann drittens eine Differentialgleichung gegeben sein, die s, t und $\frac{ds}{dt}$ zugleich enthält. Diese ist dann nach den für Differentialgleichungen erster Ordnung vorhandenen Regeln zu behandeln.

II. Die Zustände von μ seien in dreiaxigen Coordinaten bestimmt. Der Ort von μ ist dann durch x, y, z gegeben, die Geschwindigkeit v erscheint ausgedrückt durch ihre Componenten v_x, v_y, v_z. Diese drei Grössen sind die Geschwindigkeiten, mit welchen sich die Projectionen von μ auf den drei Axen bewegen. Die Axen aber sind fest vorgezeichnete Bahnen; also findet auf sie das unter I Gesagte Anwendung. Als Anfangsbedingung muss eine dreifache Angabe vorhanden sein: „zur Zeit t_1 hat μ die Coordinaten x_1, y_1, z_1"; sind dann ferner die drei Seitengeschwindigkeiten v_x, v_y, v_z in dem Intervall von t_1 bis t gegeben, so ist

$$(11)\qquad \begin{cases} \Delta x = x - x_1 = \int_{t_1}^{t} v_x dt \\ \Delta y = y - y_1 = \int_{t_1}^{t} v_y dt \\ \Delta z = z - z_1 = \int_{t_1}^{t} v_z dt \end{cases}$$

und damit wäre der Ort von μ zur Zeit t bestimmt, wenn die Gleichungen in dieser Form integrirbar sind. Das ist aber nur in besonderen Fällen möglich.

A) Der einfachste Fall dieser Art tritt ein, wenn die Seitengeschwindigkeiten als blosse Functionen von t gegeben sind. Es sei z. B.

$$(12)\qquad \frac{dx}{dt} = v_x(t), \quad \frac{dy}{dt} = v_y(t), \quad \frac{dz}{dt} = v_z(t),$$

wo die Zeichen v_x u. s. w. als Functionszeichen aufgefasst werden mögen.

Dann lassen sich die drei Integrale

$$(13)\qquad \begin{cases} x - x_1 = \int_{t_1}^{t} v_x(t) dt \\ y - y_1 = \int_{t_1}^{t} v_y(t) dt \\ z - z_1 = \int_{t_1}^{t} v_z(t) dt \end{cases}$$

unmittelbar herstellen, und durch x, y, z ist die Lage von μ zur Zeit t gegeben. Der (geradlinige) Vector, der den Ausgangspunkt von μ mit dem zur Zeit t erreichten Endpunkt verbindet, ist

$$(x-x_1)\hat{+}(y-y_1)\hat{+}(z-z_1)$$

und hat die Länge $\sqrt{(x-x_1)^2+(y-y_1)^2+(z-z_1)^2}$. Die Bahnlänge Δs, welche μ in der Zeit Δt zurücklegt, findet sich aus

$$(14) \qquad \Delta s = \int_{t_1}^{t} \sqrt{\left(\frac{dx}{dt}\right)^2+\left(\frac{dy}{dt}\right)^2+\left(\frac{dz}{dt}\right)^2}\cdot dt,$$

die Gleichungen der Bahn durch Elimination von t aus (13). Unter Umständen können Eigenschaften der Bahn direct aus (12) ermittelt werden.

Liegt die Bewegung in einer Ebene, so wählt man diese zur xy-Ebene; dann fällt die Betrachtung in z fort.

Beispiele. 1) Ein Punkt befinde sich zur Zeit Null am Erdboden. Man ertheile ihm eine Geschwindigkeit, deren Horizontalcomponente constant die Richtung p hat und gleich 4, deren Verticalcomponente gleich $5-6t$ ist. Welches wird seine Bewegung? Aufl. Die Anfangslage von μ nehmen wir zum Anfangspunkt der Coordinaten, legen die x-Axe in die Richtung von p, die y-Axe vertical, die z-Axe senkrecht zu beiden; die Zeit rechnen wir vom Anfang der Bewegung an; dann sind die Anfangsbedingungen $x_1 = 0$, $y_1 = 0$, $z_1 = 0$. Ausserdem haben wir $\frac{dx}{dt} = 4$, $\frac{dy}{dt} = 5-6t$, $\frac{dz}{dt} = 0$. Aus der letzten Gleichung und $z_1 = 0$ folgt $z = 0$; die Bewegung geht also in der durch p gelegten xy-Ebene vor sich. Die Integration der beiden ersten Differentialgleichungen, vorgenommen von Null bis t, ergiebt $x-0 = 4t$ und $y = 5t-3t^2$. Damit ist der Ort von μ zur Zeit t gegeben. Durch Elimination von t findet sich $y = \frac{5}{4}x - \frac{3}{16}x^2$, die Bahn ist also eine Parabel, deren nähere Eigenschaften leicht aus der Gleichung zu ersehen sind.

2) Der Punkt μ habe zur Zeit Null die Coordinaten $x = a$, $y = 0$, $z = h$; seine Seitengeschwindigkeiten seien $\frac{dx}{dt} = -a\sin t$, $\frac{dy}{dt} = a\cos t$, $\frac{dz}{dt} = c$, wo a, c und h constant sind. Dann giebt die Integration von Null bis t:

$$x-a = a(\cos t-1), \quad y = a\sin t, \quad z-h = ct,$$

also $x = a\cos t$, $y = a\sin t$, $z = h+ct$. Aus den beiden ersten Gleichungen folgt $x^2+y^2 = a^2$, der Punkt bewegt sich also auf einem Cylinder vom Radius a, dessen Axe mit der z-Axe zusammenfällt. Die Projection von μ auf die xy-Ebene hat die Geschwindigkeit $\sqrt{v_x^2+v_y^2} = a$, also umläuft μ gleichförmig die Axe des Cylinders, zugleich rückt μ gleichförmig mit der Geschwindigkeit c parallel der z-Axe fort; der Punkt beschreibt also eine gemeine Schraube um den eben erwähnten Cylinder mit der constanten Geschwindigkeit $\sqrt{a^2+c^2}$. Zu einem Umlauf braucht er die Zeit $\frac{2\pi a}{a} = 2\pi$ und rückt in dieser Zeit um $2\pi c$ in der Richtung der z-Axe vor; $2\pi c$ ist also die Ganghöhe der Schraube.

B) Eine Geschwindigkeitscomponente sei als Function der entsprechenden Coordinate von μ gegeben, z. B. $\frac{dx}{dt}$ als Function von x. Dann folgt aus

$$(15) \qquad \frac{dx}{dt} = v_x(x),$$

$$(16) \qquad \frac{dx}{v_x(x)} = dt$$

und daraus

$$(17) \qquad \int_{x_1}^{x} \frac{dx}{v_x(x)} = t - t_1.$$

Entsprechende Gleichungen ergeben sich in y und z, wenn die auf diese bezüglichen Differentialgleichungen für v_y und v_z ebenfalls die entsprechenden Coordinaten enthalten. Nach vollzogener Integration kann man die Gleichungen nach x, y und z auflösen; das Weitere wie sub A.

C) Zwischen einer Geschwindigkeitscomponente, z. B. v_x, der entsprechenden Coordinate und der Zeit besteht eine Gleichung von der Form $f\left(t, x, \frac{dx}{dt}\right) = 0$; diese ist dann als gewöhnliche Differentialgleichung erster Ordnung zu behandeln.

D) Im allgemeinen Falle ist irgend eine Geschwindigkeitscomponente, z. B. $\frac{dx}{dt}$ durch eine Differentialgleichung bestimmt, welche nicht blos x und t, sondern auch y, $\frac{dy}{dt}$ u. s. w. enthält. Dann hat man zur Bestimmung der Vorgänge auf den drei Axen drei Gleichungen

$$(16) \qquad \begin{cases} f_1\left(x, y, z, \frac{dx}{dt}, \frac{dy}{dt}, \frac{dz}{dt}, t\right) = 0, \\ f_2\left(x, y, z, \frac{dx}{dt}, \frac{dy}{dt}, \frac{dz}{dt}, t\right) = 0, \\ f_3\left(x, y, z, \frac{dx}{dt}, \frac{dy}{dt}, \frac{dz}{dt}, t\right) = 0, \end{cases}$$

worin f_1, f_2, f_3 die Symbole dreier verschiedener Functionen sind. Das System dieser simultanen Differentialgleichungen muss durch passende Umformung auf integrirbare Gestalt gebracht werden. Die drei Integrationsconstanten sind durch die Anfangsbedingungen zu bestimmen.

III. Die Bedingungen für die Geschwindigkeit können in Polarcoordinaten gegeben sein; dann stellen sie sich dar als drei Differentialgleichungen von der Form

$$(17) \qquad f_1\left(r, \vartheta, \varphi, \frac{dr}{d\vartheta}, \frac{d\vartheta}{dt}, \frac{d\varphi}{dt}, t\right) = 0 \text{ u. s. w.,}$$

die mit Berücksichtigung der in **14.** behandelten Beziehungen zu integriren sind.

16. Hülfscurven. 1. Elongationscurven. Es kann zweckmässig, weil übersichtlich, sein, die Bahnabscisse s oder eine Coordinate, z. B. x, des bewegten Punktes μ als Function der Zeit graphisch darzustellen. Zu dem Ende nimmt man die Abscissenaxe eines ebenen rechtwinkligen Coordinatensystems zur Axe der t und trägt den zu jedem t gehörigen Werth als Ordinate y auf. Wir wollen die so entstehenden Curven Elongationscurven nennen. Ist z. B. für irgend einen Punkt $s = a\cos t$, so ist seine Elongationscurve die Cosinusoide $y = a\cos t$, und der Anblick dieser Figur zeigt sofort, dass s periodisch ab- und zunimmt, zwischen den Grenzen $+a$, $-a$ schwankt u. s. w.

2. Geschwindigkeitscurven. a) Ganz entsprechend kann man sich einen Ueberblick über den Verlauf der Geschwindigkeiten eines bewegten Punktes μ verschaffen, indem man die Abscissenaxe eines ebenen rechtwinkligen Coordinatensystems zur Axe der t nimmt und die jedem t entsprechende Grösse der Geschwindigkeit als Ordinate aufträgt; die Endpunkte der Ordinaten bilden die Curve $y = v(t)$, welche Geschwindigkeitscurve von μ heissen mag. Der Punkt des vorigen Beispiels z. B. liefert die Geschwindigkeitscurve $y = -a\sin t$. Die Figur (der Leser zeichne beide Curven) zeigt anschaulich, dass die Geschwindigkeit ihren extremen Werth in dem Augenblick erreicht, wo μ die Bahnabscisse Null hat u. s. w.

b) Bewegt sich ein Punkt oder seine Projection auf einer Geraden, z. B. auf der Axe der x, so kann man diese zur Abscissenaxe nehmen und die Geschwindigkeit, welche der Stelle $x = x_1$ entspricht, an der Stelle x_1 als Ordinate auftragen. Man erhält so die Curve $v = f(x)$, welche die Geschwindigkeit als Function des Ortes darstellt. Z. B. Bei dem Punkt μ des vorigen Beispiels ist $x = a\cos t$, $v = -a\sin t$, also an der Stelle x ist $v = -\sqrt{a^2 - x^2}$, mit a. W. $v^2 + x^2 = a^2$. Die fragliche Curve also ein Kreis; der Leser deute dieselbe.

NB. Beide Curven (a) und (b) stellen nur die Grössenwerthe und den Sinn der Geschwindigkeit dar, ohne deren Richtung zu berücksichtigen.

Hamilton's Hodograph. An einen festen Punkt O lege man für jeden Zeitpunkt t einen Leitstrahl, der Grösse und Richtung der zu Zeit t vorhandenen Geschwindigkeit des bewegten Punktes μ hat. Die Endpunkte der Leitstrahlen bilden eine Curve, den Hodographen. Man denke sich, dass ein fingirter Punkt ε sich stets zur Zeit t am Endpunkte desjenigen Leitstrahls befindet, der dem Augenblick t angehört; dann bewegt sich ε entsprechend den Geschwindigkeitsänderungen von μ. Die Geschwindigkeit dieses ε nennt man die „Geschwindigkeit im Hodographen".

Wir legen durch O ein Coordinatensystem der ξ, η, ζ, dessen Axen parallel sind den Axen desjenigen Coordinatensystems, in welchem μ seine Bewegung ausführt. Der Endpunkt des Leitstrahls v hat dann in diesem System die drei Coordinaten v_x, v_y, v_z; also liegt der Punkt, dessen Coordinaten $\xi = v_x$, $\eta = v_y$, $\zeta = v_z$ sind, auf dem Hodographen, und wenn v_x, v_y, v_z als Functionen von t bestimmt sind, finden sich die Gleichungen des Hodographen durch Elimination von t aus jenen drei Gleichungen. Die Seitengeschwindigkeiten von ε sind

$$\frac{d\xi}{dt}, \ \frac{d\eta}{dt}, \ \frac{d\zeta}{dt}, \quad \text{also} \quad \frac{dv_x}{dt}, \ \frac{dv_y}{dt}, \ \frac{dv_z}{dt}.$$

Specialfälle: $v \equiv$ const., Hodograph ein Punkt; $v =$ const. aber von variabler Richtung, H. ein Kreis; v veränderlich, aber immer von gleicher Richtung, H. eine Gerade. Ebene Bewegungen haben ebene Hodographen.

Beispiel. Die früher behandelte parabolische Bewegung des Punktes **15.** II. A. Beisp. 1. Es war $v_x = 4$, $v_y = 5 - 6t$. Daraus für den Hodographen $\xi = 4$, $\eta = 5 - 6t$, d. h. $\xi = 4$, η veränderlich, eine Gerade parallel der y-Axe. Die Geschwindigkeit im Hodographen hat die Componenten Null und -6.

17. Geometrische Anwendungen. 1. Wenn das Auge (oder die Vorstellung) eine Curve betrachtet, so folgt es ihrem Verlauf, d. h. der Punkt, auf welchen die Aufmerksamkeit gerichtet ist, bewegt sich auf der Curve. Die Vorstellung lässt also die Curve durch Bewegung eines Punktes entstehen; desshalb gelangt man in vielen Fällen am leichtesten zu der Vorstellung von einer Curve, indem man sie als Bahn auffasst.

So z. B. wird schon in der Elementargeometrie der Kreis als die Bahn einer Zirkelspitze vorgestellt; die Schraube denkt sich jeder am leichtesten als die Bahn eines Punktes, der einen Cylinder umläuft und dabei unter constantem Winkel ansteigt. Dementsprechend kann man auch bei der analytischen Darstellung von Curven die Annahme, dass die Curve mit der Zeit entstehe, manchmal mit Vortheil beibehalten, d. h. man kann t in ihre Gleichungen einführen. Die drei Gleichungen $x = a\cos t$, $y = a\sin t$, $z = bt$ enthalten die Eigenschaften der gemeinen Schraubenlinie ebensogut und in übersichtlicherer Form, als die beiden $x^2 + y^2 = a^2$ und $z = b \arcsin \frac{y}{a}$. Auch wird die Bewegung vielfach in die Definition von Curvenformen aufgenommen. So z. B. macht man die Spiralen vorstellbar als Bahnen eines Punkts, der sich nach dem in ebenen Polarcoordinaten ausgedrückten Gesetz $\varphi = ct$, $r = f(t)$ bewegt. Ein Beispiel von der Fruchtbarkeit dieser Betrachtungsweise liefert

2. Roberval's Tangentenconstruction. Die Bahn eines Punktes sei in Polarcoordinaten $r = f(\varphi)$ gegeben. Wir denken uns dieselbe beschrieben von einem Punkt μ, der sich nach dem Gesetz $\varphi = ct$, $r = cf(t)$ bewegt. Die beiden Polarcomponenten der beiden Geschwindigkeiten von μ sind dann $\frac{dr}{dt}$ und $r\frac{d\varphi}{dt}$ oder $c\frac{df}{dt}$ und rc. Ihr Verhältniss ist $\frac{df}{dt} : r$. Dabei fällt der Dividendus dieses Verhältnisses in die Richtung von r, der Divisor steht senkrecht dazu. Construiren wir also für irgend einen Punkt den Radiusvector r und auf seiner Ver-

längerung eine Linie von der Grösse $\frac{df}{dt}$, senkrecht dazu nach der Richtung der wachsenden φ eine zweite Linie von der Länge r, so hat die Resultante dieser beiden Linien die Richtung der Geschwindigkeit von μ, d. h. sie ist Tangente an die Bahn.

Fig. 16.

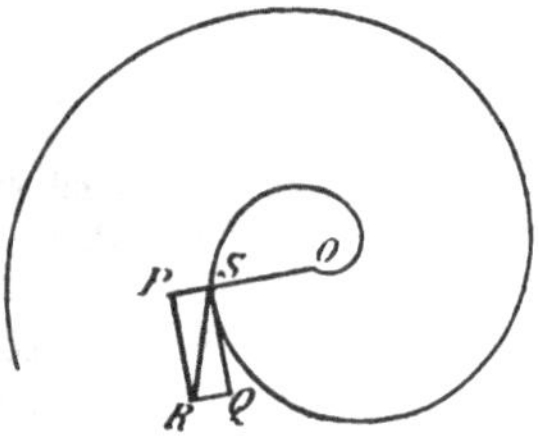

Beispiel: Archimedische Spirale $r = a\varphi$, Fig. 16. Wir setzen

$$\varphi = ct,\ r = act; \qquad \frac{dr}{dt} : r\frac{d\varphi}{dt} = a : r.$$

Wir ziehen also nach S einen Radiusvector OS, verlängern ihn um $a = SP$, legen senkrecht dazu $SQ = r$, und ziehen die Resultante SR. Diese ist die Tangente in S.

Mit Hülfe specieller Schlüsse kann eine entsprechende Tangentenconstruction auch für einzelne Curven ausgeführt werden, die nicht in Polarcoordinaten gegeben sind.

18. Harmonische Bewegung. Als Beispiel für die eingehendere Verwendung der bisher erlangten Mittel betrachten wir nunmehr die „harmonische Bewegung". Man setze voraus, dass ein Punkt ν mit constanter Geschwindigkeit v auf einem Kreise vom Radius a umläuft, und projicire ν auf einen Durchmesser des Kreises; μ sei die Projection, dann heisst die Bewegung von μ „harmonisch" oder „einfach schwingend".

Fig. 17.

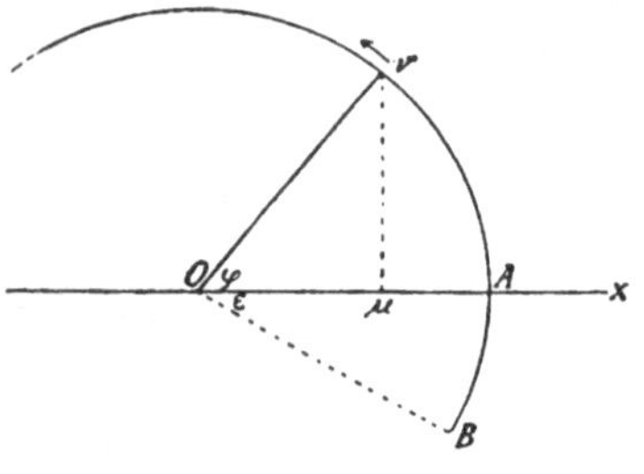

Vergl. Fig. 17. Wir nehmen den Mittelpunkt des Kreises zum Anfangspunkt O und den Durchmesser, auf welchen ν projicirt wird, zur Axe der x. Zur Zeit Null sei ν in B und seine Bahn schneide die positive Axe in A. Der Leitstrahl $O\nu$ mache zu irgend einer Zeit t mit Ox den Winkel φ, der bei der Bewegung als wachsend gerechnet werde. Nach **14.** Gl. (8) ist allgemein die Geschwindigkeit von ν

$$(1) \qquad v = \frac{dr}{dt} \hat{+} r\frac{d\varphi}{dt},$$

also im vorliegenden Fall wegen $r = \text{const.}$

$$(2) \qquad v = r\frac{d\varphi}{dt} \quad \text{oder} \quad \frac{d\varphi}{dt} = \frac{v}{a} = c,$$

wo c eine Constante, weil v als constant vorausgesetzt wurde. Aus $d\varphi = c\,dt$ folgt

$$(3) \qquad \varphi = ct + \text{const.}$$

Für c können wir einen Ausdruck einführen, der die Umlaufszeit enthält. Nennen wir diese τ, so legt ν in τ den Kreisumfang zurück, d. h. φ wächst in τ um 2π, das gibt

$$2\pi = \int_{t_1}^{t_1+\tau} c\,dt = c\tau.$$

$$(4) \qquad c = \frac{2\pi}{\tau}.$$

Setzen wir dies in (3), so kommt

$$(5) \qquad \varphi = \frac{2\pi}{\tau} t + \text{const.}$$

Zur Bestimmung der Constante setzen wir $t = 0$. Dann wird const. $= \varphi_0$, die Integrationsconstante ist also der Winkel $-\varepsilon$, den ν zurücklegen muss, ehe es zum ersten Mal aus der Nulllage nach A gelangt. Wir schreiben demgemäss

$$(6) \qquad \varphi = \frac{2\pi}{\tau} t - \varepsilon.$$

Projiciren wir nun ν auf die x-Axe, so ist für die Projection μ jederzeit $x = a\cos\varphi$, also

$$(7) \qquad x = a\cos\left(\frac{2\pi}{\tau} t - \varepsilon\right)$$

ist die Gleichung der Bewegung von μ. Durch Differentiation geht daraus hervor

$$(8) \qquad \frac{dx}{dt} = -\frac{2\pi a}{\tau}\sin\left(\frac{2\pi}{\tau} t - \varepsilon\right).$$

Statt ε können wir auch die Zeit η einführen, in welcher ν den Winkel ε beschreibt. Wegen $\frac{d\varphi}{dt} = c$ wird ε in der Zeit $\frac{\varepsilon}{c}$ oder $\frac{\varepsilon\tau}{2\pi}$ beschrieben; also ist $\eta = \frac{\varepsilon\tau}{2\pi}$ oder $\varepsilon = \frac{2\pi\eta}{\tau}$. Setzt man dies in Gl. (8), so wird daraus

$$(9) \qquad x = a\cos\left[\frac{2\pi}{\tau}(t-\eta)\right]$$

$$(10) \qquad \frac{dx}{dt} = -\frac{2\pi a}{\tau}\sin\left[\frac{2\pi}{\tau}(t-\eta)\right].$$

Man nennt a die Amplitude, η die Epoche, ε den Epochenwinkel*), x die Elongation von μ. Die Elongationscurve ist die ausgezogene Cosinusoide Fig. 18, die Geschwindigkeitscurve **16**, 2. a die gestrichelte Sinusoide der Figur.

Fig. 18.

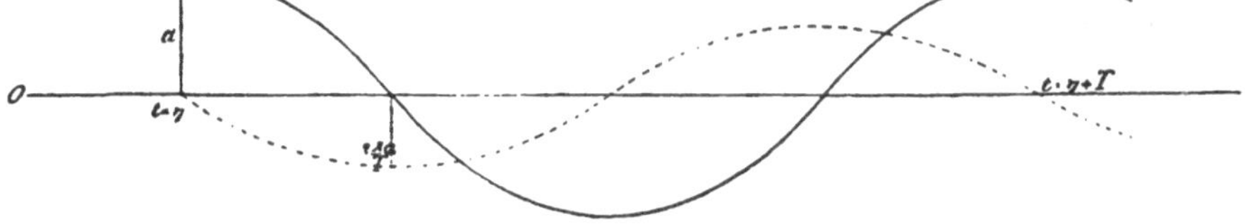

Aus Gl. (9) und (10), sowie aus dem Anblick der Figur folgt, dass x ein Maximum und ein Minimum hat für $\frac{dx}{dt} = 0$, d. h. für $c(t-\eta) = n\pi$, wo n eine

*) ε wird auch „Epoche" genannt; die obige Bezeichnung ist die correctere.

ganze Zahl. Der Werth von x ist a im Max., $-a$ im Min. Zwischen $x=a$ und $x=-a$ schwingt also μ hin und her. Die Bewegung ist periodisch: x und $\frac{dx}{dt}$ haben den gleichen Werth, so oft das Argument der trigonometrischen Functionen um 2π wächst; das geschieht, so oft t um τ zunimmt. Also ist τ die Periode (Dauer der „ganzen Schwingung"). Zu den Zeiten $t-\eta=n\tau$, wo n eine ganze Zahl, hat μ die Endlagen $\pm a$, $+a$ wenn n gerade, $-a$ wenn es ungerade ist; zu den Zeiten $t-\eta=\frac{n\tau}{2}$, wo n ungerade, ist $x=0$. Die Geschwindigkeit von μ ist Null in den Endlagen $x=\pm a$. Sie wächst von $-a$ aus bis zu einem Maximum, welches eintritt, wenn $\frac{d}{dt}\left(\frac{dx}{dt}\right)=0$, d. h. wenn

$$\cos\left[\frac{2\pi}{\tau}(t-\eta)\right]=0,$$

und d. h. nach Gl. (9), wenn $x=0$, also in der Mitte der Bahn. Dann nimmt sie ab bis $x=+a$, wird negativ, erreicht ihr Minimum wieder in $x=0$ u. s. w. Die Maximal- und Minimalgeschwindigkeit in $x=0$ ist $\pm\frac{2\pi a}{\tau}$, weil da, wo $\cos\varphi=0$, $\sin\varphi=\pm 1$ ist. Um die Geschwindigkeiten nach **16.** 2, b graphisch darzustellen, schreiben wir y statt $\frac{dx}{dt}$, und haben dann wegen $\cos^2\varphi+\sin^2\varphi=1$ aus (9) und (10) $\frac{x^2}{a^2}+\frac{y^2\tau^2}{(2\pi a)^2}=1$, d. i. eine Ellipse, deren eine Axe die Bahn von μ ist, deren andere Axe die Länge $\frac{4\pi a}{\tau}$ hat. Die beiden Ordinaten dieser Ellipse, welche dem Punkt $x=x_1$ entsprechen, liefern die Grösse der beiden Geschwindigkeiten, womit μ die Stelle x_1 beim Hin- und Rückgang passirt. Man sieht sofort, dass sie entgegengesetzt gleich sind.

Zu irgend einer Zeit t_0 hat μ zum letzten Mal den Nullpunkt in positiver Richtung passirt; seine augenblickliche Stellung muss sich also zur Zeit t in einfacher Weise mit Beziehung auf t_0 angeben lassen. Wir nennen $\frac{t-t_0}{\tau}$ die Phase von μ zur Zeit t, verstehen also unter Phase den Bruch, der angibt, welcher Theil der Periode seit dem letzten positiven Durchgang durch den Nullpunkt verstrichen ist. Die Phase ist zugleich der Winkel $\varphi+\frac{\pi}{2}$ dividirt durch 2π. Sie werde mit ω bezeichnet; ihr Werth schwankt zwischen den Zahlen 0 und 1, und im Augenblick, wo $\omega=1$, fängt eine neue Periode an, so dass $\omega=1$ mit $\omega=0$ gleichbedeutend ist. Nehmen wir vorübergehend t_0 zum Nullpunkt der Zeit, so hat im Moment Null der Punkt ν noch ein Viertel des Bruches zurückzulegen, bis er nach A gelangt, also ist η dann $\frac{\tau}{4}$; ferner ist $\frac{t-t_0}{\tau}=\omega$, also wenn $t_0=0$ gesetzt wird, $t=\omega\tau$. Setzt man diese Werthe für η und t in Gl. (10) ein, so kommt

$$(11)\qquad x=a\cos\left(2\pi\omega-\frac{\pi}{2}\right)$$

was auch leicht direct zu finden ist. Aus dem Vergleich von (11) und (7) folgt, dass $\left(2\pi\omega-\frac{\pi}{2}\right)$ und $\frac{2\pi}{\tau}(t-\eta)$ gleiche trigonometrische Functionen haben; sie unterscheiden sich also von einander um $2n\pi$, wenn $n=\text{int}$. Also

$$-\left(2\pi\omega-\frac{\pi}{2}\right)+\frac{2\pi}{\tau}(t-\eta)=2n\pi$$

$$(12) \qquad \omega=\tfrac{1}{4}+\frac{t-\eta}{\tau}-n$$

spricht die Beziehung zwischen ω und t aus: unter n ist dabei die grösste ganze Zahl zu verstehen, die auf der rechten Seite noch einen Rest $\geqq 0$ lässt*).

Sind zwei Punkte μ_1 und μ_2 in harmonischer Bewegung, und wird die Zeit für beide vom gleichen Nullpunkt an gezählt, so haben sie, wenn τ und η für beide gleich ist, jederzeit gleiche Phase; bei gleichem τ, aber ungleichem η, besitzen sie eine constante Phasendifferenz $\omega_2-\omega_1=\frac{\eta_1-\eta_2}{\tau}$; bei ungleichem τ ist ihre Phasendifferenz in fortwährender Aenderung begriffen.

Die einfache Schwingung begegnet uns in der Natur bei schallerzeugenden Theilchen, die einen einfachen Ton hervorbringen, bei einfarbigen Lichtwellen, in der Technik bei Kolbenstangen etc. Die Theorie derselben besitzt daher erhebliche Wichtigkeit, und die Bedürfnisse der Physik wie der Technik weisen uns auf die Frage hin, wie sich ein Punkt μ verhält, an dem man zwei oder mehrere harmonische Bewegungen zusammensetzt. Zu dieser Frage wenden wir uns jetzt.

A. Die beiden zusammenzusetzenden Bewegungen von μ liegen auf derselben Geraden.

1. Fall: sie haben gleiche Periode.

Die Bewegung von μ sei zusammengesetzt aus zwei einzelnen harmonischen Bewegungen; bestände die erste von diesen allein, so sollte sie zur Zeit t die Elongation $a_1\cos\left(\frac{2\pi}{\tau}t-\varepsilon_1\right)$ hervorbringen; bestände die zweite allein, so wäre die Elongation $a_2\cos\left(\frac{2\pi}{\tau}t-\varepsilon_2\right)$. Dann ist die wirklich zur Zeit t bestehende Gesammtelongation die Resultante beider, also, da sie auf der gleichen Geraden liegen, ihre Summe.

$$(13) \qquad x=a_1\cos\left(\frac{2\pi}{\tau}t-\varepsilon_1\right)+a_2\cos\left(\frac{2\pi}{\tau}t-\varepsilon_2\right).$$

Das gibt durch Auflösung der Cosinus

$$(14) \quad \begin{cases} x=a_1\cos\frac{2\pi}{\tau}t\cos\varepsilon_1+a_1\sin\frac{2\pi}{\tau}t\sin\varepsilon_1+a_2\cos\frac{2\pi}{\tau}t\cos\varepsilon_2 \\ \qquad\qquad +a_2\sin\frac{2\pi}{\tau}t\sin\varepsilon_2 \\ \quad=(a_1\cos\varepsilon_1+a_2\cos\varepsilon_2)\cos\frac{2\pi}{\tau}t+(a_1\sin\varepsilon_1+a_2\sin\varepsilon_2)\sin\frac{2\pi}{\tau}t. \end{cases}$$

*) Auch der Begriff „Phase“ wird bei verschiedenen Schriftstellern verschieden definirt. Man versteht darunter oft nicht ω, sondern $\omega\tau$, die Zeit welche seit dem letzten positiven Durchgang durch Null verstrichen ist.

Setzen wir

$$(15)\qquad \frac{a_1 \sin \varepsilon_1 + a_2 \sin \varepsilon_2}{a_1 \cos \varepsilon_1 + a_2 \cos \varepsilon_2} = \operatorname{tang} \vartheta,$$

so ist

$$\cos^2 \vartheta = \frac{1}{1 + \operatorname{tang}^2 \vartheta} \quad \text{und} \quad \sin^2 \vartheta = \frac{\operatorname{tang}^2 \vartheta}{1 + \operatorname{tang}^2 \vartheta}.$$

Also, wenn zur Abkürzung $(a_1 \sin \varepsilon_1 + a_2 \sin \varepsilon_2)^2 + (a_1 \cos \varepsilon_1 + a_2 \cos \varepsilon_2)^2 = r^2$ gesetzt wird,

$$(16)\qquad \begin{cases} a_1 \cos \varepsilon_1 + a_2 \cos \varepsilon_2 = r \cos \vartheta \\ a_1 \sin \varepsilon_1 + a_2 \sin \varepsilon_2 = r \sin \vartheta. \end{cases}$$

Setzt man dies in (14) so kommt

$$(17)\qquad \begin{cases} x = r \cos \vartheta \cos \frac{2\pi}{\tau} t + r \sin \vartheta \sin \frac{2\pi}{\tau} t \\ \quad = r \cos \left(\frac{2\pi}{\tau} t - \vartheta\right). \end{cases}$$

D. h. die Resultante der beiden harmonischen Bewegungen ist wieder eine harmonische Bewegung von der gleichen Periode τ und mit dem Epochenwinkel ϑ, dessen Werth durch Gl. (15) bestimmt ist. Ihre Amplitude ist r, d. i. die Resultante aus $(a_1 \sin \varepsilon_1 + a_2 \sin \varepsilon_2) \hat{+} (a_1 \cos \varepsilon_1 + a_2 \cos \varepsilon_2)$. Diese ist leicht, wie folgt, zu construiren.

Fig. 19.

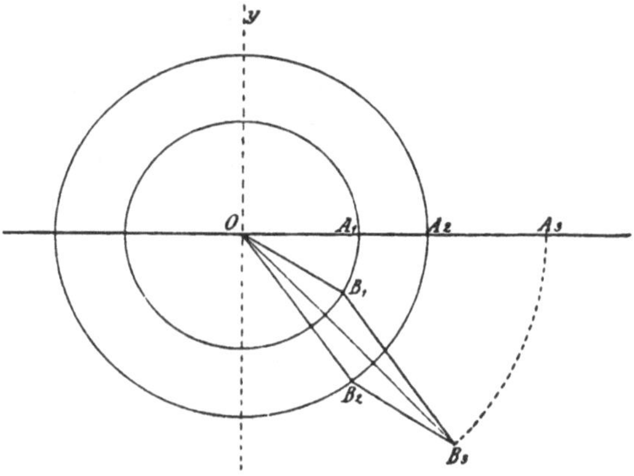

Es sei OA_1 (Fig. 19) gleich a_1, und B_1 der Punkt, in welchem sich der zugehörige ν_1 zur Zeit Null befindet, also $\angle A_1OB_1 = \varepsilon_1$. Ebenso sei $OA_2 = a_2$ und $\angle A_2OB_2 = \varepsilon_2$. Wir errichten in O eine y-Axe senkrecht zu x. Dann ist $a_1 \sin \varepsilon_1$ die y-Coordinate von B_1, $a_2 \sin \varepsilon_2$ die y-Coordinate von B_2, also $a_1 \sin \varepsilon_1 + a_2 \sin \varepsilon_2$ ist die y-Coordinate des Endpunkts B_3 der Resultante von OB_1 und OB_2. Ebenso ist $a_1 \cos \varepsilon_1 + a_2 \cos \varepsilon_2$ die x-Coordinate desselben Punkts B_3. Also ist r der Radiusvector OB_3, und $\angle A_3OB_3$ ist ϑ. Man braucht also nur die beiden Radien zu ziehen, die nach den Ausgangspunkten B_1 und B_2 der Bewegung von ν_1 und ν_2 hinführen, und diese Radien wie Vectoren zusammenzusetzen; dann erhält man B_3, den Ausgangspunkt des ν_3 der zusammengesetzten Bewegung.

Die Punkte ν_1 und ν_2 durchlaufen mit constanter und gleicher Winkelgeschwindigkeit die Kreise $B_1 A_1$ und $B_2 A_2$; der Satz, dass ν_3 sich im Endpunkt der Resultante von $O\nu_1$ und $O\nu_2$ befindet, gilt offenbar für jeden beliebigen Zeitpunkt t; also, wenn wir die Bogen der drei Punkte ν_1, ν_2, ν_3 als Funktionen der Zeit fassen, so besteht ihre Bewegung darin, dass das Parallelogramm $OB_1 B_2 B_3$ sich mit der constanten Winkelgeschwindigkeit φ um O dreht.

Besondere Fälle:

$$1. \quad \varepsilon_1 = \varepsilon_2, \quad r = a + a_1;$$

$$2. \quad \varepsilon_2 = \varepsilon_1 \pm \pi \text{ (oder } \omega_1 = \omega_2 \pm \tfrac{1}{2}); \qquad \pm r = a_1 - a_2.$$

Im Fall (1) hat r den grössten, im Fall (2) den kleinsten Werth, der aus der Zusammensetzung von a_1 und a_2 hervorgehen kann. Im Specialfall $a_2 = a_1$ wird $r = 2a$, wenn $\varepsilon_2 = \varepsilon_1$, und $r = 0$, wenn $\varepsilon_2 = \varepsilon_1 \pm \pi$. Das $+$ in der letzten Gl. (2) gilt für $a_1 > a_2$ u. umg.

Zweiter Fall: die Perioden sind verschieden.

Dann haben wir für das x von μ_3 eine Gleichung

$$(18) \qquad x = a_1 \cos(p_1 t - \varepsilon_1) + a_2 \cos(p_2 t - \varepsilon_2),$$

wo zur Abkürzung p für $\frac{2\pi}{\tau}$ gesetzt ist. Der Ausdruck rechts lässt sich nicht mehr auf den Cosinus eines Winkels mit constanter Epoche reduciren, repräsentirt also nicht mehr eine einfache Schwingung. Aber die Construction Fig. 19 lässt sich immer noch für jeden einzelnen Augenblick t ausführen: Behalten wir die früheren Bezeichnungen bei, so ist x in jedem Augenblick die Summe der Projectionen von $O\nu_1$ und $O\nu_2$, also die Projection von $O\nu_3$, wenn ν_3 dadurch gefunden wird, dass wir $O\nu_1$ und $O\nu_2$ zusammensetzen. Nur dreht sich jetzt der eine der beiden Leitstrahlen, etwa $O\nu_1$, schneller um O als der andere; der Winkel ψ, den $O\nu_1$ und $O\nu_2$ mit einander machen, ist also veränderlich; der schnellere Radius $O\nu_1$ überholt den andern immer wieder. Zur Zeit t_1 mögen OB_1 und OB_2 auf einander fallen; dann machen sie zur Zeit t miteinander den Winkel $\psi = \left(\frac{2\pi}{\tau_1} - \frac{2\pi}{\tau_2}\right)(t - t_1)$. So oft dieser $2n\pi$ beträgt, wo $n =$ int., decken sich die Radien wieder, und das ist der Fall, so oft $(t - t_1)\left(\frac{1}{\tau_1} - \frac{1}{\tau_2}\right)$ gleich einer ganzen Zahl wird. $\frac{1}{\tau_1}$ ist die Zahl der ganzen Schwingungen, welche μ_1 in der Zeiteinheit macht; nennen wir diese N_1 und setzen N_2 für $\frac{1}{\tau_2}$, so decken sich die beiden Radien in jeder Sekunde so oft, wie das Product $(t - t_1)(N_1 - N_2)$ um 1 zunimmt, d. i. $N_1 - N_2$ mal; (denn wenn wir $t - t_1 = 1$ setzten, nimmt jenes Product um $N_1 - N_2$ zu). In dem Moment, wo die Deckung eintritt, ist $OB_3 = a_1 + a_2$, es hat seinen Maximalwerth. In der Mitte zwischen zwei Momenten $\psi = 0$ liegt ein Zeitpunkt, wo $\psi = \pi$ ist; dort hat OB_3 seinen Minimalwerth $\pm(a_1 - a_2)$. In allen anderen Lagen ist die Länge der Resultante zwischen $a_1 + a_2$ und $\pm(a_1 - a_2)$ enthalten. Dabei macht die Resultante OB_3 mit ihren Componenten die Winkel ϑ und $\psi - \vartheta$, über deren Verlauf wir uns folgendermassen Rechenschaft geben.

Fig. 20.

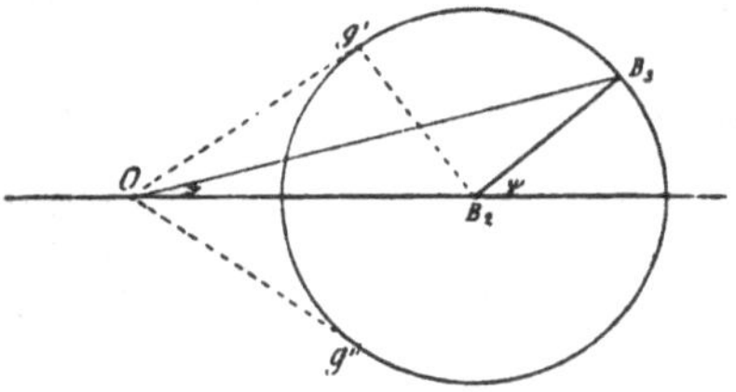

Es sei beispielsweise $a_2 > a_1$. Dann legen wir $a_2 = OB_2$, Fig. 20, hin; an B_2 legen wir $B_2 B_3 = a_1$, so wird OB_3 die Resultante. Alle möglichen Lagen von a_1 gegen a_2 erhalten wir, wenn wir B_3 auf dem Kreise um B_2 herumlaufen lassen. Dabei schwankt ϑ zwischen zwei Grenzwerthen $G'OB_2$ und $G''OB_2$ hin und her; also die Resultante oscillirt um die grössere der beiden Componenten; die Grenzwerthe von ϑ treten ein, wenn OB_3 Tangente an den Kreis wird, und dann ist offenbar

$$(19) \qquad \sin\vartheta = \pm \frac{a_1}{a_2}.$$

Allgemein ist, wie man leicht aus der Figur ersieht,

$$(20) \qquad \operatorname{tang}\vartheta = \frac{a_1 \sin\psi}{a_2 + a_1 \cos\psi},$$

$$(21) \qquad r^2 = a_1^2 + a_2^2 + 2 a a_1 \cos\psi.$$

Mittels dieser Beziehungen können wir Gl. (18) durch eine Gleichung zwischen t, x, ε_2 und ϑ ersetzen. Es ist

$$(22) \qquad \psi = (p_1 t - \varepsilon_1) - (p_2 t - \varepsilon_2),$$

$$p_1 t - \varepsilon_1 = \psi + p_2 t - \varepsilon_2.$$

Setzt man dies in (18), so kommt

$$(23) \qquad x = a_2 \cos(p_2 t - \varepsilon_2) + a_1 \cos(p_2 t - \varepsilon_2 + \psi)$$

$$(24) \qquad = (a_2 + a_1 \cos\psi) \cos(p_2 t - \varepsilon_2) - a_1 \sin\psi \sin(p_2 t - \varepsilon_2).$$

Aus Gl. (20) und (21) folgt nun, wie in (15) ff.

$$(25) \qquad \cos\vartheta = \frac{a_2 + a_1 \cos\psi}{r}, \quad \sin\vartheta = \frac{a_1 \sin\psi}{r}$$

und das, in (24) eingesetzt, giebt

$$(26) \qquad x = r \cos(p_2 t - \varepsilon_2 + \vartheta).$$

Die zusammengesetzte Schwingung verhält sich demnach wie eine harmonische Bewegung mit veränderlicher Amplitude (schwankt zwischen $a_2 + a_1$ und $a_2 - a_1$) und veränderlichem Epochenwinkel (schwankt zwischen $\varepsilon + \arcsin \frac{a_1}{a_2}$ und $\varepsilon - \arcsin \frac{a_1}{a_2}$).

Eine ganz der vorigen entsprechende Betrachtung lässt sich über $\frac{dx}{dt}$ anstellen. Besondere Fälle: 1) τ_1 ist ein aliquoter Theil von τ_2; dann umfasst ein Umlauf von ν_2 n Umläufe von ν_1, wo $n = \text{int.}$; also ist die Gesammtbewegung von μ_3 periodisch mit der Dauer τ_2. Sie lässt sich in Folge dessen bequem durch ihre Elongationscurve darstellen; es genügt, diese Curve für den Zeitraum $t = t_1$ bis $t = t_1 + \tau_2$ zu construiren, was durch Superposition der Ordinaten x_1 und x_2 für zahlreiche Zeitpunkte geschehen kann. Als Ausgangspunkt empfiehlt sich dabei einer der Punkte $\varepsilon_2 = \pm \frac{\pi}{2}$ oder $\psi = 0$. In Fig. 21 sind die Elongationscurven für den Fall $\tau_2 = 2\tau_1$, $a_1 = a_2$ gezeichnet unter folgenden Bedingungen: die Zeiteinheit ist $= \frac{\tau_2}{2\pi}$ gesetzt, der Ausgangspunkt ist $\varepsilon_2 = \frac{\pi}{2}$, dabei hat $\varepsilon_2 - \varepsilon_1$ die Werthe $0, \frac{\pi}{2}, \pi, \frac{3\pi}{2}$. Gl. (18) wird unter diesen Bedingungen $y = \sin t + \sin\left(2t + \frac{n\pi}{2}\right)$ für $n = 0, 1, 2, 3$, und die Figuren 21 sind ihre graphische Darstellung.

Fig. 21.

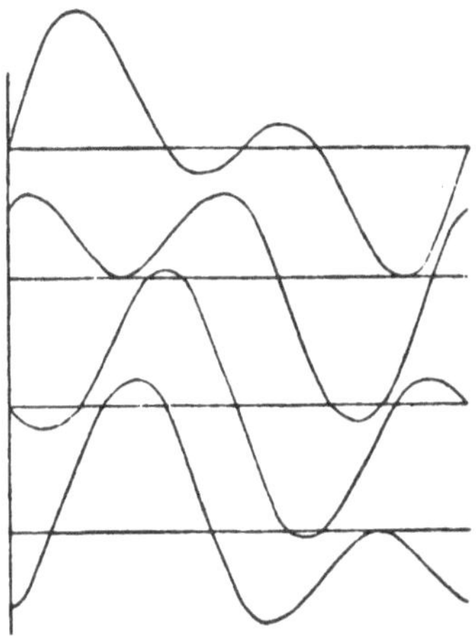

Die Stärke, womit die kürzere Welle auf der längeren hervortritt, hängt vom Verhältniss der Amplituden ab. Fig. 22, von v. Helmholtz angegeben, ist die Darstellung von

$$y = a\cos\left(t - \frac{\pi}{2}\right) + \frac{a}{5}\cos(2t - \pi).$$

Fig. 22.

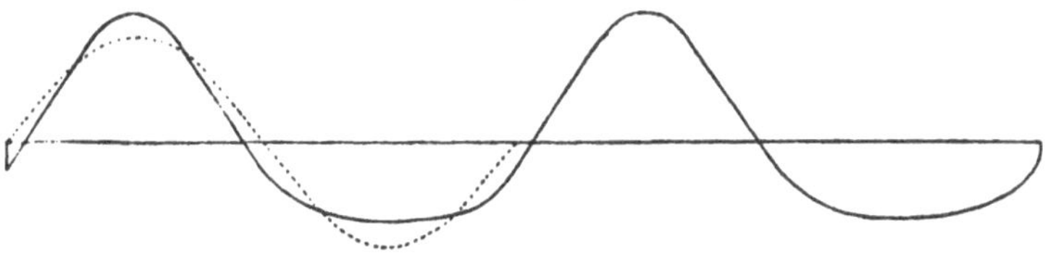

Dabei ist die kürzere Welle auf den ersten Blick nicht anschaubar, wird es aber, sobald man die Sinusoide $y = a\cos\left(t - \frac{\pi}{2}\right)$ hineinzeichnet.

2) τ_1 und τ_2 sind commensurabel; $m\tau_1 = n\tau_2$, wo m und n ganze Primzahlen. Dann ist $m\tau_1$ oder $n\tau_2$ die Periode der Gesammtbewegung, und man reicht mit der graphischen Darstellung aus, wenn man sie auf das Intervall $t = t_1$ bis $t = t_1 + n\tau_2$ erstreckt. Fig. 23 (S. 66) stellt die Bewegung für $2\tau_2 = 3\tau_1$ in der Zeit $2\tau_2$ dar; wieder ist $a_1 = a_2$, $\frac{\tau_2}{\pi}$ = der Zeiteinheit, $\varepsilon_2 = \frac{\pi}{2}$ zum Ausgangspunkt genommen und $\varepsilon_1 = 0, \frac{\pi}{2}, \pi, \frac{3\pi}{2}$ gesetzt, die Gleichung der Curven also $y = \sin 2t + \sin\left(3t + \frac{n\pi}{2}\right)_{n = 0, 1, 2, 3}$

Die Elongationscurven haben eine directe physikalische Bedeutung; sie stellen mit willkürlicher Uebertreibung der Elongationen die Momentanformen einer Punktreihe dar, deren einzelne Theilchen der Reihe nach von der Be-

Fig. 23.

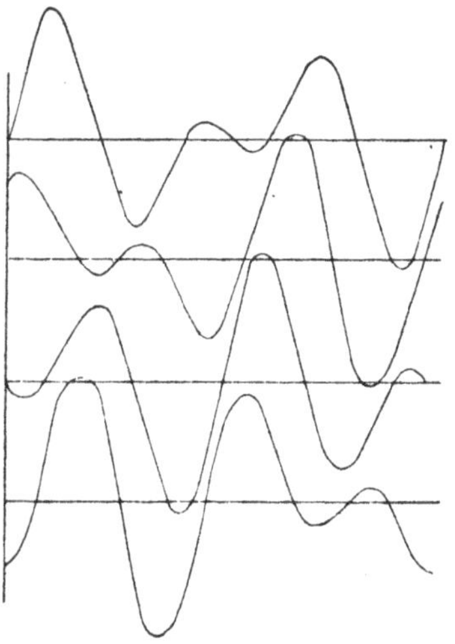

wegung $x = f(t)$ ergriffen werden, wo die x-Axe senkrecht auf der Axe der t steht und die Function f die Form der jedesmal dargestellten Gleichung hat.

3) τ_1 kurz gegen τ_2 und a_1 klein gegen a_2. Dann erscheint die graphische Darstellung $y = f(t)$ als Cosinusoide von der Periode τ_2 mit kleinen Ausbiegungen.

4) a_1 nahe gleich a_2 und τ_1 sehr nahe gleich τ_2. Dann geht die Bewegung sehr langsam von der Amplitude $a_1 + a_2$ zur Amplitude $a_2 - a_1$, welche letztere nahe $= 0$ ist. Ist a_1 genau $= a_2$, so wird die Minimalamplitude genau gleich Null. Die Elongationscurve besteht also aus Theilen, deren jeder sich nur wenig von einer Cosinusoide unterscheidet; aber jeder einzelne hat eine andere Maximalordinate als sein Nachbar, und der Werth dieser Maximalordinate geht allmälig von $2a_2$ bis Null und dann wieder zu $2a_2$ zurück. Ist $\frac{1}{\tau_1} = N_1$ und $\frac{1}{\tau_2} = N_2$, so findet das Zusammenfallen von OB_1 mit OB_2 $N_1 - N_2$ mal in der Zeiteinheit statt; $N_1 - N_2$ ist also die Zahl der Anschwellungen ($r = 2a_2$) der Ordinate, welche auf die Zeiteinheit fallen, und eben so gross ist die Zahl der Abschwellungen ($r = 0$), welche zwischen den Anschwellungsmomenten liegen.

Anwendungen: Zusammengesetzte Bewegungen eines Punktes, deren Componenten in dieselbe Gerade fallen, spielen in der Natur eine wichtige Rolle. Sie finden sich z. B. bei Theilchen eines schallenden Körpers, der zusammengesetzte „Klänge“ von sich gibt, werden daher in der Akustik speciell behandelt. Sie finden sich auch bei Ebbe und Fluth: jedes Wassertheilchen macht Verticalschwingungen, deren Hauptcomponenten sind (die Axe der x steht vertical) a) die Schwingung unter dem Einfluss des Mondes $x_2 = a\cos\frac{2\pi}{\tau_2}t$, b) die unter dem Einfluss der Sonne $x_1 = 0{,}48\,a\cos\frac{2\pi}{\tau_1}t$, wo $\tau_1 = 12$ Sonnenstunden und $\tau_2 = 12{,}4$ Sonnenstunden ist. Nach dem oben behandelten Fall (4) finden dabei abwechselnd Anschwellungen zur Maximalamplitude $a + 0{,}48a$ und Abschwellungen zur Minimalamplitude $a - 0{,}48a$ statt; die einen heissen Spring- die andern Nippfluthen. Welche Gränzwerthe nimmt ϑ an und wie drückt sich das in der Zeit der Fluthhöhe aus?

Aus Gl. (17) folgt ohne Weiteres der Satz, dass beliebig viele Schwingungen von gleicher Richtungslinie und Periode, die sich an einem Punkt μ zusammensetzen, wieder eine harmonische Bewegung von derselben Periode erzeugen; denn die Resultante der beiden ersten thut das mit der dritten u. s. w.

Macht μ irgend eine periodische Bewegung auf der x-Axe, so ist x irgend eine periodische Function von t. Jede derartige Function lässt sich aber nach der Fourier'schen Gleichung durch eine Reihe ausdrücken, deren einzelne Glieder trigonometrische Functionen der Zeit von der Form $A \sin nt$ und $B \cos nt$ sind. In letzter Linie werden also alle periodischen Bewegungen, die in einer Geraden vor sich gehen, auf Componenten von der Form (7) und (8) zurückgeführt. Das nähere findet seinen Platz in der theoretischen Akustik.

B. Die beiden Componenten der Bewegung von μ stehen senkrecht aufeinander.

Dann nehmen wir die Richtung der einen zur Axe der x, die der anderen zur Axe der y und haben dann für die Coordinaten von μ die beiden Gleichungen

$$(27) \qquad x = a \cos\left(\frac{2\pi}{\tau_1} t - \varepsilon_1\right)$$

$$(28) \qquad y = b \cos\left(\frac{2\pi}{\tau_2} t - \varepsilon_2\right)$$

nebst deren Differentialgleichungen. Die resultirende Elongation ist $\sqrt{x^2+y^2}$; die Gleichung der von μ beschriebenen Curve ist durch Elimination von t zu finden.

Erster Fall: $\tau_2 = \tau_1$.

Erster Specialfall: $\varepsilon_2 = \varepsilon_1$. Dann ist offenbar $\frac{x}{y} = \frac{a}{b}$, also die Bahn eine gerade Linie durch den Coordinatenanfang, welche mit der x-Axe den Winkel $\operatorname{arc\,tang} \frac{b}{a}$ macht. Auf dieser Geraden ist $\sqrt{x^2+y^2}$ oder $x\sqrt{1+\frac{b^2}{a^2}}$ die resultirende Elongation von μ; also, wenn wir diese mit s bezeichnen,

$$(29) \qquad s = \sqrt{a^2+b^2} \cos\left(\frac{2\pi}{\tau_1} t - \varepsilon_1\right)$$

d. i. μ macht eine harmonische Bewegung, deren Periode und Epoche gleich der Periode und der Epoche der Componenten sind; ihre Amplitude ist die Resultante der componirenden Amplituden. Dasselbe mit einer kleinen Abänderung findet statt, wenn $\varepsilon_1 - \varepsilon_2 = \pm \pi$; der Leser berechne den Fall selbst.

Zweiter Specialfall. $\tau_1 = \tau_2$, die Phasendifferenz zwischen x und y beträgt $\frac{1}{4}$, m. a. W. $\varepsilon_2 = \varepsilon_1 \pm \frac{\pi}{2}$; zugleich sei vorerst $a = b$. Dann kann man statt (28) schreiben

$$(30) \qquad y = a \cos\left(\frac{2\pi}{\tau_1} t - \varepsilon_1 \mp \frac{\pi}{2}\right) = \pm a \sin\left(\frac{2\pi}{\tau_1} t - \varepsilon_1\right),$$

x und y sind also Cosinus und Sinus desselben Winkels, multiplicirt mit der gleichen Constante a, d. h. μ bewegt sich auf einem Kreise $r^2 = a^2$. Aus

$$\frac{dx}{dt} = -\frac{2a\pi}{\tau_1} \sin\left(\frac{2\pi}{\tau_1} t - \varepsilon_1\right), \quad \frac{dy}{dt} = \pm \frac{2a\pi}{\tau_1} \cos\left(\frac{2\pi}{\tau_1} t - \varepsilon_1\right)$$

folgt

$$\left(\frac{dx}{dt}\right)^2 + \left(\frac{dy}{dt}\right)^2 = \left(\frac{2a\pi}{\tau_1}\right)^2$$

d. h. die Geschwindigkeit von μ ist der Grösse nach constant; $\frac{2\pi}{\tau_1}$ ist $\frac{d\varphi}{dt}$.

Dritter Specialfall: wie der zweite, aber a ungleich b. Dann ergiebt sich aus

(27) $x = a\cos\varphi$, (28) $y = b\cos\varphi$,

$$(31) \qquad \frac{x^2}{a^2} + \frac{y^2}{b^2} = 1.$$

Also Bewegung auf einer Ellipse mit den Halbaxen a und b.

Allgemeiner Fall $\tau_1 = \tau_2$, $\varepsilon_2 - \varepsilon_1$ beliebig. Setzen wir $\varepsilon_2 - \varepsilon_1 = 2\chi$ und schreiben abgekürzt σ für $\left(\frac{2\pi}{\tau_1}t - \frac{\varepsilon_1 + \varepsilon_2}{2}\right)$, so wird

$$(32) \qquad x = a\cos(\sigma + \chi), \qquad y = b\cos(\sigma - \chi),$$

$$(33) \qquad x = a\cos\sigma\cos\chi - a\sin\sigma\sin\chi \qquad y = b\cos\sigma\cos\chi + a\sin\sigma\sin\chi.$$

Die Bewegung von μ lässt sich hiernach zusammensetzen aus zwei Componenten, von denen

die eine die Gleichungen hat die andere die Gleichungen hat

$$(34) \quad \begin{cases} x_1 = a\cos\sigma\cos\chi \\ y_1 = b\cos\sigma\cos\chi \end{cases} \qquad (35) \quad \begin{cases} x_2 = -a\sin\sigma\sin\chi \\ y_2 = +b\sin\sigma\sin\chi. \end{cases}$$

Jede von beiden entsteht aus zwei Componenten mit gleicher Periode und gleicher Epoche; jede ist also einfach harmonisch; die erste liegt auf der Geraden $\frac{y}{x} = \frac{b}{a}$, die zweite auf der Geraden $\frac{y}{x} = -\frac{b}{a}$.. Ihre Amplituden sind $c = \sqrt{a^2 + b^2}\cos\chi$ und $d = \sqrt{a^2 + b^2}\sin\chi$. Nehmen wir die beiden Geraden $\frac{y}{x} = \pm\frac{b}{a}$ zu Axen der ξ und η, so wird demnach

$$\xi = c\cos\sigma,$$
$$\eta = d\sin\sigma,$$

und es folgt

$$(36) \qquad \frac{\xi^2}{c^2} + \frac{\eta^2}{d^2} = 1.$$

Die Bahn ist also eine Ellipse, für welche c und d conjugirte Halbmesser sind.

Zweiter Fall: Die Perioden sind ungleich. Wählt man dann den Anfang der Zeit so, dass die eine Componente die Epoche Null hat, so hat man im Allgemeinen zwei Gleichungen von der Form

$$(37) \qquad x = a\cos(pt + \varepsilon), \quad y = b\cos(qt).$$

Aus diesen ist t zu eliminiren; das Verfahren richtet sich nach dem Specialfall, der gerade vorliegt. Beispielsweise behandeln wir den Fall $p = 2q$, $a = b = 1$. Dann ist

$$x = \cos(2qt + \varepsilon), \quad y = \cos qt,$$
$$x = \cos 2qt\cos\varepsilon - \sin 2qt\sin\varepsilon$$
$$\cos 2qt = 2\cos^2 qt - 1 = 2y^2 - 1, \quad \sin 2qt = 2y\sqrt{1 - y^2}$$
$$x = (2y^2 - 1)\cos\varepsilon - 2y\sqrt{1 - y^2}\sin\varepsilon.$$

Specielle Fälle: für $\varepsilon = 0$ wird $x = 2y^2 - 1$ eine Parabel, für $\varepsilon = \frac{\pi}{2}$ wird $x = -2y\sqrt{1 - y^2}$, die mittlere symmetrische Curve der Fig. 24. In dieser sind die Curvenformen für $\varepsilon = 0, \frac{\pi}{8}, \frac{2\pi}{8}, \frac{3\pi}{8}, \ldots, \pi$ verzeichnet.

Fig. 24.

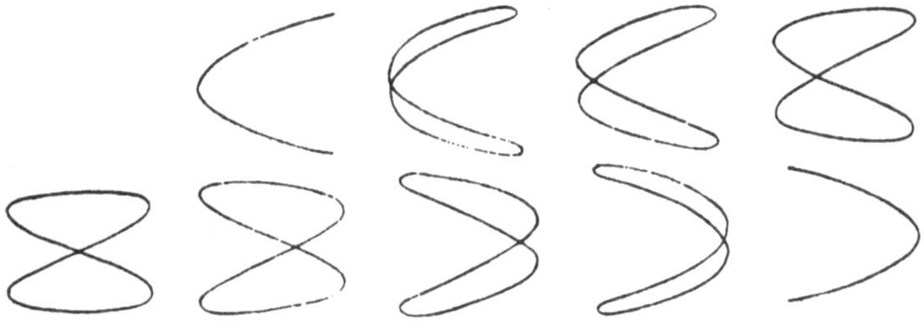

Wenn p nicht genau, aber sehr nahe $= 2q$ ist, erhält man für kurze Zeit sehr nahe eine der Figuren von 24. Dabei ändert sich aber die Epochendifferenz ε fortwährend, die resultirende Bewegung durchläuft also bei längerer Dauer alle möglichen Formen der Fig. 24 von der ersten bis zur letzten und zurück.

C. Am Punkte μ setzen sich harmonische Bewegungen von beliebiger Richtung zusammen.

Der wichtigste Fall ist der, wo die Componenten gleiche Periode haben. Sind deren nur zwei vorhanden, so nehmen wir ihre Richtungen zu Coordinatenaxen und erhalten dann für x und y dieselben Gleichungen, wie im Falle B, nur mit dem Unterschied, dass sie auf ein schiefwinkliges System bezogen sind. Die Bewegung wird demnach hier elliptisch, wo sie im Fall B kreisförmig war, und bleibt im Allgemeinen elliptisch, wenn sie es dort war.

Sind beliebig viele Componenten vorhanden, so nehmen wir drei rechtwinklige Coordinatenaxen der x, y, z an. In diesen habe die erste Componente die Gleichungen

$$(38) \qquad \begin{cases} x_1 = l_1 a_1 \cos(pt - \varepsilon_1) \\ y_1 = m_1 a_1 \cos(pt - \varepsilon_1) \\ z_1 = n_1 a_1 \cos(pt - \varepsilon_1) \end{cases}$$

die zweite Componente habe dieselben Gleichungen mit der Marke 2 u. s. w. l, m, n sind die Projectionsparameter (Cosinus der Richtungswinkel) für je eine Bewegungsrichtung. Für x_1 lässt sich schreiben

$$(39) \qquad x_1 = l_1 a_1 (\cos\varepsilon_1 \cos pt + \sin\varepsilon_1 \sin pt)$$

entsprechend in y und z. Dasselbe gilt für jede Componente x_2, x_3 u. s. w. Jede Axencomponente, wie x_1, zerfällt demnach von selbst in zwei Theile; der eine von diesen enthält $\cos pt$ als Veränderliche, der andere $\sin pt$, d. i. $\cos\left(pt - \frac{\pi}{2}\right)$, d. h. x_1 zerfällt wieder in zwei Componenten von gleicher Periode, zwischen denen der Epochenunterschied $\frac{\tau}{4}$ (Phasenunterschied $\frac{1}{4}$) besteht. Durch Summation aller gleichartigen Antheile finden wir also für die Gesammtbewegung von μ

$$(40) \qquad x = \cos pt\,\Sigma la\cos\varepsilon + \sin pt\,\Sigma la\sin\varepsilon$$

oder kürzer

$$(41) \qquad \begin{cases} x = P\cos pt + P'\sin pt \\ y = Q\cos pt + Q'\sin pt \\ z = R\cos pt + R'\sin pt. \end{cases}$$

Die drei Cosinuscomponenten repräsentiren zusammen eine geradlinige harmonische Bewegung. Wir setzen

$$(42)\qquad \zeta^2 = P^2 + Q^2 + R^2,$$

$$(43)\qquad \cos\alpha = \frac{P}{\zeta}, \quad \cos\beta = \frac{Q}{\zeta}, \quad \cos\gamma = \frac{R}{\zeta}.$$

Legen wir durch den Anfangspunkt die Gerade (α, β, γ), welche mit den Axen die Winkel α, β, γ macht, und nennen die auf ihr gemessenen Abscissen ξ, so repräsentiren die Gleichungen $x' = P\cos qt$, $y' = Q\cos qt$, $z' = R\cos qt$ die Bewegung

$$(44\,\text{a})\qquad \xi = \zeta\cos qt;$$

denn $\zeta = P \dotplus Q \dotplus R$.

Ganz ebenso fügen wir die Sinuscomponenten von Gl. (41) zusammen, setzen

$$(45)\qquad \zeta'^2 = P'^2 + Q'^2 + R'^2$$

$$(46)\qquad \cos\alpha' = \frac{P'}{\zeta'}, \quad \cos\beta' = \frac{Q'}{\zeta'}, \quad \cos\gamma' = \frac{R'}{\zeta'},$$

nehmen die Gerade (α', β', γ') zur Axe der η, wo dann die beiden vorstehenden Gleichungen aussagen, dass $\zeta' = P' \dotplus Q' \dotplus R'$, und

$$(44\,\text{b})\qquad \eta = \zeta'\sin pt.$$

Gl. (44a) und (44b) repräsentiren zwei irgendwie gerichtete Componenten, die um die Phase $\frac{1}{4}$ von einander differiren, ergeben also zusammen eine elliptische Bewegung. Also: Beliebig viele harmonische Componenten von beliebiger Richtung aber gleicher Periode ergeben als Resultante im Allgemeinen eine Bewegung auf einer Ellipse.

Im allgemeinsten Fall, wo die Componenten in Gl. (38) verschiedene Perioden haben, ist zu unterscheiden, ob die gegebenen Perioden mit einander commensurabel sind oder nicht. Ist das erstere der Fall, und ist τ das kleinste gemeinschaftliche Vielfache der sämmtlichen Perioden τ_1, τ_2 etc., so haben alle Componenten zur Zeit $t_1 + \tau$ dieselben Werthe, wie zur Zeit t_1, also hat μ zur Zeit $t_1 + \tau$ dieselbe Lage, wie zur Zeit t; die von μ beschriebene Curve kehrt in sich selbst zurück; im andern Fall tritt dies nicht ein. Im ersten Fall können alle Perioden in τ ausgedrückt und die Cosinus eliminirt werden, die Gleichung der Curve wird also algebraisch; im zweiten Fall ist sie transcendent.

C. Die Beschleunigungen.

19. Es sei v oder $v(t)$ eine mit der Zeit veränderliche Geschwindigkeit, $v_1 \equiv \overline{AB}$ (Fig. 25) ihr Werth zur Zeit t_1, derselbe zur Zeit t_2 sei $v_2 \equiv \overline{AC}$. Wollen wir die Veränderung, welche v in der

Fig. 25.

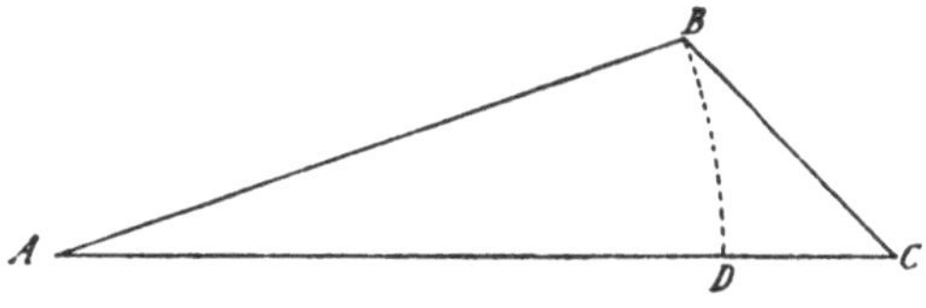

Zeit $\Delta t = t_2 - t_1$ erlitten hat, feststellen, so können wir dabei von zwei Gesichtspunkten ausgehen.

Erstens. Wir betrachten blos den Längenwerth der Geschwindigkeiten, also die beiden Längen AB und AC ohne Rücksicht auf ihre Richtung. Dann ist der Unterschied zwischen v_2 und v_1 die algebraische Differenz Δv, welche gleich

$$v_2 - v_1, \text{ (algebraische Geschwindigkeitszunahme)},$$

ist; schlägt man um A den Kreisbogen BD, so ist DC die Darstellung von Δv.

Zweitens. Wir berücksichtigen auch die Richtung der beiden Werthe von v; dann ist der Unterschied zwischen v_2 und v_1 auszudrücken durch die geometrische Differenz

$$v_2 \mathrel{\hat{-}} v_1 \text{ (geometrische Geschwindigkeitszunahme)},$$

für welche wir $\hat{\Delta} v$ schreiben. Sie wird dargestellt durch den Vector $\overline{BC}$.

Nehmen wir an, der Zeitraum, in welchem die Aenderung vor sich geht, sei ein bestimmter unendlich kleiner Zeitraum dt, also $\overline{AB} \equiv v(t)$ und $\overline{AC} \equiv v(t+dt)$; dann haben wir dem vorigen entsprechend zwischen $v(t)$ und $v(t+dt)$ zwei unendlich kleine Differenzen zu bilden.

erstens die blosse Längendifferenz $v(t+dt) - v(t) = dv (= DC)$

zweitens die geometrische Differenz $v(t+dt) \mathrel{\hat{-}} v(t) \equiv \mathfrak{d}v (\equiv \overline{BC})$.

Der Satz, dass $v(t+dt) - v(t) = dv$ ist, enthält die Definition des gemeinen Differentials. Dementsprechend betrachten wir die Gleichung $v(t+dt) \mathrel{\hat{-}} v(t) \equiv \mathfrak{d}v$ als Definition des geometrischen Differentials $\mathfrak{d}v$.

Die beiden Zunahmen dv und $\mathfrak{d}v$ treten nun ein in der Zeit dt; wir bilden die Quotienten $\frac{dv}{dt}$ und $\frac{\mathfrak{d}v}{dt}$. Der erste stellt die Geschwindigkeit dar, womit der Längenwerth von v wächst, wir nennen vorläufig

$\frac{dv}{dt}$ die „algebraische Geschwindigkeitsvermehrung“ des Punktes μ.

Der zweite Quotient stellt die Geschwindigkeit, womit v sich ändert, mit Berücksichtigung der Richtung dar. Wir nennen

$\frac{\mathfrak{d}v}{dt}$ die „geometrische Beschleunigung“ oder schlechthin die „Beschleunigung“ von μ.

Der wissenschaftliche Sprachgebrauch weicht hier vom populären ab. Populär versteht man unter Beschleunigung eine blosse Zunahme der Geschwindigkeitslänge, also $\frac{dv}{dt}$, und man sagt z. B. von einem Punkt, er sei nicht beschleunigt, wenn sein v constanten Längenwerth hat, einerlei wie seine Bahn geformt ist. Dieser Gebrauch des Worts ist ein für allemal fallen zu lassen und die vorstehende Definition als allein massgebend zu betrachten. Auch bei Bewegungen, wo der Längenwerth von v constant ist, hat die Beschleunigung $\frac{\mathfrak{d}v}{dt}$ einen von Null verschiedenen Werth, sobald die Geschwindigkeit ihre Richtung ändert. Wäre in Fig. 25 AC an Länge gleich AB, so würde $\frac{\overline{BC}}{\Delta t}$ immer noch einen endlichen Werth von bestimmter Richtung besitzen. $\frac{\mathfrak{d}v}{dt}$ fällt mit $\frac{dv}{dt}$ nur dann zusammen wenn die Richtung der Bewegung constant ist.

Ein Punkt, für den $\frac{dv}{dt} = 0$ ist, heisst **gleichförmig** bewegt. Selbstverständlich kann $\frac{dv}{dt}$ sowohl negativ wie positiv sein, sodass der Begriff „algebraische Geschwindigkeitsvermehrung" auch das umfasst, was man populär Verlangsamung nennt. $\frac{\mathfrak{d}v}{dt}$ hat an sich kein Vorzeichen, sondern die allgemeinere Eigenschaft der Richtung, vergl. **2.** am Schlusse.

20. $\frac{dv}{dt}$. Ist s die Bahnabscisse des bewegten Punktes μ, so ist seine Geschwindigkeit $v = \frac{ds}{dt}$, und seine algebraische Geschwindigkeitsvermehrung

$$(1) \qquad \frac{dv}{dt} = \frac{d}{dt}\left(\frac{ds}{dt}\right) = \frac{d^2s}{dt^2}.$$

v wächst nun in der Zeit dt um $\frac{dv}{dt}\,dt$. Denken wir uns, dass $\frac{dv}{dt}$ (etwa an einem fingirten Punkt ε) während der Zeit Δt constant gleich b bleibe, so wächst v in dieser Zeit um $\int_0^{\Delta t} b\,dt$, also um $b\Delta t$. Setzen wir dabei $\Delta t = 1$, so wächst v um b, also **die algebraische Geschwindigkeitsvermehrung b wird gemessen durch die Geschwindigkeitszunahme $\Delta_1 v$, welche sie bei constanter Wirkung in der Zeiteinheit hervorbringt.** Der zur Zeit t vorhandene Werth der algebraischen Geschwindigkeitsvermehrung kann also auch definirt werden als diejenige Grösse, um welche die Geschwindigkeit von μ in der Zeiteinheit algebraisch wachsen würde, wenn die zur Zeit t an μ vorhandene Geschwindigkeitsvermehrung eine Sekunde lang constant an ihm thätig bliebe.

Einheit der algebraischen Geschwindigkeitsvermehrung ist demnach diejenige algebraische Geschwindigkeitsvermehrung, bei deren constanter Wirkung in der Zeit 1 die Geschwindigkeitszunahme 1 erzeugt wird.

Entsteht durch die constante algebraische Geschwindigkeitsvermehrung $\frac{dv}{dt}$ in n Sekunden ein Geschwindigkeitszuwachs von $\Delta \frac{\text{cm}}{\text{sec}}$, so finden wir $\frac{dv}{dt}$ durch Division von Δ mit n. Dabei ist Δ mit der Benennung $\frac{\text{cm}}{\text{sec}}$, n mit der Benennung Secunde behaftet; wir schreiben also entsprechend dem bei der Geschwindigkeit gesagten die Zahl $\frac{\Delta}{n}$ mit der Benennung $\frac{\text{centimeter}}{\text{secunde . secunde}}$, oder

$$1 \text{ Einheit der algebraischen Geschwindigkeitsvermehrung} = 1 \frac{\text{cm}}{\text{sec}^2}$$

oder

$$\text{Dim}\left(\frac{dv}{dt}\right) = \frac{(L)}{(T^2)},$$

welche Gleichung nichts anderes aussagt, als dass man, um eine algebraische Geschwindigkeitsvermehrung auszurechnen, eine Längenzahl zweimal nach einander durch eine Secundenzahl dividiren muss.

Ist zur Zeit t_1 die Geschwindigkeit v_1, ist $\frac{dv}{dt}$ von t_1 bis zu einem späteren Zeitpunkt t gegeben, so ist die Geschwindigkeitszunahme Δv, die von t_1 bis t stattfindet

$$(2) \qquad \Delta v = \int_{t_1}^{t} \frac{dv}{dt}\, dt = \int_{t_1}^{t} \frac{d^2 s}{dt^2}\, dt$$

und die Geschwindigkeit zur Zeit t ist $v_1 + \Delta v$. Die Einzelheiten der Integration werden später behandelt.

Der mittlere Werth der algebraischen Geschwindigkeitsvermehrung während der Zeit $t - t_1$ ist $\frac{\Delta v}{\Delta t}$ oder $\frac{1}{t - t_1} \int_{t_1}^{t} \frac{dv}{dt} dt$.

21. Die Beschleunigung. $\mathfrak{d}v$ ist eine unendlich kleine, nach Grösse und Richtung bestimmte Aenderung von v, welche in der Zeit dt eintritt. Denken wir uns, die Beschleunigung $\frac{\mathfrak{d}v}{dt}$ bleibe während der endlichen Zeit Δt unveränderlich $\equiv b$, so ändert sich v in jedem Zeittheilchen dt um bdt, und alle diese Aenderungen sind mit b gleich gerichtet, setzen sich also durch einfache Addition zusammen. Ihre Summe ist $\hat{\Delta} v = \int_0^{\Delta t} bdt = b\Delta t$, welches die Richtung von b hat. Nach der Zeit Δt ist also zu dem ursprünglichen v eine Componente $\hat{\Delta} v$ von der Grösse $b\Delta t$ und der Richtung b getreten. Setzen wir $\Delta t = 1$, so wird $\hat{\Delta}_1 v \equiv b$, also ist b durch dies $\hat{\Delta}_1 v$ nach Länge und Richtung bestimmt. Wir können also die Beschleunigung auch wie folgt definiren: Wirkt die zur Zeit t vorhandene Beschleunigung eine Sekunde lang constant auf den Punkt ε, ist dessen Geschwindigkeit zur Zeit t gleich v und zur Zeit $t+1$ gleich $v \hat{+} \hat{\Delta}_1 v$, so ist die Componente $\hat{\Delta}_1 v$ die Beschleunigung zur Zeit t.

Die Beschleunigung wird hiernach dargestellt durch den Vector, der eine (gerichtete!) Geschwindigkeitsänderung in der Zeit 1 angiebt. Ihre Dimension ist demnach dieselbe wie die von $\frac{dv}{dt}$, nämlich $\frac{\text{Geschwindigkeitsincrement}}{\text{Zeit}} = \frac{\text{Länge}}{\text{Zeit.Zeit}}$, ihre Einheit $1 \frac{\text{cm}}{\text{sec}^2}$; hierbei ist aber das Centimeter mit einer bestimmten Richtung zu denken.

Der geometrische Vector, welcher die Geschwindigkeitsänderung $\hat{\Delta}_1 v$ nach Grösse und Richtung repräsentirt, ist die geometrische Darstellung von $\frac{\mathfrak{d}v}{dt}$.

$\frac{\mathfrak{d}v}{dt}$ kann im concreten Fall als irgend eine Funktion gegeben sein. Zur Bezeichnung dieser Funktion wählen wir allgemein den Buchstaben $\dot{\mathfrak{u}}$, über den ein Punkt gesetzt wird, um daran zu erinnern, dass die Beschleunigungen auf der Stufe der Differentiation um eine Ordnung höher stehen als die Geschwindigkeiten.

22. Die Beschleunigung in Coordinaten, Zusammensetzung etc. Die Beschleunigung $\dot{\mathfrak{u}}$ ist nach dem Vorstehenden ein Vector, darzustellen durch einen geometrischen Vector, der die gerichtete Grösse

„Geschwindigkeitsänderung in der Zeiteinheit" darstellt. Die Coordinaten dieses Vectors heissen demgemäss die Coordinaten der Beschleunigung; wir bezeichnen sie mit $\dot{u}_x$, $\dot{u}_y$, $\dot{u}_z$. Selbstverständlich bestehen zwischen $\dot{u}$ und seinen Coordinaten dieselben Gleichungen wie zwischen v und v_x, v_y, v_z; die Art, in welcher $\dot{u}$ durch $\dot{u}_x$ etc. bestimmt wird, ist dieselbe wie bei v.

Jede Geschwindigkeitsänderung in der Zeit 1 ist eine Geschwindigkeitsgrösse, also kann sie auch wie eine Geschwindigkeit zerlegt und mit anderen ihres Gleichen zusammengesetzt werden; daher:

Beschleunigungen werden wie Geschwindigkeiten zusammengesetzt und zerlegt. Diese Festsetzung participirt vorläufig an der Subjectivität der in **13.** gegebenen.

Die Coordinaten einer Beschleunigung sind zugleich ihre Componenten nach den Axenrichtungen.

Man denke sich, dass in Fig. 25 $\overline{AB}$ die Geschwindigkeit v zur Zeit t, $\overline{AC}$ die Geschwindigkeit zur Zeit $t+dt$, also $\overline{BC} \equiv \dot{u}\,dt \equiv \dot{d}v$ sei, und projicire die ganze Figur auf die x-Axe. Dann wird

(1) $\text{Proj.}(\overline{AB}) = v_x(t)$, (2) $\text{Proj.}(\overline{AC}) = v_x(t+dt)$,

also (3) $\dot{u}_x dt = \text{Proj.}(\dot{d}v) = v_x(t+dt) - v_x(t)$.

Dies ist aber dv_x, die Zunahme von v_x, welche in der Zeit dt eintritt; also ist

$$(4) \qquad \dot{u}_x = \frac{dv_x}{dt},$$

d. h. wie bei der Geschwindigkeit: Die x-Coordinate von $\dot{u}$ ist zugleich die Beschleunigung der Projection von μ auf die Axe der x. Dasselbe gilt gleichzeitig für die beiden andern Coordinatenrichtungen. Nun ist $v_x = \frac{dx}{dt}$, also statt (4) auch zu schreiben:

$$(5) \qquad \dot{u}_x = \frac{d^2x}{dt^2}, \quad \dot{u}_y = \frac{d^2y}{dt^2}, \quad \dot{u}_z = \frac{d^2z}{dt^2}.$$

Die drei Coordinaten von $\dot{u}$ sind die zweiten Differentialcoefficienten nach t von den Coordinaten des Punktes μ. Sie heissen auch die Seitenbeschleunigungen von μ. Ist demnach der Ort von μ durch drei Gleichungen $x = f_1(t)$, $y = f_2(t)$, $z = f_3(t)$ gegeben, so hat man die drei Differentialquotienten $\frac{d^2x}{dt^2}$ u. s. w. zu bilden, und dieses sind dann die Coordinaten von $\dot{u}$.

Beispiele von Beschleunigungsbestimmungen. 1) μ bewege sich gleichförmig auf einem in der xy-Ebene gelegenen Kreise vom Radius a. Als Anfangslage nehmen wir $x = a$, $y = 0$; es sei $v = c$, dann ist

$$(1)\quad \begin{cases} x = a\cos\dfrac{ct}{a}, \\ y = a\sin\dfrac{ct}{a}. \end{cases}$$

$$(2)\quad \begin{cases} \dfrac{dx}{dt} = -c\sin\dfrac{ct}{a}, \\ \dfrac{dy}{dt} = c\cos\dfrac{ct}{a}. \end{cases} \qquad (3)\quad \begin{cases} \dot{u}_x = \dfrac{d^2x}{dt^2} = -\dfrac{c^2}{a}\cos\dfrac{ct}{a}, \\ \dot{u}_y = \dfrac{d^2y}{dt^2} = -\dfrac{c^2}{a}\sin\dfrac{ct}{a}. \end{cases}$$

Resultirende Beschleunigung $\dot{u} = \sqrt{\dot{u}_x^2 + \dot{u}_y^2} = \dfrac{c^2}{a}$, und die Cosinus $\dfrac{\dot{u}_x}{\dot{u}}$, $\dfrac{\dot{u}_y}{\dot{u}}$ haben das Vorzeichen —, also ist die Beschleunigung einwärts gerichtet. Ferner ist, wie sich aus dem Vergleich von (3) mit (1) ergiebt, $\dfrac{\dot{u}_x}{\dot{u}_y} = \dfrac{x}{y}$, also geht $\dot{u}$ durch den Mittelpunkt des Kreises.

2) Einfach harmonische Bewegung. Die Gleichungen in x des vorigen Beispiels stellen eine solche dar; die Beschleunigung ist nach Gl. (3) selbst periodisch. Aus (1) und (3) folgt $\dot{u} = -\dfrac{c^2}{a^2}x$, d. h. die Beschleunigung ist der Elongation proportional und (wegen des Zeichens —) stets nach dem Mittelpunkt der Bahn gerichtet.

3) Die parabolische Bewegung $x = \cos 2qt$, $y = \cos qt$ aus Fig. 24. Wir finden

$$\dot{u}_x = -4q^2\cos 2qt, \quad \dot{u}_y = -q^2\cos qt.$$

$\dfrac{\dot{u}_x}{x} = 4\dfrac{\dot{u}_y}{y}$. Fällen wir also vom Punkte S die Ordinate (Fig. 26), wählen P in $\frac{1}{4}$ derselben, so ist PO die Richtung der Beschleunigung in S.

Fig. 26.

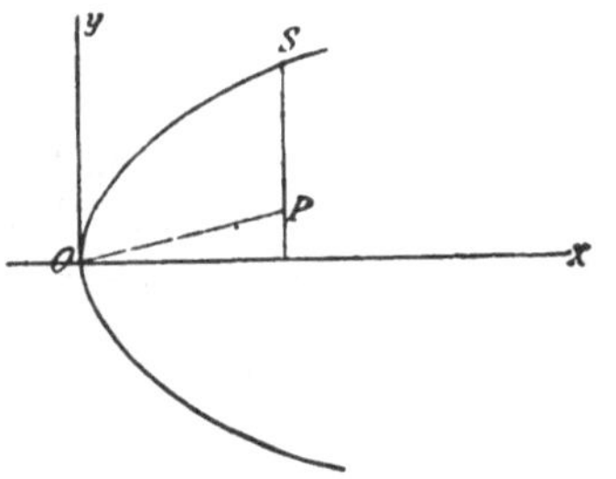

Wir zeigen zum Schluss noch, in welcher Beziehung die algebraische Geschwindigkeitsvermehrung $\dfrac{dv}{dt}$ zu den Componenten der Beschleunigung steht. Da $v = \sqrt{v_x^2 + v_y^2 + v_z^2}$, so ist

$$(6)\quad \begin{cases} \dfrac{dv}{dt} = \dfrac{v_x}{v}\cdot\dfrac{dv_x}{dt} + \dfrac{v_y}{v}\cdot\dfrac{dv_y}{dt} + \dfrac{v_z}{v}\cdot\dfrac{dv_z}{dt} \\ \quad = \dfrac{v_x}{v}\dfrac{d^2x}{dt^2} + \dfrac{v_y}{v}\dfrac{d^2y}{dt^2} + \dfrac{v_z}{v}\dfrac{d^2z}{dt^2}. \end{cases}$$

Hierin sind $\dfrac{v_x}{v}$, $\dfrac{v_y}{v}$, $\dfrac{v_z}{v}$ die drei Cosinus von v mit den Axen.

Recapitulation. Der Leser stelle sich die Formeln, welche die Beziehungen zwischen einem Vector und seinen Coordinaten im rechtwinkligen dreiaxigen System ausdrücken, in Gedanken zusammen. Wird der Vector mit V bezeichnet und macht er mit den Axen die Winkel α, β, γ, so ist

$$V_x = V\cos\alpha, \quad V_y = V\cos\beta, \quad V_z = V\cos\gamma,$$

$$V \equiv V_x \hat{+} V_y \hat{+} V_z = \sqrt{V_x^2 + V_y^2 + V_z^2} = V_x\cos\alpha + V_y\cos\beta + V_z\cos\gamma.$$

Ist $V = V' \hat{+} V'' \hat{+} V''' \hat{+}$ etc., so ist

$$V_x = V_x' + V_x'' + V_x''' + \cdots$$

Das gilt gleichmässig für 1) rein geometrische Vectoren, 2) Geschwindigkeiten, 3) Beschleunigungen. Stellt V eine Geschwindigkeit dar, so ist $V_x = \frac{dx}{dt}$, stellt es eine Beschleunigung dar, so ist $V_x = \frac{d^2x}{dt^2}$.

Wählt man einen willkürlichen Punkt O, so hat der Vector, welcher Art er auch sei, ein Moment in Bezug auf O, für welches die in **7.** ff. aufgestellten Sätze gelten.

23. Tangential- und Normalbeschleunigung. Es sei $v \equiv \overline{MN}$, Fig. 27, die Geschwindigkeit eines Punktes μ zur Zeit t, wo dann MN zugleich die Richtung der Tangente an die Bahn ist; MK sei die Geschwindigkeit zur Zeit $t + dt$; dann ist also NK die unendlich kleine Componente $\dot{u}\,dt$, um welche sich die Geschwindigkeit in der Zeit dt geändert hat. Die Ebene MNK geht durch zwei aufeinanderfolgende Tangenten der Bahn, ist also die Hauptkrümmungsebene derselben an der betrachteten Stelle. NK liegt in der Ebene MNK, also

Fig. 27.

„die Beschleunigung liegt in der Hauptkrümmungsebene der Bahn“.

Schlagen wir nun in dieser Ebene um M einen Kreis mit dem Radius v, und ist NL das Element dieses Kreises, so ist aus der Figur

$$(1) \qquad \overline{NK} \equiv \overline{NL} \hat{+} \overline{LK}$$

oder

$$(2) \qquad \dot{u} \equiv \frac{NL}{dt} \hat{+} \frac{LK}{dt}.$$

Die Beschleunigung ist damit in zwei Componenten zerlegt, von denen die eine, $\frac{LK}{dt}$, in die Tangente fällt, die andere senkrecht dazu steht.

Wir nennen $\frac{LK}{dt}$ die **Tangentialbeschleunigung** $\dot{u}_\tau$, und $\frac{NL}{dt}$ die **Normalbeschleunigung** $\dot{u}_\nu$. Offenbar ist $\frac{LK}{dt}$ dieselbe Grösse, die wir früher mit $\frac{dv}{dt}$ bezeichnet haben. Die Tangentialbeschleunigung ist identisch mit der algebraischen Geschwindigkeitsvermehrung; die letztere ist also die in die Bahnrichtung fallende Componente der Gesammtbeschleunigung.

Das hätte sich auch aus **22.** Gl. (6) schon ablesen lassen. Denn wenn $\dot{u}$ mit den Axen die drei Winkel α, β, γ macht und v oder ds die Winkel α', β', γ', so lässt jene Gleichung sich schreiben

$$(3) \qquad \frac{dv}{dt} = \dot{u}(\cos\alpha\cos\alpha' + \cos\beta\cos\beta' + \cos\gamma\cos\gamma').$$

Die Grösse in der Klammer aber ist der Cosinus des Winkels, den $\dot{u}$ mit ds macht; nennen wir diesen η, so ist

$$(4) \qquad \frac{dv}{dt} = \dot{u}\cos\eta = \dot{u}_\tau,$$

was auch aus der Figur direkt zu ersehen. Wir führen für die Grösse $\frac{dv}{dt}$ oder $\dot{u}_\tau$ von jetzt ab den Namen **Tangentialbeschleunigung**.

Die Normalbeschleunigung ist

$$(5) \qquad \dot{u}_\nu = \dot{u}\sin\eta.$$

Dabei ist $\angle KMN$ der Contingenzwinkel $d\varepsilon$ zweier aufeinanderfolgenden Bahnelemente, also $NL = MN.d\varepsilon$ oder nach Division mit dt

$$(6) \qquad \dot{u}_\nu = v\frac{d\varepsilon}{dt}.$$

$d\varepsilon$ ist zugleich der Winkel, den die beiden den Zeiten t und $t+dt$ entsprechenden Normalen miteinander machen; also ist $\frac{d\varepsilon}{dt}$ die Winkelgeschwindigkeit, mit welcher sich μ um den augenblicklichen Krümmungsmittelpunkt dreht, und wenn ϱ der Krümmungshalbmesser, ds das Bogenelement der Bahn ist, so hat man

$$(7) \qquad ds = \varrho\, d\varepsilon.$$

Berücksichtigt man $v = \frac{ds}{dt}$, so ergiebt sich

$$(8) \qquad \frac{d\varepsilon}{dt} = \frac{d\varepsilon}{ds}\cdot\frac{ds}{dt} = \frac{v}{\varrho}.$$

Mit dieser Gleichung kann man aus (6) entweder v oder $\frac{d\varepsilon}{dt}$ eliminiren und bekommt dann

$$(9) \qquad \dot{u}_\nu = \varrho \left(\frac{d\varepsilon}{dt} \right)^2$$

oder

$$(10) \qquad \dot{u}_\nu = \frac{v^2}{\varrho}.$$

Die letztere Gleichung als die einfachere wird am meisten gebraucht. In Summa erhalten wir also für $\dot{u}$ die Gleichungen

$$(11) \qquad \dot{u} = \dot{u}_\tau \hat{+} \dot{u}_\nu = \frac{dv}{dt} \hat{+} \frac{v^2}{\varrho} = \frac{dv}{dt} \hat{+} \varrho \left(\frac{d\varepsilon}{dt} \right)^2;$$

hierin ist $\dot{u}_\tau$ die Componente der Beschleunigung, welche die Geschwindigkeitslänge, $\dot{u}_\nu$ diejenige, welche die Geschwindigkeitsrichtung afficirt; von der letzteren hängt die Krümmung der Bahn ab.

Da $\dot{u}_\tau$ senkrecht auf $\dot{u}_\nu$ steht, versteht sich von selbst, dass $\dot{u}^2 = \dot{u}_\tau^2 + \dot{u}_\nu^2$. Ist die Bahn gerade, so ist $\dot{u}_\nu = 0$, bei gleichförmiger Bewegung ist $\dot{u}_\tau = 0$.

Man kann die Tangential- und Normalbeschleunigung direct in $\frac{dx}{dt}$, $\frac{dy}{dt}$, $\frac{dz}{dt}$, $\frac{d^2x}{dt^2}$, $\frac{d^2y}{dt^2}$, $\frac{d^2z}{dt^2}$ ausdrücken. Was die erstere angeht, so ist in Gl. (3) $\dot{u}\cos\alpha = \frac{d^2x}{dt^2}$, $\dot{u}\cos\beta = \frac{d^2y}{dt^2}$, $\dot{u}\cos\gamma = \frac{d^2z}{dt^2}$, und ferner ist $\cos\alpha' = \frac{1}{v}\frac{dx}{dt}$ u. s. w. Also gibt Gl. (3)

$$(12) \qquad \dot{u}_\tau = \frac{1}{v}\left\{ \frac{dx}{dt}\frac{d^2x}{dt^2} + \frac{dy}{dt}\frac{d^2y}{dt^2} + \frac{dz}{dt}\frac{d^2z}{dt^2} \right\},$$

womit $\dot{u}_\tau$ in der verlangten Weise dargestellt ist, wenn man

$$v = \sqrt{\left(\frac{dx}{dt}\right)^2 + \left(\frac{dy}{dt}\right)^2 + \left(\frac{dz}{dt}\right)^2}$$

einführt.

Um $\dot{u}_\nu$ ähnlich auszudrücken, bedenke man zunächst, dass $d\varepsilon$ der Winkel zweier aufeinanderfolgenden Tangenten an die Bahn ist. Legt man an den Coordinatenanfang O zuerst eine Gerade OA, welche der Tangente zur Zeit t parallel ist, hierauf eine zweite Gerade OB, welche der Tangente zur Zeit $t+dt$ parallel ist, so ist $d\varepsilon = \angle BOA$. Macht man OA und OB an Länge gleich der Längeneinheit, so ist der unendlich kleine Kreisbogen AB gleich dem Winkel $d\varepsilon$. Nun macht OA mit den Axen die Richtungscosinus $\cos\alpha' = \frac{1}{v}\frac{dx}{dt}$, $\cos\beta' = \frac{1}{v}\frac{dy}{dt}$, $\cos\gamma' = \frac{1}{v}\frac{dz}{dt}$, und wenn OA die Länge 1 hat, sind die Coordinaten seines Endpunktes

$$\frac{1}{v}\frac{dx}{dt}, \qquad \frac{1}{v}\frac{dy}{dt}, \qquad \frac{1}{v}\frac{dz}{dt}.$$

Entsprechend sind die Coordinaten des Endpunktes B

$$\frac{1}{v}\frac{dx}{dt}+\frac{d}{dt}\left(\frac{1}{v}\frac{dx}{dt}\right)dt, \quad \frac{1}{v}\frac{dy}{dt}+\frac{d}{dt}\left(\frac{1}{v}\frac{dz}{dt}\right)dt, \quad \frac{1}{v}\frac{dz}{dt}+\frac{d}{dt}\left(\frac{1}{v}\frac{dz}{dt}\right)dt.$$

Die Länge der Strecke AB ist also

$$(13) \qquad d\varepsilon = dt\sqrt{\left[\frac{d}{dt}\left(\frac{1}{v}\frac{dx}{dt}\right)\right]^2+\left[\frac{d}{dt}\left(\frac{1}{v}\frac{dy}{dt}\right)\right]^2+\left[\frac{d}{dt}\left(\frac{1}{v}\frac{dz}{dt}\right)\right]^2}.$$

Durch Ausführung der Differentiationen ergibt sich

$$v^4\left(\frac{d\varepsilon}{dt}\right)^2 = \left[v\frac{d^2x}{dt^2}-\frac{dx}{dt}\frac{dv}{dt}\right]^2+\left[v\frac{d^2y}{dt^2}-\frac{dy}{dt}\frac{dv}{dt}\right]^2+\left[v\frac{d^2z}{dt^2}-\frac{dz}{dt}\frac{dv}{dt}\right]^2$$

$$= v^2\left[\left(\frac{d^2x}{dt^2}\right)^2+\left(\frac{d^2y}{dt^2}\right)^2+\left(\frac{d^2z}{dt^2}\right)^2\right]+\left(\frac{dv}{dt}\right)^2\left[\left(\frac{dx}{dt}\right)^2+\left(\frac{dy}{dt}\right)^2+\left(\frac{dz}{dt}\right)^2\right]+$$

$$-2v\frac{dv}{dt}\left[\frac{dx}{dt}\frac{d^2x}{dt^2}+\frac{dy}{dt}\frac{d^2y}{dt^2}+\frac{dz}{dt}\frac{d^2z}{dt^2}\right].$$

Wendet man hierauf die Gleichung an, welche sich aus der Differentiation des Satzes

$$v^2 = \left(\frac{dx}{dt}\right)^2+\left(\frac{dy}{dt}\right)^2+\left(\frac{dz}{dt}\right)^2$$

ergibt, nämlich

$$v\frac{dv}{dt} = \frac{dx}{dt}\frac{d^2x}{dt^2}+\frac{dy}{dt}\frac{d^2y}{dt^2}+\frac{dz}{dt}\frac{d^2z}{dt^2},$$

so reducirt sich die vorstehende Gleichung auf

$$v^4\left(\frac{d\varepsilon}{dt}\right)^2 = v^2\left[\left(\frac{d^2x}{dt^2}\right)^2+\left(\frac{d^2y}{dt^2}\right)^2+\left(\frac{d^2z}{dt^2}\right)^2\right]+v^2\left(\frac{dv}{dt}\right)^2-2v^2\left(\frac{dv}{dt}\right)^2$$

$$= \left[\left(\frac{dx}{dt}\right)^2+\left(\frac{dy}{dt}\right)^2+\left(\frac{dz}{dt}\right)^2\right]\left[\left(\frac{d^2x}{dt^2}\right)^2+\left(\frac{d^2y}{dt^2}\right)^2+\left(\frac{d^2z}{dt^2}\right)^2\right]$$

$$-\left[\frac{dx}{dt}\frac{d^2x}{dt^2}+\frac{dy}{dt}\frac{d^2y}{dt^2}+\frac{dz}{dt}\frac{d^2z}{dt^2}\right]^2,$$

und dies ist identisch mit

$$(14) \qquad \begin{cases} v^4\left(\frac{d\varepsilon}{dt}\right)^2 = \left(\frac{dx}{dt}\frac{d^2y}{dt^2}-\frac{dy}{dt}\frac{d^2x}{dt^2}\right)^2+\left(\frac{dy}{dt}\frac{d^2z}{dt^2}-\frac{dz}{dt}\frac{d^2y}{dt^2}\right)^2 \\ \qquad\qquad +\left(\frac{dz}{dt}\frac{d^2x}{dt^2}-\frac{dx}{dt}\frac{d^2z}{dt^2}\right)^2. \end{cases}$$

Nach Gl. (6) ist nun

$$\dot{u}_\nu^2 \cdot v^2 = v^4\left(\frac{d\varepsilon}{dt}\right)^2,$$

also folgt aus (14)

$$(15) \quad \dot{u}_\nu = \frac{1}{v}\sqrt{\left(\frac{dx}{dt}\frac{d^2y}{dt^2}-\frac{dy}{dt}\frac{d^2x}{dt^2}\right)^2+\left(\frac{dy}{dt}\frac{d^2z}{dt^2}-\frac{dz}{dt}\frac{d^2y}{dt^2}\right)^2+\left(\frac{dz}{dt}\frac{d^2x}{dt^2}-\frac{dx}{dt}\frac{d^2z}{dt^2}\right)^2},$$

womit auch $\dot{u}_\nu$ in der verlangten Weise ausgedrückt ist.

24. Winkel- und Radialbeschleunigung. Bewegt sich der Punkt μ in einer Ebene und beziehen wir ihn mit Hülfe von Polarcoordinaten r und φ auf einem festen Punkt O derselben, so heisst $\frac{d^2\varphi}{dt^2}$ seine Winkelbeschleunigung, $\frac{d^2r}{dt^2}$ seine Radialbeschleunigung. Sind $\frac{d\varphi}{dt}$ und $\frac{dr}{dt}$ gegeben, so sind die vorstehenden Grössen durch einfache Differentiation nach t herzustellen.

Bewegt sich μ im Raum, so können wir ausser $\frac{d^2r}{dt^2}$ die Winkelbeschleunigungen auf dem Meridian und auf dem Parallelkreis, $\frac{d^2\vartheta}{dt^2}$ und $\frac{d^2\varphi}{dt^2}$ bilden, die indessen selten gebraucht werden.

Wir stellen für den Fall der Ebene die Beziehung zwischen der Totalbeschleunigung $\dot{\mathfrak{u}}$ und der Winkel- und Radialbeschleunigung her, und zwar, um auch diese vielfach brauchbare Methode einmal anzuwenden, mit Recurs auf die Cartesischen Coordinaten. Die Fundamentallinie des Polarsystems sei zugleich x-Axe in einem rechtwinkligen System. Dann ist

$$(1) \qquad x = r\cos\varphi, \quad y = r\sin\varphi,$$

$$(2) \qquad \frac{d^2x}{dt^2} = \cos\varphi\left[\frac{d^2r}{dt^2} - r\left(\frac{d\varphi}{dt}\right)^2\right] - \sin\varphi\left[r\frac{d^2\varphi}{dt^2} + 2\frac{d\varphi}{dt}\frac{dr}{dt}\right]$$

$$(3) \qquad \frac{d^2y}{dt^2} = \cos\varphi\left[r\frac{d^2\varphi}{dt^2} + 2\frac{d\varphi}{dt}\frac{dr}{dt}\right] + \sin\varphi\left[\frac{d^2r}{dt^2} - r\left(\frac{d\varphi}{dt}\right)^2\right].$$

Wir wollen nun $\dot{\mathfrak{u}}$ in zwei Componenten zerlegen, von denen die eine $\dot{\mathfrak{u}}_r$ in die Richtung des Radius fällt, die andere $\dot{\mathfrak{u}}_\varphi$ senkrecht dazu steht. Zu dem Zwecke betrachten wir die Richtungen von $\dot{\mathfrak{u}}_r$ und $\dot{\mathfrak{u}}_\varphi$ als ein neues Paar von Coordinatenaxen, und $\frac{d^2x}{dt^2}$ sowie $\frac{d^2y}{dt^2}$ als zwei Beschleunigungen, deren Resultante in diesen neuen Coordinaten ausgedrückt werden soll. Es folgt

$$(4) \qquad \dot{\mathfrak{u}}_r = \frac{d^2x}{dt^2}\cdot\cos(x, r) + \frac{d^2y}{dt^2}\cos(y, r),$$

$$(5) \qquad \dot{\mathfrak{u}}_\varphi = \frac{d^2x}{dt^2}\cos(x, \dot{\mathfrak{u}}_\varphi) + \frac{d^2y}{dt^2}\cos(y, \dot{\mathfrak{u}}_\varphi).$$

Da nun $\cos(x, r) = \cos\varphi$, folgt $\cos(y, r) = \sin\varphi$, $\cos(x, \dot{\mathfrak{u}}_\varphi) = -\sin\varphi$, $\cos(y, \dot{\mathfrak{u}}_\varphi) = \cos\varphi$, und damit wird

$$(6) \qquad \dot{\mathfrak{u}}_r = \frac{d^2x}{dt^2}\cos\varphi + \frac{d^2y}{dt^2}\sin\varphi = \frac{d^2r}{dt^2} - r\left(\frac{d\varphi}{dt}\right)^2,$$

$$(7) \qquad \dot{u}_\varphi = -\frac{d^2x}{dt^2}\sin\varphi + \frac{d^2y}{dt^2}\cos\varphi = r\frac{d^2\varphi}{dt^2} + 2\frac{d\varphi}{dt}\cdot\frac{dr}{dt},$$

und durch die Gleichung

$$(8) \qquad \dot{u} = \dot{u}_r \widehat{+} \dot{u}_\varphi$$

ist nun $\dot{u}$ in $\frac{d^2r}{dt^2}$, $\frac{dr}{dt}$ u. s. w. ausgedrückt. Selbstverständlich ist $\dot{u}^2 = \dot{u}_r^2 + \dot{u}_\varphi^2$.

Sind $\frac{d^2r}{dt^2}$ und $\frac{d^2\varphi}{dt^2}$ in dem Intervall von t_1 bis t gegeben, so hat man für die Zunahme Δ von $\frac{dr}{dt}$ und $\frac{d\varphi}{dt}$ während dieses Intervalls die immer gültigen, aber nicht immer ausführbaren Integrationsgleichungen

$$(9) \qquad \begin{cases} \Delta\left(\frac{dr}{dt}\right) = \int_{t_1}^{t} \frac{d^2r}{dt^2}\,dt \\ \Delta\left(\frac{d\varphi}{dt}\right) = \int_{t_1}^{t} \frac{d^2\varphi}{dt^2}\,dt. \end{cases}$$

25. Sectorenbeschleunigung. Wir nehmen zunächst an, μ bewege sich in der Ebene und sei mittelst Polarcoordinaten in dieser Ebene auf den festen Punkt O bezogen. S sei der Sector, welcher zwischen r, der Bahn und der Fundamentallinie enthalten ist; dann heisst nach **14.** $\frac{dS}{dt}$ die Sectorengeschwindigkeit, und dementsprechend nennen wir $\frac{d^2S}{dt^2}$ die Sectorenbeschleunigung. Da nach **14.** Gl. (14)

$$(1) \qquad \frac{dS}{dt} = \tfrac{1}{2}r^2\frac{d\varphi}{dt},$$

so ist

$$(2) \qquad \frac{d^2S}{dt^2} = r\frac{dr}{dt}\frac{d\varphi}{dt} + \tfrac{1}{2}r^2\frac{d^2\varphi}{dt^2}.$$

Vergleicht man diesen Ausdruck mit Gl. (7) des vorigen Paragraphen, so findet sich

$$(3) \qquad 2\frac{d^2S}{dt^2} = r\dot{u}_\varphi,$$

also die doppelte Sectorenbeschleunigung ist das Produkt aus dem Radiusvector und der senkrecht zu ihm stehenden Componente von $\dot{u}$. Dies Produkt lässt sich noch einfacher ausdrücken: fällen wir von O ein Perpendikel auf $\dot{u}$, welches die Länge δ hat, so macht dies mit

r einen Winkel ϑ. Denselben Winkel macht $\dot{\mathfrak{u}}_\varphi$ mit $\dot{\mathfrak{u}}$; also ist $\dot{\mathfrak{u}}_\varphi = \dot{\mathfrak{u}} \cos\vartheta$ und $r\dot{\mathfrak{u}}_\varphi = r\cos\vartheta . \dot{\mathfrak{u}} = \dot{\mathfrak{u}}\delta$; also ist $r.\dot{\mathfrak{u}}_\varphi$ das Moment der Beschleunigung $\dot{\mathfrak{u}}$ in Bezug auf O und

$$(4) \qquad 2\frac{d^2S}{dt^2} = M(\dot{\mathfrak{u}}).$$

Die Sectorenbeschleunigung in der Ebene ist das halbe Moment der Beschleunigung in Bezug auf O. Ist demnach $\dot{\mathfrak{u}}$ in rechtwinkligen Coordinaten durch $\dot{\mathfrak{u}}_x$ und $\dot{\mathfrak{u}}_y$ gegeben, (der Anfangspunkt falle mit O zusammen) und sind x, y die Coordinaten von μ, so ist

$$(5) \qquad 2\frac{d^2S}{dt^2} = x\dot{\mathfrak{u}}_y - y\dot{\mathfrak{u}}_x.$$

Zweitens bewege sich μ im Raum in einem rechtwinkligen System der x, y, z, dessen Anfangspunkt O ist. Dann ist nach **14.**

$$(6) \qquad \begin{cases} 2\frac{dS_x}{dt} = y\frac{dz}{dt} - z\frac{dy}{dt}, \quad 2\frac{dS_y}{dt} = z\frac{dx}{dt} - x\frac{dz}{dt}, \\ 2\frac{dS_z}{dt} = x\frac{dy}{dt} - y\frac{dx}{dt}. \end{cases}$$

Differentiirt man die Gleichungen nach t, so erhält man nach einer in die Augen fallenden Hebung

$$(7) \qquad \begin{cases} 2\frac{d^2S_x}{dt^2} = y\frac{d^2z}{dt^2} - z\frac{d^2y}{dt^2}, \quad 2\frac{d^2S_y}{dt^2} = z\frac{d^2x}{dt^2} - x\frac{d^2z}{dt^2}, \\ 2\frac{d^2S_z}{dt^2} = x\frac{d^2y}{dt^2} - y\frac{d^2x}{dt^2}. \end{cases}$$

Die drei Grössen $\frac{d^2S_x}{dt^2}$, $\frac{d^2S_y}{dt^2}$, $\frac{d^2S_z}{dt^2}$ sind die Sectorenbeschleunigungen in der Projection der Bewegung von μ auf die Coordinatenebenen. Fügt man sie durch das Zeichen $\dotplus$ zusammen, so erhält man eine Resultante, die wir mit $\frac{d^2S}{dt^2}$ bezeichnen und „die Sectorenbeschleunigung von μ“ nennen.

In (7) stehen nun rechts die Grössen $y\dot{\mathfrak{u}}_z - z\dot{\mathfrak{u}}_y$ u. s. w. Das sind die Momente der Beschleunigungen in den drei Projectionen der Bewegung von μ auf die Coordinatenebenen. Gl. (7) enthält also den Satz: Die Componenten der Sectorenbeschleunigung sind die halben Momente der Beschleunigungen in den drei Projectionen auf die Coordinatenebenen.

Setzt man die drei Momente $y\mathfrak{\dot u}_z - z\mathfrak{\dot u}_y$, $z\mathfrak{\dot u}_x - x\mathfrak{\dot u}_z$, $x\mathfrak{\dot u}_y - y\mathfrak{\dot u}_x$ zusammen, so erhält man das Moment von $\mathfrak{\dot u}$ in Bezug auf O. Nach Gl. (4) ist dies gleich der Sectorenbeschleunigung in der Ebene, welche durch $\mathfrak{\dot u}$ und O geht. Wenn wir also $\frac{d^2S}{dt^2}$ definiren als die Resultante $\frac{d^2S_x}{dt^2} \hat{+} \frac{d^2S_y}{dt^2} \hat{+} \frac{d^2S_z}{dt^2}$, so ist damit gesagt, dass $\frac{d^2S}{dt^2}$ in demselben Sinne, wie das Wort in Gl. (3) gebraucht wurde, die Sectorenbeschleunigung von μ ist.

Es folgt aus allem Vorstehenden, dass Sectorenbeschleunigungen eben sowohl wie Sectorengeschwindigkeiten als Momente behandelt, auf ihren Axen dargestellt, zerlegt u. s. w. werden können.

Ist die Sectorenbeschleunigung auf einen Punkt O bezogen, der nicht mit dem Anfangspunkt des Coordinatensystems zusammenfällt, sondern in ξ, η, ζ liegt, so ist in den Gl. (5) und (7) $x-\xi$ statt x, $y-\eta$ statt y, $z-\zeta$ statt z zu setzen.

Nebenbei ergiebt sich aus dem obigen die Bemerkung, dass $y\frac{d^2z}{dt^2} - z\frac{d^2y}{dt^2}$ der genaue Differentialquotient von $y\frac{dz}{dt} - z\frac{dy}{dt}$ ist, oder, was dasselbe sagt, dass $y\frac{dz}{dt} - z\frac{dy}{dt}$ die Integralfunction von $y\frac{d^2z}{dt^2} - z\frac{d^2y}{dt^2}$ ist, und dass Entsprechendes in z, x wie x, y statt hat. Hierauf beruht die Bedeutung der Sectorenbeschleunigungen und -geschwindigkeiten für die Mechanik des Punktes.

Aus (4) und (7) folgt nämlich ein sehr einfacher Satz von grosser Wichtigkeit: Geht im Fall der ebenen Bewegung die Beschleunigung durch den festen Punkt O, so ist $M(\mathfrak{\dot u}) = 0$, also $\frac{d^2S}{dt^2} = 0$, also durch Integration $\frac{dS}{dt} = \text{const.}$ d. h.: geht die Beschleunigung durch den Punkt O, so ist die Sectorengeschwindigkeit constant; der von O aus gezogene Radiusvector beschreibt in gleichen Zeiten gleiche Räume.

Bewegt sich $\mathfrak{\dot u}$ im Raum, so können wir dieselbe Bemerkung auf Gl. (7) anwenden: geht die Beschleunigung $\mathfrak{\dot u}$ beständig durch die x-Axe, so geht ihre Projection auf die yz-Ebene beständig durch den Anfangspunkt. Also wird dann $M_x(\mathfrak{\dot u}) = 0$ und $\frac{dS_x}{dt} = \text{const.}$ d. h.: geht die Beschleunigung beständig durch eine gerade Linie, und projicirt man die Bewegung auf eine Ebene, welche senkrecht zu dieser Linie steht, so ist in dieser Projection die Sectorengeschwindigkeit constant. In dieser Form gilt der Satz gleichzeitig für die y- und für die z-Axe, überhaupt für jede Gerade.

Geht die Beschleunigung gleichzeitig durch 2 Coordinatenaxen, so geht sie auch durch die dritte, also gilt dann der vorstehende Satz für alle drei Coordinatenebenen.

26. Deviation. Der bewegliche Punkt μ gehe zur Zeit t_1 von dem Punkt M, Fig. 28, seiner Bahn aus; ϑ sei ein unendlich kleiner Zeitraum, und zur Zeit $t_1+\vartheta$ sei μ in N angelangt. Existirte keine Beschleunigung, so wäre μ von M aus auf der Tangente mit der constanten Geschwindigkeit $v(t_1)$ weitergegangen und befände sich zur Zeit $t_1+\vartheta$ an irgend einem Punkt L der Tangente. Der Ortsunterschied $\overline{LN}$ ist also durch die Beschleunigung in der Zeit ϑ hervorgebracht; er heisst die Deviation von μ und soll aus v und $\dot{u}$ bestimmt werden.

Fig. 28.

Zur Zeit t_1 hat μ die Coordinaten x_1, y_1, z_1, die Seitengeschwindigkeiten $\frac{dx_1}{dt}$ u. s. w. Bewegte sich also μ auf der Tangente, so wären seine Coordinaten am Ende von $t+\vartheta$

$$(1)\qquad \xi = x_1 + \frac{dx_1}{dt}\vartheta,\quad \eta = y_1 + \frac{dy_1}{dt}\vartheta,\quad \zeta = z_1 + \frac{dz_1}{dt}\vartheta.$$

Bei der wirklich stattfindenden Bewegung sind aber x, y, z Functionen der Zeit;

$$(2)\qquad x_1 = \varphi(t_1),\quad y_1 = \psi(t_1),\quad z_1 = \chi(t_1),$$

und nach der Zeit ϑ ist

$$(3)\qquad x = \varphi(t_1+\vartheta)\ \text{u. s. w.}$$

Da ϑ unendlich klein ist, darf auf diesen Ausdruck unbedenklich die Taylor'sche Reihe angewendet werden; sie giebt

$$(4)\qquad x = \varphi(t_1)+\varphi'(t_1).\vartheta+\varphi''(t_1)\frac{\vartheta^2}{2}+\varphi'''(t_1)\frac{\vartheta^3}{3!}+\cdots$$

$$(5)\qquad = x_1+\vartheta\frac{dx_1}{dt}+\frac{\vartheta^2}{2}\frac{d^2x_1}{dt^2}+\frac{\vartheta^3}{3!}\frac{d^3x_1}{dt^3}+\cdots$$

Hieraus ergiebt sich für die Differenz zwischen x und ξ, die wir δ_x

nennen wollen

$$(6)\qquad \delta_x = x - \xi = \frac{\vartheta^2}{2}\cdot\frac{d^2x}{dt^2} + \frac{\vartheta^3}{3!}\frac{d^3x}{dt^3} + \cdots$$

Weil $\vartheta = \frac{1}{\infty}$, verschwinden hierin alle Posten mit Ausnahme des ersten, also wird mit Uebertragung der Betrachtung auf die beiden anderen Axen

$$(7)\qquad \delta_x = \frac{\vartheta^2}{2}\cdot\frac{d^2x}{dt^2},\quad \delta_y = \frac{\vartheta^2}{2}\cdot\frac{d^2y}{dt^2},\quad \delta_z = \frac{\vartheta^2}{2}\frac{d^2z}{dt^2},$$

und daraus die Deviation δ durch Zusammensetzung

$$(8)\qquad \delta = \delta_x \hat{+} \delta_y \hat{+} \delta_z = \frac{\vartheta^2}{2}\dot{\mathfrak{u}}.$$

Die Deviation ist also ein unendlich kleines zweiter Ordnung. Sie hat die Richtung von $\dot{\mathfrak{u}}$, weil $\delta_x : \delta_y : \delta_z = \dot{\mathfrak{u}}_x : \dot{\mathfrak{u}}_y : \dot{\mathfrak{u}}_z$.

Man denke sich einen Punkt, der zur Zeit t_1 die Geschwindigkeit Null hat und mit der Beschleunigung $\dot{\mathfrak{u}}$ von L ausgeht. In irgend einem zwischen t_1 und $t_1 + \vartheta$ liegenden Zeitpunkt t ist seine Geschwindigkeit $\int_{t_1}^{t} \dot{\mathfrak{u}}\,dt = \dot{\mathfrak{u}}(t - t_1)$. Der Weg, den er in der Zeit ϑ zurücklegt, ist also $\int_{t_1}^{t_1+\vartheta} \dot{\mathfrak{u}}(t - t_1)dt = \frac{1}{2}\vartheta^2\dot{\mathfrak{u}}$, d. i. δ. Es ist also LN der Weg, den μ zurücklegen würde, wenn bloss die Beschleunigung die Ursache seiner Geschwindigkeit in der Zeit ϑ wäre; ML dagegen ist der Weg, den μ zurücklegen würde, wenn $\dot{\mathfrak{u}}$ nicht existirte und bloss die anfängliche Geschwindigkeit v von μ thätig wäre. Das Bahnelement $ds = MN$ präsentirt sich demnach als die Resultante

$$(9)\qquad ds = v\vartheta \hat{+} \dot{\mathfrak{u}}\frac{\vartheta^2}{2}.$$

„Der ganze Weg, den μ in der Zeit ϑ zurücklegt, ist die Resultante zweier Wege; von diesen wird der erste bloss vermöge der zur Zeit t vorhandenen Geschwindigkeit, der andere bloss vermöge der zur gleichen Zeit vorhandenen Beschleunigung zurückgelegt."

In dieser Form ist der Satz von der Deviation eine unmittelbare Folge aus den Grundsätzen der Zerlegung und lässt sich auch für endliche Zeiträume aufstellen. Wir nehmen zu dem Ende an, es habe ein Punkt μ zur Zeit Null die Seitengeschwindigkeiten v'_x, v'_y, v'_z, und in der Zeit von Null bis t_2 seien an ihm die Seitenbeschleunigungen $\mathfrak{u}_x$, $\mathfrak{u}_y$, $\mathfrak{u}_z$ thätig. Dann ist zur Zeit t

$$v_x = v_x' + \int_0^t \mathfrak{u}_x \, dt,$$

also zur Zeit t_2, wenn der Weg der x-Projection von μ mit Δx bezeichnet wird

$$(10) \qquad \Delta x = \int_0^{t_2} v_x dt = \int_0^{t_2} v_x' dt + \int_{t=0}^{t=t_2} dt \int_0^t \mathfrak{u}_x dt.$$

Hier ist auf der rechten Seite das erste Integral der Weg, den x zurücklegen würde, wenn es die constante Geschwindigkeit v_x' während der ganzen Zeit Δt beibehielte; und das zweite Integral ist der Weg, den x machen würde, wenn es die Anfangsgeschwindigkeit Null und die Beschleunigung $\mathfrak{u}_x$ während der Zeit Δt hätte. Wir können das erste Integral den „Weg der Anfangsgeschwindigkeit“ $\Delta_{1,x}$, das zweite den „Beschleunigungsweg“ $\Delta_{\mathfrak{u},x}$ nennen. Dann ist, da Entsprechendes auf allen drei Axen gilt,

$$(12) \qquad \begin{cases} \Delta x = \Delta_{1,x} + \Delta_{\mathfrak{u},x} \\ \Delta y = \Delta_{1,y} + \Delta_{\mathfrak{u},y} \\ \Delta z = \Delta_{1,z} + \Delta_{\mathfrak{u},z}. \end{cases}$$

Bezeichnen wir den ganzen Ortsunterschied (geradliniger Vector, der von der Anfangs- zur Endlage führt), den μ in der Zeit Δt von Null bis t_2 erleidet, mit Δ, so ergeben die Gleichungen (12) durch Zusammensetzung

$$(13) \qquad \Delta = \Delta_1 \hat{+} \Delta_{\mathfrak{u}}$$

und hierin ist Δ_1 die Verschiebung, welche μ erleiden würde, wenn er die Anfangsgeschwindigkeit constant beibehielte, $\Delta_{\mathfrak{u}}$ aber die Verschiebung, welche an μ auftreten würde, wenn die Anfangsgeschwindigkeit Null und bloss die Beschleunigung in der Zeit Δt an ihm thätig wäre.

Wendet man den Satz (13) auf einen unendlich kleinen Zeitraum $\Delta t = \vartheta$ an, so ist ds der resultirende Ortsunterschied, und, weil $\mathfrak{u}$ als constant angesehen werden kann, ist $\int_{t=0}^{t=\vartheta} dt \int_0^t \mathfrak{u} dt = \frac{1}{2}\mathfrak{u}\vartheta^2$, also ergiebt sich unmittelbar Gl. (9).

Für eine geradlinige und gleichförmige Bewegung ist die Deviation Null; für eine geradlinige fällt sie in die Richtung der Bewegung, für eine gleichförmige ist sie, wie die Beschleunigung, normal zur Bahn.

27. Hülfscurven. 1. Curve der Tangentialbeschleunigung. Wie die Geschwindigkeiten, so kann man die Tangentialbeschleunigungen übersichtlich darstellen, indem man die Zeit als Abscisse und die zugehörigen Werthe von $\frac{dv}{dt}$ als Ordinaten aufträgt. Dasselbe gilt für andere Componenten von $\dot{u}$.

2. Hodograph. Derselbe hatte die Gleichungen

$$(1) \qquad \xi = v_x, \quad \eta = v_y, \quad \zeta = v_z,$$

wo ξ, η, ζ die Coordinaten eines Hülfspunktes ε sind, der sich (gleichzeitig mit μ) auf dem Hodographen bewegt. Aus (1) folgt unmittelbar

$$(2) \qquad \frac{d\xi}{dt} = \frac{d^2x}{dt^2}, \quad \frac{d\eta}{dt} = \frac{d^2y}{dt^2}, \quad \frac{d\zeta}{dt} = \frac{d^2z}{dt^2}.$$

Die Componenten der Geschwindigkeit im Hodographen sind also identisch mit den Componenten der Beschleunigung in der Bahn. Die Geschwindigkeit im Hodographen ist demnach identisch mit der Beschleunigung von μ. Die Richtung der Beschleunigung zur Zeit t wird also durch die dem Augenblick t entsprechende Tangente an den Hodographen dargestellt. Ist im Besonderen die Beschleunigung von constanter Richtung, so ist der Hodograph eine gerade Linie.

Die Integration der Gleichung für die Tangentialbeschleunigung.

28. Nach dem bisherigen kann die Bewegung eines Punktes bestimmt sein:

Erstens, indem sein Ort als Function der Zeit gegeben ist. Dabei kann der Ort von μ entweder durch eine Bahnabscisse s auf bekannter Bahn, oder er kann durch drei Coordinaten x, y, z ausgedrückt sein; im ersten Fall haben wir eine Gleichung $s = f(t)$, im zweiten Falle drei, $x = f_x(t)$, $y = f_y(t)$, $z = f_z(t)$. Wir finden dann seine Geschwindigkeit durch Differentiation dieser Gleichungen; einerseits ist $v = \frac{ds}{dt}$, andrerseits ist $v_x = \frac{dx}{dt}$ u. s. w. Wir finden ferner die Grössen von der Ordnung Beschleunigung durch eine zweite Differentiation: $\dot{u}_\tau = \frac{dv}{dt} = \frac{d^2s}{dt^2}$, $\dot{u}_x = \frac{d^2x}{dt^2}$ u. s. w.

Zweitens, indem seine Geschwindigkeit als Function der Zeit oder des Ortes oder beider gegeben ist. Wir finden dann seinen Ort durch Integration nach **15.**, wobei eine Anfangsbedingung „zur Zeit t_1 ist s_1 oder x_1, y_1, z_1, der Ort von μ“ gegeben sein muss, wenn das Problem völlig bestimmt sein soll. Die Tangentialbeschleunigung $\frac{d^2 s}{dt^2}$ bezw. die Seitenbeschleunigungen $\frac{d^2 x}{dt^2}$ etc. finden sich, wie im ersten Fall, durch blosse Differentiation.

Drittens kann nun der Fall eintreten, dass in dem gerade vorliegenden Problem nicht Ort oder Geschwindigkeit gegeben sind, sondern dass aus den Bedingungen des Problems eine Gleichung für die Beschleunigung oder deren Componenten hervorgeht. In diesem Fall bietet sich die Aufgabe dar, aus den gegebenen Bedingungen für die Beschleunigung bezw. für deren Componenten die Geschwindigkeit und den Ort von μ zu bestimmen. Da die Beschleunigungsgrössen sämmtlich Differentialquotienten zweiter Ordnung sind, so werden dann die Grundgleichungen des Problems Differentialgleichungen zweiter Ordnung; zur vollständigen Lösung derselben sind also je zwei Integrationen erforderlich.

Den einfachsten Fall dieser Art haben wir vor uns, wenn wir voraussetzen, μ bewege sich auf bekannter Bahn, und alle vorkommenden Bestimmungen seien auf die Bahnabscisse s bezogen, der Ort von μ werde durch s ausgedrückt, seine Geschwindigkeit als $\frac{ds}{dt}$, und die Grösse, für welche das Problem eine Gleichung liefert, sei die Tangentialbeschleunigung $\frac{d^2 s}{dt^2}$. Diesen Fall wollen wir jetzt näher betrachten. Im Allgemeinen ist dann $\frac{d^2 s}{dt^2}$ aus den Bedingungen des Problems zu bestimmen durch eine Differentialgleichung zweiter Ordnung

$$(1) \qquad f\left(s, \frac{ds}{dt}, \frac{d^2 s}{dt^2}, t\right) = 0.$$

Durch einmalige Integration erhält man daraus eine Differentialgleichung erster Ordnung

$$(2) \qquad f_1\left(s, \frac{ds}{dt}, t\right) = 0$$

und daraus durch nochmalige Integration

$$(3) \qquad f_2(s, t) = 0$$

welche die Lösung des Problems enthält. Die erste Integration bringt in das Resultat eine willkürliche Constante; um diese zu bestimmen, muss eine Anfangsbedingung gegeben sein, welche festsetzt: „zur Zeit t_1 oder am Ort s_1 hat μ die „Anfangsgeschwindigkeit“ v_1“. Die zweite Integration liefert eine zweite Constante und zu deren Bestimmung ist eine zweite Anfangsbedingung: „Zur Zeit t_0 hat μ den Ort s_0“ erforderlich.

29. I. Die einfachste Form der obigen Differentialgleichung (1) haben wir vor uns, wenn $\frac{d^2 s}{dt^2}$ als blosse Function von t gegeben ist. Die gegebene Differentialgleichung lautet dann

$$(1) \qquad \frac{d^2 s}{dt^2} = \mathfrak{u}_\tau(t)$$

wo $\mathfrak{u}_\tau$ irgend eine Function bezeichnet. Zu ihr gehörten die definitorischen Gleichungen

$$(2) \qquad v = \frac{ds}{dt}$$

und

$$(3) \qquad \frac{dv}{dt} = \frac{d^2 s}{dt^2};$$

(1) lässt sich also schreiben

$$(4) \qquad dv = \mathfrak{u}_\tau(t)\,dt$$

und ist unmittelbar integrabel. Ist F die Integralfunction von $\mathfrak{u}_\tau$, ist F_1 der Werth, den sie annimmt, wenn man in ihr $t = t_1$ setzt, und a die Integrationsconstante, so folgt aus (4) und der Anfangsbedingung, dass v zur Zeit t_1 den Werth v_1 hat, das System der beiden Gleichungen

$$(5) \qquad v = F + a,$$

$$(6) \qquad v_1 = F_1 + a,$$

welche ergeben $a = v_1 - F_1$ und

$$(7) \qquad v = v_1 + F - F_1.$$

Vermöge der Gl. (2) liefert nun diese Gleichung

$$(8) \qquad ds = (v_1 + F - F_1)\,dt,$$

welche wieder integrabel ist. Ist Φ die Integralfunction von $(v_1 + F - F_1)$, b die Integrationsconstante, Φ_0 der Werth von Φ für $t = t_0$, so folgt aus (8) und der Anfangsbedingung „zur Zeit t_0 ist $s = s_0$“

$$(9) \qquad s = \Phi + b,$$

$$(10) \qquad s_0 = \Phi_0 + b,$$

und damit $b = s_0 - \Phi_0$ und

$$(11)\qquad s = s_0 + \Phi - \Phi_0.$$

Durch (7) und (11) ist v und s für den Zeitpunkt t bestimmt, also die Aufgabe gelöst.

Es ist nicht gerade erforderlich, dass man die Constante a der Gl. (5) sofort bestimmt. Man kann sie auch in Gl. (8) hinübernehmen. Aus

$$(5)\qquad v = F + a$$

folgt

$$(12)\qquad ds = (F + a)\,dt.$$

Ist Ψ die Integralfunction von F, so folgt

$$(13)\qquad s = \Psi + at + b.$$

Hierin setze man $a = v_1 - F_1$ und bestimme dann b aus

$$(14)\qquad s_0 = \Psi_0 + (v_1 - F_1)t + b,$$

so wird das Ergebniss offenbar mit (11) übereinstimmen.

Endlich kann man auf (1) und (4) direct die bestimmte Integration anwenden. Aus den Bedingungen $v(t_1) = v_1$ und $dv = \dot{u}_\tau(t)dt$ folgt

$$(15)\qquad v - v_1 = \int_{t_1}^{t} \dot{u}_\tau(t)\,dt,$$

daraus

$$(16)\qquad v = v_1 + \int_{t_1}^{t} \dot{u}_\tau(t)\,dt,$$

$$(17)\qquad ds = v\,dt = v_1\,dt + dt\int_{t_1}^{t} \dot{u}_\tau(t)\,dt,$$

und daraus mit der Anfangsbedingung, dass zur Zeit t_0 der Werth s_0 von s gehört,

$$(18)\qquad s - s_0 = \int_{t_0}^{t} v\,dt = v_1 t + \int_{t_0}^{t} dt \int_{t_1}^{t} \dot{u}_\tau(t)\,dt.$$

Selbstverständlich ist Gl. (15) identisch mit (7) und (18) mit (11). Die Anwendung der bestimmten Integration ist nur eine andere Form für die Elimination der Constante aus der unbestimmten. Sie liefert compendiösere Formeln als die letztere, wenn die zu integrirende Function einfache Gestalt hat. Wir verwenden von jetzt ab die beiden Arten der Integration promiscue, ohne ihre Identität besonders zu erwähnen.

Beispiel. Es sei $\dot{u}_\tau = 3 + 7t^2$; zur Zeit Null befinde sich μ in $s = 100$ und habe die Geschwindigkeit 12. Welches ist seine Lage und Geschwindigkeit zur

Zeit 6? $dv = (3+7t^2)dt$ giebt mit der Bedingung $v_1 = 12$ das Integral

$$v - 12 = \int_0^t (3+7t^2)\,dt = 3t + \tfrac{7}{3}t^3.$$

Daraus $ds = (12+3t+\frac{7}{3}t^3)\,dt$; es folgt, wenn für $t = 0$, $s = 100$ ist,

$$s - 100 = \int_0^t (12+3t+\tfrac{7}{3}t^3)\,dt = 12t + \tfrac{3}{2}t^2 + \tfrac{7}{12}t^4.$$

Für $t = 6$ wird $v = 534$, $s = 882$.

II. $\dot{\mathfrak{u}}_\tau$ sei als blosse Function von s gegeben.

$$(19) \qquad \frac{d^2 s}{dt^2} = \frac{dv}{dt} = \dot{\mathfrak{u}}_\tau(s).$$

Die Geschwindigkeit kann als Function der Bahnabscisse s betrachtet werden, welche selbst Function von t ist; daraus folgt

$$(20) \qquad \frac{dv}{dt} = \frac{dv}{ds} \cdot \frac{ds}{dt} = v \frac{dv}{ds}.$$

Vermöge dieser eben so wichtigen wie einfachen Umformung giebt Gl. (19)

$$(21) \qquad v \frac{dv}{ds} = \dot{\mathfrak{u}}_\tau(s) \quad \text{oder} \quad v\,dv = \dot{\mathfrak{u}}_\tau(s)\,ds.$$

Da nun $v\,dv$ das genaue Differential von $\frac{1}{2}v^2$ ist, folgt, wenn v_1 der Anfangswerth von v ist und Δ die endliche Zunahme bezeichnet,

$$(22) \qquad \Delta(\tfrac{1}{2}v^2) = \tfrac{1}{2}v^2 - \tfrac{1}{2}v_1^2 = \int_{s_1}^{s} \dot{\mathfrak{u}}_\tau(s)\,ds.$$

Diese Gleichung kann nach v aufgelöst werden und ergiebt dann

$$(23) \qquad v = \frac{ds}{dt} = f(v_1, s_1, s)$$

welche auf die Form

$$(24) \qquad \frac{ds}{f(v_1, s_1, s)} = dt$$

gebracht und dann weiter integrirt werden kann. Die zweite Anfangsbedingung liefert die Constante dieser Integration.

Beispiel. $\dot{\mathfrak{u}}_\tau = -\frac{a}{s^2}$, wo a eine Constante; für $s = \infty$ sei $v = 0$, und für $t = t_0$ sei $s = b$. Gl. (21) wird $v\,dv = -\frac{a\,ds}{s^2}$; $\frac{1}{2}v^2 = -\int \frac{a\,ds}{s^2} = \frac{a}{s} + \text{const.}$ Die erste Anfangsbedingung giebt $\frac{1}{2}0^2 = \frac{a}{\infty} + \text{const.}$, d. i. const. $= 0$, also

$\frac{1}{2}v^2 = \frac{a}{s}$, $v = \sqrt{\frac{2a}{s}}$. Daraus $ds\sqrt{\frac{s}{2a}} = dt$, also $\int_b^s \sqrt{\frac{s}{2a}}\, ds = \int_{t_0}^t dt$, oder $t - t_0 = \frac{4}{3}a\left[\left(\frac{s}{2a}\right)^{\frac{3}{2}} - \left(\frac{b}{2a}\right)^{\frac{3}{2}}\right]$. Die Stelle $s = 0$ ist von der Betrachtung auszuschliessen, weil in ihr v und $\dot{u}_\tau$ unendlich werden. Behandle ebenso $\dot{u}_\tau = -ps$ mit den Anfangsbedingungen: für $s = a$ ist $v = 0$, und für $t = 0$ ist $s_0 = a\cos b$.

III. $\dot{u}_\tau$ gegeben als blosse Function von v; man hat

$$(25) \qquad \frac{ds}{dt} = v, \quad \frac{dv}{dt} = \dot{u}_\tau(v)$$

$$(26) \qquad \frac{dv}{\dot{u}_\tau(v)} = dt$$

$$(27) \qquad t - t_1 = \int_{v_1}^{v} \frac{dv}{\dot{u}_\tau(v)}.$$

Man kann diese Gleichung nach v auflösen und dann weiter integriren; man kann aber auch s direct aus (25) durch eine andere Integration finden. Setzt man nämlich gemäss (20) $v\frac{dv}{ds}$ für $\frac{dv}{dt}$, so ergiebt (25)

$$(28) \qquad v\frac{dv}{ds} = \dot{u}_\tau(v)$$

$$(29) \qquad \frac{vdv}{\dot{u}_\tau(v)} = ds$$

$$(30) \qquad s - s_0 = \int_{v_1}^{v} \frac{vdv}{\dot{u}_\tau(v)}.$$

Beispiel. Auf μ wirke eine Beschleunigung von der Art des Luftwiderstandes, von der wir annehmen wollen, sie sei der Geschwindigkeit proportional. Dieselbe ist beständig gegen die Geschwindigkeit gerichtet, wir schreiben sie $-K^2v$, wo K eine Constante. Gl. (25) lautet nun $\frac{dv}{dt} = -K^2v$; die Anfangsbedingungen seien: zur Zeit 0 ist $v = v_1$ und $s = 0$. Es ist $\frac{dv}{-K^2v} = dt$, also $t = \int_{v_1}^{v} -\frac{dv}{K^2v} = \frac{1}{K^2}\log\frac{v_1}{v}$; $v = v_1e^{-K^2t}$, d. i. v nähert sich asymptotisch dem Werth Null. Für $v = 0$ wird $t = \infty$. Aus Gl. (29) wird $-\frac{dv}{K^2} = ds$, also $s - 0 = \frac{1}{K^2}(v_1 - v) = \frac{1}{K^2}v_1(1 - e^{-K^2t})$. Für $t = \infty$ oder $v = 0$ wird $s = \frac{v_1}{K^2}$; dies ist also die Strecke, welche μ in unendlicher Zeit zurücklegt.

IV. $\mathfrak{\dot u}_\tau$ sei Function von v und s. Dann haben wir

$$(31)\qquad \frac{ds}{dt}=v,\quad \frac{dv}{dt}=\mathfrak{\dot u}_\tau,\quad f(\mathfrak{\dot u}_\tau,\ v,\ s)=0.$$

Dies System lässt sich nicht allgemein integriren, wohl aber allgemein auf eine Differentialgleichung erster Ordnung zurückführen. Setzt man nämlich gemäss (20) $\mathfrak{\dot u}_\tau = v\frac{dv}{ds}$, so wird aus (31)

$$(32)\qquad f\left(\frac{dv}{ds},\ v,\ s\right)=0,$$

also eine Differentialgleichung erster Ordnung, die nach den Bedürfnissen des besonderen Falles zu behandeln ist.

In einem wichtigen Specialfall lässt sich dieselbe sofort weiter behandeln, nämlich dann, wenn Gl. (31) die Form hat $\mathfrak{\dot u}_\tau = \varphi(s)+v^2\psi(s)$, wo φ und ψ beliebige Functionen sind. In dem Fall wird nämlich aus (32)

$$(33)\qquad v\frac{dv}{ds}-v^2\psi(s)-\varphi(s)=0$$

und indem man $v^2=z$ setzt, wird daraus

$$(34)\qquad \frac{dz}{ds}-2z\psi(s)-2\varphi(s)=0,$$

d. i. eine Differentialgleichung von der Form $\frac{dy}{dx}+Py+Q=0$, deren Auflösung sich in allen Lehrbüchern der Differentialrechnung findet. Sie liefert

$$(35)\qquad z=v^2=e^{2\int\psi(s)ds}\cdot\left\{2\int\varphi(s)\cdot e^{-2\int\psi(s)ds}ds+C\right\}.$$

Nach Ausführung dieser Integrationen ist $v=\frac{ds}{dt}$ weiter zu integriren.

V. Ist $\mathfrak{\dot u}_\tau$ als Function von v und t gegeben, so haben wir

$$(36)\qquad \frac{ds}{dt}=v,\quad \frac{dv}{dt}=\mathfrak{\dot u}_\tau,\quad f(\mathfrak{\dot u}_\tau,\ v,\ t)=0,$$

was durch Elimination von $\mathfrak{\dot u}_\tau$ unmittelbar ergiebt

$$f\left(\frac{dv}{dt},\ v,\ t\right)=0,$$

also eine Differentialgleichung erster Ordnung. Das Weitere wie ad IV.

VI. Ist $\mathfrak{\dot u}_\tau$ als Function von s und t gegeben:

$$(37)\qquad \frac{ds}{dt}=v,\quad \frac{dv}{dt}=\mathfrak{\dot u}_\tau,\quad f(\mathfrak{\dot u}_\tau,\ s,\ t)=0,$$

so giebt die Elimination von $\mathfrak{\dot u}_\tau$ und v

$$(38)\qquad f\left(\frac{d^2s}{dt^2},\ s,\ t\right)=0$$

eine Differentialgleichung zweiter Ordnung, die keiner allgemeinen Reduction fähig ist und als solche behandelt werden muss.

Hat man aber ein erstes Integral derselben gefunden, so lässt sich die zweite Integration stets ausführen. Es habe nämlich die Differentialgleichung

$$(39)\qquad \frac{d^2s}{dt^2}=\psi(s,t)$$

das erste Integral

$$(40)\qquad \frac{ds}{dt}=\varphi(s,t,C),$$

wo C eine Constante. Dann ist $\frac{\partial\varphi}{\partial C}$ (die runden ∂ bezeichnen partielle Differentialquotienten) ein integrirender Factor der Gl. (40) in der Form

$$(41)\qquad ds-\varphi(s,t,C)dt=0;$$

m. a. W. in

$$(42)\qquad \frac{\partial\varphi}{\partial C}\{ds-\varphi(s,t,C)dt\}=0$$

steht links ein vollständiges Differential, also ist die Gleichung integrabel.

Beweis nach Liouville. Die Bedingung dafür, dass der Ausdruck links in (42) ein vollständiges Differential sei, lautet

$$(43)\qquad \frac{\partial}{\partial t}\left(\frac{\partial\varphi}{\partial C}\right)=-\frac{\partial}{\partial s}\left[\frac{\partial\varphi}{\partial C}\cdot\varphi(s,t,C)\right],$$

oder

$$(44)\qquad \frac{\partial^2\varphi}{\partial t\partial C}+\frac{\partial\varphi}{\partial C}\cdot\frac{\partial\varphi}{\partial s}+\varphi\frac{\partial^2\varphi}{\partial s\partial C}=0.$$

Diese Bedingung ist aber identisch erfüllt. Denn aus (40) folgt

$$(45)\qquad \frac{d^2s}{dt^2}=\frac{\partial\varphi}{\partial t}+\frac{\partial\varphi}{\partial s}\cdot\frac{ds}{dt}=\frac{\partial\varphi}{\partial t}+\varphi\frac{\partial\varphi}{\partial s}.$$

Setzt man dies in (39), so kommt

$$\frac{\partial\varphi}{\partial t}+\varphi\frac{\partial\varphi}{\partial s}=\psi(s,t),$$

und wenn man dies nach C differentiirt, so erhält man (44).

VII. Ist endlich $\dot{u}_\tau$ Function von s, t und v, so hat die Differentialgleichung der Bewegung ihre allgemeinste Form

$$(46)\qquad \frac{ds}{dt}=v,\quad \frac{dv}{dt}=\dot{u}_\tau,\quad f(\dot{u}_\tau,\ s,\ t,\ v)=0$$

oder

$$(47)\qquad f\left(\frac{d^2s}{dt^2},\ \frac{ds}{dt},\ s,\ t\right)=0$$

und lässt sich nicht allgemein reduciren.

In einem Specialfall von erheblichem Umfang lässt sich eine Integrationsmethode nach Liouville angeben. Derselbe tritt ein, wenn (47) die Form hat

$$(48)\qquad \frac{d^2 s}{dt^2} + f(t)\frac{ds}{dt} + F(s)\left(\frac{ds}{dt}\right)^2 = 0.$$

Aus (48) entsteht durch Weglassung des letzten Gliedes die Gleichung

$$\frac{d^2 s}{dt^2} + f(t)\frac{ds}{dt} = 0,$$

welche sich auf die Form $\frac{dv}{v} + f(t)dt = 0$ bringen lässt und dann das Integral

$$(49)\qquad \frac{ds}{dt} = Ce^{-\int f(t)dt}$$

giebt, wo C die Integrationsconstante. Man probire nun, ob C sich so bestimmen lässt, dass Gl. (48) durch (49) erfüllt wird. Hierbei kann C als Function von s gedacht werden, weil s in der Gleichung $\frac{dv}{v} + f(t)dt = 0$ nicht vorkommt. Differentiirt man (49), so findet sich

$$(50)\qquad \frac{d^2 s}{dt^2} = e^{-\int f(t)dt}\left\{\frac{dC}{ds}\cdot\frac{ds}{dt} - Cf(t)\right\}$$

$$(51)\qquad = \frac{1}{C}\frac{ds}{dt}\left\{\frac{dC}{ds}\cdot\frac{ds}{dt} - Cf(t)\right\}.$$

Setzt man dies in (48), so wird sie offenbar identisch, wenn $\frac{1}{C}\frac{dC}{ds} = -F(s)$ oder

$$(52)\qquad \frac{dC}{C} = -F(s)\,ds.$$

Das ergiebt

$$(53)\qquad C = Ae^{-\int F(s)ds},$$

wo nunmehr A die Integrationsconstante ist. Also lautet das erste Integral von (48)

$$(54)\qquad \frac{ds}{dt} = Ae^{-\int F(s)ds}.e^{-\int f(t)dt}$$

und hieraus ergiebt sich nach Umformung in

$$(55)\qquad ds.e^{\int F(s)ds} = dt.Ae^{-\int f(t)dt}$$

das zweite Integral

$$(56)\qquad \int e^{\int F(s)ds}ds = A\int e^{-\int f(t)dt}dt + B.$$

30. Anwendungen. Um die im Vorigen entwickelten Methoden auf einige concrete, erfahrungsmässige Fälle anwenden zu können, entnehmen wir der Beobachtung die Sätze:

1) Ein freier Körper μ in der Nähe der Erdoberfläche besitzt eine Beschleunigung $\dot{u}$, welche senkrecht abwärts gerichtet und merklich constant ist; wir nennen ihren Werth g.

2) Ein freier Körper μ, der sich in beliebiger Entfernung r von dem Weltkörper Q bewegt, besitzt eine nach dem Mittelpunkt von Q gerichtete

Beschleunigung von der Grösse $\frac{\text{const.}}{r^2}$. Sind beliebig viele Weltkörper Q_1, Q_2 u. s. w. vorhanden, so fügt jeder ihm eine entsprechende Beschleunigungscomponente zu. Die von dem Weltkörper Q_n ausgehende ist nach dem Mittelpunkt von Q_n gerichtet und hat den Werth $\frac{\varepsilon_n}{r_n^2}$, wenn r_n die Entfernung zwischen μ und dem Mittelpunkt von Q_n bezeichnet, ε_n eine auf Q_n bezügliche Constante ist. Alle so gegebenen Componenten setzen sich an μ zusammen, und ihre Resultante ist seine Beschleunigung. Die Sätze (1) und (2) sind der einfachste Ausdruck der Beobachtungen über den Fall schwerer Körper und über die Bewegung der Himmelskörper; (1) ist nur angenähert richtig. Wir wenden sie an, indem wir von der Ausgedehntheit der bewegten Körper abstrahiren und irgend einen derselben als materiellen Punkt μ auffassen.

In beiden Sätzen ist die Grösse, welche uns unmittelbar gegeben wird, die Beschleunigung $\dot{u} = \frac{dv}{dt}$. Nun wird $\dot{u}$ identisch mit $\frac{dv}{dt}$, wenn sich μ auf einer geraden Linie bewegt. In diesem Fall können wir also die Bewegung von μ mit den im Vorigen gegebenen Mitteln untersuchen. Wir behandeln also zunächst

Bewegungen auf der geraden Linie.

1. $\dot{u} = g$; freier Fall auf einer verticalen Geraden, Anfangsbedingungen: Zur Zeit $t = t_1$ ist $v = v_1$ und $s = s_1$. Die Bahn s ist die verticale Gerade, welche durch μ geht. Wir nehmen irgend einen Punkt derselben zum Anfangspunkt und nehmen s nach unten positiv. Dann ist g positiv. $\frac{d^2s}{dt^2} = \frac{dv}{dt} = g$ liefert

$$dv = g\,dt,\ v - v_1 = \int_{t_1}^{t} g\,dt = g(t - t_1),$$

$$s - s_1 = \int_{t_1}^{t} v\,dt = \int_{t_1}^{t} [g(t - t_1) + v_1]\,dt = v_1(t - t_1) + \tfrac{1}{2}g(t - t_1)^2.$$

Die Elimination von t zwischen den Gleichungen für v und s liefert $\frac{1}{2}v^2 - \frac{1}{2}v_1^2 = g(s - s_1)$, die von g liefert $s - s_1 = \frac{1}{2}(v + v_1)(t - t_1)$.

Für die Deutung der Gleichungen nehmen wir

α) den Fall, wo v_1 von gleicher Richtung ist wie g (abwärts). Wir schreiben dann $v_1 = a$, wo a eine an sich positive Grösse ist. s und v wachsen fortwährend; die Bahn hat keinen ausgezeichneten Punkt. Am bequemsten rechnen wir die Zeit und den Abstand s vom Beginn der Bewegung an, setzen also $t_1 = 0$ und $s_1 = 0$; die Formeln erhalten dann die einfachere Gestalt

$$v = a + gt, \qquad s = at + \tfrac{1}{2}gt^2, \qquad \tfrac{1}{2}v^2 - \tfrac{1}{2}v_1^2 = gs, \qquad s = \tfrac{1}{2}(a + v)t.$$

Sie sagen der Reihe nach aus: die Geschwindigkeit wächst in gleichen Zeiten um gleiche Grössen (μ ist „gleichmässig beschleunigt"), in jeder Sekunde um g. Die Geschwindigkeitscurve ist eine Gerade, welche mit der t-Axe den Winkel arctang$g$ macht. Den Abstand s misst das Trapez, welches von der Geschwindigkeitscurve, der t-Axe, den Ordinaten a und v begränzt wird. Die Grösse $\frac{1}{2}v^2$ wächst zwischen den Punkten s_1 und s um das Product hg, wenn h die Fallhöhe $s - s_1$ bezeichnet. Der Abstand s ist jederzeit derselbe, als hätte μ sich während der Zeit t mit der mittleren Geschwindigkeit $\frac{a+v}{2}$ bewegt. Die Elongationscurve $y = at + \frac{1}{2}gt^2$ ist eine Parabel.

Die Formeln vereinfachen sich noch weiter, wenn $a = 0$, wenn also μ zu Anfang in Ruhe ist. Dann wird

$$v = gt, \qquad s = \tfrac{1}{2}gt^2, \qquad \tfrac{1}{2}v^2 = gs, \qquad s = \tfrac{1}{2}vt.$$

Die in der ersten Sekunde zurückgelegte Strecke ist also dann in Zahlen die Hälfte von der in der ersten Sekunde erlangten Geschwindigkeit. Der Raum, welcher in der n^{ten} Zeiteinheit durchlaufen wird, ist dann $\frac{1}{2}gn^2 - \frac{1}{2}g(n-1)^2 = \frac{1}{2}g(2n-1)$. In der 1., 2., 3. etc. Sekunde werden also die Räume $\frac{1}{2}g$, $\frac{3}{2}g$, $\frac{5}{2}g$ etc. durchlaufen.

β) v_1 ist der Richtung von g entgegengesetzt (geht aufwärts). Wir schreiben $v_1 = -a$ und haben bei den Anfangsbedingungen $t_1 = 0$, $s_1 = 0$

$$v = -a + gt, \qquad s = -at + \tfrac{1}{2}gt^2, \qquad \tfrac{1}{2}v^2 - \tfrac{1}{2}a^2 = gs, \qquad s = \tfrac{1}{2}(v-a)t.$$

Aus der ersten Gleichung folgt, dass der absolute Werth von v anfänglich abnimmt, irgend wo den Werth Null erreicht und dass von da an die Geschwindigkeit abwärts gerichtet ist. μ kehrt also einmal um. Der Zustand $v = 0$ tritt ein, wenn $t = \frac{a}{g}$ ist; wir bezeichnen $\frac{a}{g}$ als die Steigzeit T. Dieser entspricht die Steighöhe H, welche durch Substitution von $t = \frac{a}{g}$ in die zweite Gleichung erhalten wird. $H = -\frac{a^2}{2g}$ (das Minuszeichen sagt aus, dass $s = H$ über $s = 0$ liegt). Sie ist die Hälfte derjenigen Höhe, die μ erreicht haben würde, wenn es sich während der Steigzeit T mit der constanten Geschwindigkeit a bewegt hätte. Die Stelle $t = \frac{a}{g}$, $s = -\frac{a^2}{2g}$ der Bahn ist also ein ausgezeichneter Punkt, und es wird zweckmässig sein, die Zeit und die Abscisse s auf diesen zu beziehen. Wir verstehen also unter τ die Zeit, gerechnet von $t = \frac{a}{g}$ an, und unter σ die Abscisse, gerechnet vom höchsten Punkt der Bahn. Dann ist $t = \tau + \frac{a}{g}$ und $s = \sigma + H$ oder $s = \sigma - \frac{a^2}{2g}$. Substituirt man dies in die obigen Gleichungen, so wird

$$v = g\tau, \qquad \sigma = \tfrac{1}{2}g\tau^2, \qquad \tfrac{1}{2}v^2 = g\sigma, \qquad \sigma = \tfrac{1}{2}v\tau$$

und hierin sind nun sowohl negative, wie positive Zeiten zu berücksichtigen, erstere wenigstens von $\tau = -\frac{a}{g}$ an. Man sieht sofort, dass den Zeiten $+\tau$ und $-\tau$ gleiche Abstände σ und entgegengesetzt gleiche Geschwindigkeiten entsprechen. Die Bewegung ist also symmetrisch in Bezug auf den Zeitpunkt $\tau = 0$. Beschränkt man die Betrachtung auf positive τ, so hat man den Fall α, der hiernach nur ein Specialfall von β ist.

Wir machen noch darauf aufmerksam, dass die Gleichung $\frac{1}{2}v^2 - \frac{1}{2}v_1^2 = g(s - s_1)$ ganz unabhängig von der Anfangsgeschwindigkeit und unabhängig vom Vorzeichen von v ist. Sie enthält den Satz: Wenn μ um die Strecke $h = s - s_1$ fällt, so wächst $\frac{1}{2}v^2$ um gh; wenn μ um h steigt, so nimmt $\frac{1}{2}v^2$ um gh ab, ganz einerlei, an welcher Stelle der Bahn die Ortsveränderung statt findet, und ganz unabhängig von den Anfangsbedingungen. Das ist der erste uns begegnende Specialfall eines sehr wichtigen allgemeinen Gesetzes, von dem später die Rede sein wird.

Die Gleichungen für v und s enthalten die 5 Argumente t, v, s, v_1 und g. Unter ihnen sind zwei, die nicht algebraisch aus einander folgen, nämlich $v = v_1 + gt$ und irgend eine der Gleichungen für s. Sind also drei von den genannten Argumenten gegeben, so können die beiden anderen durch einfache Auflösung von Gleichungen aus ihnen bestimmt werden. Schell hat die daraus hervorgehenden Aufgaben in folgendes Schema gebracht:

Gegeben	$g\,v_1\,t$	$g\,v_1\,v$	$g\,v_1\,s$	$g\,t\,v$	$g\,t\,s$	$g\,v\,s$	$v_1\,t\,v$	$v_1\,t\,s$	$v_1\,v\,s$	$t\,v\,s$.
Gesucht	$v\,s$	$s\,t$	$v\,t$	$v_1\,s$	$v_1\,v$	$v_1\,t$	$g\,s$	$g\,v$	$t\,g$	$v_1\,g$.

Das Schema gilt offenbar für alle Probleme der Tangentialbeschleunigung. Bei so einfachen Grundgleichungen, wie die obigen, ist die Bearbeitung desselben rein elementar.

2. Der Punkt μ falle auf der Verticalen, aber nicht vollkommen frei, sondern der Luftwiderstand werde an ihm merklich. An μ ist dann die Beschleunigungscomponente g thätig, aber ausserdem eine zweite, aus dem Luftwiderstand hervorgehende Componente, welche stets die Richtung von $-v$ hat. Man nimmt an, dass diese Widerstandscomponente proportional mit $-v^2$ sei; diese Annahme galt früher für physikalisch richtig; neuere Erfahrungen zeigen, dass sie merklich von der Wahrheit abweicht, so dass die nachfolgende Lösung für die Praxis nur beschränkten Werth hat. Ihr historisches Interesse besteht darin, dass sie der erste Fall war, welcher auf No. IV des vorigen Paragraphen führte.

Die Abscisse s werde nach unten positiv gerechnet. Der absolute Werth der Widerstandsbeschleunigung sei ηv^2, wo η eine Constante. Es gibt einen Werth von v, bei dem ηv^2 gerade gleich $\pm g$ ist; nennen wir ihn k, so ist $\pm g = \eta k^2$, also $\pm \eta = \frac{g}{k^2}$. Setzt man dies in den Werth der Widerstandsbeschleunigung, so wird dieselbe $\pm g \frac{v^2}{k^2}$, eine Form, die den Vortheil hat, dass die Homogeneität der Widerstandsbeschleunigung mit g deutlich hervortritt. Die Gesammtbeschleunigung ist nun die Resultante von g und $\pm g \frac{g^2}{k^2}$, also, da beide auf derselben Geraden liegen, ihre algebraische Summe. Ist die Geschwindigkeit abwärts gerichtet, so wirkt die Widerstandsbeschleunigung aufwärts, und es wird $\dot{u} = g - g\frac{v^2}{k^2}$; ist die Geschwindigkeit aufwärts gerichtet, so wirkt die Widerstandsbeschleunigung abwärts, also wird dann $\dot{u} = g + g\frac{v^2}{k^2}$. Da die beiden Gleichungen nicht durch eine reelle Transformation auf gleiche Form gebracht werden können, betrachten wir sie einzeln.

α) Bewegung abwärts.

$$\frac{ds}{dt} = v, \quad \frac{dv}{dt} = \dot{u}, \quad \dot{u} = g - g\frac{v^2}{k^2}$$

Daraus folgt

7*

$$(1) \qquad \frac{dv}{dt} = g\frac{k^2-v^2}{k^2}$$

$$\frac{2g}{k}\frac{dt}{dv} = \frac{2k}{k^2-v^2} = \frac{k+v+k-v}{k^2-v^2} = \frac{1}{k+v}+\frac{1}{k-v}$$

$$\frac{2g}{k}dt = \frac{dv}{k+v}+\frac{dv}{k-v}$$

$$t = \frac{k}{2g}\log\frac{k+v}{k-v}+\text{const.}$$

Rechnen wir die Zeit von dem Punkt an, wo $v=0$, so ist const. $=0$, also

$$t = \frac{k}{2g}\log\frac{k+v}{k-v}.$$

Um die Gleichung nach v aufzulösen, schreiben wir sie $\frac{k+v}{k-v} = e^{\frac{2g}{k}t}$. Addirt man erst beiderseits 1, bildet dann eine neue Gleichung, indem man beiderseits 1 subtrahirt, dividirt die eine Gleichung in die andere und multiplicirt dann die rechte Seite in Zähler und Nenner mit $e^{-\frac{g}{k}t}$, so findet sich

$$(2) \qquad v = k\frac{e^{\frac{g}{k}t}-e^{-\frac{g}{k}t}}{e^{\frac{g}{k}t}+e^{-\frac{g}{k}t}}$$

Hieraus findet sich s als $\int v dt$. Der Zähler des vorstehenden Bruches ist aber bis auf den Factor $\frac{g}{k}$ der genaue Differentialquotient des Nenners; also ist

$$s = \frac{k^2}{g}\log\left(e^{\frac{g}{k}t}+e^{-\frac{g}{k}t}\right)+\text{const.}$$

Rechnen wir auch die Bahnabscisse vom Punkte $t=0$ an, so ist $0 = \frac{k^2}{g}\log 2+\text{const.}$, also const. $= -\frac{k^2}{g}\log 2$. Das giebt

$$(3) \qquad s = \frac{k^2}{g}\log\tfrac{1}{2}\left(e^{\frac{g}{k}t}+e^{-\frac{g}{k}t}\right).$$

Die Beziehung zwischen v und s findet sich durch Elimination von t aus (2) und (3), oder noch leichter, indem man $v\frac{dv}{ds}$ für $\frac{dv}{dt}$ in (1) setzt. Das giebt $v\frac{dv}{ds} = g\frac{k^2-v^2}{k^2}$ oder $\frac{vdv}{k^2-v^2} = \frac{gds}{k^2}$; integrirt mit der Anfangsbed. $v=0$ für $s=0$ giebt das

$$(4) \qquad s = \frac{k^2}{2g}\log\frac{k^2}{k^2-v^2}.$$

Nach den vorstehenden Gleichungen hat nun die Bewegung folgende Eigenschaften: Mit wachsender Zeit nähert sich $e^{-\frac{g}{k}t}$ der Null, also v dem Gränzwerth k; die Bewegung nähert sich der Gleichförmigkeit und zwar in derselben Art, wie $e^{-\frac{g}{k}t}$ verschwindet, d. h. asymptotisch. Für sehr grosse t findet man s angenähert, indem man $e^{-\frac{g}{k}t}$ gleich Null setzt; dann wird $s = kt - \frac{k^2}{g}\log 2$, also steht s um $\frac{k^2}{g}\log 2$ hinter dem Werth zurück, den es erreicht hätte, wenn von Anfang an v gleich k gewesen wäre.

Lässt man k unendlich werden, so gehen die Differentialgleichungen unseres Falles in die von 1 (α) über; dasselbe müssen also auch die endlichen Gleichungen für v und s thun. Sie nehmen aber für $k = \infty$ beide die Form $v = 0.\infty$, $s = 0.\infty$ an. Die Gränzwerthe lassen sich eruiren, 1) indem man die Exponentialgrössen in Reihen entwickelt, 2) indem man v auf die Form $gt \lim \frac{e^{\omega} - e^{-\omega}}{\omega}$ und s auf die Form $gt^2 \lim \frac{\log \frac{1}{2}(e^{\omega} + e^{-\omega})}{\omega^2}$ bringt; diese Ausdrücke haben die Form $\frac{0}{0}$ und liefern $v = gt$, $s = \frac{1}{2}gt^2$.

Aus der Gleichung (4) ziehen wir durch Auflösung nach v

$$(4\text{b}) \qquad v^2 = k^2\left(1 - e^{-\frac{2g}{k^2}s}\right) = k^2\left[1 - \left(1 - \frac{2g}{k^2}s + \frac{4g^2}{2k^4}s^2 - \cdots\right.\right.$$

$$= 2gs - \frac{2g^2}{k^2}s^2 \ldots,$$

woraus die an sich klare Thatsache ersichtlich wird, dass v^2 immer kleiner als $2gs$ ist.

Fall β) Bewegung aufwärts; die Anfangsgeschwindigkeit sei v_0, und für $t = 0$ sei $s = 0$; die s seien nach oben positiv.

$$\dot{u} = \frac{dv}{dt} = -\left(g + \frac{v^2}{k^2}g\right)$$

$$(5) \qquad \frac{g}{k}dt = -k\frac{dv}{k^2 + v^2}$$

$$\frac{g}{k}t = -k\int_{v_0}^{v_1}\frac{dv}{k^2 + v^2} = \operatorname{Arctang}\frac{v_0}{k} - \operatorname{Arctang}\frac{v}{k}.$$

Daraus $\operatorname{Arctang}\frac{v}{k} = \operatorname{Arctang}\frac{v_0}{k} - \frac{g}{k}t$, oder

$$\frac{v}{k} = \operatorname{tang}\left\{\operatorname{Arctang}\frac{v_0}{k} - \frac{g}{k}t\right\} = \frac{\frac{v_0}{k} - \operatorname{tang}\frac{g}{k}t}{1 + \frac{v_0}{k}\operatorname{tang}\frac{g}{k}t},$$

woraus, indem man $\operatorname{tang} = \frac{\sin}{\cos}$ setzt

$$(6) \qquad v = k\,\frac{v_0\cos\frac{g}{k}t - k\sin\frac{g}{k}t}{v_0\sin\frac{g}{k}t + k\cos\frac{g}{k}t}.$$

Wieder ist der Zähler dieses Bruches der mit $\frac{k}{g}$ multiplicirte Differentialcoefficient des Nenners, also

$$s = \int v dt = \frac{k^2}{g} \log \left(v_0 \sin \frac{g}{k} t + k \cos \frac{g}{k} t \right) + \text{const.}$$

Soll für $t = 0$ auch $s = 0$ sein, so ist die Constante $-\frac{k^2}{g} \log k$, also

$$(7) \qquad s = \frac{k^2}{g} \log \frac{1}{k} \left(v_0 \sin \frac{g}{k} t + k \cos \frac{g}{k} t \right).$$

Zwischen s und v haben wir die Gleichung $\frac{dv}{dt} = v \frac{dv}{ds} = -g \frac{k^2 + v^2}{k^2}$ oder $\frac{v dv}{k^2 + v^2} = -\frac{g}{k^2} ds$. Daraus

$$(8) \qquad s = -\frac{k^2}{g} \int_0^v \frac{v dv}{k^2 + v^2} = \frac{1}{2} \frac{k^2}{g} \log \frac{k^2 + v_0^2}{k^2 + v^2}.$$

Die Steigzeit τ findet sich aus $v = 0$ als $\tau = \frac{k}{g} \operatorname{Arctang} \frac{v_0}{k}$, die Steighöhe aus (8) zu $H = \frac{1}{2} \frac{k^2}{g} \log \frac{k^2 + v_0^2}{k^2}$. Beziehen wir die Abscissen auf den höchsten Punkt der Bahn und nennen sie dann σ, so ist $s = \sigma + H$, und Formel (8) wird dann $\sigma = \frac{1}{2} \frac{k^2}{g} \log \frac{k^2}{k^2 + v^2}$. Dies σ ist nach unten negativ; kehren wir die Richtung der positiven σ um, so ist $-\sigma$ statt σ zu schreiben, und dann ist dies σ mit dem s des Falles α unmittelbar vergleichbar. Wir haben dann

$$-\sigma = \frac{1}{2} \frac{k^2}{g} \log \frac{k^2}{k^2 + v^2},$$

was, nach v^2 aufgelöst, giebt

$$(8\text{b}) \qquad v^2 = k^2 \left(e^{\frac{2g\sigma}{k^2}} - 1 \right).$$

Wir schreiben noch zur Abkürzung x für $\frac{g\sigma}{k^2}$, nennen das v der Gl. (4b) v_α, das der Gl. (8b) v_β, und haben dann die Zusammenstellung

$$v_\alpha^2 = k^2 (1 - e^{-2x})$$

$$v_\beta^2 = k^2 (e^{+2x} - 1).$$

Also

$$\frac{v_\beta^2}{v_\alpha^2} = -\frac{1 - e^{2x}}{1 - e^{-2x}} = -\frac{e^{-x} - e^x}{e^{-x}} : \frac{e^x - e^{-x}}{e^x} = e^{2x} = \frac{k^2}{k^2 - v_\alpha^2} = \frac{k^2 + v_\beta^2}{k^2}.$$

Also ist v_β an der gleichen Stelle immer absolut grösser als v_α, und k^2 ist die mittlere Proportionale zwischen $k^2 - v_\alpha^2$ und $k^2 + v_\beta^2$.

Vergleicht man noch die Beschleunigung im Falle α mit der im Falle β, nachdem man in beiden Fällen die positive Bahnabscissenrichtung gleich (nach unten) gelegt hat, so ist

$$\dot{u}_\alpha = g \frac{k^2 - v^2}{k^2}, \quad \dot{u}_\beta = g \frac{k^2 + v^2}{k^2}.$$

Setzt man in einer von ihnen $k\sqrt{-1}$ statt k, so stimmt sie mit der anderen überein. Es lassen sich also auch beide Fälle α und β in derselben Rechnung behandeln, wenn man imaginäre k zulässt. Die Formeln des Falles α gelten dann bei reellem k für absteigende μ, bei imaginären für aufsteigende; im letzteren Falle werden die Exponentialfunctionen imaginär und vertreten dann die reellen goniometrischen Functionen des Falles β. Und umgekehrt.

3. Der Punkt μ bewege sich auf einer Geraden, auf der ein Anfangspunkt O gewählt ist und seine Beschleunigung sei seinem Abstande von O proportional und nach O gerichtet. (Sehr kleine Schwingung eines elastisch befestigten Punktes μ.) Die Anfangsbedingungen seien: für $s = a$ ist $v = 0$, und zur Zeit Null ist $s = a\cos\eta$.

Zählen wir s von 0 aus, so ist $\dot{v}$ nach dem Gesagten proportional mit $-s$, also wenn k eine Constante,

$$(1) \qquad \frac{d^2s}{dt^2} = \frac{dv}{dt} = -k^2s.$$

Mit der Transformation **29.** II wird

$$\frac{v\,dv}{ds} = -k^2s$$

$$v\,dv = -k^2s\,ds$$

$$\tfrac{1}{2}v^2 = -\tfrac{1}{2}k^2s^2 + \text{const.}$$

Anfangsbedingung . . . . . $0 = -\tfrac{1}{2}k^2a^2 + \text{const.}$

$$v^2 = k^2(a^2 - s^2),$$

$$(2) \qquad \pm\frac{ds}{dt} = k\sqrt{a^2 - s^2}$$

$$\pm k\,dt = \frac{ds}{\sqrt{a^2 - s^2}}.$$

$$\operatorname{Arc\,cos}\frac{s}{a} = \pm(kt + \text{const.})$$

$$s = a\cos(kt + \text{const.}).$$

Dazu die Anfangsbedingung

$$a\cos\eta = a\cos(0 + \text{const.}),$$

also const. $= \eta$ und

$$(3) \qquad s = \cos(kt + \eta).$$

(3) ist die wohlbekannte Gleichung der harmonischen Bewegung; setzt man $\eta = -\varepsilon$, so hat sie die in **18.** behandelte Form.

Anm. 1. Zur Auflösung von Gl. (1) kann man statt der Substitution $\frac{dv}{dt} = v\frac{dv}{ds}$ einen verwandten Kunstgriff gebrauchen. Man multiplicire $\frac{d^2s}{dt}$ $= -k^2s$ rechts und links mit $2\frac{ds}{dt}$, so dass daraus wird

$$2\frac{ds}{dt}\cdot\frac{d^2s}{dt^2} = -2k^2s\frac{ds}{dt}.$$

Links steht der genaue Differentialquotient von $\left(\frac{ds}{dt}\right)^2$, also giebt die Integration

$$\left(\frac{ds}{dt}\right)^2 = -k^2 s^2 + \text{const.},$$

was mit dem Obigen übereinstimmt.

Anm. 2. Gl. (1) gestattet noch eine andere Behandlung, die wegen späterer Anwendbarkeit beachtenswerth ist. Der Gleichung $\frac{d^2 s}{dt^2} = -k^2 s$ sieht man sofort an, dass ihr eine Function Genüge thut, die sich beim zweimaligen Differentiiren bis auf einen constanten Factor $-k^2$ reproducirt. Also z. B. $e^{\alpha t}$, wenn α passend bestimmt wird. $\frac{d^2}{dt^2}(e^{\alpha t}) = \alpha^2 e^{\alpha t}$, also ist $e^{\alpha t}$ eine Lösung, wenn $\alpha^2 = -k^2$ oder $\alpha = \pm ki$ gesetzt wird. Folglich sind e^{kit} und e^{-kit} Lösungen; sie bleiben es, wenn jede mit einer willkürlichen Constante multiplicirt wird; zwei solche particuläre Lösungen zueinander addirt, liefern aber wieder eine Lösung. Also ist

$$s = Ce^{kit} + C'e^{-kit}$$

eine Lösung der Differentialgleichung, und zwar die allgemeine, weil sie zwei willkürliche Constanten enthält. Setzt man $e^{kit} = \cos kt + i \sin kt$ u. s. w. und schreibt A für $C + C'$, B für $i(C - C')$, so wird

$$s = A \cos kt + B \sin kt,$$

was mit den Anfangsbedingungen die frühere Lösung giebt, wenn man setzt $A = a \cos \eta'$, $B = a \sin \eta'$, also

$$s = a \cos(kt - \eta')$$

und dann $\eta' = -\eta$ findet.

Dasselbe lässt sich im Reellen mit Hülfe der Bemerkung durchführen, dass $\sin \alpha t$ und $\cos \alpha t$ sich gleichfalls bei zweimaliger Differentiation reproduciren.

4. Auf den Punkt μ wirke aus grosser Entfernung ein Weltkörper Q, und die Einwirkung der übrigen Weltkörper auf μ könne gegen diejenige von Q vernachlässigt werden. Besitzt μ eine Anfangsgeschwindigkeit, so falle dieselbe in die Gerade, welche nach dem Mittelpunkt O von Q gerichtet ist. Nach dem zweiten der im Eingang mitgetheilten Gesetze ist dann die gerade Verbindungslinie von O mit μ die Bahn, auf der sich μ bewegt; nennen wir s den Abstand $O\mu$, so ist (Anfangsbed., zur Zeit Null sei $v = 0$ und $s = s_0$)

$$(1) \qquad \frac{d^2 s}{dt^2} = -\frac{\varepsilon}{s^2}$$

$$v\,dv = -\varepsilon \frac{ds}{s^2}$$

$$\tfrac{1}{2} v^2 = -\int_{s_0}^{s} \frac{ds}{s^2} = \frac{\varepsilon}{s} - \frac{\varepsilon}{s_0}$$

$$(2) \qquad \frac{ds}{dt} = v = \pm \sqrt{\frac{2\varepsilon}{s} - \frac{2\varepsilon}{s_0}}.$$

Das $\pm$ Zeichen der Wurzel zeigt an, dass v an derselben Stelle zwei entgegengesetzt gleiche Werthe haben kann. In der That, hat μ zu irgend einer Zeit $-t$ eine aufwärts (von Q fort) gerichtete Geschwindigkeit, so ist $v > 0$, wird beim Anwachsen von s immer kleiner und schliesslich in $s = s_0$ zu Null; dann geht die Bewegung abwärts, s wird kleiner und der absolute Werth von v wird grösser, v aber ist negativ. Wir schreiben die Gleichung für v

$$\sqrt{\frac{2\varepsilon}{s_0}}\,dt = ds\sqrt{\frac{s}{s_0-s}} = \frac{s\,ds}{\sqrt{s_0 s - s^2}} = -\frac{(\frac{1}{2}s_0 - s)\,ds}{\sqrt{s_0 s - s^2}} + \frac{\frac{1}{2}s_0\,ds}{\sqrt{s_0 s - s^2}}.$$

Daraus

$$(3) \qquad \frac{\pi}{2}s_0 + \sqrt{\frac{2\varepsilon}{s_0}}\,t = -\sqrt{s_0 s - s^2} + \tfrac{1}{2}s_0 \operatorname{Arc\,cos} \frac{\frac{1}{2}s_0 - s}{\frac{1}{2}s_0},$$

wo $\frac{\pi}{2}s_0$ die leicht zu bestimmende Integrationsconstante. Die Gleichung ist nicht allgemein nach s auflösbar, aber leicht graphisch darzustellen, wo man dann beliebig viele Werthe von s für einzelne Zeitpunkte t_1, t_2 u. s. w. abmessen kann. Sie ist nämlich die Gleichung einer Cykloide, deren erzeugender Kreis auf der t-Axe rollt.

Für $s = s_0$ ist $t = 0$, s im Maximum. s_0 ist also die Maximalordinate der Cykloide; die Curve ist symmetrisch gegen den Zeitpunkt $t = 0$. Lässt man $-t$ nach der negativen Seite immer kleinere algebraische, also grössere absolute Werthe annehmen, so wird s immer kleiner; in Wirklichkeit nimmt t auf der negativen Seite algebraisch zu, absolut ab, also ist dort $\frac{ds}{dt}$ positiv, die Geschwindigkeit nach oben gerichtet u. s. w.

Setzt man $\frac{\frac{1}{2}s_0 - s}{\frac{1}{2}s_0} = \cos\vartheta$, so ist ϑ der Wälzungswinkel, die Gleichung nimmt die Form $a + bt = c(\vartheta - \sin\vartheta)$ an und kann für den einzelnen Fall numerisch nach ϑ aufgelöst werden.

Der Punkt $s = 0$ ist von der Betrachtung auszuschliessen, da in ihm v und $\dot{u}$ unendlich werden. Praktisch kommt er nicht vor, weil im Innern der Weltkörper ein anderes Gesetz gilt, als das hier zu Grunde gelegte. Hat der Weltkörper Q den Radius R, so gilt das Obige bis zu dem Abstand $s = R$. Setzt man $s_0 = \infty$, so findet sich $\frac{1}{2}v^2 = \frac{\varepsilon}{s}$, also, wenn der Punkt μ in die Oberfläche des Planeten gelangt, wo $s = R$, so ist $\frac{1}{2}v^2 = \frac{\varepsilon}{R}$. Dieser sehr einfache Ausdruck giebt zugleich die Geschwindigkeit v_1 an, mit welcher μ von der Oberfläche Q aufsteigen muss, wenn er ins Unendliche gelangen soll: $v_1 = \sqrt{\frac{2\varepsilon}{R}}$; bei kleinerer Anfangsgeschwindigkeit fällt er nach Q zurück.

In grosser Nähe der Erdoberfläche kann man den Unterschied $s - R$ gegen R vernachlässigen. Setzt man $s_0 = R + h$, $s = R$, lässt also den Körper μ um die Höhe h fallen, so wird $\frac{1}{2}v^2 = \frac{\varepsilon}{R} - \frac{\varepsilon}{R+h} = \frac{\varepsilon h}{R(R+h)}$, d. i. mit Vernachlässigung von h im Nenner $\frac{\varepsilon}{R^2}h$ oder gh, wenn für $\frac{\varepsilon}{R^2}$ die Bezeichnung g eingeführt wird. No. 4 umfasst also No. 1 als Specialfall und die Beschleunigung g an der Oberfläche eines Weltkörpers ist der Quotient $\frac{\varepsilon}{R^2}$ aus seiner kosmischen Beschleunigungsconstante und dem Quadrat seines Radius.

5. Der Punkt μ bewege sich unter dem Einfluss zweier Weltkörper Q und

Q_1; deren Mittelpunkte seien M und N. Die Bedingung $\dot{u} = \frac{dv}{dt}$ bleibt erfüllt, so lange μ sich auf der Geraden MN bewegt: diesen Fall untersuchen wir also. Offenbar sind zwei Unterfälle zu unterscheiden, je nachdem μ zwischen M und N oder ausserhalb beider existirt; im ersten Fall haben die beiden an μ thätigen Beschleunigungscomponenten entgegengesetzte, im zweiten gleiche Richtung. Wir überlassen dem Leser den zweiten Fall und behandeln kurz den ersten. Rechnen wir die Richtung von N nach M als die positive, so ist die von M ausgehende Beschleunigung $+\frac{\varepsilon_1}{r_1^2}$, die von N ausgehende $-\frac{\varepsilon_2}{r_2^2}$, wenn die Marke 1 die Beziehung auf M, 2 die auf N, r die Entfernung bedeutet. Es giebt nun zwischen M und N einen Punkt O, wo $\frac{\varepsilon_1}{r_1^2} - \frac{\varepsilon_2}{r_2^2} = 0$. Diesen Punkt nehmen wir zum Nullpunkt der s-Axe und bezeichnen sein r_1 mit a, sein r_2 mit b; offenbar ist $a+b = \overline{MN}$. Hat μ den Abstand s von O, so ist die Distanz $\overline{M\mu} = a-s$, $\overline{N\mu} = b+s$. Die beiden Beschleunigungscomponenten, welche sich an μ summiren, sind also $\frac{\varepsilon_1}{(a-s)^2}$ und $-\frac{\varepsilon_2}{(b+s)^2}$, also

$$(1) \qquad \frac{d^2s}{dt^2} = v\frac{dv}{ds} = \frac{\varepsilon_1}{(a-s)^2} - \frac{\varepsilon_2}{(b+s)^2}.$$

Man sieht zunächst aus diesem Ausdruck, dass $\frac{dv}{ds}$ scheinbar unbestimmt wird wenn μ sich gerade in O in Ruhe befindet. Dann ist nämlich $v = 0$ und $\dot{u} = 0$, also präsentirt sich $\frac{dv}{ds}$ als $\frac{0}{0}$. In dem Fall lässt aber die Gleichung $\frac{dv}{dt} = 0$ direct die Integration zu und giebt mit der Anfangsbedingung $v_0 = 0$ das Ergebniss $v = 0$, μ bleibt in O in Ruhe. Mit Ausnahme dieses Specialfalls ist Gl. (1) zu integriren und giebt

$$(2) \qquad \tfrac{1}{2}v^2 = \frac{\varepsilon_1}{(a-s)} + \frac{\varepsilon_2}{(b+s)} + \text{const.}$$

Als Anfangsbedingung nehmen wir, μ verlasse die Oberfläche des Körpers Q, der den Radius R hat, mit der Geschwindigkeit $-v_0$. Dann ist $v = -v_0$ für $s = a-R$. Das giebt

$$\tfrac{1}{2}v_0^2 = \frac{\varepsilon_1}{R} + \frac{\varepsilon_2}{l-R} + \text{const.},$$

wo l zur Abkürzung für $a+b$ geschrieben ist. Demnach

$$(3) \qquad \tfrac{1}{2}v^2 - \tfrac{1}{2}v_0^2 = \varepsilon_1\left(\frac{1}{a-s} - \frac{1}{R}\right) + \varepsilon_2\left(\frac{1}{b+s} - \frac{1}{l-R}\right).$$

Auf dem Wege von Q nach O ist nun die resultirende Beschleunigung zunächst positiv, also der Geschwindigkeit entgegengesetzt. Dabei können offenbar drei Fälle eintreten: 1) μ kommt zur Ruhe, ehe er O erreicht, und fällt nach Q zurück, 2) μ kommt gerade in O zur Ruhe, bleibt also dort stehen, 3) μ überschreitet O und fällt auf Q_1. Der Gränzfall (2) unterliegt der Bedingung, dass für $s = 0$ $v = 0$ wird; für ihn ist also der absolute Werth von v_0 bestimmt durch

$$\tfrac{1}{2}v_0^2 = \varepsilon_1\left(\frac{1}{R} - \frac{1}{a}\right) + \varepsilon_2\left(\frac{1}{l-R} - \frac{1}{b}\right).$$

Ist $-v_0$ kleiner als dieser Bedingung entspricht, so fällt μ nach Q zurück, ist es grösser, so geht μ nach Q_1.

Beispiel: Q sei die Erde, Q_1 der Mond, dann ist $\varepsilon_1 = 81\varepsilon_2$, $l = 60R$ und $\varepsilon_1 = gR^2$, wo g die Beschleunigung der Schwere, $981\ \frac{\mathrm{cm}}{\mathrm{sec}^2}$ ist. Also zunächst $a+b = 60R$, $\frac{a^2}{b^2} = 81$, woraus $a = 54R$, $b = 6\mathrm{R}$. Die Bedingung des Gränzfalls wird damit $\tfrac{1}{2}v_0^2 = gR\left(1 - \frac{1}{54} + \frac{1}{81.59} - \frac{1}{81.6}\right)$. Das giebt für $g = 981$, $R = 636700000$ den Gränzwerth $-v_0 = 782200$. Ist Q der Mond, Q_1 die Erde, so findet sich aus den gleichen Bedingungen $-v_0 = 227500$. Dies sind also die in $\frac{\mathrm{cm}}{\mathrm{sec}}$ ausgedrückten Geschwindigkeiten, die ein von der Erde nach dem Mond oder umgekehrt geschleudertes Projectil haben müsste, um den anderen Weltkörper zu erreichen, wenn der Luftwiderstand zu vernachlässigen wäre.

Behufs weiterer Integration fassen wir nun die Constanten in (3) zusammen, setzen also $\tfrac{1}{2}v_0^2 - \frac{\varepsilon_1}{R} - \frac{\varepsilon_2}{l-R} = \gamma$. Dann ist

$$\tfrac{1}{2}v^2 = \frac{\varepsilon_1}{a-s} + \frac{\varepsilon_2}{b+s} + \gamma,$$

$$\frac{ds}{dt} = \sqrt{2}\sqrt{\frac{\varepsilon_1(b+s)+\varepsilon_2(a-s)}{(a-s)(b+s)} + \gamma}.$$

Rechnen wir die Zeit von dem Augenblick an, wo μ die Oberfläche von G verlässt, so ist $a-R$ der Anfangswerth von s, also

$$t\sqrt{2} = \int_{a-R}^{s} \frac{\sqrt{(a-s)(b+s)}\,ds}{\sqrt{\varepsilon_1(b+s)+\varepsilon_2(a-s)+\gamma(a-s)(b+s)}}.$$

Multiplicirt man Zähler und Nenner des Bruches unter dem Integralzeichen mit dem Zähler, so nimmt das Integral die Form

$$t.\sqrt{2} = \int_{a-R}^{s} \frac{F(s)\,ds}{\sqrt{A+Bs+Cs^2+Ds^3+Es^4}}$$

an, wo $F(s)$ eine rationale Function von s ist. Dasselbe gehört also zu den elliptischen Integralen und lässt sich nach den für diese gegebenen Regeln weiter behandeln.

31. Bewegungen auf beliebig vorgezeichneter Bahn. Die Methoden des § 29 gelten natürlich nicht bloss für Bewegungen auf der geraden Linie, sondern in ganz gleicher Weise für Bewegungen auf Curven irgend welcher Art, vorausgesetzt, dass 1) die Bahn von μ im Voraus bekannt oder willkürlich, 2) dass die Tangentialbeschleunigung $\frac{d^2s}{dt^2}$ für μ gegeben sei. Nur leidet ihre Anwendbarkeit unter einem

Mangel: es kommt fast nie vor, dass die Tangentialbeschleunigung sich direct aus den Bedingungen des concreten, physikalisch gegebenen Problems herstellt.

Fälle dieser Art müssten besonders construirt werden. Z. B. auf einem ebenen, horizontalen Curvenbogen bewegt sich ein schwerer Punkt μ; derselbe unterliegt ausschliesslich der Reibung und dem Luftwiderstand, also zwei Beschleunigungen, die stets die Richtung von $-v$ haben. Die Reibung ist erfahrungsmässig nahe constant $= \rho$, der Luftwiderstand kann versuchsweise gleich $-(av+bv^2+cv^3\ldots)$ gesetzt werden, wo a, b, c, ... experimentell zu bestimmende Constante sind; man würde also bei Ausschluss aller anderen Kräfte haben $\frac{dv}{dt} = -(\rho+av+bv^2+cv^3\ldots)$, und diese Gleichung wäre nach **29.** zu behandeln, wobei es offenbar auf die Form der Bahn überhaupt nicht ankommt.

Die Natur liefert fertige Tangentialbeschleunigungen nur unter ganz speciellen Bedingungen, von denen die Beispiele in **30.** den wichtigsten Complex darstellen. Im Allgemeinen führen die Daten eines gegebenen Problems auf Gleichungen, in denen direct nicht $\frac{d^2s}{dt^2}$ auftritt, sondern die Beschleunigung $\dot{u}$ oder ihre Componenten $\frac{d^2x}{dt^2}$, $\frac{d^2y}{dt^2}$, $\frac{d^2z}{dt^2}$. Es ist also mit den Methoden des § **29** vorläufig noch wenig anzufangen, und wir müssen, um beliebige Gruppen concreter Fälle angreifen zu können, vorerst die Seitenbeschleunigungen betrachten.

Die canonische Form der Bewegungsgleichungen.

32. Wir beziehen die zu untersuchende Bewegung auf ein dreiaxiges rechtwinkliges Coordinatensystem. In diesem haben wir die definitorischen Beziehungen

$$(1)\qquad \frac{dx}{dt} = v_x,\quad \frac{dy}{dt} = v_y,\quad \frac{dz}{dt} = v_z,$$

$$(2)\qquad \frac{d^2x}{dt^2} = \frac{dv_x}{dt} = \dot{u}_x,\quad \frac{d^2y}{dt^2} = \dot{u}_y,\quad \frac{d^2z}{dt^2} = \dot{u}_z,$$

$$(3)\qquad v = v_x \hat{+} v_y \hat{+} v_z,\quad \dot{u} = \dot{u}_x \hat{+} \dot{u}_y \hat{+} \dot{u}_z.$$

Das gerade vorliegende Problem wird Gleichungen ergeben, in denen $\dot{u}_x$, $\dot{u}_y$, $\dot{u}_z$ auftreten, oder Bedingungen, in denen $\dot{u}$ nach Grösse und Richtung anschaulich bestimmt erscheint. Im letzteren Fall können wir immer $\dot{u}$ in seine drei Coordinaten zerlegen und diese dem Problem gemäss bestimmen. Ganz allgemein werden also die Bedingungen eines concreten Problems sich ausdrücken in drei Gleichungen

$$
(4) \quad \begin{cases}
\varphi_1\left(x, y, z, \frac{dx}{dt}, \frac{dy}{dt}, \frac{dz}{dt}, \frac{d^2x}{dt^2}, \frac{d^2y}{dt^2}, \frac{d^2z}{dt^2}, t\right) = 0, \\
\varphi_2\left(x, y, z, \frac{dx}{dt}, \frac{dy}{dt}, \frac{dz}{dt}, \frac{d^2x}{dt^2}, \frac{d^2y}{dt^2}, \frac{d^2z}{dt^2}, t\right) = 0, \\
\varphi_3\left(x, y, z, \frac{dx}{dt}, \frac{dy}{dt}, \frac{dz}{dt}, \frac{d^2x}{dt^2}, \frac{d^2y}{dt^2}, \frac{d^2z}{dt^2}, t\right) = 0.
\end{cases}
$$

Im Specialfall können aus diesen Gleichungen $\frac{d^2x}{dt^2}$, $\frac{d^2y}{dt^2}$, $\frac{d^2z}{dt^2}$ verschwinden; dann reducirt sich das Problem auf die Integration des § **15** und auf Herstellung von $\dot{u}$ durch Differentiation; im noch engern Specialfall können auch $\frac{dx}{dt}$, $\frac{dy}{dt}$, $\frac{dz}{dt}$ verschwinden; dann ist die Bewegung von vorn herein in endlicher Form bestimmt und die Gl. (1), (2), (3) reichen für das weitere aus. Beide Specialfälle werden als schon erledigt hier nicht mehr in Betracht gezogen.

Soll das Problem bestimmt sein, so müssen die drei Gleichungen (4) von einander unabhängig sein. Dann denken wir uns dieselben nach $\frac{d^2x}{dt^2}$, $\frac{d^2y}{dt^2}$, $\frac{d^2z}{dt^2}$ aufgelöst; so erhalten wir drei Gleichungen

$$
(5) \quad \begin{cases}
\frac{d^2x}{dt^2} = X, \\
\frac{d^2y}{dt^2} = Y, \\
\frac{d^2z}{dt^2} = Z,
\end{cases}
$$

in denen X, Y und Z Functionen von x, y, z, $\frac{dx}{dt}$, $\frac{dy}{dt}$, $\frac{dz}{dt}$, t sind. Diese drei Gleichungen heissen die **Gleichungen der Beschleunigung** in ihrer canonischen Form. Von ihnen geht man in der Regel aus, um durch Integration die endlichen Gleichungen der Bewegung herzustellen.

Geht die Bewegung ganz in einer Ebene vor sich, so kann man diese zur xy-Ebene nehmen; dann fällt die Gleichung in z fort. Geht die Bewegung in einer Geraden vor sich, so nehme man diese zur x-Axe, und es bleibt bloss die erste der drei Gleichungen (5) zu betrachten. Im letztern Falle ist in § **29.** schon die Lösung des Problems enthalten, so weit sie sich allgemein geben lässt.

Im Allgemeinen enthält hiernach ein physikalisch gegebenes Problem zwei Aufgaben, nämlich: **erstens** müssen aus den **anschaulich gegebenen Bedingungen** desselben die Gleichungen

(5) hergestellt, und zweitens müssen diese Gleichungen integrirt werden.

Um die erste dieser Aufgaben lösen zu können, müssen wir nunmehr die physikalischen Grundlagen der Mechanik in Betracht nehmen. Vorher aber werfen wir noch einen Blick auf die

33. Höheren Differentialquotienten der Coordinaten. Aus der Betrachtung der Grössen v, $\frac{dx}{dt}$ u. s. w. haben wir die Beschleunigung $\dot{u}$ und ihre Componenten $\frac{d^2x}{dt^2}$ u. s. w. abgeleitet. $\dot{u}$ ist dabei das Verhältniss der unendlich kleinen geometrischen Aenderung von v zu der Zeit dt, in der sie erfolgt. Ganz nach demselben Verfahren können wir nun auch eine Grösse $\ddot{u}$ herstellen, die das Verhältniss der unendlich kleinen Aenderung von $\dot{u}$ zur Zeit dt, in der sie erfolgt, darstellt; bzw. wir können die Grössen $\frac{d^3x}{dt^3}$, $\frac{d^3y}{dt^3}$ u. s. w. bilden. Von $\ddot{u}$ aus können wir dann zu einer weiteren Grösse $\ddot{u} \equiv \frac{\hat{d}\ddot{u}}{dt}$, und von $\frac{d^3x}{dt^3}$ etc. zu $\frac{d^4x}{dt^4}$ fortschreiten. Man nennt $\ddot{u} \equiv \frac{\hat{d}\dot{u}}{dt}$ die Beschleunigung zweiter Ordnung, $\ddot{u}$ die Beschleunigung dritter Ordnung u. s. w. Rein mathematisch ist die Betrachtung dieser Grössen eben so berechtigt, wie die der beiden ersten Differentialquotienten v und $\dot{u}$. Practische Bedeutung hat sie aber zur Zeit noch nicht erlangt, weshalb wir von ihr absehen. Vorarbeiten über den Gegenstand findet man bei Möbius in Crelle's Journal Bd. 36, Résal traité de cinématique pure, Somoff in den Memoiren der Petersburger Academie Serie VII Bd. 8, Rittershaus im „Civilingenieur" Bd. 24.

Hauptstück II. Dynamik.

A. Kräfte und Massen.

34. Die phoronomischen Betrachtungen des ersten Hauptstückes beruhen nur auf geometrischen Axiomen und auf Definitionen; sie sind deshalb streng und unabhängig von äusseren mechanischen Erfahrungen. Sie gehen vielmehr aller mechanischen Erfahrung voran und zeigen, wie wir unsere Beobachtung einrichten müssen, wenn wir überhaupt planmässige Erfahrungen machen wollen. Soll die Bewegung eines Punktes μ beschrieben werden, der einem realen Körper angehört, so müssen wir zunächst ein willkürlich gewähltes Coordinatensystem durch einen realen Körper K bestimmen und müssen in diesem Coordinatensystem entweder den Ort, oder die Geschwindigkeit, oder die Beschleunigung von μ als Function der Zeit darstellen, bezw. aus den so dargestellten Elementen die andern berechnen. Wir haben dann eine empirische Beschreibung der Bewegung von μ.

Es liegt aber auf der Hand, dass eine solche Beschreibung, auch wenn sie auf alle Punkte aller uns zugänglichen Körper ausgedehnt wäre, unsern Wissenstrieb nicht befriedigen würde; sie sagt nämlich direct nichts aus über die Frage: wie hängt die Bewegung eines Körpers A ab von dem Vorhandensein und der Einwirkung anderer Körper B? Schon für die roheste Beobachtung zeigt sich, dass eine solche Abhängigkeit vorhanden ist; wir werden also dahin gedrängt, eine Betrachtungsweise aufzusuchen, in welcher der zur Zeit t gegebene Zustand eines Körpers A als durch die Anwesenheit anderer Körper ursächlich bedingt erscheint. Die leitenden Grundsätze dieser Betrachtungsweise müssen aus der Erfahrung abstrahirt werden. Die Betrachtung der Bewegung mit Rücksicht auf ihre Ursachen heisst Dynamik.

Die beweglichen Objecte, welche unserer directen Beobachtung überall dargeboten werden, sind die „materiellen Körper“ der Physik. In Folge dessen ist die bis heute ausgebildete Dynamik ausschliesslich Dynamik der materiellen Körper. Wir haben vorläufig keine Veranlassung, eine allgemeinere, auf ein Bewegliches von beliebigen Eigenschaften bezügliche Dynamik zu entwickeln; doch mag hier ausdrücklich darauf hingewiesen werden, dass die im Folgenden behandelten Grundlagen der Dynamik nur für den speciellen Fall eines Beweglichen gelten, welches die Eigenschaften der materiellen Körper besitzt, und dass eine allgemeinere Dynamik durchaus denkbar ist, deren Objecte nicht den besonderen Gesetzen der materiellen Welt, z. B. nicht dem Galilei'schen Trägheitsprincip unterliegen. Es steht zum Beispiel nichts im Wege, dass man die geleitete Wärme in einem homogenen Körper als ein Bewegliches auffasst, welches den phoronomischen Gesetzen des ersten Hauptstückes unterliegt, nicht aber den physikalischen Gesetzen, die im Folgenden entwickelt werden.

In der beobachtbaren materiellen Welt haben wir nun nicht mit einzelnen Punkten, sondern mit ausgedehnten materiellen Körpern zu thun, müssen also die Beobachtungen an Körpern anstellen. Um das zu können, müssten wir eigentlich die Phoronomie der Körper vorher behandeln; die Sätze, deren wir bedürfen, sind aber so einfach, dass wir sie antecipiren können. Wir setzen voraus, der Leser kenne den Gebrauch der Uhr, der graphischen Darstellungen und des Chronographen, so wie die Grundeigenschaft elastischer Körper; wir beschränken ferner, so lange es sich um die Beobachtung bewegter Körper handelt, die Betrachtung auf reine Verschiebungen, d. h. auf Bewegungen bei denen alle Punkte des untersuchten Körpers parallele Bahnen mit gleicher Geschwindigkeit beschreiben. Dann können wir die Bewegung des untersuchten Körpers verfolgen, indem wir einen einzigen seiner Punkte verfolgen, und dazu reichen die eben erwähnten physikalischen Hülfsmittel aus.

Das Bedürfniss nach causaler Betrachtung der mechanischen Vorgänge war in der Menschheit so lebendig, dass die Anfänge der Bewegungslehre sich um das Suchen nach einem leitenden Grundsatz für dieselbe gedreht haben, lange ehe man daran dachte, die Kinematik systematisch auszubilden. Mit der Auffindung jenes Grundsatzes durch Galilei war die wissenschaftliche Kinetik, d. h. die Lehre von der Bewegung durch Kräfte begründet. Es lag dabei in der Natur der Sache, dass man die grundlegenden Beobachtungen auf der Erde anstellte und die Sätze demgemäss auf ein in der Erde festliegendes Coordinatensystem bezog, wobei die Frage, ob wohl die Bewegung der Erde im Stellarsystem zu berücksichtigen sei, naiv vernachlässigt wurde. Der Erfolg hat gezeigt, dass man aus roheren terrestrischen Beobachtungen ein in sich folgerichtiges System mechanischer Grundbegriffe abstrahiren kann. Wir werden in Folge dessen gleichfalls vorerst die Bewegung der Erde vernachlässigen, aber mit dem Vorbehalt, später darauf zurückzukommen. Vorläufig beziehen wir unsere Beobachtungen auf ein in oder an der Erde befestigtes Coordinatensystem und beschränken dieselben auf einen mässigen Genauigkeitsgrad, der die Abstraction der Principien gestattet, ohne Widersprüche zum Vorschein kommen zu lassen.

35. Wenn der Körper A eine Einwirkung von irgend einem andern Körper erleidet, so wird dieselbe im Allgemeinen sowohl auf seine Form wie auf seinen Lagenwechsel wirken. Zur Betrachtung suchen wir uns zwei einfache Gränzfälle aus, nämlich

1. Deformation in der Ruhe. Es kommen Fälle vor, wo der elastische Körper A unter dem Einfluss eines B deformirt wird und in deformirtem Zustande in Ruhe bleibt. (Comprimirt gehaltene elastische Feder.) Der Fall bietet den Vortheil, dass die Deformation von A gemessen und registrirt werden kann. Ein sehr elastischer Körper, der mit einer Vorrichtung zum Ablesen der Deformationsgrösse versehen ist, heisst im Allgemeinen Dynamometer; wir setzen

die Form desselben, welche Federwage genannt wird, als bekannt voraus, und werden sie benutzen, um Deformationen in der Ruhe zu messen.

2. Beschleunigung aus der Ruhe. Es kommen ferner Fälle vor, wo der Körper A aus dem Zustand der Ruhe in den der gradlinigen Verschiebungsgeschwindigkeit übergeht, ohne sich merklich zu drehen oder zu deformiren. (Fallender Stein.) Dieselben können mittels des Chronographen verfolgt werden; der Körper A besitzt dabei nothwendig wenigstens in den ersten Zeittheilen der Bewegung eine angebbare Beschleunigung, deren Richtung im Anfang mit derjenigen der Geschwindigkeit übereinstimmt.

Wir suchen uns ferner Bewegungsquellen aus, welche die ad 1. und 2. genannten Wirkungen hervorbringen können.

a) Schwere. Ueberall tritt uns die Erscheinung entgegen, dass ein in der Ruhe losgelassener Körper A sich „nach unten" in Bewegung setzt, fällt. (Ausnahmen: Ballon in Luft, Kork in Wasser, aus der störenden Einwirkung des umgebenden Mediums zu erklären.) Unmittelbar ist für diese Thatsache keine Ursache ersichtlich; bedenkt man aber, dass „nach unten" auf der ganzen Erde so viel heisst wie „auf dem kürzesten Wege nach der Erde hin", so wird man auf den Gedanken geführt, dass die Anwesenheit der Erde die Ursache der Fallbeschleunigung liefert. Wir nennen die Körper, in so fern sie Fallbeschleunigung besitzen, schwer, oder sagen, die Schwere sei an ihnen thätig, ohne damit vorläufig etwas anderes geben zu wollen, als einen bequemen Ausdruck für die Thatsache, dass ein ruhend in Freiheit gesetztes A sich nach unten in Bewegung setzt.

b) Elastische Reformation. Wird ein deformirter elastischer Körper im Ruhezustande losgelassen, so nimmt er eine Bewegung an, welche ihn schliesslich zu seiner natürlichen Gestalt zurückführt; er „reformirt sich".

c) Mensch. Unter den deformirbaren Körpern ist einer, der seine Deformationen mit Bewusstsein erzeugen kann. Das ist der Mensch. Indem er einen Körper A vorübergehend an sich befestigt, kann er ihn entweder deformiren oder beschleunigen. Bewegungswirkungen, die wir ausüben, sind für uns mit einem gewissen Anstrengungsgefühl verknüpft; der augenblickliche Betrag desselben ist für uns roh schätzbar; wenn wir z. B. das eine Mal an einem Cubikcentimeter, das andere Mal an einem Cubikdecimeter massiven Eisens eine bestimmte Beschleunigung anbringen, so ist der Unterschied zwischen den dazu erforderlichen Anstrengungen sehr auffallend. Die Schätzung des Muskelgefühls kann innerhalb enger Gränzen zu erheblicher Genauigkeit ausgebildet werden (Briefe mit der Hand wägen), bleibt indessen immer eine blosse Schätzung und ist nicht registrirbar. Aber sie macht uns darauf aufmerksam, dass das, was wir an dem Körper A anbringen, wenn wir ihn halten, drücken, schieben, stossen, eine messbare Grösse ist; und von dieser Bemerkung geht alle dynamische Betrachtung aus.

36. Gleichartigkeit und Vergleichung der Kräfte. Zwischen einem Menschen, einem Stein A und einer vertical aufgestellten Federwage lassen sich folgende einfachen Versuchsbeziehungen herstellen:

1. Der Mensch halte den nicht anderswie unterstützten Stein A in Ruhe. Er verspürt ein Anstrengungsgefühl.

2. Er lasse den Stein A los; derselbe setzt sich in Bewegung nach unten.

3. Der Stein werde auf die Federwage gelegt und man überlasse das System sich selbst. Am Schluss (die Zwischenstadien lassen wir ausser Betracht) ist Stein und Federwage in dauernder Ruhe. Dabei ist aber die Federwage dauernd nach unten deformirt; sie zeigt einen Ausschlag d.

4. Der Stein werde hierauf von der Federwage abgenommen, dieselbe schnellt in die Höhe.

5. Der Stein werde, wie ad 4 von der Federwage abgenommen; anstatt aber die letztere sich selbst zu überlassen, halte der Mensch sie mit der Hand fest, so dass sie ruhend den Ausschlag d beibehält. Der Mensch verspürt dann wieder ein Anstrengungsgefühl, welches, so weit sich's schätzen lässt, mit dem ad 1 empfundenen von annähernd gleicher Grösse ist.

6. Man mache die Operation (3) mit verschiedenen Steinen $A'A''$ u. s. w. von gleicher Art aber verschiedener Grösse. Je grösser der Stein, desto grösser wird die ihm entsprechende Deformation d, desto heftiger auch das Zurückschnellen der Wage ad (4).

7. Der Mensch wiederhole die Operationen (1) und (5) mit den verschiedenen Steinen $A'A''$ u. s. w. Dabei wird deutlich hervortreten, a) dass der grössere Stein das grössere Anstrengungsgefühl verlangt, b) dass dies Anstrengungsgefühl ad (5) in jedem Fall dasselbe ist wie ad (1), wenn man in beiden Fällen möglichst dieselben Muskeln benutzt.

Wir betrachten nun zunächst die Versuche (2), (3) und (4). Wollen wir irgend einem Geschehniss eine Ursache zuweisen, so müssen wir angeben können, was in Abwesenheit aller Ursachen eintreten oder nicht eintreten würde. Abwesenheit aller Ursachen characterisirt sich durch Abwesenheit aller Wirkungen; sie muss also dadurch dargethan werden, dass gewisse Grössen, die sonst von Null verschieden sein können, zu Null werden. Fragen wir nun aber: welcher von den in (2), (3), (4) vorkommenden Zuständen ist der „Nullzustand“, der sich erhalten würde, wenn gar keine Ursachen thätig wären? so bemerken wir, dass diese Frage sich nicht ganz ohne Hypothese beantworten lässt. Denn wir besitzen a priori keine Anweisung darüber, was an den oben genannten Zuständen (2), (3), (4) Wirkung und was Nichtwirkung sei. Wir bedürfen also einer grundlegenden Annahme, die übrigens so naheliegend ist, dass man sie in der Regel macht, ohne sich ihres hypothetischen Characters bewusst zu werden. Der Zustand dauernder, deformationsloser Ruhe eines Körpers *A* characterisirt sich nämlich durch die Abwesenheit aller Aenderung und durch seine Aehnlichkeit mit dem Zustand eines vollkommen anstrengungsfreien, unthätigen Menschen als derjenige, den wir uns am leichtesten wirkungsfrei denken können. Wir wählen ihn also als Nullzustand, d. h. wir machen die

Annahme I. W e n n a n e i n e m r u h e n d e n K ö r p e r k e i n e r l e i U r s a c h e t h ä t i g i s t, s o b l e i b t e r i n v o l l k o m m e n e r R u h e. Das Wort „vollkommene Ruhe“ soll ausdrücklich bezeichnen, dass an dem Körper weder Deformation noch Lagenwechsel eintritt.

Betrachten wir Exp. 2 mit diesem Princip, so ergiebt sich: An dem in der Nähe der Erde losgelassenen Stein *A* ist eine Ursache thätig; denn er bleibt nicht in Ruhe, sondern hat eine Beschleunigung nach unten. Er besitzt also eine „Beschleunigungsursache“. Die bestimmte Richtung jener Beschleunigung deutet zugleich darauf hin, dass die Beschleunigungsursache selbst eine gerichtete, in diesem Fall nach unten gerichtete Grösse ist.

Exp. 3 zeigt, dass der Stein *A*, wenn er dauernd auf der Federwage ruht, an dieser eine dauernde „Deformationsursache“ anbringt.

Exp. 4 weist nach, dass die Wage im deformirten Zustand eine nach oben gerichtete Beschleunigungsursache besitzt, sobald der Stein weggenommen wird.

Mit Hülfe eines Anthropomorphismus setzen wir nun die drei Versuche in nähere Beziehung zu einander. Wir schreiben einen

Augenblick lang dem Stein in Exp. 1 und 2 eine „Tendenz“ zu, sich nach unten zu beschleunigen. Dann müssen wir auch der deformirten Federwage gemäss Exp. 4 eine Tendenz zuschreiben, sich nach oben zu beschleunigen. Und dann sehen wir in dem Zustande ad (3) das Resultat von zwei einander entgegenwirkenden Tendenzen: der Stein strebt nach unten, die deformirte Federwage nach oben, beide Tendenzen heben einander auf, daher die dauernde Ruhe. Streifen wir nun dieser Auffassung das anthropomorphische Gewand ab, so finden wir, dass ihr die Annahme zu Grunde liegt:

II. Beschleunigungsursachen und Deformationsursachen sind Grössen derselben Art.

Wir führen daher für beide eine gemeinschaftliche Benennung ein; sie sollen Kräfte heissen. Ferner ist im obigen die Annahme enthalten:

III. Zwei Kräfte von gleicher Grösse und entgegengesetzter Richtung heben einander auf.

In der That macht diese Annahme keine Schwierigkeit, wenn wir schon bemerkt haben, dass die Kräfte gerichtete Grössen, also vectorischer Natur sind. Annahme II lässt sich nun für unsern Fall noch weiter specialisiren: Die Kraft welche am Stein A in Exp. 3 wirkt, ist von gleicher Art wie die in 2, sie hat die gleiche Richtung in beiden Fällen, und diese Richtung deutet auf die gleiche Endursache: die Anwesenheit der Erde. Da ist nun kein Grund mehr vorhanden, weshalb die Kraft, mit der der Stein in Exp. 3 auf die Federwage wirkt, verschieden sein sollte von derjenigen, mit der er in Exp. 2 auf sich selber wirkt. Wir specialisiren also Annahme II dahin:

IIb. Die Kraft, mit welcher der Stein A in der Ruhe auf die Federwage wirkt, ist nicht bloss gleichartig sondern auch gleich gross mit derjenigen Kraft, die den nicht unterstützten Stein A beschleunigt. Beide sind identisch.

Mit diesen Sätzen erhalten wir nun folgende Deutung der drei bisher benutzten Versuche: (2) Am freien Stein A wirkt die nach unten gerichtete, bestimmte Kraft p. Sie beschleunigt ihn. (3) Auf die Federwage wirkt der Stein gleichfalls mit der Kraft p und deformirt sie. Die deformirte Federwage aber entwickelt eine nach oben gerichtete Kraft, die im schliesslichen Ruhezustande eben so gross aber von entgegengesetzter Richtung ist, wie p; diese Gegenkraft muss demnach mit $-p$ bezeichnet werden. $+p$ und $-p$ heben einander auf, daher keine weitere Wirkung: dauernde Ruhe. (4) Wird A abgenommen, so bleibt an der Federwage die Kraft $-p$ allein übrig; sie beschleunigt die Federwage nach oben.

Nehmen wir nun diejenigen Versuche hinzu, in denen der Mensch auftritt, so haben wir: ad 1. Der Mensch constituirt sich als elastischer Körper von willkürlich gewählter Form; die Kraft p des Steines A deformirt ihn, er leistet der Deformation mit einer Kraft $-p$ Widerstand, und die Anbringung dieser Kraft kommt ihm als Anstrengungsgefühl zum Bewusstsein. ad 5. Der Mensch bringt an der Federwage die Kraft $+p$ an, um das $-p$ der Federwage aufzuheben. Das Anstrengungsgefühl ist der Grösse nach (unter übrigens gleichen Umständen) dasselbe wie ad 1, weil $+p$ an absoluter Grösse gleich $-p$ ist. Die menschliche Kraftäusserung ist hiernach, vom rein mechanischen Gesichtspunkt betrachtet, gleichartig mit der eines elastisch deformirten Körpers.

Exp. 7 liefert uns die Erfahrungsthatsache, dass zwei verschiedene Körper A' und A'' im Allgemeinen vermöge der Schwere verschiedene Kräfte p ausüben; denn sie verlangen verschiedene Anstrengungsgefühle, entsprechend verschiedenen Kräften $-p$, um in Ruhe gehalten zu werden. Dies weist sehr deutlich darauf hin, dass die Grössen p messbar sind, und es ist unvermeidlich anzunehmen, dass von zwei Kräften p' und p'' diejenige die grössere ist, deren Aufhebung uns unter übrigens gleichen Umständen die grössere Anstrengung kostet. Dem entsprechend sehen wir in Exp. 6, dass derjenige Stein, der nach menschlicher Schätzung ad 7 die grössere Kraft p ausübt, auch an der Federwage die grössere deformirende Wirkung hervorbringt. Wir machen also die Annahme:

IV. Von zwei roh unterscheidbaren Kräften ist diejenige die grössere, deren Aufhebung dem Menschen unter übrigens gleichen Umständen die grössere Anstrengung kostet.

Mit dieser Annahme liefert uns Exp. 6 die Erfahrungsthatsache, dass von zwei merklich verschiedenen Kräften die grössere auch eine grössere Deformation an der Federwage hervorbringt. (Immer vorausgesetzt, dass es sich, wie bisher in der ganzen Untersuchung, um vertical gerichtete Kräfte handelt.) Den Satz IV können wir nun, da in ihn eine subjectiv geschätzte Grösse eingeht, nur dann zur Anwendung bringen, wenn die beiden zu vergleichenden Kräfte recht merklich verschieden sind; auch haftet der subjectiven Schätzung immer eine gewisse Unsicherheit an. Da aber, soweit IV sich anwenden lässt, der Satz sich immer bestätigt: „Dem grösseren Anstrengungsgefühl ad 7 entspricht die grössere Deformation ad 6", können wir in IV statt des Anstrengungsgefühls die Deformation substituiren, nehmen also jetzt an:

IVb. Von zwei Kräften ist diejenige die grössere, die an der Federwage unter übrigens gleichen Umständen die grössere Deformation hervorbringt.

Für roh schätzbare Kraftunterschiede ist dieser Satz identisch mit IV. Da er gesetzmässig sein muss, werden wir schliessen, dass er allgemein gilt, also auch für den Fall, wo die subjective Schätzung des menschlichen Anstrengungsgefühls nicht mehr ausreicht, um die Kraftdifferenzen wahrzunehmen. Dann haben wir an der Federwage ein Instrument gewonnen, welches uns gestattet, Kräfte durch eine Klasse ihrer Wirkungen mit einander zu vergleichen, ohne dass dabei die Unsicherheiten der menschlichen Schätzung ins Spiel kommen.

Satz IVb in Verbindung mit III giebt den Satz: Eine gegebene Federwage entwickelt bei wachsender Deformation immer grössere nach oben gerichtete Kräfte. Damit ist nun auch nachgewiesen, dass (den Fall der Zertrümmerung ausgeschlossen) für jeden aufgelegten Stein A der Ruhezustand des Exp. 3 möglich ist. Denn wenn der absolute Werth der aufwärtsgerichteten Kraft in (3) bei steigender Deformation von Null ab fortwährend wächst, so muss sie bei einem bestimmten Ausschlag d gleich $-p$ werden; dies d ist dann der Ausschlag des Ruhezustandes.

37. Kraftsummen. Exp. 8. Zwei Körper A' und A'' zusammen auf die Federwage gelegt, deformiren dieselbe stärker als jeder für sich.

Exp. 9. Wir legen den Körper A' auf die Federwage und notiren die Deformation d'. Darauf theilen wir A' in n beliebige Stücke und legen diese Stücke zusammen auf. Die Deformation ist wieder d'.

Beide Versuche zusammen deuten sich am einfachsten durch die Annahme: Wenn wir n Körper zusammen auf die Federwage legen, so ist die Kraft, mit der sie auf dieselbe wirken, die Summe der Einzelkräfte, mit denen jeder für sich allein wirken würde. Diese Deutung involvirt aber zwei Annahmen, nämlich:

IIIb. Gleichgerichtete Kräfte, die gleichzeitig auf einen Punkt wirken, summiren sich algebraisch.

Dieser Satz ist eine Ergänzung zu Annahme III und erscheint fast selbstverständlich, nachdem der vectorische Charakter der Kräfte durch III schon angedeutet ist.

V. Die Kraft, mit der ein schwerer Körper A nach unten wirkt, bleibt unverändert, wenn andere Körper mit ihm zusammenwirken.

Dieser Satz kann sofort auf die einzelnen Theile angewendet werden, aus denen ein ausgedehnter schwerer Körper A besteht. Er lautet dann: „die aus der Schwere hervorgehende Kraft des Körpers A ist die Summe der Kräfte, mit denen seine Theile nach unten wirken", wobei die Theile beliebig klein gedacht werden können.

38. Gewicht. Die Federwage sei an einem bestimmten Ort $\varphi_0 \vartheta_0 r_0$ (φ Breite, ϑ Länge, r Abstand vom Mittelp.) der Erde fest aufgestellt. Wir kennen schon die Thatsache, dass verschiedene Körper A ihr verschiedene Deformationen ertheilen. Wir erfahren ferner durch einige einfache Experimente, dass die Deformation, welche ein bestimmter Körper A an ihr hervorbringt, stets merklich dieselbe ist, so lange wir nicht äussere Umstände angeben können, die verändernd auf A oder auf die Wage gewirkt haben. Ebenso, dass zwei unveränderliche Körper, die einmal die gleiche Deformation erzeugt haben, zu jeder späteren Zeit dasselbe thun. Diese Sätze bestätigen sich um so genauer, je schärfer unsere Mittel zur Erkennung kleiner Veränderungen werden; wir nehmen daher an, sie würden streng richtig sein, sobald wir wirklich Unveränderlichkeit der Körper A und des Instruments verbürgen könnten. Dann ist aus ihnen zu folgern, dass jedem Körper eine bestimmte constante Grösse q eigenthümlich ist, die als Factor in die Kraft seiner Schwere eingeht. Dieses q bestimmen wir folgendermaassen:

Irgend ein Körper A sei an der Stelle $\varphi_0 \vartheta_0 r_0$ gegeben und wirke dort auf die Federwage mit der Kraft p. Wir können dann A in n Theile theilen und diese Theile durch probeweises Zufügen und Fortnehmen so abgleichen, dass jeder von ihnen eben so stark auf die Federwage drückt, wie jeder andere. Dann wirkt an jedem Theil die Kraft $\frac{p}{n}$.

Nachdem wir so gelernt haben, die Kraft p eines beliebigen Körpers an der Stelle φ_0, ϑ_0, r_0 in n Theile zu theilen, wählen wir willkürlich einen „Urkörper" aus; die Kraft, mit welcher er an der genannten Stelle drückt, sei p_1. Wir verschaffen uns nach der eben angegebenen Methode eine Serie von Körpern, die ebenda mit der Kraft $0{,}1 p_1$, $0{,}01 p_1$ u. s. w. drücken, ferner durch Zusammenfügen mehrerer dem Urkörper gleichen Körper eine zweite Serie, deren

Schwere am Ort $\varphi_0 \vartheta_0 r_0$ die Reihe der Multipla $10 p_1$, $100 p_1$ u. s. w. darstellt.

Ist nun irgend ein Körper A gegeben, so können wir ihn in $\varphi_0 \vartheta_0 r_0$ auf die Federwage legen und constatiren, dass er dieselbe dort eben so stark deformirt, wie der $q$mal genommene Urkörper. Dann sagen wir: A hat das $q$fache Gewicht des Urkörpers. Das Gewicht des Urkörpers selbst setzen wir gleich $\varkappa$, wo $\varkappa$ eine willkürlich, aber ein für alle mal zu wählende Grösse ist. Das Gewicht von A ist also dann $q\varkappa$. Es ist nach den obigen Sätzen eine constante Grösse, und nach (V) ist das Gewicht irgend einer Körpersumme gleich der Summe der Gewichte ihrer Theile. Practisch dient als Urkörper das „Urkilogramm", ein in Paris von der internationalen Maasscommission niedergelegter Platinblock, und $\varkappa$ wird conventionell $= 1000$ gesetzt. Der tausendste Theil vom Gewicht des Urkilogramms heisst ein Gramm und ist unsere Gewichtseinheit*).

Anmerkung. Das Wort „Gewicht" wird in der Litteratur doppelsinnig verwendet (siehe unten **44**). Für unsern Gebrauch halten wir uns streng an die so eben gegebene Bestimmung, welche der Definition gleichkommt: Das Gewicht des Körpers A ist der Quotient aus der Kraft, womit A an der willkürlich ein für allemal gewählten Stelle $\varphi_0 \vartheta_0 r_0$ der Erde die Wage afficirt, durch die Kraft, mit welcher der Einheitskörper „ein Gramm" an derselben Stelle der Erde auf sie wirkt. Die Worte „an derselben Stelle der Erde" sind wesentlich; nimmt man Copieen oder bildet man Multipla oder Submultipla eines Urkörpers, so muss die Copie etc. vorläufig an der Stelle $\varphi_0 \vartheta_0 r_0$ der Erde bestimmt werden.

---

*) Allgemeine Bemerkung. Jede Maassfestsetzung geht nach dem obigen Schema vor sich. Es sei S eine Grössenart (z. B. Länge), für die wir ein Maasssystem schaffen wollen. Dann wählen wir einen „Urkörper" und setzen fest: die Quantität S_1 von S, welche am Urkörper zur Erscheinung kommt, soll $= \gamma$ Einheiten sein, wo γ eine ein für allemal durch willkürliche Convention festzusetzende Zahl ist. Wollen wir nun das S_a eines beliebigen Körpers A bestimmen, so vergleichen wir S_a mit S_1 und finden etwa $S_a = n.S_1$; dann ist $S_a = n\gamma$ Einheiten. (Beispiel für die Längenmessung: Urkörper ist das Urmeter. Wir setzen willkürlich $\gamma = 100$, d. h. ein Meter soll 100 Längeneinheiten haben, m. a. W. unsere Längeneinheit ist das Centimeter. Ist eine zu vergleichende Linie $n$mal so lang wie das Urmeter, so ist ihre Länge $100.n$cm.) In jeder Maassfestsetzung findet sich eine willkürliche Constante von der Art des obigen γ, die daher rührt, dass die Einheit willkürlich gewählt und durch ein willkürliches Multiplum praktisch dargestellt werden kann. Aendert man den Werth von γ, so ändert man die Einheit und umgekehrt. (Setzt man im Längenmaass $\gamma = 1000$, so misst man in Millimetern, $\gamma = 1$ in Metern, $\gamma = 0{,}0001$ in Myriametern etc.) Soll also das S durch eine einfache Zahl $n\gamma$ ohne weiteren Zusatz bestimmt sein, so muss ein bestimmter Werth von γ ein für allemal conventionell festgesetzt werden.

39. Freie und annullirte Kräfte. Wir kehren zu **36** Exp. (2), (3), (4) zurück. In unserer bisherigen Terminologie ist ein Element enthalten, welches bei unvorsichtigem Gebrauch zu einer Unklarheit Veranlassung geben kann. Wenn wir nämlich schlechthin sagen

a) in Exp. 2 wirkt an A die Kraft p,
b) in Exp. 3 wirkt an A dieselbe Kraft p,
c) in Exp. 3 wirkt an A ausser p auch die Kraft $-p$, d. h. es wirkt an A die Kraft $p-p$, welche Null ist,

so ist dem Wortlaute nach ein Widerspruch zwischen (b) und (c) vorhanden: einmal wirkt an A die Kraft p, das anderemal die Kraft Null. Der Ausdruck „die Kraft p wirkt" ist also zweideutig gebraucht. Die Zweideutigkeit verschwindet sofort, wenn wir statt des ungenügenden Wortes „wirkt" die Ausdrücke „wirkt beschleunigend" und „wirkt deformatorisch" gebrauchen. Dann heissen die obigen Sätze

α) in Exp. 2 wirkt an A beschleunigend die Kraft p,
β) in Exp. 3 wirkt A deformatorisch mit der Kraft p,
γ) in Exp. 3 wirkt an A und an der Federwage beschleunigend die Kraft $p-p$ oder Null.

In Exp. (2) können wir p eine freie Kraft nennen; denn ihr wirkt in jenem Versuch nichts entgegen. Ganz allgemein ist die Summe aller an einem Körper A wirkenden Kräfte als frei zu bezeichnen; denn dieser Summe wirkt nichts mehr entgegen. Die Sätze (α) und (γ) fallen dann unter die Bemerkung: Eine freie Kraft an einem ruhenden Körper erzeugt Beschleunigung. In Exp. (2) ist die angebbare freie Kraft p vorhanden, daher eine angebbare Beschleunigung; in Exp. (3) ist die freie Kraft, die Summe der beiden vorhandenen Kräfte $+p$ und $-p$, gleich Null, daher keine Beschleunigung.

Im Gegensatze zur freien Kraft nennen wir eine Kraft annullirt, wenn sie durch eine entgegengesetzt gleiche Kraft aufgehoben ist. $+p$ und $-p$ sind annullirte Kräfte in Exp. (3). Satz (β) fällt dann unter die Bemerkung: Annullirte Kräfte können Deformation erzeugen.

Die Sätze (a), (b), (c) lauten dann berichtigt

α_1) in Exp. 2 wirkt an A die freie Kraft p,
β_1) in Exp. 3 wirkt an A die durch die Federwage annullirte Kraft p,

γ_1) in Exp. 3 wirkt an A und der Federwage die freie Kraft Null; und auch in dieser Form sind sie frei von Zweideutigkeit.

Es ist nun sehr der Mühe werth, den Satz (β_1) etwas näher zu betrachten. Um das bequem thun zu können, wollen wir annehmen, der Körper A sei ein homogener Würfel, der mit seiner horizontalen Grundfläche auf die Federwage gelegt ist (Fig. 29). Wir denken uns denselben durch horizontale Ebenen in unendlich dünne Schichten von gleichem Gewicht getheilt. Die (von oben gezählt) erste Schicht unterliegt dann der directen Einwirkung der Erde und entwickelt eine nach unten gerichtete Kraft vom Betrage dp. Mit dieser Kraft drückt sie auf die zweite Schicht. Nun ist aber jeder ruhende Körper A, bezw. jede seiner Schichten innerhalb der Gränzen der vom Körper geübten Schwerkräfte elastisch; denn wäre das nicht der Fall, so würde A sich selbst allmälig platt drücken, wäre also nicht in Ruhe. Der Druck dp drückt also die zweite Schicht von A elastisch zusammen. Mit Hülfe der bisher gegebenen Mittel können wir bereits die physikalische Thatsache constatiren, dass ein zusammengedrückter elastischer Körper immer zwei entgegengesetzt gleiche elastische Kräfte entwickelt. Wir setzen diese Thatsache als aus der Erfahrung bekannt voraus. Dann entwickelt also die zweite Schicht zwei elastische Kräfte: sie drückt vermöge ihrer Elasticität mit der Kraft $-dp$ nach oben, und mit der Kraft $+dp$ nach unten. Die Kraft $-dp$ annullirt den von der oberen Schicht ausgehenden Druck $+dp$. Die obere Schicht unterliegt also der Kraftsumme $dp-dp$ oder der freien Kraft Null. Die zweite Schicht drückt nun auf die dritte a) mit ihrer elastischen Kraft dp, b) mit der aus ihrer Schwere hervorgehenden Kraft dp, zusammen also mit $2dp$. Die dritte wird in Folge dessen elastisch comprimirt und entwickelt a) nach oben die Kraft $-2dp$, welche die zweite Schicht in Ruhe hält, b) nach unten die elastische Kraft $+2dp$ und dazu die Kraft $+dp$ aus ihrer Schwere, zusammen $3dp$. Damit drückt sie auf die vierte Schicht, diese entwickelt nach oben $-3dp$, nach unten $+4dp$ u. s. w.

Fig. 29.

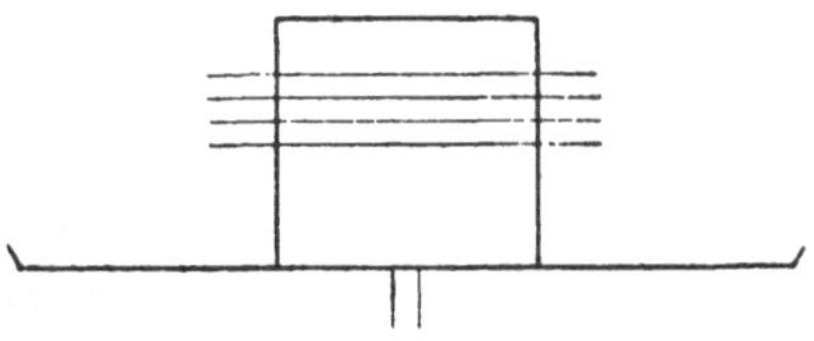

Jede Schicht des Würfels ist also elastisch deformirt, und zwar um so mehr, je tiefer sie liegt. Am stärksten deformirt ist die unterste Schicht; sie übt nach oben den elastischen Druck $-(p-dp)$, nach unten elastisch $p-dp$ und aus der Schwere dp, zusammen p. Die unterste Schicht drückt also auf die Federwage mit derselben Kraft, als ob das ganze Gewicht des Körpers A in ihr vereinigt wäre. Darin liegt der Grund, weshalb wir schlechthin sagen können: der Stein A drückt mit der Kraft p; seine unterste Schicht drückt eben auf jede Unterlage mit der gleichen Kraft p.

Es leuchtet ein, dass wir eine ganz entsprechende Betrachtung auf einen ganz beliebig geformten Körper A anwenden können, ferner, dass wir auch die Federwage selbst in unendlich dünne Schichten vom Gewicht dp theilen und an ihr die gleiche Betrachtung fortsetzen können. Wählen wir aus dem ganzen System „$A+$Federwage“ die (von oben gezählt) $n$te Schicht aus, so finden wir, dass folgende annullirten Kräfte auf sie wirken:

1) nach unten { a) Druck der $n-1^{ten}$ Schicht $(n-1)dp$
b) Schwere der n^{ten} Schicht selbst dp,

2) nach oben elastischer Gegendruck der $n+1^{ten}$ Schicht $-n\,dp$.

Ihre Summe ist Null. Dabei aber können wir das Vorhandensein der annullirten Kräfte an dem Vorhandensein der ihnen entsprechenden Deformation erkennen. Bei einem beliebig gewählten Stein A würde es nun freilich sehr feiner Mittel bedürfen, um die Deformation seiner Schichten nachzuweisen; nehmen wir aber z. B. eine umgestülpte Federwage als Körper A, so wird die Deformation von A sofort ersichtlich. Wir haben also an dem ruhenden System in Exp. 3 die beiden folgenden Thatsachen:

1) In jeder Schicht desselben ist die freie Kraft Null, daher dauernde Ruhe.

2) In jeder Schicht sind annullirte Kräfte vorhanden, daher dauernde Deformation aller Schichten.

Wenn wir nun die dauernden Deformationen in der Ruhe studiren, so ist es uns nicht um die Kenntniss der freien Kraftsumme zu thun; wir wissen ja von vorn herein, dass dieselbe Null ist. Es geht uns vielmehr darum, aus der vorhandenen Deformation die annullirten Kräfte, die einzelnen Summanden, aus denen sich die Summe Null zusammensetzt, zu erkennen. Theoretisch könnten wir das eben so wohl am Körper A, wie an der Federwage; aber die Beobachtung an A würde im allgemeinen sehr feine Mittel erfordern, während die Federwage leicht deutlich erkennbare Deformationen zeigt, die mittels eines an irgend einer Schicht befestigten Index beobachtet werden. Es liegt auf der Hand, dass wir die Kraft p kennen, wenn wir $-p$ kennen; darum genügt die Beobachtung des einen von beiden in Exp. 3 thätigen Körpern, der Federwage.

Aus dem Vorstehenden ist zu schliessen, dass wir an den bisherigen Versuchszuständen Kräfte auf zweierlei Weise bestimmen können, nämlich

1) im Zustande der Freiheit, oder was dasselbe sagt, wir bestimmen die an A vorhandene Totalkraft (aus der Bewegung von A),

2) im Zustande der Annullirung; wir wählen Fälle, wo die Totalkraft Null ist und bestimmen die entgegengesetzt gleichen Summanden, welche diese Summe Null ergeben (aus der Deformation).

40. Bestimmung freier Kräfte. Ein zur Zeit t ruhender Körper, auf den die freie Kraft p wirkt, bleibt nicht in Ruhe. Die Untersuchung der Totalkraft kann also nicht am rein ruhenden Körper vorgenommen werden, sondern verlangt die Ausdehnung unserer Betrachtungen auf bewegte A. Da entsteht zunächst, wie in **36**, die Frage: Welcher von den möglichen Zuständen des bewegten Körpers A ist der Nullzustand, der eintreten würde, wenn gar keine Kraft an A thätig wäre? Galilei hat dieselbe beantwortet durch den Satz

Ib. Ein Körper A, auf den keine freie Kraft wirkt, hat die Beschleunigung Null.

Es giebt keine Beobachtung, die diesen Satz strict nachweisen könnte; aber die Beobachtung zeigt, dass wir überall da, wo sich die Geschwindigkeit eines Körpers A nach Grösse oder Richtung ändert, einen Körper B angeben können, von dem die Aenderung sich abhängig zeigt, also eine von B ausgehende Kraft als Ursache der Aenderung anzunehmen haben. Ein geschleuderter Stein A z. B. hat zur Zeit t, wo wir die Beobachtung beginnen, eine bestimmte Geschwindigkeit v_0. Unmittelbar nach der Zeit t ist seine Geschwindigkeit noch nahe $\equiv v_0$; bei längerer Dauer der Bewegung aber bemerken wir, dass die Bahn von A sich im Allgemeinen nach unten krümmt. Daraus ist zu schliessen, dass an A eine nach unten gerichtete Beschleunigung vorhanden ist. Da wir nun schon wissen, dass die Anwesenheit der Erde an A eine nach unten gerichtete Beschleunigung hervorruft, bezeichnen wir die Erde als den Körper B, welcher die Krümmung der Bahn von A hervorruft, und demgemäss die an A wirkende Kraft p der Schwere als die Ursache seiner Beschleunigung abwärts. Wir können nun diese Kraft p fortschaffen, indem wir A so schleudern, dass er auf einer horizontalen Unterlage gleitet. Dann fällt die Krümmung der Bahn von A in der That fort; A bewegt sich in gerader Linie auf der Unterlage fort (etwaige Abweichungen lassen sich wieder auf Unebenheiten der Bahn und asymmetrische Stösse an denselben zurückführen), v behält also die Richtung von v_0. Aber die Geschwindigkeit v von A ist dann in stetiger Abnahme begriffen. Es wirkt also an A noch eine Beschleunigung, die dem v entgegengerichtet ist. Hat nun die Unterlage grössere Rauhigkeiten, so sehen wir, dass A sich an diesen Rauhigkeiten stösst; ist sie mässig glatt, so hören wir an den „Reibungsgeräuschen“, dass zwischen A und der Unterlage eine ähnliche Einwirkung besteht; wir erfahren ferner, dass der Körper A, auch wenn er im Zustande der Ruhe auf einer möglichst glatten Unterlage liegt, dem Versuch, ihn mittels kleiner Kräfte zu bewegen, ähnlich, als ob er angeklebt wäre, widersteht, was nicht der Fall sein würde, wenn er völlig frei wäre. Wir schliessen also: die Unterlage bringt ganz allgemein an dem Körper A eine Kraft an, die sich seiner Bewegung widersetzt; diese Kraft nennen wir Reibung. Wir vermindern sie, indem wir A auf möglichst glatter Bahn (Eis, Waggon auf Schienen) schleudern; je glatter dieselbe ist, desto langsamer wird die Abnahme von v. Ausser der Reibung an der Unterlage ist noch der Widerstand der Luft in gleichem Sinne thätig; von der Existenz desselben können wir uns durch das Handgefühl überzeugen und können ihn theilweise eliminiren, indem wir ein schnell bewegtes A in der Richtung des Windes schleudern. Dann wird die Abnahme von v noch langsamer. Wir schliessen: wären alle Kräfte, Schwere, Reibung, Luftwiderstand völlig eliminirt, so würde v seinen anfänglichen Werth v_0 der Grösse und Richtung nach immer beibehalten, d. h. A hätte die Beschleunigung Null.

Ib umfasst I als Specialfall. Die Eigenschaft der Körper, aus sich selbst keine Beschleunigung zu entwickeln, nennt man Trägheit oder Inertie.

Aus Ib folgt sofort: Hat der Körper eine angebbare Beschleunigung $\dot{u}$, so ist auch eine angebbare Totalkraft f an ihm thätig, und wir können $\dot{u}$ zur Bestimmung von f verwerthen. Man bemerkt aber leicht, dass $\dot{u}$ allein dazu nicht ausreicht. Es seien A' und A'' zwei Körper, die zur Zeit t in Ruhe sind und von t bis $t+\Delta t$ die constanten Beschleunigungen $\dot{u}'$ und $\dot{u}''$ haben mögen. Dann werden ihre Geschwindigkeiten $v' = \int_t^{t+\Delta t} \dot{u}' dt = \dot{u}' \Delta t$ und $v'' = \dot{u}'' \Delta t$. Offenbar ist $v'' > v'$ wenn $\dot{u}'' > \dot{u}'$ ist, und umgekehrt. Wir können nun zwei Körper A' und A'' von verschiedenem Gewicht auf eine glatte horizontale Unterlage bringen und während der Zeit Δt auf jeden von beiden den gleichen Druck ausüben. Ist A' erheblich schwerer als A'', so findet man, dass A' sich erheblich langsamer bewegt als A''; also „der Körper von grösserem Gewicht hat bei gleicher Kraft die kleinere Beschleunigung". Umgekehrt: richten wir uns so ein, dass A' und A'' nach der Zeit Δt nahe gleiche Geschwindigkeit, also während der Zeit Δt nahe gleiche Beschleunigung besitzen, so muss an dem erheblich schwereren A' auch eine erheblich grössere Kraft angebracht werden. Also „der Körper von grösserem Gewicht erfordert, um eine bestimmte Beschleunigung zu haben, die grössere Kraft". Diesen Wahrnehmungen und zugleich dem Satz Ib werden wir gerecht durch folgende willkürliche

VI. Definition der Kraft: $f = \varepsilon q \dot{u}$ in der Richtung von $\dot{u}$. Die freie Kraft f, welche am Körper A thätig ist, ist das Product aus 1) der Beschleunigung $\dot{u}$ von A, 2) dem Gewicht q von A, 3) einer willkürlich zu wählenden Constante ε, die aber für alle A dieselbe, also durch eine einzige Wahl ein für allemal bestimmt ist. Wir schreiben der Kraft f die Richtung der Beschleunigung $\dot{u}$ zu.

Die Constante ε ist die willkürliche Constante, welche in jeder Maassfestsetzung auftritt. Sie ist willkürlich, weil und so lange wir noch keine Einheit der Kräfte gewählt haben; setzen wir einmal conventionell fest: ε soll gleich der Zahl N sein, so ist damit die Einheit gewählt, und umgekehrt. Am einfachsten wäre es, gleich hier $\varepsilon = 1$ zu setzen; da wir aber in Zusammenhang mit der Betrachtung annullirter Kräfte bleiben wollen, soll ε vorläufig unbestimmt gelassen werden.

Das Product εq nennen wir den Trägheitscoefficienten oder die Masse von A und können es durch den Buchstaben μ bezeichnen. Gl. VI lautet dann

$$\text{VIb.} \qquad f = \mu \dot{\mathfrak{u}}.$$

Die an A frei thätige Kraft ist das Product aus der Beschleunigung und der Masse von A. Wobei im Auge zu behalten, dass die Masse dem Gewicht proportional ist. Setzt man $\mu = 1$ und $\dot{\mathfrak{u}} = 1$, so wird $f = 1$. Die Kraft 1 ist also diejenige, welche der Masse 1 die Beschleunigung 1 ertheilt.

An einem in der Natur gegebenen Stofftheilchen ist jederzeit gegen ein bestimmtes Coordinatensystem eine bestimmte Beschleunigung vorhanden, also, wenn ε ein für allemal festgesetzt wird, auch eine bestimmte Totalkraft. Wir können nun aber die eine Beschleunigung $\dot{\mathfrak{u}}$ willkürlich auffassen als Resultante aus componirenden Beschleunigungen $\dot{\mathfrak{u}}_1$, $\dot{\mathfrak{u}}_2$ u. s. w. sobald wir die $\dot{\mathfrak{u}}_n$ so wählen, dass $\dot{\mathfrak{u}}_1 \hat{+} \dot{\mathfrak{u}}_2 \hat{+} \dot{\mathfrak{u}}_3 + \cdots = \dot{\mathfrak{u}}$. Es hindert uns nichts, diese Zerlegung und Wiederzusammensetzung von den Beschleunigungen auf die Kräfte zu übertragen, wenn wir nur die componirenden Kräfte nach Gl. VI aus den componirenden Beschleunigungen bilden. Ist

$$\dot{\mathfrak{u}}_1 \hat{+} \dot{\mathfrak{u}}_2 \hat{+} \cdots \dot{\mathfrak{u}}_n = \dot{\mathfrak{u}}.$$

Setzen wir ferner

$$\mu\dot{\mathfrak{u}}_1 = f_1, \quad \mu\dot{\mathfrak{u}}_2 = f_2, \quad \mu\dot{\mathfrak{u}}_3 = f_3 \quad \cdots \quad \mu\dot{\mathfrak{u}}_n = f_n$$

und ist die Richtung jedes f_n identisch mit der des entsprechenden $\dot{\mathfrak{u}}_n$, so ist auch

$$f_1 \hat{+} f_2 \hat{+} \cdots f_n \equiv f$$

wenn $f \equiv \mu\dot{\mathfrak{u}}$. Die Kraft f ist also dann nach der für Vectoren gegebenen Regel in die Componenten $f_1\, f_2 \ldots f_n$ zerlegt. Wir können also, ohne auf einen logischen Widerspruch zu stossen, festsetzen: Kräfte werden nach dem für Vectoren überhaupt gültigen Gesetz zusammengesetzt und zerlegt. Die Sätze III und IIIb subsummiren sich dem ohne Weiteres.

Von Kräften, welche die Resultante Null haben, sagt man: sie stehen im Gleichgewicht.

Nun entsteht aber die Frage, ob wir die im Vorstehenden getroffenen Bestimmungen auch mit Erfolg zur Ermittelung der Beziehungen benutzen können, welche zwischen einem afficirten Körper A und den ihn afficirenden B', $B''\ldots$ bestehen. Die Körper B', $B''\ldots$ mögen gleichzeitig im Augenblick t auf A wirken. Dabei sei es möglich festzustellen, welche Beschleunigung B' allein an A hervorbringen würde, ebenso, welche Beschleunigung B'', B''' u. s. w. an A erzeugen würde, wenn jedes B allein unter den zur Zeit t gegebenen Verhältnissen existirte. Die Beschleunigung, welche B' allein hervorrufen würde, nennen wir $\dot{\mathfrak{u}}'$, die von B'' allein herrührende $\dot{\mathfrak{u}}''$ u. s. w., und die Gesammtbeschleunigung, welche alle B zusammen verursachen, heisse $\dot{\mathfrak{u}}$. Ist nun

$$\dot{\mathfrak{u}} = \dot{\mathfrak{u}}' \hat{+} \dot{\mathfrak{u}}'' \hat{+} \dot{\mathfrak{u}}''' \hat{+} \cdots$$

und damit auch

$$f = f' \hat{+} f'' \hat{+} f''' \hat{+} \cdots,$$

dann können wir in der Resultante f jedem einzelnen B seinen Antheil zuweisen; wir können sagen: B' wirkt auf A mit der Kraft f', B'' mit f'' u. s. w. und alle zusammen wirken mit der Kraft $f' \hat{+} f'' \hat{+} f''' \hat{+} \cdots$, welche gleich f ist. Wäre aber das Gegentheil der Fall, so könnten wir in f die Einzelwirkungen nicht mehr unterscheiden; die gleichzeitigen Beziehungen mehrerer B zu einem A wären also für uns unerkennbar. Soll demnach unsere Erkenntniss der Natur durch die bisher angenommenen Entwicklungen und Festsetzungen überhaupt gewinnen, so muss in der realen Welt der Erfahrungssatz gelten:

VII. *Wenn verschiedene Naturkörper B', B''... gleichzeitig beschleunigend auf den Körper A wirken, so wirkt jeder Einzelne mit derselben Kraft, als ob er allein vorhanden wäre.*

Gemäss dem, was wir über den Begriff Kraft festgesetzt haben, ist damit schon gesagt, dass die Gesammtkraft, der A zur Zeit t unterliegt, die geometrische Summe der zur Zeit t von den B herrührenden Einzelkräfte, also auch die Gesammtbeschleunigung von A die geometrische Summe der von den B herrührenden Einzelbeschleunigungen ist. Bestätigt sich dieser Satz in der Erfahrung, so ist unser System zur Erforschung der Natur brauchbar; eine umfassende Verification desselben ergiebt sich daraus, dass unsere späteren Rechnungen durch die Beobachtung verificirt werden.

41. Bestimmung annullirter Kräfte. Dieselbe ist nicht nur zulässig, sondern unentbehrlich; denn in die Bestimmung des § **40** geht der Begriff „Gewicht“ ein; diesen Begriff aber haben wir (und hat die Menschheit) mit Hülfe annullirter Kräfte gewonnen; der ganze § **40** steht also erst fest, wenn nachgewiesen ist, dass aus dem Verhalten annullirter Kräfte auf das Verhalten freier Kräfte geschlossen werden darf.

Wir wählen auf der Erde die „Normalstelle“ $\varphi_0\, \vartheta_0\, r_0$ willkürlich aus; als solche nehmen wir aus Gründen, die später klar werden, den Punkt, wo der 45. Breitengrad das östliche Ufer des atlantischen Oceans schneidet. Dort stellen wir eine Federwage auf und verschaffen uns Gewichtssätze von 1 grm, 0,1 grm, 10 grm u. s. w. Wir setzen nun willkürlich fest:

VIII. Die Kraft, mit der ein Gramm an der Normalstelle vermöge seiner Schwere ruhend drückt, soll gleich ζ Krafteinheiten sein. Hierin ist ζ die willkürliche Constante der Maassbestimmung, die ein für allemal conventionell festgesetzt werden muss. Es folgt:

Die Kraft, mit welcher q Gramm an der Normalstelle vermöge der Schwere drücken, ist dann $= \zeta q$ Krafteinheiten (nach Satz V).

Ist ζ festgestellt, so reicht dieser Satz aus, um beliebige annullirte Kräfte zu bestimmen. a) An der Normalstelle selbst graduire man die Federwage nach Grammen und lasse die zu untersuchende Kraft f (etwa den Druck eines Menschen) senkrecht abwärts auf dieselbe wirken; bringt f ruhend den Ausschlag von k Gramm hervor, so ist $f = \zeta k$. b) An irgend einem andern Ort. Man lasse die zu untersuchende Kraft f auf irgend ein Dynamometer wirken, wo sie den Ausschlag d erzeugt; dann transportire man das Dynamometer an die Normalstelle und lasse die Schwere von Grammen auf dasselbe wirken, unter gleichen Umständen wie vorhin; wenn k Gramme den Ausschlag d hervorbringen, so war $f = \zeta k$. Oder man graduire die Federwage ein für allemal an der Normalstelle nach Grammen, transportire sie darauf an den Ort, wo die zu untersuchende Kraft f wirkt, und lasse f direct auf sie drücken; zeigt die Federwage den Ausschlag k, so ist

$$\text{VIc.} \qquad f = \zeta k.$$

42. Nähere Betrachtung der Schwere. Der Körper A befinde sich an der Stelle φ, ϑ, r der Erde; die Schwere wirkt an ihm mit einer Kraft, die wir f_a nennen wollen. Wir können dieselbe bestimmen

a) nach **40.** Wir lassen A frei fallen, messen den Verlauf seiner Geschwindigkeiten und bestimmen daraus die Beschleunigung $\mathfrak{u}$. Dieselbe wird an der bestimmten Stelle φ, ϑ, r einen bestimmten Werth haben, der g heissen möge. Nach der allgemeinen Formel $f = \varepsilon q \dot{u}$ ist dann in diesem Fall

$$(1) \qquad f_a = \varepsilon q g.$$

b) nach **41.** Wir finden mit einer Federwage, dass A an der Stelle φ, ϑ, r so stark drückt, wie k Gramm an der Stelle $\varphi_0 \vartheta_0 r_0$; dann ist

$$(2) \qquad f_a = \zeta k.$$

Die Federwage lässt sich nun erheblich verfeinern (Bathometer von Siemens) und da liefert sie folgende Beobachtungen:

1) Ein und derselbe Körper A übt an verschiedenen Stellen der Erde verschiedene Kräfte. Die Grösse k ist also von Ort zu Ort veränderlich. Sie zeigt sich in erster Linie von φ (geogr. Breite) und r (senkrechte Höhe), in geringerem Grade auch von ϑ (geogr. Länge) abhängig. Ihren mittleren Werth erreicht sie ungefähr unter dem 45. Breitengrad in Meereshöhe, und deshalb haben wir einen Punkt der Linie $\varphi = 45^0$ in Meereshöhe als Normalstelle $\varphi_0 \vartheta_0 r_0$ ausgewählt.

An der Normalstelle ist nun definitionsgemäss $k = q$, wenn q wie früher das Gewicht von A bezeichnet. An irgend einer anderen Stelle können wir setzen

$$(3) \qquad k = q\lambda$$

oder

$$(4) \qquad f_a = \zeta q \lambda,$$

wo nun λ einen von Ort zu Ort veränderlichen Factor bezeichnet, der an der Normalstelle den Werth Eins hat, an anderen Stellen von Eins abweicht.

2) Wenn zwei Körper A' und A'' an der Stelle φ, ϑ, ϱ die gleiche Kraft vermöge der Schwere ausüben, so drücken sie auch an jeder anderen Stelle der Erde vermöge der Schwere mit gleicher Kraft.

Hieraus folgt unmittelbar: hat der Körper C das n-fache Gewicht des Körpers A, so drückt C an jeder Stelle der Erde n-mal so stark wie A. Denn an der Normalstelle ist die Kraft, mit welcher C drückt, ζq_c, die mit welcher A drückt ζq_a, also da $q_c = n q_a$ ist, drückt C so stark wie n nebeneinander gelegte Körper A; und das gilt dann auch an jeder beliebigen Stelle der Erde. Wir können also Gewichte nach dem in **38.** angegebenen Verfahren nicht bloss in $\varphi_0 \vartheta_0 r_0$, sondern an jeder Stelle φ, ϑ, r bestimmen. Markiren wir die in Gl. (4) vorkommenden Grössen sämmtlich mit a oder c, jenachdem sie sich auf A oder C beziehen, so haben wir

$$(5) \qquad f_a = \zeta_a q_a F_a,$$

$$(6) \qquad f_c = \zeta_c q_c F_c$$

und nach Satz 2)

$$(7) \qquad \frac{f_c}{f_a} = \frac{q_c}{q_a}.$$

Nun ist $\zeta_c = \zeta_a$, denn ζ ist ja eine ein für allemal gewählte Constante, also folgt aus (7), wenn man darin f_a und f_c aus (5) und (6) substituirt

$$\lambda_c = \lambda_a$$

d. h. die Grösse λ ist für irgend zwei Körper an derselben Stelle der Erde dieselbe; sie hängt nicht von der Natur des Körpers A, sondern nur von seiner Stellung gegen die Erde ab.

43. Consistenz von 40 und 41. Unserer ganzen Untersuchung liegt der hypothetische Satz zu Grunde, dass die annullirte Kraft, womit die Schwere am ruhenden Körper A wirkt, identisch ist mit der freien Kraft, womit sie, allein vorhanden, den Körper A beschleunigt. Also muss, wenn die Betrachtung widerspruchsfrei sein soll, das f_a der Gl. (1) in **42.** identisch mit dem f_a in Gl. (2) und (4) werden, sobald wir in beiden Messungen dieselben Einheiten benutzen; es muss dann sein

$$(1) \qquad \varepsilon q g = \zeta q \lambda,$$

$$(2) \qquad g = \frac{\zeta}{\varepsilon} \lambda.$$

In dieser Gleichung stehen rechts die beiden Constanten ζ und ε, die für alle Körper denselben Werth haben, und λ, welches nach **42.** gleichfalls von A unabhängig ist. Die Gleichung kann also nur erfüllt werden, wenn g von A unabhängig ist, d. h.

An derselben Stelle der Erde besitzen alle frei fallenden Körper die gleiche Beschleunigung.

Dieser Satz ist also die Bedingung, unter der die Bestimmungsarten **40.** und **41.** sich in Uebereinstimmung bringen lassen. Die Erfahrung bestätigt ihn um so genauer, je mehr wir die Schwere an den Körpern A wirklich frei wirken lassen können, d. h. je mehr wir fremde Kräfte, insbesondere den Luftwiderstand eliminiren.

Aus (2) folgt ferner in Verbindung mit § **42.** Gl. (3) $g = \frac{\zeta}{\varepsilon q} k$; d. h. die Beschleunigung g variirt auf der Erde nach dem gleichen Verhältniss wie der ruhende Druck k. Ist k an zwei Stellen gleich, so ist auch g daselbst gleich. Nun zeigt die Erfahrung, dass k sich für mässige Ortsvariationen nur sehr langsam ändert; ein Körper A drückt in 10 m Höhe merklich eben so stark wie in 0 m. Also erhalten wir den für experimentelle Distanzen unmerklich wenig von der Wahrheit abweichenden Satz:

Die Beschleunigung eines frei fallenden Körpers ist constant. A fällt nach den in **30.** entwickelten Gesetzen. Wird bestätigt.

Somit ist die Möglichkeit nachgewiesen, Gl. (2) zu erfüllen. Wir müssen sie nun durch eine passende Festsetzung für die Constanten ζ und ε wirklich erfüllen. An der Normalstelle $\varphi_0 \vartheta_0 r_0$ hat g einen speciellen Werth, der durch Versuche ermittelt werden kann; derselbe ist $980{,}88 \frac{\mathrm{cm}}{\mathrm{sec}^2}$; wir bezeichnen ihn mit G. An der Normalstelle ist aber auch $\lambda = 1$, also lautet Gl. (2) dort $G = \frac{\zeta}{\varepsilon}$ oder

$$(3) \qquad \zeta = G\varepsilon.$$

Setzen wir also fest: „ζ soll G mal grösser sein als ε“, so sind die beiden f_a der Gleichungen (1) und (2) oder (4) in **42.** identisch, und den beiden Arten der Kraftbestimmung **40.** und **41.** liegt dieselbe Einheit zu Grunde. Wenn wir jetzt noch eine der beiden Grössen ζ und ε conventionell festsetzen, ist die andere mitbestimmt, und die Kraftbestimmung vollendet.

44. Definitive Einheiten. Eine der Grössen ζ oder ε kann vollkommen willkürlich festgesetzt werden; die bequemsten Beziehungen erhalten wir, wenn wir entweder $\varepsilon = 1$ oder $\zeta = 1$ setzen. Beide Conventionen sind in Gebrauch; wir haben also in der Litteratur zwei Systeme der Kraftbestimmung, die hier neben einander folgen:

A) System von Gauss.

Wir setzen $\varepsilon = 1$.

Dann ist $\zeta = G$,

$$\mu = q.$$

Die Masse eines Körpers ist gleich seinem Gewicht; Masseneinheit ist das Gramm.

B) System der französischen Mathematiker.

Wir setzen $\zeta = 1$.

Dann ist $\varepsilon = \frac{1}{G}$,

$$\mu = \varepsilon q = \frac{q}{G}.$$

Die Masse eines Körpers ist G mal kleiner als sein Gewicht. Masseneinheit ist die Masse von G Gramm.

Grundgleichung 1)

$$f = \mu \mathring{u} = q \mathring{u}.$$

Die am Körper A frei thätige Kraft ist das Product aus seiner Masse und seiner Beschleunigung.

Setzen wir $\mu = 1$ und $\mathring{u} = 1$, so ist $f = 1$. Krafteinheit ist also diejenige Kraft, welche einem Gramme die Beschleunigung $1 \frac{\text{cm}}{\text{sec}^2}$ ertheilt.

Grundgleichung 2)

$$f = \zeta k = Gk.$$

Die Kraft, welche dem Drucke gleichkommt, den k Gramme an der Normalstelle vermöge der Schwere üben, hat den Werth Gk.

Ein Gramm drückt also an der Normalstelle mit der Kraft

$$G = 980{,}88,$$

an andern Stellen mit der Kraft g.

Grundgleichung 1)

$$f = \mu \mathring{u} = \frac{q}{G} \mathring{u}.$$

Die am Körper A frei thätige Kraft ist das Product aus seiner Masse und seiner Beschleunigung.

Setzen wir $\mu = 1$ und $\mathring{u} = 1$, so ist $f = 1$. Die Kraft 1 ist diejenige, welche der Masse 1, i. e. G Grammen die Beschleunigung 1 ertheilt.

Grundgleichung 2)

$$f = \zeta k = k.$$

Die Kraft, welche dem Drucke gleichkommt, den k Gramme an der Normalstelle vermöge der Schwere üben, hat den Werth k.

Ein Gramm drückt also an der Normalstelle mit der Kraft Eins, an andern Stellen mit der Kraft $\frac{g}{G}$.

Die Krafteinheit des ersten Systems ist also G mal kleiner als die des zweiten. Dafür ist auch die Masseneinheit des ersten G mal kleiner als die des zweiten; dadurch ist die Beziehung $f = \mu \mathring{u}$ in beiden gleichmässig gültig. Das zweite System hat die historische Priorität; das erste ist in magnetologischen und elektrologischen Rechnungen ziemlich ausschliesslich in Gebrauch und wird neuerdings mehr und mehr allgemein benutzt. Wir wählen für unsern Gebrauch das erste System und nennen die Krafteinheit desselben 1 Dyn. In der Grundgleichung desselben $f = \mu \mathring{u}$ ist die Dimension von $\mathring{u}$ schon bekannt als $\left(\frac{\text{cm}}{\text{sec}^2}\right)$; μ ist eine Grösse, die vorläufig eigenartig da steht, gerade wie Länge und Zeit; also geht μ als besondere Dimensionsart in die Dimensionsbestimmung der Kraft ein. Es ist

$$\text{Dim. (Kraft)} = \text{Dim.} \left(\frac{\text{Masse mal Länge}}{\text{Zeit mal Zeit}}\right), \quad 1 \text{ Dyn} = 1 \frac{\text{grm.cm}}{\text{sec}^2}.$$

Anmerkung. In der Terminologie der französischen Mathematiker bedeutet „Gewicht“ (poids) nicht unsere Grösse q, sondern unser f_a, die Kraft, womit die

Schwere den Körper A afficirt. „Ein Gramm" ist dementsprechend nicht, wie in diesem Buch, eine Massengrösse (Masse 1 im ersten, Masse $\frac{1}{G}$ im zweiten System), sondern die Kraftgrösse, mit der ein Tausendstel des Urkilogramms an der Normalstelle drückt. Hält man streng an dieser Bestimmung, so muss man für unsere Grösse q und ihre Einheit einen neuen Namen schaffen. Statt dessen hat sich schon während der Herrschaft des französischen Systems der Gebrauch eingeschlichen, den Namen „Gewicht" gleichzeitig auf f_a und auf q anzuwenden. Zunächst im populären Sprachgebrauch; Kaufleute und Chemiker haben kein Interesse daran, zu wissen, mit welcher Kraft ihre Materialien drücken, sie wollen vielmehr die Masse ihrer Producte kennen lernen, bestimmen also q und nennen diese Grösse „Gewicht". Maschinentechniker dagegen haben öfter ein Interesse daran, die Kräfte f_a einfach zu bezeichnen; sie nennen daher f_a „Gewicht" und die Krafteinheit im System (B) schlechthin „ein Gramm". Beim Gebrauch der Litteratur ist auf diese Zweideutigkeit zu achten. Gauss hat zuerst mit Klarheit darauf aufmerksam gemacht, dass man im System (A) q und μ identificiren kann und hat q als „Gewicht" bezeichnet. Wir sind ihm gefolgt und bleiben bei der in **38.** gegebenen Definition. Es ist dann wünschenswerth, ein bequemes Wort für „entwickelt vermöge der Schwere eine Kraft von ..." zu haben. Wir werden in diesem Sinn das Wort „gravitiren" gebrauchen, sagen also

Der Körper A wiegt q Gramm, wenn sein Gewicht nach **38.** $= q$ ist, und
Der Körper A gravitirt f Dyn., wenn er vermöge der Schwere mit der Kraft f drückt.

Der Ausdruck „ist schwer" wird zweideutig gebraucht. Man sagt „A ist schwerer als B", wenn $q_a > q_b$. Man sagt aber auch „A ist am Nordpol schwerer als am Aequator", weil f_a am Pol $> f_a$ am Aequ. Wir wollen ihm diese Zweideutigkeit lassen.

45. Das Fundamentalsystem. Wir kommen nun auf den in **34.** gemachten Vorbehalt zurück. Das Galilei'sche Trägheitsprincip haben wir aus Beobachtungen in einem an der Erde befestigten Coordinatensystem abstrahirt. Ist es in diesem System richtig? Wenn nicht, wo gilt es?

Wir werfen zunächst die Frage auf: Gilt das Galilei'sche Princip in jedem beliebigen Coordinatensystem? Ein einfaches Experiment beweist, dass diese Frage verneint werden muss. Wir setzen eine glatte horizontale Scheibe auf eine verticale Axe, lassen sie um diese Axe rotiren und werfen eine berusste Kugel über sie hin. An dieser Kugel ist dann die Schwere durch die Unterlage aufgehoben, also wenn die Reibung vernachlässigt werden kann, die freie Kraft Null thätig. Denken wir uns nun in der Scheibe ein Coordinatensystem befestigt, und gälte für dies System das Trägheitsprincip, so müsste die Kugel in ihm mit constanter Geschwindigkeit eine gerade Linie beschreiben, der Russ müsste also auf dem Tisch eine gerade Linie aufzeichnen. Er zeichnet aber eine Spirale. In einem auf der Erde rotirenden Coordinatensystem gilt also das Trägheitsprincip nicht.

Ein in der Erde befestigtes Coordinatensystem „rotirt" nun aber auch, wenngleich langsam, genauer gesagt, es rotirt in irgend einem durch astronomische Positionsbeobachtungen festgelegten Coordinatensystem. Es liegt also der Verdacht vor, dass die Erde sich ähnlich verhält, wie der rotirende Tisch. In der That, ein von Benzenberg angestellter Versuch beweist, dass ein freier Körper A in einem an der Erde befestigten Coordinatensystem, wenn er ruhend losgelassen wird, nicht eine gerade Linie beschreibt, wie er doch wegen $\dot{\mathfrak{u}} = \text{const.}$ müsste. Seine Bahn krümmt sich vielmehr gegen Osten. Auf der Erde gilt also das Galilei'sche Princip nur angenähert, nicht streng. Dass die Abweichung nicht gross ist, lässt sich mit der geringen Geschwindigkeit der Erdrotation in Verbindung bringen.

Es entsteht also die weitere Frage: Lässt sich in der Natur ein Coordinatensystem bezeichnen, von dem wir sagen können, dass es keine das Galilei'sche Princip störende Bewegung besitzt? Dieselbe ist vorläufig zu verneinen. Wir können mit den bisherigen Mitteln, auch wenn die Positions- und Oberflächenbeobachtung der Weltkörper unendlich verfeinert würde, doch immer nur Bewegungen der Weltkörper in einem durch andere Weltkörper festgelegten Coordinatensystem erkennen. Dabei erfahren wir nichts weiter als wie sich der eine Weltkörper gegen irgend welche andere verhält. Damit ist aber nichts gewonnen; wenn ein Weltkörper α (oder ein System von solchen) wirklich die Eigenschaft hätte, dass ein in ihm festgelegtes Coordinatensystem unserer Anforderung entspräche, so hätten wir keine Mittel, ihn zu erkennen; denn aus den Positionsbeobachtungen erfahren wir nur, dass und wie andere Körper β sich relativ gegen α bewegen, oder, was dasselbe sagt, dass und wie α sich gegen andere Körper β bewegt. Dabei ist α äusserlich durch nichts vor irgend einem β ausgezeichnet. Seine besondere Eigenschaft kann also durch bloss geometrische Beobachtungen niemals augenfällig werden; wir müssten vielmehr, um sie wahrzunehmen, in der Lage sein, den Benzenberg'schen Versuch (und verwandte) auf dem Weltkörper α selbst anzustellen. Dabei würden wir wahrscheinlich finden, dass das Galilei'sche Princip auf keinem der existirenden Weltkörper strenge gilt; denn mechanisch sind ja die Weltkörper, so weit wir sie kennen, mit der Erde gleichwerthig und in ähnlichen Zuständen, wie die Erde.

Es ist also vorläufig unmöglich, dasjenige Coordinatensystem anzugeben, in welchem die Erde ruhen müsste, um frei von der Benzenberg'schen Störung zu sein.

Wir schlagen desshalb den Weg ein, der bei jeder Lösung einer geometrischen Aufgabe befolgt wird. Wir nehmen vorläufig an, die Lösung des uns beschäftigenden Problems sei möglich und gefunden, und vergleichen dann später die Consequenzen dieser Annahme mit den im Problem gegebenen Daten. D. h. für unsern Fall:

IX. Wir nehmen vorläufig an, es existire in der Welt wenigstens ein Coordinatensystem, in welchem das Galilei-sche Princip streng gültig ist. Dasselbe soll „Fundamentalsystem" heissen. In ihm können wir dann Kräfte nach **44.** bestimmen und die Wirkung der Körper aufeinander untersuchen. In ihm können wir auch untersuchen, wie der Körper A sich gegen ein Coordinatensystem verhält, welches selbst gegen das Fundamentalsystem in Bewegung ist und können dann die Ergebnisse dieser Betrachtung am bewegten Tisch, bezw. an der bewegten Erde, Sonne etc. verificiren. Passt die Erfahrung sich ihnen an, so ist unsere Annahme gerechtfertigt, und die mechanischen Probleme der realen Welt sind überhaupt mit Hülfe des Trägheitsprincips lösbar; wo nicht, nicht.

Wir können nun sofort den Satz aufstellen: Jedes Coordinatensystem, welches in einem Fundamentalsystem ruht, ist selbst ein Fundamentalsystem. Denn sind S und S' zwei gegeneinander ruhende Coordinatensysteme, so hat die Beschleunigung $\dot{u}$ eines gegebenen Punktes μ in beiden den gleichen Werth. Ist also $\dot{u}$ in dem einen gleich Null, so ist es auch in dem andern gleich Null: d. h. das Galilei'sche Princip gilt in beiden gleichzeitig. Und $\mu\dot{u}$ im einen ist gleich $\mu\dot{u}$ im andern, die Kraft in S' also gleich der Kraft in S. Es gibt also unendlich viele Fundamentalsysteme, die für die Kraftbestimmung sämmtlich gleichwerthig sind.

Bis zum ausdrücklichen Widerruf führen wir von jetzt ab alle Rechnungen unter Zugrundelegung eines Fundamentalsystems; die in ihm bestimmten Geschwindigkeiten, Kräfte etc. sollen kurz als „absolute" Geschwindigkeiten etc. bezeichnet werden, und wo keine Zweideutigkeit eintreten kann, als „Geschwindigkeiten etc." schlechthin.

Dabei behalten wir im Auge, dass die Erde nicht sehr weit vom Fundamentalsystem verschieden ist, rohere Resultate der Rechnung also auf der Erde bestätigt werden können.

Anhang. Wir stellen die grundlegenden Abstractionen, auf denen die Kraftbestimmung beruht, hier zusammen und führen nebenan die Nummern auf, unter denen sie früher erschienen:

(IX) Es gibt ein Fundamentalsystem, in dem sich die Einwirkung eines Körpers B auf einen Körper A bestimmen lässt.

(II), (IIb) Beschleunigungsursachen und Deformationsursachen sind identische, messbare, gerichtete Grössen.

(I), (Ib) Ein Körper, an dem keine freie Kraft wirkt, hat die Beschleunigung Null.

(VII) Wenn verschiedene Körper B', B'', ... gleichzeitig auf den Körper A wirken, so ist die Kraft, mit der A von B^N afficirt wird, unabhängig von der Anwesenheit der übrigen B.

Die übrigen Sätze von I bis IX sind entweder speciellere Ausdeutungen dieser Grundlagen oder definitorische Festsetzungen.

46. Abgeleitete Kräfte. Die in **22.** ff. für die Beschleunigung abgeleiteten Sätze lassen sich ohne weiteres auf Kräfte übertragen; dies folgt daraus, dass jede Beschleunigung oder Beschleunigungscomponente mit der Masse multiplicirt, die entsprechende Kraft darstellt.

Die Kraft f wird geometrisch dargestellt durch einen Vector von der Länge f, dessen Richtung mit der der Kraft übereinstimmt.

Sie hat drei Coordinaten f_x, f_y, f_z, welche die Projectionen jenes Vectors auf die drei Axen sind. Im rechtwinkligen Coordinatensystem ist $f_x^2+f_y^2+f_z^2=f^2$, $f_x=f\cos\alpha$ u. s. w.

Greift f frei am Punkt A von der Masse μ an, so ist

$$f_x=\mu\frac{d^2x}{dt^2}, \quad f_y=\mu\frac{d^2y}{dt^2}, \quad f_z=\mu\frac{d^2z}{dt^2}.$$

Die am Punkt μ frei wirkende Kraft f zerfällt in die beiden Componenten Tangentialkraft und Normalkraft, f_τ und f_ν, welche in der Hauptkrümmungsebene der Bahn von μ liegen und auf einander senkrecht stehen, so dass $f_\tau^2+f_\nu^2=f^2$. Ist η der Winkel zwischen Kraft und Bahnelement, so ist

$$f_\tau=f\cos\eta$$

$$f_\nu=f\sin\eta=\mu\frac{v^2}{\varrho}$$

von ϱ der Krümmungsradius. f_ν heisst auch Centripetalkraft.

In Bezug auf einen willkürlich gewählten Punkt O besitzt die Kraft f ein Moment $\delta . f$, wo δ das Perpendikel von O auf die Richtungslinie von f ist. Für dieses Moment gelten alle Momentensätze nebst den besonderen Beziehungen, die in **25.** für die Beschleunigung abgeleitet wurden. Wir könnten auf Grund von **25.** den Begriff „Sectorenkraft“ $\mu \frac{d^2S}{dt^2}$ bilden und den Satz aufstellen. „die Sectorenkraft in der Ebene ist das halbe Moment der Kraft f in Bezug auf O“ u. s. w. Damit würden wir aber nichts neues aussagen; man hätte nur in § **25.** Gl. (4) etc. beide Seiten mit μ multiplicirt, also den gleichen Satz wie dort in schwerfälligerer Form reproducirt.

47. Kräfte beliebiger Ordnung. Einmal auf Grund physikalischer Betrachtungen zur Bildung des Begriffs „Masse“ und des Products $\mu . \dot{u}$ gelangt, können wir nun rein mathematisch Producte aus μ und andern Differentialcoefficienten des Ortes nach der Zeit bilden und dieselben in allgemeinerem Sinne „Kräfte“ nennen. Es giebt dann Kräfte verschiedener Ordnung, nämlich

0) $\mu . v$ Masse mal Geschwindigkeit, Kraft nullter Ordnung.

1) $\mu . \dot{u}$ Masse mal Beschleunigung, Kraft erster Ordnung oder Kraft schlechthin.

2) $\mu . \ddot{u}$ Masse mal Beschleunigung zweiter Ordnung, Kraft zweiter Ordnung.

3) $\mu . \dddot{u}$ . . . . . u. s. w.

Practisch werthvoll sind bis jetzt bloss die Nummern (0) und (1) geworden. Die Kraft nullter Ordnung heisst gewöhnlich Quantität der Bewegung oder Bewegungsmenge. Dass alle diese Kräfte wie Vectoren zu behandeln sind, ist selbstverständlich, weil ihre Factoren v, $\dot{u}$, $\ddot{u}$ etc. diese Eigenschaft haben, μ aber eine richtungslose Constante ist.

Zwischen Kraft und Quantität der Bewegung besteht, da μ constant ist, die Beziehung

$$\mu \dot{u} \equiv \frac{\mathfrak{d}}{dt}(\mu v)$$

oder
$$f_x = \mu \dot{u}_x = \frac{d}{dt}(\mu v_x), \quad f_y = \mu \dot{u}_y = \frac{d}{dt}(\mu v_y),$$
$$f_z = \mu \dot{u}_z = \frac{d}{dt}(\mu v_z).$$

Jede Componente der Kraft f ist der nach der Zeit genommene Differentialquotient der entsprechenden Componente von der Quantität der Bewegung.

Anmerkung. Es ist in neuerer Zeit mehrfach darüber gestritten worden, ob die Kräfte im Allgemeinen und speciell die Kräfte erster Ordnung wirkliche, physikalische Existenz haben. Der Streit ist müssig, da das Prädicat „existiren“ sich nicht definiren lässt. Worauf es ankommt, das ist die Frage, ob die Kräfte sich bestimmen lassen, und die ist zu bejahen.

B. Die Gleichungen der Bewegung; Hülfsbegriffe und integrirende Principien.

48. Die Gleichungen der Bewegung für die freie Kraft. Wir schreiben nunmehr dem beweglichen Punkt eine bestimmte Masse μ zu, und nennen ihn dann einen „materiellen Punkt"; da μ eine constante characteristische Eigenthümlichkeit desselben ist, können wir den Buchstaben μ auch, wie früher, benutzen, um den untersuchten Punkt selbst damit zu bezeichnen. Es sei bekannt, dass an μ die Kraft $\mathfrak{f}$ thätig ist, und es werde ausdrücklich vorausgesetzt, $\mathfrak{f}$ sei frei, d. h. $\mathfrak{f}$ sei die Resultante aller an μ vorhandenen Kräfte; die Aufgabe wird gestellt, die Bewegung von μ zu berechnen.

Aus der Grundgleichung $\mathfrak{f} = \mu\ddot{\mathfrak{u}}$, wo $\ddot{\mathfrak{u}}$ die Beschleunigung, folgt unmittelbar

$$(1) \qquad \ddot{\mathfrak{u}} = \frac{\mathfrak{f}}{\mu}.$$

Hat nun $\ddot{\mathfrak{u}}$ im rechtwinkligen Fundamentalsystem die drei Componenten X, Y, Z, und hat $\mathfrak{f}$ ebenda die Componenten $\boldsymbol{\Xi}$, $\boldsymbol{H}$, $\boldsymbol{Z}$, so ist, da Kräfte und Beschleunigungen in gleicher Weise zerlegt werden

$$(2) \qquad \begin{cases} \mu X = \boldsymbol{\Xi}, \\ \mu Y = \boldsymbol{H}, \\ \mu Z = \boldsymbol{Z}, \end{cases}$$

und aus den in **32.** gegebenen Gleichungen der Beschleunigung (3) folgen unmittelbar die Gleichungen der Bewegung (4)

$$(3) \qquad \begin{cases} \dfrac{d^2x}{dt^2} = X \\[2ex] \dfrac{d^2y}{dt^2} = Y \\[2ex] \dfrac{d^2z}{dt^2} = Z, \end{cases} \qquad\qquad (4) \qquad \begin{cases} \mu \dfrac{d^2x}{dt^2} = \boldsymbol{\Xi} \\[2ex] \mu \dfrac{d^2y}{dt^2} = \boldsymbol{H} \\[2ex] \mu \dfrac{d^2z}{dt^2} = \boldsymbol{Z}. \end{cases}$$

In den Gleichungen (4) ist $\dfrac{d^2x}{dt^2}$ u. s. w. nach Division mit μ unmittelbar durch $\boldsymbol{\Xi}$ u. s. w. gegeben; dieselben müssen also, wenn $\boldsymbol{\Xi}$, $\boldsymbol{H}$, $\boldsymbol{Z}$ aus den Bedingungen des Problems bestimmt sind, bloss noch integrirt werden. In den Specialfällen des § **30,** wo die Dimensionen der y und z verschwinden und bloss die erste der drei Gleichungen übrig bleibt, gelingt das mit Hülfe der Methoden des § **29;**

in allgemeineren Fällen ist die Integration eine verwickeltere Operation, für die wir einige Hülfsbegriffe entwickeln. Der Schritt von den Gleichungen (4) zu den Gleichungen (3) ist so klein (blosse Division mit μ), dass wir beide Gleichungssysteme als gleichbedeutend behandeln können: man nennt sie deshalb auch promiscue „Gleichungen der Bewegung". Es ist an sich gleichgültig, ob wir die nächsten Betrachtungen an (3) oder an (4) anstellen; (3) ist einfacher; die Praxis hat es aber mit sich gebracht, dass gewisse termini technici am System (4) gebildet sind; deshalb werden wir einige Rechnungen an (4) führen.

49. Arbeit. Die Gleichungen (21) und (22) des § **29.** lauteten

$$(1) \qquad v\,dv = \dot{u}_\tau\, ds,$$

$$(2) \qquad \tfrac{1}{2}v^2 - \tfrac{1}{2}v_1^2 = \int_{s_1}^{s} \dot{u}_\tau\, ds,$$

wo die Tangentialbeschleunigung $\dot{u}_\tau$ als Function der Bahnabscisse s gedacht ist, was ja immer geschehen kann. Nennen wir α den Winkel zwischen der Totalbeschleunigung $\dot{u}$ und dem Bahnelement ds, so ist

$$(3) \qquad \dot{u}_\tau = \dot{u}\cos\alpha,$$

$$(4) \qquad v\,dv = \dot{u}\cos\alpha\, ds.$$

Sehen wir in dem letzten Product $\dot{u}$ als den einen, $\cos\alpha\, ds$ als den andern Factor an, so ist $\cos\alpha\, ds$ die Projection des Wegelementes auf die Richtung der Beschleunigung (oder auf die Richtung der Kraft); $\dot{u}\cos\alpha\, ds$ ist also das Product aus dieser Projection in die Beschleunigung selbst. $f\cos\alpha\, ds$ oder $\mu\dot{u}\cos\alpha\, ds$ wäre das Product aus jener Projection in die an μ thätige Kraft. Wir nennen nun

$\dot{u}.\cos\alpha\, ds$ die Elementararbeit von $\dot{u}$ auf dem Wege ds

$f.\cos\alpha\, ds$ die Elementararbeit der Kraft f auf dem Wege ds.

Dementsprechend heissen die Integrale

$\int_{s_1}^{s} \dot{u}\cos\alpha\, ds$ die Arbeit der Beschleunigung auf dem Wege s_1 bis s,

$\int_{s_1}^{s} f\cos\alpha\, ds$ die Arbeit der Kraft auf dem Wege s_1 bis s.

Bezeichnen wir die Arbeit der Beschleunigung mit L, die der Kraft mit A, so lautet Gl. (4) ohne oder mit Multiplication durch μ

$$(5) \qquad v\,dv = dL, \quad \mu v\,dv = dA$$

und ihr Integral, wenn Δ eine endliche Zunahme bezeichnet,

$$(6)\qquad \Delta\left(\frac{v^2}{2}\right) = L, \quad \Delta(\tfrac{1}{2}\mu v^2) = A.$$

Die beiden Gleichungen (6) sind vollkommen gleichwertig. Das Product $\frac{1}{2}\mu v^2$ führt den (wenig passenden) Namen „lebendige Kraft“. Die rechts stehende Gleichung heisst also: Die Zunahme der lebendigen Kraft auf irgend einer Strecke s_1 bis s_2 ist gleich der auf dieser Strecke geleisteten Arbeit der Kraft, welche an μ frei thätig ist. Die links stehende sagt dasselbe, bedarf also keines besonderen Ausdrucks in Worten; man hat deshalb für die Grösse $\frac{1}{2}v^2$ keinen besonderen Namen gebildet*). Gl. (6) wird in beiden Formen die Gleichung der lebendigen Kraft genannt. Ihr hoher Werth beruht darauf, dass sich in vielen Fällen die Integrale L oder A leicht angeben lassen.

Wir rechnen ds immer in der Richtung von s_1 nach s hin; ist $\cos\alpha$ positiv, so ist dL positiv und $\frac{1}{2}v^2$ nimmt bei der Bewegung von s_1 nach s hin zu, ist $\cos\alpha$ negativ, so gilt das Umgekehrte. Ist $\cos\alpha = 0$, stehen Kraft und Beschleunigung senkrecht auf s, so ist dL gleich Null, also $v = \text{const.}$

Arbeit von Componenten. Es sei $\dot{u}$ zu irgend einer Zeit die Resultante aus mehreren Componenten $\dot{u}_1, \dot{u}_2 \ldots$ und dem entsprechend f die Resultante von $f_1, f_2 \ldots$.

Projicirt man $\dot{u}$ und sämmtliche $\dot{u}_n$ auf ds, so ist die Projection von $\dot{u}$ gleich der algebraischen Summe der Componentenprojectionen, also

$$(7)\qquad \dot{u}\cos\alpha = \dot{u}_1\cos\alpha_1 + \dot{u}_2\cos\alpha_2 + \cdots,$$

wo die Winkel α entsprechend markirt sind. Also ist auch

$$(8)\qquad \dot{u}\cos\alpha\, ds = \dot{u}_1\cos\alpha_1\, ds + \dot{u}_2\cos\alpha_2\, ds + \cdots,$$

d. h. die Elementararbeit einer Resultante ist gleich der algebraischen Summe der Elementararbeiten ihrer Componenten, wenn wir die Arbeit einer Componente $\dot{u}_n$ gerade so definiren, wie oben die Arbeit von $\dot{u}$, nämlich als $\dot{u}_n \cos\alpha_n ds$.

Besteht die Gleichung $\dot{u} = \dot{u}_1 \mp \dot{u}_2 \mp \cdots$ während einer endlichen

*) Bei älteren Schriftstellern findet man nicht $\frac{1}{2}\mu v^2$ sondern μv^2 als „lebendige Kraft“ bezeichnet; dort heisst also $\frac{1}{2}\mu v^2$ die „halbe lebendige Kraft“ und der obige Satz ist dementsprechend anders formulirt. Neuerdings wird von Einigen auch $\frac{1}{2}v^2$ mit dem Namen lebendige Kraft belegt, während die Mehrzahl die im Text gegebene Definition festhält.

Strecke, so folgt aus (8) durch Integration bei entsprechender Markirung der Arbeiten

$$(9) \qquad L = L_1 + L_2 + \cdots$$

Arbeit ist also eine richtungslose Grösse, die durch bloss algebraische Addition aus den componirenden Arbeiten zusammengesetzt wird. Gl. (8) gilt auch, wenn sie mit μ multiplicirt wird, also gilt der obige Satz ohne weiteres für die Arbeit der Kraft, und $A = A_1 + A_2 + A_3 \ldots$.

Insbesondere folgt, wenn $\dot{u}_x$, $\dot{u}_y$, $\dot{u}_z$ die Coordinaten von $\dot{u}$ sind, aus (8), da in diesem Falle $\cos(x, s) ds = dx$ u. s. w.,

$$(10) \qquad dL = \dot{u}_x dx + \dot{u}_y dy + \dot{u}_z dz = dL_x + dL_y + dL_z,$$

und da dies für jeden Augenblick der Bewegung gilt, so folgt

$$(11) \qquad L = L_x + L_y + L_z = \int_{x_1}^{x} \dot{u}_x dx + \int_{y_1}^{y} \dot{u}_y dy + \int_{z_1}^{z} \dot{u}_z dz$$

$$(11\text{a}) \qquad A = A_x + A_y + A_z = \int_{x_1}^{x} f_x\, dx + \int_{y_1}^{y} f_y\, dy + \int_{z_1}^{z} f_z dz.$$

Gleichung der lebendigen Kraft auf einer einzelnen Axe. Wir wählen eine der Axen zur Betrachtung aus und nennen sie willkürlich die x-Axe. Die Projection von μ auf dieselbe hat die Geschwindigkeit v_x, Beschleunigung $\dot{u}_x$, bewegt sich also auf ihrer Axe wie ein Punkt von der Masse μ, an dem die freie Kraft f_x thätig ist. Folglich gilt für sie die Gleichung (1), wenn wir v_x statt v und $\dot{u}_x$ statt $\dot{u}_\tau$ schreiben. Also

$$(12) \qquad v_x dv_x = \dot{u}_x dx,$$

$\dot{u}_x dx$ ist gemäss der ad Gl. (4) gegebenen Definition die Elementararbeit, welche die Beschleunigung $\dot{u}_x$ an der Projection von μ thut. Um das einzusehen, muss man bedenken, dass in Gl. (4) die Grössen $\dot{u}$ und ds beliebig gerichtet sind, also kein Vorzeichen haben, sondern ihrem absoluten Längenwerth nach zu denken sind. Wir wollen die absoluten Längen von $\dot{u}_x$ und dx mit $[\dot{u}_x]$ und $[dx]$ bezeichnen. Dann ist, wenn α den Winkel zwischen $\dot{u}_x$ und dx bezeichnet, die Elementararbeit von $\dot{u}_x$ nach der ad (4) gegebenen Definition

$$[\dot{u}_x] \cos\alpha [dx].$$

Dieser Ausdruck ist aber immer gleich $\dot{u}_x dx$. Denn es ist

entweder $\dot{u}_x$ positiv und dx positiv gerichtet;

dann ist $\dot{u}_x = [\dot{u}_x]$, $dx = [dx]$, $\cos\alpha = 1$, oder $\mathfrak{u}_x$ negativ, dx positiv;

$$\text{dann ist } \mathfrak{u}_x = -[\mathfrak{u}_x],\ dx = [dx],\ \cos\alpha = -1,$$

oder $\mathfrak{u}_x$ positiv, dx negativ;

$$\text{dann ist } \mathfrak{u}_x = [\mathfrak{u}_x],\ dx = -[dx],\ \cos\alpha = -1,$$

oder $\mathfrak{u}_x$ negativ, dx negativ;

$$\text{dann ist } \mathfrak{u}_x = -[\mathfrak{u}_x],\ dx = -[dx],\ \cos\alpha = 1$$

in allen vier Fällen also $[\mathfrak{u}_x]\cos\alpha[dx] = \mathfrak{u}_x dx$.

Die Elementararbeit der x-Componente der Beschleunigung, welche in Gl. (10) vorkam, war die Elementararbeit, welche bei der Bewegung von μ auf der Strecke ds geleistet wurde, sie hiess $\mathfrak{u}_s dx$. Unser in (12) vorkommendes $\mathfrak{u}_x dx$ ist dagegen die Arbeit, welche die x-Componente der Beschleunigung bei der Bewegung der Projection von μ auf der Strecke ds leistet. Beide sind begrifflich verschieden, aber dem Werth nach einander gleich, was auch leicht direct einzusehen ist; denn die Projection von ds auf die x-Richtung hat ja denselben Werth, wie die Projection von dx auf die x-Richtung; beide sind dx. Wir können also auch die bei der Bewegung der Projection von μ auf der x-Axe geleistete Elementararbeit mit dL_x bezeichnen. Gl. (12) ist dann

$$(13) \qquad v_x dv_x = dL_x,$$

$$(14) \qquad \Delta(\tfrac{1}{2}v_x^2) = L_x, \quad \Delta(\tfrac{1}{2}\mu v_x^2) = A_x.$$

Kurz ausgedrückt in Worten: die Gleichung der lebendigen Kraft gilt auf jeder einzelnen Axe.

Wendet man (14) auf (11) an, so erhält man wegen $L = \Delta(\frac{1}{2}v^2)$ die Gleichung $\Delta(\frac{1}{2}v^2) = \Delta(\frac{1}{2}v_x^2 + \frac{1}{2}v_y^2 + \frac{1}{2}z^2)$, welche selbstverständlich ist.

Arbeit längs der Componenten des Elementarwegs. ds kann man als Resultante mehrerer Elementarwege ds', ds'', ds''', ... auffassen. Projicirt man einerseits sämmtliche ds^N, andererseits ds auf die Richtung der Beschleunigung, so ist

$$\text{proj}(ds) = \text{proj}(ds') + \text{proj}(ds'') + \cdots$$

Also bei entsprechender Markirung der Winkel nach Multiplication mit $\mathfrak{u}$

$$(15) \qquad \mathfrak{u}\cos\alpha\, ds = \mathfrak{u}\cos\alpha'\, ds' + \mathfrak{u}\cos\alpha''\, ds'' + \cdots$$

„Die Elementararbeit einer Beschleunigung (Kraft) längs des resultirenden Bahnelements ist gleich der algebraischen Summe ihrer Elementararbeiten längs den unendlich kleinen Strecken, aus denen das Bahnelement zusammengesetzt gedacht werden kann."

Setzt man ds aus dx, dy, dz zusammen, so findet man

$$\dot{\mathfrak{u}} \cos\alpha \, ds = \dot{\mathfrak{u}} \cos(\dot{\mathfrak{u}}, x) dx + \dot{\mathfrak{u}} \cos(\dot{\mathfrak{u}}, y) dy + \text{etc.}$$

d. i. wieder Gl. (10).

Die Arbeit der Beschleunigung hat, da $\cos\alpha$ eine reine Zahl ist, die Dimension $(\dot{\mathfrak{u}}).(ds)$ oder (Beschleunigung) mal (Länge); ihre Einheit ist $1 \frac{\text{cm}^2}{\text{sec}^2}$.

Die Arbeit der Kraft hat die Dimension $(f).(ds)$ oder (Kraft) mal (Länge). Ihre Einheit ist $1 \frac{\text{grm}.\text{cm}^2}{\text{sec}^2}$ oder 1 „Dyncentimeter".

Das Princip der lebendigen Kraft.

50. Beschleunigungs- und Kräftefunction. Es sei in einem gegebenen Fall $\dot{\mathfrak{u}}_x = X$, $\dot{\mathfrak{u}}_y = Y$, $\dot{\mathfrak{u}}_z = Z$. Die Elementararbeit dL, welche die Beschleunigung von μ thut, ist dann nach **50.** Gl. (10)

$$(1) \qquad dL = X dx + Y dy + Z dz$$

und gemäss der Gleichung der lebendigen Kraft ist $dL = d(\tfrac{1}{2} v^2)$, also

$$(2)^*) \qquad d(\tfrac{1}{2} v^2) = X dx + Y dy + Z dz,$$

$$(3) \qquad \Delta(\tfrac{1}{2} v^2) = \int_{s_1}^{s} (X dx + Y dy + Z dz).$$

---

*) Gl. (2) leitet sich wie folgt direct aus der canonischen Form der Bewegungsgleichungen **48.** Gl. (3) ab. Man multiplicire die Gleichungen $\frac{d^2x}{dt^2} = X$ u. s. w. der Reihe nach mit $\frac{dx}{dt}$, $\frac{dy}{dt}$, $\frac{dz}{dt}$ und addire, so erhält man

$$\frac{dx}{dt} \frac{d^2x}{dt^2} + \frac{dy}{dt} \cdot \frac{d^2y}{dt^2} + \frac{dz}{dt} \frac{d^2z}{dt^2} = X \frac{dx}{dt} + Y \frac{dy}{dt} + Z \frac{dz}{dt}.$$

Die Grösse links ist der vollständige Differentialquotient nach t von

$$\left[\frac{1}{2}\left(\frac{dx}{dt}\right)^2 + \frac{1}{2}\left(\frac{dy}{dt}\right)^2 + \frac{1}{2}\left(\frac{dz}{dt}\right)^2\right]$$

oder von $\tfrac{1}{2} v^2$; also

$$\frac{d}{dt}(\tfrac{1}{2} v^2) = X \frac{dx}{dt} + Y \frac{dy}{dt} + Z \frac{dz}{dt}.$$

Mit dt multiplicirt ist dies Gl. (2)

$$d(\tfrac{1}{2} v^2) = X dx + Y dy + Z dz.$$

Es kommt nun vor, dass eine Function U existirt, welche 1) die Zeit t nicht explicite enthält, und 2) die Eigenschaft besitzt, dass, wenn wir partielle Differentiationen durch ∂ bezeichnen,

$$(4) \qquad \frac{\partial U}{\partial x} = X, \quad \frac{\partial U}{\partial y} = Y, \quad \frac{\partial U}{\partial z} = Z$$

ist. Dann ist, da U auf der Strecke ds bloss von x, y, z abhängt

$$(5) \qquad dU = \frac{\partial U}{\partial x} dx + \frac{\partial U}{\partial y} dy + \frac{\partial U}{\partial z} dz = X dx + Y dy + Z dz.$$

Also ist dann dU die Elementararbeit von μ und der Ausdruck rechts in Gl. (2) ein vollständiges Differential. Gl. (2) wird dann

$$(6) \qquad d(\tfrac{1}{2}v^2) = dU,$$

also

$$(7) \qquad \tfrac{1}{2}v^2 = U + D,$$

wo D die Integrationsconstante. Bei bestimmter Integration lautet Gl. (7), wenn v_1 und U_1 zusammengehörige Anfangswerthe sind,

$$(8) \qquad \tfrac{1}{2}v^2 - \tfrac{1}{2}v_1^2 = U - U_1.$$

Dann ist also, wenn U bekannt ist, v bestimmt, und damit ist eine erste Integration der Bewegungsgleichungen geleistet.

Gl. (8) sagt in Worten: Bei der Bewegung von μ wächst $\frac{1}{2}v^2$ um ebenso viel wie die Function U. Die Grösse U ist überaus wichtig und verdient einen besonderen Namen. Für spätere Betrachtungen ist es indessen zweckmässig, nicht U selbst, sondern seinen negativ gewonnenen Werth zu benennen. Wir bezeichnen $-U$ mit dem Buchstaben V und nennen V die Beschleunigungsfunction. Wir verstehen also unter Beschleunigungsfunction diejenige t nicht explicit enthaltende Function, deren negativ genommener Differentialquotient nach einer Coordinatenrichtung die in diese Richtung fallende Componente der Beschleunigung darstellt.

Die Gleichungen (6), (7), (8) lauten dann, für V umgeschrieben

$$(9) \qquad dL = d(\tfrac{1}{2}v^2) = -dV,$$

$$(10) \qquad \tfrac{1}{2}v^2 + V = D,$$

$$(11) \qquad \tfrac{1}{2}v^2 + V = \tfrac{1}{2}v_1^2 + V_1$$

in Worten: Die Arbeit der Beschleunigung oder die Zunahme von $\frac{1}{2}v^2$ ist bei jeder Bewegung von μ gleich der Abnahme der Beschleunigungsfunction.

Für die partiellen Differentialquotienten X, Y, Z ein und derselben Function U gelten bekanntlich die Gleichungen

$$(12) \qquad \frac{\partial Y}{\partial z} = \frac{\partial Z}{\partial y}, \quad \frac{\partial Z}{\partial x} = \frac{\partial X}{\partial z}, \quad \frac{\partial X}{\partial y} = \frac{\partial Y}{\partial x},$$

also sprechen diese drei Gleichungen die Bedingung aus, welche erfüllt sein muss, wenn eine Beschleunigungsfunction für den untersuchten Punkt μ existiren soll. Ist diese Bedingung erfüllt, so findet man U im gegebenen Fall durch Ausführung der Integration $\int dU = \int (Xdx + Ydy + Zdz)$. Da U durch seine Differentialgleichung bestimmt ist, enthält es eine willkürliche Integrationsconstante, ebenso V.

Es leuchtet nun ein, dass wir sämmtliche Gleichungen (1) bis (12) rechts und links mit μ multipliciren, überall Ξ, H, Z statt μX, μY, μZ schreiben können und dann ganz analoge Resultate für die Kräfte wie für die Beschleunigungen erhalten. Die Schlussgleichungen (9), (10), (11) lauten dann, wenn E statt μD geschrieben wird

$$(12) \qquad dA = d(\tfrac{1}{2}\mu v^2) = -\mu dV,$$

$$(13) \qquad \tfrac{1}{2}\mu v^2 + \mu V = E,$$

$$(14) \qquad \tfrac{1}{2}\mu v^2 + \mu V = \tfrac{1}{2}\mu v_1^2 + \mu V_1.$$

Nennen wir μV die Kräftefunction, so lassen sich diese Gleichungen in die kurzen Worte fassen: Die Zunahme der lebendigen Kraft ist gleich der Abnahme der Kräftefunction. (12), (13), (14) sagen genau dasselbe wie (9), (10), (11). Unser Satz ist in der Form (12), (13), (14) zuerst ausgesprochen worden; daher stammt der Umstand, dass man das Product $\frac{1}{2}\mu v^2$ mit einem technischen Namen versehen hat, und daher stammt auch der Name des in Gl. (9) bis (14) enthaltenen Satzes: er heisst das Princip der lebendigen Kraft.

Die Summe „Lebendige Kraft plus Kräftefunction“ nennt man den Arbeitsinhalt des Punktes μ. Mit diesem Terminus lässt sich Gl. (13) in die Worte fassen: Der Arbeitsinhalt des Punktes μ ist constant, so lange die an μ thätige Totalkraft eine Kräftefunction besitzt. Lebendige Kraft und Kräftefunction erscheinen also als zwei Grössen, die sich während der Bewegung in einander umsetzen. Statt Arbeitsinhalt sagt man auch Energie; ursprünglich bedeutet der Name den in einer besonderen Art von Einheiten gemessenen Arbeitsinhalt; er wird aber mehr und mehr auch im Sinne unseres „Arbeitsinhalt" schlechthin gebraucht.

51. Haupteigenschaften von *U* und *V*. Es sei V eine Beschleunigungsfunction, U ihr negativ genommener Werth, also die Componenten der Beschleunigung von μ

$$(1)\qquad X = \frac{\partial U}{\partial x} = -\frac{dV}{dx},\quad Y = \frac{\partial U}{\partial y},\quad Z = \frac{\partial U}{\partial z}.$$

p sei eine beliebige Richtung und P die auf p projicirte Beschleunigung, m. a. W. P sei diejenige Componente von $\dot{u}$, welche in die Richtung p fällt. Dann ist

$$(2)\qquad P = \dot{u}\cos(\dot{u}, p).$$

Macht $\dot{u}$ mit den Axen die Winkel α, β, γ, p aber die Winkel λ, μ, ν, so ist

$$\cos(\dot{u}, p) = \cos\alpha\cos\lambda + \cos\beta\cos\mu + \cos\gamma\cos\nu,$$

$$(3)\qquad P = \dot{u}(\cos\alpha\cos\lambda + \cos\beta\cos\mu + \cos\gamma\cos\nu).$$

Nun ist einerseits $\dot{u}\cos\alpha = X = \frac{\partial U}{\partial x}$ u. s. w., andererseits, wenn wir uns denken, dass ein Hülfspunkt ε sich auf p bewege, und dx die Projection der Strecke dp auf die Axe der x sei, ist $\cos\lambda = \frac{dx}{dp}$ u. s. w. Also

$$(4)\qquad P = \frac{\partial U}{\partial x}\cdot\frac{dx}{dp} + \frac{\partial U}{\partial y}\cdot\frac{dy}{dp} + \frac{\partial U}{\partial z}\cdot\frac{dz}{dp}.$$

Lassen wir nun irgend einen Punkt ε um dp im Raume fortschreiten, so ist bei der dadurch für ihn entstandenen Aenderung U aufzufassen als Function von x, y, z, welche selbst Functionen von p sind, also

$$(5)\qquad \frac{\partial U}{\partial p} = \frac{\partial U}{\partial x}\cdot\frac{dx}{dp} + \frac{\partial U}{\partial y}\cdot\frac{dy}{dp} + \frac{\partial U}{\partial z}\cdot\frac{dz}{dp}.$$

Demnach aus (4) und (5)

$$(6)\qquad P = \frac{\partial U}{\partial p} = -\frac{\partial V}{\partial p}.$$

Der negative Differentialquotient von V, genommen nach irgend einer Richtung p, stellt die in diese Richtung fallende Componente der Beschleunigung dar. Eine solche Componente kann nie grösser werden als $\dot{u}$ selbst; also ist $\dot{u}$ das Maximalgefälle von $-V$. Es seien nun $\mathfrak{u}_1$, $\mathfrak{u}_2$, $\mathfrak{u}_3$ u. s. w. Beschleunigungen, welche je eine Beschleunigungsfunction besitzen, $\mathfrak{u}$ sei ihre Resultante; die Coordinaten von $\mathfrak{u}_n$ seien X_n, Y_n, Z_n, seine Beschleunigungsfunction V_n; dann ist

$$V_1 = \int (X_1 dx + Y_1 dy + Z_1 dz)$$

$$V_2 = \int (X_2 dx + Y_2 dy + Z_2 dz)$$

u. s. w. Addirt man die Gleichungen, so erhält man wegen $\Sigma X_n = X$ u. s. w.

$$(7) \qquad V_1 + V_2 + V_3 \ldots = \int (X dx + Y dy + Z dz) = V.$$

Die Beschleunigungsfunction einer Resultante ist gleich der algebraischen Summe der Beschleunigungsfunctionen ihrer Componenten.

Gl. (6) und (7) mit μ multiplicirt, liefern zwei ganz entsprechende Sätze für Kräftefunctionen, was wir jetzt nicht mehr betonen.

52. Niveauflächen. a) Geht man von einem Punkt des Raumes x, y, z zu einem benachbarten über, so ändert sich im Allgemeinen der Werth von U. Es giebt aber Punkte, für welche die Uebergangsrichtung senkrecht auf $\mathfrak{u}$ steht; für diese hat nach (6) U den gleichen Werth, wie für x, y, z. Alle Punkte, für die das der Fall ist, sind bedingt durch eine Gleichung

$$(1) \qquad U = \eta,$$

wo η eine Constante. Da in U im Allgemeinen drei Coordinaten vorkommen, wird eine solche Bedingung durch eine Fläche erfüllt. Die Punkte, für welche U den gleichen Werth hat, liegen also auf einer Fläche; diese heisst Niveaufläche. Lässt man η alle möglichen Werthe durchlaufen, so erhält man die Schaar der sämmtlichen Niveauflächen, welche den Bedingungen des gegebenen Falles entsprechen. Zwei Flächen dieser Schaar schneiden sich im Allgemeinen nicht, sonst hätte ja η in der Schnittlinie zwei verschiedene Werthe, und wenn p eine Richtung ist, die von einer Niveaufläche zu der nächstfolgenden führt, würde $\frac{dU}{dp}$ in der Schnittlinie unendlich, also die Beschleunigung $P = \infty$, ein Fall, den wir von der Betrachtung ausgeschlossen haben. Es giebt daher für die Niveauflächen eines

Problems keine Enveloppe; zwei benachbarte von ihnen sind als parallel anzusehen.

Wir verstehen unter N die Normale der Niveaufläche $U = \eta$ im Punkte x, y, z. Macht sie mit den rechtwinkligen Coordinatenaxen die Winkel λ, μ, ν, so ist bekanntlich

$$(2) \qquad \cos\lambda : \cos\mu : \cos\nu = \frac{\partial U}{\partial x} : \frac{\partial U}{\partial y} : \frac{\partial U}{\partial z}$$

mit der Nebenbedingung $\cos\lambda^2 + \cos\mu^2 + \cos\nu^2 = 1$.

Macht an derselben Stelle die Beschleunigung $\mathfrak{u}$ mit den Coordinatenaxen die Winkel α, β, γ, so ist

$$(3) \qquad \cos\alpha : \cos\beta : \cos\gamma = X : Y : Z = \frac{\partial U}{\partial x} : \frac{\partial U}{\partial y} : \frac{\partial U}{\partial z}$$

und

$$\cos\alpha^2 + \cos\beta^2 + \cos\gamma^2 = 1.$$

Aus dem Vergleich von (2) mit (3) ergibt sich

$$(4) \qquad \alpha = \lambda, \quad \beta = \mu, \quad \gamma = \nu.$$

Also die Beschleunigung fällt an jeder Stelle in die Normale der Niveaufläche. Man kann also auch schreiben

$$(5) \qquad \mathfrak{u} = \frac{dU}{dN}.$$

Wählt man die Länge der dN so aus, dass U von einer Niveaufläche $U = \eta$ zur nächstfolgenden $U = \eta + d\eta$ immer um gleiche Incremente $d\eta$ wächst, so wollen wir die Schaar dieser Niveauflächen, von denen also jede folgende sich von der vorhergehenden um den gleichen Zuwachs des U unterscheidet, eine äquicrescente Schaar nennen. Gl. (5) sagt dann aus: Bei einer äquicrescenten Schaar von Niveauflächen ist die Beschleunigung umgekehrt proportional dem Abstande der Flächen von einander.

Fig. 30.

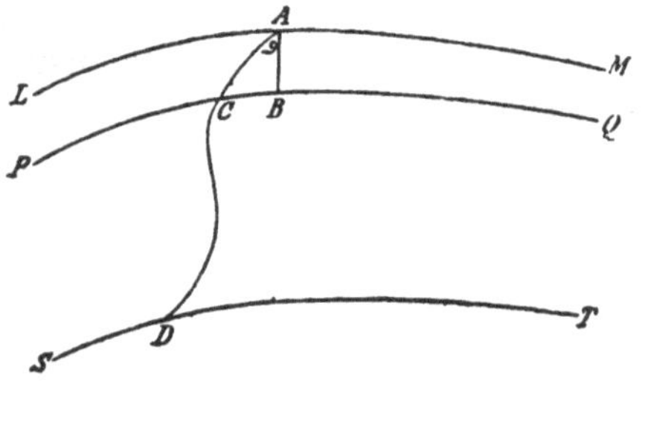

b) Arbeit zwischen zwei Niveauflächen. Es seien LM (Fig. 30) und PQ die Tracen zweier einander unendlich nahen Niveauflächen. Der Punkt μ gehe von A aus und bewege sich auf irgend einem Bahnelement $\overline{AC}$. Es sei $\overline{AB}$ die Normale in A, also die Richtung der Beschleunigung $\mathfrak{u}$, $\angle CAB = \vartheta$. Die Elementararbeit, welche $\mathfrak{u}$ bei der Bewegung $\overline{AC}$ leistet, ist $\mathfrak{u}\cos\vartheta ds$ also $\mathfrak{u}\cos\vartheta . \overline{AC}$, oder

$$(6) \qquad dL = \mathfrak{u}\overline{AB} = \mathfrak{u}dN = \frac{dU}{dN}dN = dU$$

übereinstimmend mit der Definition von U. Bewegt sich μ auf irgend einer endlichen Bahnstrecke und gelangt dabei von der Niveaufläche $U = U_1$ (LM) zu der Niveaufläche $U = U_2$ (ST), so ist, wie schon bekannt

$$(7) \qquad \Delta L = \int_{U_1}^{U_2} dU = U_2 - U_1.$$

Da nun der Werth von U auf der ganzen Niveaufläche LM constant ist, ebenso auf der ganzen Niveaufläche ST, so sagt die Gleichung hier aus: Die bei irgend einer Bewegung geleistete Arbeit der Beschleunigung hängt nur ab von der Differenz von U, die zwischen der ersten und der zweiten Niveaufläche vorhanden ist, nicht aber davon, an welchem Punkt der Niveauflächen μ abgeht oder ankommt. Dasselbe gilt für die Zunahme der lebendigen Kraft; also hat $\frac{1}{2}v^2$ immer denselben Werth, wenn der Punkt μ auf einer bestimmten Niveaufläche anlangt, einerlei, wo er sie schneidet und welchen Weg er gemacht hat; also auch v. Bewegt sich demnach μ auf einer Niveaufläche, so bleibt der absolute Werth seiner Geschwindigkeit constant. Das folgt auch ohne Weiteres daraus, dass, wenn $d\sigma$ ein in die Niveaufläche fallendes Bahnelement ist, $\frac{dU}{d\sigma} = 0$ ist und $\frac{dU}{d\sigma}$ die Tangentialbeschleunigung für diesen Fall darstellt.

Es kann eine Niveaufläche geben, für welche $U = V = 0$. Geht dann μ von dieser Niveaufläche aus und gelangt auf die Niveaufläche $-V = U_1$, so hat die Beschleunigung von μ die Arbeit $U_1 = -V$ gethan. Geht umgekehrt μ von der Niveaufläche $U_1 = -V$ zu der Niveaufläche $V = 0$ über, so thut die Beschleunigung an ihm die Arbeit $-U_1 = +V$. Also kann man V auch so definiren:

Die Beschleunigungsfunction des Punktes μ an der Stelle x, y, z ist diejenige Arbeit, welche die im Problem gegebene Beschleunigung thut, wenn der Punkt aus seiner augenblicklichen Lage in die Niveaufläche $V = 0$ gebracht wird. Die Kräftefunction ist die Arbeit, welche die Kraft thut, wenn μ von x, y, z nach $V = 0$ gebracht wird.

c) Kraftlinien. Die Orthogonalen einer Schaar von Niveauflächen haben die Eigenschaft, dass sie in jedem Punkt des Raumes die Richtung der dort herrschenden Beschleunigung und Kraft angeben. Man nennt sie deshalb Kraftlinien. Ist U als Function der Coordinaten gegeben, und nennen wir ξ, η, ζ die Coordinaten eines Punktes der Orthogonale, $d\sigma$ ihr Bogenelement, so ist dies Bogenelement identisch mit dem Element dN der Normale. Die Cosinus der Winkel, die es mit den Axen macht, sind $\frac{d\xi}{d\sigma}$, $\frac{d\eta}{d\sigma}$, $\frac{d\zeta}{d\sigma}$, und diese sind $\cos\alpha$, $\cos\beta$, $\cos\gamma$ aus Gl. (4), also $\frac{X}{\mathfrak{u}}$, $\frac{Y}{\mathfrak{u}}$, $\frac{Z}{\mathfrak{u}}$. Demnach wird $\frac{d\xi}{d\sigma} = \frac{X}{\mathfrak{u}}$, $\frac{d\eta}{d\sigma} = \frac{Y}{\mathfrak{u}}$ u. s. w. oder

$$(8) \qquad \frac{d\xi}{\frac{\partial U}{\partial x}} = \frac{d\eta}{\frac{\partial U}{\partial y}} = \frac{d\zeta}{\frac{\partial U}{\partial z}}$$

das Gleichungspaar, dem die Kraftlinien genügen.

53. Hauptfall der Existenz von U und V. a) Eine Beschleunigungsfunction existirt immer, wenn die Beschleunigung durch einen festen Punkt geht und eine Function der Entfernung von diesem ist.

Der feste Punkt sei x_1, y_1, z_1, der bewegliche Punkt μ habe die Lage x, y, z, die Distanz beider sei r. Dann ist

$$(1) \qquad r^2 = (x-x_1)^2+(y-y_1)^2+(z-z_1)^2,$$

$$(2) \qquad rdr = (x-x_1)dx+(y-y_1)dy+(z-z_1)dz.$$

Die Beschleunigung ist $F(r)$, wo F irgend eine Function bezeichnet, und da

$$(3) \qquad \begin{cases} \cos(r, x) = \frac{\partial r}{\partial x} = \frac{x-x_1}{r}, \quad \cos(r, y) = \frac{\partial r}{\partial y} = \frac{y-y_1}{r}, \\ \cos(r, z) = \frac{\partial r}{\partial z} = \frac{z-z_1}{r}, \end{cases}$$

so sind die drei Coordinaten der Beschleunigung

$$(4) \qquad \begin{cases} X = \mathfrak{u}_x = F(r)\frac{x-x_1}{r}, \quad Y = F(r)\frac{y-y_1}{r}, \\ Z = F(r)\frac{z-z_1}{r}. \end{cases}$$

Es ist nun leicht durch Differentiation dieser Gleichungen nachzuweisen, dass X, Y, Z der Gl. (12) des § **51** genügen. Wir stellen die Beschleunigungsfunction für sie direct her, womit dann auch der Nachweis ihrer Existenz geliefert ist. Es ist

$$(5)\quad \begin{cases} dL = Xdx + Ydy + Zdz \\ = F(r)\cdot\left(\frac{x-x_1}{r}dx + \frac{y-y_1}{r}dy + \frac{z-z_1}{r}dz\right). \end{cases}$$

Nach (2) ist die rechte Seite das vollständige Differential $F(r)dr$, also

$$(6)\qquad -dV = dU = F(r)dr,$$

$$(7)\qquad V = -U = -\int F(r)dr,$$

wo die Integration auszuführen ist, wenn $F(r)$ bekannt.

Die Niveauflächen sind in diesem Fall Kugeln um den festen Punkt $x_1 y_1 z_1$, da für diese wegen $r = \text{const.}$ auch $\varphi(r) = \text{const.}$ sein muss, wo φ eine beliebige Function bezeichnet. Die Kraftlinien sind die Radien der Kugeln. Da zwei concentrische Kugeln überall gleich weit von einander abstehen, ist bei äquicrescenten V die Länge dN für alle Punkte einer und derselben Niveaufläche gleich gross, also nach **52.**, (5) die Beschleunigung für alle Punkte der Kugel dieselbe.

b) Eine Beschleunigungsfunction existirt gleichfalls, wenn die Beschleunigung die Resultante von beliebig vielen Beschleunigungen ist, die einzeln durch je einen festen Punkt gehen und Functionen der Entfernung von diesem sind.

Denn wenn X, Y, Z in die Componenten $X_1 + X_2 + \cdots$, $Y_1 + Y_2 + \cdots$ u. s. w. zerfallen, so ist

$$(8)\qquad dL = (X_1 + X_2 + \cdots)dx + (Y_1 + Y_2 + \cdots)dy + (Z_1 + Z_2 + \cdots)dz.$$

Nach der gemachten Voraussetzung ist aber $(X_1 dx + Y_1 dy + Z_1 dz)$ ein vollständiges Differential $F_1(r_1)dr_1$, wo r_1 die Entfernung des μ vom ersten festen Punkt, ebenso $(X_2 dx + Y_2 dy + Z_2 dz)$ ein vollständiges Differential $F_2(r_2)dr_2$ u. s. w. Also ist

$$(9)\qquad dL = \sum_{n=1}^{n=n} F_n(r_n)dr_n = dU = -dV$$

$$(10)\qquad V = -U = -\sum_{n=1}^{n=n} \int F_n(r_n)dr_n.$$

Die Beschleunigungsfunction lässt sich demnach herstellen, indem man die einzelnen Integrale $-\int F_1(r_1)dr_1$ u. s. w. ausrechnet und sie addirt, entsprechend § **51.**, Gl. (7).

c) Lässt man in Fall (a) den festen Punkt ins Unendliche rücken, so erhält man folgenden Fall: Die Beschleunigung ist senkrecht zu einer festen Ebene und eine Function des Abstandes von dieser. Auch dann existirt eine Beschleunigungsfunction.

Nehmen wir die feste Ebene zur xy-Ebene, so heisst die vorstehende Bedingung $X = 0$, $Y = 0$, $Z = f(z)$. Die Elementararbeit wird also einfach

$$(11) \qquad dL = f(z)dz = -dV$$

$$(12) \qquad V = -U = -\int f(z)dz,$$

wo z nichts anderes ist als der Abstand des Punktes μ von der Ebene.

Die Niveauflächen sind die Ebenen $z =$ const., also parallel der festen Ebene, die Kraftlinien Perpendikel dazu.

Specialfall zu c): $\dot{u}$ ist constant $= -g$. Dann ist

$$(13) \qquad V = \int g dz = gz + \text{const.}$$

Das ist der Fall der Schwere in der Nähe der Erdoberfläche, wenn z die Höhe über dem Erdboden darstellt. Das Princip der lebendigen Kraft liefert also $\frac{1}{2}v^2 + gz + \text{const.} = 0$, und wenn die Anfangsbedingung lautet: in der Höhe z_1 ist $v = v_1$, also

$$\text{const.} = -\tfrac{1}{2}v_1^2 - gz_1,$$

erhalten wir $\frac{1}{2}v^2 - \frac{1}{2}v_1^2 + g(z - z_1) = 0$, d. i. die bekannte Gleichung $\frac{1}{2}v^2 - \frac{1}{2}v_1^2 = -hg$ aus § **30.** Die Niveauflächen sind Ebenen parallel der Erdoberfläche; eine von diesen wird, einerlei in welcher Richtung und an welcher Stelle, stets mit der gleichen Geschwindigkeit passirt, wenn die Anfangsbedingungen die nämlichen sind.

54. Potentialfunction. Ein besonders wichtiger Specialfall, wichtig, weil er die Einwirkung von Himmelskörpern, magnetischen Punkten und ruhenden elektrischen Theilchen auf einander darstellt, ist der, wo die Beschleunigung von festen Punkten ausgeht und dem Quadrate des Leitstrahls umgekehrt proportional ist, d. i. der Fall des Newton'schen Gesetzes.

Wir betrachten zunächst den Fall, wo $\dot{u}$ von einem einzigen Centralpunkt O ausgeht. Es ist dann

$$(1) \qquad \dot{u} = \frac{\eta}{r^2},$$

wo η eine dem Centralpunkt O angehörige Constante ist.

Wir stellen der Vollständigkeit wegen die Coordinaten der Beschleunigung her. Hat der anziehende Punkt die Coordinaten x_1, y_1, z_1, der angezogene x, y, z, so ist

$$(2) \qquad X = \frac{\eta}{r^2}\frac{x-x_1}{r}, \quad Y = \frac{\eta}{r^2}\frac{y-y_1}{r}, \quad Z = \frac{\eta}{r^2}\frac{z-z_1}{r},$$

wo die r mit ihrem absoluten Werth zu nehmen sind. Die drei Grössen X, Y, Z sind die partiellen Differentialquotienten von $-\frac{\eta}{r}$; denn es ist z. B. $\frac{\partial}{\partial x}\left(-\frac{\eta}{r}\right) = \frac{\eta}{r^2}\frac{\partial r}{\partial x} = \frac{\eta}{r^2}\frac{x-x_1}{r}$ u. s. w. Also ist $U = -\frac{\eta}{r} + \text{const.}$, und

$$(3) \qquad V = \frac{\eta}{r} + \text{const.}$$

Die willkürliche Constante bestimmen wir durch die Bedingung, dass V im Unendlichen zu Null werden soll. Dann ist also $0 = \frac{\eta}{\infty} + \text{const.}$, also const. $= 0$ und

$$(4) \qquad V = \frac{\eta}{r}.$$

Die so bestimmte Beschleunigungsfunction heisst Potentialfunction. Es ist also die Potentialfunction des Punktes O diejenige Beschleunigungsfunction, die von O ausgeht, wenn die von O geübte Beschleunigung dem Newton'schen Gesetz unterliegt, und wenn die willkürliche Constante der Beschleunigungsfunction gleich Null gesetzt wird. Sie ist dem Zahlenwerth nach zugleich Kräftefunction für einen Punkt μ von der Masse 1, der der Newton'schen Anziehung von O unterliegt.

Rückt μ aus der Entfernung r in die Entfernung ∞, so leistet die Beschleunigung an ihm die Arbeit

$$L = -\Delta V = -\left(\frac{\eta}{\infty} - \frac{\eta}{r}\right) = \frac{\eta}{r} = V.$$

Also kann V auch so definirt werden: Die von O ausgehende Potentialfunction ist die Arbeit, welche die von O ausgehende Newton'sche Beschleunigung am Punkt μ leistet, wenn μ sich aus seiner jeweiligen Lage in unendliche Entfernung begibt.

Es kann nun die von O ausgehende Beschleunigung zweierlei Sinn haben: Sie kann anziehend, d. h. nach O hin gerichtet sein (ponderable Massen) und sie kann abstossend, d. h. von O fortgerichtet sein (Electricitäten und Magnetismen gleicher Art). Dem η in Gl. (1) ist also ein doppelsinniger Werth zuzuschreiben. Ist ε eine an sich positive Grösse, so kann $\eta = \pm\varepsilon$ sein. Bewegt sich μ auf einem Radiusvector $\overline{O\mu} = r$, so ist seine Radialgeschwindigkeit $\frac{dr}{dt}$ positiv, wenn sie r vergrössert. Dem entsprechend ist auch $\frac{d^2r}{dt^2}$, also $\dot{u}$ positiv, wenn es ein positives $\frac{dr}{dt}$ vergrössert, d. h. für Abstossungen. Wir setzen also

für anziehende Beschleunigungen $\eta = -\varepsilon$, $V = -\frac{\varepsilon}{r}$, $\dot{u} = -\frac{\varepsilon}{r^2}$,

für abstossende Beschleunigungen $\eta = +\varepsilon$, $V = +\frac{\varepsilon}{r}$, $\dot{u} = +\frac{\varepsilon}{r^2}$.

Anm. Verschiedene Schriftsteller rechnen bald anziehende, bald abstossende Kräfte negativ. Um sich leicht in ihnen zurechtzufinden, bedarf der Leser einer ein für allemal festgehaltenen Convention für seinen Privatgebrauch. Man präge sich also ein für allemal die Sätze ein: „Die Potentialfunction ist die negativ genommene Integralfunction der Beschleunigung," und „Sie hat das Vorzeichen der Beschleunigung selbst, positiv für Abstossungen."

Die Niveauflächen der von O ausgehenden Potentialfunction sind Kugeln um O, die Kraftlinien Radien. Man erhält eine übersichtliche Darstellung der Verhältnisse in einer Gegend des Raums, wenn man für dieselbe eine Schaar von äquicrescenten Niveauflächen mit der constanten kleinen Differenz $\Delta V = \alpha$ aufzeichnet, resp. deren grösste Kreise in der Ebene der Zeichnung darstellt. Zwischen $r = 1$ und $r = 2$ erhält man z. B., wenn man $\varepsilon = 1$ und $\alpha = \frac{1}{20}$ nimmt, Kreise um O mit den Radien $\frac{20}{10}$, $\frac{20}{11}$, $\frac{20}{12}$ u. s. w. bis $\frac{20}{20}$. Die relative Grösse der Beschleunigung in einem Punkt der Zeichnung wird dann versinnlicht durch $\frac{1}{\Delta N}$, also durch die Dichtigkeit der Curvengruppirung, um so genauer, je kleiner man α gewählt hat.

b) Ist eine grössere Anzahl n von festen Punkten O_1, O_2 u. s. w. gegeben, und geht von jedem derselben eine Beschleunigung aus, die dem Newton'schen Gesetz unterliegt, so ist die Potentialfunction der sämmtlichen O

$$V = \sum_{n=1}^{n=n} \frac{\eta_n}{r_n}$$

nach **51.,** (7), also algebraisch leicht zu bilden. Aus ihr ergeben sich dann durch Differentiation die Beschleunigungen $X = -\frac{\partial V}{\partial x}$ u. s. w.

Es ist nicht unnütz, sich den Verlauf der Niveauflächen mehrerer Punkte für einfachere Fälle durch geometrische Construction klar zu machen.

Fig. 31.

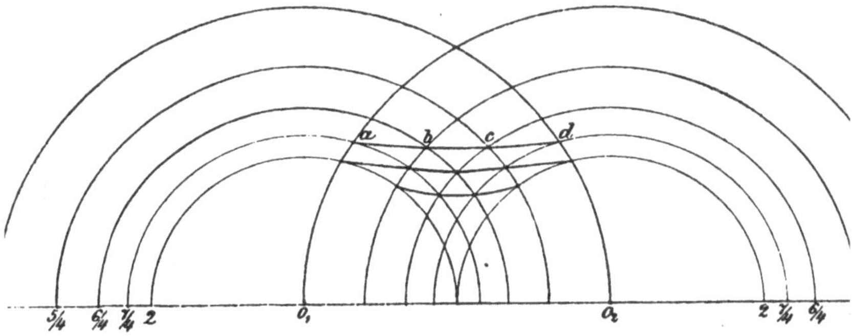

Das Verfahren wird in Fig 31 für den Fall $\eta_1 = \eta_2$ gezeigt. O_1 und O_2 seien die beiden Anziehungscentra. Ihre Niveauflächen sind offenbar Revolutionsflächen um $O_1 O_2$ als Axe, so dass es genügt, die Verhältnisse in einer durch $O_1 O_2$ gehenden Ebene zu betrachten. Wir setzen willkürlich $\eta_1 = \eta_2 = 40$ uud die Distanz $O_1 O_2 = 40$. Die Tracen der Niveauflächen von O_1 sind Kreise; dieselben sind in der Figur gezeichnet für $r = 20$, $r = \frac{160}{7}$, $r = \frac{80}{3}$, $r = 32$, $r = 40$, wo die Werthe 2, $^7/_4$, $^6/_4$, $^5/_4$, 1 der Potentialfunction herrschen. Diese Werthe sind links an den entsprechenden Kreisen notirt. Dasselbe ist rechts für O_2 geschehen. Im Punkt a z. B. schneidet sich nun der Kreis $^7/_4$ von O_1 mit dem Kreise 1 von O_2; in a ist also $V = 1 + {^7/_4} = \frac{11}{4}$. Derselbe Wert von V herrscht aber auch da, wo die Kreise $\frac{6}{4}$ und $\frac{5}{4}$, $\frac{5}{4}$ und $\frac{6}{4}$, 1 und $^7/_4$ sich schneiden, also in b, c und d. Die Curve $a\ b\ c\ d$ ist demnach ein Stück der gemeinsamen Niveaufläche von $O_1 + O_2$, in ihr ist $V = \frac{11}{4}$. Die beiden darunter angegebenen Curvenstücke gehören den Niveauflächen $V = 3$ und $V = \frac{13}{4}$ an. Durch Vermehrung der Kreise lässt sich die Figur vervollständigen, um so genauer, je kleiner man die Differenzen der Einzelpotentialfunctionen wählt. Fig. 32 (S. 156) zeigt die Niveauflächen zweier Punkte, deren η sich wie 1 : 4 verhalten. Eine derselben besteht aus zwei Schalen, die sich im Punkte ν schneiden; dies ist der neutrale Punkt, wo $-\frac{\partial V}{\partial r_1} = +\frac{\partial V}{\partial r_2}$ und die

Fig. 32.

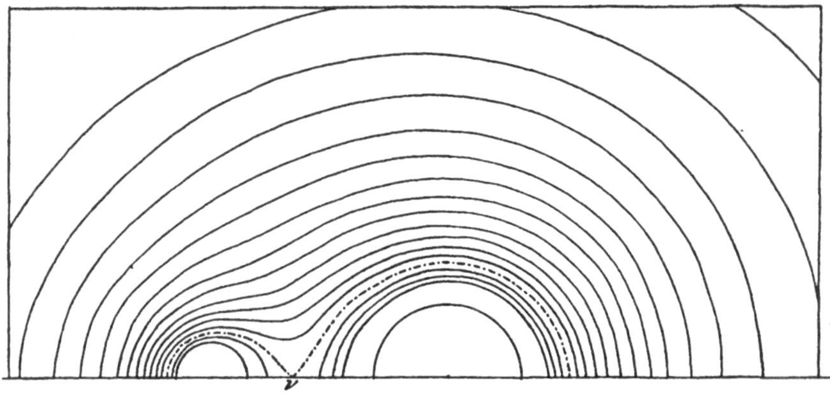

resultirende Beschleunigung Null ist. Innerhalb der durch ν getrennten Schalen umschliesst jede Niveaufläche den nächsten Centralpunkt, ausserhalb umschliesst sie beide O zugleich. Keine der Niveaulinien ist ein Kreis, aber sie nähern sich der Kreisform in sehr grosser Entfernung und in unmittelbarer Nähe jedes O.

Die Schaar der Niveauflächen, welche mittels äquicrescenter Kreise hergestellt wird, ist offenbar selbst äquicrescent.

Die Dimension der Potentialfunctionen lässt sich aus Gl. (4) nicht ableiten, da die Dimension des dort auftretenden η unbekannt ist. Sie folgt aber mit aller Bestimmtheit aus dem Princip der lebendigen Kraft $L+V=\text{const}$. Eine physikalische Gleichung muss nämlich notwendig homogen sein, d. h. alle in ihr vorkommenden Summanden müssen gleiche Dimension haben; denn wäre das nicht der Fall, so würde sie aufhören richtig zu sein, sobald man die willkürlichen Masseinheiten abänderte. Also hat V dieselbe Dimension wie L, nämlich $\left(\frac{\text{Länge . Länge}}{\text{Zeit . Zeit}}\right)$; unsere Einheit von V ist $1\,\frac{\text{cm}^2}{\text{sec}^2}$. Dasselbe ergibt sich aus der Gleichung für die Beschleunigungsfunction im Allgemeinen

$$-V=\int X dx \text{ etc., da Dim.}(X)=\frac{\text{Länge}}{\text{Zeit}^2}, \quad \text{Dim.}(dx)=(\text{Länge}).$$

55. Das Princip der Flächen. Das Princip der Flächen ist der schon in **25.** ausgesprochene Satz von der Constanz der Sectorengeschwindigkeit für Kräfte, die durch eine feste Linie, bezw. durch einen festen Punkt gehen. Wir leiten dasselbe hier aus den Gleichungen der Bewegung ab. Es sei

$$(1) \qquad \frac{d^2x}{dt^2} = X, \quad \frac{d^2y}{dt^2} = Y, \quad \frac{d^2z}{dt^2} = Z.$$

Wir multipliciren die erste dieser Gleichungen mit z und y, die zweite mit x und z, die dritte mit x und y, und ziehen die 6 so entstehenden Gleichungen paarweise von einander ab, so zwar, dass die Determinantenbildungen

$$\begin{vmatrix} y & Y \\ z & Z \end{vmatrix} \qquad \begin{vmatrix} y & \frac{d^2y}{dt^2} \\ z & \frac{d^2z}{dt^2} \end{vmatrix} \quad \text{u. s. w.}$$

zum Vorschein kommen. Es ergiebt sich

$$(2) \qquad \begin{cases} y\frac{d^2z}{dt^2} - z\frac{d^2y}{dt^2} = yZ - zY \\ z\frac{d^2x}{dt^2} - x\frac{d^2z}{dt^2} = zX - xZ \\ x\frac{d^2y}{dt^2} - y\frac{d^2x}{dt^2} = xY - yX. \end{cases}$$

Hier ist nun zu bemerken, dass die Grössen links vollständige Differentialquotienten sind. Die erste ist

$$\frac{d}{dt}\left(y\frac{dz}{dt} - z\frac{dy}{dt}\right) \quad \text{u. s. w.}$$

Die Grössen rechts dagegen sind die Coordinaten M_x, M_y, M_z des Moments von $\dot{u}$ in Bezug auf den Anfangspunkt; $yZ - zY$ ist das Moment von $\dot{u}$ in Bezug auf die x-Axe u. s. w.

Es kann nun vorkommen, dass diese Momente eine, zwei, oder drei der Gleichungen

$$(3) \qquad \begin{cases} M_x = yZ - zY = 0 \\ M_y = zX - xZ = 0 \\ M_z = xY - yX = 0 \end{cases}$$

erfüllen. $M_x(\dot{u})$ ist gleich Null 1) wenn Z und Y beide gleich Null sind. In dem Fall ist in der yz-Projection der Bewegung gar keine Beschleunigung vorhanden, wir lassen ihn also als schon erledigt bei Seite. 2) ist $M_x(\dot{u})$ gleich Null, wenn die Beschleunigung $\dot{u}$ durch die x-Axe geht. Dann ist also gemäss der obigen Bemerkung

$$\frac{d}{dt}\left(y\frac{dz}{dt} - z\frac{dy}{dt}\right) = 0,$$

also durch Integration

$$(4) \qquad y\frac{dz}{dt} - z\frac{dy}{dt} = D_1$$

wo D_1 eine Constante. Nun ist aber $y\frac{dz}{dt} - z\frac{dy}{dt}$, oder $yv_z - zv_x$ wieder nichts anderes als das Moment der Geschwindigkeit in Bezug auf die x-Axe, oder was dasselbe sagt, das Moment der auf die yz-Ebene projicirten Geschwindigkeit von μ, genommen in Bezug auf O. Demgemäss haben wir den Satz:

Ist das Moment der Beschleunigung in Bezug auf die x-Axe gleich Null (geht die Beschleunigung durch die x-Axe), so ist das Moment der Geschwindigkeit in Bezug auf die x-Axe constant.

Dieser Satz lässt sich noch um einen Schritt erweitern. Wir bringen irgendwo eine Ebene E an, welche die x-Axe schneidet, und projiciren die Bewegung von μ auf E vermittelst projicirender Linien, welche parallel der x-Axe sind; macht dann E mit der yz-Ebene den Winkel ϑ, und nennen wir $M_\varepsilon(v)$ das Moment der Geschwindigkeit in dieser Projection, so ist $M_x(v)$ die x-Coordinate von $M_\varepsilon(v)$, also $M_\varepsilon(v).\cos\vartheta = M_x(v)$. Daraus folgt, dass, wenn $M_x(v)$ constant ist, auch $M_\varepsilon(v)$ constant ist. Wir haben also den Satz:

I. Geht die Beschleunigung durch eine feste Linie Ox, und projiciren wir die Bewegung von μ vermittels projicirender Linien, die mit Ox parallel sind, auf irgend eine Ebene, so ist in dieser Projection das Moment der Geschwindigkeit, genommen in Bezug auf den Durchschnittspunkt von Ox mit der Ebene, constant.

Da das Moment der Geschwindigkeit die doppelte Sectorengeschwindigkeit ist, so ist der folgende Satz nur eine andere Form des vorhergehenden:

II. Geht die Beschleunigung durch eine feste Linie Ox und projiciren wir die Bewegung von μ vermittels projicirender Linien, die mit Ox parallel sind, auf irgend eine Ebene, so beschreibt in dieser Ebene der Radiusvector in gleichen Zeiten gleiche Räume.

Der Radiusvector ist dabei selbstverständlich auf die Axe Ox resp. auf den Punkt O, in welchem sie die Ebene schneidet, zu beziehen.

Das Vorstehende ist das Princip der Flächen oder das Princip der Momente, wie es mit demselben Recht heisst. Ist von den

Gleichungen (3) ausser der ersten auch noch die zweite erfüllt, so geht die Beschleunigung durch die x- und durch die y-Axe, also durch den Anfangspunkt, also auch durch die dritte Axe, und die dritte Gleichung (3) muss auch erfüllt sein. Das findet sich auch direct, indem man die erste mit x, die zweite mit y multiplicirt und subtrahirt; es ergiebt sich die dritte. Der Fall, dass alle drei Gleichungen erfüllt sind, ist also nicht selbständig, sondern durch den Fall, dass zwei erfüllt sind, schon gegeben. In diesem Fall findet nun der Satz I. oder II. auf alle drei Coordinaten Anwendung, und ergiebt durch Zusammensetzung der Momente, bezw. der Sectorengeschwindigkeiten:

Ia) Geht die Beschleunigung durch einen festen Punkt O, so ist das Moment der Geschwindigkeit in Bezug auf diesen Punkt constant; und

IIa) Geht die Beschleunigung durch einen festen Punkt O, so beschreibt der Radiusvector $O\mu$ in gleichen Zeiten gleiche Räume.

Wir haben dann die drei Gleichungen

$$(5)\qquad \begin{cases} 2\dfrac{dS_x}{dt} = M_x(v) = y\dfrac{dz}{dt} - z\dfrac{dy}{dt} = D_1 \\ 2\dfrac{dS_y}{dt} = M_y(v) = z\dfrac{dx}{dt} - x\dfrac{dz}{dt} = D_2 \\ 2\dfrac{dS_z}{dt} = M_z(v) = x\dfrac{dy}{dt} - y\dfrac{dx}{dt} = D_3 . \end{cases}$$

Jede derselben enthält nur erste Differentialcoefficienten der Coordinaten von μ, stellt also ein erstes Integral zu (2), und somit zu (1) dar. Sie lassen sich nun auch unmittelbar weiter integriren und ergeben, wenn S_x, S_y, S_z die Sectoren in den drei Projectionen der Bewegung auf die drei Coordinatenebenen sind, der Reihe nach

$$(6)\qquad \begin{cases} S_x = \frac{1}{2} D_1 t + \text{const.} \\ S_y = \frac{1}{2} D_2 t + \text{const.} \\ S_z = \frac{1}{2} D_3 t + \text{const.} \end{cases}$$

Im Falle alle drei erfüllt sind, ist zugleich für den in der Ebene der Bewegung gemessenen Sector dS, wenn $D = \sqrt{D_1^2 + D_2^2 + D_3^2}$

$$(7)\qquad 2\frac{dS}{dt} = D;$$

also, wenn unter S der windschiefe Sector der endlichen Bewegung verstanden wird,

$$(8) \qquad S = \tfrac{1}{2}Dt + \text{const.}$$

Somit hat man die vollständigen zweiten Integrale von (1).

Anm. Die Bedeutung der Gleichungen (2) ist damit indessen noch nicht erschöpft. $yZ - zY$ könnte nämlich ein genauer Differentialquotient nach der Zeit sein, ohne gerade den Werth Null zu haben. In dem Fall ist nach der zu Gl. (2) gemachten Bemerkung

$$y\frac{dz}{dt} - z\frac{dy}{dt} = \int (yZ - zY)\,dt$$

d. h. das Moment der Geschwindigkeit in irgend einer Coordinatenebene ist die Integralfunction des Moments der Beschleunigung in derselben Ebene, und der Satz findet Anwendung, wenn das Moment der Beschleunigung sich in integrabler Form darstellt. Er wäre die allgemeinste Gestalt des Princips der Momente, ist aber in dieser Allgemeinheit noch wenig brauchbar geworden, weil ausser dem Specialfall $yZ - zY = 0$ wenig integrable Gestalten von $(yZ - zY)dt$ in der Natur bekannt sind. Einer der seltenen Fälle dieser Art kommt bei der Relativbewegung eines Punktes auf der bewegten Erde vor.

C. Bewegung eines freien Punkts.

56. Ein materieller Punkt heisst frei, wenn die Resultante aller an ihm thätigen Kräfte explicite gegeben ist, oder, was dasselbe sagt, wenn die Componenten der an ihm wirkenden Kräfte sämmtlich explicite gegeben sind. Zerfällt dann die Resultante in die drei Componenten Ξ, H, Z, so sind die Gleichungen der Bewegung:

$$\mu\frac{d^2x}{dt^2} = \Xi,$$

$$\mu\frac{d^2y}{dt^2} = H,$$

$$\mu\frac{d^2z}{dt^2} = Z,$$

unmittelbar anwendbar, und die Aufgabe besteht darin, sie zu integriren. Dazu dienen die im Vorhergehenden entwickelten Principien.

Concrete Fälle.

57. Wurfbewegung. Ein schwerer Körper verlasse seine Anfangslage zur Zeit Null mit der Geschwindigkeit v_0, und vom Augenblick Null an sei nur die Schwere an ihm thätig. Wie bewegt er sich?

Wir nehmen die Anfangslage von μ zum Coordinatenanfang (erste Anfangsbedingung: für $t = 0$ ist $x_0 = y_0 = z_0 = 0$), projiciren v_0 auf die Horizontalebene durch μ_0, legen die x-Axe in die Projection, die y-Axe senkrecht nach oben, die z-Axe senkrecht zu beiden. v_0 zerfällt dann in eine Componente $\frac{dx_0}{dt}$, welche, wenn v_0 mit dem Horizont den Winkel α macht, $= v_0 \cos\alpha$ ist, wofür wir a schreiben, und eine Verticalcomponente $\frac{dy_0}{dt} = v_0 \sin\alpha = b$. Die Gleichungen der Bewegung sind

$$(1) \qquad \frac{d^2x}{dt^2} = 0, \quad \mu \frac{d^2y}{dt^2} = -\mu g, \quad \frac{d^2z}{dt^2} = 0$$

mit der zweiten Anfangsbedingung $\frac{dx_0}{dt} = a$, $\frac{dy_0}{dt} = b$, $\frac{dz_0}{dt} = 0$.

Die Integration von (1) giebt unmittelbar

$$(2) \qquad \frac{dx}{dt} = \text{const.}, \quad \frac{dy}{dt} = -gt + \text{const.}, \quad \frac{dz}{dt} = \text{const.}$$

und mit den Anfangsbedingungen $\frac{dx_0}{dt} = a$ etc.

$$(3) \qquad \frac{dx}{dt} = a, \quad \frac{dy}{dt} = -gt + b, \quad \frac{dz}{dt} = 0.$$

Durch weitere Integration mit Berücksichtigung der anderen Anfangsbedingung wird

$$(4) \qquad x = at, \quad y = -\tfrac{1}{2}gt^2 + bt, \quad z = 0.$$

Quadrirt man die Gleichungen (3), addirt sie und substituirt v_0^2 für $a^2 + b^2$, sowie $-2gy$ für $-2bgt + g^2t^2$, so wird

$$(5) \qquad \tfrac{1}{2}v^2 - \tfrac{1}{2}v_0^2 = -gy$$

d. i. die Gleichung der lebendigen Kraft für unseren Fall. Dieselbe hätte sich direct aus der Bemerkung ergeben, dass die Kraft $-\mu g$ die Beschleunigungsfunction gy hat (**53.**, 13), also $\Delta(\tfrac{1}{2}v^2) = -gy$.

Die Gleichungen (3) und (4) sagen aus: die Bewegung geht in der die Anfangsgeschwindigkeit enthaltenden Verticalebene vor sich. Ihre Horizontalprojection ist geradlinig und gleichförmig mit der Geschwindigkeit $a = v_0 \cos\alpha$; ihre Projection auf die y-Axe verhält sich gerade so, wie die Bewegung eines schweren Punkts, der mit der Anfangsgeschwindigkeit $b = v_0 \sin\alpha$ vertical geworfen wird. (Setzt man $a = 0$, so ziehen sich alle Resultate auf die von **30.** Fall 1 zurück.) y hat ein Maximum in $\frac{dy}{dt} = 0$, also für $t_m = \frac{b}{g}$. Dort ist $x_m = \frac{ab}{g}$, $y_m = \frac{b^2}{2g}$. Ist $\sin\alpha$ negativ, der Wurf nach unten gerichtet, so ist auch b und damit t_m negativ, in dem Zeitraum, wo wir die Bewegung betrachten, von $t = 0$ bis $t = +t$, kommt also t_m nicht vor; die Bewegung geht immer abwärts. Ist $\sin\alpha$ positiv (Wurf aufwärts), so fällt t_m in die Zeit der Bewegung, das Maximum der Höhe wird also thatsächlich sichtbar. Das Princip der lebendigen Kraft gibt unmittelbar den Satz, dass die Geschwindigkeit in der Niveaufläche $y = h$ beim Ab- und Aufsteigen gleich gross ist. Die Bahn erhalten wir durch Elimination von t aus (4)

$$(6) \qquad y = -\frac{g}{2a^2}x^2 + \frac{b}{a}x$$

eine nach unten geöffnete Parabel. Nehmen wir den Punkt $x_m y_m$ zum Anfangspunkt neuer Coordinaten ξ, η, die den alten parallel sind, so ist $y = \eta + y_m$, $x = \xi + x_m$; die Substitution ergiebt

$$(7) \qquad \xi^2 = -\frac{2a^2}{g}\eta.$$

Der höchste Punkt der Bahn ist demnach der Scheitel der Parabel; ihr Parameter ist $\frac{2a^2}{g}$, die Directrix liegt um ein Viertel des Parameters über dem Scheitel, also in der Höhe $y = y_m + \frac{a^2}{2g} = \frac{b^2+a^2}{2g} = \frac{v_0^2}{2g}$ über dem Ausgangspunkt. $\frac{v_0^2}{2g}$ ist die Steighöhe eines Punkts, der, vertical nach oben geworfen, den Ausgangspunkt mit der Geschwindigkeit v_0 verlassen hätte. Nennen wir jetzt die Höhe der Directrix h und substituiren h für $\frac{v_0^2}{2g}$ in Gl. (5), so kommt

$$(8) \qquad \tfrac{1}{2}v^2 = g(h-y)$$

d. h. μ hat jederzeit dieselbe Geschwindigkeit, als wäre es aus der Höhe der Directrix in seine augenblickliche Lage hinabgefallen.

$2x_m = \frac{2ab}{g}$ ist die Wurfweite, d. h. die Abscisse des Punkts, in dem μ zum zweiten Mal die Horizontale (x-Axe) trifft. $\frac{2b}{g}$ ist die Flugzeit, die Zeit, welche vergeht, bis $x = 2x_m$ ist.

Wir untersuchen nun die Variationen, welche im Vorstehenden eintreten, wenn v_0 seine Richtung oder seine Grösse ändert, und schreiben zu dem Zwecke für a und b wieder $v_0 \cos\alpha$ und $v_0 \sin\alpha$, wo α der Elevationswinkel.

a) Es ändere sich α bei constantem v_0. Die Flugzeit ist $\frac{2v_0}{g}\sin\alpha$, also proportional mit $\sin\alpha$. Sie hat ein Maximum für $\cos\alpha = 0$, also $\alpha = \frac{\pi}{2}$, und dasselbe ist $\frac{2v_0}{g}$.

Die Wurfweite ist $\frac{2ab}{g} = \frac{v_0^2}{g}\sin 2\alpha$. Sie wird ein Maximum für $2\alpha = \frac{\pi}{2}$, also $\alpha = \frac{\pi}{4}$. Da $\sin\alpha\cos\alpha = \sin\left(\frac{\pi}{2}-\alpha\right)\cos\left(\frac{\pi}{2}-\alpha\right)$, wird die Wurfweite dieselbe für α und $\frac{\pi}{2}-\alpha$, also für zwei Elevationen, die sich zu $\frac{\pi}{2}$ ergänzen. Wir werfen die Frage auf: unter welchem Elevationswinkel muss der Wurf erfolgen, damit ein bestimmter Punkt P erreicht werde? 1) liegt P in der Horizontalebene xz, so ist er bestimmt durch $x = p$; die Gleichung für die Wurfweite giebt also

$$(9) \qquad \frac{v_0^2}{g}\sin 2\alpha = p.$$

Daraus

$$(10) \qquad \alpha = \tfrac{1}{2}\arcsin\frac{pg}{v_0^2}.$$

Die Lösung ist zweideutig, da arcsin zwei Werthe hat; ist einer der gesuchten

Winkel α_1, so ist der andere $\frac{\pi}{4}-\alpha_1$. Der Punkt P kann also im allgemeinen auf zwei Wegen erreicht werden, von denen der eine steiler, der andere flacher ist; die Elevationswinkel beider weichen um gleich viel nach oben und unten von 45^0 ab. Ist $\frac{pg}{v_0^2}$ gerade $= 1$, so fallen beide Lösungen zusammen in $\alpha = 45^0$. Für $\frac{pg}{v_0^2} > 1$ wird P nicht erreicht. 2) Der zu treffende Punkt liege nicht in der x-Axe. Er hat dann die Coordinaten ξ, η, und wird erreicht, wenn diese der Gleichung der Flugbahn genügen. Das giebt die Bedingung

$$(11) \qquad \eta = -\frac{g}{2}\,\frac{\xi^2}{v_0^2\cos^2\alpha} + \xi\frac{\sin\alpha}{\cos\alpha}.$$

Setzen wir für $\cos^2\alpha$ seinen Werth $\frac{1}{1+\mathrm{tang}\,\alpha^2}$ und schreiben h statt $\frac{v_0^2}{2g}$, wo h wieder die Höhe der Directrix, so formt sich die Gleichung um in

$$(12) \qquad \xi^2(1+\mathrm{tang}^2\alpha)+4h\eta-4h\xi\,\mathrm{tang}\,\alpha = 0.$$

Dies liefert

$$(13) \qquad \mathrm{tang}\,\alpha = \frac{1}{\xi}(2h \pm \sqrt{4h(h-\eta)-\xi^2}.$$

Der Punkt ξ, η wird auf zwei Wegen erreicht, so lange der Ausdruck unter der Wurzel positiv ist; wird er negativ, so kann μ nicht mehr nach ξ, η gelangen; die äussersten Lagen, für die ξ, η erreichbar bleibt, sind die Punkte

$$(14) \qquad 4h(h-\eta)-\xi^2 = 0.$$

Diese liegen also auf einer Parabel. Verlegen wir den Coordinatenanfang um h nach oben, so ist $\eta+h$ statt η zu schreiben; die Gleichung der Gränzparabel heisst dann

$$(14) \qquad -4h\eta = \xi^2.$$

Ihr Parameter ist $-4h$, ihr Brennpunkt liegt in $\eta = -h$, also im Ausgangspunkt von μ, ihr Scheitel berührt die Directrix $y = h$ der einzelnen Parabeln, welche μ beschreiben kann.

Da in der Gleichung dieser Directrix α nicht vorkommt, haben alle möglichen Parabeln, die μ mit der constanten Anfangsgeschwindigkeit v_0 beschreiben kann, dieselbe Directrix. Nach dem bekannten Satz, dass der Brennpunkt einer Parabel von jedem Punkt der Curve soweit absteht, wie die Directrix, liegen die Brennpunkte aller von μ beschriebenen Parabeln auf einem Kreise vom Radius $h = \frac{v_0^2}{2g}$ um $x = 0$, $y = 0$ als Mittelpunkt. Die Scheitel sämmtlicher Parabeln unterliegen den Gleichungen $y_m = \frac{v_0^2\sin\alpha^2}{2g} = h\sin\alpha^2$, $x_m = 2h\sin\alpha\cos\alpha$. Setzt man darin $\sin\alpha^2 = \frac{1}{2}(1-\cos 2\alpha)$, $\sin\alpha\cos\alpha = \frac{1}{2}\sin 2\alpha$ und eliminirt 2α, so kommt

$$(15) \qquad \left(\frac{x_m}{h}\right)^2 + \frac{(y_m-\frac{1}{2}h)^2}{(\frac{1}{2}h)^2} = 1,$$

die Gleichung einer Ellipse mit den Halbachsen h (horizontal) und $\frac{1}{2}h$ (vert.), deren Mittelpunkt in $y = \frac{1}{2}h$ liegt. Sie geht demnach durch den Ausgangspunkt und berührt die Directrix: ihre Scheitel an den Enden der horizontalen Axe entsprechen den Würfen mit maximaler Wurfweite $\alpha = 45^0$ und 135^0.

Sämmtliche Parabeln haben eine Enveloppe. Ist $f(x, y, \alpha) = 0$ die Gleichung einer von ihnen, und lassen wir α um $d\alpha$ wachsen, so ist $f(x, y, \alpha + d\alpha) = 0$ die Gleichung der nächstfolgenden. Der Punkt, der beiden Parabeln gemein ist, befriedigt also beide vorstehenden Gleichungen, oder, was dasselbe sagt, er befriedigt die Gleichungen $f(x, y, \alpha) = 0$ und $\frac{d}{d\alpha}[f(x, y, \alpha)] = 0$. Eliminirt man zwischen diesen α, so erhält man die Beziehung zwischen alle den Punkten, in welchen sich zwei aufeinanderfolgende Curven schneiden, d. i. die Gleichung der Enveloppe. Wir schreiben die Gleichung der Parabel, welche μ zurücklegt, in Form von Gl. (12)

$$x^2(1+\tan\alpha^2)+4hy-4hx\tan\alpha = 0. \quad (16)$$

Dann ist ihre Differentialgleichung nach α

$$2x^2\tan\alpha - 4hx = 0, \quad (17)$$

woraus durch Elimination von α zwischen (16) und (17)

$$4h(h-y) = x^2, \quad (18)$$

d. i. die Gränzparabel (14).

Denken wir uns, dass vom Punkte $x = 0$, $y = 0$ Kugeln oder Wassertropfen gleichmässig unter allen möglichen Winkeln gegen den Horizont ausgeworfen werden, und dass die Ebene, in welcher das Auswerfen statt findet, sich dabei um die Verticale dreht, so haben wir den Fall einer idealen Kugelspritze oder Fontaine. Das Rotationsparaboloid, dessen Meridiancurve die Gränzparabel ist, hüllt sämmtliche Flugbahnen ein, ist also die äussere Gestalt des Phänomens.

Wir werfen die Frage auf, wie dicht die ausgeworfenen Punkte μ auf dem Boden einschlagen, wenn durch jedes Winkelelement $d\alpha$ gleich viele ausgeschleudert werden. Die Wurfweite für den Winkel α ist $2h\sin 2\alpha$; wächst also α um $d\alpha$, so wächst sie um $4h\cos 2\alpha\, d\alpha$; die Punkte μ, welche aus dem Winkelraum $d\alpha$ herkommen, vertheilen sich auf die Strecke $4h\cos 2\alpha\, d\alpha$ der x-Axe. Die Dichtigkeit ihres Einschlagens, d. h. die Anzahl, welche auf die Längeneinheit von x an der betreffenden Stelle kommt, ist demnach $\frac{D}{\cos 2\alpha}$, wo D eine Constante, die von h und von der Zahl der ausgesandten Punkte abhängt. Der absolute Werth dieser Grösse hat ein Maximum, wo der absolute Werth von $\cos 2\alpha$ ein Minimum hat, und umgekehrt. Das Maximum tritt ein für $\alpha = \frac{\pi}{4}$, das Minimum für $\alpha = 0$ oder $\frac{\pi}{2}$. Die Dichtigkeit des Einschlagens hat also ihr Maximum am Rande des bestrichenen Gebiets, ihr Minimum in der Mitte, und die Wahrscheinlichkeit, dass die Strecke dx von einer einschlagenden Kugel getroffen werde, ist am Rande unendlich viel grösser als in der Mitte. (Form eines Explosionskraters!)

Wir fragen endlich noch: wo befinden sich zur Zeit t die Punkte, welche zur Zeit Null mit gleicher Geschwindigkeit nach allen möglichen Richtungen vom Anfangspunkt ausgingen? In der xy-Ebene hat einer von ihnen die Coordinaten $x = v_0\cos\alpha t$, $y = -\frac{1}{2}gt^2 + v_0\sin\alpha t$. Eliminiren wir daraus α, so findet sich

$$x^2+(y+\tfrac{1}{2}gt^2)^2 = v_0^2t^2,$$

die Gleichung eines Kreises vom Radius v_0t, dessen Mittelpunkt in $x = 0$, $y = -\frac{1}{2}gt^2$ liegt. Der Radius wächst mit der Geschwindigkeit v_0, der Mittelpunkt sinkt genau so, wie ein schwerer Punkt, der zur Zeit Null vom Anfangspunkte aus fällt. Lässt man die xy-Ebene sich um die y-Axe drehen, so erhält man das Phänomen im Raum: dort liegen alle Punkte, die zur Zeit Null vom Anfangspunkt ausgingen, auf einer Kugel, deren Radius fortwährend wächst, und deren Mittelpunkt dabei, vom Anfangspunkt ausgehend, wie ein schwerer Punkt hinabfällt.

2. Es sei jetzt α constant und v_0 veränderlich. Dann lässt sich eine der vorigen parallele Untersuchung führen. Die Wurfweite $\frac{v_0^2}{g}\sin 2\alpha$ wächst mit dem Quadrat von v_0. Die Punkte ξ, η, welche bei einem gegebenen Elevationswinkel noch erreicht werden können, liegen auf einer Geraden, die Scheitel aller von μ beschriebenen Curven liegen auf einer Geraden, die Brennpunkte gleichfalls u. s. w. Der Leser stelle die Gleichungen selbst her.

58. Das ballistische Problem. Ein schwerer Punkt μ wird unter dem Elevationswinkel α und mit der Anfangsgeschwindigkeit v_0 im widerstehenden Mittel geworfen; welches wird seine Bewegung?

Wir nehmen zunächst wie in **30.**, 2 an, der Widerstand der Luft sei proportional dem Quadrat der Geschwindigkeit, die widerstehende Kraft gleich $\mu\frac{v^2}{k^2}g$. Den Ausgangspunkt von μ nehmen wir zum Anfangspunkt; die x-Axe des Coordinatensystems falle in die Horizontalprojection der Anfangsgeschwindigkeit, die y-Axe stehe vertical, die z-Axe senkrecht zu beiden. Man sieht leicht, dass $Z = 0$, $\frac{dz_0}{dt} = 0$, $z_0 = 0$, also die Bewegung in der xy-Ebene stattfindet. Die Anfangsbedingungen sind dann $v_x = v_0\cos\alpha$, $v_y = v_0\sin\alpha$, $x = 0$, $y = 0$. Die Beschleunigungen werden

$$(1)\quad \frac{d^2x}{dt^2} = -g\frac{v^2}{k^2}\frac{dx}{ds} \qquad (2)\quad \frac{d^2y}{dt^2} = -g\frac{v^2}{k^2}\frac{dy}{ds} - g.$$

Setzen wir $\frac{dy}{dx} = p$, also $\frac{dy}{dt} = p\frac{dx}{dt}$, woraus $\frac{d^2y}{dt^2} = p\frac{d^2x}{dt^2} + \frac{dx}{dt}\frac{dp}{dt}$, so wird aus (2) wegen $\frac{dy}{ds} = \frac{dy}{dx}\cdot\frac{dx}{ds}$

$$(3)\quad p\left(\frac{d^2x}{dt^2} + g\frac{v^2}{k^2}\frac{dx}{ds}\right) + \frac{dx}{dt}\frac{dp}{dt} = -g.$$

Hierin ist nach (1) der erste Posten Null, also

$$(4)\quad \frac{dx}{dt}\cdot\frac{dp}{dt} = -g.$$

Setzen wir nun in Gl. (1) $\frac{ds}{dt}$ statt v, so kommt

$$(5)\quad \frac{d^2x}{dt^2} = -\frac{g}{k^2}\frac{dx}{dt}\frac{ds}{dt} \text{ oder}$$

$$(6)\quad \frac{\frac{d^2x}{dt^2}}{\frac{dx}{dt}} = -\frac{g}{k^2}\frac{ds}{dt},$$

woraus durch Integration

$$(7)\qquad \log\left(\frac{dx}{dt}\right) = -\frac{g}{k^2}s + \text{const.}$$

für $s = 0$ ist $\frac{dx}{dt} = v_0 \cos\alpha$; dies giebt für die Constante den Werth $\log(v_0 \cos\alpha)$, also

$$(8)\qquad \frac{dx}{dt} = v_0 \cos\alpha\, e^{-\frac{g}{k^2}s}$$

und aus (4)

$$(9)\qquad \frac{dp}{dt} = -\frac{g}{v_0 \cos\alpha} e^{+\frac{g}{k^2}s}$$

oder da $\frac{dp}{dt} = \frac{dp}{dx} \cdot \frac{dx}{dt}$,

$$(10)\qquad \frac{dp}{dx} = -\frac{g}{v_0^2 \cos\alpha^2} e^{\frac{2g}{k^2}s}.$$

Gl. (8) zeigt, dass die horizontale Componente der Geschwindigkeit sich immer mehr der Null nähert, die Bewegung nähert sich also immer mehr der rein verticalen: der absteigende Ast der Bahn hat eine verticale Asymptote. Dasselbe wird dadurch ausgedrückt, dass $\frac{dp}{dt}$ mit wachsender Zeit dem Werth $-\infty$ zustrebt. Gl. (10) wird integrabel durch die Bemerkung, dass $dx\sqrt{1+p^2} = ds$ ist. Multiplicirt man (10) mit dieser Identität, so kommt

$$(11)\qquad dp\sqrt{1+p^2} = -\frac{g}{v_0^2 \cos\alpha^2} e^{\frac{2g}{k^2}s} . ds,$$

deren Integral lautet

$$(12)\qquad C - p\sqrt{1+p^2} - \log(p + \sqrt{1+p^2}) = \frac{k^2}{v_0^2 \cos\alpha^2} e^{\frac{2g}{k^2}s}$$

Die Constante bestimmt sich aus der Anfangsbedingung, dass für $s = 0$ $p = \operatorname{tang}\alpha$ ist, also

$$C = \operatorname{tang}\alpha \sqrt{1+\operatorname{tang}\alpha^2} + \log(\operatorname{tang}\alpha + \sqrt{1+\operatorname{tang}\alpha^2}) + \frac{k^2}{v_0^2 \cos\alpha^2}.$$

Wir schreiben abgekürzt C für dieselbe, und setzen zu fernerer Abkürzung $p\sqrt{1+p^2} + \log(p + \sqrt{1+p^2}) = P$. Dann lautet (12)

$$(13)\qquad e^{\frac{2g}{k^2}s} = \frac{v_0^2 \cos\alpha^2}{k^2}(C - P).$$

Aus (13) und (10) eliminiren wir s, finden dann dx und $dy = p\,dx$, und dt aus (4) in der Form $\left(\frac{dt}{dx}\right)^2 = -\frac{1}{g}\frac{dp}{dx}$; so erhalten wir

$$(14)\qquad dx = -\frac{k^2}{g}(C-P)^{-1} dp,$$

$$(15)\qquad dy = -\frac{k^2}{g} p (C-P)^{-1} dp,$$

$$(16)\qquad dt = -\frac{k}{g}(C-P)^{-\frac{1}{2}} dp.$$

Durch (14), (15), (16) ist die Bestimmung von x, y, t auf blosse Quadraturen zurückgeführt. Dieselben liefern

$$(17)\quad \begin{cases} x = \dfrac{k^2}{g}\displaystyle\int_p^{p_0}(C-P)^{-1}\,dp, \quad y = \dfrac{k^2}{g}\displaystyle\int_p^{p_0}(C-P)^{-1}p\,dp, \\ t = \dfrac{k}{g}\displaystyle\int_p^{p_0}(C-P)^{-\frac{1}{2}}\,dp, \end{cases}$$

p_0 ist der Anfangswerth von p, also $\operatorname{tang}\alpha$. Die Coordinaten des Scheitels finden sich, indem man die untere Integrationsgränze $p = 0$ setzt. Die Wurfweite wird gefunden, indem man in der zweiten Gleichung den Werth von p sucht, für welchen $y = 0$ wird und diesen Werth p_1 in der ersten als untere Integrationsgränze einsetzt. Die Abscisse der verticalen Asymptote findet sich, indem man in dem Integral für x als untere Integrationsgränze $p = \infty$ nimmt. Die Geschwindigkeit lässt sich aus (12), (13), (14) sofort in endlicher Form darstellen. Die Gleichung $\left(\frac{dx}{dt}\right)^2 + \left(\frac{dy}{dt}\right)^2 = \left(\frac{ds}{dt}\right)^2$ liefert

$$(18)\qquad v^2 = k^2(1+p^2)(C-P)^{-1}.$$

Für $p = -\infty$ ist der Gränzwerth dieses Ausdrucks k^2, also der Gränzwerth der Geschwindigkeit derselbe wie in **80.** Nimmt man negative Werthe von t und s an, so gelten die obigen Gleichungen für die Rückverlängerung des aufsteigenden Curvenastes. Gl. (13) zeigt dann, dass für $s = -\infty$ der Werth von P sich der Gränze C nähert. Also nähert sich auch p einer endlichen Gränze, d. h. der negative Theil der Bahn hat eine gegen die x-Axe geneigte Asymptote.

Ist der Elevationswinkel α sehr klein, so erhebt sich μ nur wenig über die x-Axe; wir können dann angenähert $s = x$ und $ds = dx$ setzen. Dann wird (10)

$$(19)\qquad \frac{dp}{dx} = -\frac{g}{v_0^2\cos\alpha^2}\,e^{\frac{2g}{k^2}x},$$

$$(20)\qquad p = \frac{dy}{dx} = -\frac{k^2}{2v_0^2\cos\alpha^2}\,e^{\frac{2g}{k^2}x} + C$$

wo, da für $x = 0$ $p = \operatorname{tang}\alpha$, die Constante

$$(21)\qquad C = \operatorname{tang}\alpha + \frac{k^2}{2v_0^2\cos\alpha^2},$$

also

$$(22)\qquad \frac{dy}{dx} = \operatorname{tang}\alpha + \frac{k^2}{2v_0^2\cos\alpha^2}\left(1 - e^{\frac{2g}{k^2}x}\right)$$

und daraus mit der Anfangsbedingung $y = 0$, $x = 0$

$$(23)\qquad y = x\operatorname{tang}\alpha + \frac{k^2}{2v_0^2\cos\alpha^2}\left(x - \frac{k^2}{2g}e^{\frac{2g}{k^2}x} + \frac{k^2}{2g}\right).$$

Die Coordinaten des Scheitels finden sich aus (22) mit $p = 0$, die Wurfweite aus (23) mit $y = 0$. Für dt findet sich aus (8), indem man x für s setzt,

$$(24)\qquad dt = \frac{e^{\frac{g}{k^2}x}}{v_0\cos\alpha}\,dx,$$

woraus mit der Anfangsbedingung $x = 0$ für $t = 0$

$$(25) \qquad t = \frac{k^2}{g}\,\frac{e^{\frac{g}{k^2}x} - 1}{v_0 \cos\alpha}.$$

Legendre und Jacobi haben gezeigt, wie das ballistische Problem zu lösen sei, wenn wir die allgemeinere Voraussetzung zu Grunde legen, dass der Widerstand des Mittels $a + bv^n$ sei.

Coordinaten und Anfangsbedingungen wie vorhin. Dann sind die Beschleunigungscomponenten

$$(26) \qquad X = -(a + bv^n)\frac{dx}{ds}, \qquad (27) \qquad Y = -(a+bv^n)\frac{dy}{ds} - g.$$

Da $\frac{dx}{dt} = \frac{dx}{ds}\cdot\frac{ds}{dt}$, liefert dies

$$(28) \qquad \frac{d^2x}{dt^2} = -\frac{a+bv^n}{v}\frac{dx}{dt}, \qquad (29) \qquad \frac{d^2y}{dt^2} = -\frac{a+bv^n}{v}\frac{dy}{dt} - g.$$

Wir multipliciren (28) mit $\frac{dy}{dt}$, (29) mit $\frac{dx}{dt}$ und subtrahiren, so kommt

$$(30) \qquad \frac{dx}{dt}\frac{d^2y}{dt^2} - \frac{dy}{dt}\frac{d^2x}{dt^2} = -g\frac{dx}{dt}$$

und, wenn für das $\frac{dx}{dt}$ rechts sein Werth aus Gl. (28) eingesetzt wird

$$(31) \qquad (a+bv^n)\left(\frac{dx}{dt}\frac{d^2y}{dt^2} - \frac{dy}{dt}\frac{d^2x}{dt^2}\right) = gv\frac{d^2x}{dt^2}.$$

Wir führen nun als neue Variable den Winkel η ein, welchen das Bahnelement mit der x-Axe bildet. Es ist

$$v\cos\eta = \frac{dx}{dt}, \quad v\sin\eta = \frac{dy}{dt}, \text{ also } \frac{d^2x}{dt^2} = \cos\eta\frac{dv}{dt} - v\sin\eta\frac{d\eta}{dt},$$

und $\frac{d^2y}{dt^2} = v\cos\eta\frac{d\eta}{dt} + \sin\eta\frac{dv}{dt}$. Die Substitution ergiebt

$$(a+bv^n)v^2\frac{d\eta}{dt} = gv\left(\frac{dv}{dt}\cos\eta - v\sin\eta\frac{d\eta}{dt}\right)$$

oder

$$(32) \qquad g\cos\eta v^{-(n+1)}dv - (a + g\sin\eta)v^{-n}d\eta = bd\eta.$$

Diese Gleichung ist zu integriren, was geschehen kann, wenn wir einen integrirenden Factor K für sie finden. Die rechte Seite enthält kein v, die linke hat zwei Glieder, deren eines $v^{-(n+1)}$ das andere v^{-n} enthält; dies führt auf die Vermuthung, dass ihr vollständiges Integral ein Product von der Form Mv^{-n} sein wird, wo M eine Function von η. Wir setzen also versuchsweise das Integral der mit K multiplicirten linken Seite gleich Mv^{-n}; dann ist das Differential $v^{-n}dM - Mnv^{-(n+1)}$, also muss

$$(33) \qquad -dM = (a + g\sin\eta)Kd\eta$$

$$(34) \qquad -Mn = g\cos\eta . K$$

sein; das giebt

$$(35)\qquad \frac{dM}{M} = n\frac{a+g\sin\eta}{g\cos\eta}\,d\eta = n\frac{a}{g}\,\frac{d\eta}{\cos\eta} + n\frac{\sin\eta}{\cos\eta}\,d\eta,$$

$$(36)\qquad \log M = \frac{na}{g}\log\operatorname{tang}(\tfrac{1}{4}\pi+\tfrac{1}{2}\eta) - n\log\cos\eta,$$

$$(37)\qquad M = \cos\eta^{-n}\,[\operatorname{tang}(\tfrac{1}{4}\pi+\tfrac{1}{2}\eta)]^{\frac{na}{g}}.$$

Nach (34) wird der Multiplicator

$$(38)\qquad K = -\frac{Mn}{g\cos\eta},$$

also das Integral von Gl. (32) $Mv^{-n} = \int Kb\,d\eta$ oder

$$(39)\qquad Mv^{-n} = -\frac{n}{g}\int\frac{bM\,d\eta}{\cos\eta}.$$

(Die Formel würde auch dann noch gelten, wenn b eine Function von η wäre. Selbst wenn a eine Function von η ist, lässt sich das Verfahren noch anwenden, nur nimmt dann die Integration von (35) eine allgemeinere Gestalt an und ergiebt $Mv^{-n} = \cos\eta^{-n}e^{\frac{g}{n}\int\frac{a}{\cos\eta}d\eta}$. Der Fall „$a$ und b sind Functionen von η" würde in einem anisotropen Mittel eintreten, z. B. in Luft, die von einem System vertical fortschreitender Schallwellen durchzogen ist.) Um nun das Problem weiter zu führen, setzen wir $\operatorname{tang}(\frac{1}{4}\pi+\frac{1}{2}\eta) = r$. Dann wird $\frac{1+\sin\eta}{1-\sin\eta} = r^2$, also $\sin\eta = \frac{r^2-1}{1+r^2}$, $\cos\eta = \frac{2r}{1+r^2}$, $\frac{d\eta}{\cos\eta} = \frac{dr}{r}$, und wenn wir abkürzend $\frac{a}{g} = c$ schreiben,

$$(40)\qquad M = 2^{-n}r^{n(c-1)}(1+r^2)^n,$$

$$(41)\qquad 2^n Mv^{-n} = -\frac{nb}{g}\int r^{n(c-1)}(1+r^2)^n\,\frac{dr}{r}.$$

Ist n eine ganze positive Zahl, so erhält man dies Integral in geschlossener Form, hat also v als Function von r, somit als Function von η ausgedrückt. Aus (30) und den Gleichungen $\frac{dx}{dt} = v\cos\eta$, $\frac{d\eta}{dt} = v\sin\eta$ folgt nun, wenn wir $a+bv^n$ mit ω bezeichnen,

$$(42)\qquad v\omega\,d\eta = g\frac{d^2x}{dt^2}\,dt,$$

aus (28)

$$(43)\qquad \frac{d^2x}{dt^2} = -\frac{\omega}{v}\,\frac{dx}{dt} = -\omega\cos\eta,$$

aus (42) und (43) $v\omega\,d\eta = -g\omega\cos\eta\,dt$ oder

$$(44)\qquad dt = -\frac{v}{g}\,\frac{d\eta}{\cos\eta} = -\frac{v}{g}\,\frac{dr}{r},$$

$$(45)\qquad dx = \frac{dx}{dt}\,dt = \frac{v^2}{g}\,d\eta = -\frac{2v^2\,dr}{g(1+r^2)}$$

$$(46)\qquad dy = \frac{dy}{dt}\,dt = -\frac{v^2}{g}\operatorname{tang}\eta\,d\eta = -\frac{v^2(r^2-1)}{gr(r^2+1)}\,dr.$$

Darin setze man den Ausdruck für v aus Gl. (41), so finden sich x, y, t durch blosse Quadraturen.

59. Centralbewegungen im Allgemeinen. Der Punkt μ bewege sich unter dem Einfluss einer Beschleunigung, die fortwährend durch ein festes Centrum O geht, und deren Grössenwerth eine Function des Radiusvectors $r \equiv O\mu$ ist. Welches sind die Gesetze seiner Bewegung?

Wir nehmen O zum Anfangspunkt rechtwinkliger Coordinaten, legen die xy-Ebene durch die Richtung der Anfangsgeschwindigkeit; dann fällt Beschleunigung, wie Anfangsgeschwindigkeit und Anfangslage in die xy-Ebene. Wir haben also in z die Gleichungen $Z = 0$, $\frac{dz_0}{dt} = 0$, $z_0 = 0$, d. h. $z = 0$; die ganze Bewegung geht in der xy-Ebene vor sich. In dieser sind $\frac{x}{r}$ und $\frac{y}{r}$ die Richtungscosinus des Radiusvectors. Die Beschleunigung $\dot{u}$ sei $\varphi(r)$, die Seitenbeschleunigungen also $X = \frac{x}{r}\varphi(r)$ und $Y = \frac{y}{r}\varphi(r)$. Es ist nun $\varphi(r)$ wesentlich negativ, wenn μ von O angezogen, positiv, wenn es abgestossen wird. Wir wollen den Fall der Anziehung behandeln; der der Abstossung erfordert bloss eine Umkehrung der Vorzeichen. Um hervortreten zu lassen, dass $\varphi(r)$ negativ ist, setzen wir $\varphi(r) = -f(r)$, wo nun $f(r)$ der absolute Werth der Anziehung ist, haben also, wenn wir abkürzend f statt $f(r)$ schreiben,

$$(1) \qquad \frac{d^2x}{dt^2} = -\frac{x}{r}f, \quad \frac{d^2y}{dt^2} = -\frac{y}{r}f.$$

Die Bewegung unterliegt dem Princip der Flächen und dem der lebendigen Kraft. Das erstere giebt unmittelbar

$$(2) \qquad x\frac{dy}{dt} - y\frac{dx}{dt} = C$$

oder, wenn $\frac{dS}{dt}$ die Sectorengeschwindigkeit

$$(3) \qquad 2\frac{dS}{dt} = C,$$

wo C der Anfangswerth der doppelten Sectorengeschwindigkeit ist. Nehmen wir O zum Anfangspunkt von Polarcoordinaten und nennen den Polarwinkel φ, so ist nach **14.** $2\frac{dS}{dt} = r^2\frac{d\varphi}{dt}$, also auch

$$(4) \qquad r^2 \frac{d\varphi}{dt} = C.$$

Fällt man von O ein Perpendikel auf die durch ds gelegte Tangente der Bahn, und nennt seine Länge δ, so ist $\delta \cdot \frac{ds}{dt}$ das Moment der Geschwindigkeit $\frac{ds}{dt}$ in Bezug auf O, also auch

$$(5) \qquad v . \delta = C.$$

Die Gleichungen (3), (4), (5) sind nur verschiedene Ausdrücke des Flächensatzes. (5) lässt sich auch in die Worte fassen: Die Geschwindigkeit ist dem Abstande ihrer Richtung vom Centrum umgekehrt proportional. Gl. (3) ergibt durch weitere Integration

$$(6) \qquad 2(S - S_0) = C(t - t_0).$$

Der Sector ist der Zeit proportional. Beschreibt der Punkt μ eine geschlossene Curve, so folgt, dass seine Bewegung periodisch ist; denn die ganze Fläche der Curve wird stets in derselben Zeit beschrieben.

Andererseits gilt nach **53.** das Princip der lebendigen Kraft, und die Beschleunigungsfunction ist für unsern Fall $V = \int f(r) dr$. Daraus folgt

$$(7) \qquad \tfrac{1}{2} v^2 - \tfrac{1}{2} v_0^2 + \int_{r_0}^{r} f(r) dr = 0$$

oder, in der Schreibart der unbestimmten Integration,

$$(8) \qquad \tfrac{1}{2} v^2 = -\int f(r) dr = -V + h,$$

wo h die Integrationsconstante $V_0 + \frac{1}{2} v_0^2$.

Zerlegen wir v in die beiden Componenten $\frac{dr}{dt}$ und $r \frac{d\varphi}{dt}$, so ergibt sich daraus

$$(9) \qquad \left(\frac{dr}{dt}\right)^2 + r^2 \left(\frac{d\varphi}{dt}\right)^2 = -2 \int f(r) dr.$$

Eliminiren wir daraus dt mit Hülfe von (4), so bleibt eine Gleichung zwischen r und φ, d. i. die Gleichung der Bahn

$$(10)\quad \begin{cases} 2(h-V) = -2\int f(r)dr = C^2\left(\frac{1}{r^2}+\frac{1}{r^4}\left(\frac{dr}{d\varphi}\right)^2\right) \\ \qquad = C^2\left[\frac{1}{r^2}+\left(\frac{d\frac{1}{r}}{d\varphi}\right)^2\right]. \end{cases}$$

Diese Gleichung bestimmt die Bahn, wenn die Form der Function f bekannt ist, und umgekehrt ergibt sie die Form von f, wenn die Bahn gegeben ist, indem man sie nach r differentiirt:

$$(11)\qquad f(r) = \frac{C^2}{r^2}\left(\frac{1}{r}+\frac{d^2\left(\frac{1}{r}\right)}{d\varphi^2}\right).$$

Es hängt von dén Umständen des concreten Falles ab, ob man es bequemer findet, diese Gleichung zu benutzen, oder (10) zu bilden und an ihr die Differentiation vorzunehmen.

Kennt man die Gleichung der Bahn, so kann man r als Function von φ (oder umgekehrt) darstellen, kann also auch die Sectoren durch r oder φ ausdrücken und hat dann in Gl. (6) die Lösung des Problems. Ohne Recurs auf den Sector gelingt dasselbe, wie folgt:

Wir haben

$$(4)\qquad r^2\frac{d\varphi}{dt} = C$$

und

$$(9)\qquad \left(\frac{dr}{dt}\right)^2 + r^2\left(\frac{d\varphi}{dt}\right)^2 = -2(V-h).$$

Multiplicirt man die letzte Gleichung mit r^2 und subtrahirt von ihr die quadrirte Gl. (4), so findet sich:

$$(12)\qquad r^2\left(\frac{dr}{dt}\right)^2 = -2r^2(V-h)-C^2,$$

$$(13)\qquad dt = \frac{rdr}{\sqrt{2r^2(h-V)-C^2}}$$

und daraus nach (4)

$$(14)\qquad d\varphi = \frac{Cdr}{r\sqrt{2r^2(h-V)-C^2}}.$$

Da V bloss eine Function von r ist, sind beide unmittelbar integrabel, und liefern

$$(15)\qquad t-t_0 = \int_{r_0}^{r}\frac{rdr}{\sqrt{2r^2(h-V)-C^2}},$$

$$(16) \qquad \varphi - \varphi_0 = \int_{r_0}^{r} \frac{C dr}{r\sqrt{2r^2(h-V)-C^2}}.$$

Nach Ausführung der Quadraturen sind t und φ als Functionen von r bestimmt, also auch r und φ als Functionen von t. Die Ausdrücke (15) und (16) lassen sich beide auf das Integral

$$R = \int_{r_0}^{r} \frac{dr}{r} \sqrt{2r^2(h-V)-C^2}$$

reduciren; es ist nämlich, wie leicht zu sehen,

$$t - t_0 = \frac{\partial R}{\partial h}, \quad \varphi - \varphi_0 = -\frac{\partial R}{\partial C},$$

so dass Δt und $\Delta\varphi$ als die partiellen Differentialquotienten eines und desselben Integrals, genommen nach den beiden in ihm als Parameter auftretenden Constanten h und C erscheinen.

Wir leiten für specielle Fälle noch folgende Bemerkungen ab. a) V werde für $r = \infty$ zu Null, wie das z. B. der Fall ist, sobald $f(r)$ die Form $\frac{\text{const.}}{r^n}$, $n > 1$ hat. Dann liefert Gl. (8) für $r = \infty$ die Beziehung

$$(18) \qquad \tfrac{1}{2}v_\infty^2 = \tfrac{1}{2}v_0^2 + V_0.$$

Ist also $\frac{1}{2}v_0^2 + V_0 < 0$, so wird v im Unendlichen imaginär, d. h. μ bleibt immer im Endlichen. Ist $\frac{1}{2}v_0^2 + V_0 \geqq 0$, so gelangt μ ins Unendliche, und zwar mit der Geschwindigkeit 0 oder > 0, je nachdem $\frac{1}{2}v_0^2 =$ oder $> -V_0$ ist.

Aus (5) folgt für $v =$ const. oder $\delta =$ const. ohne Weiteres, dass kreisförmige Centralbewegungen gleichförmig und gleichförmige kreisförmig sind.

Ist die Bahn ein Kreis, so ist die Tangentialbeschleunigung Null, also die Normalbeschleunigung gleich der Gesammtbeschleunigung, d. h. $f(r) = \frac{v^2}{r}$. Ist umgekehrt zu irgend einer Zeit $\frac{v_0^2}{r_0} = f(r)_0$ und steht v_0 zugleich senkrecht auf dem Radiusvector, so ist die Tangentialbeschleunigung in jenem Zeitpunkt Null, also bewegt sich μ während des Zeittheilchens dt auf einem Element des Kreises um O. Am Ende desselben besteht dann aber wieder die Bedingung $\frac{v_0^2}{r_0} = f(r_0)$, also bewegt sich μ von da ab wieder auf einem Element desselben Kreises, u. s. w. μ beschreibt einen Kreis um O.

60. Specialfall $f(r) = \varkappa^2 r$. Die Kraft sei nach O gerichtet und proportional dem Radiusvector, $\dot{u} = -\varkappa^2 r$. Im concreten Fall ergiebt sich der Werth von $\varkappa^2$, wenn man weiss, dass $\dot{u}$ in der Entfernung r_1 gleich $-a$ ist; man hat dann $-a = -\varkappa^2 r_1$, also $\varkappa^2 = \frac{a}{r_1}$ = der Beschleunigung im Abstande 1.

Wir haben dann, wenn die Bewegung in der xy-Ebene vor sich geht,

(1) $\frac{d^2x}{dt^2} + \varkappa^2 x = 0,$ (2) $\frac{d^2y}{dt^2} + \varkappa^2 y = 0.$

Diese Gleichungen sind in **(30)**, 3 schon integrirt. Nehmen wir als Anfangsbedingung: für $t = 0$ ist $x = x_0$, $y = y_0$, $\frac{dx}{dt} = a$, $\frac{dy}{dt} = b$, so liefern sie die Integrale

(3) $x = x_0 \cos \varkappa t + \frac{a}{\varkappa} \sin \varkappa t,$ (4) $v_x = -x_0 \varkappa \sin \varkappa t + a \cos \varkappa t,$

(5) $y = y_0 \cos \varkappa t + \frac{b}{\varkappa} \sin \varkappa t,$ (6) $v_y = -y_0 \varkappa \sin \varkappa t + b \cos \varkappa t.$

Das Princip der lebendigen Kraft liefert wegen $V = \int \varkappa^2 r dr$ unmittelbar

$$(7) \qquad \tfrac{1}{2} v^2 - \tfrac{1}{2} v_0^2 = \tfrac{1}{2} \varkappa^2 (r_0^2 - r^2).$$

Durch Elimination von t aus (3) und (5) findet sich

$$(8) \qquad (bx - ay)^2 + \varkappa^2 (y_0 x - x_0 y)^2 = (bx_0 - ay_0)^2.$$

Die Gleichung eines Kegelschnitts, dessen Mittelpunkt der feste Punkt O ist. Die Determinante des Kegelschnitts findet sich durch Ausrechnung zu

$$-4 \varkappa^2 (bx_0 - ay_0)^2,$$

ist also negativ, die Bahn ist eine Ellipse. In der That stellen die beiden Gleichungen (1) und (2) diejenige Bewegung dar, welche aus der Zusammensetzung zweier einfach harmonischen Bewegungen resultirt; der Fall ist also identisch mit dem schon in **18** B behandelten und kann practisch hergestellt werden, indem man einen geraden elastischen Stab von kreisförmigem Querschnitt, der an einem Ende befestigt ist, am andern Ende erst verbiegt, und ihm dann eine seitliche Anfangsgeschwindigkeit ertheilt. Das freie Ende beschreibt dann die Ellipse (8). Die Periode ist $\frac{2\pi}{\varkappa}$, nur von $\varkappa$, nicht von den Besonderheiten der Anfangsbewegung, den Dimensionen der Ellipse etc. abhängig. Der Leser führe zur Uebung die Untersuchung streng nach **59.** und beweise insbesondere den Satz, der die Umkehrung des in Gl. (8) enthaltenen ist: „Beschreibt ein Punkt eine Ellipse vermöge einer Beschleunigung, die durch den Mittelpunkt geht, so ist seine Beschleunigung dem Radiusvector proportional."

61. Specialfall $f(r) = \frac{\sigma}{r^2}$, **Planetenbewegung.** Die Mittelpunkte der Planeten beschreiben Bahnen im Weltenraum, deren Gesetze sich in einfachster Weise darstellen lassen, wenn man sie auf ein durch den Mittelpunkt der Sonne gelegtes Coordinatensystem bezieht. Der Gedanke, die Beschreibung auf die Sonne zu beziehen, und die roh angenäherte Beschreibung selbst, ist die That des Copernikus; die Beschreibung ist in zweiter Annäherung enthalten in den drei Kepler'schen Gesetzen:

a) Der auf die Sonne bezogene Radiusvector beschreibt in gleichen Zeiten gleiche Räume.
b) Die Planetenbahnen sind Ellipsen, in deren einem Brennpunkt die Sonne steht.
c) Die Quadrate der Umlaufszeiten verhalten sich wie die Cuben der grossen Bahnaxen.

Es zeigt nun das erste Gesetz, dass die Planeten einer Beschleunigung unterliegen, die von der Sonne ausgeht. Aus dem zweiten eruiren wir die Form f der Beschleunigung für ein und denselben Planeten, wobei wir gleich die Verallgemeinerung einführen, dass die Bahn ein beliebiger Kegelschnitt sein könne, in dessen Brennpunkt die Sonne steht. Wir nehmen den Mittelpunkt der Sonne zum Anfangspunkt von Polarcoordinaten r und φ; dann ist die Gleichung eines Kegelschnitts

$$(1) \qquad r = \frac{p}{1+\varepsilon\cos\varphi},$$

wo p der halbe Parameter und ε die numerische Excentricität. Die Curve ist eine Ellipse, Parabel oder Hyperbel, je nachdem $\varepsilon < 1$, $\varepsilon = 1$, $\varepsilon > 1$ ist. Die Gleichung liefert unmittelbar

$$(2) \qquad \frac{1}{r} = \frac{1}{p} + \frac{\varepsilon}{p}\cos\varphi,$$

$$(3) \qquad \frac{d\left(\frac{1}{r}\right)}{d\varphi} = -\frac{\varepsilon}{p}\sin\varphi, \qquad \frac{d^2\frac{1}{r}}{d\varphi^2} = -\frac{\varepsilon}{p}\cos\varphi = \frac{1}{p} - \frac{1}{r},$$

also nach **59.**, 11

$$(4) \qquad f(r) = \frac{C^2}{p}\cdot\frac{1}{r^2}.$$

Die Beschleunigung $-f(r)$ ist eine anziehende und proportional dem reciproken Quadrat des Radiusvectors.

Wir untersuchen nun, wie sich die Beschleunigung verhält, wenn wir verschiedene Planeten vergleichen, deren Ellipsen grosse Axen von verschiedener Länge haben, und führen zu dem Zweck den Werth a der grossen Halbaxe ein. Es ist C die doppelte Sectorengeschwindigkeit. Der Flächeninhalt der ganzen Ellipse ist $\pi ab = \pi a^2\sqrt{1-\varepsilon^2}$, also wenn τ die Umlaufszeit

$$(5) \qquad \tfrac{1}{2}\tau C = \pi a^2\sqrt{1-\varepsilon^2}.$$

Ferner

$$(6) \qquad p = a(1-\varepsilon^2).$$

Führen wir diese Werthe in (4) ein, so findet sich

$$(7) \qquad f(r) = \frac{4\pi^2 a^3}{\tau^2}\cdot\frac{1}{r^2}.$$

Nun sagt das dritte Kepler'sche Gesetz, dass $\frac{a^3}{\tau^2}$ für alle Planeten dieselbe Constante K ist. Also ist, wenn wir $4\pi^2 K$ in eine Constante σ zusammenfassen

$$(8) \qquad f(r) = \frac{\sigma}{r^2}$$

und hierin hat σ für alle Planeten denselben Werth, ist also eine Grösse, die bloss von den Eigenschaften der Sonne abhängt; sie ist der Werth, den die von der Sonne ausgehende Beschleunigung in der Entfernung 1 hat. Wir nennen sie die „Actionsconstante der Sonne“. Dann lassen sich die drei Kepler'schen Gesetze zusammenfassen in den Satz:

Die Sonne übt auf alle Planeten eine anziehende Beschleunigung aus, welche gleich der Actionsconstante der Sonne dividirt durch das Quadrat des Radiusvectors ist.

Dieser Satz ist von Newton aufgestellt und bildet einen Specialfall des „Newton'schen Gesetzes". Wir nehmen nun den Newton'schen Satz als gegeben an, und stellen uns die Aufgabe, aus ihm die Bewegung eines Planeten μ abzuleiten.

Im Anfangsmoment seien die Grössen r, v u. s. w. mit der Marke 0 bezeichnet. Die Gleichungen der Bewegung, wie oben auf die Sonne als Anfangspunkt bezogen, sind, da $\frac{x}{r}$ und $\frac{y}{r}$ die Richtungscosinus $\frac{dx}{dr}$, $\frac{dy}{dr}$ sind,

$$(9)\qquad \frac{d^2x}{dt^2} = -\frac{\sigma}{r^2}\frac{x}{r}, \quad \frac{d^2y}{dt^2} = -\frac{\sigma}{r^2}\frac{y}{r}.$$

Das Princip der Flächen und das der lebendigen Kraft $\left(V = -\frac{\sigma}{r}\right)$ liefern die Integrale

$$(10)\qquad r^2 d\varphi = C dt,$$

$$(11)\qquad \tfrac{1}{2}v^2 = \frac{\sigma}{r} + \tfrac{1}{2}H,$$

wo $\frac{1}{2}H$ abgekürzt für $\frac{1}{2}v_0^2 - \frac{\sigma}{r_0}$, also für die Grösse, welche in **59.** mit h bezeichnet wurde, gesetzt ist. Damit findet sich die Gleichung der Bahn nach **59.**, (10)

$$(12)\qquad 2\frac{\sigma}{r} + H = C^2\left[\frac{1}{r^2} + \left(\frac{d\left(\frac{1}{r}\right)}{d\varphi}\right)^2\right],$$

die wir zu integriren haben, um die Bahn in endlicher Form zu erhalten. Wir setzen darin $\frac{1}{r} = z$ und haben dann

$$(13)\qquad d\varphi = \pm\frac{C dz}{\sqrt{-C^2z^2 + 2\sigma z + H}}.$$

Hier ist zunächst über das Vorzeichen zu entscheiden. Wir nehmen φ als mit der Zeit wachsend; dann ist dr positiv, also dz negativ, wenn r mit φ zugleich wächst. Es giebt nun einen Punkt der Bahn, wo r seinen Minimalwerth erreicht; beginnen wir die Betrachtung mit diesem Punkt, so wächst in der ersten Zeit r zugleich mit φ; erreicht r ein Maximum, so nimmt von da ab r ab, wenn φ wächst. Bis zum ersten Maximum von r ist also dz negativ, wenn $d\varphi$ positiv ist, d. h. das negative Vorzeichen ist zu wählen. Jenseit des Maximums gilt das positive Vorzeichen, wird dann wieder ein Minimum erreicht, so kehrt sich das Zeichen aufs Neue um, u. s. w. Wir beschränken die Betrachtung vorläufig auf den Raum zwischen dem Minimum von r und dem ersten Maximum, dann ist

$$(14)\qquad d\varphi = \frac{-C dz}{\sqrt{-C^2z^2 + 2\sigma z + H}} = \frac{-dz}{\sqrt{\frac{\sigma^2}{C^4} + \frac{H}{C^2} - \left(z - \frac{\sigma}{C^2}\right)^2}},$$

woraus

$$(15)\qquad \varphi = \operatorname{Arccos}\frac{C^2z - \sigma}{\sqrt{\sigma^2 + HC^2}} + \text{const.},$$

oder, wenn wir die Constante φ_0 nennen und $\frac{1}{r}$ für z setzen,

$$(16)\qquad \varphi - \varphi_0 = \operatorname{Arccos} \frac{C^2 \frac{1}{r} - \sigma}{\sqrt{\sigma^2 + HC^2}}.$$

Denken wir uns die Polaraxe durch denjenigen Punkt der Bahn gelegt, in welchem r seinen Minimalwerth hat, so ist daselbst $\frac{1}{r}$ ein Maximum, also hat der Cosinus, der rechts unter dem Zeichen Arccos steht, seinen Maximalwerth, und der ist 1, der Arccos also den Werth Null. Also wird dann für $\varphi = 0$ die rechte Seite zu Null, d. h. $\varphi_0 = 0$. φ_0 ist also der Winkel zwischen der willkürlichen Anfangslage des Radiusvectors und dem minimalen Radiusvector, gezählt in der Richtung vom ersteren zum letzteren. Nehmen wir an, die Polaraxe sei wirklich durch den minimalen Radiusvector gelegt, und nennen den Polarwinkel dann ϑ, so ist

$$(17)\qquad \vartheta = \operatorname{Arccos} \frac{C^2 \frac{1}{r} - \sigma}{\sqrt{\sigma^2 + HC^2}}.$$

Der Arccos irgend eines Arguments A hat nun zum Differentialcoefficienten $\frac{\pm 1}{\sqrt{1 - A^2}}$, und diese Wurzel kehrt ihr Vorzeichen um, so oft A durch ein Maximum oder Minimum geht. Also genügt Gl. (17) mit eindeutig positiver Wurzel $\sqrt{\sigma^2 + HC^2}$ den Bedingungen, die wir für das Vorzeichen in Gl. (13) aufstellten, nicht bloss auf der Strecke von $r = \min$ bis $r = \max$, sondern auch darüber hinaus; sie stellt, wenn die Wurzel in ihr positiv genommen wird, die ganze Bahn dar. Lösen wir sie nach r auf, so findet sich

$$(18)\qquad r = \frac{C^2 \frac{1}{\sigma}}{1 + \cos\vartheta \sqrt{1 + \frac{C^2}{\sigma^2} H}}.$$

Das ist die Polargleichung eines auf seinen Brennpunkt bezogenen Kegelschnitts

$$(19)\qquad r = \frac{p}{1 + \varepsilon \cos\vartheta},$$

wenn $p = \frac{C^2}{\sigma}$ und $\varepsilon = \sqrt{1 + \frac{C^2}{\sigma^2} H}$. Die Excentricität ist kleiner als 1, gleich 1 oder > 1, je nachdem $H < 0$, $H = 0$, $H > 0$ ist. Da $\frac{1}{2} H = \frac{1}{2} v_0^2 - \frac{\sigma}{r_0}$, ist der Kegelschnitt eine

$$(20)\qquad \begin{cases} \text{Ellipse, wenn } \frac{1}{2} v_0^2 < \frac{\sigma}{r_0} \\ \text{Parabel, wenn } \frac{1}{2} v_0^2 = \frac{\sigma}{r_0} \\ \text{Hyperbel, wenn } \frac{1}{2} v_0^2 > \frac{\sigma}{r_0} \end{cases}$$

ist. $\frac{\sigma}{r_0}$ ist $-V_0$, und da nach dem Princip der lebendigen Kraft $\frac{1}{2} v^2 + V$ während der ganzen Bewegung constant ist, so kann man in diesen Bedingungen statt $\frac{1}{2}v_0^2 + V_0$ auch $\frac{1}{2}v^2 + V$ setzen, wo sie dann lauten: Die Curve ist eine

$$(21) \quad \begin{cases} \text{Ellipse, wenn } \frac{1}{2}v^2 + V < 0 \\ \text{Parabel, wenn } \frac{1}{2}v^2 + V = 0 \\ \text{Hyperbel, wenn } \frac{1}{2}v^2 + V > 0 \end{cases}$$

ist. Vergl. hierzu § **59.** Gl. (18). Die Bedingungen sagen nichts über die Richtung von v aus, die Form der Curve hängt also bloss von dem absoluten Werth, nicht von der Richtung der Geschwindigkeit in einem willkürlich zu wählenden Punkt der Bahn aus. Man bemerke, in wie einfacher und eleganter Weise die Form der Bahn durch dieselbe Summe „lebendige Kraft plus Kräftefunction" characterisirt ist, die im Princip der lebendigen Kraft auftritt.

Der Punkt $\vartheta = 0$ wird das Perihel genannt.

Die halbe grosse Axe der Ellipse (18) ist

$$(22) \quad a = \frac{p}{1-\varepsilon^2} = \frac{C^2}{\sigma(1-\varepsilon^2)}.$$

Wir gehen nun dazu über, ϑ und r als Functionen der Zeit darzustellen, wobei wir uns auf den Fall der Ellipse beschränken. (Kepler's Problem). Dazu setzen wir in **59.** (13) für $h - V$ seinen Werth $\frac{1}{2}H + \frac{\sigma}{r}$ und erhalten

$$(23) \quad dt = \frac{r\,dr}{\sqrt{2r^2\left(\frac{\sigma}{r} + \frac{H}{2}\right) - C^2}}.$$

Es ist zweckmässig, hierin a einzuführen, wozu wir aus (22) und aus $\varepsilon = \sqrt{1 + \frac{C^2}{\sigma^2}H}$ die Gleichungen ziehen

$$(24) \quad C^2 = a\sigma(1-\varepsilon^2), \qquad (25) \quad H = -\frac{\sigma}{a}$$

deren Substitution in (23) ergiebt

$$(26) \quad dt = \sqrt{\frac{a}{\sigma}} \frac{r\,dr}{\sqrt{a^2\varepsilon^2 - (a-r)^2}}.$$

Diese Gleichung lässt sich direct integriren. Doch zieht man vor, eine neue Variable einzuführen, die excentrische Anomalie genannt und gewöhnlich mit u bezeichnet wird. Ueber der grossen Axe der Ellipse AB werde (Fig. 33) ein Kreis beschrieben, die Ordinate $P\mu$ von μ bis zum Durchschnitt Q mit diesem Kreise verlängert, und vom Mittelpunkt C der Radius CQ gezogen, dessen Länge a ist. Dann heisst der Winkel $QCA = u$ die excentrische Anomalie, während der Polarwinkel ϑ die wahre Anomalie genannt wird. Es ist nun $OP = r\cos\vartheta = CP - CO = a\cos u - a\varepsilon$,

Fig. 33.

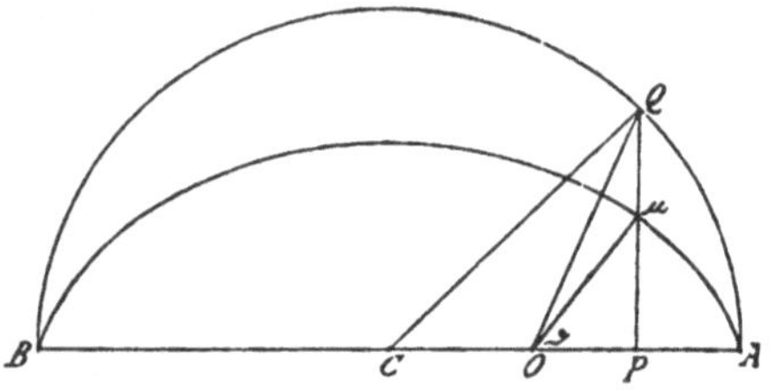

und aus der Polargleichung der Ellipse $r = p - r\varepsilon\cos\vartheta$ oder nach (22)

$$r = a(1-\varepsilon^2) - r\varepsilon\cos\vartheta.$$

Das liefert

$$(27) \qquad r = a(1-\varepsilon\cos u).$$

Ferner, indem man dies in die Gleichung der Ellipse einsetzt,

$$1-\varepsilon\cos u = \frac{1-\varepsilon^2}{1+\varepsilon\cos\vartheta}, \text{ woraus } \cos u = \frac{\varepsilon+\cos\vartheta}{1+\varepsilon\cos\vartheta}$$

und

$$2\sin^2\tfrac{1}{2}u = 1-\cos u = (1-\varepsilon)\frac{1-\cos\vartheta}{1+\varepsilon\cos\vartheta},$$

$$2\cos^2\tfrac{1}{2}u = 1+\cos u = (1+\varepsilon)\frac{1+\cos\vartheta}{1+\varepsilon\cos\vartheta}.$$

Dividirt man diese beiden Gleichungen ineinander, so kommt

$$(28) \qquad \operatorname{tang}\tfrac{1}{2}\vartheta = \sqrt{\frac{1+\varepsilon}{1-\varepsilon}}\operatorname{tang}\tfrac{1}{2}u.$$

Nachdem somit r und ϑ als Functionen von u ausgedrückt sind, ist klar, dass es für die Lösung der Aufgabe genügt, u als Function von t darzustellen. (27) liefert $dr = a\varepsilon\sin u\,du$, und dies in (26) eingesetzt giebt

$$(29) \qquad dt = \sqrt{\frac{a^3}{\sigma}}(1-\varepsilon\cos u)\,du,$$

$$(30) \qquad t = \sqrt{\frac{a^3}{\sigma}}(u-\varepsilon\sin u) + \text{Const.}$$

Rechnen wir die Zeit vom Durchgang durch's Perihel ab, so ist, da u zugleich mit ϑ zu Null wird, $u = 0$ für $t = 0$, also, wenn wir noch abkürzend $\sqrt{\frac{a^3}{\sigma}} = \frac{1}{n}$ setzen

$$(31) \qquad nt = u - \varepsilon\sin u.$$

Hieraus ergiebt sich unmittelbar die Umlaufszeit τ als diejenige Zeit, in der u um 2π wächst, zu

$$(32) \qquad \tau = \frac{2\pi}{n}$$

und diese Gleichung ist identisch mit

$$(33) \qquad \tau^2 = a^3\frac{4\pi^2}{\sigma}$$

d. i. das dritte Kepler'sche Gesetz. n ist die Winkelgeschwindigkeit, mit der ein gleichförmig bewegter, fingirter Punkt, der die gleiche Umlaufszeit wie μ besitzt, den Hülfskreis der Fig. 33 durchläuft.

Zu Gl. (31) kann man auch mit Benutzung des Sectors gelangen. Der Sector μOA Fig. 33 ist nach dem Flächenprincip $\frac{1}{2}Ct$. Nun verhält sich bekanntlich $P\mu : PQ = b : a$, wenn b die halbe Queraxe ist. Also verhält sich auch der Flächenraum $\mu PA : QPA = b : a$, ferner Dreieck $\mu OP : QOP = b : a$, also auch Sector $\mu OA : QOA = b : a$, oder $\mu OA = QOA \cdot \frac{b}{a}$. Es ist aber

$$QOA = QCA - QCO, \text{ also } = \tfrac{1}{2}a^2u - \tfrac{1}{2}a\varepsilon . a\sin u;$$

also $\mu OA = \frac{1}{2}ab(u-\varepsilon\sin u)$. Setzt man dies gleich $\frac{1}{2}Ct$, so ergiebt sich

$$t = \frac{ab}{C}(u - \varepsilon \sin u)$$

und da $C^2 = \sigma a(1-\varepsilon^2)$, $b^2 = a^2(1-\varepsilon^2)$ liefert dies

$$(31) \qquad t = \sqrt{\frac{a^3}{\sigma}}(u - \varepsilon \sin u).$$

Zur vollständigen Auswerthung ist nun Gl. (31) umzukehren, sodass u als Function von t erscheint. Das kann geschehen 1) mittels der Lagrange'schen Umkehrungsformel, 2) mittels Bessel'scher Functionen. Für das nähere verweisen wir auf die Lehrbücher der theorischen Astronomie; wir geben nur die angenäherte Lösung für den Fall, dass ε sehr klein ist, so dass das Quadrat und die höheren Potenzen von ε vernachlässigt werden können. Wir schreiben dann Gl. (31) $u = nt + \varepsilon \sin u = nt + \varepsilon \sin(nt + \varepsilon \sin u)$. Hierin kann der letzte Posten fortgelassen werden, weil er ε im Quadrat enthält, es bleibt also

$$(34) \qquad u = nt + \varepsilon \sin nt.$$

Daraus wird mit derselben Annäherung

$$(35) \qquad r = a(1 - \varepsilon \cos u) = a(1 - \varepsilon \cos nt).$$

Setzt man dies in die Gleichung der Bahn, so findet sich ϑ. Bequemer ist es, direct das Flächenprincip $r^2 \frac{d\vartheta}{dt} = C$ anzuwenden. $C = \sqrt{\sigma a(1-\varepsilon^2)}$ oder angenähert $C = \sqrt{\sigma a}$. r ist nach der Polargleichung gleich $\frac{a(1-\varepsilon^2)}{1+\varepsilon \cos\vartheta}$, oder nach Ausführung der Division bis zur ersten Potenz von ε, $r = a(1 - \varepsilon\cos\vartheta)$, $r^2 = a^2(1 - 2\varepsilon\cos\vartheta)$. Setzt man die Werthe von r^2 und C in das Flächenprincip ein, so erhält man $a^2(1 - 2\varepsilon\cos\vartheta)d\vartheta = \sqrt{\sigma a}\,dt$, integrirt mit der Anfangsbedingung, dass für $t = 0$ auch $\vartheta = 0$, und findet $a^2(\vartheta - 2\varepsilon\sin\vartheta) = t\sqrt{\sigma a}$ oder $\vartheta - 2\varepsilon\sin\vartheta = nt$, und diese Gleichung, gerade so behandelt wie (31), giebt

$$(36) \qquad \vartheta = nt + 2\varepsilon \sin nt.$$

Der Radiusvector r bildet also mit dem Radius des oben erwähnten fingirten Punktes, der die constante Winkelgeschwindigkeit n besitzt, den Winkel $2\varepsilon \sin nt$; r eilt dem Radius des fingirten Punkts voran von $nt = 0$ bis $nt = \pi$, und bleibt in der andern Hälfte der Bewegung hinter ihm zurück. $2\varepsilon\sin nt$ heisst die Mittelpunktsgleichung der elliptischen Bewegung, nt die mittlere Anomalie. Bei der Erdbahn ist $\varepsilon = 0{,}016853$, so dass die vorstehenden Formeln eine Annäherung von etwa 0,0003 ergeben.

Wie oben gesagt, sind die Kepler'schen Gesetze selbst nur annähernd richtig. So wie nämlich die Sonne alle Planeten mit der Beschleunigung $\frac{\sigma}{r^2}$ afficirt, so afficirt auch jeder Planet alle andern mit einer Beschleunigung von gleichem Character, wenn auch von viel geringerer Grösse. Die Berechnung der aus diesem Umstand hervorgehenden Störungen bildet den Hauptgegenstand der theorischen Astronomie.

62. Imaginäre Coordinaten. Bekanntlich kann man in der Ebene statt des gewöhnlichen Coordinatensystems der x und y ein rechtwinkliges System einführen, in welchem ix statt y geschrieben wird, wo $i = \sqrt{-1}$. Ein Punkt μ

hat dann zur Zeit t eine complexe Coordinate $x = a + bi$, Geschwindigkeiten, Beschleunigungen, Kräfte lassen sich als complexe Functionen von t ausdrücken.

Hamilton hat eine entsprechende Behandlung des Raums von drei Dimensionen ermöglicht durch Einführung folgender Convention: „Man denke sich drei aufeinander senkrechte Axen, jede an Länge der Einheit gleich; sie mögen der Reihe nach mit i, j, k bezeichnet werden." Ein beliebiger Vector kann dann in drei Componenten parallel i, j, k zerlegt und offenbar durch die geometrische Summe

$$\rho = ai + bj + ck$$

ausgedrückt werden. Man sieht ohne weiteres, dass die Gesetze der geometrischen Summation für Grössen ρ bestehen bleiben. Ferner wird festgesetzt: „Multiplication eines Vectors mit i bedeutet, dass der Vector um einen positiven rechten Winkel um die Axe der i gedreht wird, Multiplication mit j bedeutet dieselbe Drehung um j u. s. w." Mit dieser Convention lässt sich eine consequente, höchst fruchtbare Behandlung geometrischer und mechanischer Probleme durchführen. Um aber fruchtbar zu werden, erfordert der Gegenstand eingehende Auseinandersetzung; und die Eigenthümlichkeiten dieser Behandlung betreffen nicht die mechanischen Begriffe, sondern die symbolische Darstellung der geometrischen Grössen. Wir begnügen uns desshalb hier mit einem blossen Hinweis. Näheres findet man in Hamiltons „Elemente der Quaternionen", deutsch von Glan, Leipzig 1881, und Taits „Elementary treatise of Quaternions", Oxford, Clarendon press, 1878.

D. Implicite gegebene Kräfte. Gezwungene Bewegung.

63. Es kommt vor, dass an einem Punkt μ nicht die Resultante aller gleichzeitig auf ihn wirkenden Kräfte explicite gegeben ist, sondern dass das Problem sich folgendermaassen darstellt: Gegeben ist an μ explicite eine Kraft f_e als Resultante der von vorn herein bekannten Kräfte; ausserdem besteht aber eine Bedingung, der μ genügen muss, und welche die Folge hat, dass die Kraft f_e nicht frei wirkt, sondern während der Bewegung theilweise annullirt ist. Dann sind also ausser f_e noch andere, implicite gegebene, annullirende Kräfte f_i vorhanden, die aus der eben erwähnten Bedingung hervorgehen, und die man von vorn herein nicht kennt. Die an μ thätige Totalkraft ist offenbar

$$f = f_e \hat{+} f_i.$$

Wenn also f_i bestimmt ist, so kennen wir die freie Kraft f, der μ unterliegt, und können dann auf dies f die „Gleichungen der Bewegung" anwenden.

Beispiel. Der schwere Punkt μ bewege sich auf einer schiefen Ebene. Explicite ist dann an ihm gegeben die Kraft f_e, mit der die Schwere auf ihn wirkt; sie ist μg. Zugleich aber übt die schiefe Ebene auf μ einen elastischen Gegendruck f_i, den wir von vorn herein nicht kennen. Kann man dies f_i bestimmen, so ist die an μ thätige Totalkraft $\mu g \dotplus f_i$, und die ist dann frei, also nach **48 ff.** zu behandeln. Die annullirte Componente von μg ist $-f_i$.

In solchen Fällen erwächst also die Aufgabe, f_i aus den Bedingungen des Problems zu eruiren.

Der einfachste, vorwiegend untersuchte Fall dieser Art ist der, wo die Bedingung für die impliciten Kräfte die Coordinaten mit Ausschluss der Zeit enthält. Es kann eine solche Bedingung existiren, die dann lautet

$$(1) \qquad \Phi(x, y, z) = 0$$

oder es existiren zwei; mehr als zwei sind nicht zulässig, denn drei Bedingungen von der Form (1) würden ja den Ort von μ völlig bestimmen, also jede Bewegung von μ ausschliessen. Eine Bedingung (1) repräsentirt eine Fläche, sagt also aus, dass der Punkt μ auf einer Fläche bleiben muss, zwei gleichzeitige Bedingungen beschränken seine Bewegung auf den Durchschnitt zweier Flächen, also auf eine Linie.

Da der Punkt μ unter dem blossen Einfluss der Kraft f_e eine bestimmte, von (1) unabhängige Bahn beschreiben würde, so muss, um ihn auf dem vorgeschriebenen geometrischen Ort zu erhalten, ein Zwang thätig sein. Dieser Zwang liefert eben die Kräfte f_i. Man stellt ihn practisch her, indem man μ eine Fessel anlegt. Diese kann sein eine Rinne, in der μ laufen muss (Coulissen), eine Fläche, die ihn im Allgemeinen so unterstützt, dass die Kraft f_e nicht vollkommen annullirt wird, und Fäden oder Stangen, durch die man μ mit festen Punkten bzw. Flächen verknüpft. Die Fesseln zerfallen in zwei Gruppen: 1) allseitige, bei denen der Punkt μ sich nach keiner Richtung von dem vorgeschriebenen Ort entfernen kann, ohne die Fessel zu zerstören (geschlossene Rinne, Raum zwischen zwei parallelen Flächen von geeignetem Abstand, Stangenverbindung); 2) einseitige, bei denen μ nur nach der einen Hälfte des Raums hin sich von dem vorgeschriebenen Ort entfernen kann (Halbrinne, einfache Fläche, auf der μ liegt, Fadenbefestigungen). Die letzteren untersuchen wir mit der Voraussetzung, dass sie bei der gerade stattfindenden Bewegung in Thätigkeit kommen.

In jedem Fall übt dann die Fessel auf μ eine Zwangskraft f_i und eine entsprechende Beschleunigungscomponente $\mathfrak{u}_i = \frac{1}{\mu} f_i$, welche die Zwangsbeschleunigung heissen möge.

Wir nennen nun hier X, Y, Z die drei Componenten der Beschleunigung $\mathfrak{u}_e$, welche die explicite Kraft $f_e = \mu \mathfrak{u}_e$ allein hervorbringen würde, und verstehen unter $\mathfrak{X}$, $\mathfrak{Y}$, $\mathfrak{Z}$ die drei Componenten von $\mathfrak{u}_i$. Dann lauten die Gleichungen der Beschleunigung für μ

$$(2) \quad \begin{cases} \dfrac{d^2x}{dt^2} = X + \mathfrak{X} \\ \dfrac{d^2y}{dt^2} = Y + \mathfrak{Y} \\ \dfrac{d^2z}{dt^2} = Z + \mathfrak{Z} \end{cases}$$

und die Grössen X, $\mathfrak{X}$, Y, $\mathfrak{Y}$, Z, $\mathfrak{Z}$ setzen sich so zusammen, dass die resultirende Lage von μ jederzeit in den vorgeschriebenen Ort fällt. Hierin sind $\mathfrak{X}$, $\mathfrak{Y}$, $\mathfrak{Z}$ aus der oder den Bedingungen (1) zu bestimmen; ist das geschehen, so werden die Bedingungen (1) durch das Auftreten von $\mathfrak{X}$, $\mathfrak{Y}$, $\mathfrak{Z}$ in (2) ersetzt.

Noch ist zu bemerken, dass die Bedingungen (1) sich practisch nicht ohne Verunreinigung durch Nebenerscheinungen darstellen lassen. Die Fesseln lassen sich nämlich nie vollkommen glatt oder biegsam herstellen, bieten also dem Punkt μ einen Reibungs- oder Steifheitswiderstand dar. Sie führen somit in die Bewegung eine neue Tangentialbeschleunigung, die Reibungs- oder Steifheitsbeschleunigung, ein, welche stets gegen die Geschwindigkeit gerichtet ist. An sich gehört dieselbe nicht zum Wesen der Bedingungen (1); ist sie aber erheblich, so muss sie berücksichtigt werden; es treten dann zu den in Gl. (2) aufgezählten Beschleunigungen noch drei Widerstandscomponenten φ_x, φ_y, φ_z, so dass die vollständigen Gleichungen der Bewegung lauten

$$(3) \quad \begin{cases} \dfrac{d^2x}{dt^2} = X + \mathfrak{X} + \varphi_x \\ \dfrac{d^2y}{dt^2} = Y + \mathfrak{Y} + \varphi_y \\ \dfrac{d^2z}{dt^2} = Z + \mathfrak{Z} + \varphi_z . \end{cases}$$

Wir begnügen uns vorläufig mit der Betrachtung von Fällen, in denen die φ zu vernachlässigen sind, bleiben also bei den Gleichungen (2).

Nennen wir N die Resultante von $\mathfrak{X}$, $\mathfrak{Y}$, $\mathfrak{Z}$, wo also $\mu N = f_i$, so können wir N in zwei Componenten zerlegt denken, von denen die eine tangential, die andere normal zu der vorgeschriebenen Curve oder Fläche ist. Nun ist offenbar, dass eine vorgeschriebene Fläche ohne Reibung niemals die tangentiale auf ihr stattfindende Bewegung von μ hindern kann, also kann sie auch keine tangential gerichtete

Beschleunigungscomponente annulliren; also ist die Tangentialcomponente von N in allen Fällen Null, also:

Die Zwangsbeschleunigung N und die Zwangskraft μN sind immer normal zu der vorgeschriebenen Curve oder Fläche.

Daraus folgt weiter, dass, wenn wir die Elementararbeit von N, den Ausdruck $N ds \cos(N, ds)$ bilden, der Cosinus in dieser Grösse immer Null ist, also:

Zwangsbeschleunigung und Zwangskraft leisten die Arbeit Null.

Und daraus folgt weiter: Die Gleichung der lebendigen Kraft kann auf die gezwungene Bewegung gerade so angewandt werden, als ob die Zwangskräfte nicht existirten. Können die φ der Gl. (3) vernachlässigt werden, und besitzt die Kraft f_e eine Kräftefunction, so folgt:

Das Princip der lebendigen Kraft gilt bei der gezwungenen Bewegung gerade so, als ob die explicit gegebene Kraft f_e allein vorhanden wäre.

Also z. B., wenn f_e die Schwere von μ ist: sinkt ein schwerer Punkt μ bei der Bewegung auf einer vorgeschriebenen Bahn um die senkrechte Höhe h, so nimmt sein $\frac{1}{2} v^2$ um gh zu, ganz einerlei, welches die Form der Bahn ist. Für den Specialfall $X = Y = Z = 0$, d. h. wenn μ keiner andern Kraft als der Zwangskraft unterliegt, ist v constant. (Bewegung eines schweren Punkts auf einer Niveaufläche der Schwere.)

Die Zwangsbeschleunigung wird in Wirklichkeit immer geleistet durch elastische Anspannung der Fessel. (Z. B. der an einem Faden aufgehängte Körper μ spannt den Faden an, bis dieser den erforderlichen Gegendruck f_i aus der Deformation leistet.) Daraus folgt einerseits, dass wir einfache Bedingungen (1) durch eine reale Fessel nur annähernd genau herstellen können; bindet man z. B. μ an einen Faden und das andere Ende des Fadens an einen festen Punkt, so hat der Faden während der Bewegung von μ nicht genau constante Länge, da diese Länge von der in die Fadenrichtung fallenden Componente der an μ wirksamen Kräfte abhängt. μ bewegt sich also streng genommen nicht auf einer Kugel, sondern auf einer verwickelteren Fläche. Wir helfen uns durch Benutzung von Fäden etc., deren elastische Deformation so klein ist, dass sie vernachlässigt werden kann. Andererseits folgt aus der Grundeigenschaft der elastischen Körper, dass die Fessel doppelsinnig gespannt ist: die Fessel zieht oder drückt an μ mit der Kraft f_i, zugleich aber auch μ an der Fessel mit der Kraft $-f_i$, und diese Kraft $-f_i$ wirkt durch Vermittlung der Fessel an der Befestigung, welche die Fessel hält. Denken wir uns z. B. μ an einem Faden befestigt, dessen Gewicht vernachlässigt werden kann, und diesen Faden im Punkte A angebunden, so haben wir folgende Verhältnisse:

1) Der Faden spannt sich elastisch an, bis er an μ die Zwangskraft f_i anbringt.

2) Vermöge der elastischen Anspannung sind aber an jedem Fadenelement zwei entgegengesetzte Kräfte $+f_i$ und $-f_i$ thätig; diese annulliren einander, indem sie den Faden um eine zu vernachlässigende Grösse verlängern. Daher keine weitere Deformation, nachdem der Zustand gleicher Spannung im ganzen Faden einmal erreicht ist.

3) Daher zieht aber auch das letzte Fadenelement mit der Kraft $-f_i$ am Befestigungspunkte A.

Die Kräfte $-f_i$ streben a) den Faden zu zerreissen, b) den festen Punkt A loszureissen, und sie können bei hinreichender Grösse wirklich die Zertrümmerung der Fessel erzielen. Man sieht leicht, dass eine ganz ähnliche Betrachtung auch für andere Arten der Fesselung gilt; bewegt sich μ z. B. auf einer Ebene, so strebt die Kraft $-f_i$ die Ebene zu zerbrechen u. s. w. Diese Wahrnehmungen haben schon früh dazu geführt, dass man gewissen negativ genommenen Grössen einen besondern Namen gab.

N ist die Zwangsbeschleunigung, womit die Fessel auf μ wirkt.

μN die Zwangskraft, womit die Fessel auf μ wirkt.

$-\mu N$ heisst der D r u c k a u f d i e F e s s e l.

Derselbe strebt die Fessel zu zerreissen, deformirt sie und ist in Folge dessen eine direct beobachtbare Grösse.

Heisst ϱ der Krümmungshalbmesser der Bahn, so ist nach **23.** $\frac{v^2}{\varrho}$ die Normalcomponente der Beschleunigung; da dieselbe immer nach dem Krümmungsmittelpunkt hin gerichtet ist, haben wir sie Centripetalbeschleunigung genannt, und $\mu\frac{v^2}{\varrho}$ heisst die Centripetalkraft.

$-\mu\frac{v^2}{\varrho}$ heisst die C e n t r i f u g a l k r a f t.

Man kann auch $-\frac{v^2}{\varrho}$ die C e n t r i f u g a l b e s c h l e u n i g u n g nennen.

Das ist aber dann ein bloss mathematischer Begriff, da eine wirkliche Beschleunigung von der Grösse $-\frac{v^2}{\varrho}$ weder an μ noch an der Befestigung vorkommt, während die Grösse $-\mu\frac{v^2}{\varrho}$ thatsächlich deformirend wirkt.

Die Centrifugalkraft kommt an einem einfachen Beispiel rein zum Vorschein, wenn der Punkt μ, der Schwere entzogen, (oder so schnell bewegt, dass man die Schwere gegen $\mu\frac{v^2}{\rho}$ vernachlässigen kann) sich gleichförmig auf einem Kreise bewegt, an dessen Mittelpunkt O er mittels eines Fadens befestigt ist. Der Faden zieht dann an μ mit der Kraft $\mu\frac{v^2}{\rho}$, und μ am Faden, bezw. an O mit der Kraft $-\mu\frac{v^2}{\rho}$. An diesem Beispiel ist die Spannung, welche den Faden afficirt, zuerst beobachtet worden, und von ihm stammt die Benennung „Centrifugalkraft", die wir gemäss der obigen Festsetzung auf Bahnen mit variablem ρ ausdehnen.

Wir trennen nun den Fall, wo zwei Gleichungen (1) existiren, von dem, wo nur eine vorhanden ist, und behandeln zuerst die

Bewegung eines Punktes auf vorgeschriebener Bahn.

64. Ein Punkt μ kann allseitig an eine vorgeschriebene Bahn gefesselt werden, indem man ihn in eine geschlossene Rinne von der Gestalt der Bahn bringt, einseitig 1) durch eine Halbrinne, 2) durch Fäden. Ist die Bahn eben, so genügt ein Faden, der über ihre Evolute gespannt wird; der Untersuchung dieses Falles verdanken wir die Huyghens'sche Theorie der ebenen Evoluten. Ist die Bahn doppelt gekrümmt, so hat Monge gezeigt, wie die Fesselung anzubringen ist: Im Krümmungsmittelpunkt der Bahn errichten wir ein Perpendikel auf der Schmiegungsebene; dasselbe ist der Durchschnitt zweier aufeinander folgenden Normalebenen und heisst die Krümmungsaxe. Die Schaar sämmtlicher Krümmungsaxen bildet eine abwickelbare Fläche, die von sämmtlichen Normalebenen berührt wird. Diese „Evolutenfläche" enthält alle Evoluten der Bahn, und diese sind kürzeste Linien auf ihr. Zieht man einen Faden von μ aus über die Evolutenfläche hin, so krümmt er sich längs einer kürzesten Linie, also längs einer Evolute. Höbe man den Faden so von der Evolute ab, dass er immer Tangente an ihr bliebe, so würde μ die vorgeschriebene Bahn zurücklegen. Da aber bei dieser Operation der Faden sich um den Berührungspunkt mit der Evolute drehen kann, ist man nicht sicher, dass er die Richtung der Tangente beibehält. Knüpft man dagegen zwei Fäden an μ und legt beide über die Evolutenfläche, so kann μ seine Elementarbewegung nur in der Schmiegungsebene ausführen, bewegt sich also unbedingt auf der vorgeschriebenen Bahn. Die Fadenfesselung verhindert stets die Abweichungen des Punktes μ von der Bahn nach derjenigen Seite hin, wo die Fäden gespannt werden, also nach der convexen Seite der Bahn hin; sie gestattet ihm dagegen, die Bahn nach der concaven Seite hin zu verlassen, wenn seine Geschwindigkeit die geeignete Richtung annimmt.

Es sei nun (zur Zeit t) v die Geschwindigkeit und $\dot{\mathfrak{u}}_e$ die explicite Beschleunigung, N die Zwangsbeschleunigung von μ. Wir abstrahiren zunächst von der Reibung und der Fadensteifheit. Dann lässt sich $\dot{\mathfrak{u}}_e$, wie schon in **23.** auseinandergesetzt wurde, in eine tangentiale Componente $\dot{\mathfrak{u}}_\tau$ und eine normale $\dot{\mathfrak{u}}_\nu$ zerlegen. Da auch N normal zur Bahn ist, haben wir für die vollständige Beschleunigung (Resultante aus $\dot{\mathfrak{u}}_e$ und N) zwei Componenten, die φ_τ und φ_ν heissen mögen.

$$(1) \qquad \varphi_\tau = \dot{\mathfrak{u}}_\tau, \qquad\qquad (2) \qquad \varphi_\nu \equiv \dot{\mathfrak{u}}_\nu \hat{+} N.$$

$\dot{\mathfrak{u}}_\nu$ und N stehen irgendwie senkrecht auf der Bahn, brauchen aber nicht gleiche Richtung zu haben. φ_τ ist nun die Tangentialbeschleunigung, welche auf μ wirkt, also identisch mit $\frac{dv}{dt}$; φ_ν ist die Centripetalkraft, welche mit φ_τ zusammen den **freien** Punkt μ gerade so bewegen würde, wie er sich auf der wirklichen Bahn gezwungen bewegt; also ist $\varphi_\nu = \frac{v^2}{\varrho}$ und nach dem Krümmungscentrum hin gerichtet. Folglich haben wir

$$(3) \qquad \frac{dv}{dt} = \dot{\mathfrak{u}}_\tau, \qquad\qquad (4) \qquad \frac{v^2}{\varrho} \equiv \dot{\mathfrak{u}}_\nu \hat{+} N.$$

Von diesen beiden Gleichungen liefert die erste durch Integration die Werthe von v und der Bahnabscisse s. Die zweite bestimmt N nach Grösse und Richtung; denn sie zeigt, dass N die Diagonale eines Parallelogramms ist, dessen Seiten $\frac{v^2}{\varrho}$ und $-\dot{\mathfrak{u}}_\nu$ sind.

Wir betrachten zunächst einige specielle Fälle: Ist $\dot{\mathfrak{u}}_e = 0$, also die Zwangsbeschleunigung allein vorhanden, so ist wegen $\frac{dv}{dt} = 0$ die Bewegung gleichförmig und wegen $\dot{\mathfrak{u}}_\nu = 0$ ist $N = \frac{v^2}{\rho}$, also fällt N in den Krümmungshalbmesser und ist identisch mit der Centripetalbeschleunigung; entsprechend ist der Druck auf die Fessel identisch mit der Centrifugalkraft.

Ist $\dot{u}_e$ nicht Null aber stets normal zur Bahn, so ist wieder $\frac{dv}{dt} = 0$, also $v = \text{const.}$ Aber $\dot{u}_e$ hat im allgemeinen einen Werth, der irgendwie in der Normalebene liegt.

Ist die Bahn eben, und liegt $\dot{u}_e$ in der Bahnebene, so liegt auch $\dot{u}_\nu$ in ihr, fällt also in die Richtung von ρ. Folglich thut N das gleiche, und die geometrische Summe in (4) reducirt sich auf eine algebraische $\frac{v^2}{\rho} = \dot{u}_e + N$.

Ist $\dot{u}$ rein tangential, so fällt $\dot{u}_\nu$ fort und N wird $\equiv \frac{v^2}{\rho}$.

Allgemein lässt Gl. (4) sich schreiben

$$(5) \qquad -N = \dot{u}_\nu \hat{+} \left(-\frac{v^2}{\varrho}\right) \text{ oder } -\mu N = \mu \dot{u}_\nu \hat{+} \left(-\mu \frac{v^2}{\varrho}\right)$$

d. h. der Druck auf die Fessel ist die Resultante aus der Centrifugalkraft und der Normalcomponente der expliciten Kraft.

Es kann nun vorkommen, dass $-N$ zur Zeit t_1 durch Null geht. Dann ist einen Augenblick lang kein Druck auf die Fessel mehr vorhanden. Ist μ allseitig gefesselt, so folgt daraus nur, dass die Druckbeschleunigung im Augenblick t_1 ihre Richtung umkehrt; ist die Fesselung aber einseitig, so ist die Fessel im Augenblick t_1 unwirksam, die Richtung, welche $-N$ im nächstfolgenden Augenblick annehmen würde, drückt μ nicht gegen die Bahn, sondern nach derjenigen Seite, wo μ sich frei bewegen kann, μ verlässt also die Bahn und beginnt, sich frei zu bewegen. Die Bedingung dafür, dass dies geschieht, lautet somit:

$$(6) \qquad \dot{u}_\nu \equiv \frac{v^2}{\varrho}$$

und enthält die beiden Sätze: „$\dot{u}_e$ muss in die Schmiegungsebene fallen“, und „v^2 muss gleich $\dot{u}_\nu . \varrho$ sein“ in dem Punkt, wo μ die Bahn verlassen soll.

Sind nun $\dot{u}_e$ und die vorgeschriebene Bahn in Cartesischen Coordinaten gegeben, so hat zunächst $\dot{u}_e$ drei bekannte Componenten X, Y, Z. Ferner hat die Zwangsbeschleunigung drei unbekannte Componenten, die wir jetzt N_x, N_y, N_z schreiben. Wir ziehen endlich auch noch die etwaige Reibungsbeschleunigung in Betracht. Versuche haben das Resultat ergeben: die Reibung liefert eine tangentiale Beschleunigung, welche innerhalb ziemlich weiter Geschwindigkeitsgrenzen nur von der Druckbeschleunigung abhängt und dieser proportional ist. Die Reibungsbeschleunigung ist also ηN, wo η eine Constante; sie hat die entgegengesetzte Richtung wie ds, macht also mit den Axen die Winkel, deren Cosinus $-\frac{dx}{ds}$, $-\frac{dy}{ds}$, $-\frac{dz}{ds}$ sind. Die Constante η hängt von dem Material und dem Rauhigkeitsgrade der Bahn ab, ist durch Versuche zu bestimmen, wird also hier als bekannt vorausgesetzt. Dann haben wir für die vollständigen Beschleunigungscomponenten

$$(7)\qquad \begin{cases} \dfrac{d^2x}{dt^2} = X + N_x - \eta N \dfrac{dx}{ds} \\ \dfrac{d^2y}{dt^2} = Y + N_y - \eta N \dfrac{dy}{ds} \\ \dfrac{d^2z}{dt^2} = Z + N_z - \eta N \dfrac{dz}{ds}. \end{cases}$$

Dazu kommen die Bedingungsgleichungen der Bahn

$$(8)\qquad \begin{cases} \Phi(x, y, z) = 0 \\ \Psi(x, y, z) = 0 \end{cases}$$

und die identischen Gleichungen

$$(9)\qquad N^2 = N_x^2 + N_y^2 + N_z^2,$$

$$(10)\qquad N_x \frac{dx}{ds} + N_y \frac{dy}{ds} + N_z \frac{dz}{ds} = 0.$$

Die letzte Gleichung drückt aus, dass N senkrecht auf ds steht. Zur Bestimmung der 7 Unbekannten x, y, z, N_x, N_y, N_z, N haben wir also 7 Gleichungen. Manchmal wird es zweckmässig, statt der zwei Gleichungen (8) drei einzuführen, in denen x, y, z als Functionen einer gemeinsamen Grösse ω dargestellt werden. Dann ist das Problem gelöst, wenn ω als Function von t bestimmt ist. Selbstverständlich fallen die auf z bezüglichen Grössen nebst einer der Gleichungen (8) fort, wenn die Bahn eben ist und ihre Ebene zur xy-Ebene genommen wird.

Da $N_x dx + N_y dy + N_z dz = 0$, giebt die Gleichung der lebendigen Kraft

$$(11)\qquad d(\tfrac{1}{2}v^2) = X dx + Y dy + Z dz - \eta N ds.$$

Besitzt ů eine Beschleunigungsfunction, so ist die rechte Seite dieser Gleichung kein genaues Differential; das Princip der lebendigen Kraft kann im Allgemeinen nicht angewendet werden. Nur wenn η verschwindet, gilt es und liefert dann

$$(12)\qquad \tfrac{1}{2}v^2+V=D,$$

wenn V die Beschleunigungsfunction von $\mathfrak{u}_e$ und D die bekannte Constante ist. In diesem Fall lässt sich die Integration allgemein auf eine Quadratur reduciren. Denn dann ist $v=\sqrt{2(D-V)}=\frac{ds}{dt}$, und wenn wir x, y, z durch die Gleichungen $x=\varphi(\omega)$, $y=\psi(\omega)$, $z=\chi(\omega)$ ausdrücken, so ist $ds=d\omega\sqrt{\left(\frac{d\varphi}{d\omega}\right)^2+\left(\frac{d\psi}{d\omega}\right)^2+\left(\frac{d\chi}{d\omega}\right)^2}$, also

$$(13)\qquad \left(\frac{d\omega}{dt}\right)^2=\frac{2D-V}{\left(\frac{d\varphi}{d\omega}\right)^2+\left(\frac{d\psi}{d\omega}\right)^2+\left(\frac{d\chi}{d\omega}\right)^2},$$

worin auch V durch ω ausgedrückt werden kann. Also findet sich nach dem Ausziehen der Quadratwurzel t als Function von ω, und damit auch x u. s. w.

Geht es an, so ist es vortheilhaft, im Anschluss an das in **31.** angedeutete Verfahren V durch s auszudrücken, wo dann die Gleichung $\frac{ds}{dt}=\sqrt{2(D-V)}$ unmittelbar zu integriren ist. Der wichtigste Unterfall unseres Problems ist die

65. Bewegung eines schweren Punkts auf vorgeschriebener Bahn. Bei Behandlung derselben setzen wir zunächst voraus, dass die Reibung vernachlässigt werden könne. Legen wir ein dreiaxiges Coordinatensystem so, dass die z-Axe vertical (positiv nach oben) steht, so ist $X=0$, $Y=0$, $Z=-g$, also sind die Gleichungen der Bewegung

$$(1)\qquad \frac{d^2x}{dt^2}=N_x,\quad \frac{d^2y}{dt^2}=N_y,\quad \frac{d^2z}{dt^2}=N_z-g.$$

Die Beschleunigungsfunction der Schwere ist gz, und das Princip der lebendigen Kraft giebt

$$(2)\qquad \tfrac{1}{2}v^2-\tfrac{1}{2}v_0^2+g(z-z_0)=0,$$

was auch geschrieben werden kann

$$(3)\qquad \frac{v^2}{2g}+z=\frac{v_0^2}{2g}+z_0.$$

(2) und (3) zeigen erstens, dass v nicht von der Form der Bahn abhängt, sondern bloss von der Anfangsgeschwindigkeit und der erreichten

Höhe z. Zweitens ist $\frac{v^2}{2g}$ die Geschwindigkeitshöhe von μ an der gerade betrachteten Stelle, d. h. die Höhe über seiner augenblicklichen Lage, welche μ erreichen würde, wenn es sich von seiner Stelle aus mit der Geschwindigkeit v vertical aufwärts bewegte. $\frac{v^2}{2g}+z$ ist also das Niveau, bis zu welchem μ ansteigen würde, wenn es seine gerade vorhandene Lage mit der gerade vorhandenen Geschwindigkeit vertical aufwärts verliesse; nennen wir dies Niveau das Geschwindigkeitsniveau, so heisst Gl. (3) „das Geschwindigkeitsniveau ist constant gleich seinem Anfangswerth“, oder „liesse man μ von verschiedenen Stellen der Bahn aus mit der gerade vorhandenen Geschwindigkeit vertical in die Höhe steigen, so liegen die höchsten Punkte, welche es erreicht, alle in derselben Horizontalebene“.

Ist nun die Bahn in sich geschlossen, so sind drei Fälle möglich: der höchste Punkt der Bahn kann unter, über, oder in dem Geschwindigkeitsniveau liegen. Hat der höchste Punkt der Bahn die Coordinate z_h, so lauten die Bedingungen für die drei Fälle

$$\frac{v_0^2}{2g}+z_0 > z_h, \quad \frac{v_0^2}{2g}+z_0 < z_h \quad \text{und} \quad \frac{v_0^2}{2g}+z_0 = z_h.$$

1) Ist $\frac{v_0^2}{2g}+z_0 > z_h$, so hat v^2 in z_h noch einen positiven Werth, also überschreitet μ den höchsten Punkt mit endlicher Geschwindigkeit. Beim Herabsteigen nimmt v zu, bis der tiefste Punkt erreicht ist, dann steigt μ wieder, und wenn die Bahn keine Spitzen hat, wie wir voraussetzen wollen, so gelangt μ wieder nach z_h, wo es wieder die frühere Minimalgeschwindigkeit hat. μ macht also ganze Umläufe und durchläuft die Bahn immer in demselben Sinn. v schwankt dabei, ohne jemals Null zu werden, zwischen einem absoluten Minimum und Maximum; zwischen diesen können noch relative Maxima und Minima liegen, wenn die z-Coordinate der Bahn solche hat.

2) Ist $\frac{v_0^2}{2g}+z_0 < z_h$, so wird $v=0$ für $z < z_h$. μ steigt also auf der Bahn bis zur Höhe des Geschwindigkeitsniveaus, kehrt dann um, erreicht den tiefsten Punkt der Bahn mit der Maximalgeschwindigkeit, überschreitet ihn, geht auf der andern Seite der Bahn wieder bis zur Höhe des Geschwindigkeitsniveaus, kehrt wieder um u. s. w. Die Bewegung ist schwingend.

3) Ist $\frac{v_0^2}{2g} + z = z_h$, so ist $v = 0$ für $z = z_h$, und da z_h das Maximum von z ist, so steht das höchste Bahnelement senkrecht auf $-g$, also ist dort die Tangentialbeschleunigung Null, und der Punkt μ, einmal in z_h angelangt, würde dort in Ruhe bleiben. Es lässt sich aber zeigen, dass im Allgemeinen μ die Stelle z_h überhaupt nicht in endlicher Zeit erreicht, sondern sich ihr nur asymptotisch nähert. Zum Beweise denken wir uns den Anfangspunkt der Coordinaten in den höchsten Punkt der Bahn verlegt, zählen den Bogen s vom Anfangspunkt aus und kehren die z-Richtung um, so dass die z der Bahnpunkte wesentlich positiv sind. Die Geschwindigkeit v, mit der sich μ nach dem Anfangspunkt hinbewegt, ist dann negativ, und Gl. (3) giebt $v^2 = 2gz$, also

$$-\frac{ds}{dt} = \sqrt{2gz}.$$

Der Krümmungsradius der Curve ist

$$\varrho = \frac{1}{\sqrt{\frac{d^2x}{ds^2} + \frac{d^2y}{ds^2} + \frac{d^2z}{ds^2}}}$$

und macht mit den drei Axen die Winkel, deren Cosinus sind

$$\cos\lambda = \varrho\frac{d^2x}{ds^2}, \quad \cos\mu = \varrho\frac{d^2y}{ds^2}, \quad \cos\nu = \varrho\frac{d^2z}{ds^2}.$$

Insbesondere ist hiernach

$$\frac{d^2z}{ds^2} = \frac{\cos\nu}{\varrho}.$$

Wir können nun immer (wenn der Anfangspunkt nicht eine Spitze bildet) eine Constante α so wählen, dass für eine kleine, aber endliche Strecke des Bogens s

$$\alpha < \frac{\varrho}{\cos\nu} \quad \text{also} \quad \frac{1}{\alpha} > \frac{d^2z}{ds^2}$$

ist. Es folgt dann durch Integration

$$\frac{s}{\alpha} > \frac{dz}{ds},$$

wobei die Integrationsconstante Null ist, weil z für $s = 0$ ein Maximum hat, also $\frac{dz_0}{ds} = 0$. Daraus wird durch nochmalige Integration, weil $z = 0$ für $s = 0$,

$$\frac{1}{2}\frac{s^2}{a} > z.$$

Setzt man dies in die obige Gleichung $-\frac{ds}{dt} = \sqrt{2gz}$, so kommt

$$0 < \frac{ds}{dt} + \sqrt{g\frac{s^2}{a}} \quad \text{oder} \quad \frac{ds}{s} + dt\sqrt{\frac{g}{a}} > 0.$$

Integrirt man dies von $s = s_1$ bis $s = 0$, wobei s_1 auf der Bahnstrecke liegt, für welche die Bedingung $a < \frac{\varrho}{\cos\nu}$ gilt, so ergiebt sich

$$t - t_1 > \sqrt{\frac{a}{g}}\log\frac{s_1}{s}.$$

Für unendlich kleines s wird also t unendlich gross, d. h. μ erreicht den Anfangspunkt nicht.

Specialfälle.

66. Bewegung auf einer geneigten Geraden. Die Gerade mache mit der Verticalen den Winkel α. Die Gleichungen **64.** 3, und 4 geben, wenn wir s vom Ausgangspunkte abwärts rechnen, unmittelbar

$$(1)\quad \frac{d^2s}{dt^2} = \frac{dv}{dt} = g\cos\alpha, \qquad (2)\quad \frac{v^2}{\rho} = g\sin\alpha \mp N.$$

Die erste von diesen zeigt, dass die Bewegung dieselben Eigenschaften hat, wie die verticale Fallbewegung, nur mit dem Unterschied, dass an die Stelle von g die gleichfalls constante Grösse $g\cos\alpha$ tritt. In der zweiten ist $\rho = \infty$, also $N = -g\sin\alpha$ der Ausdruck für die Zwangsbeschleunigung. Der Druck auf die Fessel ist $-\mu N = \mu g\sin\alpha$, also constant.

Es sei P ein Punkt, von dem aus gerade Bahnen nach allen möglichen Richtungen abwärts führen. Gleichzeitig setze man von P aus auf jeder dieser Bahnen einen Punkt in Bewegung, und zwar mit der Anfangsgeschwindigkeit $v_0\cos\alpha$, wo α der Neigungswinkel der Bahn gegen die Verticale, und v_0 für alle Bahnen dieselbe Grösse ist. Die Integration von Gl. (1) ergiebt dann für irgend einen unserer Punkte, dass die Bahnabscisse s, gerechnet von P ab, ist

$$s = (\tfrac{1}{2}gt^2 + v_0t)\cos\alpha = p\cos\alpha,$$

wo p zur Abkürzung steht. Vertical unter P im Abstand $\frac{p}{2}$ wählen wir einen Punkt O zum neuen Anfangspunkt und ziehen von ihm den Radiusvector ρ nach irgend einem μ hin. Dann gilt für ρ die Gleichung

$$\rho^2 = s^2 + \frac{p^2}{4} - 2s\frac{p}{2}\cos\alpha,$$

zu der der Leser leicht die Figur herstellen kann. Die Einsetzung von $p\cos\alpha$ für s giebt

$$(3)\qquad \rho^2 = \frac{p^2}{4}.$$

Danach liegen sämmtliche fallenden Punkte jederzeit auf einer Kugel; der Mittelpunkt O derselben liegt im Abstand $\frac{p}{2}$ unter P, d. h. er bewegt sich halb so schnell abwärts, wie ein Punkt, der frei mit der Anfangsgeschwindigkeit v_0 nach unten geworfen wird; der Radius ist immer gleich OP. Wählt man $v_0 = 0$, so enthält Gl. (3) den Satz: „Ein Punkt μ, der ohne Anfangsgeschwindigkeit vom höchsten Punkte einer Kugel ausgeht, durchläuft alle Sehnen derselben in der gleichen Zeit." Derselbe gilt demnach auch für einen Kreis in beliebiger Ebene. Was wird aus dem vorstehenden, wenn man auch aufwärts gerichtete Anfangsgeschwindigkeiten zulässt?

Wir berücksichtigen noch den Fall, dass der Punkt μ sich an der Geraden reibt. Ist η der Reibungscoefficient, so ist ηN die Reibungsbeschleunigung und N ist dem absoluten Werth nach gleich $g \sin\alpha$. Also haben wir, wenn die Bewegung abwärts gerichtet ist

$$(4) \quad \frac{dv}{dt} = g\cos\alpha - \eta g \sin\alpha, \qquad (5) \quad N = -g\sin\alpha.$$

Die Integration ergiebt

$$(6) \quad v - v_0 = g(\cos\alpha - \eta\sin\alpha)t, \qquad (7) \quad s = s_0 + v_0 t + \tfrac{1}{2}gt^2(\cos\alpha - \eta\sin\alpha).$$

Die Bewegung ist im Allgemeinen gleichmässig beschleunigt. Im speciellen Fall, wo $\cos\alpha = \eta\sin\alpha$, wird sie gleichförmig. Der diesem Fall entsprechende Winkel $\frac{\pi}{2} - \alpha$ heisst der Reibungswinkel; seine Tangente ist gleich dem Reibungscoefficienten η. Ist dabei $v_0 = 0$, so bleibt μ in Ruhe. Ist $\eta\sin\alpha > \cos\alpha$, so ist die Gesammtbeschleunigung negativ, μ kommt zur Ruhe. Dann gilt in der Ruhelage von μ die Differentialgleichung (4) nicht mehr, μ bleibt in Ruhe.

Bewegt μ sich aufwärts, so wird bei aufwärts gerechneten s

$$(8) \quad \frac{dv}{dt} = -g(\cos\alpha + \eta\sin\alpha), \qquad (9) \quad N = -g\sin\alpha,$$

$$(10) \quad v - v_0 = -g(\cos\alpha + \eta\sin\alpha)t,$$

$$(11) \quad s = s_0 + v_0 t - \tfrac{1}{2}gt^2(\cos\alpha + \eta\sin\alpha).$$

Die Bewegung ist immer gleichmässig verzögert; μ kommt zur Ruhe, wenn $t = \frac{v_0}{g(\cos\alpha + \eta\sin\alpha)}$, woraus der Ruhepunkt leicht zu berechnen ist. Von da ab sind zwei Fälle möglich: ist α kleiner als das Complement des Reibungswinkels, so kehrt μ seine Bewegung um und gehorcht nunmehr den Gleichungen (6) und (7). Ist aber α grösser als das Complement des Reibungswinkels, so hören die Differentialgleichungen auf zu gelten, und μ bleibt liegen.

67. Schwerer Punkt auf einem verticalen Kreise, einfaches Pendel. Der schwere Punkt μ bewege sich auf einem verticalen Kreise vom Radius a; welches wird seine Bewegung?

Wir nehmen den Mittelpunkt O des Kreises zum Coordinatenanfang, die abwärts gerichtete Verticale zur z-Axe, und nennen ϑ den Winkel, welchen der Radiusvector $r = O\mu$ mit der z-Axe macht. Dann lässt sich die Lage von μ durch die einzige Variable ϑ bestimmen, es leuchtet also ein, dass man am vortheilhaftesten mit dieser operirt. In dem Augenblick, wo r die Elongation ϑ hat, ist die radiale

Componente der Schwere $\mu g \cos\vartheta$, die tangentiale also bis auf das Vorzeichen $\mu g \sin\vartheta$. Bei positivem ϑ zieht die Tangentialbeschleunigung nach der Seite der negativen ϑ hin, folglich ist das negative Vorzeichen zu wählen, es ist $\frac{dv}{dt} = -g\sin\vartheta$. Nun ist der Bogen s, wenn er vom tiefsten Punkt des Kreises aus gerechnet wird, gleich $a\vartheta$, also $ds = a d\vartheta$ und $v = a\frac{d\vartheta}{dt}$, $\frac{dv}{dt} = a\frac{d^2\vartheta}{dt^2}$. Wir haben also zur Bestimmung von ϑ die Gleichung

$$(1) \qquad \frac{d^2\vartheta}{dt^2} = -\frac{g}{a}\sin\vartheta,$$

welche die „Pendelgleichung" genannt wird.

Mit $\frac{d\vartheta}{dt}$ multiplicirt und integrirt, giebt sie

$$(2) \qquad \left(\frac{d\vartheta}{dt}\right)^2 - \left(\frac{d\vartheta_0}{dt}\right)^2 = 2\frac{g}{a}(\cos\vartheta - \cos\vartheta_0),$$

wo ϑ_0 den Anfangswerth von ϑ bezeichnet. $\frac{d\vartheta_0}{dt}$ ist $\frac{v_0}{a}$, so dass man (2) auch schreiben kann

$$(3) \qquad a\frac{d\vartheta}{dt} = \sqrt{v_0^2 + 2ga(\cos\vartheta - \cos\vartheta_0)}.$$

Zu derselben Gleichung gelangen wir in rechtwinkligen Coordinaten durch das Princip der lebendigen Kraft. Die Axe, welche senkrecht zu z steht, nennen wir die Axe der x; dann sind die Gleichungen der Bewegung

$$(4) \qquad \frac{d^2x}{dt^2} = N_x, \quad \frac{d^2z}{dt^2} = N_z + g,$$

$$(5) \qquad x^2 + z^2 = a^2$$

und das Princip der lebendigen Kraft giebt, da die Beschleunigungsfunction für unsere Coordinatenrichtung $-gz$ ist,

$$(6) \qquad \tfrac{1}{2}v^2 = \tfrac{1}{2}v_0^2 + g(z - z_0).$$

Da nun $z = a\cos\vartheta$, giebt dies, wenn v durch $a\frac{d\vartheta}{dt}$ ersetzt wird,

$$(3) \qquad a\frac{d\vartheta}{dt} = \sqrt{v_0^2 + 2ga(\cos\vartheta - \cos\vartheta_0)}.$$

Diese Gleichung bestimmt die Winkelgeschwindigkeit unseres Punktes. Da das Vorzeichen der Wurzel willkürlich ist, kann μ an der gleichen Stelle zwei entgegengesetzte Geschwindigkeiten haben, die eine in steigender, die andere in sinkender Richtung. Wir nehmen ϑ_0 als positiv, dann ist das positive Vorzeichen zu wählen, wenn die Geschwindigkeit den Sinn hat, bei welchem der absolute Werth von ϑ auf der Seite von ϑ_0 wächst. Gl. (3) ist nun weiter zu integriren; zwischen den Gränzen 0 und t ausgeführt, liefert die Integration

$$(7) \qquad t = \int_{\vartheta_0}^{\vartheta} \frac{a\,d\vartheta}{\sqrt{v_0^2 + 2ga(\cos\vartheta - \cos\vartheta_0)}}.$$

Das Integral gehört zur Classe der elliptischen; für seine weitere Reduction sind die drei Fälle des **§ 65** zu unterscheiden, welche hier lauten

$$(8)\qquad v_0^2-2ga\cos\vartheta_0 \lesseqgtr 2ga.$$

In allen Fällen ist es zweckmässig, den Winkel $\frac{1}{2}\vartheta$ für ϑ einzuführen. Wir setzen $\cos\vartheta-\cos\vartheta_0=(1-\cos\vartheta_0)-(1-\cos\vartheta)=2\sin^2\frac{1}{2}\vartheta_0-2\sin^2\frac{1}{2}\vartheta$ und erhalten so

$$(9)\qquad t=\int_{\vartheta_0}^{\vartheta}\frac{a\,d\vartheta}{\sqrt{v_0^2+4ga\sin^2\frac{1}{2}\vartheta_0-4ga\sin^2\frac{1}{2}\vartheta}}.$$

Die Bedingungen (8) lauten nun

$$(10)\qquad v_0^2+4ga\sin^2\tfrac{1}{2}\vartheta_0 \lesseqgtr 4ga.$$

Dividirt man sie durch $2g$, so steht links die Geschwindigkeitshöhe des tiefsten Punktes, rechts der Durchmesser des Kreises. Die erste repräsentirt den Fall der Schwingungen, die dritte den der ganzen Umläufe, die zweite den des einmaligen Ansteigens bis zum höchsten Punkt des Kreises.

Fall I: $v_0^2+4ga\sin^2\frac{1}{2}\vartheta_0<4ga$. Dann setzen wir $\frac{v_0^2+4ga\sin^2\frac{1}{2}\vartheta_0}{4ga}=\varkappa^2$, so dass $\varkappa^2$ das Verhältniss „Steighöhe des tiefsten Punktes dividirt durch den Durchmesser" bezeichnet, und $\varkappa<1$. Die Substitution in (9) ergiebt

$$(11)\qquad t=\sqrt{\frac{a}{g}}\int_{\vartheta_0}^{\vartheta}\frac{d.\frac{1}{2}\vartheta}{\sqrt{\varkappa^2-\sin^2\frac{1}{2}\vartheta}}.$$

Statt $\frac{1}{2}\vartheta$ führen wir eine neue Variable φ ein, so dass $\sin\frac{1}{2}\vartheta=\varkappa\sin\varphi$ oder $\varphi=\operatorname{Arc\,sin}\frac{\sin\frac{1}{2}\vartheta}{\varkappa}$. Dann kommt

$$(12)\qquad t=\sqrt{\frac{a}{g}}\int_{\varphi_0}^{\varphi}\frac{d\varphi}{\sqrt{1-\varkappa^2\sin^2\varphi}}.$$

Das ist ein elliptisches Integral in der kanonischen Form; ein solches, von 0 bis φ gewonnen, wird nach Legendre und Jacobi mit $F(\varphi,\varkappa)$ bezeichnet. Damit wird (12)

$$(13)\qquad t=\pm\sqrt{\frac{a}{g}}\,\{F(\varphi,\varkappa)-F(\varphi_0,\varkappa)\}_{\sin\varphi=\frac{1}{\varkappa}\sin\frac{1}{2}\vartheta}$$

Wir setzen das doppelte Vorzeichen, um ausdrücklich an die Doppelsinnigkeit der Wurzel zu erinnern. Das positive Zeichen gilt, wenn die Bewegung in positiver Richtung vor sich geht, also wenn μ zur Zeit Null auf der Seite von ϑ_0 ansteigt. Bei der umgekehrten Bewegung gilt das negative Zeichen. Um die Vorstellungen zu fixiren, nehmen wir jetzt an, μ sei in ϑ_0 in absteigender Bewegung begriffen. Wir nennen t_m den Moment, wo μ durch den tiefsten Punkt des Kreises geht; dann ist für t_m wegen $\vartheta=0$ auch $\varphi=0$, also $F(\varphi,\varkappa)=0$, und

$$(14)\qquad t_m=\sqrt{\frac{a}{g}}\,F(\varphi_0,\varkappa).$$

Subtrahirt man davon Gl. (13), in der nun das —Zeichen gilt, so kommt

$$(15)\qquad t_m-t=\sqrt{\frac{a}{g}}\,F(\varphi,\varkappa)$$

als Ausdruck für die Zeit, welche μ gebraucht, um aus seiner jeweiligen Lage bei absteigender Bewegung in den tiefsten Punkt des Kreises zu gelangen. (Bei aufsteigender Bewegung ist $t - t_m$ die Zeit für die Bewegung von $\vartheta = 0$ bis $\vartheta = \vartheta$.) μ überschreitet nun den Punkt t_m und steigt auf der Seite der negativen ϑ bis zu der Stelle, welche um $\frac{v_0^2}{2g}$ über dem Ausgangspunkt liegt. Diese ist bedingt durch $\frac{d\vartheta}{dt} = 0$, also nach (9) durch $v_0^2 + 4ga\sin^2\frac{1}{2}\vartheta_0 = 4ga\sin^2\frac{1}{2}\vartheta$, d. h. $\sin^2\frac{1}{2}\vartheta = \varkappa^2$, woraus, da ϑ in unserm Fall negativ ist, folgt $\sin\frac{1}{2}\vartheta = -\varkappa$, $\sin\varphi = -1$, also $\varphi = -\frac{\pi}{2}$. Für den Moment t_e, in welchem μ seine extreme Lage erreicht, wird demnach

$$(16)\qquad t_e - t_m = \sqrt{\frac{a}{g}}\,F\left(\frac{\pi}{2}, \varkappa\right).$$

Das vierfache dieses Zeitraums ist die Periode T, die Zeit einer „ganzen Schwingung". Also

$$(17)\qquad T = 4\sqrt{\frac{a}{g}}\,F\left(\frac{\pi}{2}, \varkappa\right).$$

Ein Integral $\int_0^{\frac{\pi}{2}} \frac{d\varphi}{\sqrt{1-\varkappa^2\sin^2\varphi}}$ heisst bekanntlich das vollständige elliptische Integral für den Modulus $\varkappa$ und wird nach Jakobi mit $K_{\text{mod}\,\varkappa}$ bezeichnet. Nennen wir den extremen absoluten Werth, den ϑ erreicht, α, so ist nach dem obigen $\varkappa = \sin\frac{1}{2}\alpha$, und dann lautet Gl. (17) in kürzester Bezeichnung

$$(18)\qquad T = 4\sqrt{\frac{a}{g}}\,K_{\text{mod}\,\varkappa = \sin\frac{1}{2}\alpha}.$$

Die Werthe von F und K finden sich in den Tafeln elliptischer Integrale. Den von K entwickeln wir in eine Reihe, aus der man dann Näherungsformeln entnehmen kann. Es ist nach dem binomischen Satz

$$\frac{1}{\sqrt{1-\varkappa^2\sin^2\varphi}} = (1-\varkappa^2\sin^2\varphi)^{-\frac{1}{2}}$$

$$= 1 + \tfrac{1}{2}\varkappa^2\sin^2\varphi + \frac{1}{2}\cdot\frac{3}{4}\varkappa^4\sin^4\varphi + \frac{1.3.5}{2.4.6}\varkappa^6\sin^6\varphi \ldots$$

$$K = \int d\varphi + \tfrac{1}{2}\varkappa^2\int\sin^2\varphi\,d\varphi + \frac{1.3}{2.4}\varkappa^4\int\sin^4\varphi\,d\varphi + \cdots$$

alle Integrale von 0 bis $\frac{\pi}{2}$ genommen. Nun ist

$$\int_0^{\frac{\pi}{2}} \sin^{2n}\varphi\,d\varphi = \frac{1.3.5\ldots(2n-1)}{2.4.6\ldots 2n}\cdot\frac{\pi}{2},$$

also

$$(19)\qquad K = \frac{\pi}{2}\left\{1 + (\tfrac{1}{2})^2\varkappa^2 + \left(\frac{1.3}{2.4}\right)^2\varkappa^4 + \left(\frac{1.3.5}{2.4.6}\right)^2\varkappa^6 + \cdots\right.$$

$$(20)\qquad T = 2\pi\sqrt{\frac{a}{g}}\left\{1+(\tfrac{1}{2})^2\sin^2\frac{\alpha}{2}+\left(\frac{1.3}{2.4}\right)^2\sin^4\frac{\alpha}{2}+\left(\frac{1.3.5}{2.4.6}\right)^2\sin^6\frac{\alpha}{2}+\cdots\right.$$

Für sehr kleine Elongationen α kann man die Reihe mit dem ersten Glied abbrechen und hat dann in erster Annäherung

$$(21)\qquad T = 2\pi\sqrt{\frac{a}{g}}\,.$$

Dasselbe ergiebt sich dann auch leicht direct aus der Pendelgleichung (1). Kann nämlich ϑ nur sehr kleine Werthe annehmen, so darf man $\sin\vartheta$ mit ϑ verwechseln. Aus (1) wird dann

$$\frac{d^2\vartheta}{dt^2} = -\frac{g}{a}\,\vartheta,$$

d. i. die bekannte Differentialgleichung einer harmonischen Bewegung mit der Periode $2\pi\sqrt{\frac{a}{g}}$. Sehr kleine Schwingungen sind hiernach isochron, d. h. unabhängig von der Ausschlagsweite. Die Reihe für T convergirt immer, da ihr Quotient sich der Gränze $\varkappa^2$ nähert.

Zu ganz analogen Formeln kann man auch in rechtwinkligen Coordinaten gelangen. Wir beschränken uns darauf, den Weg zur Herstellung von T zu zeigen. T ist $4t_m$ für den Fall, dass $v_0^2 = 0$ ist. Gl. (6) wird dann

$$(22)\qquad \left(\frac{ds}{dt}\right)^2 = v^2 = 2g(z-z_0).$$

Nach Gl. (5) ist aber $x\,dx + z\,dz = 0$ und $x^2 = a^2 - z^2$, also $ds^2 = dx^2 + dz^2 = dz^2 + \frac{z^2}{x^2}\,dz^2 = dz^2\,\frac{a^2}{a^2-z^2}$. Also aus (22)

$$(23)\qquad \frac{dz}{dt} = \sqrt{\frac{2g(z-z_0)(a^2-z^2)}{a^2}}$$

$$(24)\qquad dt = \frac{a}{\sqrt{2g}}\,\frac{dz}{\sqrt{(z-z_0)(a^2-z^2)}}\,.$$

Setzen wir $z = -\zeta + a$ (Herabrücken des Coordinatenanfangs in den tiefsten Punkt und Umkehrung der z-Axe), so wird die Grösse unter der Wurzel $(-\zeta + a - z_0)(2\zeta a - \zeta^2)$; darin ist $a - z_0$ die Steighöhe des tiefsten Punktes; schreiben wir sie zur Abkürzung b, so kommt

$$(25)\qquad dt = \frac{a}{\sqrt{2g}}\,\frac{d\zeta}{\sqrt{(b-\zeta)(2a\zeta-\zeta^2)}} = \frac{1}{2}\sqrt{\frac{a}{g}}\,\frac{d\zeta}{\sqrt{b\zeta-\zeta^2}}\left(1-\frac{\zeta}{2a}\right)^{-\frac{1}{2}}.$$

Entwickelt man $\left(1-\frac{\zeta}{2a}\right)^{-\frac{1}{2}}$ nach dem binomischen Satz, so findet man die wegen $\zeta < 2a$ immer convergirende Reihe

$$\left(1-\frac{\zeta}{2a}\right)^{-\frac{1}{2}} = 1 + \frac{1}{2}\,\frac{\zeta}{2a} + \frac{1.3}{2.4}\left(\frac{\zeta}{2a}\right)^2 + \frac{1.3.5}{2.4.6}\left(\frac{\zeta}{2a}\right)^3 + \cdots$$

Um t_m zu finden, müssen wir dt von $\zeta = 0$ bis $\zeta = b$ integriren; also

$$(26)\qquad \begin{cases} T = 4t_m = 2\sqrt{\frac{a}{g}}\left[\int\limits_0^b \frac{d\zeta}{\sqrt{b\zeta-\zeta^2}} + \frac{1}{2}\cdot\frac{1}{2a}\int\limits_0^b \frac{\zeta\,d\zeta}{\sqrt{b\zeta-\zeta^2}}\right. \\ \qquad + \frac{1}{2}\cdot\frac{3}{4}\cdot\left(\frac{1}{2a}\right)^2\int\limits_0^b \frac{\zeta^2\,d\zeta}{\sqrt{b\zeta-\zeta^2}} + \text{etc.} \end{cases}$$

Was die hierin auftretenden Integrale angeht, so ist das erste π, die andern

$$(27)\qquad \int_0^b \frac{\zeta^n d\zeta}{\sqrt{b\zeta-\zeta^2}} = \frac{1.3.5\ldots(2n-1)}{2.4.6\ldots 2n} b^n \pi.$$

Also

$$T = 2\pi\sqrt{\frac{a}{g}}\left[1+(\tfrac{1}{2})^2\frac{b}{2a}+\left(\frac{1.3}{2.4}\right)^2\left(\frac{b}{2a}\right)^2+\left(\frac{1.3.5}{2.4.6}\right)^2\left(\frac{b}{2a}\right)^2+\cdots\right.$$

$\frac{b}{2a}$ ist $\varkappa^2$, der Ausdruck also identisch mit (19) und (20).

Zu vollständiger Lösung des Problems ist nun noch ϑ und $\frac{d\vartheta}{dt}$ als Function von t aus Gl. (13) oder (15) herzustellen. Da $\sin\frac{1}{2}\vartheta = \varkappa\sin\varphi$, geschieht dies durch Auflösung der genannten Gleichungen nach φ, und diese kommt zu Stande mit Hülfe der von Jacobi und Abel benannten elliptischen Functionen. Ist u das elliptische Integral

$$u = \int_0^\varphi \frac{d\psi}{\sqrt{1-\varkappa^2\sin^2\psi}},$$

so ist φ eine Function von u und heisst die „Amplitude von u". Sie wird bezeichnet als $\mathrm{am}(u, \varkappa)$ oder $\mathrm{am}(u)\bmod\varkappa$. Die Functionen $\sin\mathrm{am}\,u$, $\cos\mathrm{am}\,u$ und $\sqrt{1-\varkappa^2\sin^2\varphi} = \sqrt{1-\varkappa^2\sin^2\mathrm{am}\,u} = \Delta\mathrm{am}\,u$ heissen elliptische Functionen. Sie lassen sich eben so wenig wie die elliptischen Integrale auf geschlossene Ausdrücke mit elementaren Functionen von u reduciren, sondern sind selbständige Transcendenten, (wie $\sin u$), deren Eigenschaften von Abel und Jacobi gegeben sind. Aus Gl. (15)

$$(15)\qquad t_m - t = \sqrt{\frac{a}{g}}\,F(\varphi, \varkappa)$$

folgt nun

$$(28)\qquad F(\varphi, \varkappa) = \sqrt{\frac{g}{a}}\,(t_m - t),$$

$$(29)\qquad \varphi = \mathrm{am}\left(\sqrt{\frac{g}{a}}\,(t_m - t)\right)_{\bmod \varkappa},$$

$$(30)\qquad \sin\tfrac{1}{2}\vartheta = \varkappa\sin\varphi = \varkappa\sin\mathrm{am}\left[\sqrt{\frac{g}{a}}\,(t_m - t)\right]_{\bmod \varkappa},$$

und mit unserer Kenntniss der Eigenschaften und Werthe von $\sin\mathrm{am}\,x$ ist dies die vollständige Lösung des Problems der Darstellung von ϑ durch t. Schreiben wir Gl. (30) abkürzend

$$\vartheta = 2\arcsin\{\varkappa\sin\mathrm{am}\,x\},$$

so ergiebt sich durch Differentiation

$$(31)\qquad \frac{d\vartheta}{dt} = 2\frac{1}{\sqrt{1-\varkappa^2\sin^2\mathrm{am}\,x}}\cdot\varkappa\frac{d(\sin\mathrm{am}\,x)}{dx}\cdot\frac{dx}{dt}.$$

Nun ist $\frac{d(\sin\mathrm{am}\,x)}{dx} = \cos\mathrm{am}\,x\,\frac{d\,\mathrm{am}\,x}{dx} = \cos\mathrm{am}\,x.\Delta\,\mathrm{am}\,x$; ferner ist

$$\sqrt{1-\varkappa^2\sin^2\mathrm{am}\,x} = \Delta\,\mathrm{am}\,x \text{ und } \frac{dx}{dt} = -\sqrt{\frac{g}{a}}.$$

Also wird

$$(32)\qquad \frac{d\vartheta}{dt} = -2\varkappa\sqrt{\frac{g}{a}}\cos\operatorname{am}\left\{\sqrt{\frac{g}{a}}(t_m - t)\right\},$$

wodurch, da $v = a\frac{d\vartheta}{dt}$, auch die Geschwindigkeit als Function der Zeit dargestellt ist. Es bedarf nicht erst der Erwähnung, dass das doppelte Vorzeichen von $\sqrt{\frac{g}{a}}$ den Sinus der Amplitude afficirt, den Cosinus nicht. ϑ und $\frac{d\vartheta}{dt}$ sind demnach beide zweideutig, $\left(\frac{d\vartheta}{dt}\right.$, weil es den Factor $\sqrt{\frac{g}{a}}$ vor dem cos enthält$\left.\right)$; die beiden Vorzeichen beziehen sich auf den doppelten Sinn der Bewegung von μ.

Fall II: $v_0^2 + 4ga\sin^2\frac{1}{2}\vartheta_0 > 4ga$. Dann setzen wir $\frac{4ga}{v_0^2 + 4ga\sin^2\frac{1}{2}\vartheta_0} = \varkappa^2$, so dass $\varkappa^2$ nunmehr der Quotient „Geschwindigkeitshöhe des tiefsten Punktes dividirt in den Durchmesser" ist. In diesem Fall wird aus Gl. (9)

$$(33)\qquad t = \varkappa\sqrt{\frac{a}{g}}\int_{\vartheta_0}^{\vartheta}\frac{d\frac{1}{2}\vartheta}{\sqrt{1-\varkappa^2\sin^2\frac{1}{2}\vartheta}},$$

und wenn wir darin φ für $\frac{1}{2}\vartheta$ setzen, hat das Integral sofort die canonische Form

$$(34)\qquad t = \varkappa\sqrt{\frac{a}{g}}\int_{\varphi=\frac{\vartheta_0}{2}}^{\varphi=\frac{\vartheta}{2}}\frac{d\varphi}{\sqrt{1-\varkappa^2\sin^2\varphi}},$$

$$(35)\qquad t = \varkappa\sqrt{\frac{a}{g}}\left\{F\left(\frac{\vartheta}{2},\varkappa\right) - F\left(\frac{\vartheta_0}{2},\varkappa\right)\right\}.$$

Nehmen wir als Ausgangspunkt $\vartheta_0 = 0$, d. h. rechnen wir die Zeit, die wir dann t' schreiben, von dem Augenblick an, wo μ den tiefsten Punkt des Kreises passirt, so wird

$$(36)\qquad t' = \varkappa\sqrt{\frac{a}{g}}\,F\left(\frac{\vartheta}{2},\varkappa\right).$$

μ macht volle Umläufe; die Dauer eines solchen erhalten wir, wenn wir $\vartheta = 2\pi$ setzen. Das giebt

$$(37)\qquad T = \varkappa\sqrt{\frac{a}{g}}\,F(\pi,\varkappa) = 2\varkappa\sqrt{\frac{a}{g}}\,K_{\operatorname{mod}\varkappa}.$$

Die Umkehrung von Gl. (36) ergiebt

$$(38)\qquad \vartheta = 2\operatorname{am}\left(\frac{1}{\varkappa}\sqrt{\frac{g}{a}}\,t'\right)_{\operatorname{mod}\varkappa}$$

und hieraus durch Differentiation, wenn die Grösse in der Klammer x heisst, $\frac{d\vartheta}{dt} = 2\frac{d.\operatorname{am}x}{dx}\cdot\frac{dx}{dt}$, wo $\frac{d.\operatorname{am}x}{dx} = \Delta\operatorname{am}x$, $\frac{dx}{dt} = \frac{1}{\varkappa}\sqrt{\frac{g}{a}}$, also

$$(39)\qquad \frac{d\vartheta}{dt} = \frac{2}{\varkappa}\sqrt{\frac{g}{a}}\,\Delta\operatorname{am}\left(\frac{1}{\varkappa}\sqrt{\frac{g}{a}}\,t'\right)_{\operatorname{mod}\varkappa}$$

nebst $v = a\frac{d\vartheta}{dt}$. Da die Winkelgeschwindigkeit immer die gleiche Richtung hat, sind alle Wurzeln positiv zu rechnen, wenn man den Sinn von $\frac{d\vartheta}{dt}$ im tiefsten Punkt als den positiven bezeichnet.

Fall III. $v_0^2+4ga\sin^2\frac{1}{2}\vartheta_0 = 4ga$. Dann degenerirt das elliptische Integral zum goniometrischen; die Substitution in (9) ergiebt

$$(40)\qquad t=\sqrt{\frac{a}{g}}\int\limits_{\vartheta_0}^{\vartheta}\frac{d\frac{1}{2}\vartheta}{\cos\frac{1}{2}\vartheta}.$$

Die Integration ist auszuführen vermittels der Substitution $\varphi=\frac{1}{2}(\pi-\vartheta)$ und Multiplication mit $\sin^2\varphi+\cos^2\varphi=1$. Sie ergiebt

$$(41)\qquad t=\pm\sqrt{\frac{a}{g}}\log\frac{\tan\!g\frac{1}{4}(\pi-\vartheta)}{\tan\!g\frac{1}{4}(\pi-\vartheta_0)},$$

$$(42)\qquad \vartheta=\pi-4\,\mathrm{arc\,tang}\Big(\mathrm{tang}\tfrac{1}{4}(\pi-\vartheta_0).e^{t\sqrt{\frac{g}{a}}}\Big),$$

$$(43)\qquad \frac{d\vartheta}{dt}=4\sqrt{\frac{g}{a}}\,\frac{\mathrm{tang}\frac{1}{4}(\pi-\vartheta_0)}{e^{-t\sqrt{\frac{g}{a}}}+\mathrm{tang}^2\frac{1}{4}(\pi-\vartheta_0).e^{t\sqrt{\frac{g}{a}}}}$$

und $v=a\frac{d\vartheta}{dt}$. In diesen Gleichungen sei ϑ_0 positiv, wenn es auf der Seite der abnehmenden ϑ liegt; dann gelten überall die positiven Vorzeichen der Wurzel. Für $\vartheta=-\pi$ wird $t=\infty$, entsprechend dem in **65.** gesagten.

Wir wenden uns nun zum zweiten Theil des Problems, zur Feststellung von N und zu der Frage, ob und wann μ die Bahn verlassen kann. Der Einfluss der Art, wie die Fesselung ausgeführt wird, tritt dabei in lehrreicher Weise hervor.

Nach dem früheren ist die Centripetalbeschleunigung $\frac{v^2}{\rho}$ die Summe von Zwangsbeschleunigung und Normalcomponente der Schwere. Dabei wird die centripetale Richtung als die positive betrachtet, also ist die Radialcomponente der Schwere $-g\cos\vartheta$. Wir haben also, wegen $\rho=a$,

$$(44)\qquad \frac{v^2}{a}=-g\cos\vartheta+N,$$

$$(45)\qquad N=\frac{v^2}{a}+g\cos\vartheta.$$

N hat hiernach offenbar ein Maximum im tiefsten Punkt, wo v und $\cos\vartheta$ zugleich ihr Maximum erreichen. Wegen $z=a\cos\vartheta$ lautet Gl. (6) nun

$$v^2=v_0^2+2ga(\cos\vartheta-\cos\vartheta_0)=2g(c+a\cos\vartheta),$$

wo c für $\frac{v_0^2}{2g}-a\cos\vartheta_0$ gesetzt ist. c ist also die Höhe des Geschwindigkeitsniveaus über dem Mittelpunkt. Damit wird

$$(46)\qquad N=2g\Big(\frac{c}{a}+\tfrac{3}{2}\cos\vartheta\Big)$$

und

$$(47) \qquad -\mu N = -2g\left(\tfrac{3}{2}\cos\vartheta + \frac{c}{a}\right)\mu$$

giebt den Druck auf die Fessel an.

Wir setzen nun voraus, die Fesselung sei einseitig, und zwar, wie es in der Praxis am häufigsten vorkommt, centripetal, z. B. μ sei durch einen Faden mit O verknüpft oder bewege sich in einer nach der Innenseite des Kreises offenen Rinne. Dann wirkt sie, so lange $-N$ negativ ist.

Fall I. Macht der Punkt μ ganze Umläufe, so ist $c > a$, also $-N$ stets negativ, so lange $\left(\frac{c}{a}\right)^2 > (\frac{3}{2}\cos\vartheta)^2$ ist. Der Punkt bleibt also immer auf dem Kreise, bis $\vartheta > \arccos(-\frac{2}{3})$ geworden ist. Darüber hinaus kann er abfallen, wenn $\frac{c}{a} \lesseqgtr \frac{3}{2}$ ist, er thut es in dem Augenblick, wo $\frac{3}{2}\cos\vartheta = -\frac{c}{a}$ wird; ist aber $\frac{c}{a} > \frac{3}{2}$, so kann μ die Bahn überhaupt nicht verlassen, da $\cos\vartheta$ nicht kleiner als -1 werden kann. Dann ist der ganze Umlauf auch bei einseitiger Befestigung gesichert. Hierher gehört das Experiment des im verticalen Kreise herumgeschwungenen Eimers, der dem Gesagten gemäss ganz wohl im Stande ist, seinen Inhalt auf den Kopf des Experimentators zu ergiessen, wenn die Anfangsgeschwindigkeit entsprechend der Bedingung $\frac{c}{a} < \frac{3}{2}$ gewählt wird.

Fall II. $c = a$. μ kommt bis $\cos\vartheta = -\frac{2}{3}$ und fällt dort ab.

Fall III. $c < a$. Dann sollte μ eine Elongation ϑ_e erreichen, für welche $\sin\left(\vartheta_e - \frac{\pi}{2}\right) = \frac{c}{a}$, also $\cos\vartheta_e = -\frac{c}{a}$ wäre. $-N$ würde also in der äussersten Lage den Werth $\frac{gc}{a}$ haben, der sich aus (47) mit $\cos\vartheta = -\frac{c}{a}$ ergiebt. Ist nun c negativ, d. h. geht die Schwingung von μ beiderseits nicht über den ersten Quadranten hinaus, so ist $-N$ stets negativ, also kein Verlassen der Bahn möglich. Ist aber c positiv, wird der erste Quadrant überschritten, so überholt $\frac{3}{2}\cos\vartheta$ den Werth von $\frac{c}{a}$, und an der Stelle $\cos\vartheta = -\frac{2c}{3a}$ verlässt μ die Bahn.

Zweitens wollen wir voraussetzen, die Fesselung von μ sei centrifugal, so dass μ sich von O entfernen, aber nicht ihm nähern kann; der Kreis sei z. B. eine nach aussen geöffnete Rinne. Es liegt auf der Hand, dass μ dann nur auf der obern Hälfte des Kreises laufen kann. $-N$ muss jetzt positiv sein, wenn es in der gewünschten Richtung wirken soll. Die drei Fälle der vorigen Betrachtung characterisiren sich nunmehr am einfachsten, wenn wir $c = a + d$ setzen. d ist dann die Geschwindigkeitshöhe von μ im höchsten Punkt des Kreises. Ferner werden die Ergebnisse übersichtlicher, wenn wir $\pi - \vartheta = \varphi$, also $\cos\vartheta = -\cos\varphi$ setzen, wo dann φ der vom höchsten Punkt des Kreises aus gezählte Winkel ist. Die Substitution ergiebt

$$-N = 2g\left(\tfrac{3}{2}\cos\varphi - \frac{a+d}{a}\right).$$

Fall I. $d > 0$, also im höchsten Punkt eine endliche Geschwindigkeit vorhanden. Uebersteigt d den Werth $\frac{a}{2}$, so kann $-N$ überhaupt nicht positiv sein, μ berührt die Bahn bloss im höchsten Punkt. Ist $d < \frac{a}{2}$, so ist $-N$ auf eine Strecke positiv, die zwischen $\varphi = 0$ und $\varphi = \arccos \frac{2}{3} \frac{a+d}{a}$ liegt. Im letztern Punkt springt μ ab.

Fall II. $d = 0$. μ verlässt die Bahn in $\cos\varphi = \frac{2}{3}$, d. i. derselbe Werth wie oben in Fall II der centripetalen Befestigung. Es ist hiernach überhaupt nicht möglich, einen Punkt μ bei rein einseitiger Befestigung von einer Stelle, die tiefer als $\cos\varphi = \frac{2}{3}$ liegt, so auf dem Kreise hinaufzuschnellen, dass er den höchsten Punkt desselben asymptotisch erreicht; ist er centrifugal gefesselt, so springt er sofort von der Bahn, ist er centripetal gefesselt, so thut er es in $\cos\varphi = \frac{2}{3}$. Um ihn nach oben zu dirigiren, müsste die Rinne unterhalb des kritischen Punkts nach innen, oberhalb desselben nach aussen gekehrt sein.

Fall III. $d < 0$. Wir setzen $d = -e$, wo e die Tiefe des Ruhepunkts unter dem höchsten Punkt. Dann ist die Grösse, welche positiv bleiben muss, $\frac{3}{2}\cos\varphi - \frac{a-e}{a}$. Ist $e \geqq a$, also φ stets $\geqq \frac{\pi}{2}$, so ist der Ausdruck immer negativ, μ fällt sofort ab, wie oben schon gesagt. Ist $e < a$, so springt μ ab für $\cos\varphi = \frac{2}{3} \frac{a-e}{a}$. Dieser Werth von $\cos\varphi$ ist immer grösser als Null, also erreicht μ nie den Punkt $\varphi = \frac{\pi}{2}$.

Ist μ allseitig befestigt, so verwandelt sich an den Stellen $N = 0$ die drückende Zwangsbeschleunigung in ziehende u. umg.

Der centripetal gefesselte Punkt μ heisst in der Physik „einfaches Pendel".

68. Punkt auf einem geneigten Kreise. μ bewege sich auf einem Kreise, dessen Ebene mit der Verticalen den Winkel α macht.

Fig. 34.

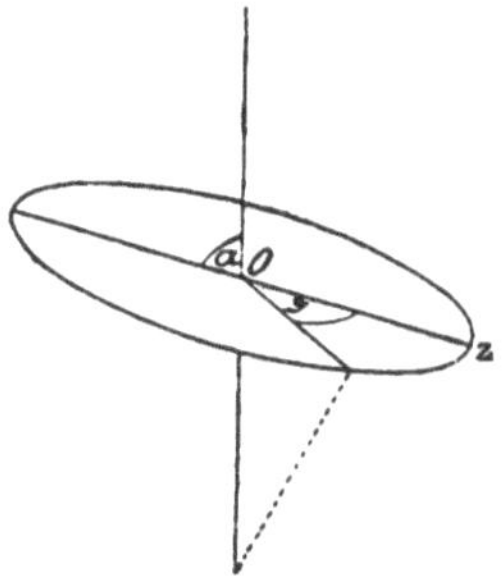

Wir nehmen den Mittelpunkt des Kreises zum Coordinatenanfang und legen die z-Axe nach der tiefsten Stelle des Kreises hin, so dass sie mit der Schwere den Winkel α macht. Von der z-Axe ab zählen wir den Winkel ϑ des mit μ beweglichen Radius. Ferner legen wir die x-Axe senkrecht zu Oz in die Ebene des Kreises, die y-Axe senkrecht zu dieser. Dann macht ds mit den drei Axen die Winkel

$$(1) \quad \begin{cases} \cos(ds, x) = \cos\vartheta, \quad \cos(ds, z) = -\sin\vartheta, \\ \cos(ds, y) = 0. \end{cases}$$

Andererseits macht g mit den Axen die Winkel

$$(2) \quad \cos(g, x) = 0, \quad \cos(g, z) = \cos\alpha, \quad \cos(g, y) = \sin\alpha.$$

Daraus wird

$$(3) \quad \cos(g, ds) = -\cos\alpha\sin\vartheta.$$

Also ist die Tangentialcomponente der Beschleunigung $-g\cos\alpha\sin\vartheta$,

$$(4) \quad \frac{dv}{dt} = -g\cos\alpha\sin\vartheta.$$

Und da wieder $v = a\frac{d\vartheta}{dt}$, wo a der Radius, wird

$$(5)\qquad \frac{d^2\vartheta}{dt^2}+\frac{g}{a}\cos\alpha\sin\vartheta=0$$

die Gleichung der Bewegung. Diese stimmt mit der Pendelgleichung überein, wenn man in der letzteren $\frac{g}{a}\cos\alpha$ statt $\frac{g}{a}$ setzt. Die Bewegung gehorcht also völlig den in **67.** gegebenen Gesetzen. Die Herstellung von N sei dem Leser überlassen. Zöllner's „Horizontalpendel" liefert die experimentelle Darstellung des Falles, der bei grossem α sehr kleine Werthe von $\frac{d^2\vartheta}{dt^2}$ geben kann.

69. Pendel mit Luftwiderstand. Ein schwerer Punkt bewege sich auf einem verticalen Kreise mit der tangentialen Widerstandsverzögerung F, die vorläufig unbestimmt bleibe.

Wir nehmen von vorn herein an, dass die Bewegung sehr kleine Amplituden habe, und führen wieder den Winkel ϑ ein; die Zeit werde vom Endpunkt der positiven Maximalelongation an gerechnet, es sei also für $t=0$ $\vartheta=\vartheta_0$ und $v=0$. Dann ist $-a\frac{d\vartheta}{dt}=v$, so lange sich μ von ϑ_0 entfernt, und da wegen der Kleinheit von ϑ statt $\sin\vartheta$ einfach ϑ gesetzt werden kann,

$$(1)\qquad \frac{dv}{dt}=g\vartheta-F.$$

Multiplicirt man die Gleichung $-a\frac{d\vartheta}{dt}=v$ mit dem unbestimmten Factor $-\lambda i$, wo $i=\sqrt{-1}$, und addirt zu (1), so findet sich

$$(2)\qquad \frac{d}{dt}(v+\lambda ai\vartheta)+\lambda i\left(v-\frac{g\vartheta}{\lambda i}\right)+F=0.$$

Hierin lässt sich λ so bestimmen, dass die beiden Klammern einander gleich werden; das ist der Fall, wenn $\lambda=\sqrt{\frac{g}{a}}$; schreibt man dem λ diesen Werth zu, so lässt Gl. (3) sich schreiben

$$(3)\qquad \frac{d}{dt}(v+\lambda ai\vartheta)+\lambda i(v+\lambda ai\vartheta)=-F.$$

Multiplicirt man dies noch mit $e^{\lambda it}$, so ist die linke Seite der genaue Differentialquotient nach t von $e^{\lambda it}(v+\lambda ai\vartheta)$, also durch Integration von 0 bis t

$$(4)\qquad e^{\lambda it}(v+\lambda ai\vartheta)-\lambda ai\vartheta_0=-\int_0^t Fe^{\lambda it}dt.$$

Setzt man $e^{\lambda ti}=\cos\lambda t+i\sin\lambda t$ und trennt das Reelle vom Imaginären, so findet sich, wenn zur Abkürzung

$$(6)\qquad A=\int_0^t F\cos\lambda t\,dt,\qquad B=\int_0^t F\sin\lambda t\,dt$$

gesetzt wird,

$$(7)\qquad \begin{cases} v=-A\cos\lambda t+(\lambda a\vartheta_0-B)\sin\lambda t\\ \lambda a\vartheta=A\sin\lambda t+(\lambda a\vartheta_0-B)\cos\lambda t,\end{cases}$$

$$(8) \qquad \lambda = \sqrt{\frac{g}{a}}.$$

Die Grössen A und B sind nun nur dann herstellbar, wenn F als Function von t gegeben ist, ein Fall, der nur eintreten wird, wenn $F = \text{const.}$ Im Allgemeinen wird F eine Function von ϑ sein: für die strenge Integration von (1) ist also mit dem Vorstehenden nichts geleistet. Wenn man aber voraussetzt, der Widerstand F sei sehr klein gegen g, so darf man annehmen, dass die Bewegung von μ sich nur sehr wenig von derjenigen unterscheidet, die eintreten würde, wenn der Widerstand F nicht vorhanden wäre; dann kann man also angenäherte Werthe von A und B herstellen, indem man diejenigen Werthe von v und N in F einführt, welche sich aus den Gleichungen des Pendels in **67.** ergeben. Wir wollen dies durchführen für den Fall, dass der Widerstand F wesentlich von der Luft herrühre und demgemäss proportional mit v^2, also $= g\frac{v^2}{k^2}$ sei.

Im leeren Raum ist für kleine Schwingungen $\vartheta = \vartheta_0 \cos\sqrt{\frac{g}{a}}\,t = \vartheta_0 \cos\lambda t$ und $v = -a\frac{d\vartheta}{dt} = \vartheta_0 a\lambda \sin\lambda t$. Nimmt man diesen Werth von v als Näherungswerth, so wird

$$(9) \qquad F = g\,\frac{\vartheta_0^2 a^2 \lambda^2}{k^2}\sin^2\lambda t = \frac{g^2 \vartheta_0^2 a}{k^2}\sin^2\lambda t.$$

Damit erhält man für den Zeitpunkt $t = \frac{\pi}{\lambda}$

$$v = A = \left(\frac{g\,\vartheta_0}{k}\right)^2 a \int_0^{\frac{\pi}{\lambda}} \sin^2\lambda t \cos\lambda t\, dt = 0.$$

$\frac{\pi}{\lambda}$ oder $\pi\sqrt{\frac{a}{g}}$ ist also hier, wie bei der freien Pendelschwingung, die Zeit, nach der $v = 0$ wird, d. h. die halbe Periode; die Periode ist also auch hier constant, und dieselbe, als ob der Luftwiderstand nicht vorhanden wäre. Setzt man dagegen $\frac{\pi}{\lambda}$ als obere Integrationgrenze in die zweite der Gleichungen (7) ein, so findet sich, wenn der Werth von ϑ hier ϑ_1 heisst,

$$\vartheta_1 = -\vartheta_0 + \frac{1}{\lambda}\left(g\,\frac{\vartheta_0}{k}\right)^2 \int_0^{\frac{\pi}{\lambda}} \sin^3\lambda t\, dt.$$

$$= -\vartheta_0\left(1 - \frac{4}{3}\,\frac{ag}{k^2}\,\vartheta_0\right).$$

Daraus folgt dann für den nächstfolgenden Maximalausschlag

$$\vartheta_2 = -\vartheta_1\left(1 - \frac{4}{3}\,\frac{ag}{k^2}\,\vartheta_1\right) \quad \text{u. s. w.}$$

Die Elongationen bilden also eine Reihe, deren Glieder fortwährend abnehmen.

70. Cycloidenpendel. Der schwere Punkt μ bewege sich ohne Reibung auf einer verticalen Cycloide, welche ihre Concavität nach oben kehrt. In der

Anfangslage s_0 sei er in Ruhe; er wird dann offenbar nie über die beiden nächsten Spitzen der Cycloide hinausgehen und wir haben nur einen Cycloidenbogen zwischen den Spitzen A und B, Fig. 35, zu betrachten.

Fig. 35.

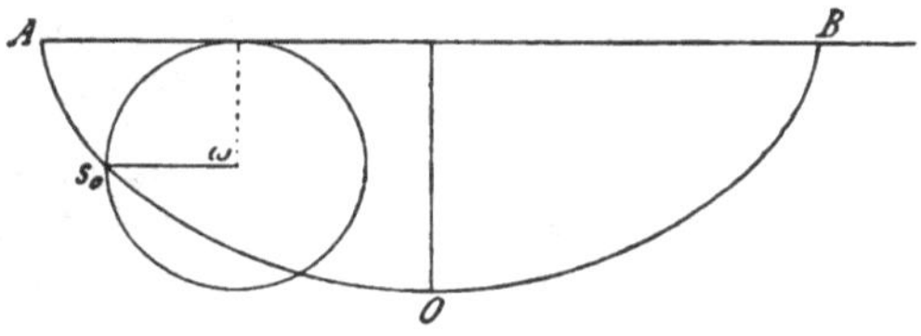

Die Cycloide wird bekanntlich von einem Punkt ε eines Kreises beschrieben, der (unterhalb) auf der Linie AB rollt. Wir nehmen an, der Punkt s_0 liege zwischen A und dem tiefsten Punkt der Cycloide, und der beschreibende Kreis wälze sich von A nach B hin. Sein Radius sei a, der Wälzungswinkel ω. Nehmen wir dann A zum Anfangspunkt eines Systems der ξ, η, wo AB die Axe der ξ, die abwärts gerichtete Verticale Axe der η ist, so sind die Gleichungen der Cycloide

(1) $\xi = a(\omega - \sin\omega)$, (2) $\eta = a(1-\cos\omega) = 2a\sin^2\tfrac{1}{2}\omega$.

Ihr tiefster Punkt liegt in $\omega = \pi$, wo $\xi = a\pi$, $\eta = 2a$ ist. Verlegen wir das Coordinatensystem der x, y in diesen tiefsten Punkt, so ist $\xi = a\pi + x$, $\eta = y + 2a$ zu setzen; also

(3) $x = a(-\pi + \omega - \sin\omega)$, (4) $-y = a(1+\cos\omega)$.

Daraus folgt

(5) $dx = a(1-\cos\omega)d\omega$, (6) $dy = a\sin\omega\, d\omega$.

Nennen wir α den Winkel, den das Element ds mit der y-Richtung macht, so folgt daraus

$$(7) \qquad \tan\alpha = \frac{dx}{dy} = \frac{1-\cos\omega}{\sin\omega} = \tan\tfrac{1}{2}\omega,$$

$$(8) \qquad \alpha = \tfrac{1}{2}\omega.$$

Die Tangente des unmittelbar folgenden Curvenpunkts bildet demnach mit der Verticalen den Winkel $\alpha + d\alpha = \tfrac{1}{2}\omega + d(\tfrac{1}{2}\omega)$; also ist der Contingenzwinkel $\tfrac{1}{2}d\omega$.

Ferner ist $ds = \sqrt{dx^2 + dy^2} = 2a\sqrt{\frac{1-\cos\omega}{2}}\, d\omega = 4a\sin\tfrac{1}{2}\omega\, d(\tfrac{1}{2}\omega)$. Daraus folgt erstens für den Krümmungshalbmesser ρ

$$(9) \qquad \rho = \frac{ds}{d\alpha} = 4a\sin\tfrac{1}{2}\omega,$$

zweitens durch Integration, wenn wir die Bogen vom tiefsten Punkt ab rechnen

$$(10) \qquad s = \int_{\omega=\pi}^{\omega=\omega} 4a\sin\tfrac{1}{2}\omega\, d\tfrac{1}{2}\omega = 4a\cos\tfrac{1}{2}\omega.$$

Da nun die explicit gegebene Beschleunigung in unserm Fall g in der Richtung von y ist, so folgt

$$(11) \qquad \frac{dv}{dt} = \dot{u}_\tau = g\cos\alpha, \qquad (12) \qquad \frac{v^2}{\rho} = g\sin\alpha + N.$$

Bei unserer Festsetzung, dass der Bogen nach s_0 hin positiv gerechnet werden soll, ist $v = -\frac{ds}{dt}$; ferner $\alpha = \frac{1}{2}\omega$, also $\dot{u}_T = g\cos\frac{1}{2}\omega = \frac{g}{4a}s$ und

$$g\sin\alpha = g\sin\tfrac{1}{2}\omega = \frac{g}{4a}\rho.$$

Damit werden die Gleichungen (11) und (12)

$$(13)\qquad -\frac{d^2s}{dt^2} = \frac{g}{4a}s,\qquad\qquad (14)\qquad \frac{v^2}{\rho} = \frac{g}{4a}\rho + N.$$

Die erste giebt unmittelbar durch Integration nach **30.**, 3

$$(15)\qquad s = s_0\cos\sqrt{\frac{g}{4a}}\,t,$$

stellt also eine harmonische Schwingung von der Periode $2\pi\sqrt{\frac{4a}{g}}$ dar. Der Punkt schwingt streng isochron nach dem Gesetz, welches angenähert durch ein Kreispendel von der Länge $4a$ erfüllt wird. Die Periode ist von der Anfangsamplitude ganz unabhängig, oder was dasselbe sagt: die Zeit, welche der Punkt μ gebraucht, um von seiner Anfangslage bis zum tiefsten Punkt zu fallen ($\frac{1}{4}$ der Periode) ist von der Wahl der Anfangslage unabhängig. Deswegen heisst die Cycloide die Tautochrone. Rollt man die Cycloide um einen verticalen Cylinder, so bleiben die Gleichungen (10) und (11) bestehen, also auch der Tautochronismus.

Bekanntlich ist die Evolute der Cycloide wieder eine Cycloide, die der Evolvente congruent ist und deren Spitzen im Abstand $4a$ über den tiefsten Punkten der Evolvente liegen. Spannt man also einen Faden von der Spitze aus über die Cycloidenevolute, und befestigt am untern Ende desselben einen schweren Körper, so beschreibt derselbe die Cycloidenevolvente. So hat Huyghens das Problem realisirt.

Das Problem der Tautochrone lässt sich auch direct stellen: Gegeben sind zwei Punkte C und D, deren Höhendifferenz h beträgt (C der höhere); auf welcher Curve in der durch C und D gelegten Verticalebene muss ein Punkt μ ohne Anfangsgeschwindigkeit von C nach D fallen, wenn die Fallzeit für jeden Punkt der Curve dieselbe sein soll, wie für C? Wir legen durch D ein Coordinatensystem der x, y vertical nach oben. Die zu findende Curve können wir uns bestimmt denken durch eine Gleichung $s = \varphi(y)$, wo s der von D aus gerechnete Bogen ist. Es ist dann $v = -\frac{ds}{dt}$, und nach dem Princip der lebendigen Kraft $\frac{1}{2}v^2 + gy = gh$, woraus $dt = -\frac{ds}{\sqrt{2g(h-y)}}$. Also wird die Fallzeit τ

$$\tau = -\int_h^0 \frac{\varphi'(y)\,dy}{\sqrt{2g(h-y)}}$$

oder, wenn man die Integrationsgrenzen umkehrt und, um die Grenzen von h frei zu machen, $y = h\omega$ setzt

$$\tau = \frac{1}{\sqrt{2g}}\int_0^1 \frac{\varphi'(h\omega)\sqrt{h}}{\sqrt{1-\omega}}\,d\omega.$$

Soll nun die Curve $s = \varphi(y)$ der Bedingung der Aufgabe genügen, so muss τ unverändert bleiben, wenn wir statt des Punktes $y = h$ den Punkt $y = h \pm dh$ auf derselben Curve wählen. Also muss $\frac{d\tau}{dh} = 0$ sein. Da nur der Zähler unter dem Integralzeichen h enthält, folgt, dass wenn wir diesen Zähler mit ζ bezeichnen, $\frac{d\zeta}{dh} = 0$ sein muss. Also durch Ausführung der Differentiation

$$2h\omega\varphi''(h\omega) + \varphi'(h\omega) = 0,$$

d. h.

$$2y\varphi''(y) + \varphi'(y) = 0,$$

$$\frac{\varphi''(y)}{\varphi'(y)} = -\frac{1}{2y},$$

woraus durch Integration $\log\varphi'(y) = -\frac{1}{2}\log y + b$, wo b die Integrationsconstante, oder

$$\varphi'(y) = by^{-\frac{1}{2}}.$$

Also durch weitere Integration

$$(16) \qquad s = \varphi(y) = 2b\sqrt{y}.$$

Das ist aber die Bogengleichung einer Cycloide; denn Gl. (4) lautet bei unserer Axenstellung $y = a(1+\cos\omega) = 2a\cos^2\frac{1}{2}\omega$, Gl. (10) aber $s = 4a\cos\frac{1}{2}\omega$;

$$\text{also} \quad s = \sqrt{8ay},$$

was mit (16) übereinstimmt, wenn man $b = \sqrt{2a}$ setzt.

Ueber eine Verallgemeinerung des Tautochronenproblems siehe Abel in Crelle's Journal Bd. I. Die Cycloide ist zugleich Brachystochrone, d. h. die Curve, auf welcher μ in der kürzesten Zeit von C nach D fällt. Siehe hierüber die Lehrbücher der Variationsrechnung.

Bewegung eines Punkts auf vorgeschriebener Fläche.

71. Wir nehmen an, die Reibung sei zu vernachlässigen, und haben dann ausser der expliciten Kraft f_e bloss die zur Fläche normale Zwangskraft N zu berücksichtigen.

Die Fessel, welcher die Zwangskraft entspringt, kann eine Schale von der Gestalt der vorgeschriebenen Fläche sein (einseitig) oder zwei parallele Schalen (allseitig), zwischen denen μ gleitet. Sie kann ferner aus Stangen oder Fäden zusammengesetzt sein. Für den einfachen Fall, dass die Fläche eine Kugel ist, genügt es, μ an einen Faden zu befestigen und diesen im Mittelpunkt der Kugel anzuknüpfen; ist sie ein verlängertes Rotationsellipsoid, so kann man einen Faden von der Länge der Rotationsaxe an beide Brennpunkte knüpfen und μ auf diesem Faden gleiten lassen. Eine allgemeine Construction, die den Punkt μ in ähnlicher Weise, wie er durch die Monge'sche Fadenconstruction an eine Curve gebunden wird, an eine Fläche fesselte, lässt sich zur Zeit nicht geben.

Die Gleichungen der Bewegung sind für unsern Fall nach **63.**

$$(1)\qquad \frac{d^2x}{dt^2} = X + N_x, \qquad \frac{d^2y}{dt^2} = Y + N_y, \qquad \frac{d^2z}{dt^2} = Z + N_z,$$

$$(2)\qquad N^2 = N_x^2 + N_y^2 + N_z^2, \qquad (3)\qquad F(x, y, z) = 0,$$

$$(4)\qquad N_x : N_y : N_z = \frac{\partial F}{\partial x} : \frac{\partial F}{\partial y} : \frac{\partial F}{\partial z}$$

wo X, wie früher, die x-Componente der expliciten Beschleunigung $\dot{\mathfrak{u}}_e$, N_x die x-Componente der Zwangsbeschleunigung ist, $F(x, y, z) = 0$ die Gleichung der Fläche; die Proportion sagt aus, dass N senkrecht auf der Fläche $F = 0$ steht.

72. Raumpendel. Ein schwerer Punkt μ bewege sich auf einer Kugelfläche. Einfache Fadenfesselung ist nach dem obigen zulässig; bei der Bewegung von μ beschreibt dann der Faden einen Kegel, deshalb heisst der so gefesselte Punkt auch conisches Pendel, sonst wird er sphärisches oder Raumpendel genannt.

Wir nehmen den Kugelmittelpunkt zum Coordinatenanfang und rechnen die z-Axe senkrecht abwärts. Dann sind die vollständigen Gleichungen des Problems

$$(1)\qquad \frac{d^2x}{dt^2} = N_x, \qquad \frac{d^2y}{dt^2} = N_y, \qquad \frac{d^2z}{dt^2} = g + N_z,$$

$$(2)\qquad N_x^2 + N_y^2 + N_z^2 = N^2, \qquad (3)\qquad x^2 + y^2 + z^2 - r^2 = 0,$$

$$(4)\qquad N_x : N_y : N_z = x : y : z,$$

wo r der Kugelradius. Aus den drei letzten folgt leicht

$$N_x = \pm \frac{x}{r} N, \quad N_y = \pm \frac{y}{r} N, \quad N_z = \pm \frac{z}{r} N.$$

Einem nach innen gerichteten N entspricht dabei ein nach der positiven x-Richtung gerichtetes N_x etc., wenn wir das negative Vorzeichen wählen. Also wird $N_x = -\frac{x}{r} N$ u. s. w. und damit

$$(5)\qquad \frac{d^2x}{dt^2} = -\frac{x}{r} N, \qquad \frac{d^2y}{dt^2} = -\frac{y}{r} N, \qquad \frac{d^2z}{dt^2} = g - \frac{z}{r} N.$$

Es gilt nun erstens das Princip der lebendigen Kraft, also, da $-gz$ die Potentialfunction der Schwere ist,

$$(6)\qquad \tfrac{1}{2} v^2 - gz = h,$$

wo h die Integrationsconstante. Ferner, da N in die Richtung des Radius fällt, gehen N_x und N_y jederzeit durch die z-Axe; in der xy-Ebene gilt also das Princip der Flächen und giebt

$$(7)\qquad x \frac{dy}{dt} - y \frac{dx}{dt} = D$$

wo $\frac{D}{2}$ die Sectorengeschwindigkeit in der xy-Ebene ist. Wir führen nun Kugelcoordinaten ein, setzen also

$$(8)\qquad \begin{cases} x = r\sin\vartheta\cos\varphi \\ y = r\sin\vartheta\sin\varphi \\ z = r\cos\vartheta, \end{cases}$$

wo ϑ den Winkel bezeichnet, den r mit der z-Axe macht, und φ den Winkel, den die durch r und die z-Axe gelegte Ebene mit der xz-Ebene macht. Aus (8) folgt

$$(9)\qquad \begin{cases} dx = r\cos\vartheta\cos\varphi\, d\vartheta - r\sin\vartheta\sin\varphi\, d\varphi \\ dy = r\cos\vartheta\sin\varphi\, d\vartheta + r\sin\vartheta\cos\varphi\, d\varphi \\ dz = -r\sin\vartheta\, d\vartheta. \end{cases}$$

Hieraus

$$(10)\qquad dx^2 + dy^2 + dz^2 = r^2(d\vartheta^2 + \sin^2\vartheta\, d\varphi^2),$$

$$(11)\qquad xdy - ydx = r^2\sin^2\vartheta\, d\varphi.$$

Setzt man dies in (6) und (7) ein, so ergiebt sich

$$(12)\qquad \tfrac{1}{2}r^2\left[\left(\frac{d\vartheta}{dt}\right)^2 + \sin^2\vartheta\left(\frac{d\varphi}{dt}\right)^2\right] - gr\cos\vartheta = h,$$

$$(13)\qquad r^2\sin^2\vartheta\frac{d\varphi}{dt} = D.$$

Sind die Anfangswerthe von ϑ, φ, $\frac{d\vartheta}{dt}$, $\frac{d\varphi}{dt}$, als ϑ_0 φ_0 u. s. w. gegeben, so gelten die Gleichungen (12) und (13) auch, wenn man alle Variablen mit der Marke Null versieht; dadurch sind h und D bestimmt. Eliminirt man einmal $d\varphi$, das anderemal dt aus Gl. (12) und (13), so findet man

$$(14)\qquad dt = \frac{r^2\sin\vartheta\, d\vartheta}{\sqrt{2r^2\sin^2\vartheta(gr\cos\vartheta + h) - D^2}},$$

$$(15)\qquad d\varphi = \frac{D d\vartheta}{\sin\vartheta\sqrt{2r^2\sin^2\vartheta(gr\cos\vartheta + h) - D^2}}.$$

Nach zwei blossen Quadraturen geben diese Gleichungen t und φ als Functionen von ϑ, also die zweite bestimmt die Bahn von μ, die erste den Ort auf der Bahn als Function der Zeit. In dem Specialfall, wo zu Anfang der Bewegung $\frac{d\varphi}{dt} = 0$, ist nach (13) $D = 0$, also nach (15) $\frac{d\varphi}{d\vartheta}$ beständig Null; die Bewegung geht dann in der Verticalebene vor sich, welche durch die z-Axe und die Anfangslage bestimmt wird, und die Betrachtung reducirt sich auf § **67.** Im allgemeinen Fall, wo D einen endlichen Werth hat, bedarf es einer näheren Betrachtung der Wurzelgrösse, die in (14) und (15) vorkommt. Wir schreiben statt $r\cos\vartheta$ wieder z; dann ist der Radicand in beiden Gleichungen (cf. Theorie der elliptischen Integrale)

$$(16)\qquad R = 2(r^2 - z^2)(gz + h) - D^2.$$

Durch Differentiation von R nach z ergiebt sich

$$\frac{dR}{dz} = 2gr^2 - 4hz - 6gz^2,\quad \frac{d^2R}{dz^2} = -4h - 12gz.$$

Daraus folgt ein Minimum von R für $z = -\frac{h}{3g} - \sqrt{\frac{h^2}{9g^2} + \frac{r^2}{3}}$ und ein Maximum für $-\frac{h}{3g} + \sqrt{\frac{h^2}{9g^2} + \frac{r^2}{3}}$. Das Minimum kann nur negativ sein, denn für $z = -r$ ist $R = -D^2$; es liegt zugleich auf der negativen Seite der z-Axe. Das Maximum liegt auf der positiven Hälfte der z-Axe und muss Null oder positiv sein; denn setzt man in Gl. (15) für D seinen Werth aus (13), so wird daraus $\sqrt{R} = r^2 \sin\vartheta \frac{d\vartheta}{dt}$, also ist für die während der Bewegung vorkommenden z-Werthe $R = r^4 \sin^2\vartheta \left(\frac{d\vartheta}{dt}\right)^2$, was nur $\geqq 0$ sein kann. Ferner ist für $z = -\infty$ $R = +\infty$ und für

$$z = +\infty \quad R = -\infty.$$

Fig. 36.

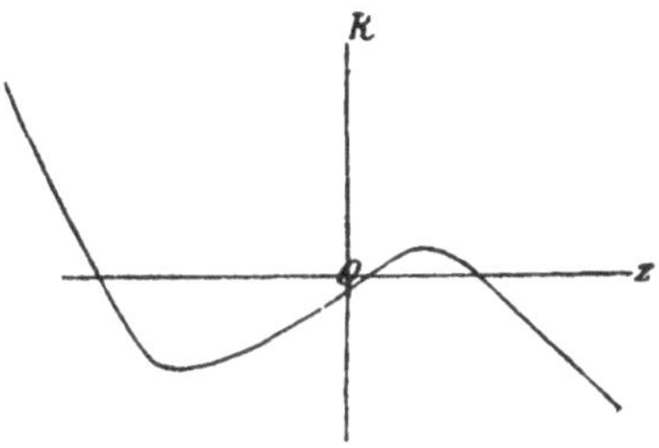

Die Curve, welche R als Function von z darstellt, hat also den Verlauf Fig. 36, wie sich aus der Zusammenstellung

$$\begin{array}{lllll} z = -\infty, & z = z_{min} < 0, & z = 0, & z = z_{max} > 0, & z = +\infty \\ R = +\infty, & R < 0, & R = 2r^2h - D^2, & R \geqq 0, & R = -\infty \end{array}$$

ergiebt. D. h. die Gleichung $R = 0$ hat drei reelle Wurzeln; von diesen ist eine sicher negativ und algebraisch kleiner als z_{min}; sie heisse $-\gamma$. Die dritte ist sicher positiv und gleich oder grösser als z_{max}: sie sei α. Die mittlere liegt zwischen z_{min} und z_{max}, sie heisse β. Ist $2r^2h - D^2$ negativ, so geht die Curve, wie in der Figur, rechts am Nullpunkt vorbei, und die mittlere Wurzel ist positiv; ist aber $2r^2h - D^2$ positiv, so ist das Gegentheil der Fall. Man kann hiernach setzen

$$(16a) \qquad R = 2g(\alpha - z)(z - \beta)(\gamma + z).$$

Bei positivem β liegen zwischen α und β nur positive, bei negativem β zwischen β und $-\gamma$ nur negative Werthe von R. Ist $R = 0$ für $z = z_{max}$, so fällt β mit α zusammen.

Gl. (14) lautet nun, wenn man darin dz statt $-r\sin\vartheta d\vartheta$ setzt

$$(17) \qquad -r\,dz = \sqrt{R}\,dt$$

liefert also reelle Werthe von $\frac{dz}{dt}$, so lange und nur so lange R positiv ist. Ist $z \geqq \alpha$, so wird $z - \beta$ wie $z + \gamma$ immer positiv sein, also würde R negativ, sobald $z > \alpha$ wäre. D. h. α ist der Maximalwerth, den z überhaupt erreicht. Ist $z \lesseqgtr \beta$, so ist $\alpha - z$ wie $\gamma + z$ positiv, also für $z < \beta$ würde R negativ, d. h. β ist der Minimalwerth, den z überhaupt annehmen kann. μ bewegt sich also zwischen zwei Gränzkreisen, von denen der obere durch die Horizontalebene $z = \beta$, der untere durch die Horizontalebene $z = \alpha$ aus der Kugel herausgeschnitten wird.

Da α immer positiv, geht μ immer bis auf die untere Hälfte der Kugel; dass Criterium $\beta \gtreqless 0$, oder $2r^2h - D^2 \lesseqgtr 0$ entscheidet darüber, ob μ auch die obere Kugelhälfte erreicht oder nicht. Setzt man für h und D die Werthe ein, welche sich nach Gl. (12) und (13) aus den Anfangswerthen ergeben, so findet man

$$2r^2h - D^2 = r^4\left[\left(\frac{d\vartheta_0}{dt}\right)^2 + \sin^2\vartheta\left(\frac{d\varphi_0}{dt}\right)^2\right] - 2gr^3\cos\vartheta_0 - \left(r^2\sin^2\vartheta_0\frac{d\varphi_0}{dt}\right)^2.$$

Denken wir uns, der tiefste Punkt $z = \alpha$ sei als Ausgangspunkt angenommen, und markiren in diesem Specialfall die Anfangswerthe mit der Marke 1, so ist im tiefsten Punkt die Geschwindigkeit horizontal, also $\frac{d\vartheta}{dt} = 0$, ferner ist dort $r\sin\vartheta\frac{d\varphi}{dt} = v_1$, $r\cos\vartheta = z$, also

$$2r^2h - D^2 = r^2v_1^2 - 2gr^2z_1 - r^2\sin^2\vartheta\, v_1^2 = r^2v_1^2\cos^2\vartheta - 2gr^2z_1.$$

Je nachdem also die Geschwindigkeitshöhe $\frac{v_1^2}{2g} \gtrless \frac{z_1}{\cos\vartheta^2}$, oder, was dasselbe sagt, je nachdem sie $\gtrless \frac{r}{\cos\vartheta}$, steigt μ auf die obere Hälfte der Kugel oder nicht. $\frac{r}{\cos\vartheta}$ ist der Abschnitt, den die im tiefsten Punkt der Bahn an die Kugel gelegte Tangentenebene auf der z-Axe abschneidet.

Die beiden Wurzeln β und α können im äussersten Fall $R_{max.} = 0$ einander gleich werden. Dann läuft μ gleichförmig auf einem horizontalen Parallelkreis der Kugel um. (Gleichförmig, weil das Flächenprincip erfüllt ist.) In dem Fall ist also die Tangentialbeschleunigung Null, und der Punkt μ dreht sich auf einem Kreise vom Radius $r\sin\vartheta$. Die Zwangsbeschleunigung N setzt sich also mit g zu einer Beschleunigung zusammen, welche gleich der Centripetalbeschleunigung auf diesem Kreise, i. e. gleich $\frac{v^2}{r\sin\vartheta}$ ist. Zerlegen wir also g in zwei Componenten, von denen die eine in den Radius r fällt, die andere in die Ebene des Kreises, so wird die erste durch die Zwangsbeschleunigung aufgehoben, die andere ist die Centripetalkraft auf dem Kreise. In Fig. 37 sei μQ die Grösse g, $SQ \perp \mu Q$, dann ist $\mu S \mp SQ = g$ und $QS = g\,\mathrm{tang}\,\vartheta$, $\mu S = \frac{g}{\cos\vartheta}$. Also wird $N = \frac{g}{\cos\vartheta}$ und QS die Centripetalkraft:

Fig. 37.

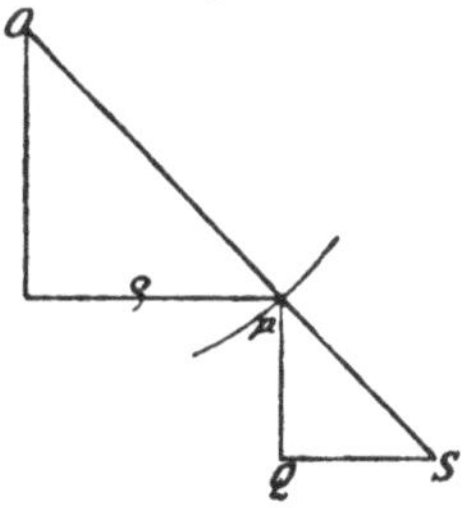

$$\frac{v^2}{\rho} = \frac{v^2}{r\sin\vartheta} = g\,\mathrm{tang}\,\vartheta,$$

$$v^2 = gr\,\mathrm{tang}\,\vartheta\sin\vartheta.$$

Da der Umfang des durchlaufenen Kreises $2\pi\rho$ ist, wird die Umlaufszeit $T = 2\pi\sqrt{\frac{z_0}{g}}$. Für $\vartheta = \frac{\pi}{2}$ müsste $v = \infty$ sein, für $\vartheta > \frac{\pi}{2}$ würde es imaginär; die Bahn liegt also immer unterhalb der Kugelmitte.

Wir kehren zum allgemeinen Fall zurück. Multiplicirt man Gl. (16a) aus und setzt die Coefficienten der Potenzen von z gleich denen in (16), so findet man

$$(18)\qquad \begin{cases} \alpha+\beta-\gamma = -\frac{h}{g}, \\ \alpha\beta-\alpha\gamma-\beta\gamma = -r^2, \\ -2g\alpha\beta\gamma = 2r^2h - D^2, \end{cases} \quad \text{woraus} \quad \begin{aligned} \gamma &= \frac{\alpha\beta+r^2}{\alpha+\beta}, \\ h &= -g\frac{\alpha^2+\alpha\beta-r^2}{\alpha+\beta}, \\ D^2 &= 2g\frac{(r^2-\alpha^2)(r^2-\beta^2)}{\alpha+\beta}, \end{aligned}$$

so dass auch γ, h, D durch α und β ausgedrückt sind.

Um nun Gl. (14) auf canonische Form zu bringen, restituiren wir z, und schreiben

$$(19)\qquad dt = \frac{-r\,dz}{\sqrt{2g(\alpha-z)(z-\beta)(z+\gamma)}}.$$

Hierauf führen wir die Substitution ein

$$(20)\qquad \frac{\alpha-z}{z-\beta} = c\,\frac{1-\sin\sigma}{1+\sin\sigma},$$

wo

$$(21)\qquad c = \sqrt{\frac{\alpha+\gamma}{\beta+\gamma}}.$$

Für $z=\alpha$ ist dabei $\sigma = +\frac{\pi}{2}$, für $z=\beta$ ist $\sigma = -\frac{\pi}{2}$.

Die Ausführung der Substitution ergiebt

$$z = \frac{(c\beta+\alpha)+(\alpha-c\beta)\sin\sigma}{c+1-(c-1)\sin\sigma},\qquad dz = \frac{2c(\alpha-\beta)\cos\sigma\,d\sigma}{[c+1-(c-1)\sin\sigma]^2}.$$

Ferner zunächst $\sqrt{(\alpha-z)(z-\beta)} = \frac{\sqrt{c}(\alpha-\beta)\cos\sigma}{c+1-(c-1)\sin\sigma}$, also

$$\frac{dz}{\sqrt{(\alpha-z)(z-\beta)}} = 2\sqrt{c}\,\frac{d\sigma}{c+1-(c-1)\sin\sigma},$$

$$dt = \frac{-2r\sqrt{c}}{\sqrt{2g}}\cdot\frac{d\sigma}{[c+1-(c-1)\sin\sigma]\sqrt{z+\gamma}},$$

woraus, wenn man die Klammer im Nenner unter die Wurzel bringt, und die Werthe von z und c (aus 21) einsetzt

$$(22)\qquad dt = \frac{2r\sqrt{\varkappa}}{\sqrt{2g(\alpha-\beta)}}\,\frac{d\sigma}{\sqrt{1-\varkappa^2\sin^2\sigma}},$$

wo

$$\varkappa = \frac{\sqrt{\alpha+\gamma}-\sqrt{\beta+\gamma}}{\sqrt{\alpha+\gamma}+\sqrt{\beta+\gamma}} = \frac{c-1}{c+1},$$

und das Vorzeichen der Wurzeln so gewählt ist, dass σ mit der Zeit wächst. Also

$$(23)\qquad t = \frac{2r\sqrt{\varkappa}}{\sqrt{2g(\alpha-\beta)}}\int_{\sigma_0}^{\sigma}\frac{d\sigma}{\sqrt{1-\varkappa^2\sin^2\sigma}},$$

$$(24)\qquad t = \frac{2r\sqrt{\varkappa}}{\sqrt{2g(\alpha-\beta)}}\,[F(\sigma,\varkappa)-F(\sigma_0,\varkappa)].$$

Wählen wir als Anfangspunkt die höchste Lage von μ, so ist $\sigma_0 = -\frac{\pi}{2}$, $F(\sigma_0,\varkappa) = -K$. Ist also T die Zeit, welche μ braucht, um die nächste tiefste Lage zu erreichen, so ist zur Zeit T die Grösse $\sigma = \frac{\pi}{2}$,

$$(25)\qquad T = \frac{4r\sqrt{\varkappa}}{\sqrt{2g(\alpha-\beta)}}\,K_{\text{mod.}\,\varkappa},$$

wo K das vollständige elliptische Integral bezeichnet. Die Division von (24) durch (25) ergiebt dann, weil $F(\sigma_0, \varkappa) = -K$

$$(26) \qquad t + \tfrac{1}{2}T = \frac{T}{2K} F(\sigma, \varkappa).$$

Die elliptischen Integrale haben nun bekanntlich die Eigenschaft, dass

$$F(n\pi + \sigma, \varkappa) = 2nK + F(\sigma, \varkappa)$$

ist, wenn n eine ganze Zahl. Wächst also σ um π, so wächst t jedesmal um $\frac{2KT}{2K}$, d. i. um T. Der Punkt μ erreicht also seine extremen Lagen $z = \alpha$ und $z = \beta$ in Zeitpunkten, die regelmässig um T von einander abstehen, die höchsten zu den Zeiten 0, $2T$, $4T$, ..., die tiefsten in T, $3T$, $5T$ u. s. w. Wächst σ von t_0 bis t um 2π, so hat z und $\frac{dz}{dt}$ nach Gl. (20) zur Zeit t denselben Werth wie zur Zeit t_0, einerlei, welches die Anfangszeit t_0 war; nach der Zeit $2T$ befindet sich also μ immer wieder in derselben Höhe und seine Geschwindigkeit hat dieselbe Neigung gegen die Verticale. Die Zeit T entspricht beim Kreispendel der Zeit, in welcher μ einmal vom tiefsten zum höchsten Punkte geht; $4T$ ist die vollständige Periode. Setzt man $\alpha = \zeta r$, $\beta = \varepsilon r$, $\gamma = \eta r$ und nimmt ζ, ε, η constant, r variabel, lässt also geometrisch ähnliche Schwingungen auf verschiedenen Kugeln vor sich gehen, so bemerkt man, dass $\varkappa$ von r nicht abhängt, und Gl. (25) giebt dann $T = \frac{4r\sqrt{\varkappa}}{\sqrt{2g(\zeta - \varepsilon)r}} K$, also $T = \text{const.}\sqrt{r}$. Will man z expresse durch t ausdrücken, so hat man Gl. (24) oder (26) umzukehren; nehmen wir dabei wieder die Zeit vom höchsten Punkt an, so ist $F(\sigma_0, \varkappa)$ wieder $= -K$, also

$$(27) \qquad \frac{K}{T}(2t + T) = F(\sigma, \varkappa),$$

$$(28) \qquad \sigma = \operatorname{am}\left[\frac{K}{T}(2t + T)\right],$$

$$(29) \qquad r\cos\vartheta = z = \frac{(c\beta + \alpha) + (\alpha - c\beta)\sin\sigma}{c + 1 - (c - 1)\sin\sigma}.$$

Damit ist ϑ bestimmt. Die Gl. (15) giebt nach Restitution von z

$$(30) \qquad d\varphi = \frac{r D dz}{(r^2 - z^2)\sqrt{2g(\alpha - z)(z - \beta)(\gamma + z)}}.$$

Hierin ist identisch

$$\frac{r}{r^2 - z^2} = \frac{1}{r + z} + \frac{1}{r - z},$$

$$(31) \qquad d\varphi = \frac{D dz}{(r + z)\sqrt{2g(\alpha - z)(z - \beta)(\gamma + z)}} + \frac{D dz}{(r - z)\sqrt{2g(\alpha - z)(z - \beta)(\gamma + z)}}.$$

Durch die gleiche Umformung, welche an (14) vorgenommen wurde, erhält man hieraus, wenn abkürzend

$$\alpha - c\beta - r(c - 1) = m, \qquad c\beta - \alpha - r(c - 1) = m'$$
$$\alpha + c\beta + r(c + 1) = p, \qquad -\alpha - c\beta + r(c + 1) = p'$$

gesetzt wird

$$(32)\qquad d\varphi=\frac{D\sqrt{\varkappa}}{\sqrt{2g(\alpha-\beta)}}\left[\frac{c+1-(c-1)\sin\sigma}{p+m\sin\sigma}+\frac{c+1-(c-1)\sin\sigma}{p'+m'\sin\sigma}\right]\frac{d\sigma}{\sqrt{1-\varkappa^2\sin^2\sigma}},$$

wo σ und $\varkappa$ die gleich Bedeutung haben, wie vorhin.

Nun ist zunächst zu bemerken, dass, wie man durch Ausrechnen findet, $p^2-m^2>0$, $m^2-p^2\varkappa^2>0$ und ebenso $p'^2-m'^2>0$, $m'^2-p'^2\varkappa^2>0$. Es ist ferner,

$$pm>0,\quad p'm'<0,\quad p'm'pm<0,\quad pp'>0 \text{ also } mm'<0 \text{ und } m'<0.$$

Unter diesen Bedingungen ist, wenn P das elliptische Integral dritter Gattung bezeichnet,

$$(33)\quad\left\{\begin{aligned}&\int\frac{c+1-(c-1)\sin\sigma}{p+m\sin\sigma}\cdot\frac{d\sigma}{\sqrt{1-\varkappa^2\sin^2\sigma}}\\&=\int\left[-\frac{c-1}{m}+\frac{2c(\alpha-\beta)}{m}\cdot\frac{1}{p+m\sin\sigma}\right]\frac{d\sigma}{\sqrt{1-\varkappa^2\sin^2\sigma}}\\&=-\frac{c-1}{m}F(\sigma,\varkappa)+\frac{2c(\alpha-\beta)}{mp}P\left(\sigma,-\frac{m^2}{p^2},\varkappa\right)-2c(\sigma-\beta)\\&\qquad\int\frac{\sin\sigma\, d\sigma}{(p^2-m^2\sin^2\sigma)\sqrt{1-\varkappa^2\sin^2\sigma}}.\end{aligned}\right.$$

Das letztere Integral ist aber für $p^2>m^2>\varkappa^2p^2$

$$\frac{-1}{\sqrt{p^2-m^2}\sqrt{m^2-\varkappa^2p^2}}\operatorname{arctang}\frac{\cos\sigma\sqrt{m^2-\varkappa^2p^2}}{\sqrt{p^2-m^2}\sqrt{1-\varkappa^2\sin^2\sigma}}.$$

Entsprechend wird

$$(34)\quad\left\{\begin{aligned}&\int\frac{(c+1)-(c-1)\sin\sigma}{p'+m'\sin\sigma}\cdot\frac{d\sigma}{\sqrt{1-\varkappa^2\sin^2\sigma}}\\&=-\frac{c-1}{m'}F(\sigma,\varkappa)-\frac{2c(\alpha-\beta)}{m'p'}P\left(\sigma,-\frac{m'^2}{p'^2},\varkappa\right)\\&-\frac{2c(\alpha-\beta)}{\sqrt{p'^2-m'^2}\sqrt{m'^2-\varkappa^2p'^2}}\operatorname{arctang}\frac{\cos\sigma\sqrt{m'^2-\varkappa p'^2}}{\sqrt{p'^2-m'^2}\sqrt{1-\varkappa^2\sin^2\sigma}}.\end{aligned}\right.$$

Und damit wird, wenn φ_0 den Werth von φ für $\sigma=0$ bezeichnet

$$(35)\quad\left\{\begin{aligned}&\varphi-\varphi_0=\frac{D\sqrt{\varkappa}}{\sqrt{2g(\alpha-\beta)}}\left[-\left(\frac{c-1}{m}+\frac{c-1}{m'}\right)F(\sigma,\varkappa)\right.\\&+\frac{2c(\alpha-\beta)}{mp}P\left(\sigma,-\frac{m^2}{p^2},\varkappa\right)-\frac{2c(\alpha-\beta)}{m'p'}P\left(\sigma,-\frac{m'^2}{p'^2},\varkappa\right)\\&\quad+\frac{2c(\alpha-\beta)}{\sqrt{p^2-m^2}\sqrt{m^2-\varkappa^2p^2}}\operatorname{arctang}\frac{\cos\sigma\sqrt{m^2-\varkappa^2p^2}}{\sqrt{p^2-m^2}\sqrt{1-\varkappa^2\sin^2\sigma}}\\&-\left.\frac{2c(\alpha-\beta)}{\sqrt{p'^2-m'^2}\sqrt{m'^2-\varkappa^2p'^2}}\operatorname{arctang}\frac{\cos\sigma\sqrt{m'^2-\varkappa^2p'^2}}{\sqrt{p'^2-m'^2}\sqrt{1-\varkappa^2\sin^2\sigma}}\right],\end{aligned}\right.$$

wofür wir abkürzend schreiben

$$(36)\qquad \varphi-\varphi_0=\eta[A(\sigma)+B(\sigma)],$$

indem wir mit η den Factor $D\sqrt{\varkappa}:\sqrt{2g(\alpha-\beta)}$, mit $A(\sigma)$ den elliptischen, mit $B(\sigma)$ den nicht elliptischen Theil in der Klammer bezeichnen.

Nehmen wir nun irgend einen der extremen Punkte, z. B. $z = \beta$ zum Ausgangspunkt, so ist daselbst $\sigma = -\frac{\pi}{2}$, oder $= \frac{3\pi}{2}$, oder $= \frac{7\pi}{2}$ etc., allgemein also $\sigma = \frac{4n-1}{2}\cdot\pi$, wo n irgend eine ganze Zahl. Im nächsten extremen Punkt $z = \alpha$ ist dann $\sigma = \frac{4n+1}{2}\pi$. In beiden Fällen ist also $\cos\sigma = 0$, d. h. $B(\sigma) = 0$. Und wenn wir den Winkel, der dem Uebergang von $z = \beta$ zu $z = \alpha$ entspricht, mit Φ bezeichnen, so ist

$$(37)\quad \begin{cases} \Phi = \varphi\left(\frac{4n+1}{2}\pi\right) - \varphi\left(\frac{4n-1}{2}\pi\right) = \varphi\left(\frac{\pi}{2}\right) - \varphi\left(-\frac{\pi}{2}\right) \\ \quad = \eta\left[A\left(\frac{\pi}{2}\right) - A\left(-\frac{\pi}{2}\right)\right] = 2\eta A\left(\frac{\pi}{2}\right). \end{cases}$$

Bezeichnen wir aber den Winkel, der dem Uebergang von α zu β entspricht, mit Φ', so ist

$$(38)\quad \Phi' = \varphi\left(\frac{4n+3}{2}\pi\right) - \varphi\left(\frac{4n+1}{2}\pi\right) = \eta\left[A\left(\frac{3\pi}{2}\right) - A\left(\frac{\pi}{2}\right)\right] = 2\eta A\left(\frac{\pi}{2}\right).$$

Also

$$(39)\quad \Phi' = \Phi$$

und zugleich entspricht der Winkel Φ der Zeit T, da ja $T = t\left(\frac{\pi}{2}\right) - t\left(-\frac{\pi}{2}\right)$. Es entsprechen einander also die Zustände

$$\left.\begin{array}{llll} \sigma = -\frac{\pi}{2}, & \sigma = +\frac{\pi}{2}, & \sigma = \frac{3\pi}{2}, & \sigma = \frac{5\pi}{2} \\ t = 0, & t = T, & t = 2T, & t = 3T \\ z = \beta, & z = \alpha, & z = \beta, & z = \alpha \\ \varphi = \varphi_0, & \varphi = \varphi_0 + \Phi, & \varphi = \varphi_0 + 2\Phi, & \varphi = \varphi_0 + 3\Phi, \end{array}\right\} \text{u. s. w.}$$

wenn φ_0 den Anfangswinkel der Lage $z = \beta$ bezeichnet.

In Gl. (35) sind die Integrale P für $\sigma = \frac{\pi}{2}$ selbstverständlich grösser als K, also ist

$$\Phi > 2\eta\left[\frac{2c(\alpha-\beta)}{mp} - \frac{2c(\alpha-\beta)}{m'p'} - \frac{c-1}{m} - \frac{c-1}{m'}\right]K$$

und es lässt sich nachweisen, dass der Factor von K grösser als 1 ist; und da $K > \frac{\pi}{2}$, so folgt $\Phi > \frac{\pi}{2}$, die Projection von μ auf die xy-Ebene dreht sich von einer extremen Lage zur andern um mehr als einen rechten Winkel.

Gehen wir nun von einem beliebigen, nicht mit $z = \alpha$ oder $z = \beta$ identischen Anfangspunkt aus, für den $\varphi = \varphi_0$, so haben die elliptischen Integrale ganz allgemein die Eigenschaft

$$A(\sigma + n\pi) = 2nA\left(\frac{\pi}{2}\right) + A(\sigma),$$

die cyclometrischen aber, weil sie von $\cos\sigma$ und $\sin^2\sigma$ abhängen, die Eigenschaft

$$B(\sigma + n\pi) = (-1)^n B(\sigma).$$

Also ist allgemein

$$(40)\quad \varphi_{\sigma=\sigma_0+n\pi} - \varphi_{\sigma=\sigma_0} = \eta\left[2nA\left(\frac{\pi}{2}\right) + A(\sigma_0) + (-1)^n B(\sigma_0) - A(\sigma_0) - B(\sigma_0)\right],$$

$$(41) \qquad \varphi_{\sigma_0+n\pi} = n\Phi + \varphi_0 \quad \text{wenn } n \text{ gerade,}$$

$$(42) \qquad \varphi_{\sigma_0+n\pi} = n\Phi + \varphi_0 - 2B(\sigma_0) \quad \text{wenn } n \text{ ungerade.}$$

Setzen wir also $n = 2, 4, 6 \ldots$, so heisst Gl. (41), da gleichen σ ohnehin gleiche ϑ entsprechen: der Weg, den μ von einer niedrigsten zur nächsten niedrigsten Lage macht, ist jedem folgenden Weg aus der niedrigsten in die nächste niedrigste Lage congruent. Statt „niedrigsten“ kann ebensowohl „höchsten“ gelesen werden.

Fig. 38.

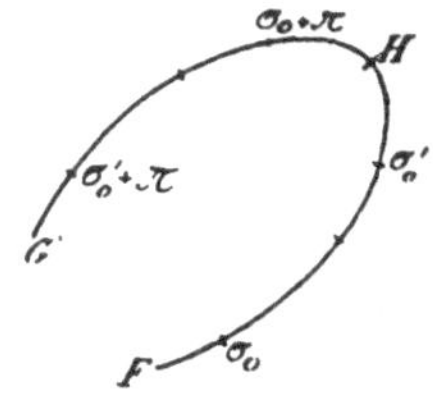

Setzen wir $n = 1$, so betrachten wir μ beim Uebergang aus einer Stellung des Ansteigens zu einer Stellung des Absteigens, oder umgekehrt. Es sei in Fig. 38 F ein niedrigster Punkt, H der folgende höchste, G der folgende niedrigste. Geht μ von σ_0 nach $\sigma_0+\pi$, so wächst φ um $\Phi - 2B(\sigma_0)$. Wir wählen nun einen zweiten Anfangspunkt σ_0' aus, der so liegt, dass σ_0' gegen $\frac{\pi}{2}$ symmetrisch zu $\sigma_0+\pi$ ist, d. h., so dass

$$\sigma_0 + \pi - \frac{\pi}{2} = \frac{\pi}{2} - \sigma_0'$$

ist, m. a. W. dass $\sigma_0 = -\sigma_0'$. Geht dann μ von σ_0' zu $\sigma_0'+\pi$, so wächst φ um $\Phi - 2B(\sigma_0')$. Da aber $\cos\sigma_0 = \cos(-\sigma_0)$, so ist $B(\sigma_0') = B(\sigma_0)$, also wächst φ von σ_0' nach $\sigma_0'+\pi$ um dieselbe Grösse, wie von σ_0 nach $\sigma_0+\pi$. Die 4 Punkte σ_0, $\sigma_0'+\pi$, σ_0', $\sigma_0+\pi$ liegen also symmetrisch gegen den Punkt $\sigma = \frac{\pi}{2}$, d. i. gegen H. Und da das für irgend welches σ_0 gilt, folgt: Der absteigende Ast jeder Curve ist mit dem aufsteigenden der vorhergehenden symmetrisch. Und da der aufsteigende jedem andern aufsteigenden congruent ist, folgt weiter: Der absteigende Ast ist auch dem folgenden aufsteigenden symmetrisch. Die Projection von μ auf die Horizontalebene beschreibt also eine Curve von der Form Fig. 39. Ist dabei Φ commensurabel mit π, so kehrt die Curve nach einer endlichen Anzahl von Umläufen in sich selbst zurück, berührt also die Kreise $z = \alpha$ und $z = \beta$ in einer endlichen Zahl von Punkten; ist das nicht der Fall, so berührt μ mit der Zeit alle Punkte der beiden Kreise.

Fig. 39.

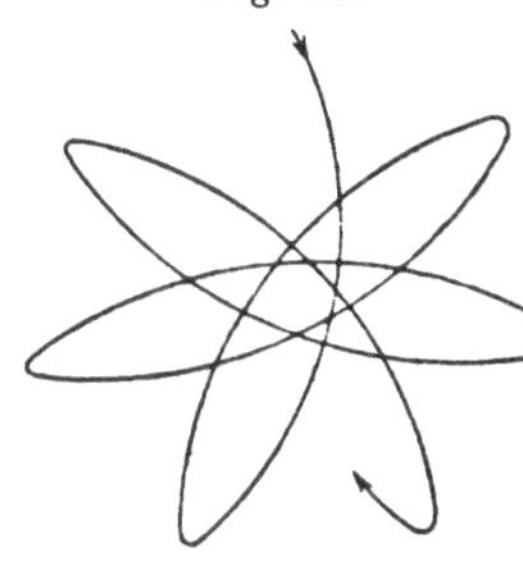

Zahlenbeispiel. Die Bewegung beginnt mit einer horizontalen Anfangsgeschwindigkeit $v_0 = 4\sqrt{2g}$ auf dem horizontalen grössten Kreise der Kugel vom Radius 15. Dann ist $\beta = 0$, $h = \frac{1}{2}v_0^2 = 16g$, $R = -2gz^3 - 2hz^2 + 2gr^2z$, die Gl. $R = 0$ hat also die drei Wurzeln

$$\alpha = g, \quad \beta = 0, \quad -\gamma = -25.$$

Die tiefste Lage fällt also in $\frac{3}{5}r$ unter dem Mittelpunkt.

$$c = \sqrt{\frac{34}{25}}, \quad \varkappa = \frac{\sqrt{34}-5}{\sqrt{34}+5},$$

$$m=24-3\sqrt{34},\quad p=24+3\sqrt{34},\quad m'=6-3\sqrt{34},\quad p'=6+3\sqrt{34},$$

$$T=20\sqrt{\frac{\varkappa}{2g}}K,\quad D=60\sqrt{2g},\quad \eta=20\sqrt{\varkappa},$$

$$\Phi=40\sqrt{\varkappa}\left\{\left[\frac{5-\sqrt{34}}{120-15\sqrt{34}}+\frac{5-\sqrt{34}}{30-15\sqrt{34}}\right]K\right.$$

$$\left.+\frac{\sqrt{34}}{75}P\left[\tfrac{1}{2}\pi,-\left(\frac{24-3\sqrt{34}}{24+3\sqrt{34}}\right)^2,\varkappa\right]+\frac{\sqrt{34}}{75}P\left[\tfrac{1}{2}\pi,-\left(\frac{6-\sqrt{34}}{6+\sqrt{34}}\right)^2,\varkappa\right]\right\}.$$

Nun ist jedes $P > K$, und man überzeugt sich leicht, dass der Factor von K in der obigen Klammer $\frac{5-\sqrt{34}}{75}$ ist. Also ist

$$\Phi > 40\sqrt{\varkappa}\left\{\frac{5-\sqrt{34}}{75}+2\frac{\sqrt{34}}{75}\right\}K \text{ d. i. } > 40\sqrt{\varkappa}\,\frac{5+\sqrt{34}}{75}K,$$

$$\Phi > \frac{40}{75}\sqrt{\frac{\sqrt{34}-5}{\sqrt{34}+5}}\cdot\sqrt{\sqrt{34}+5}^{\,2}K \text{ d. i. } > \tfrac{40}{75}\sqrt{34-25}K \text{ d. i. } > \tfrac{8}{5}K > \frac{\pi}{2}.$$

Wir wenden uns nun zur Herstellung von N. Aus der Kugelgleichung folgt durch zweimaliges differentiiren

$$(43)\qquad x\frac{d^2x}{dt^2}+y\frac{d^2y}{dt^2}+z\frac{d^2z}{dt^2}=-\left[\left(\frac{dx}{dt}\right)^2+\left(\frac{dy}{dt}\right)^2+\left(\frac{dz}{dt}\right)^2\right]=-v^2.$$

Multiplicirt man die drei Gleichungen (5) der Reihe nach mit x, y, z und addirt, so kommt

$$(44)\qquad x\frac{d^2x}{dt^2}+y\frac{d^2y}{dt^2}+z\frac{d^2z}{dt^2}=-rN+gz.$$

Also nach (43)

$$(45)\qquad N=\frac{v^2+gz}{r}.$$

Setzt man darin $v^2=v_0^2+2g(z-z_0)$, so wird

$$(46)\qquad N=\frac{1}{r}(v_0^2-2gz_0+3gz).$$

Zu Gl. (45) kann man auch unmittelbar gelangen, indem man die Gleichung $\frac{v^2}{\rho}=N\dotplus g$ anwendet, wobei N bekanntlich nach innen positiv gerechnet ist. Projicirt man sämmtliche hierin vorkommenden Grössen auf den nach innen gerichteten Radius r, so erhält man $\frac{v^2}{\rho}\cos(\rho,r)=N-g\cos\vartheta$. Der Krümmungskreis der von μ beschriebenen Curve ist aber immer ein Kugelkreis, also $\cos(\rho,r)=\frac{\rho}{r}$, folglich $\frac{v^2}{r}=N-g\cos\vartheta$ oder $N=\frac{v^2+gz}{r}$. Der Druck auf die Kugel ist $-\mu N$. Auf der unteren Kugelhälfte ist derselbe immer nach aussen gerichtet; auf der obern fällt μ ab, wenn $z=\frac{2gz_0-v_0^2}{3g}$.

Sind die Ausschlagswinkel des sphärischen Pendels sehr klein, so ist auch v jederzeit sehr klein, und $\frac{z}{r}$ kann näherungsweise $=1$ gesetzt werden, während

v^2 zu vernachlässigen ist. Dann kann man also in zweiter Annäherung $N = g$ setzen, und die Bewegungsgleichungen werden

$$\frac{d^2x}{dt^2} = -\frac{g}{r}x, \quad \frac{d^2y}{dt^2} = -\frac{g}{r}y, \quad \frac{d^2z}{dt^2} = -\frac{g}{r}z + g,$$

von denen die dritte sich schreiben lässt $\frac{d^2(r-z)}{dt^2} = -\frac{g}{r}(r-z)$, wo $r-z$ die Höhe von μ über dem tiefsten Punkt der Kugel ist. Die Integration der drei Gleichungen ist schon bekannt, sie ergeben, wenn $\lambda = \sqrt{\frac{g}{r}}$

$$x = A\cos\lambda t + B\sin\lambda t, \qquad \frac{dx}{dt} = -\lambda A\sin\lambda t + \lambda B\cos\lambda t,$$

$$y = A'\cos\lambda t + B'\sin\lambda t, \qquad \frac{dy}{dt} = -\lambda A'\sin\lambda t + \lambda B'\cos\lambda t,$$

$$r - z = A''\cos\lambda t + B''\sin\lambda t, \qquad -\frac{dz}{dt} = -\lambda A''\sin\lambda t + \lambda B''\cos\lambda t.$$

Wir legen die xz-Ebene durch einen tiefsten Punkt der Bahn und rechnen die Zeit von dem Augenblick an, wo μ diesen tiefsten Punkt passirt, dann ist für $t = 0$

$$x_0 = a, \quad \frac{dx_0}{dt} = 0, \quad y_0 = 0, \quad \frac{dy_0}{dt} = b, \quad r - z_0 = c, \quad \frac{dz_0}{dt} = 0.$$

Damit wird $A = a$, $A' = 0$, $A'' = c$, $B = 0$, $B' = \frac{b}{\lambda}$, $B'' = 0$,

$$x = a\cos\lambda t, \quad y = \lambda b\sin\lambda t, \quad r - z = c\cos\lambda t,$$

woraus folgt

$$\left(\frac{x}{a}\right)^2 + \left(\frac{y}{\lambda b}\right)^2 = 1.$$

Die Projection von μ auf den Fussboden ist also eine Ellipse mit den Halbaxen a und λb. Die Periode ist $T = \frac{2\pi}{\lambda} = 2\pi\sqrt{\frac{r}{g}}$, dieselbe, wie beim einfachen Pendel von der Länge r. Die Projection von μ auf die yz-Ebene ergiebt gleichfalls eine Ellipse, die auf die xz-Ebene eine gerade Linie $cx = a(r-z)$. Letzteres ist nicht möglich, wenn die Bahn nicht zufällig ein Kreis ist; dadurch enthüllt sich die Ungenauigkeit der Annäherungsrechnung. Die Festsetzung $N =$ const. steht nämlich im Allgemeinen im Widerspruch mit der Kugelgleichung; also enthalten schon die angenäherten Differentialgleichungen einen innern Widerspruch, der im Resultat zu Tage treten muss. Der Fehler ist aber von zweiter Ordnung.

73. Schwerer Punkt auf der Ebene. Wir legen den Anfangspunkt der Coordinaten in irgend einen Punkt der Ebene, die z-Axe senkrecht nach oben, die x-Axe in die Projection der Verticalen auf die Ebene. Dann macht das auf der Ebene errichtete Perpendikel mit den Axen die Winkel $\frac{\pi}{2} - \gamma$, $\frac{\pi}{2}$, γ, und die Gleichungen der Bewegung werden

$$\frac{d^2x}{dt^2} = N_x, \quad \frac{d^2y}{dt^2} = N_y, \quad \frac{d^2z}{dt^2} = N_z - g,$$

$$N_x^2 + N_y^2 + N_z^2 = N^2, \quad x\sin\gamma + z\cos\gamma = 0, \quad N_x : N_y : N_z = \sin\gamma : 0 : \cos\gamma,$$

woraus sofort $\frac{d^2y}{dt^2} = 0$, $y = at+b$. Das Princip der lebendigen Kraft giebt

$$v^2+2gz = 2h.$$

Die Gleichung der Ebene giebt $\frac{dx}{dt} = -\cot\gamma\cdot\frac{dz}{dt}$, also $v^2 = \left(\frac{dz}{dt}\right)^2(1+\cot^2\gamma)$, womit die vorstehende Gleichung leicht weiter zu integriren ist, was wir dem Leser überlassen.

74. Allgemeine Bemerkungen. 1. Coordinatenwahl. Es liegt auf der Hand, dass es unter Umständen vortheilhaft sein wird, Coordinaten zu benutzen, die in einfacher Beziehung zu der vorgeschriebenen Fläche stehen.

A. Ebene. Die Differentialgleichungen des § **73.** z. B. werden sich gleich einfacher gestalten, wenn wir die vorgeschriebene Ebene selbst zur $\xi\eta$-Ebene nehmen. Die Axe der ξ sei parallel mit der Projection der Verticalen auf die Ebene der Bewegung. Die Schwere macht dann mit der ζ-Axe den Winkel γ, mit der η-Axe den Winkel $\frac{\pi}{2}$, mit ξ den Winkel $\frac{\pi}{2}-\gamma$. N fällt in die Richtung, also haben wir sofort

$$N_\xi = 0, \quad N_\eta = 0, \quad N_\zeta = g\cos\gamma = N,$$

und die Bewegungsgleichungen

$$\frac{d^2\xi}{dt^2} = -g\sin\gamma, \quad \frac{d^2\eta}{dt^2} = 0, \quad \frac{d^2\zeta}{dt^2} = N_\zeta - g\cos\gamma = 0,$$

von denen die dritte überflüssig wird, da die Gleichung der Ebene selbst $z = 0$ lautet, eine Bewegung von μ in der ζ-Richtung also von vornherein ausgeschlossen ist. Die beiden ersten liefern die aus **57.** bekannte parabolische Bewegung mit dem Parameter $\frac{a^2}{2g\sin\gamma}$.

B. Rotationsfläche. Die Normalen einer Rotationsfläche gehen im Allgemeinen durch die Axe und können nur in besonderen Fällen der Axe parallel werden. Als Coordinaten eines Flächenpunktes kann man also ansehen 1) den Punkt Ω, in welchem seine Normale die Axe schneidet, 2) den Winkel ϑ, den die Normale mit der Axe macht, 3) den Winkel φ, den die durch Axe und Normale gelegte Ebene mit einer durch die Axe gehenden festen Fundamentalebene macht. Die Länge der Normale bis zur Axe hin sei mit ρ bezeichnet.

Beispielsweise suchen wir die Bedingungen auf, unter denen μ auf einem Parallelkreise der Rotationsfläche gleichförmig umläuft. Soll das der Fall sein, so muss das Flächenprincip erfüllt sein, die freie Kraft $f_e \dotplus \mu N$ muss durch die Axe gehen. Also da N schon durch die Axe geht, muss auch f_e das thun, wobei der Grenzfall „f_e parallel der Axe" mit einzuschliessen ist. $f_e \dotplus \mu N$ ist nun die Centripetalkraft in der Ebene des Parallelkreises, $\frac{\mu v^2}{\rho\sin\vartheta}$. Also muss zunächst $f_e \dotplus \mu N$ constant sein. f_e wollen wir uns denken als ausgehend von festen Punkten der Axe, deren jeder eine nur von den Entfernungen abhängige Kraft auf μ übt. Dann ist die an μ thätige explicite Resultante f_e der Grösse nach constant und bildet einen constanten Winkel χ mit der Axe. Zerlegen wir f_e sowohl wie N in zwei Componenten parallel und senkrecht zur Axe, die mit den Marken p und s versehen werden, so ist

$$N_p = N\cos\vartheta, \qquad N_s = N\sin\vartheta, \qquad N_s = N_p \operatorname{tang}\vartheta$$

$$\ddot{u}_p = \ddot{u}_e \cos\chi, \qquad \ddot{u}_s = \ddot{u}_e \sin\chi,$$

$$N\cos\vartheta + \ddot{u}_e\cos\chi = 0, \quad N\sin\vartheta + \ddot{u}_e\sin\chi = \frac{v^2}{\rho\sin\vartheta}.$$

Aus der ersten Gleichung folgt, da N und $\ddot{u}_e$ von der Axe nach μ hin gerechnet sind, dass $\cos\vartheta$ und $\cos\chi$ entgegengesetzte Vorzeichen haben müssen; ist also die Normale nach „oben“ gerichtet, so muss f_e nach „unten“ ziehen. Dann folgt weiter

$$(-\ddot{u}_e\cos\chi \operatorname{tang}\vartheta + \ddot{u}_e\sin\chi)\rho\sin\vartheta = v^2,$$

die Bedingung, welche v erfüllen muss. Ist die Schwere die thätige Kraft, so muss die Axe des Rotationskörpers senkrecht stehen; dann ist $\ddot{u}_e = -g$ und $\chi = 0$, also $v^2 = g\rho\operatorname{tang}\vartheta\sin\vartheta$. Die durchlaufene Peripherie ist $2\pi\rho\sin\vartheta$, also die Umlaufszeit $T = 2\pi\sqrt{\frac{\rho\cos\vartheta}{g}}$, wo $\rho\cos\vartheta$ die Subnormale. Die Formel stimmt, wie einleuchtet, mit der für den Umlauf des conischen Pendels auf einem Parallelkreise der Kugel überein, wenn ρ der Kugelradius.

2. Zerlegung der Geschwindigkeit. Im Punkt μ legen wir eine Tangentialebene an die vorgeschriebene Fläche und projiciren die Beschleunigung $\ddot{u}_e$ auf jene Ebene. Die Richtung dieser Projection heisse p und mache mit $\ddot{u}_e$ den Winkel χ. Die Geschwindigkeit v mache mit p den Winkel φ und mit $\ddot{u}_e$ selbst den Winkel ψ. Dann ist $\cos\psi = \cos\chi\cos\varphi$. Zerlegen wir v in zwei Componenten parallel und senkrect zu p, so sind dieselben $v\cos\varphi$ und $v\sin\varphi$. Die letztere Componente steht zugleich senkrecht auf $\ddot{u}_e$, also thut $\ddot{u}_e$ an ihr die Elementararbeit Null; die Arbeit der Zwangskräfte ist gleichfalls Null, also auf jedem Wegelement $d(\frac{1}{2}v^2\sin\varphi^2) = 0$ d. h.

$$(1) \qquad v\sin\varphi = \text{const.}$$

für die ganze Bewegung. (Genau ebenso wird, wenn wir v direct in zwei Componenten zerlegen, die parallel und senkrecht zu $\ddot{u}_e$ stehen, an der zu $\ddot{u}_e$ senkrechten Componente von $\ddot{u}_e$ keine Arbeit geleistet; dieselbe fällt aber im Allgemeinen nicht in die vorgeschriebene Fläche; die Beziehung für $\ddot{u}_e$ ist also hier nicht anwendbar, weil die Kräfte N an der auf jene Componente fallenden Arbeit mitwirken.)

Die einfache Gleichung (1) hat in specialisirten Fällen einen leicht vorstellbaren Sinn; z. B. bei Bewegung in der Ebene, wenn die Beschleunigung $\ddot{u}_e$ constante Richtung hat; da in diesem Fall $\cos\chi$ constant ist, folgt aus $v\sin\varphi = \text{const}$ auch $v\sin\psi = \text{const}$. Die correspondirende Bedingung, unter der das gleiche für die Bewegung auf der Kugel gilt, mag der Leser selbst aussprechen. Im Specialfall des sphärischen Pendels, wo $\ddot{u}_e$ die Beschleunigung der Schwere, fällt die Projection von $\ddot{u}_e$ in das Element des grössten Kreises, der durch den tiefsten (oder höchsten) Punkt der Kugel geht, also ist φ identisch mit dem sphärischen Abstand der Geschwindigkeit vom Pol. Bewegen sich zwei Punkte μ und μ' auf zwei verschiedenen Flächen, ist zur Zeit t_0 die Geschwindigkeit $v_0 = v'_0$, zugleich $\varphi = \varphi'$ und von da ab $\ddot{u}'_e\cos\psi' = \ddot{u}_e\cos\psi$, so ist evident, dass μ' zu jeder späteren Zeit dieselbe Geschwindigkeit haben wird, wie μ. Denn die von beiden geleistete Arbeit ist jederzeit dieselbe. Auf developpable Flächen angewendet giebt der Satz: Ist F eine abwickelbare Fläche, F' dieselbe, nachdem sie auf die Ebene ausgebreitet worden, μ ein Punkt, der sich auf F bewegt, μ' der correspondirende Punkt auf F', fällt die Projection $\mathring{u}_p$ der an μ thätigen expliciten Beschleunigung auf die Tangentenebene von F stets in die Richtung der Erzeugungslinie, so bewegt sich μ gerade so schnell auf seiner Bahn, wie μ' auf der Deformationscurve, wenn man an μ' Beschleunigungen anbringt, die in jedem Augenblick in die Erzeugungslinie von F' fallen und an Grösse gleich $\mathring{u}_p$ sind.

(Beispiel: Ein schwerer Punkt auf einem Cylinder mit verticalen Erzeugungslinien beschreibt die auf den Cylinder gewickelte Parabel des freien Falles.) Es liegt auf der Hand, dass man mit dem vorigen Satz von der abwickelbaren Fläche F' erst auf die Ebene, dann von der Ebene zu einer zweiten Fläche F'' (durch Aufwickeln), also auch von F' zu F'' direct übergehen kann.

3. Zerlegung der Beschleunigung. Von einem festen Pol O aus ziehe man Radienvectoren nach μ. Der Radiusvector zur Zeit $t+dt$ bildet mit dem der Zeit t einen unendlich kleinen Winkel $d\omega$, und die Ebene dieses Winkels mit der Ebene des nächstfolgenden den unendlich kleinen Flächenwinkel $d\sigma$. ω ist dann der von einem festen Radiusvector aus gerechnete conische Winkel, den μ beschreibt, und σ der entsprechende conische Winkel auf dem Supplementarkegel. Fasst man r, ω, σ als die Coordinaten von μ, so ergiebt sich die Aufgabe, die drei Componenten der Beschleunigung zu bestimmen, welche fallen 1) $\mathring{u}_r$ in die Richtung von r, 2) $\mathring{u}_\omega$ in die Ebene von $d\omega$, senkrecht zu r, 3) $\mathring{u}_\sigma$ senkrecht zu beiden. Die Geschwindigkeit zur Zeit t zerfällt in die beiden Componenten $v_r = \frac{dr}{dt}$ längs r und $v_\omega = r\frac{d\omega}{dt}$ in der Ebene von $d\omega$. Im folgenden Zeittheil, wo μ die Stellung μ' habe, ist sie $v_r + dv_r$ in der Richtung r' und $v_\omega + dv_\omega$ in der Ebene von $d\omega'$. Um die geometrische Aenderung von v_r zu bestimmen, denken wir uns in Fig. 40 sei QA zur Zeit t und QB zur Zeit $t+dt$ die Radialgeschwindigkeit. Dann ist offenbar

Fig. 40.

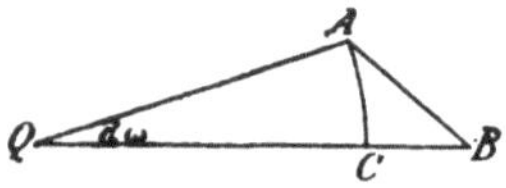

$$\hat{d}\frac{dr}{dt} = AB = AC \hat{+} CB = d\frac{dr}{dt} \hat{+} \frac{dr}{dt}\cdot d\omega,$$

$$\frac{\hat{d}}{dt}\left(\frac{dr}{dt}\right) = \frac{d^2r}{dt^2} \hat{+} \frac{dr}{dt}\cdot\frac{d\omega}{dt}. \tag{2}$$

Fig. 41.

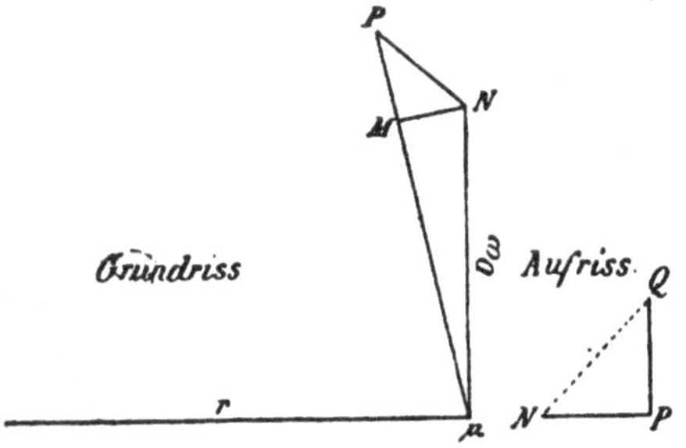

Entsprechend ergiebt sich aus Fig. (41) Grundriss, dass $\hat{d}v_\omega$ in der Ebene von $d\omega$ die beiden Componenten $MP = dv_\omega$ und $NM = \hat{-}\,v_\omega d\omega$ hat, von denen die erstere die Richtung von v_ω, die letztere die von r besitzt. Aus dem Aufriss ersieht man, dass zu diesen noch eine dritte Componente senkrecht zur Ebene von $d\omega$ kommt, deren Werth $PQ = v_\omega d\sigma$ ist. Also wird, nach den Richtungen r, v_ω, v_σ geordnet

$$\dot{d}r_\omega = -v_\omega\, d\omega \,\hat{+}\, dv_\omega \,\hat{+}\, v_\omega\, d\sigma$$

$$(3) \qquad \frac{\dot{d}v_\omega}{dt} = -r\left(\frac{d\omega}{dt}\right)^2 \hat{+} \left[r\frac{d^2\omega}{dt^2} + \frac{dr}{dt}\cdot\frac{d\omega}{dt}\right] \hat{+}\, r\frac{d\omega}{dt}\frac{d\sigma}{dt}.$$

Setzt man die Componenten gleicher Richtung aus (2) und (3) zusammen, so findet sich

$$(4) \quad \begin{cases} \dot{u}_r = \dfrac{d^2 r}{dt^2} - r\left(\dfrac{d\omega}{dt}\right)^2, \quad \dot{u}_\omega = 2\dfrac{d\omega}{dt}\dfrac{dr}{dt} + r\dfrac{d^2\omega}{dt^2} = \dfrac{1}{r}\dfrac{d}{dt}\left(r^2\dfrac{d\omega}{dt}\right), \\ \dot{u}_\sigma = r\dfrac{d\omega}{dt}\cdot\dfrac{d\sigma}{dt} \end{cases}$$

mit der Zusatzgleichung

$$v^2 = \left(\frac{dr}{dt}\right)^2 + \left(r\frac{d\omega}{dt}\right)^2.$$

Die Formeln (4) gelten ganz allgemein, und durch Combination mit der Zusatzgleichung lassen sie sich verschiedentlich umformen. Die erste liefert z. B. durch Elimination von $\frac{d\omega}{dt}$

$$(5) \qquad v^2 = \frac{d^2(\frac{1}{2}r^2)}{dt^2} - r\dot{u}_r$$

einen „Lehrsatz" von Villarceau von einiger Brauchbarkeit.

Bei der Bewegung von μ auf einer vorgeschriebenen Fläche können die Gleichungen (4) brauchbar werden, wenn die Gleichung der Fläche sich bequem in r, ω, σ ausdrücken lässt. Nehmen wir z. B. für die Kugel den Mittelpunkt zum Anfangspunkt O, so liefert die Gleichung $r = \text{const.}$ sofort die Folgerung $v^2 = -r\dot{u}_r$. Dabei ist, wenn wir die explicite Beschleunigung kurz e schreiben, $\dot{u}_r = e_r + N$, wo die Componente e_r nach innen positiv zu rechnen. Also wird $v^2 = -r(e_r + N)$, welche Gleichung auch dann gilt, wenn Reibung und Luftwiderstand mitwirken. Hieraus folgt die nicht unwichtige Bemerkung, dass $e_r + N$ stets negativ, also nach aussen gerichtet ist.

Die Gleichung $v^2 = -r(e_r + N)$ gilt natürlich auch auf beliebigen Flächen, wenn die Bedingung $r = \text{const.}$ aufrecht erhalten wird, also z. B. in dem sub 1. B. behandelten Falle des Umlaufens auf einem Parallelkreise eines Rotationskörpers. Sie liefert dort die Bedingung $f_e \hat{+} \mu N = \text{const.}$

Allgemein ist $\dot{u}_r = e_r + N_r$.

Ein Kreiskegel von der halben Oeffnung α hat in den obigen Coordinaten die einfache Gleichung $\omega = \sin\alpha \,.\, \sigma$. Steht seine Axe senkrecht, und ist μ ein schwerer Punkt, so haben wir

$$e_r = g\cos\alpha, \qquad e_\omega = 0, \qquad e_\sigma = 0,$$
$$N_r = 0, \qquad N_\omega = 0, \qquad N_\sigma = N,$$

$$\frac{d^2 r}{dt^2} - r\left(\frac{d\omega}{dt}\right)^2 = g\cos\alpha, \quad \frac{d}{dt}\left(r^2\frac{d\omega}{dt}\right) = 0, \quad r\sin\alpha\left(\frac{d\sigma}{dt}\right)^2 = \frac{r}{\sin\alpha}\left(\frac{d\omega}{dt}\right)^2 = N,$$

von denen die zweite sich sofort integriren lässt und dann die Integration der ersten ermöglicht.

Bewegung auf veränderlichen Fesseln; Lagrange's allgemeine Behandlung des Problems der gezwungenen Bewegung.

75. Wir wollen nun die Beschränkung, welche in § **63** eingeführt war, fallen lassen und voraussetzen, dass die neben den expliciten Kräften gegebenen Bedingungsgleichungen ausser den Coordinaten auch die Zeit enthalten können. Eine solche Bedingungsgleichung lautet dann, wenn L ein Functionszeichen ist,

$$(1) \qquad L(x, y, z, t) = \text{const.}$$

Für einen bestimmten Werth von t stellt sie eine Fläche dar, bei variablem t also eine Fläche, die sich mit der Zeit ändert. Zwei Gleichungen ähnlicher Art stellen entsprechend eine variable Linie vor.

Es ist zu bemerken, dass man im Fall veränderlicher Fesseln eine Beschreibung der Bewegung von μ in zwei wesentlich verschiedenen Coordinatensystemen geben und verlangen kann, nämlich: 1) In dem System der x, y, z, in welchem die Bedingungsgleichungen gegeben sind, 2) in einem andern Coordinatensystem, welches der veränderlichen Fläche oder Linie angehört und sich mit dieser bewegt. Z. B. Es werde die Bewegung eines schweren Punkts μ auf einer frei fallenden Kugel untersucht. Man kann dann 1) eine Beschreibung derselben in dem gegen die Erde festliegenden Coordinatensystem verlangen, in welchem μ und die Kugel gegeben sind; 2) kann man die Frage aufwerfen: wie bewegt sich μ in der Kugel selbst, d. h. in einem Coordinatensystem, welches durch den Mittelpunkt der Kugel gelegt ist und mit demselben frei fällt? Es leuchtet ein, dass der Uebergang von dem einen System zum andern einfach eine Frage der Coordinatenvertauschung ist, dass er also, wenn die Coordinaten im beweglichen System mit ξ, η, ζ bezeichnet werden, durch Substitutionen von der Form $z = f(\xi, \eta, \zeta, t)$ und $\zeta = \varphi(x, y, z, t)$ geleistet werden kann. Diese Substitutionen können sowohl an den Gleichungen der Beschleunigung, wie an denen der Geschwindigkeit und des Orts ausgeführt werden. Dagegen ist es nicht ohne weiteres gestattet, aus den physikalisch gegebenen Bedingungen des Problems die thätigen Kräfte im beweglichen System zu eruiren und auf das bewegliche System die Gleichungen $\mu \dfrac{d^2x}{dt^2} = \Xi$ des § **48** anzuwenden; denn wir wissen ja nicht von vorn herein, ob das bewegliche System ein Fundamentalsystem ist. Die Kraftbestimmung und die Bildung der Gleichungen für die Beschleunigung muss vielmehr im Fundamentalsystem der x, y, z vorgenommen werden, und erst in die fertigen Gleichungen der Beschleunigung oder ihre Integrale darf man, weil diese fertigen Gleichungen rein phoronomischer Natur sind, bewegliche Coordinaten substituiren.

Das allgemeine Schema für die analytische Behandlung beliebiger Zwangsbewegungen, welches wir jetzt entwickeln, ist von Lagrange gegeben.

76. Eine Bedingung im Raum. Am Punkte μ seien die expliciten Beschleunigungen X, Y, Z gegeben; die aus dem Zwang hervorgehenden Beschleunigungen seien X_1, Y_1, Z_1. Die Gleichungen der Bewegung von μ im Fundamental-System der x, y, z sind dann

$$(1) \qquad \begin{cases} \dfrac{d^2x}{dt^2} = X + X_1 \\ \dfrac{d^2y}{dt^2} = \dot{Y} + Y_1 \\ \dfrac{d^2z}{dt^2} = Z + Z_1 \end{cases}$$

mit der Nebenbedingung

$$(2) \qquad L(x, y, z, t) = c,$$

wo c eine Constante. Es leuchtet ein, dass eine bewegte Fläche, wenn die Reibung ausgeschlossen wird, eben so wenig wie eine ruhende, Zwangskräfte entwickeln kann, die den berührten Elementen parallel sind, dass also die Zwangskräfte $X_1 Y_1 Z_1$ auch im allgemeinen Falle zur Zeit t_1 senkrecht auf derjenigen Fläche stehen, welche zur Zeit t_1 durch Gl. (2) dargestellt wird. Bezeichnen wir also die Normale der Fläche $L = 0$ an der Stelle, wo μ sich zur Zeit t befindet mit n, so ist, wenn e eine Constante

$$(3) \qquad \begin{cases} X_1 : Y_1 : Z_1 = \cos(n, x) : \cos(n, y) : \cos(n, z) \\ \qquad = e\dfrac{\partial L}{\partial x} : e\dfrac{\partial L}{\partial y} : e\dfrac{\partial L}{\partial z}, \end{cases}$$

in welchen Gleichungen e eine beliebige Zahl ist und alle Veränderlichen die dem Augenblick t entsprechenden Werthe haben. Verstehen wir also unter λ einen unbestimmten Coefficienten, so können wir setzen

$$(4) \qquad X_1 = e\frac{\partial L}{\partial x} \cdot \lambda, \quad Y_1 = e\frac{\partial L}{\partial y} \cdot \lambda, \quad Z_1 = e\frac{\partial L}{\partial z} \cdot \lambda$$

erhalten also

$$(5)\qquad \begin{cases} \dfrac{d^2x}{dt^2} = X + e\dfrac{\partial L}{\partial x}\lambda \\ \dfrac{d^2y}{dt^2} = Y + e\dfrac{\partial L}{\partial y}\lambda \\ \dfrac{d^2z}{dt^2} = Z + e\dfrac{\partial L}{\partial z}\lambda. \end{cases}$$

Da nun Gl. (2) für jedes t gilt, so folgt aus ihr $\dfrac{dL}{dt} = 0$ und $\dfrac{d^2L}{dt^2} = 0$. Von diesen Gl. giebt die erste entwickelt

$$(6)\qquad 0 = \frac{\partial L}{\partial x}\frac{dx}{dt} + \frac{\partial L}{\partial y}\frac{dy}{dt} + \frac{\partial L}{\partial z}\frac{dz}{dt} + \frac{\partial L}{\partial t}$$

die zweite, wenn wir bei der Ausführung für $\dfrac{d^2x}{dt^2}$ etc. ihre Werthe aus (5) setzen:

$$(7)\qquad \begin{cases} 0 = \dfrac{\partial L}{\partial x}\left(X + e\dfrac{\partial L}{\partial x}\lambda\right) + \dfrac{\partial L}{\partial y}\left(Y + e\dfrac{\partial L}{\partial y}\lambda\right) + \dfrac{\partial L}{\partial z}\left(Z + e\dfrac{\partial L}{\partial z}\lambda\right) \\ \quad + \dfrac{\partial^2 L}{\partial x^2}\left(\dfrac{dx}{dt}\right)^2 + \dfrac{\partial^2 L}{\partial y^2}\left(\dfrac{dy}{dt}\right)^2 + \dfrac{\partial^2 L}{\partial z^2}\left(\dfrac{dz}{dt}\right)^2 \\ \quad + 2\dfrac{\partial^2 L}{\partial x \partial y}\dfrac{dx}{dt}\dfrac{dy}{dt} + 2\dfrac{\partial^2 L}{\partial y \partial z}\dfrac{dy}{dt}\dfrac{dz}{dt} + 2\dfrac{\partial^2 L}{\partial z \partial x}\dfrac{dz}{dt}\dfrac{dx}{dt} \\ \quad + 2\dfrac{\partial^2 L}{\partial x \partial t}\dfrac{dx}{dt} + 2\dfrac{\partial^2 L}{\partial y \partial t}\dfrac{dy}{dt} + 2\dfrac{\partial^2 L}{\partial z \partial t}\dfrac{dz}{dt} \\ \quad + \dfrac{\partial^2 L}{\partial t^2}. \end{cases}$$

Dies ist eine lineare Gleichung für λ; löst man sie nach λ auf und setzt den erhaltenen Werth in (5) ein, so sind die Gleichungen der Bewegung explicite hergestellt; es erübrigt, sie zu integriren.

Bezeichnet wieder N die Normalbeschleunigung der Fläche gegen μ, so ist $N\cos(n, x) = X_1$ und die drei in (5) auftretenden Ausdrücke

$$X_1 = e\frac{\partial L}{\partial x}\lambda, \quad Y_1 = e\frac{\partial L}{\partial y}\lambda, \quad Z_1 = e\frac{\partial L}{\partial z}\lambda$$

sind die Componenten von N. $-\mu N$ ist der Druck, den die Fläche $L = 0$ erleidet. Meist wird man $e = 1$ nehmen, kann ihm aber auch jeden für die vorliegende Rechnung bequemen constanten Werth geben.

Es ist selbstverständlich, dass die Anfangsbedingungen des Problems den Bedingungen desselben genügen müssen. Es muss also erstens zwischen der Anfangszeit t_1 und den Anfangsorten x, y, z, die Gl. (2) und zweitens für die Anfangsgeschwindigkeiten die Gleichung (6) erfüllt sein; denn sonst würde die Bewegung von μ von Anfang an nicht in die Fläche $L = 0$ fallen.

Ferner bedarf es nicht der Erwähnung, dass das Verfahren auch in dem Specialfall anwendbar bleibt, wo t in Gl. (2) nicht vorkommt, dass es also die Methoden von §§ **63** bis **74** ersetzen kann.

Selbstverständlich, aber erwähnenswerth ist folgende Bemerkung: Sobald eine Bedingungsgleichung $L = 0$ gegeben ist, kann man eine der drei Bewegungsgleichungen (1) oder (5) als überflüssig ansehen, und kann sie, wenn es bequem ist, durch die Gleichung $L = 0$ ersetzen. Es sind hier dann in der That nur zwei von den Coordinaten unabhängig, die dritte ist, wenn jene bestimmt sind, durch $L = 0$ gegeben.

Beispiele. 1) Sphärisches Pendel. Coordinaten wie in **72.** Explicite Kraft $Z = g$. Aus der Gleichung der Kugel $x^2+y^2+z^2 = r^2$ folgt

$$\frac{\partial L}{\partial x} = 2x, \quad \frac{\partial L}{\partial y} = 2y, \quad \frac{\partial L}{\partial z} = 2z.$$

Wir setzen $e = \frac{1}{2}$ und erhalten damit die Gleichungen der Beschleunigung

$$\text{(a)} \qquad \frac{d^2x}{dt^2} = \lambda x, \qquad \frac{d^2y}{dt^2} = \lambda y, \qquad \frac{d^2z}{dt^2} = \lambda z + g.$$

Gl. (7) wird

$$0 = 2\lambda(x^2+y^2+z^2)+2\left[\left(\frac{dx}{dt}\right)^2+\left(\frac{dy}{dt}\right)^2+\left(\frac{dz}{dt}\right)^2\right]+2gz.$$

Also

$$\lambda = -\frac{v^2+gz}{r^2},$$

$$X_1 = -\frac{x}{r}\frac{v^2+gz}{r}, \quad Y_1 = -\frac{y}{r}\frac{v^2+gz}{r}, \quad Z_1 = -\frac{z}{r}\frac{v^2+gz}{r},$$

$$N = \frac{v^2+gz}{r}.$$

Wendet man auf Gl. (a) das Princip der lebendigen Kräfte an, so fallen die λ heraus, weil nach der Kugelgleichung $xdx+ydy+zdz = 0$ ist, und es bleibt $\frac{1}{2}v^2 = gz+h$, wo h eine Constante. Das Princip der Flächen giebt $x\frac{dy}{dt} - y\frac{dx}{dt} = D$, und die weitere Behandlung ist dieselbe wie in **72.** Wie man sieht, unterscheidet sich die Lagrange'sche Methode der unbestimmten Coefficienten practisch von der früheren nur durch ihre schematische Art der Herstellung von X_1 etc.

2) Schwerer Punkt, der sich auf einer frei fallenden Kugel von so grossem Gewicht befindet, dass die Einwirkung seines Druckes auf die Bewegung der Kugel vernachlässigt werden kann. Die z-Axe gehe senkrecht abwärts. Zu Anfang habe der Mittelpunkt der Kugel die Coordinaten $x_m = y_m = z_m = 0$ und die Anfangsgeschwindigkeit Null. Er hat dann zur Zeit t, weil die Kugel frei fällt, die Coordinaten $x_m = y_m = 0$, $z_m = \frac{1}{2}gt^2$; die Kugel hat also die Gleichung

$$x^2+y^2+(z-\tfrac{1}{2}gt^2)^2 = a^2,$$

wenn a ihr Radius ist. Es ist sonach in unserm Falle

$$\frac{\partial L}{\partial x} = 2x, \quad \frac{\partial L}{\partial y} = 2y, \quad \frac{\partial L}{\partial z} = 2(z-\tfrac{1}{2}gt^2), \quad \frac{\partial L}{\partial t} = -2(z-\tfrac{1}{2}gt^2)gt,$$

$$\frac{\partial^2 L}{\partial x^2} = 2, \quad \frac{\partial^2 L}{\partial y^2} = 2, \quad \frac{\partial^2 L}{\partial z^2} = 2, \quad \frac{\partial^2 L}{\partial z \partial t} = -2gt,$$

$$\frac{\partial^2 L}{\partial t^2} = -2gz+3g^2t^2.$$

Damit wird, wenn wir $e = 1$ setzen, die Gl. (7)

$$0 = 4\lambda[x^2+y^2+(z-\tfrac{1}{2}gt^2)^2]+2g^2t^2$$
$$+2\left[\left(\frac{dx}{dt}\right)^2+\left(\frac{dy}{dt}\right)^2\right]+2\left(\frac{dz}{dt}\right)^2-4gt\frac{dz}{dt}.$$

Hierin ist die erste Klammer nach der Kugelgleichung gleich a^2, also bleibt zur Bestimmung von λ

$$\text{(a)} \qquad 0 = 4\lambda a^2+2\left[\left(\frac{dx}{dt}\right)^2+\left(\frac{dy}{dt}\right)^2\right]+2\left(\frac{dz}{dt}-gt\right)^2.$$

Dazu haben wir die Gleichungen der Bewegung

$$\text{(b)} \qquad \begin{cases} \dfrac{d^2x}{dt^2} = 2\lambda x \\[2ex] \dfrac{d^2y}{dt^2} = 2\lambda y \\[2ex] \dfrac{d^2z}{dt^2} = 2\lambda(z-\tfrac{1}{2}gt^2)+g. \end{cases}$$

Wir führen nun in das Problem die Substitution $z = \zeta+\frac{1}{2}gt^2$ ein, die natürlich die entsprechenden Substitutionen $\dfrac{dz}{dt} = \dfrac{d\zeta}{dt}+gt$

und $\frac{d^2z}{dt^2} = \frac{d^2\zeta}{dt^2} + g$ involvirt. Dann nehmen die Gleichungen eine sehr einfache Gestalt an; (a) wird

$$\text{(c)} \qquad 0 = 4\lambda a^2 + 2\left[\left(\frac{dx}{dt}\right)^2 + \left(\frac{dy}{dt}\right)^2 + \left(\frac{d\zeta}{dt}\right)^2\right]$$

und Gl. (b)

$$\text{(d)} \qquad \frac{d^2x}{dt^2} = 2\lambda x, \qquad \frac{d^2y}{dt^2} = 2\lambda y, \qquad \frac{d^2\zeta}{dt^2} = 2\lambda\zeta.$$

Die Gleichungen der Bewegung sind damit auf ein Coordinatensystem bezogen, dessen Mittelpunkt jederzeit in den Mittelpunkt der Kugel fällt. Nennen wir die Geschwindigkeit von μ in diesem System φ, so folgt aus Gl. (c)

$$-\lambda = \tfrac{1}{2}\frac{\varphi^2}{a^2}, \text{ also } -X_1 = \frac{x}{a}\cdot\frac{\varphi^2}{a} \text{ u. s. w.,} \qquad N = \frac{\varphi^2}{a}.$$

Der scheinbare Normaldruck, den μ auf die Kugel in diesem System übt, ist also reiner Centrifugaldruck, d. h. μ bewegt sich in der bewegten Kugel gerade so, wie es sich in einer congruenten ruhenden Kugel bewegen würde, wenn es keiner expliciten Kraft ausgesetzt wäre. Dasselbe ergiebt sich nun auch aus Gl. (d). Die Gl. der Kugel in x, y, ζ lautet nämlich $x^2 + y^2 + \zeta^2 = a^2$, und daraus folgt $x\,dx + y\,dy + \zeta\,d\zeta = 0$. Multiplicirt man daher die erste Gleichung von (d) mit dx, die zweite mit dy, die dritte mit $d\zeta$, so findet man

$$\frac{d^2x}{dt^2}dx + \frac{d^2y}{dt^2}dy + \frac{d^2\zeta}{dt^2}d\zeta = 0,$$

oder integrirt

$$\varphi = \text{const.}$$

womit gesagt ist, dass im System der x, y, ζ keine explicite Beschleunigung an μ wirkt. Die Gleichungen (b) genügen nun auch dem Princip der Flächen; es ist sowohl $x\frac{d^2y}{dt^2} - y\frac{d^2x}{dt^2}$ wie $\zeta\frac{d^2x}{dt^2} - x\frac{d^2\zeta}{dt^2}$ gleich Null, also ist die Bewegung eine centrale; μ bewegt sich im System der x, y, ζ gleichförmig auf demjenigen grössten Kreise der Kugel, den die Anfangsgeschwindigkeit berührt. Hat man diesen Kreis und x, y, ζ aus der Anfangsgeschwindigkeit bestimmt, so findet man die Coordinaten von μ im System der x, y, z, indem man rückwärts $\zeta = z - \frac{1}{2}gt^2$ in die Gleichung für ζ substituirt.

In dem Specialfall, wo die Anfangsgeschwindigkeit von μ Null ist, bleibt φ stets Null, μ berührt also immer denselben Punkt der Kugel, der Normaldruck wird Null.

3) Weitere bequeme Beispiele zur Bearbeitung liefern folgende Fälle: Bewegung eines gewichtslosen Punkts in einer frei fallenden schweren Kugel. Bewegung eines schweren Punkts auf einer Ebene, die sich gleichförmig verschiebt. Dieselbe, wenn die Ebene mit der Beschleunigung $\frac{1}{2}g$ vertical abwärts sinkt.

77. Eine Bedingung in der Ebene. Ist von vorn herein festgestellt, dass der Punkt μ und seine veränderliche Fessel fortwährend in einer Ebene bleiben, so kann man diese zur xy-Ebene nehmen. Das Problem reducirt sich dann auf 2 Dimensionen, und in diesen stellt eine Bedingung eine (im allgemeinen veränderliche) Linie dar. Die Bewegung von μ auf dieser Linie kann dann nach der im vorigen Paragraphen gegebenen Methode unter Weglassung alles dessen, was sich auf die z-Richtung bezieht, behandelt werden.

Beispiel: Punkt ohne Schwere auf einer Geraden, die gleichförmig um einen ihrer Punkte rotirt. Wir nehmen die Ebene, in welcher die Gerade sich dreht, zur xy-Ebene und den Drehungspunkt O zum Anfang. Die Gleichung der Linie in einem bestimmten Moment ist dann $\frac{y}{x} = \operatorname{tang}\omega$, wo ω der Winkel zwischen der Linie und der x-Axe. Bei gleichförmiger Drehung ist $\omega = \varphi t$, wo φ die Winkelgeschwindigkeit, also die Gleichung der Linie $y = x \operatorname{tang}\varphi t$, oder

$$L = x\sin\varphi t - y\cos\varphi t = 0.$$

Demnach ist

$$\frac{\partial L}{\partial x} = \sin\varphi t, \quad \frac{\partial L}{\partial y} = -\cos\varphi t, \quad \frac{\partial^2 L}{\partial x \partial t} = \varphi\cos\varphi t, \quad \frac{\partial^2 L}{\partial y \partial t} = \varphi\sin\varphi t,$$

$$\frac{\partial L}{\partial t} = \varphi x\cos\varphi t + \varphi y\sin\varphi t, \quad \frac{\partial^2 L}{\partial t^2} = -\varphi^2 x\sin\varphi t + \varphi^2 y\cos\varphi t = 0.$$

Die Bestimmungsgleichung für λ wird damit, wenn r der Abstand $O\mu$,

$$0 = \lambda + 2\varphi\left(\cos\varphi t\frac{dx}{dt} + \sin\varphi t\frac{dy}{dt}\right) \quad \text{oder} \quad \lambda = -2\varphi\frac{dr}{dt}.$$

Die Gleichungen der Bewegung sind

$$\frac{d^2x}{dt^2} = \lambda\sin\varphi t,$$

$$\frac{d^2y}{dt^2} = -\lambda\cos\varphi t.$$

Ein Integral derselben ist ohne weiteres durch die Gleichung der Geraden gegeben; zerlegen wir nämlich die Geschwindigkeit von μ in ihre radiale und tangentiale Componente, also in $\frac{dr}{dt}$ und $r\frac{d(\varphi t)}{dt}$, so ist letztere nach Ausführung der Differentiation frei von t, also $v_\varphi = r\varphi$ ist ein erstes Integral. Ein zweites finden wir, indem wir die erste Gleichung mit

$$\frac{dx}{dt} = \cos\varphi t\,\frac{dr}{dt} - \varphi r \sin\varphi t$$

und die zweite mit

$$\frac{dy}{dt} = \sin\varphi t\,\frac{dr}{dt} + \varphi r \cos\varphi t$$

multipliciren, welche Gleichungen aus $x = r\cos\varphi t$, $y = r\sin\varphi t$ folgen, und dann addiren. Es kommt

$$\frac{dx}{dt}\frac{d^2x}{dt^2} + \frac{dy}{dt}\frac{d^2y}{dt^2} = -\varphi r\lambda = 2\varphi^2 r\frac{dr}{dt}.$$

Das giebt integrirt

$$\tfrac{1}{2}v^2 = \varphi^2 r^2 + h,$$

wo h die aus der Anfangsgeschwindigkeit zu bestimmende Constante. Da nun $v^2 = v_\varphi^2 + v_r^2$ und $v_\varphi^2 = \varphi^2 r^2$, so folgt $\frac{1}{2}(v_r^2 + \varphi^2 r^2) = \varphi^2 r^2 + h$ oder

$$\left(\frac{dr}{dt}\right)^2 = \varphi^2 r^2 + 2h.$$

Schreibt man diese Gleichung in der Form

$$\frac{dr}{\sqrt{2h + \varphi^2 r^2}} = dt,$$

so lässt sie sich ohne Weiteres zum zweiten Mal integriren; als ferneres Integral hat man dann die Gleichung „der Positionswinkel ϑ der Geraden ist φt“, womit die Lage von μ bestimmt ist. Die Durchführung überlassen wir dem Leser; bei der Discussion der Resultate sind diejenigen Anfangsgeschwindigkeiten, welche den Punkt μ über den Anfangspunkt hinüberführen, von denjenigen zu unterscheiden, welche das nicht thun. Setzt man h gleich Null, so ergiebt sich als Bahn von μ die Spirale $\log\varphi r = \vartheta + c\varphi$, und $v_r = v_\varphi$.

Aufgaben: Ein Punkt ohne Schwere bewegt sich auf einem Kreise, der mit der constanten Winkelgeschwindigkeit φ um einen Punkt seines Umfangs in seiner Ebene rotirt. Zu Anfang befindet er sich im Endpunkt desjenigen Radius, der auf dem Radius des Rotationsmittelpunkts senkrecht steht, in Ruhe. Welches wird seine Bewegung?

Ein verticaler Kreis rollt gleichförmig auf einer horizontalen Geraden. Auf demselben bewegt sich ein Punkt μ, dessen Geschwindigkeit in dem Augenblick, wo er im höchsten Punkt des Kreises liegt, mit der Geschwindigkeit des entsprechenden Kreispunktes identisch ist; welches wird seine Bewegung, a) wenn er kein Gewicht hat, b) wenn er schwer ist?

78. Zwei Bedingungen. Sind zwei Bedingungen

$$L(x, y, z, t) = c, \tag{1}$$

$$K(x, y, z, t) = e \tag{2}$$

für einen Punkt μ in der Ebene gegeben, so stellen sie die Bewegung desselben vollständig in endlicher Form dar: er liegt zur Zeit t auf einem Schnittpunkt der beiden Curven. Diese haben im Allgemeinen mehrere reelle Schnittpunkte, die Anfangslage von μ wählt aber einen von diesen eindeutig aus, und der ist beizubehalten. Explicit gegebene Kräfte sind ohne Einfluss auf die Bewegung von μ; das Problem ist also dann nicht mehr dynamischer Art. Fehlt t in den Gleichungen, so ist μ ruhend festgelegt.

Sind aber die obigen Bedingungen im Raum gegeben, so repräsentiren sie eine (veränderliche) Linie, auf der μ sich bewegen kann. Wir können uns diese Linie immer als Durchschnitt zweier Flächen denken, von denen jede mit ihren Zwangskräften auf μ wirkt. Nennen wir X die explicit an μ gegebene x-Componente der Beschleunigung, X_1 die Zwangsbeschleunigung der ersten, X_2 die der zweiten Fläche in x, so ist

$$\frac{d^2x}{dt^2} = X + X_1 + X_2$$

die vollständige Gleichung der Beschleunigung in x. Da nun die resultirende Zwangsbeschleunigung der ersten Fläche wieder senkrecht auf L steht, können wir, wie früher, $X_1 = \lambda \frac{\partial L}{\partial x}$, $Y_1 = \lambda \frac{\partial L}{\partial y}$, $Z_1 = \lambda \frac{\partial L}{\partial z}$ setzen, wo λ ein unbestimmter Coefficient ist; ebenso setzen wir $X_2 = \varkappa \frac{\partial K}{\partial x}$ u. s. w., erhalten also die Gleichungen

$$(3) \quad \begin{cases} \frac{d^2x}{dt^2} = X + \lambda \frac{\partial L}{\partial x} + \varkappa \frac{\partial K}{\partial x} \\ \frac{\partial^2 y}{\partial t^2} = Y + \lambda \frac{\partial L}{\partial y} + \varkappa \frac{\partial K}{\partial y} \\ \frac{\partial^2 z}{\partial t^2} = Z + \lambda \frac{\partial L}{\partial z} + \varkappa \frac{\partial K}{\partial z}. \end{cases}$$

Ferner liefern (1) und (2) durch zweimalige Differentiation nach t zwei Gleichungen

$$\frac{d^2L}{dt^2} = 0 \quad \text{und} \quad \frac{d^2K}{dt^2} = 0.$$

Diese haben genau die Form der Gleichung (7) in § **76.**, sind also zwei lineare Gleichungen für λ und $\varkappa$. Löst man sie nach diesen Unbekannten auf und substituirt in (3), so hat man die Gleichungen der Bewegung in expliciter Form. Dabei können zwei von den Gleichungen (3) als überflüssig angesehen und durch $L = 0$, $M = 0$ ersetzt werden.

Da das Schema der Behandlung genau dasselbe ist, wie in **76.**, überlassen wir die Ausführung einiger Aufgaben dem Leser:

Aufg. Eine Gerade beschreibt einen Kreiskegel um die z-Axe mit constanter Geschwindigkeit. Auf ihr bewegt sich ein Punkt, a) ohne, b) mit Schwere, c) ein solcher, der vom Nullpunkt mit einer seinem Abstand von diesem proportionalen Kraft angezogen wird. Welches werden seine Gleichungen?

Ein Punkt ohne Schwere bewegt sich auf einem Kreise, der um einen seiner Durchmesser gleichförmig rotirt. Es soll nachgewiesen werden, dass seine auf den Mittelpunkt des Kreises bezogene Winkelgeschwindigkeit unabhängig vom Radius des Kreises ist, wenn $\varphi_0 = 0$.

79. Bemerkung über die Coordinatenwahl. Blickt man zurück auf die Aufgaben der §§ **75** bis **78**, so findet man, dass die Lösung in allen Fällen, wo die Bedingungen t enthalten, erst practicabel wird durch die Transformation der cartesischen Coordinaten x, y, z auf dasjenige Coordinatensystem, welches sich mit der veränderlichen Fessel zugleich bewegt; dies neue System kann selbst wieder cartesisch sein (z. B. das System der x, y, ζ in **76.**, 2), oder es kann ein System von anderer Art sein, welches der Natur des Falles angemessen ist (z. B. das Polarsystem der ϑ, r in **77.**). Möglichst angemessen ist nun das neue System, wenn es so beschaffen ist, dass die in demselben ausgedrückten Coordinaten von μ den Bedingungsgleichungen von selbst genügen, m. a. W., wenn wir Theile der Fessel selbst als Coordinaten von μ benutzen. Das geschieht z. B. in **77.**, indem die r daselbst Abschnitte auf der beweglichen Geraden sind, und bei Ausarbeitung der nicht gelösten Aufgaben wird sich der Leser von selbst genöthigt sehen, zu einem ähnlichen Verfahren zu greifen.

Diese Bemerkungen weisen darauf hin, dass eine allgemeine Umformung bestehen muss, welche gestattet, die Differentialgleichungen der Bewegung von vorn herein in andern als cartesischen Coordinaten aufzustellen, insbesondere in Coordinaten, welche den vorhandenen Bedingungen an sich genügen. Die betreffende Methode wird weiter unten in § **90** auseinandergesetzt. Vorher werfen wir noch einen Blick auf die

Bedingungen des Gleichgewichts und der Astasie.

80. Beim freien Punkt bedarf es keiner besonderen Erörterung über den Fall des Gleichgewichts; dasselbe ist vorhanden, wenn die Resultante der expliciten Kräfte gleich Null ist, also wenn

$$\Sigma X = \Sigma Y = \Sigma Z = 0.$$

Wenn die X etc., als Functionen des Orts vorausgesetzt werden, liefern diese drei Gleichungen drei ein- oder mehrdeutige Werthe x, y, z, welche den oder die Gleichgewichtsorte bestimmen.

Man kann bemerken, dass, wenn eine beschränkte Zahl von Kräften an einem freien Punkt im Gleichgewicht sein soll, die Doppelrichtungen derselben gewisse Bedingungen erfüllen müssen. Eine Kraft allein kann überhaupt nie im Gleichgewicht sein. Zwei Kräfte können es nur dann sein, wenn ihre Doppelrichtungen zusammenfallen. Für mehr als zwei Kräfte gehen wir von der Bemerkung aus: Sind zwei Doppelrichtungen p und q, die sich in μ schneiden, gegeben, so lässt sich eine vorgeschriebene Resultante R, die in der Ebene von p und q liegt, jederzeit in zwei Componenten P und Q zerlegen, die in p und q fallen. Also lässt sich auch, wenn die Doppelrichtungen p und q vorgeschrieben sind, jederzeit durch passende Grössenwahl von P und Q eine vorgeschriebene Resultante R herstellen; diese liegt aber immer in der Ebene von p und q. Daraus folgt: Sind drei Doppelrichtungen p, q, r gegeben, so lassen sich auf p und q zwei Kräfte annehmen, die zusammen jede beliebige dritte Kraft in der Ebene pq darstellen; liegt also r in der Ebene von p und q, so kann die Kraft R beliebig angenommen werden, durch passende Wahl von P und Q kann man immer $P \mp Q = -R$ machen, also Gleichgewicht herstellen. Liegt aber r nicht mit p und q in derselben Ebene, so ist kein Gleichgewicht möglich. Liegen mehr als drei Kräfte in einer Ebene, so ist das Gleichgewicht a fortiori möglich. Vier Kräfte im Raum bestimmen paarweise je eine Ebene; die Ebene der beiden ersten schneidet die Ebene der beiden letzten in einer Geraden; wir können die beiden ersten so wählen, dass ihre Resultante R in diese Gerade fällt, die beiden letzten so, dass ihre Resultante dasselbe thut und $= -R$ wird. Also ist bei 4 Kräften von vorgeschriebener Doppelrichtung das Gleichgewicht immer möglich, wenn zwei derselben der Grösse nach frei gewählt werden können etc.

Unterliegt ein Punkt μ Bedingungsgleichungen, so wird es in der Regel practisch sehr leicht sein, seine Gleichgewichtsorte zu finden;

im Interesse der Methode ist es aber wünschenswerth, die Frage systematisch zu behandeln.

Der bedingte Punkt ist im Gleichgewicht, wenn die Resultante aller auf ihn wirkenden Kräfte, also der expliciten Kräfte plus der Normalkraft, an ihm verschwindet. Bezeichnen wir, wie früher, die expliciten Beschleunigungen mit X, Y, Z, die Componenten der Normalbeschleunigung mit N_x, N_y, N_z, so sind die Bedingungen des Gleichgewichts, wenn wir vorläufig von der Reibung abstrahiren

$$X+N_x = Y+N_y = Z+N_z = 0.$$

Wir denken uns X, Y, Z, in je eine tangentiale Componente X_τ, Y_τ, Z_t und eine normale X_ν, Y_ν, Z_ν zerlegt. Dann lautet die Gleichgewichtsbedingung in x

$$X_\tau + X_\nu + N_x = 0.$$

Nun ist aber $X_\nu + N_x$ stets von selbst gleich Null; denn die Fessel supplirt jederzeit die Kräfte, welche erforderlich sind, um X_ν zu vernichten. Also bleibt als Gleichgewichtsbedingung

$$X_\tau = Y_\tau = Z_\tau = 0.$$

Ist die Fessel in Ruhe, und hat μ die Geschwindigkeit v, so entsteht aus v die Centrifugalbeschleunigung $\frac{v^2}{\varrho}$; diese ist aber normal, liefert also keinen Beitrag zu X_τ, Y_τ, Z_t. Also ist die Gleichgewichtsbedingung von v unabhängig: Ein bewegter Punkt auf ruhender Fessel ohne Reibung ist an derselben Stelle im Gleichgewicht, wo ein ruhender es sein würde. Wir können demnach, ohne die Allgemeinheit zu schädigen, für unsern Punkt μ voraussetzen, er sei in Ruhe.

Ist die Fessel in Bewegung, so nimmt μ im Allgemeinen an dieser Bewegung theil. Wir werden dann die Gleichgewichtsbedingung unter der Voraussetzung suchen, dass μ nur diejenige Bewegung besitze, welche mit Nothwendigkeit aus der Bewegung der Fessel hervorgeht; m. a. W. wir setzen voraus, dass μ relativ zur Fessel in Ruhe sei.

81. Gleichgewicht auf einer festen Fläche. Die Bedingung desselben ist offenbar

$$X = -N_x, \quad Y = -N_y, \quad Z = -N_z.$$

Heisst die Gleichung der Fläche $L(x, y, z) = 0$, so ist

$$N_x : N_y : N_z = \frac{\partial L}{\partial x} : \frac{\partial L}{\partial y} : \frac{\partial L}{\partial z},$$

also die Gleichgewichtsbedingung

$$X : Y : Z = \frac{\partial L}{\partial x} : \frac{\partial L}{\partial y} : \frac{\partial L}{\partial z}.$$

Zusammen mit der Gl. $L = 0$ liefern diese Gleichungen drei Bedingungen, welche, nach x, y, z aufgelöst, ausreichen, um die Gleichgewichtsorte x, y, z zu bestimmen. Ist L nicht linear, so ist die Bestimmung im allgemeinen mehrdeutig.

Beispiel: Schwerer Punkt auf einer Kugel. Die Gleichung der Kugel sei $x^2 + y^2 + z^2 = a^2$, die Beschleunigung der Schwere bestimmt durch $X = Y = 0$, $Z = g$. Dann haben wir die drei Gleichungen

$$x^2 + y^2 + z^2 = a^2$$
$$0 : 0 : g = x : y : z,$$

welche ergeben $x = 0$, $y = 0$, $z = \pm a$. Der höchste und tiefste Punkt der Kugel sind also Gleichgewichtsorte.

Bei der Anwendung des Verfahrens ist immer zu berücksichtigen, ob die Fesselung ein- oder allseitig ist. Im letzteren Falle gelten sämmtliche Lösungen ohne Weiteres, im ersten tritt die Bedingung hinzu, dass die X, Y, Z an der betrachteten Stelle gegen die Fessel wirken. Ist z. B. im vorigen Beispiel μ durch einen Faden gefesselt, so wird zum Gleichgewicht erfordert, dass die Kraft μg den Faden zu verlängern strebt; das ist in $z = a$ der Fall, aber in $z = -a$ nicht; also bleibt nur die erste der beiden Lösungen brauchbar.

Arbeit aus der Gleichgewichtslage. Man denke sich, der Punkt μ sei in der Lage x, y, z im Gleichgewicht und es werde ihm eine unendlich kleine Verrückung ertheilt, welche mit der Bedingungsgleichung $L = 0$ verträglich ist. Eine solche Verrückung hat drei Componenten, die wir mit δx, δy, δz bezeichnen wollen. Da sie, wie gesagt, mit $L = 0$ verträglich ist, so gilt die Gleichung $L = 0$ auch dann noch, wenn wir $x + \delta x$, $y + \delta y$, $z + \delta z$ für x, y, z in sie substituiren. Also

$$L[(x+\delta x), (y+\delta y), (z+\delta z)]$$
$$= L(x, y, z) + \frac{\partial L}{\partial x}\delta x + \frac{\partial L}{\partial y}\delta y + \frac{\partial L}{\partial z}\delta z = 0,$$

oder, da $L(x, y, z) = 0$

$$\frac{\partial L}{\partial x}\delta x + \frac{\partial L}{\partial y}\delta y + \frac{\partial L}{\partial z}\delta z = 0.$$

Multiplicirt man diese Gleichung mit dem Lagrange'schen Coefficienten

λ, so liefert sie $X_1\,\delta x + Y_1\,\delta y + Z_1\,\delta z = 0$, und weil $X_1 = -X$, $Y_1 = -Y$, $Z_1 = -Z$ ist,

$$X\delta x + Y\delta y + Z\delta z = 0,$$

d. h. bei der unendlich kleinen, mit der Bedingung $L = 0$ verträglichen Verrückung leisten die expliciten Kräfte an μ keine Arbeit, wenn μ von der Gleichgewichtslage ausgeht.

Besitzen nun die Kräfte μX, μY, μZ eine Kräftefunction μU, so ist

$$X\delta x + Y\delta y + Z\delta z = -\delta U = 0.$$

Die Bedingung $\delta U = 0$ sagt aber aus: entweder ist U in der ganzen Umgebung von x, y, z constant, oder es ist ein Maximum oder ein Minimum. Das erstere ist nur bei besonderen Configurationen der Fläche $L = 0$ möglich (z. *B.* für die Schwere, wenn die Fläche $L = 0$ endliche horizontale Theile enthält); im allgemeinen wird also U an den Gleichgewichtsstellen ein Maximum oder ein Minimum, unter Umständen auch ein Maximum—minimum sein. Die Bedingung $\delta U = 0$ liefert unter Umständen ein sehr bequemes Mittel, die Gleichgewichtslagen zu ermitteln.

Stabilität. Es seien nun Dx, Dy, Dz die Componenten einer zweiten gedachten (virtuellen) Verrückung von μ, welche mit $L = 0$ verträglich und sehr klein, aber nicht unendlich klein ist; unter allen Umständen soll sie so klein sein, dass μ, wenn er sie ausführt, keine merkliche Krümmungsänderung der Fläche überschreitet. Die Arbeit, welche die Kräfte X, Y, Z dabei leisten, ist $XDx + YDy + ZDz$ und es sind die drei Fälle

$$XDx + YDy + ZDz \gtreqless 0$$

möglich.

Im ersten Fall ist die Arbeit von X, Y, Z positiv bei der angenommenen Verrückung. Die Resultante von X, Y, Z hat also, wenn μ in seiner neuen Lage x, y, z, angekommen ist, eine angebbare Componente, welche in die Richtung der Verrückung fällt; d. h. sie strebt, die einmal begonnene Verrückung fortzusetzen, der Punkt μ entfernt sich, nachdem er einmal bis x, y, z gebracht wurde, immer weiter von der Gleichgewichtslage. Das Gleichgewicht heisst dann labil.

Im zweiten Fall ist die Arbeit Null, sie ist also auch Null, wenn wir μ von x_1, y_1, z_1 aus nach x, y, z hin in Bewegung setzen, d. h. μ ist auch in x_1, y_1, z_1 im Gleichgewicht. Dann heisst das Gleichgewicht dauernd oder indifferent.

Im dritten Fall ist die Arbeit negativ, die Resultante von X, Y, Z hat also in x_1, y_1, z_1 eine angebbare Componente, die gegen die Richtung der Verrückung gerichtet ist; d. h. sie zieht den Punkt μ, wenn die Verrückung hergestellt wird, in die Gleichgewichtslage zurück. Das Gleichgewicht heisst dann stabil.

Es ist nun nicht ausser Acht zu lassen, 1) dass zwei der drei Verrückungselemente Dx, Dy, Dz voneinander vollkommen unabhängig und vollkommen willkürlich sind, und 2) dass, wenn eine Verrückung Dp nach irgend einer Richtung irgend einem der drei obigen Fälle angehört, eine zweite Verrückung Dq nach einer anderen Richtung nicht nothwendig demselben Falle angehört. Wir wollen annehmen, p und q seien diejenigen Richtungen auf der Fläche $L = 0$, welche an der betrachteten Gleichgewichtsstelle in die Ebenen der beiden Hauptkrümmungskreise fallen, und wenn μ bei einer Verrückung um $+Dp$ in die Gleichgewichtslage zurückkehrt, so wollen wir das abkürzend ausdrücken durch den Satz: „μ ist stabil nach $+p$“. Dann sind alle Combinationen der beiden folgenden Klassen von Fällen möglich

a) μ ist stabil nach $\pm p$	α) μ ist stabil nach $\pm q$
b) μ ist labil nach $\pm p$	β) μ ist labil nach $\pm q$
c) μ ist stabil nach $+p$ und labil nach $-p$ oder umgekehrt	γ) μ ist stabil nach $+q$ und labil nach $-q$ oder umgekehrt
d) μ ist indifferent nach $\pm p$	δ) μ ist indifferent nach $\pm q$
e und f) μ ist indifferent nach $+p$ und stabil oder labil nach $-p$; oder umgekehrt	ε und ζ) μ ist indifferent nach $+q$ und stabil oder labil nach $-q$ oder umgekehrt.

Da p und q gleichwerthig sind, ist die Combination des n^{ten} Falles rechts mit dem m^{ten} links gleichbedeutend mit der Combination des m^{ten} Falles rechts und des n^{ten} links. Jederseits stehen 6 Fälle, es sind also im Ganzen 18 Arten des Gleichgewichts möglich. Im Fall eines schweren Punkts μ z. B. haben wir die Combinationen $a\alpha$ und $b\beta$ auf einer Fläche, die in der Nähe des Gleichgewichts synklastisch ist, $a\beta$ dagegen auf einer antiklastischen Fläche, $a\gamma$ in einer nach oben offenen Rinne, deren Thalweg bei x, y, z einen Inflexionspunkt mit horizontaler Tangente hat, u. s. w. Vollkommen stabiles Gleichgewicht aus der Schwere ist nur auf synklastischen Flächen möglich, vollkommen indifferentes nur auf einer horizontalen Ebene etc. Der Raum gestattet uns nicht, auf die Einzelheiten näher einzugehen.

Haben die Kräfte μX, μY, μZ eine Kräftefunction μU, so ist ihre Arbeit positiv bei der Verrückung um Dx, Dy, Dz, wenn U dabei abnimmt, das Gleichgewicht ist also allseitig labil, wenn U in x, y, z ein Maximum hat, es ist allseitig stabil, wenn U daselbst ein Minimum besitzt, die zwischenliegenden Combinationen treten ein, wenn U ein Maximum-Minimum hat, Indifferenz, wenn U in der Umgebung von x, y, z auf der Fläche constant ist, u. s. w.

82. Gleichgewicht auf einer festen Linie. Liegt die Linie in einer Ebene, so kann man diese zur xy-Ebene nehmen; die Methode des vorigen Paragraphen, auf zwei Dimensionen angewendet, reicht dann zur Bestimmung der Gleichgewichtslagen aus. Sie liefert ausser der Bedingung $L=0$ die Gleichung $X:Y=\frac{\partial L}{\partial x}:\frac{\partial L}{\partial y}$, also zwei Gleichungen zur Bestimmung von x und y.

Ist die Linie im Raum gegeben, so ist sie durch die beiden Gleichungen

$$(1) \quad L=c \qquad \text{und} \qquad (2) \quad M=e$$

festgelegt, wo L und M Functionen von x, y, z sind. Setzen wir zur Abkürzung

$$l=\frac{\partial L}{\partial y}\frac{\partial M}{\partial z}-\frac{\partial M}{\partial y}\frac{\partial L}{\partial z}, \quad m=\frac{\partial L}{\partial z}\frac{\partial M}{\partial x}-\frac{\partial M}{\partial z}\frac{\partial L}{\partial x},$$

$$n=\frac{\partial L}{\partial x}\frac{\partial M}{\partial y}-\frac{\partial M}{\partial x}\frac{\partial L}{\partial y},$$

so sind die Cosinus der drei Winkel, welche die Tangente an die Linie im Punkt x, y, z mit den Axen macht, der Reihe nach

$$\cos\alpha=\frac{l}{\sqrt{l^2+m^2+n^2}}, \quad \cos\beta=\frac{m}{\sqrt{l^2+m^2+n^2}},$$

$$\cos\gamma=\frac{n}{\sqrt{l^2+m^2+n^2}}.$$

μ ist nun offenbar im Gleichgewicht, wenn die expliciten Kräfte senkrecht auf der Tangente stehen, also wenn

$$(3) \qquad lX+mY+nZ=0.$$

Die Gleichungen (1), (2), (3) liefern zusammen die Bestimmung der Gleichgewichtslagen. Lässt man μ sich um die unendlich kleine Grösse, deren Componenten δx, δy, δz sind, auf der festen Curve verschieden, so genügen die drei Veränderungen δx, δy, δz der Bedingung, dass sie in die Tangente fallen, also $\delta x : \delta y : \delta z = \cos\alpha : \cos\beta : \cos\gamma$ d. h.

$$X\delta x + Y\delta y + Z\delta z = 0.$$

Die bei einer unendlich kleinen, mit den Bedingungsgleichungen verträglichen Verrückung von μ geleistete Arbeit der expliciten Kräfte ist Null. Eine vorhandene Kräftefunction erfüllt also an den Gleichgewichtsstellen die Bedingung $\delta U = 0$. Das Gleichgewicht ist vollkommen stabil, wenn U ein Minimum, vollkommen labil, wenn U ein Maximum hat. Es kann stabil nach einer, labil nach der entgegengesetzten Seite sein, wenn $\frac{\partial^2 U}{\partial s^2} = 0$ und $\frac{\partial^3 U}{\partial s^3} \gtrless 0$ ist. Indifferent ist es, wenn U in der ganzen Umgebung von x, y, z constant bleibt.

83. Gleichgewicht auf veränderlichen Flächen und Curven. Enthalten die Bedingungen t, so kann von Gleichgewicht nur in einem besonderen Sinne die Rede sein. Wir können uns nämlich die Bedingungsgleichungen dadurch ersetzt denken, dass wir neue Coordinaten einführen, die so gewählt sind, dass sie von selbst die Bedingungsgleichungen identisch erfüllen. Wäre keine Bedingungsgleichung vorhanden, so würden drei Coordinaten unter allen Umständen erforderlich sein, um die Lage von μ im Raum zu bestimmen. Jede Bedingungsgleichung macht nun eine der Coordinaten abhängig von den übrigen; ist also eine Bedingungsgleichung vorhanden, so giebt es nur zwei unabhängige Coordinaten, die ihr identisch genügen, und sind zwei Bedingungsgleichungen da, so bleibt von den neuen Coordinaten nur eine übrig. Wir sagen nun, μ sei ein Gleichgewicht an denjenigen Stellen, wo die unabhängigen Coordinaten stets unveränderlich bleiben, wenn sie zu irgend einer Zeit t während des nachfolgenden Elements dt unverändert sind. Stücke der beweglichen Fessel sind immer Coordinaten, die den Bedingungen des Problems von selbst genügen; das Vorige heisst also mit andern Worten: μ ist im Gleichgewicht, wenn es, an einer Stelle der beweglichen Fessel relativ zu dieser zur Ruhe gebracht, daselbst relativ zur Fessel in Ruhe bleibt.

Zur Bestimmung der Gleichgewichtsorte geben uns nun die §§ 76 ff. vorläufig folgenden Weg an die Hand:

Man stelle zunächst die expliciten Kräfte X, Y, Z als Functionen von x, y, z her, und entwickle nach der Lagrange'schen Methode die

Gleichungen der Bewegung, **76.**, 1, oder **78.**, 3, nebst den Gleichungen **76.**, 7, für den oder die Lagrange'schen Coefficienten λ und $\varkappa$, löse letztere nach λ und $\varkappa$ auf und substituire sie in die Gleichungen der Bewegung.

Hierauf führe man in sämmtlichen Ausdrücken die Transformation

$$(1) \quad \begin{cases} x = f_1(\varphi, \psi) \\ y = f_2(\varphi, \psi) \\ z = f_3(\varphi, \psi) \end{cases}$$

ein, wo f_1, f_2, f_3 Functionszeichen und φ, ψ neue Coordinaten sind, die den Bedingungen $L = 0$ an sich genügen. Aus den Gleichungen (1) folgen

$$\frac{dx}{dt} = \frac{\partial f_1}{\partial \varphi}\frac{d\varphi}{dt} + \frac{\partial f_1}{\partial \psi}\frac{d\psi}{dt} + \frac{\partial f_1}{\partial t}$$

$$\frac{d^2x}{dt^2} = \frac{d}{dt}\left(\frac{\partial f_1}{\partial \varphi}\right)\frac{d\varphi}{dt} + \frac{d}{dt}\left(\frac{\partial f_1}{\partial \psi}\right)\frac{d\varphi}{dt} + \frac{\partial f_1}{\partial \varphi}\frac{d^2\varphi}{dt^2} + \frac{\partial f_1}{\partial \psi}\frac{d^2\psi}{dt^2} + \frac{\partial^2 f_1}{\partial t^2}$$

u. s. w. Sind zwei Bedingungen gegeben, so fällt die Coordinate ψ fort.

Substituirt man nun diese sämmtlichen Umformungen in die Gleichungen der Bewegung, so hat man die letzteren in φ und ψ (oder in φ allein) ausgedrückt. Es ist aber nicht erforderlich, dass man in alle drei Gleichungen substituire, sondern, wenn eine Bedingung $L = 0$ vorhanden war, genügen zwei Bewegungsgleichungen, um das Verhalten von φ und ψ zu bestimmen, die dritte wird gleichbedeutend mit dem Inhalt der beiden andern; sind zwei Bedingungen $L = 0$ vorhanden, so werden zwei von den Bewegungsgleichungen überflüssig, man braucht bloss in eine zu substituiren. In den so erhaltenen Schlussgleichungen setze man nun $\frac{d\varphi}{dt}$ und $\frac{d\psi}{dt}$, $\frac{d^2\varphi}{dt^2}$ und $\frac{d^2\psi}{dt^2}$ gleich Null; was übrig bleibt, giebt die Bedingung dafür, dass μ relativ zur Fessel keine Beschleunigung besitzt, wenn es keine Geschwindigkeit hat, also die Gleichgewichtsbedingung.

Beispiel. Ein Punkt ohne Schwere kann sich auf einem Kreise bewegen, der sich gleichförmig um einen seiner Durchmesser dreht. Welches sind seine Gleichgewichtslagen? Wir nehmen den Durchmesser, um welchen die Drehung statt findet, zur Axe der x, nennen ϑ den Drehungswinkel und zählen ihn von der xy-Ebene aus. Dann haben wir $X = Y = Z = 0$ und die Gleichungen der

Bewegung

$$\frac{d^2x}{dt^2} = \lambda\frac{\partial L}{\partial x} + \varkappa\frac{\partial M}{\partial x},$$
$$\frac{d^2y}{dt^2} = \lambda\frac{\partial L}{\partial y} + \varkappa\frac{\partial M}{\partial y},$$
$$\frac{d^2z}{dt^2} = \lambda\frac{\partial L}{\partial z} + \varkappa\frac{\partial M}{\partial z}.$$

Legen wir den Coordinatenanfang in den Mittelpunkt des Kreises, so gehört der Kreis jederzeit der Kugel

$$L = x^2 + y^2 + z^2 = a^2$$

an; er ist der Durchschnitt dieser Kugel mit einer Ebene, die den Winkel ϑ mit der xy-Ebene macht, also die Gleichung $z = y\,\mathrm{tang}\,\vartheta$ hat. Bei gleichförmiger Drehung ist $\vartheta = \omega t$, wo ω eine Constante, also

$$M = y \sin\omega t - z\cos\omega t = 0$$

die zweite Bedingung. Hiernach wird

$$\frac{\partial L}{\partial x} = 2x, \quad \frac{\partial L}{\partial y} = 2y, \quad \frac{\partial L}{\partial z} = 2z, \quad \frac{\partial^2 L}{\partial x^2} = \frac{\partial^2 L}{\partial y^2} = \frac{\partial^2 L}{\partial z^2} = 2,$$

alle übrigen in **76.,** 7 auftretenden Differentialquotienten von L sind Null.

$$\frac{\partial M}{\partial x} = 0, \quad \frac{\partial M}{\partial y} = \sin\omega t, \quad \frac{\partial M}{\partial z} = -\cos\omega t,$$
$$\frac{\partial^2 M}{\partial x\partial t} = 0, \quad \frac{\partial^2 M}{\partial y\partial t} = \omega\cos\omega t, \quad \frac{\partial^2 M}{\partial z\partial t} = \omega\sin\omega t,$$

$\frac{\partial^2 M}{\partial t^2} = -\omega^2 M = 0,$ alle anderen Differentialquotienten sind Null.

Damit findet sich

$$4\lambda a^2 + 2\left[\left(\frac{dx}{dt}\right)^2 + \left(\frac{dy}{dt}\right)^2 + \left(\frac{dz}{dt}\right)^2\right] = 0,$$
$$\varkappa + 2\omega\cos\omega t\frac{dy}{dt} + 2\omega\sin\omega t\frac{dz}{dt} = 0.$$

Wir substituiren in die erste der Bewegungsgleichungen und finden

$$(\alpha) \qquad \frac{d^2x}{dt^2} = -\tfrac{1}{2}v^2\cdot\frac{2x}{a^2} = x\frac{v^2}{a^2}.$$

Eine passende neue Coordinate ist nun der Bogen-Abstand des Punktes μ von der Axe der x, oder was nahe dasselbe sagt, der Winkel φ, welchen der Radius $\overline{O\mu}$ mit der x-Axe macht. Derselbe kommt in den Polarcoordinaten von μ vor; wir führen also diese ein, indem wir

$$x = a\cos\varphi$$
$$y = a\sin\varphi\cos\vartheta = a\sin\varphi\cos\omega t,$$
$$z = a\sin\varphi\sin\omega t$$

setzen. Damit wird

$$\frac{dx}{dt} = -a\sin\varphi\frac{d\varphi}{dt}, \quad \frac{d^2x}{dt^2} = -a\cos\varphi\left(\frac{d\varphi}{dt}\right)^2 - a\sin\varphi\frac{d^2\varphi}{dt^2},$$

$$\frac{dy}{dt} = -a\omega\sin\varphi\sin\omega t + a\cos\varphi\cos\omega t\frac{d\varphi}{dt},$$

$$\frac{dz}{dt} = a\omega\sin\varphi\cos\omega t + a\cos\varphi\sin\omega t\frac{d\varphi}{dt}.$$

In diesen Grössen setzen wir nun die Posten, welche $\frac{d\varphi}{dt}$ und $\frac{d^2\varphi}{dt^2}$ enthalten, gleich Null und substituiren in (α). So kommt

$$0 = a\cos\varphi \cdot \frac{a^2 . \omega^2 \sin^2\varphi}{a^2} \cos^2\omega t,$$

$$\varphi = \frac{n\pi}{2},$$

wo n eine beliebige Zahl. μ ist also im Gleichgewicht auf der Axe der x und in den Punkten, die um einen Quadranten von ihr abstehen. Die Kräfte, welche auf μ wirken, sind reine Centrifugalkräfte, ziehen also von der Axe fort; auf dieser sind sie Null, werden aber endlich, sobald μ eine endliche Aenderung $D\varphi$ erleidet. Also ist das Gleichgewicht auf der Axe labil, in den Quadranten stabil.

Unter Umständen ergeben sich Bedingungen für die Kräfte, ohne deren Erfüllung überhaupt kein Gleichgewicht möglich ist. Beispiel: Punkt auf einem wie oben drehenden Kreise, wenn μ von einer constanten Kraft μg afficirt wird, die mit der Axe den Winkel ε macht.

Für die allgemeine Untersuchung der Stabilität muss man dem Punkt μ von der Gleichgewichtslage aus eine Verrückung $D\varphi$, eventuell zwei, $D\varphi$ und $D\psi$ ertheilen, und untersuchen, ob in der neuen Lage $\frac{d^2\varphi}{dt^2}$ und $\frac{d^2\psi}{dt^2}$ mit dem Vorzeichen von $D\varphi$ übereinstimmen oder nicht. Vom Leser durchzuführen.

84. Gleichgewicht mit Reibung. Die Reibung spielt in Gleichgewichtsfragen eine besonders wichtige Rolle, weil sie in der Nähe derjenigen Lagen, die ohne sie stabil oder labil sein würden, Indifferenzbezirke schafft. Wir berücksichtigen sie daher besonders, setzen aber dabei der Kürze wegen feste Flächen oder Curven voraus.

a) auf Curven. Aus den in **64.** bereits aufgestellten Bewegungsgleichungen des Punktes μ auf einer festen Curve mit Reibung ergeben sich die Gleichgewichtsgleichungen wenn wir $\frac{d^2x}{dt^2}$ etc. $= 0$ setzen und zugleich annehmen, μ habe die Geschwindigkeit Null. Dabei ist indessen zu bedenken, dass die Reibungskraft $\mu\eta N\frac{dx}{ds}$, wenn sie das Uebergewicht über die bewegenden Kräfte hat, keine

Bewegung hervorruft. Die Gleichgewichtsbedingung ist demnach eine Ungleichung: „die bewegenden Kräfte $X+N_x$ müssen dem absoluten Werth nach kleiner oder eben so gross sein, wie die Reibungskräfte“. Diese Ungleichung findet in einem endlichen Bezirk der Curve statt, und die Grenzen dieses Bezirkes finden wir offenbar, wenn wir die Punkte aufsuchen, wo die bewegenden Kräfte der Reibung gerade das Gleichgewicht halten; durch diese Grenzen ist aber der ganze Indifferenzbezirk bestimmt, ihre Aufsuchung also die Hauptaufgabe. Bedenkt man, dass die Reibung sowohl nach der positiven, wie nach der negativen Seite der Curve s hin wirkt, so findet man die Grenzbedingungen

$$(1)\qquad \begin{cases} X+N_x \pm \eta N \dfrac{dx}{ds} = 0 \\ Y+N_y \pm \eta N \dfrac{dy}{ds} = 0 \\ Z+N_z \pm \eta N \dfrac{dz}{ds} = 0 \end{cases}$$

wo die Bezeichnungen dieselbe Bedeutung haben, wie in **64.** Dazu haben wir die Bedingungsgleichungen der Curve

$$(2)\qquad L(x, y, z) = 0, \qquad\qquad (3)\qquad M(x, y, z) = 0$$

und die identischen Gleichungen

$$(4)\qquad N = N_x^2 + N_y^2 + N_z^2,$$

$$(5)\qquad N_x \frac{dx}{ds} + N_y \frac{dy}{ds} + N_z \frac{dz}{ds} = 0.$$

Hierbei ist zu beachten, dass ds nur in allen drei Gleichungen (1) zugleich positiv oder in allen dreien zugleich negativ gewählt werden kann; es gelten also gleichzeitig entweder alle drei $+$ oder alle drei $-$Zeichen. Dann stellen die vorigen Gl. (1) bis (5) zweimal 7 Gleichungen dar, geben also je zwei n Lösungen für die 7 Unbekannten N, N_x, N_y, N_z und x, y, z, wenn die Gleichungen an sich n-deutig sind. Je zwei von diesen gehören zusammen und bestimmen die Grenzen je eines Indifferenzbezirks.

Mit Einführung des Reibungswinkels kann man N, N_x, N_y, N_z von vorn herein eliminiren. Summirt man die drei Gleichungen (1) geometrisch, und nennt R die Resultante von X, Y, Z, so liefern sie

$$R \hat{+} N \hat{\pm} \eta N = 0$$

wo N normal, ηN tangential zur Curve ist. Macht R mit der Normalebene der Curve den Winkel φ, so können wir statt R schreiben $R\cos\varphi \mp R\sin\varphi$; von diesen Componenten fällt die erste in die Richtung von N, die zweite ist tangential; die erste lässt sich also mit N, die zweite mit ηN algebraisch vereinigen, so dass kommt

$$(R\cos\varphi + N) \mp (R\sin\varphi \pm \eta N) = 0.$$

Da die beiden Componenten links senkrecht aufeinander stehen, muss jede einzelne von ihnen gleich Null sein, wenn die Summe Null sein soll; das giebt $N = -R\cos\varphi$ und $R\sin\varphi \mp \eta R\cos\varphi = 0$ oder

$$(6) \qquad \pm\eta = \operatorname{tang}\varphi$$

als Gleichgewichtsbedingung, die in Worten heisst: „An den beiden Grenzen des Gleichgewichts macht die explicite Kraft mit der Normalebene der Curve den Winkel, dessen Tangente gleich dem Reibungscoefficienten ist". Derselbe heisst nach **66.** der Reibungswinkel. Nennen wir α, β, γ die drei Winkel, welche ds mit den Axen macht, so folgt weiter

$$\frac{X\cos\alpha + Y\cos\beta + Z\cos\gamma}{\sqrt{X^2+Y^2+Z^2}} = \cos(R, ds) = \sin\varphi = \frac{\operatorname{tang}\varphi}{\sqrt{1+\operatorname{tang}^2\varphi}}$$
$$= \frac{\pm\eta}{\sqrt{1+\eta^2}}.$$

Setzt man nach **82.**

$$l = \frac{\partial L}{\partial y}\frac{\partial M}{\partial z} - \frac{\partial M}{\partial y}\frac{\partial L}{\partial z}, \quad m = \frac{\partial L}{\partial z}\frac{\partial M}{\partial x} - \frac{\partial M}{\partial z}\frac{\partial L}{\partial x},$$
$$n = \frac{\partial L \partial M}{\partial x \partial y} - \frac{\partial M \partial L}{\partial x \partial y},$$

so ist $\cos\alpha = \frac{l}{\sqrt{l^2+m^2+n^2}}$ u. s. w., also sind die Gleichgewichtsgrenzen bestimmt durch

$$(7) \qquad \frac{lX+mY+nZ}{\sqrt{l^2+m^2+n^2}\sqrt{X^2+Y^2+Z^2}} = \pm\frac{\eta}{\sqrt{1+\eta^2}},$$

welche Gleichung mit $L = 0$ und $M = 0$ zusammen zweimal drei Werthe von x, y, z ergiebt. Die Bestimmung einer Coordinate, etwa x, genügt, wenn man mit $L = 0$ und $M = 0$ die beiden andern aus (7) eliminirt.

Beispiel. Schwerer Punkt auf einem gegen die Horizontale geneigten Kreise. Der Mittelpunkt des Kreises sei Anfangspunkt, die Axe der x gehe durch den horizontalen Durchmesser, die z-Axe senkrecht abwärts, der Neigungswinkel sei ϑ. Dann ist $X = Y = 0$ und $Z = g$, und die Gleichungen des Kreises sind

$$L = x^2+y^2+z^2 = 0,$$
$$M = y\sin\vartheta - z\cos\vartheta = 0.$$

Sie liefern $l = -2(y\cos\vartheta+z\sin\vartheta)$, $m = 2x\cos\vartheta$, $n = 2x\sin\vartheta$. Eliminirt man mit Hülfe der Kreisgleichungen y und z aus dem Ausdruck für l, so findet sich $l = 2\sqrt{a^2-x^2}$, und damit nach einer kleinen Hebung

$$\frac{x}{a}\sin\vartheta = \pm\frac{\eta}{\sqrt{1+\eta^2}},$$

was man mit Einführung des Reibungswinkels bequemer ausdrücken kann

$$\frac{x}{a}\sin\vartheta = \pm\sin\varphi.$$

Ist (ϑ), der absolute Werth von ϑ, $< \varphi$, so müsste $x > a$ sein; in dem Bezirk, der zwischen $\vartheta = +\varphi$ und $\vartheta = -\varphi$ liegt, können also die Grenzlagen überhaupt nicht vorkommen; dort herrscht entweder immer oder niemals Gleichgewicht. Ist $(\vartheta) > \varphi$, so wird

$$x = \pm\frac{a\sin\varphi}{\sin\vartheta}.$$

Es giebt demnach zwei Gleichgewichtsbezirke, da bei positivem x zwei Werthe von y möglich sind; der eine liegt auf der Seite der $+y$ und hat die Grenzen

$$x = +\frac{a\sin\varphi}{\sin\vartheta},\quad y > 0 \quad\text{und}\quad x = -\frac{a\sin\varphi}{\sin\vartheta},\quad y > 0;$$

der andere hat die Grenzen

$$x = +\frac{a\sin\varphi}{\sin\vartheta},\quad y < 0 \quad\text{und}\quad x = -\frac{a\sin\varphi}{\sin\vartheta},\quad y < 0.$$

Die Ausdehnung eines jeden Gleichgewichtsbezirks wird, wenn wir sie durch ihre Projection auf die Axe der x bestimmen, proj.$(s) = \frac{2a\sin\varphi}{\sin\vartheta}$. Für $(\vartheta) = \varphi$ umfassen beide Bezirke zusammen den ganzen Kreis, für $(\vartheta) < \varphi$ bleibt die Tangentialcomponente der bewegenden Kräfte immer unter dem absoluten Werth der Reibungskraft; also gilt von den obigen zwei Worten „immer" oder „niemals" das erste.

b) auf Flächen. Wir könnten die Gleichungen der Gleichgewichtsgrenzen analog dem Fall a) niederschreiben; einfacher aber ist es, sofort den Reibungswinkel einzuführen. Die Resultante R der explicit gegebenen Kräfte mache mit der Normale den Winkel φ; sie zerfällt dann in eine normale Componente $R\cos\varphi$ und eine tangentiale $R\sin\varphi$; die Reibungskraft ist $\eta R\cos\varphi$, also Gleichgewicht vorhanden, wenn $R\sin\varphi < \eta R\cos\varphi$, und die Bedingung für die Grenze eines Gleichgewichtsbezirks lautet

$$(8)\qquad \eta = \operatorname{tang}\varphi.$$

Die Gleichung unterscheidet sich von Gl. (6) nur dadurch, dass in ihr kein $\pm$Zeichen vorkommt; das liegt daran, dass der Winkel φ bei einer Fläche nicht bloss 2 Erstreckungen haben kann, die mit $\pm$ unterschieden werden können, sondern unendlich viele, dass also φ hier immer mit seinem absoluten Werthe, positiv zu rechnen ist. Gl. (8) kann auch geschrieben werden $\cos\varphi = \frac{1}{\sqrt{1+\eta^2}}$; lautet nun die Gleichung der Fläche

$$(9) \qquad L = 0,$$

so folgt

$$(10) \quad \begin{cases} \cos\varphi = \dfrac{X\dfrac{\partial L}{\partial x} + Y\dfrac{\partial L}{\partial y} + Z\dfrac{\partial L}{\partial z}}{\sqrt{X^2+Y^2+Z^2}\sqrt{\left(\dfrac{\partial L}{\partial x}\right)^2 + \left(\dfrac{\partial L}{\partial y}\right)^2 + \left(\dfrac{\partial L}{\partial z}\right)^2}} \\ \qquad = \dfrac{1}{\sqrt{1+\eta^2}}. \end{cases}$$

Beide Gleichungen zusammen bestimmen eine Curve, welche die Grenze eines Indifferenzbezirkes ist. Aus (10) kann man mit Hülfe von (9) eine der Coordinaten eliminiren, worauf (10) die Gleichung eines Cylinders ist, der aus der gegebenen Fläche den oder die Indifferenzbezirke herausschneidet.

Beispiel. Ein schwerer Punkt μ liegt auf einer schiefen Ebene vom Neigungswinkel ϑ. In der Ebene ist eine kleine Oeffnung O angebracht; durch diese geht ein elastischer Faden, an den μ geknüpft ist; das andere Ende des Fadens ist unterhalb der Ebene in dem festen Punkt A befestigt, der von O gerade um die natürliche Länge l des Fadens absteht. Die Kraft, welche der Faden entwickelt, ist proportional der Verlängerung desselben, und hat den Werth c für die Verlängerung auf $2l$; der Reibungscoefficient des Fadens verschwindet, der der Ebene ist η; welches ist das Gleichgewichtsgebiet?

Man nehme O zum Coordinatenanfang, lege die z-Axe senkrecht abwärts und die x-Axe in die Ebene. Dann ist die Gleichung der Ebene

$$y\sin\vartheta - z\cos\vartheta = 0.$$

Hat μ die Coordinaten x, y, z, so ist $r = \sqrt{x^2+y^2+z^2}$ sein Abstand von O, und da der Faden in seiner natürlichen Länge gerade bis O reicht, ist zugleich r seine Verlängerung, also die Kraft, welche er entwickelt, $\frac{cr}{l}$; diese ist nach O hingerichtet, ihre Richtungscosinus sind also $-\frac{x}{r}$, $-\frac{y}{r}$, $-\frac{z}{r}$; demnach ist $\mu X = -\frac{cx}{l}$ u. s. w., und da die Schwere mitwirkt wird

$$\mu X = -\frac{cx}{l}, \quad \mu Y = -\frac{cy}{l}, \quad \mu Z = \mu g - \frac{cz}{l}.$$

Die Gleichgewichtsbedingung wird also

$$\frac{-\frac{c}{\mu l}y\sin\vartheta-\left(g-\frac{c}{\mu l}z\right)\cos\vartheta}{\frac{1}{\mu}\sqrt{\left(\frac{cx}{l}\right)^2+\left(\frac{cy}{l}\right)^2+\left(g\mu-\frac{cz}{l}\right)^2}}=\frac{1}{\sqrt{1+\eta^2}}$$

oder

$$\mu^2 g^2(1+\eta^2)\cos^2\vartheta=\frac{c^2}{l^2}(x^2+y^2)+\left(g\mu-\frac{cz}{l}\right)^2.$$

Setzt man hierin noch $y=z\cot\vartheta$, so erhält man

$$\mu^2 g^2(1+\eta^2)\cos^2\vartheta=\frac{c^2}{l^2}x^2+\frac{c^2}{l^2}\cot^2\vartheta\, z^2+\left(g\mu-\frac{cz}{l}\right)^2.$$

Das ist die Gleichung eines elliptischen Cylinders, dessen Erzeugungslinien der y-Axe parallel laufen. Der Gleichgewichtsbezirk hat also die Form einer Ellipse; bestimmt man seine Gleichung in der Ebene der Bewegung, indem man die Transformation $x=\xi$, $z=\zeta\sin\vartheta$ einführt, so findet sich, dass die Ellipse ein Kreis ist, dessen Mittelpunkt an derjenigen Stelle liegt, wo μ ohne Reibung zur Ruhe kommen würde.

85. Astasie. Ein Punkt heisst astatisch, wenn er in jeder zulässigen Lage im Gleichgewicht ist. Wir wollen voraussetzen, dass der untersuchte Punkt einer Kräftefunction U unterworfen sei.

a) Ist dann μ innerhalb eines gewissen Raumes k frei beweglich, so ist zur Astasie offenbar erforderlich, dass U im ganzen Raume k constant sei, eine Bedingung, die nur durch gewisse Configurationen der wirksamen Agentien erfüllt werden kann. Von diesen Configurationen wird später die Rede sein, wenn wir die Anziehung continuirlich ausgedehnter Körper untersuchen.

b) Ist μ einer oder zwei Bedingungsgleichungen unterworfen, so entsteht die Frage, ob diese genügen können, um ihn astatisch zu machen.

α) Findet keine Reibung statt, so liegt die Bedingung, unter der eine Fläche L den Punkt μ astatisch macht, auf der Hand; U muss auf der Fläche L constant, also L eine Niveaufläche der Kräftefunction sein.

Beispiel: horizontale Fläche für einen schweren Punkt μ.

Eine Curve, auf der μ sich bewegen kann, erfüllt dieselbe Bedingung, wenn und so weit sie in eine Niveaufläche von U fällt.

β) Findet Reibung statt, so ist Astasie vorhanden, wenn die Indifferenzbezirke des vorigen Paragraphen sich über die ganze Ausdehnung der Fläche oder Curve erstrecken, auf welche μ sich bewegen kann. Die Bedingung dafür ist, dass kein Element der gegebenen

Fläche oder Curve mit der durch dasselbe gehenden Niveaufläche einen Winkel macht, der grösser als der Reibungswinkel ist.

Analytisch ausgedrückt lautet sie für eine Fläche:

$$\cos\varphi = \frac{\frac{\partial L}{\partial x}\frac{\partial F}{\partial x}+\frac{\partial L}{\partial y}\frac{\partial F}{\partial y}+\frac{\partial L}{\partial z}\frac{\partial F}{\partial z}}{\sqrt{\left(\frac{\partial L}{\partial x}\right)^2+\left(\frac{\partial L}{\partial y}\right)^2+\left(\frac{\partial L}{\partial z}\right)^2}\sqrt{\left(\frac{\partial F}{\partial x}\right)^2+\left(\frac{\partial F}{\partial y}\right)^2+\left(\frac{\partial F}{\partial z}\right)^2}} > \frac{1}{\sqrt{1+\eta^2}}$$

und für eine Curve:

$$\sin\varphi = \frac{l\frac{\partial F}{\partial x}+m\frac{\partial F}{\partial y}+n\frac{\partial F}{\partial z}}{\sqrt{l^2+m^2+n^2}\sqrt{\left(\frac{\partial F}{\partial x}\right)^2+\left(\frac{\partial F}{\partial y}\right)^2+\left(\frac{\partial F}{\partial z}\right)^2}} < \frac{\eta}{\sqrt{1+\eta^2}}$$

wo l, m, n dieselbe Bedeutung haben, wie in **84.** Fragen der gezwungenen Astasie sind für einen Punkt nicht zu unterscheiden von denen des indifferenten Gleichgewichts, und die Definition der Astasie selbst stimmt überein mit der Definition des Ausdrucks „Indifferentes Gleichgewicht auf der ganzen Ausdehnung der Fessel“.

E. Verallgemeinerte Formen der Bewegungsgleichungen.

Bisher haben wir die Gleichungen der Bewegung in rechtwinkligen Cartesischen Coordinaten aufgestellt und behandelt; jetzt handelt es sich darum, Formen derselben aufzufinden, die nicht bloss für Cartesische, sondern für beliebig gewählte Coordinaten brauchbar sind. Dazu dienen gewisse Sätze, welche die Bewegungsgleichungen in abgekürzter Form zusammenfassen; sie werden Principien genannt, weil sie sich in wenig veränderter Gestalt auf die Theorie eines aus beliebig vielen materiellen Punkten zusammengesetzten Gebildes übertragen lassen.

Von hervorragender Wichtigkeit ist es, dass man bei den folgenden Untersuchungen, im Fall Bedingungen gegeben sind, die Totalkräfte (Explicite Kräfte vermehrt um die Normalkräfte der Fesseln) von den blossen expliciten Kräften wohl unterscheide. Wir setzen daher für den ganzen Abschnitt fest:

Die Totalbeschleunigungen sollen durch griechische Buchstaben $\boldsymbol{\Xi}$, $\boldsymbol{H}$, $\boldsymbol{Z}$ ausgezeichnet, die explicit gegebenen Beschleunigungen dagegen mit X, Y, Z bezeichnet werden. Für einen freien Punkt fallen beide selbstverständlich zusammen.

86. Princip der kleinsten Wirkung. μ habe die Beschleunigungsfunction V, welche von der Zeit und den Geschwindigkeiten unabhängig ist, die Geschwindigkeit v, die Bahn s. Man denke sich, dass μ von einem Punkte s_1 der Bahn ausgeht und bei einem zweiten s_2 ankommt, und bilde das Integral

$$P = \int_{s_1}^{s_2} v ds.$$

In diesem Integral drücke man v durch die Coordinaten aus, was am einfachsten geschieht, indem man $\frac{1}{2}v^2 + V = h$, also $v = \sqrt{2(h-V)}$ setzt. Nun erreicht μ die Lage s_2 im concreten Fall auf einem ganz bestimmten Wege; hätte er, von s_1 ausgehend, um in s_2 anzukommen einen andern, dem wahren Weg benachbarten, genommen, so würde das Integral P eine Variation erlitten haben. Das recht unpassend so genannte Princip der kleinsten Wirkung spricht nun den Satz aus: Für den wirklichen Weg von μ ist

$$(1) \qquad \delta \int_{s_1}^{s_2} v ds = 0$$

oder: „Das Integral $\int_{s_1}^{s_2} v ds$ ist auf der wirklichen Bahn kleiner oder grösser als es auf irgend einer benachbarten Bahn sein würde," wenn alle Bahnen unter dem Einfluss der gegebenen expliciten Kräfte beschrieben würden und vom Punkt s_1 anfangend in s_2 endigten.

Beweis. Ξ, H, Z sind die Componenten der totalen Beschleunigung. Es ist

$$(2) \qquad \delta P = \delta \int (v ds) = \int (\delta v . ds + v . \delta ds).$$

Nun ist:

$$\delta v . ds = v \delta v . dt = dt . \delta(\tfrac{1}{2}v^2) = -dt . \delta V = dt(X\delta x + Y\delta y + Z\delta z).$$

Ist nun μ frei, so ist $X = \Xi$ u. s. w. Ist μ bedingt, so ist

$$\Xi = X + N_x \text{ u. s. w.},$$

aber dann unterliegen die zulässigen Variationen der Bedingung $N_x \delta x + N_y \delta y + N_z \delta z = 0$, also ist unter allen Umständen

$$(3) \qquad \delta v . ds = dt(\Xi \delta x + H \delta y + Z \delta z).$$

Ferner ergiebt sich aus $ds^2 = dx^2 + dy^2 + dz^2$

(4) $ds . \delta ds = dx . \delta dx + dy \delta dy + dz \delta dz = dx d\delta x + dy d\delta y + dz d\delta z.$

Also nach Division mit dt

$$(5) \qquad v \delta ds = \frac{dx}{dt} d\delta x + \frac{dy}{dt} d\delta y + \frac{dz}{dt} d\delta z.$$

In (3) und (5) stehen links die Summanden, welche in (2) unter dem Integralzeichen vorkommen. Also

$$(6) \qquad \delta P = \int_{s_1}^{s_2} \left[dt(\Xi \delta x + H \delta y + Z \delta z) + \frac{dx}{dt} d\delta x + \frac{dy}{dt} d\delta y + \frac{dz}{dt} d\delta z \right].$$

Hier ist der Ausdruck unter dem Integralzeichen das genaue Differential von

$$\frac{dx}{dt} \delta x + \frac{dy}{dt} \delta y + \frac{dz}{dt} \delta z,$$

also

$$(7) \qquad \delta P = \left(\frac{dx}{dt} \delta x + \frac{dy}{dt} \delta y + \frac{dz}{dt} \delta z \right)_{s=s_2} - \left(\frac{dx}{dt} \delta x + \frac{dy}{dt} \delta y + \frac{dz}{dt} \delta z \right)_{s=s_1}.$$

Da nun die festen Endpunkte s_1 und s_2 sich bei der Variation des Bahnstückes $s_1 s_2$ nicht ändern, so ist für jeden von ihnen $\delta x = \delta y = \delta z = 0$, also

$$(8) \qquad \delta P = 0,$$

was zu beweisen war.

Die Gleichung sagt aus, dass P auf der wirklich beschriebenen Bahn ein Maximum, ein Minimum oder auch ein Maximum-minimum ist.

Man findet nun häufig in der Litteratur folgenden Schluss: P kann kein Maximum sein, weil sich immer Wege angeben lassen, auf denen v denselben und ds einen grössern Werth hat als auf dem wirklich beschriebenen Weg; also ist P ein Minimum oder ein Maximum-Minimum. Jacobi macht dazu in den „Vorlesungen“ die Bemerkung: „Zu dem Princip der kleinsten Wirkung muss noch eine Beschränkung hinzugesetzt werden; das Minimum des Integrals findet nämlich nicht zwischen zwei beliebigen Positionen des Systems statt, sondern nur, wenn die Endposition der Anfangsposition hinlänglich nahe ist.“

Diese Jacobi'sche Anmerkung bedarf einer Erläuterung. Da die Sache für die mechanische Anwendung des Princips gar keine Bedeutung hat, wollen wir sie nur an einem Specialfall erläutern, an dem Falle nämlich, wo μ sich auf einer vorgeschriebenen Fläche bewegt, während die expliciten Kräfte Null sind. Dann ist, wie bekannt, v

constant, das Princip giebt also den Satz

$$\delta\int ds = 0,$$

d. h. μ beschreibt auf der Fläche kürzeste Linien oder solche, deren Länge einen anderen Grenzwerth darstellt. Geht z. B. μ auf einer Kugel vom Punkte A nach B, und legt man durch A und B einen grössten Kreis, so wird dieser Kreis durch A und B in zwei im Allgemeinen ungleiche Bahnabscissen zerlegt; die eine ist kleiner, die andere grösser als der Halbkreis; die erste ist eine kürzeste, die andere eine längste Linie zwischen A und B. Man denkt nun gewöhnlich nur an die kürzere der beiden Bahnabscissen und sagt: μ geht auf dem kürzesten Wege von A nach B; μ kann aber eben so wohl auf dem anderen Wege nach B gelangen, und in der That hängt die Frage, ob μ den einen oder den anderen Weg wählt, nur von der Richtung der Anfangsgeschwindigkeit in A ab; ist diese nach B hin gerichtet, so wählt μ den kürzesten, ist sie aber von B weggerichtet, so wählt er den längsten Weg. In beiden Fällen ist die Gleichung

$$\delta\int ds = 0$$

gleichmässig giltig; sie bezeichnet nur in dem einen eine Minimum-, im andern eine Maximum-Minimumeigenschaft. Der längere der beiden Kreisbogen AB ist grösser als jeder andere Kreisbogen zwischen A und B, zugleich aber kleiner als andere benachbarte Wege zwischen A und B, die nicht Kreisbogen, sondern z. B. Zickzacke sind. In der That ist ja das Princip ohne jede Rücksicht auf die Länge des Weges bewiesen. Jacobi's Bemerkung trifft also nicht die Gleichung (1) sondern nur das Wort „Minimum“. Gl. (1) gilt für jede Länge des wirklichen Weges, aber sie ergiebt ein Minimum für P nur dann, wenn der Weg eine gewisse Länge nicht überschreitet; im andern Fall kann sie aussagen, dass P ein Maximum oder Maximum-Minimum wird. So wird auch z. B. bei der planetarischen Ellipsenbewegung P ein Minimum oder ein Maximum, je nachdem der Endpunkt B des betrachteten Bahnstücks vom Anfangspunkt A um weniger oder mehr als die halbe Ellipse absteht.

Für die Anwendung des Princips zur Bildung von Gleichungen ist es nun ganz belanglos, ob P ein Maximum oder Minimum sei; denn die Gleichung, in der es ausgedrückt wird, sagt nicht, dass P ein Minimum ist, sondern sagt, dass die Variation von P verschwindet, und dieser Satz, dass die Variation verschwindet, besteht auf alle Fälle.

Anwendbarkeit des Princips. Dasselbe giebt eine Eigenschaft der von μ beschriebenen Bahn an, kann also direct benutzt werden, um die Differentialgleichungen der Bahn festzustellen. Da Zwangskräfte zu $\Xi\delta x + H\delta y + Z\delta z$ den Beitrag Null liefern, gilt es auch für gezwungene Bewegungen, so weit bei diesen überhaupt von Variation der Bewegung die Rede sein kann.

Beispiel a) Centralbewegung. Die Beschleunigungsfunction sei $V = \int f(r)dr$. Dann ist $v = \sqrt{2(h-V)}$, ferner in Polarcoordinaten $ds = \sqrt{dr^2 + r^2 d\vartheta^2}$, also

$$P = \int_{r_1}^{r_2} dr \sqrt{1 + r^2\left(\frac{d\vartheta}{dr}\right)^2} \cdot \sqrt{2(h-V)} = \int_{r_1}^{r_2} K dr,$$

wo K zur Abkürzung steht. Dabei ist ϑ als die abhängige Variable angesehen. Die Regeln der Variationsrechnung geben

$$\delta K = \frac{\partial K}{\partial \vartheta}\delta\vartheta + \frac{\partial K}{\partial\left(\frac{d\vartheta}{dr}\right)}\delta\frac{d\vartheta}{dr} + \text{etc.}$$

Da ϑ in V nicht vorkommt, ist $\frac{\partial K}{\partial\vartheta} = 0$; ferner

$$\frac{\partial K}{\partial\left(\frac{d\vartheta}{dt}\right)} = \frac{\sqrt{2(h-V)}}{\sqrt{1+r^2\left(\frac{d\vartheta}{dr}\right)^2}} \cdot r^2 \frac{d\vartheta}{dr}.$$

Also wird aus $\delta P = 0$

$$\int_{r_1}^{r_2}\left(\frac{\sqrt{2(h-V)}}{\sqrt{1+r^2\left(\frac{d\vartheta}{dr}\right)^2}} \cdot r^2 \frac{d\vartheta}{dr} dr \cdot \frac{d\delta\vartheta}{dr}\right) = 0.$$

Integrirt man nach dem aus der Variationsrechnung bekannten Verfahren durch Theile, so dass $\int \frac{d\delta\vartheta}{dr} \cdot dr$ den einen Theil bildet, so findet sich, da $\delta\vartheta$ in den Endpunkten Null ist,

$$d\left(\frac{2\sqrt{h-V}}{\sqrt{1+r^2\left(\frac{d\vartheta}{dt}\right)^2}} \cdot r^2 \frac{d\vartheta}{dr}\right) = 0,$$

also, wenn c die Integrationsconstante,

$$\sqrt{2(h-V)} \cdot r^2 \frac{d\vartheta}{dr} = c\sqrt{1+r^2\left(\frac{d\vartheta}{dr}\right)^2}$$

$$h - V = \frac{c^2}{2}\left[\frac{1}{r^2} + \frac{1}{r^4}\left(\frac{dr}{d\vartheta}\right)^2\right],$$

d. i. die Bahngleichung **59.,** 10.

Beispiel b) Wir wollen das Princip noch verwenden, um den Zusammenhang zwischen der Krümmung der Bahn und den Normalkräften beim freien Punkt darzulegen. Dort ist

$$\delta\int_{s_1}^{s_2} v\,ds = \delta\int_{s_1}^{s_2} \sqrt{2(h-V)}\sqrt{dx^2+dy^2+dz^2} = 0.$$

Die Ausführung der Variation giebt, wenn man nach dem Differentiiren der Kürze wegen wieder v statt $\sqrt{2(h-V)}$ und ds statt $\sqrt{dx^2+dy^2+dz^2}$ schreibt

$$\int_{s_1}^{s_2}\left[\frac{1}{v}(X\delta x+Y\delta y+Z\delta z)\,ds+v\,\frac{dx\,d\delta x+dy\,d\delta y+dz\,d\delta z}{ds}\right]=0.$$

Im zweiten Posten giebt die Integration durch Theile

$$\int_{s_1}^{s_2} v\frac{dx}{ds}\,d\delta x = v\frac{dx}{ds}(\delta x_2-\delta x_1)-\int_{s_1}^{s_2}\delta x.d\left(v\frac{dx}{ds}\right)$$

und entsprechend in y und z. Dabei ist $\delta x_2 = \delta x_1 = 0$, der Posten vor dem Integralzeichen fällt also fort. Führt man das übrige in die vorige Gleichung ein, so kann diese nunmehr, da δx, δy, δz vollkommen willkürlich sind, nur dann erfüllt sein, wenn die Factoren von δx, δy und δz an sich verschwinden. So erhält man

$$\frac{X\,ds}{v}=d\left(v\frac{dx}{ds}\right),\quad \frac{Y\,ds}{v}=d\left(v\frac{dy}{ds}\right),\quad \frac{Z\,ds}{v}=d\left(v\frac{dz}{ds}\right).$$

Drückt man v durch x, y, z aus, so folgt eine der Gleichungen aus den beiden andern, und alle zusammen sind die Gleichungen der Bahn. Führt man die Differentiation nach s aus, so kommt in x

$$\frac{X}{v}=v\frac{d^2x}{ds^2}+\frac{dx}{ds}\frac{dv}{ds}=v\frac{d^2x}{ds^2}+\frac{dx}{ds}\cdot\frac{-1}{\sqrt{2(h-V)}}\frac{dV}{ds}$$
$$=v\frac{d^2x}{ds^2}-\frac{1}{v}\frac{dx}{ds}\frac{dV}{ds},$$

also

$$X=v^2\frac{d^2x}{ds^2}-\frac{dx}{ds}\frac{dV}{ds}$$

und ebenso

$$Y=v^2\frac{d^2y}{ds^2}-\frac{dy}{ds}\frac{dV}{ds},$$
$$Z=v^2\frac{d^2z}{ds^2}-\frac{dz}{ds}\frac{dV}{ds}.$$

$-\frac{dV}{ds}$ ist aber die Tangentialbeschleunigung, $-\frac{dx}{ds}\cdot\frac{dV}{ds}$ die x-Componente derselben. Ziehen wir also $-\frac{dx}{ds}\frac{dV}{ds}$ von X ab, so bleibt die x-Componente der Normalbeschleunigung übrig, die wir früher mit $\dot{u}_\nu$ bezeichnet haben. Nennen wir die drei Componenten von $\dot{u}_\nu$ der Reihe nach ν_x, ν_y, ν_z, so folgt

$$\frac{\nu_x}{v^2}=\frac{d^2x}{ds^2},$$
$$\frac{\nu_y}{v^2}=\frac{d^2y}{ds^2},$$
$$\frac{\nu_z}{v^2}=\frac{d^2z}{ds^2}.$$

Ist ρ der Hauptkrümmungsradius der Bahn, so ist bekanntlich, wenn ds das unabhängige Increment ist, $\frac{1}{\rho} = \sqrt{\left(\frac{d^2x}{ds^2}\right)^2 + \left(\frac{d^2y}{ds^2}\right)^2 + \left(\frac{d^2z}{ds^2}\right)^2}$. Man kann also, indem man $\frac{1}{\rho}$ die Krümmung der Bahn nennt, die drei Grössen $\frac{\mathsf{v}_x}{v^2}$, $\frac{\mathsf{v}_y}{v^2}$, $\frac{\mathsf{v}_z}{v^2}$ als Componenten der Krümmung auffassen.

Man kann die allgemeinen Gleichungen der Bewegung auch auf das Princip der kleinsten Wirkung gründen, bequemer aber und allgemeiner gelangt man zu ihnen durch die Principien, zu welchen wir uns jetzt wenden.

87. D'Alemberts Princip für einen Punkt. Sind Ξ, H, Z die Axencomponenten der Totalbeschleunigung, (explicite $\dotplus$ implicite), so lauten die Gleichungen der Bewegung

$$(1) \qquad \Xi - \frac{d^2x}{dt^2} = 0, \quad H - \frac{d^2y}{dt^2} = 0, \quad Z - \frac{d^2z}{dt^2} = 0.$$

Diese drei Gleichungen lassen sich folgendermassen in eine zusammenfassen: Wir verstehen unter δx, δy, δz drei Grössen, die vorläufig keine andere Eigenschaft haben, als die, vollkommen willkürlich zu sein. Dann sagt die Gleichung

$$(2) \qquad \left(\Xi - \frac{d^2x}{dt^2}\right)\delta x + \left(H - \frac{d^2y}{dt^2}\right)\delta y + \left(Z - \frac{d^2z}{dt^2}\right)\delta z = 0$$

genau so viel, wie die drei Gleichungen (1) zusammen. Denn sie folgt aus (1), und sie kann, da die drei δ vollkommen willkürlich sind, nur dann erfüllt sein, wenn die Factoren der drei δ einzeln gleich Null sind, d. i. wenn die Gl. (1) erfüllt sind.

Die Willkürlichkeit der in Gl. (2) vorkommenden δx, δy, δz geht so weit, dass man sich z. B. unter δx auch ein Kilogramm Eisen vorstellen kann. Wir wollen nun festsetzen: wir verstehen unter δx, δy, δz drei, den Coordinatenaxen parallele, virtuelle*) (d. h. mit den etwaigen Bedingungen verträgliche) unendlich kleine Verrückungen, die wir zur Zeit t an μ anbringen. Dann nimmt Gl. (2) eine einfachere Gestalt an.

Erster Fall. μ sei ein freier Punkt. Dann ist jede unendlich kleine Verrückung, die wir dem μ ertheilen, virtuell, δx, δy, δz sind also ganz unabhängig von einander. Zugleich sind sämmtliche Kräfte

*) Virtuell heisst ursprünglich: „bloss gedacht". Im mechanischen Sprachgebrauch hat aber das Wort allmälig die Bedeutung von „mit den vorhandenen Bedingungen verträglich" angenommen; wir setzen fest, dass wir es in diesem Sinne gebrauchen.

Ξ, H, Z explicite an μ gegeben, und haben die Werthe X, Y, Z. Gl. (2) lautet also dann

$$\left(X-\frac{d^2x}{dt^2}\right)\delta x+\left(Y-\frac{d^2y}{dt^2}\right)\delta y+\left(Z-\frac{d^2z}{dt^2}\right)\delta z=0, \tag{3}$$

und in ihr sind δx, δy, δz nach den Axenrichtungen willkürlich zu wählen.

Zweiter Fall. μ sei an eine Fläche ohne Reibung gefesselt, oder die Reibung sei als Bestandtheil von X, Y, Z explicite dargestellt. Zwei Fälle sind möglich: 1) die Fesselung ist allseitig, dann gilt unter allen Umständen für die Coordinaten von μ eine Gleichung $L=0$; 2) die Fesselung ist einseitig; dann kann sich μ nach einer Seite des Raumes von der Fläche entfernen. In dem Theil des Raumes, wo die Fessel nicht wirkt, ist aber μ dann frei, das Gesetz seiner Bewegung also schon so eben erledigt; wir brauchen hier nur den Fall zu betrachten, wo die Fessel wirklich angespannt wird, also wo die Gleichung $L=0$ gilt. In beiden Fällen ist also die Gleichung $L=0$ als unbedingt gültig vorauszusetzen. Es ist nun in unserer früheren Bezeichnung $\Xi=X+N_x$ u. s. w. Gl. (2) wird also

$$\left(X+N_x-\frac{d^2x}{dt^2}\right)\delta x+\left(Y+N_y-\frac{d^2y}{dt^2}\right)\delta y+\left(Z+N_z-\frac{d^2z}{dt^2}\right)\delta z=0.$$

Hierin ist aber, wenn δx, δy, δz virtuelle Verrückungen sind, von selbst

$$N_x\delta x+N_y\delta y+N_z\delta z=0,$$

weil N senkrecht auf der Fläche, also auch senkrecht auf der Verrückung $\sqrt{\delta x^2+\delta y^2+\delta z^2}$ steht. Also bleibt

$$\left(X-\frac{d^2x}{dt^2}\right)\delta x+\left(Y-\frac{d^2y}{dt^2}\right)\delta y+\left(Z+\frac{d^2z}{dt^2}\right)\delta z=0, \tag{3}$$

d. i. dieselbe Gleichung, wie beim freien Punkt. Vorausgesetzt ist aber, dass δx, δy, δz virtuell seien. In Folge dessen sind δx, δy, δz nicht mehr ganz willkürlich, sondern eine von ihnen ist bestimmt, wenn die zwei andern willkürlich angenommen werden. In der That kann man aus $L=0$ die Gleichung

$$\frac{\partial L}{\partial x}\delta x+\frac{\partial L}{\partial y}\delta y+\frac{\partial L}{\partial z}\delta z=0 \tag{4}$$

ableiten und kann mit Hülfe dieser Gleichung eines der drei δ aus (3) eliminiren. So findet man z. B. durch Elimination von δz

$$(5)\quad \begin{cases} 0 = \left[X - \frac{d^2x}{dt^2} - \left(Z - \frac{d^2z}{dt^2}\right) \dfrac{\frac{\partial L}{\partial x}}{\frac{\partial L}{\partial z}} \right] \delta x \\ + \left[Y - \frac{d^2y}{dt^2} - \left(Z - \frac{d^2z}{dt^2}\right) \dfrac{\frac{\partial L}{\partial y}}{\frac{\partial L}{\partial z}} \right] \delta y. \end{cases}$$

Hierin sind nun δx und δy ganz willkürlich, also ihre Factoren gleich Null zu setzen, wenn die Gleichung erfüllt sein soll. Damit erhält man zwei Gleichungen, welche, mit $L = 0$ zusammengenommen, die Bewegung von μ bestimmen. Gl. (3) ist also auch in diesem Falle nicht bloss richtig, sondern liefert auch ein Verfahren zur Herstellung der Bewegungsgleichungen. Dies Verfahren ist practisch identisch mit dem Lagrange'schen. Denn, wenn wir noch aus den in (5) enthaltenen Ausdrücken z, $\frac{dz}{dt}$ und $\frac{d^2z}{dt^2}$ eliminiren, so brauchen wir dazu die Gleichungen $L = 0$, $\frac{dL}{dt} = 0$, $\frac{d^2L}{dt^2} = 0$, und nach Einführung derselben bekommen wir die Bewegungsgleichungen in x und y, wo sie nothwendig dieselbe Form haben müssen, wie in **76.** nach der Elimination von λ, weil dieselben Gleichungssysteme zur Elimination benutzt werden. Als dritte Bewegungsgleichung dient $L = 0$.

Dritter Fall: μ sei an eine Curve ohne Reibung gefesselt. Dann haben wir wieder die Normalbeschleunigungen N_x, N_y, N_z zu den expliciten Beschleunigungen X, Y, Z hinzuzufügen, um die Totalbeschleunigungen zu erhalten. Und wieder ist $N_x \delta x + N_y \delta y + N_z \delta z = 0$, also die Gleichung (3) richtig, wenn wir voraussetzen, dass die Verrückung, deren Componenten δx, δy, δz sind, virtuell sei, also auf der vorgeschriebenen Curve erfolge.

Mittels der Gleichungen der Curve, $L = 0$ und $M = 0$ kann man zwei von den Variationen δx, δy, δz eliminiren, erhält also eine Bedingungsgleichung analog (5), in der nur noch eine willkürliche Verrückung, etwa δx, auftritt. Der Factor derselben ist gleich Null zu setzen; damit hat man eine Gleichung der Bewegung; zusammen mit $L = 0$ und $M = 0$ bestimmt dieselbe die Bewegung von μ.

Nach dem Vorstehenden können wir die Bewegungsgleichungen eines freien und eines reibungsfrei gefesselten Punktes zusammenfassen in den Satz

$$(3) \qquad \left(X - \frac{d^2x}{dt^2}\right)\delta x + \left(Y - \frac{d^2y}{dt^2}\right)\delta y + \left(Z - \frac{d^2z}{dt^2}\right)\delta z = 0,$$

in welchem X, Y, Z die expliciten Beschleunigungen, δx, δy, δz aber virtuelle Verrückungen bedeuten. Derselbe heisst das d'Alembert'sche Princip.

Sind Reibungshindernisse vorhanden, so ändern dieselben offenbar nichts an der Thatsache, dass $N_x\delta x + N_y\delta y + N_z\delta z = 0$ ist; der Satz bleibt also bestehen, wenn wir die Reibungskräfte zu den explicit gegebenen Kräften hinzurechnen, aber nur dann.

88. Hamilton's Princip. Wir setzen nunmehr voraus, die Kräfte μX, μY, μZ besitzen eine Kräftefunction U, in welcher 1) die Coordinaten und Grössen, die sich durch die Coordinaten ausdrücken lassen, wie Abstände, 2) die Zeit vorkommen dürfen. Dagegen schliessen wir den Fall aus, dass U auch die Seitengeschwindigkeiten von μ enthalte. Die lebendige Kraft des Punktes μ werde mit T bezeichnet, und δ sei eine virtuelle Variation. Dann ist das d'Alembert'sche Princip gleichbedeutend mit dem kürzeren Satze.

$$(1) \qquad \delta\int_0^t (T - U)\,dt = 0.$$

Wir sagen zuerst, was der Satz bedeutet: Unter dem Einfluss der vorhandenen Kräfte bewegt sich μ von dem willkürlich zu wählenden Augenblick $t = 0$ bis zu einem zweiten Augenblick $t = t_1$ aus einer ersten Lage in eine zweite, und in jedem zwischenliegenden Augenblick t hat er thatsächlich eine bestimmte Lage x, y, z. Denken wir uns nun, er sei zur Zeit t in die Lage $(x + \delta x)$, $(y + \delta y)$, $(z + \delta z)$ gebracht, wo δx, δy, δz virtuelle Verrückungen sind, so würde er, wenn wir ihm in jedem Augenblick zwischen 0 und t_1 eine derartige Verrückung ertheilen, während wir für die Augenblicke 0 und t_1 selbst keine Abänderung eintreten lassen, eine andere Bahn zwischen den gleichen Endpunkten oder auch dieselbe Bahn mit anderer Geschwindigkeit beschreiben, als thatsächlich der Fall ist; es wird also das Integral $\int_0^{t_1}(T - U)\,dt$ eine Variation erleiden; diese Variation ist oben mit $\delta\int_0^{t_1}(T - U)\,dt$ bezeichnet, und unsere Gleichung sagt aus, dass sie verschwindet, wenn sie an der wirklich beschriebenen Bahn angebracht wird; m. a. W. der Punkt μ beschreibt vermöge der gegebenen Kräfte diejenige Bahn mit derjenigen Geschwindigkeit, für welche $\int_0^{t_1}(T-U)dt$ ein Minimum oder ein Maximum wird.

Dabei ist vorausgesetzt, dass die Verrückungen virtuell sind; ist also μ frei, so sind δx, δy, δz willkürlich; ist es an eine Fläche gebunden, so muss die variirte Bahn in der Fläche bleiben; ist es an eine Curve gebunden, so kann die Variation nur darin bestehen, dass für μ zur Zeit t auf der Curve eine andere Lage angenommen wird, als die thatsächlich vorhandene, m. a. W., dass μ seine Bahn mit veränderter Geschwindigkeit beschreibt.

Wir beweisen nun den obigen Satz durch directe Ausführung der Variation. Es ist

$$(2)\qquad T=\tfrac{1}{2}\mu\left[\left(\frac{dx}{dt}\right)^2+\left(\frac{dy}{dt}\right)^2+\left(\frac{dz}{dt}\right)^2\right],$$

also

$$(3)\qquad \delta T=\mu\left[\frac{dx}{dt}\frac{d\delta x}{dt}+\frac{dy}{dt}\frac{d\delta y}{dt}+\frac{dz}{dt}\frac{d\delta z}{dt}\right],$$

$$(4)\qquad \delta\int_0^t T dt=\mu\int_0^t\left(\frac{dx}{dt}\frac{d\delta x}{dt}+\frac{dy}{dt}\frac{d\delta y}{dt}+\frac{dz}{dt}\frac{d\delta z}{dt}\right)dt.$$

Rechts werde die aus der Variationsrechnung bekannte Integration durch Theile ausgeführt, z. B. in x

$$(5)\qquad \int_0^t\frac{dx}{dt}\frac{d\delta x}{dt}=\left(\frac{dx}{dt}\delta x\right)_{t=t}-\left(\frac{dx}{dt}\delta x\right)_{t=0}-\int_0^t\delta x\frac{d^2x}{dt^2}dt.$$

Für den rechts ausserhalb des Integrals stehenden Theil ist δx sowohl in der Anfangs- wie in der Endlage gleich Null, weil beide Lagen als fest angenommen sind; also bleibt rechts bloss das Integral übrig. In y und z ergiebt sich ganz Entsprechendes, und damit wird

$$(6)\qquad \delta\int_0^t T dt=-\mu\int_0^t\left[\frac{d^2x}{dt^2}\delta x+\frac{d^2y}{dt^2}\delta y+\frac{d^2z}{dt^2}\delta z\right]dt.$$

Ferner ist

$$(7)\qquad \delta U=\frac{\partial U}{\partial x}\delta x+\frac{\partial U}{\partial y}\delta y+\frac{\partial U}{\partial z}\delta z.$$

Auf die etwaige Anwesenheit von t in U ist dabei keine Rücksicht zu nehmen, weil der Fluss der Zeit nicht variirt werden kann, δt also immer Null ist, wenn wir dem dt in allen Fällen willkürlich die gleichen Werthe beilegen.

Folglich ist

$$(8)\quad \begin{cases} \delta\int_0^t (T-U)dt = \int_0^t \Big[\Big(-\frac{\partial U}{\partial x} - \mu\frac{d^2x}{dt^2}\Big)\delta x \\ + \Big(-\frac{\partial U}{\partial y} - \mu\frac{d^2y}{dt^2}\Big)\delta y + \Big(-\frac{\partial U}{\partial z} - \mu\frac{d^2z}{dt^2}\Big)\delta z\Big] dt, \end{cases}$$

und da nun $-\frac{\partial U}{\partial x}$, $-\frac{\partial U}{\partial y}$, $-\frac{\partial U}{\partial z}$ die Kräfte μX, μY, μZ sind, da ferner die Gleichheit der beiden Seiten von (8) in jedem Augenblick stattfindet, und die unabhängigen Variationen von Augenblick zu Augenblick willkürlich variirt werden können, so ist die Gleichung $\delta\int_0^t (T-U)dt = 0$ gleichbedeutend mit

$$(9)\quad \Big(X - \frac{d^2x}{dt^2}\Big)\delta x + \Big(Y - \frac{d^2y}{dt^2}\Big)\delta y + \Big(Z - \frac{d^2z}{dt^2}\Big)\delta z = 0$$

also mit dem d'Alembert'schen Princip; folglich ist sie erfüllt.

Gl. (1) heisst das Hamilton'sche Princip.

Gl. (6) gilt unter allen Umständen; besitzen X, Y, Z keine Kräftefunction, so folgt

$$\delta\int_0^t T dt - \mu\int_0^t dt(X\delta x + Y\delta y + Z\delta z) =$$

$$= \int_0^t \mu dt\Big[\Big(X - \frac{d^2x}{dt^2}\Big)\delta x + \Big(Y - \frac{d^2y}{dt^2}\Big)\delta y + \Big(Z - \frac{d^2z}{dt^2}\Big)\delta z\Big]$$

d. h.

$$\delta\int_0^t T dt - \mu\int_0^t dt(X\delta x + Y\delta y + Z\delta z) = 0.$$

Das können wir aber so ausdrücken:

Das Hamilton'sche Princip gilt auch für Kräfte, die keine Kräftefunction haben, wenn wir nur U als ein Symbol betrachten, welches nach den Regeln der Variationsrechnung zu manipuliren ist, und wenn wir nach Ausführung der Variation $-\frac{\partial U}{\partial x}$ durch μX u. s. w. ersetzen.

Die Identität (6) besteht immer für beliebige Variationen zwischen zwei bestimmten Endpunkten; im Satz (1) aber muss die Variation δ in allen Fällen eine virtuelle sein, weil das d'Alembert'sche Princip voraussetzt, dass die in ihm auftretenden δ virtuell sind.

89. Bewegungsgleichungen in beliebigen Coordinaten. Aus dem Hamilton'schen Princip lassen sich die Gleichungen der Bewegung ableiten. Dass das in dreiaxigen cartesischen Coordinaten möglich ist, bedarf nicht mehr der Erwähnung, denn die Ableitung ist ja im vorigen Paragraphen schon vorgenommen; es geht aber auch dann, wenn die Coordinaten ganz beliebig mit der einzigen Bedingung gewählt sind, dass sie unabhängig von einander seien, d. h. dass man eine von ihnen variirt denken kann, ohne dass deshalb die andern nothwendig eine Variation erleiden. Diese Anwendung des Hamilton'schen Princips lässt sich deshalb machen, weil T und U von der Wahl des Coordinatensystems unabhängig sind, und auf ihr beruht seine Wichtigkeit.

Es sei nun ein Coordinatensystem der φ, ψ, χ gegeben, wo φ, ψ, χ irgend welche von einander unabhängige Grössen sind. Wir betrachten μ zunächst als frei.

Wir haben jederzeit

$$(1) \qquad T = \tfrac{1}{2}\mu\left[\left(\frac{dx}{dt}\right)^2 + \left(\frac{dy}{dt}\right)^2 + \left(\frac{dz}{dt}\right)^2\right]$$

und

$$(2) \qquad \frac{dx}{dt} = \frac{\partial x}{\partial \varphi}\frac{d\varphi}{dt} + \frac{\partial x}{\partial \psi}\frac{d\psi}{dt} + \frac{\partial x}{\partial \chi}\frac{d\chi}{dt} \text{ und so weiter.}$$

Dabei sind $\frac{\partial x}{\partial \varphi}$, $\frac{\partial y}{\partial \varphi}$ etc. bekannte Functionen von φ, ψ, χ. Substituirt man (2) in (1) so erhält man T als homogene Function zweiten Grades von φ, ψ, χ. Dasselbe kann man auf einem später zu erläuternden Wege direct erhalten.

Wir bilden nun die Hamilton'sche Variation

$$\delta \int_0^t (T - U)\,dt.$$

Es ist

$$(3) \qquad \delta T = \sum_3 \left(\frac{\partial T}{\partial \varphi}\delta\varphi + \frac{\partial T}{\partial\left(\frac{d\varphi}{dt}\right)}\delta\frac{d\varphi}{dt}\right),$$

wo das Summenzeichen $\sum_3$ abkürzend anzeigen soll, dass die entsprechenden Ausdrücke auch in ψ und χ zu bilden und zuzufügen sind. Hierin kann, da dt keine Variation zulässt, statt $\delta\frac{d\varphi}{dt}$ gesetzt werden $\frac{d\delta\varphi}{dt}$, und es wird mittels der Integration durch Theile

$$(4)\quad \left\{\begin{aligned} \int_0^t \frac{\partial T}{\partial\left(\frac{\partial\varphi}{\partial t}\right)}\frac{d\delta\varphi}{dt}dt &= \left(\frac{\partial T}{\partial\left(\frac{d\varphi}{dt}\right)}\delta\varphi\right)_{t=t} - \left(\frac{\partial T}{\partial\left(\frac{d\varphi}{dt}\right)}\delta\varphi\right)_{t=0} \\ &\quad - \int_0^t dt\cdot\frac{d}{dt}\left(\frac{\partial T}{\partial\left(\frac{d\varphi}{dt}\right)}\right)\delta\varphi. \end{aligned}\right.$$

Hierin ist rechts der vom Integralzeichen freie Antheil gleich Null, weil bei der Hamilton'schen Variation der Anfangs- und Endpunkt der Bahn unveränderlich gedacht wird, also $\delta\varphi$ für $t = 0$ und für $t = t$ verschwindet. Führt man die Umformung (4) in die Hamilton'sche Variation ein, so findet sich demnach

$$(5)\quad \delta\int(T-U)dt = \int_0^t \sum_3 \left[-\frac{d}{dt}\left(\frac{\partial T}{\partial\left(\frac{dt}{d\varphi}\right)}\right) + \frac{\partial T}{\partial\varphi} - \frac{\partial U}{\partial\varphi}\right]\delta\varphi . dt = 0.$$

Da $\delta\varphi$, $\delta\psi$, $\delta\chi$ jederzeit willkürlich sind, so kann diese Gleichung nur erfüllt sein, wenn für jede der freien Coordinaten eine Gleichung besteht

$$(6)\quad \frac{d}{dt}\left(\frac{\partial T}{\partial\left(\frac{d\varphi}{dt}\right)}\right) - \frac{\partial T}{\partial\varphi} = -\frac{\partial U}{\partial\varphi},$$

und diese Gleichung ist die Gleichung der Bewegung für die Coordinate φ. Es stehen ihr zwei ganz entsprechende Gleichungen in ψ und χ zur Seite. Vorausgesetzt bleibt, dass eine Kräftefunction U existirt, welche die Zeit enthalten darf, aber nicht die Geschwindigkeit $\frac{d\varphi}{dt}$.

Um sich über die Bedeutung der Gleichung (6) ganz klar zu sein, muss man im Auge behalten, dass das T in ihr nichts anderes bedeutet als den identischen Ausdruck für die lebendige Kraft, der aus der Natur des gewählten Coordinatensystems hervorgeht, von den speciellen Bedingungen des Problems aber unabhängig ist. Ein Beispiel wird dies erläutern:

Beispiel. Gleichungen der Bewegung in Polarcoordinaten. Wir setzen

$$x = r\cos\varphi,\quad y = r\sin\varphi\cos\vartheta,\quad z = r\sin\varphi\sin\vartheta.$$

Dann ist

$$\frac{dx}{dt} = \cos\varphi\frac{dr}{dt} - r\sin\varphi\frac{d\varphi}{dt},$$

$$\frac{dy}{dt} = \sin\varphi\cos\vartheta\frac{dr}{dt} + r\cos\varphi\cos\vartheta\frac{d\varphi}{dt} - r\sin\varphi\sin\vartheta\frac{d\vartheta}{dt},$$

$$\frac{dz}{dt} = \sin\varphi\sin\vartheta\frac{dr}{dt} + r\cos\varphi\sin\vartheta\frac{d\varphi}{dt} + r\sin\varphi\cos\vartheta\frac{d\vartheta}{dt}.$$

Quadrirt man die drei Gleichungen, addirt und multiplicirt mit $\frac{\mu}{2}$, so findet sich

$$(7)\qquad T = \tfrac{1}{2}\mu\left[\left(\frac{dr}{dt}\right)^2 + r^2\left(\frac{d\varphi}{dt}\right)^2 + r^2\sin^2\varphi\left(\frac{d\vartheta}{dt}\right)^2\right]$$

als der identische Ausdruck für die lebendige Kraft in Polarcoordinaten. Es ist sonach für die Anwendung von Gl. (6)

$$\frac{\partial T}{\partial\left(\frac{dr}{dt}\right)} = \mu\frac{dr}{dt},\qquad \frac{\partial T}{\partial r} = \mu r\left(\frac{d\varphi}{dt}\right)^2 + \mu r\sin^2\varphi\left(\frac{d\vartheta}{dt}\right)^2,$$

$$\frac{\partial T}{\partial\left(\frac{d\varphi}{dt}\right)} = \mu r^2\frac{d\varphi}{dt},\qquad \frac{\partial T}{\partial\varphi} = \mu r^2\sin\varphi\cos\varphi\left(\frac{d\vartheta}{dt}\right)^2,$$

$$\frac{\partial T}{\partial\left(\frac{d\vartheta}{dt}\right)} = \mu r^2\sin^2\varphi\frac{d\vartheta}{dt},\qquad \frac{\partial T}{\partial\vartheta} = 0.$$

Und die Gleichungen der Bewegung werden

$$(8)\qquad \begin{cases} \mu\frac{d^2r}{dt^2} - \mu r\left[\left(\frac{d\varphi}{dt}\right)^2 + \sin^2\varphi\left(\frac{d\vartheta}{dt}\right)^2\right] = -\frac{\partial U}{\partial r} \\ \frac{d}{dt}\left(\mu r^2\frac{d\varphi}{dt}\right) - \mu r^2\sin\varphi\cos\varphi\left(\frac{d\vartheta}{dt}\right)^2 = -\frac{\partial U}{\partial\varphi} \\ \frac{d}{dt}\left(\mu r^2\sin^2\varphi\frac{d\vartheta}{dt}\right) = -\frac{\partial U}{\partial\vartheta}. \end{cases}$$

Es wird oft vortheilhaft sein, die Differentiation nach t, wie hier in der zweiten und dritten Gleichung, unausgeführt hinzuschreiben, weil die betreffenden Ausdrücke dann sofort als vollständige Differentialquotienten kenntlich sind.

Selbstverständlich kann man in Gl. (6) schreiben

$$-\frac{\partial U}{\partial\varphi} = -\frac{\partial U}{\partial x}\frac{\partial x}{\partial\varphi} - \frac{\partial U}{\partial y}\frac{\partial y}{\partial\varphi} - \frac{\partial U}{\partial z}\frac{\partial z}{\partial\varphi}$$

$$= \mu X\frac{\partial x}{\partial\varphi} + \mu Y\frac{\partial y}{\partial\varphi} + \mu Z\frac{\partial z}{\partial\varphi},$$

wo Gl. (6) dann lautet:

$$(9) \qquad \frac{d}{dt}\left(\frac{\partial T}{\partial\left(\frac{\partial \varphi}{\partial t}\right)}\right)-\frac{\partial T}{\partial \varphi}=\mu X\frac{\partial x}{\partial \varphi}+\mu Y\frac{\partial y}{\partial \varphi}+\mu Z\frac{\partial z}{\partial \varphi}$$

und nach der Schlussbemerkung von **88.** gilt diese Gleichung nun auch, wenn die Kräfte μX etc. keine Kräftefunction U besitzen. Sie ist also der allgemeinste Ausdruck der Bewegung eines Punktes in willkürlichen Coordinaten.

Man nennt Gl. (6) oder (9) die zweite Lagrange'sche Form der Bewegungsgleichungen. (Die erste Form sind die Gl. der Bewegung in x, y, z des § **48.** oder das d'Alembert'sche Princip.) Sie ist mit ihren später zu erwähnenden Verwandten die wichtigste, weil allgemeinste Gleichung der ganzen Dynamik.

Ist nun der Punkt μ nicht frei, sondern Bedingungen unterworfen, so besitzt er nicht mehr drei freie Coordinaten, sondern nur zwei oder eine, je nachdem eine oder zwei Bedingungsgleichungen vorhanden sind. (Wir sagen: „μ hat einen, zwei oder drei Grade der Freiheit," je nachdem zwei, eine oder keine Bedingungen vorhanden sind.) Bei zwei Freiheitsgraden ist die dritte Coordinate durch die beiden andern bestimmt, bei einem Freiheitsgrade genügt eine Coordinate, um alle drei zu bestimmen. Wir brauchen uns also, um die Bewegung von μ zu bestimmen, nur um so viele Coordinaten zu kümmern, wie Freiheitsgrade vorhanden sind.

Diese freien Coordinaten wollen wir nun stets so gewählt denken, dass sie die vorhandenen Bedingungen identisch erfüllen. Dann giebt es für sie keine Bedingungsgleichungen mehr; es kann also auf sie ohne Weiteres die Gleichung (6) oder (9) angewendet werden, und damit ist dann das Problem, die Differentialgleichungen der Bewegung eines beliebig gefesselten Punktes herzustellen, durch die Formeln (6) und (9) in allen Fällen gelöst, wo wir die Kräfte X, Y, Z, bezw. die Kräftefunction U kennen.

Als Coordinaten, welche den vorhandenen Bedingungen identisch genügen, können offenbar immer dienen 1) Theile der Fläche oder Curve, auf welcher sich μ bewegt, 2) Winkel, durch welche derartige Theile bestimmt werden. Z. B. der Winkel φ, auf den wir das Beispiel in § **83.** transformirt haben, war eine solche Coordinate und eben deswegen so brauchbar.

Man bemerkt nun übrigens, dass Gl. (9) noch drei Defecte hat: 1) sie recurrirt auf den Ausdruck der Kräfte in x, y, z; 2) sie giebt keine Anweisung dafür, wie T in φ, ψ, χ auszudrücken ist, ausser durch Gleichung (1) und (2), also wieder mit Recurs auf x, y, z; 3) sie liefert keine Normalkräfte, also auch keinen Ausweis über die Reibung. Diese Defecte sollen zusammen in § **91.** abgestellt werden. Vorerst aber zeigen wir die Bedeutung von (6) und (9) an einigen

90. Anwendungen. 1) Kepler'sche Centralbewegung in Polarcoordinaten. Das anziehende Centrum sei der Anfangspunkt O, r und φ seien die Polarcoordinaten in der Ebene der Bewegung. Ist m die Masse von O, so ist die Kräftefunction $-\frac{m\mu}{r}$.

Also $-\frac{\partial U}{\partial r} = -\mu\frac{m}{r^2}$, $\frac{\partial U}{\partial \varphi} = 0$; die Gleichungen der Bewegung erhalten wir aus Gl. (8) des vorigen Paragraphen, wenn wir alles auf ϑ bezügliche fortlassen

$$(1) \qquad \frac{d^2 r}{dt^2} - r\left(\frac{d\varphi}{dt}\right)^2 = -\frac{m}{r^2},$$

$$(2) \qquad \frac{d}{dt}\left(r^2 \frac{d\varphi}{dt}\right) = 0.$$

Die zweite dieser Gleichungen liefert sofort das Princip der Flächen; sie giebt nämlich

$$(3) \qquad r^2 \frac{d\varphi}{dt} = \text{const.}$$

und $\frac{1}{2} r^2 \frac{d\varphi}{dt}$ ist die Sectorengeschwindigkeit. Setzen wir die Constante $= c$ und eliminiren mit ihr $\frac{d\varphi}{dt}$ aus (1), so kommt

$$\frac{d^2 r}{dt^2} = \frac{c^2}{r^3} - \frac{m}{r^2};$$

multiplicirt man mit $\frac{dr}{dt}$ und integrirt,

$$\frac{1}{2}\left(\frac{dr}{dt}\right)^2 = -\frac{c^2}{2r^2} + \frac{m}{r} + \frac{h}{2},$$

wo $\frac{h}{2}$ die Integrationsconstante,

$$\frac{dr}{dt} = \sqrt{-\frac{c^2}{r^2} + \frac{2m}{r} + h}.$$

Setzt man darin $\frac{1}{r} = z$, so läuft die Behandlung weiter, wie in **61.**

2) Schwerer Punkt auf einem verticalen Kreise, der gleichförmig um seinen verticalen Durchmesser rotirt. Als Coordinate, die den Bedingungen des Problems identisch genügt, führen wir den Winkel φ ein, welchen der nach μ gezogene Radius mit dem vertical abwärts gehenden Radius des Kreises macht. Ist a der Radius des Kreises, so ist $-\mu g a \cos\varphi$ die Kräftefunction.

Die constante Rotationsgeschwindigkeit sei ω; dann ist der Drehungswinkel ϑ des Kreises, von irgend einer festen, durch den Mittelpunkt gelegten Vertical-Ebene ab gemessen, gleich ωt, und die lebendige Kraft von μ ist, wie man leicht findet

$$(1)\qquad T=\frac{\mu}{2}\left(a\frac{d\varphi}{dt}\right)^2+\frac{\mu}{2}(a\omega\sin\varphi)^2.$$

Also

$$(2)\qquad \frac{\partial T}{\partial\left(\frac{d\varphi}{dt}\right)}=\mu a^2\frac{d\varphi}{dt},\qquad (3)\qquad \frac{\partial T}{\partial\varphi}=\mu\omega^2a^2\sin\varphi\cos\varphi.$$

Demnach die Gleichung der Bewegung nach Weglassung des Factors μa

$$(4)\qquad a\frac{d^2\varphi}{dt^2}=a\omega^2\sin\varphi\cos\varphi-g\sin\varphi.$$

Die erste Integration dieses Ausdrucks liegt auf der Hand; die zweite giebt einen Ausdruck für t in elliptischen Integralen, also periodische Bewegungen, Umläufe oder Schwingungen um die Gleichgewichtslage. Letztere ist bedingt durch $\frac{d^2\varphi}{dt^2}=0$, also

$$\cos\varphi_0=\frac{g}{a\omega^2}.$$

Verschwindet g gegen $a\omega^2\cos\varphi$, so wird $\cos\varphi_0=0$, also fällt die Gleichgewichtslage in den horizontalen Durchmesser des Kreises; die Integration von (4) liefert, wenn $g\sin\varphi$ fortgelassen wird,

$$\tfrac{1}{2}\left(\frac{d\varphi}{dt}\right)^2=\tfrac{1}{2}\omega^2\sin^2\varphi+c,$$

wo c aus den Anfangsbedingungen zu bestimmen ist. Es folgt, wenn $\psi=\frac{\pi}{2}-\varphi$,

$$dt=\frac{d\varphi}{\sqrt{2c+\omega^2\sin^2\varphi}}=\frac{-d\psi}{\sqrt{2c+\omega^2-\omega^2\sin^2\psi}},$$

eine Gleichung, die der für die Schwingungen des einfachen Pendels ganz analog ist; das weitere wie bei diesem; nur ist auf den Unterschied zu achten, dass beim Pendel, nachdem seine Gleichung auf die vorstehende Form gebracht ist, ψ den halben, hier aber den ganzen Ausschlagswinkel bedeutet.

3) μ bewegt sich auf einem Rotationsparaboloid aus der Classe der elliptischen Paraboloide mit verticaler Axe und mit dem Parameter p; es sollen die Gleichungen seiner Bewegung aufgestellt werden.

Fig. 42.

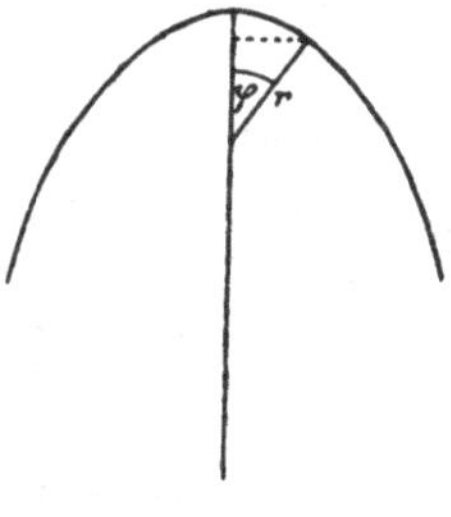

Als unabhängige Coordinaten wählen wir 1) den Winkel ϑ, welchen die durch μ und die Axe des Paraboloids gelegte Ebene mit einer festen Ebene macht, 2) den Winkel φ, welchen der vom Brennpunkt aus nach μ gezogene Radiusvector mit der Axe einschliesst. Denken wir uns den Brennpunkt zugleich als Ausgangspunkt eines rechtwinkligen Coordinatensystems, dessen z-Axe mit der abwärts gerichteten Axe des Paraboloids zusammenfällt.

In Polarcoordinaten ist die Gleichung des Paraboloids

$$r=\frac{p}{1+\cos\varphi},$$

wenn φ von der negativen z-Axe ab gezählt wird. Zugleich ist dann

$$x^2+y^2 = r^2 \sin\varphi^2, \quad z = -r\cos\varphi,$$

und wir können willkürlich die Fundamentalebene so wählen, dass

$$x : y = \cos\vartheta : \sin\vartheta$$

wird. Dann wird

$$x = \frac{p\sin\varphi\cos\vartheta}{1+\cos\varphi}, \quad y = \frac{p\sin\varphi\sin\vartheta}{1+\cos\varphi}, \quad z = -\frac{p\cos\varphi}{1+\cos\varphi}$$

und wenn wir diese Werthe in die cartesische Gleichung des Paraboloids einsetzen, reducirt sie sich auf eine Gleichung zwischen φ und ϑ; da aber keine für das Paraboloid characteristische Beziehung zwischen φ und ϑ existirt, muss sie identisch erfüllt sein, sonst wäre sie nicht möglich. Wir brauchen also die Gleichung des Paraboloids in x, y, z gar nicht zu bilden, brauchen aber die obigen Gleichungen um T zu eruiren. Sie geben

$$\frac{dx}{dt} = \frac{p\cos\vartheta \frac{d\varphi}{dt} - p\sin\varphi\sin\vartheta\frac{d\vartheta}{dt}}{1+\cos\varphi},$$

$$\frac{dy}{dt} = \frac{p\sin\vartheta \frac{d\varphi}{dt} + p\sin\varphi\cos\vartheta\frac{d\vartheta}{dt}}{1+\cos\varphi},$$

$$\frac{dz}{dt} = \frac{(1+2\cos\varphi).p\sin\varphi\frac{d\varphi}{dt}}{(1+\cos\varphi)^2}.$$

Daraus

$$T = \mu p^2 \left\{ \frac{1+2\cos\varphi\sin^2\varphi}{(1+\cos\varphi)^3}\left(\frac{d\varphi}{dt}\right)^2 + \frac{p^2\sin^2\varphi}{2(1+\cos\varphi)^2}\left(\frac{d\vartheta}{dt}\right)^2 \right\}.$$

Die Kräftefunction U ist $-\mu g z$ oder $\mu\frac{gp\cos\varphi}{1+\cos\varphi}$. Damit werden die Gleichungen der Bewegung nach Weglassung des Factors μp^2

$$\frac{d}{dt}\left[2\cdot\frac{1+2\cos\varphi\sin^2\varphi}{(1+\cos\varphi)^3}\frac{d\varphi}{dt}\right] - \left(\frac{d\varphi}{dt}\right)^2\frac{\partial}{\partial\varphi}\left(\frac{1+2\cos\varphi\sin^2\varphi}{(1+\cos\varphi)^3}\right)$$
$$-\left(\frac{d\vartheta}{dt}\right)^2\frac{\partial}{\partial\varphi}\left[\frac{p^2\sin^2\varphi}{2(1+\cos\varphi)^2}\right] = -\frac{g}{p}\frac{\partial}{\partial\varphi}\left(\frac{\cos\varphi}{1+\cos\varphi}\right),$$

$$\frac{d}{dt}\left[\frac{p^2\sin^2\varphi}{(1+\cos\varphi)^2}\frac{d\vartheta}{dt}\right] = 0.$$

Die zweite giebt, wenn e eine Constante

$$\frac{d\vartheta}{dt} = e\frac{(1+\cos\varphi)^2}{\sin^2\varphi},$$

und wenn man dies in die erste einsetzt, so ist jene auf eine Differentialgleichung zweiter Ordnung in φ reducirt.

91. Reduction des Lagrange'schen Verfahrens auf die Aufstellung der characteristischen Gleichungen des Coordinatensystems; Normalkräfte und Reibung.

a) Zusammensetzung etc. in schiefwinkligen Coordinatensystemen. Neben dem rechtwinkligen System der x, y, z sei ein schiefwinkliges der f, g, h mit demselben Anfangspunkt gegeben; ein und dieselbe Kraft R soll im einen X, Y, Z, im andern F, G, H heissen, ein und dieselbe willkürliche Verrückung soll im ersten die Componenten δx, δy, δz, im zweiten δf, δg, δh haben, und die Projection der Resultante $\delta x \hat{+} \delta y \hat{+} \delta z$ auf die Richtung von R sei δr. Es sei

$$(1) \qquad \begin{cases} \cos(g, h) = a \\ \cos(h, f) = b \\ \cos(f, g) = c. \end{cases}$$

Es sind dann F, G, H die Ortscoordinaten eines Punktes, der um R vom Anfangspunkt absteht, X, Y, Z dieselben im System der x, y, z. Also nach den Regeln für die Coordinatenverwandlung:

$$(2) \qquad \begin{cases} X = \cos(f, x)F + \cos(g, x)G + \cos(h, x)H \\ Y = \cos(f, y)F + \cos(g, y)G + \cos(h, y)H \\ Z = \cos(f, z)F + \cos(g, z).G + \cos(h, z)H. \end{cases}$$

Quadrirt und addirt man die drei Gleichungen und berücksichtigt dabei, dass

$$(\cos f, x)^2 + (\cos f, y)^2 + \cos(f, z)^2 = 1 \text{ u. s. w.},$$

$$\cos(g, x)\cos(h, x) + \cos(g, y)\cos(h, y) + \cos(g, z)\cos(h, z) = a \text{ u. s. w.}$$

so findet man

$$(\mathrm{I}) \qquad R^2 = F^2 + G^2 + H^2 + 2aGH + 2bHF + 2cFG$$

als Gleichung für die Länge der Resultante von F, H und G.

Ebenso sind δf, δg, δh die Ortscoordinaten eines Punkts, der im System der x, y, z die Coordinaten δx, δy, δz besitzt. Also

$$(3) \qquad \delta x = \cos(f, x).\delta f + \cos(g, x)\delta g + \cos(h, x)\delta h \text{ u. s. w.}$$

Multiplicirt man die drei Gleichungen (3) mit den (2) der Reihe nach und addirt, so findet sich

$$(\mathrm{II}) \qquad \begin{cases} R\delta r = F\delta f + G\delta g + H\delta h + a(H\delta g + G\delta H) \\ \qquad + b(F\delta h + H\delta f) + c(G\delta f + F\delta h) \end{cases}$$

als Gleichung für die Arbeit im schiefwinkligen System.

Liegt R mit F und G in derselben Ebene und macht mit F den Winkel ε, mit G den Winkel ζ, so ist

$$(4) \qquad \begin{cases} F = R\cos\varepsilon - cG \\ G = R\cos\zeta - cF. \end{cases}$$

Löst man nach F und G auf, so findet sich

$$\text{(III)}\qquad \begin{cases} F = R\dfrac{\cos\varepsilon - c\cos\zeta}{1-c^2} \\[2ex] G = R\dfrac{\cos\zeta - c\cos\varepsilon}{1-c^2}, \end{cases}$$

die Formeln für die Zerlegung einer Kraft in zwei Componenten, die den Winkel $\operatorname{arc}\cos c$ miteinander machen.

b) Die Aufstellung der Lagrange'schen Gleichungen für einen freien Punkt. Wir schreiben nunmehr abkürzend φ' für $\frac{d\varphi}{dt}$, wenn φ irgend eine Function der Zeit ist.

Für den Punkt μ seien drei Coordinaten φ, ψ, χ gegeben, die irgend welche räumliche Beziehungen darstellen. Wir betrachten sie zunächst alle drei als willkürlich und zur Bestimmung von μ erforderlich, wie das beim freien Punkt μ der Fall ist. Ist das Coordinatensystem der φ, ψ, χ so beschaffen, dass es sich mit der Zeit ändert, so fassen wir seinen Zustand in einem bestimmten Augenblick t ins Auge; die Betrachtungen gelten dann für den Augenblick t.

Aendert sich φ um $d\varphi$, während ψ und χ constant bleiben, so erleidet μ eine Verrückung df; ebenso entspreche die Verrückung dg der Aenderung $d\psi$, und dh der Aenderung $d\chi$. Für die Grössen df, dg, dh können dann aus der Natur des gewählten Coordinatensystems sechs Gleichungen aufgestellt werden, welche lauten

$$\text{(5)}\qquad \begin{cases} \dfrac{\partial f}{\partial \varphi} = A \\[2ex] \dfrac{\partial g}{\partial \psi} = B \\[2ex] \dfrac{\partial h}{\partial \chi} = C, \end{cases} \qquad\qquad \text{(6)}\qquad \begin{cases} \cos(dg, dh) = a \\ \cos(dh, df) = b \\ \cos(df, dg) = c. \end{cases}$$

Diese Gleichungen sind die characteristischen Gleichungen des Coordinatensystems. A, B, C und a, b, c sind in ihnen im Allgemeinen Functionen von φ, ψ, χ und ausserdem von t, wenn das System veränderlich ist.

Beispiel: Polarcoordinaten φ, ϑ, r; φ der Meridianwinkel.

$$\frac{\partial f}{\partial \varphi} = r, \quad \frac{\partial g}{\partial \vartheta} = r\sin\varphi, \quad \frac{\partial h}{\partial r} = 1, \quad a = b = c = 0.$$

Es soll nun gezeigt werden, dass mit Aufstellung dieser 6 Gleichungen das Problem, die Differentialgleichungen der freien Bewegung von μ aufzustellen, so wie die Herstellung der Normalkräfte für gezwungene Bewegung, nebst der Herstellung der Gleichungen für den Fall der Reibung, auf einen blossen Schematismus zurückgeführt ist. Die Lagrange'sche Formel lautet mit der oben erwähnten Abkürzung

$$(7) \qquad \frac{d}{dt}\left(\frac{\partial T}{\partial \varphi'}\right) - \frac{\partial T}{\partial \varphi} = -\frac{\partial U}{\partial \varphi},$$

und wir ziehen folgende Fälle in Betracht: 1) die explicite gegebenen Kräfte besitzen entweder eine Kräftefunction, oder sie lassen sich durch drei Componenten F, G, H, welche die Richtungen von df, dg, dh haben, darstellen, 2) es kann ausser ihnen ein Widerstand des Mittels gegeben sein, 3) es kann Reibung an Flächen und Curven vorhanden sein.

Wir haben, wenn $\frac{df}{dt}$, $\frac{dg}{dt}$, $\frac{dh}{dt}$ die drei Geschwindigkeiten auf den Axen der f, g, h sind, welche Axen die Richtung von df, dg, dh besitzen, nach (I)

$$(8) \qquad \begin{cases} T = \frac{1}{2}\mu\left[\left(\frac{df}{dt}\right)^2 + \left(\frac{dg}{dt}\right)^2 + \left(\frac{dh}{dt}\right)^2\right. \\ \left. + 2a\frac{dg}{dt}\frac{dh}{dt} + 2b\frac{dh}{dt}\frac{df}{dt} + 2c\frac{df}{dt}\frac{dg}{dt}\right]. \end{cases}$$

Da nun eine Aenderung von φ im gegebenen Augenblick nur eine Aenderung df hervorruft, die Aenderungen von ψ und χ aber keine Verrückung in f bewirken, so ist

$$(9) \qquad \frac{df}{dt} = \frac{\partial f}{\partial \varphi}\cdot\frac{d\varphi}{dt} = A\varphi', \quad \frac{dg}{dt} = B\psi', \quad \frac{dh}{dt} = C\chi'.$$

Also

$$(10) \qquad \begin{cases} T = \frac{1}{2}\mu[A^2\varphi'^2 + B^2\psi'^2 + C^2\chi'^2 \\ + 2aBC\psi'\chi' + 2AbC\chi'\varphi' + 2ABc\varphi'\psi'], \end{cases}$$

und damit ist T in einer Form dargestellt, an der die von Gl. (7) verlangten Differentiationen ohne Weiteres angenommen werden können. Insbesondere wird

$$(11) \qquad \frac{\partial T}{\partial \varphi'} = \mu(A^2\varphi' + ABc\psi' + AbC\chi') \text{ u. s. w.}$$

Wir ziehen nun die rechte Seite der Gl. (7) in Betracht. Dieselbe ist nach **89.** in allgemeinster Form

$$X\frac{\partial x}{\partial \varphi} + Y\frac{\partial y}{\partial \varphi} + Z\frac{\partial z}{\partial \varphi},$$

wofür wir zur Abkürzung Φ setzen. Reduciren sich sämmtliche Kräfte auf eine Kräftefunction, so ist ohne weiteres $\Phi = -\frac{\partial U}{\partial \varphi}$. Ist das aber nicht der Fall, so haben wir

$$(12) \qquad \Phi = \frac{X\partial x + Y\partial y + Z\partial z}{\partial \varphi},$$

wo die runden ∂ anzeigen sollen, dass unter ∂x, ∂y, ∂z im Zähler nur diejenigen (partiellen) Verrückungen verstanden werden, welche durch die Aenderung $\partial \varphi$ hervorgebracht werden. Verstehen wir ebenso unter ∂r die Projection der Resultante von ∂x, ∂y, ∂z auf die Richtung von R, so ergiebt (12)

$$(13) \qquad \Phi = R\frac{\partial r}{\partial \varphi},$$

d. i. aber nach Gl. (II), für alle drei Coordinaten niedergeschrieben,

$$(14) \qquad \begin{cases} \Phi = A(F + bH + cG) \\ \Psi = B(G + cF + aH) \\ X = C(H + aG + bF). \end{cases}$$

Damit sind Φ, Ψ, X gegeben, wenn F, G, H bekannt sind, also sind mit (10) und (14) die Mittel zur Herstellung von (7) gegeben. Setzen wir

$$\Delta = \begin{vmatrix} 1 & b & c \\ c & 1 & a \\ b & a & 1 \end{vmatrix},$$

so ist, indem man (14) nach F, G, H auflöst

$$(15) \qquad \begin{cases} \Delta . F = \frac{\Phi}{A}(1-a^2) + \frac{\Psi}{B}(ab-c) + \frac{X}{C}(ca-b) \\ \Delta . G = \frac{\Psi}{B}(1-b^2) + \frac{X}{C}(bc-a) + \frac{\Phi}{A}(ab-c) \\ \Delta . H = \frac{X}{C}(1-c^2) + \frac{\Phi}{A}(ca-b) + \frac{\Psi}{B}(bc-a). \end{cases}$$

Damit sind die Kräfte bestimmt, wenn die „Actionen“, wie wir sie nennen wollen, Φ, Ψ und X gegeben sind. Die Kräfte lassen sich nun nach Gl. (I) zusammensetzen, und es kann somit das Problem gelöst werden, die Resultante der drei Actionen zu finden. Eine directe Zusammensetzung der Actionen würde im Allgemeinen nicht möglich sein, weil φ, ψ, χ, also auch Φ, Ψ, X nicht notwendig untereinander homogen sind. φ kann z. B. ein Winkel und ψ eine Länge sein.

Beim freien Punkt kann nun ausser den expliciten Kräften ein Widerstand gegeben sein, der eine Function der Geschwindigkeit ist; wir wollen ihn mit W bezeichnen, während die Geschwindigkeit v heisst. Es ist zunächst

$$(16)\quad \begin{cases} v = \dfrac{df}{dt} \hat{+} \dfrac{dg}{dt} \hat{+} \dfrac{dh}{dt} \\ = \sqrt{A^2\varphi'^2+B^2\psi'^2+C^2\chi'^2+2aBC\psi'\chi'+2AbC\chi'\varphi'+2ABc\chi'\varphi'}, \end{cases}$$

da ja die Theilgeschwindigkeiten miteinander dieselben Winkel machen, wie f, g, h. W zerfällt entsprechend in drei Componenten F, G, H; für diese haben wir

$$F:G:H = f':g':h' = A\varphi' : B\psi' : C\chi'$$

und

$$W = \sqrt{F^2+G^2+H^2+2aGH+2bHF+2cFG}.$$

Woraus

$$W = \frac{F}{A\varphi'}\sqrt{A^2\varphi'^2+B^2\psi'^2+C^2\chi'^2+2aBC\chi'\psi'+2AbC\chi'\varphi'+2ABc\varphi'\psi'}$$

oder

$$(17)\quad F = \frac{WA\varphi'}{v},\ \text{entsprechend}\ G = \frac{WB\psi'}{v},\quad H = \frac{WC\chi'}{v}.$$

Bildet man nun das entsprechende Φ nach Gl. (14), so findet sich

$$\Phi = A\left(\frac{WA\varphi'}{v} + \frac{c\,WB\psi'}{v} + \frac{b\,WC\chi'}{v}\right),$$

$$(18)\quad \Phi = \frac{AW}{v}(A\varphi'+cB\psi'+bC\chi').$$

Differentiirt man aber v partiell nach φ', so findet man

$$\frac{\partial v}{\partial \varphi'} = \frac{A}{v}(A\varphi'+cB\psi'+bC\chi').$$

Also ist

$$\Phi = W\frac{\partial v}{\partial \varphi'},\quad \Psi = W\frac{\partial v}{\partial \psi'},\quad X = W\frac{\partial v}{\partial \chi'},$$

und diese drei Actionen sind in den Hauptgleichungen (7) rechts zuzufügen, wenn man den Widerstand W berücksichtigen will.

Indem wir nun zu gefesselten Punkten übergehen, machen wir zunächst die Annahme, die Fundamentalpunkte und -linien des Coordinatensystems der φ, ψ, χ seien als im Raum festliegend anzusehen.

c) Der Punkt μ auf einer Curve. Auf einer Curve hat μ nur eine freie Coordinate φ. Wir können aber jederzeit zwei ergänzende Coordinaten ψ und χ hinzufügen, die so beschaffen sind, dass φ, ψ und χ zusammen den ganzen Raum bestreichen. Dann haben wir, vorläufig ohne Rücksicht auf Reibung und Normalkräfte die Gleichungen

$$(19)\quad \begin{cases} \dfrac{d}{dt}\left(\dfrac{\partial T}{\partial \varphi'}\right) - \dfrac{\partial T}{\partial \varphi} = -\dfrac{\partial U}{\partial \varphi} \\ \hline \dfrac{d}{dt}\left(\dfrac{\partial T}{\partial \psi'}\right) - \dfrac{\partial T}{\partial \psi} = -\dfrac{\partial U}{\partial \psi} \\ \dfrac{d}{dt}\left(\dfrac{\partial T}{\partial \chi'}\right) - \dfrac{\partial T}{\partial \chi} = -\dfrac{\partial U}{\partial \chi} \end{cases}$$

wobei unter $-\dfrac{\partial U}{\partial \varphi}$ etc. die expliciten Actionen nebst den Actionen der etwaigen Widerstände, so weit dieselben in (b) behandelt wurden, verstanden sind.

Die erste, von den übrigen durch einen Strich abgetrennte Gleichung hat andere Eigenschaften als die zweite und dritte. Jene ist die eigentliche Gleichung der Bewegung von μ; für sie existirt keine Bedingung, denn wir setzen ja voraus, dass φ die Bedingungen der vorgeschriebenen Curve identisch erfülle. In φ giebt es daher keinen Zwang und keine Normalkraft, wohl aber Reibung, die wir noch zu ermitteln haben.

Die beiden andern Gleichungen dagegen sind für die Bestimmung der Bewegung von μ unter dem Einfluss von $-\dfrac{\partial U}{\partial \varphi}$ überflüssig. Die Bedingungen des Problems sind von ψ und χ nicht identisch erfüllt; für φ und ψ giebt es also Bedingungsgleichungen, die wir schreiben

$$(20)\quad \begin{cases} L(\psi, \chi, t) = 0 \\ K(\psi, \chi, t) = 0. \end{cases}$$

Wären diese beiden Gleichungen nicht vorhanden, so würde μ den drei Gleichungen (19) frei folgen; erst durch die Existenz von (20) wird die Bewegung so modificirt, dass sie ihre wirklich vorhandene Form annimmt. In ψ und χ giebt es also auch Normalkräfte.

Aber in ψ und χ giebt es keine Reibung; denn die Reibung hat die Richtung der Bahn, afficirt also nur die Coordinate φ. Folglich sind die beiden letzten Gleichungen von (19) vollständig, auch wenn Reibung vorhanden ist, bis auf die Normalkräfte.

Wir denken uns nun zunächst ψ und χ in (20) durch x, y und z ausgedrückt. Dann wissen wir, wenn λ und $\varkappa$ die beiden Lagrange'schen Coefficienten sind, dass

$$(21)\quad \begin{cases} X_1 = \lambda \dfrac{\partial L}{\partial x} + \varkappa \dfrac{\partial K}{\partial x}, \quad Y_1 = \lambda \dfrac{\partial L}{\partial y} + \varkappa \dfrac{\partial K}{\partial y}, \\ Z_1 = \lambda \dfrac{\partial L}{\partial z} + \varkappa \dfrac{\partial K}{\partial z} \end{cases}$$

die drei Componenten der Normalbeschleunigung sind.

Ferner ist bekannt, dass die Reibung dem absoluten Werth nach gemessen wird durch

$$\mu\eta\sqrt{X_1^2 + Y_1^2 + Z_1^2},$$

wenn η der Reibungscoefficient, dass also ihre Componenten sind

$$(22)\quad R_x = -\mu\eta\sqrt{X_1^2 + Y_1^2 + Z_1^2} \cdot \frac{dx}{ds} \quad \text{u. s. w.}$$

x, y, z hängen nun in (20) von ψ und χ ab, und diese Abhängigkeit benutzen wir, um aus Gl. (21) und (22) die x, y, z fortzuschaffen.

Wollen wir (21) in die beiden letzten Gleichungen von (19) einführen, so bilden wir

$$(23)\quad \Psi_1 = \mu X_1 \frac{\partial x}{\partial \psi} + \mu Y_1 \frac{\partial y}{\partial \psi} + \mu Z_1 \frac{\partial z}{\partial \psi}$$

und

$$(24)\quad \mathrm{X}_1 = \mu X_1 \frac{\partial x}{\partial \chi} + \mu Y_1 \frac{\partial y}{\partial \chi} + \mu Z_1 \frac{\partial z}{\partial \chi},^{*)}$$

d. i.

$$(25)\quad \Psi_1 = \mu\left(\lambda \frac{\partial L}{\partial \psi} + \varkappa \frac{\partial K}{\partial \psi}\right), \quad \mathrm{X}_1 = \mu\left(\lambda \frac{\partial L}{\partial \chi} + \varkappa \frac{\partial K}{\partial \chi}\right).$$

Die beiden letzten Gleichungen (19) heissen also, für die Normalkräfte vervollständigt

$$(26)\quad \begin{cases} \dfrac{d}{dt}\left(\dfrac{\partial T}{\partial \psi'}\right) - \dfrac{\partial T}{\partial \psi} = -\dfrac{\partial U}{\partial \psi} + \mu\left(\lambda \dfrac{\partial L}{\partial \psi} + \varkappa \dfrac{\partial K}{\partial \psi}\right) \\ \dfrac{d}{dt}\left(\dfrac{\partial T}{\partial \chi'}\right) - \dfrac{\partial T}{\partial \chi} = -\dfrac{\partial U}{\partial \chi} + \mu\left(\lambda \dfrac{\partial L}{\partial \varkappa} + \varkappa \dfrac{\partial K}{\partial \chi}\right). \end{cases}$$

*) Zur leichteren Unterscheidung zwischen dem lateinischen X und dem griechischen X ist das letztere in Gl. (24) und (25), wo es auf der linken Seite steht, durch grössere Form ausgezeichnet.

Hierin kann man die Differentiation nach t in Gemässheit der Gleichung (10) ausführen, erhält also dann zwei lineare Gleichungen für $\frac{d^2\psi}{dt^2}$ und $\frac{d^2\chi}{dt^2}$. Löst man dieselben nach $\frac{d^2\psi}{dt^2}$ und $\frac{d^2\chi}{dt^2}$ auf, so kommt

$$(27)\qquad \begin{cases} \dfrac{d^2\psi}{dt^2} = M \\[2mm] \dfrac{d^2\chi}{dt^2} = N \end{cases}$$

wo M und N zur Abkürzung für die in allgemeiner Form etwas weitläufigen Differentialausdrücke des Resultats steht.

Nun hat man wegen $L = 0$ und $K = 0$

$$0 = \frac{d^2L}{dt^2} = \frac{\partial L}{\partial\psi}\frac{d^2\psi}{dt^2} + \frac{\partial L}{\partial\chi}\frac{d^2\chi}{dt^2} + \frac{\partial^2 L}{\partial\psi^2}\left(\frac{d\psi}{dt}\right)^2 + \frac{\partial^2 L}{\partial\chi^2}\left(\frac{d\chi}{dt}\right)^2$$
$$+2\frac{\partial^2 L}{\partial\psi\partial\chi}\frac{d\psi}{dt}\frac{d\chi}{dt} + 2\frac{\partial^2 L}{\partial\psi\partial t}\frac{d\psi}{dt} + 2\frac{\partial^2 L}{\partial\chi\partial t}\frac{d\chi}{dt} + \frac{\partial^2 L}{\partial t^2}$$
$$0 = \frac{d^2K}{dt^2} = \text{etc.}$$

Setzt man hierin die Werthe von $\frac{d^2\psi}{dt^2}$ und $\frac{d^2\chi}{dt^2}$ aus (27), so hat man lineare Gleichungen, aus denen sich λ und $\varkappa$ ergeben.

Die so gefundenen Werthe von λ und $\varkappa$ sind dann als bekannt anzusehen. Somit sind

$$(28)\qquad \Psi_1 = \mu\left(\lambda\frac{\partial L}{\partial\psi} + \varkappa\frac{\partial K}{\partial\psi}\right) \text{ und } \mu\left(\lambda\frac{\partial L}{\partial\chi} + \varkappa\frac{\partial K}{\partial\chi}\right) = \mathrm{X}_1$$

die Actionen der Normalkraft in ψ und χ. Diese sind nach dem in (15) gegebenen Verfahren in Kräfte umzuwandeln; dabei aber, weil sie bloss in ψ und χ gegeben sind, alle Φ, b und c ausser Acht zu lassen. Dann ist das Δ der Gl. (15) gleich $(1-a^2)$. Also wird aus (15)

$$(29)\qquad \begin{cases} (1-a^2)G = \dfrac{\Psi_1}{B} - a\dfrac{\mathrm{X}_1}{C} \\[2mm] (1-a^2)H = \dfrac{\mathrm{X}_1}{C} - a\dfrac{\Psi_1}{B} \end{cases}$$

und

$$(30)\quad \begin{cases} G \mp H = \sqrt{G^2+H^2+2aGH} \\ \quad = \sqrt{\left(\frac{1}{1-a^2}\right)\left(\frac{\Psi_1^2}{B^2}+\frac{X_1^2}{C^2}-2a\frac{\Psi_1 X_1}{BC}\right)} \end{cases}$$

ist die in unsern Grössen ausgedrückte Normalkraft.

Dieselbe wirkt nun, mit $-\eta$ multiplicirt, als Reibung ausschliesslich nach der Coordinate φ, ist also als Kraft F einzuführen in Gl. (14). Wir erhalten

$$(31)\quad \Phi_1 = -\eta A \sqrt{\frac{1}{1-a^2}\left(\frac{\Psi_1^2}{B^2}+\frac{X_1^2}{C^2}-2a\frac{\Psi_1 X_1}{BC}\right)}$$

als die Action der Reibung; fügen wir dies Φ_1 zur ersten Gleichung (19), so ist die Gleichung der Bewegung mit Rücksicht auf die Reibung hergestellt.

d) Punkt auf einer Fläche. Ist μ an eine Fläche gefesselt, so hat er zwei freie Coordinaten, ψ und χ; die dritte können wir wieder ergänzen, haben also dann drei Gleichungen

$$(32)\quad \begin{cases} \frac{d}{dt}\left(\frac{\partial T}{\partial \varphi'}\right) - \frac{\partial T}{\partial \varphi} = -\frac{\partial U}{\partial \varphi} \\ \frac{d}{dt}\left(\frac{\partial T}{\partial \psi'}\right) - \frac{\partial T}{\partial \psi} = -\frac{\partial U}{\partial \psi} \\ \hline \frac{d}{dt}\left(\frac{\partial T}{\partial \chi'}\right) - \frac{\partial T}{\partial \chi} = -\frac{\partial U}{\partial \chi}. \end{cases}$$

Die beiden ersten sind die Gleichungen der Bewegung; für φ und ψ giebt es keine Bedingung und keine Normalaction; dagegen wird die Reibungsaction zuzufügen sein.

In χ giebt es dagegen keine Reibung, wohl aber eine Normalaction. Die letztere ist, wie analog dem Obigen leicht zu finden, wenn λ der Lagrange'sche Coefficient, $\mu\lambda\frac{\partial L}{\partial \chi}$, wenn

$$(33)\quad L(\chi, t) = 0$$

die Bedingungsgleichung in χ ist.

λ bestimmt sich aus der Gleichung $\frac{d^2 L}{dt^2} = 0$, die in extenso lautet

$$(34)\quad 0 = \frac{\partial L}{\partial \chi}\frac{d^2\chi}{dt^2} + \frac{\partial^2 L}{\partial \chi^2}\left(\frac{d\chi}{dt}\right)^2 + 2\frac{\partial^2 L}{\partial t \partial \chi}\frac{d\chi}{dt} + \frac{\partial^2 L}{\partial t^2},$$

nachdem man in ihr den Werth von $\frac{d^2\chi}{dt^2}$ aus der letzten Gleichung (32) eingeführt hat.

Der Action $\mu\lambda\frac{\partial L}{\partial\chi}$ entspricht die Kraft $H=\frac{\mu\lambda}{C}\frac{\partial L}{\partial\chi}$, dieser die Reibung

$$(35)\qquad R=\frac{\eta\mu\lambda}{C}\frac{\partial L}{\partial\chi}.$$

Diese hat die Richtung von $-v$, und ist in zwei Componenten F und G zu zerlegen, die den Componenten $A\varphi'$ und $B\psi'$ von v entsprechen. Es ist

$$v=\sqrt{A^2\varphi'^2+B^2\psi'^2+2cAB\varphi'\psi'},$$
$$F:G=A\varphi':B\psi',$$
$$R=\sqrt{F^2+G^2+2cFG},$$

woraus

$$(36)\qquad F=\frac{-RA\varphi'}{\sqrt{A^2\varphi'^2+B^2\psi'^2+2cAB\varphi'\psi'}},$$

also

$$(37)\qquad \begin{cases} F=-\dfrac{RA\varphi'}{v} \\ G=-\dfrac{RB\psi'}{v}. \end{cases}$$

Demnach werden die componirenden Actionen der Reibung

$$(38)\qquad \begin{cases} \Phi=-R\dfrac{A^2\varphi'+cAB\psi'}{v}=-R\dfrac{\partial v}{\partial\varphi'} \\ \Psi=-R\dfrac{\partial v}{\partial\psi'}. \end{cases}$$

Und die für die Reibung vervollständigten Gleichungen (32) in φ und ψ lauten:

$$(39)\qquad \begin{cases} \dfrac{d}{dt}\left(\dfrac{\partial T}{\partial\varphi'}\right)-\dfrac{\partial T}{\partial\varphi}=-\dfrac{\partial U}{\partial\varphi}-\dfrac{\eta\mu\lambda}{C}\dfrac{\partial L}{\partial\chi}\dfrac{\partial v}{\partial\varphi'} \\ \dfrac{d}{dt}\left(\dfrac{\partial T}{\partial\psi'}\right)-\dfrac{\partial T}{\partial\psi}=-\dfrac{\partial U}{\partial\psi}-\dfrac{\eta\mu\lambda}{C}\dfrac{\partial L}{\partial\chi}\dfrac{\partial v}{\partial\psi'}, \end{cases}$$

womit das Problem, die Differentialgleichungen aufzustellen, erledigt ist.

e) Punkt auf einer bewegten Curve oder Fläche ohne die obige Voraussetzung. Die Voraussetzung, man könne sich φ, ψ und χ so gewählt denken, dass die Fundamentalpunkte und -linien des Systems absolut ruhen, umfasst eine grosse Zahl von Einzelfällen, wird sich aber nicht immer erfüllen lassen. (Haben wir z. B. einen Punkt μ auf einem bewegten Ellipsoid, so wird das einzig bequeme Coordinatensystem folgendes sein: Wir legen durch den Mittelpunkt des Ellipsoids und durch zwei seiner Axen eine im Ellipsoid feste Fundamentalebene, wählen eine der in ihr liegenden Axen zur Fundamentallinie, den Mittelpunkt zum Anfangspunkt und construiren von diesem aus die Polarwinkel φ und ϑ. Dieselben genügen der Gleichung des Ellipsoids identisch, sind also geeignet, als freie Coordinaten von μ zu dienen. Als überzählige Coordinate χ nehmen wir den Parameter p des Ellipsoids, durch dessen Variation der ganze Raum bestrichen werden kann). Die drei Coordinaten φ, ψ, χ (im Falle des Ellipsoids φ, ϑ, p) genügen dann nicht, um μ zu bestimmen; es muss vielmehr, wenn das System der φ, ψ, χ sich im Raum verschiebt, noch die Lage seines Mittelpunkts festgestellt werden, und wenn es sich ausserdem dreht, so müssen die Winkel, welche df, dg, dh mit drei festen Axen machen, als Functionen der Zeit angegeben sein. μ hat also anscheinend sechs oder gar neun Coordinaten, nämlich 1) φ, ψ, χ, 2) die drei Coordinaten des Mittelpunkts, 3) die drei eben genannten Winkel, wenn Drehung stattfindet. Die directe Behandlung des Problems würde dadurch ungemein weitläufig werden; wir werden es aber auf die Probleme (c) und (d) reduciren lernen, wenn wir die Bewegung eines Punkts in einem bewegten Coordinatensystem untersuchen; das geschieht später in dem Capitel Relativbewegung §§. 98 und folgende.

Beispiel. Das Vorstehende möge durch ein sehr einfaches Beispiel erläutert werden. Ein schwerer Punkt bewege sich mit dem Reibungscoefficienten ε auf einer verticalen Geraden, welche gleichförmig um eine feste Verticale rotirt. Der Anfangszustand sei Ruhe auf der Geraden.

Durch die feste Verticale legen wir eine Ebene, welche die rotirende Gerade l enthält und nennen ψ den Winkel, welchen diese Ebene mit einer festen Fundamentalebene macht. Der Winkel ψ bestimmt dann die Lage der rotirenden Linie. Auf der Linie selbst nehmen wir als Anfangspunkt O den Punkt, in welchem μ sich zu Beginn der Bewegung befindet und nennen x den nach unten gerechneten Abstand $O\mu$. Die Lage von μ ist dann durch ψ und x bestimmt. Der Abstand der rotirenden Geraden l von der Drehungsaxe sei r; lässt man r von 0 bis ∞ variiren, so bestreicht die Gerade l bei ihrer Rotation den ganzen Raum (jeder Punkt des Raumes fällt für irgend einen Werth von ψ, x und r einmal in l), daher ist r eine passende Ergänzungscoordinate, und x, ψ, r sind die Coordinaten, welche wir verwenden wollen.

Aendert sich x um dx, so beschreibt μ die Strecke dx; ändert sich ψ um $d\psi$, so beschreibt μ die Strecke $rd\psi$, ändert sich r um dr, so beschreibt μ die Strecke

dr, also ist

$$A = 1, \qquad B = r, \qquad C = 1.$$

Die drei Verrückungen dx, $rd\psi$, dr stehen, wie man leicht sieht, senkrecht auf einander, also ist

$$a = b = c = 0.$$

Da die Gerade l gleichförmig rotirt ist

$$\psi = \omega t \text{ oder } L = \psi - \omega t = 0$$

die erste, und da l von der Drehungsaxe einen bestimmten constanten Abstand $r = p$ hat, ist

$$r = p \text{ oder } K = r - p = 0$$

die zweite Bedingungsgleichung. Die Kräftefunction der Schwere ist $U = -\mu g x$, also

$$-\frac{\partial U}{\partial x} = \mu g, \qquad -\frac{\partial U}{\partial \psi} = -\frac{\partial U}{\partial r} = 0.$$

Es ist nun die lebendige Kraft

$$T = \tfrac{1}{2}\mu[x'^2 + r^2\psi'^2 + r'^2].$$

Die drei Lagrange'schen Gleichungen sind demnach

$$(1) \quad \begin{cases} \mu \dfrac{d^2x}{dt^2} = \mu g + \text{der noch zu ermittelnden Reibung} \\ \dfrac{d}{dt}(\mu r^2\psi') = 0 + \mu\left(\lambda \dfrac{\partial L}{\partial \psi} + \varkappa \dfrac{\partial K}{\partial \psi}\right) = \mu\lambda \\ \mu \dfrac{d^2r}{dt^2} - \mu r\psi'^2 = 0 + \mu\left(\lambda \dfrac{\partial L}{\partial r} + \varkappa \dfrac{\partial K}{\partial r}\right) = \mu\varkappa. \end{cases}$$

Die beiden Bedingungsgleichungen zweimal nach t differentiirt, liefern, da ω und p constant sind

$$\frac{d^2\psi}{dt^2} = 0, \qquad \frac{d^2r}{dt^2} = 0,$$

ausserdem

$$\frac{d\psi}{dt} = \omega, \qquad \frac{dr}{dt} = 0.$$

Setzt man dies in die beiden letzten Gleichungen (1), so ergiebt sich

$$\lambda = 0, \qquad \mu\varkappa = -\mu r\omega^2$$

In Gl. (30) ist hiernach $\Psi_1 = 0$, $X_1 = -\mu r\omega^2$, da ausserdem $C = 1$, $a = 0$, so ist die Grösse $G \mp H$ ohne Weiteres gleich $-\mu r\omega^2$, also die Reibung $\varepsilon\mu r\omega^2$. Dieselbe wirkt der Schwere entgegen, ist also in der ersten Gleichung (1) mit dem negativen Vorzeichen einzuführen; somit ist nach Weglassung des Factors μ

$$\frac{d^2x}{dt^2} = g - \varepsilon r\omega^2$$

die Differentialgleichung der Bewegung von μ. Sie gilt bis zu der Grenze $\omega^2 = \frac{g}{\varepsilon r}$; wird $\omega^2 \geqq \frac{g}{\varepsilon r}$, so ist μ im Gleichgewicht. Die Integration liegt auf der Hand.

Das vorliegende Beispiel hätte sich direct kürzer behandeln lassen, da auf der Hand liegt, dass μ vermöge der Rotation die Centrifugalkraft $\mu r\omega^2$ besitzt, welche mit ε multiplicirt, die Reibungskraft liefert. Der Leser denke sich nun aber die Gerade l schief gelegt oder um eine schief stehende Axe rotirend, oder er nehme statt der Geraden eine Parabel, die um ihre verticale Axe rotirt: da wird sich der Vortheil des obigen Verfahrens herausstellen. (Anleitung: Als erste Coordinate diene bei der Parabel der Winkel φ, welchen der nach μ vom Brennpunkt aus gezogene Leitstrahl mit der nach oben gerichteten Axe macht, als zweite der Rotationswinkel, als dritte der Parameter.)

92. Hamilton's canonische Form und characteristische Function. Wir setzen voraus, dass eine Kräftefunction U von den oben angegebenen Eigenschaften vorhanden sei: sie darf t enthalten, aber nicht $\frac{d\varphi}{dt}$ u. s. w. Und wir führen nunmehr folgende abgekürzte Bezeichnungen ein: $\frac{d\varphi}{dt}$ werde durch φ', $\frac{d\psi}{dt}$ durch ψ', $\frac{d\chi}{dt}$ durch χ' bezeichnet und $\frac{\partial T}{\partial \varphi'}$ durch p, $\frac{\partial T}{\partial \psi'}$ durch q, $\frac{\partial T}{\partial \chi'}$ durch r. Die Gl. (6) des § **89.** lautet in dieser Bezeichnung

$$\frac{dp}{dt} - \frac{\partial T}{\partial \varphi} = -\frac{\partial U}{\partial \varphi} \tag{1}$$

und entsprechend in ψ, χ.

T ist, wie bekannt, eine homogene Function von φ', ψ' und χ'. Es gilt also für T der Lehrsatz von den homogenen Functionen:

$$2T = \sum_3 \frac{\partial T}{\partial \varphi'}\varphi' = p\varphi' + q\psi' + r\chi'. \tag{2}$$

Schreiben wir denselben

$$T = p\varphi' + q\psi' + r\chi' - T, \tag{3}$$

so folgt, wenn wir vollständig nach den hierin vorkommenden unabhängigen Grössen φ, ψ, χ und φ', ψ', χ' differentiiren,

$$\left\{\begin{aligned} dT &= \varphi' dp + \psi' dq + \chi' dr + p d\varphi' + q d\psi' + r d\chi' \\ &\quad - \frac{\partial T}{\partial \varphi'} d\varphi' - \frac{\partial T}{\partial \psi'} d\psi' - \frac{\partial T}{\partial \chi'} d\chi' - \frac{\partial T}{\partial \varphi} d\varphi - \frac{\partial T}{\partial \psi} d\psi - \frac{\partial T}{\partial \chi} d\chi. \end{aligned}\right. \tag{4}$$

Hierin ist dp, dq und dr noch als je ein von φ, ψ, χ und φ', ψ', χ' abhängiges Differential anzusehen. In Gl. (4) heben sich nun die mittleren 6 Glieder heraus, da $\frac{\partial T}{\partial \varphi'} = p$ u. s. w. also bleibt

$$dT = \varphi' dp + \psi' dq + \chi' dr - \frac{\partial T}{\partial \varphi} d\varphi - \frac{\partial T}{\partial \psi} d\psi - \frac{\partial T}{\partial \chi} d\chi. \tag{5}$$

Andererseits können wir T als reine Function von φ, ψ, χ und p, q, r darstellen, in welcher kein φ' etc. mehr vorkommt. Es ist nämlich nach den beiden ersten Gleichungen von **89.**

$$T = \tfrac{1}{2}\mu . \left| \begin{aligned} &\left(\frac{\partial x}{\partial \varphi}\varphi' + \frac{\partial x}{\partial \psi}\psi' + \frac{\partial x}{\partial \chi}\chi'\right)^2 \\ &+ \left(\frac{\partial y}{\partial \varphi}\varphi' + \frac{\partial y}{\partial \psi}\psi' + \frac{\partial y}{\partial \chi}\chi'\right)^2 \\ &+ \left(\frac{\partial z}{\partial \varphi}\varphi' + \frac{\partial z}{\partial \psi}\psi' + \frac{\partial z}{\partial \chi}\chi'\right)^2. \end{aligned}\right. \tag{6}$$

Also

$$(7) \qquad p = \frac{\partial T}{\partial \varphi'} = \mu \left| \begin{array}{l} \left(\frac{\partial x}{\partial \varphi}\varphi' + \frac{\partial x}{\partial \psi}\psi' + \frac{\partial x}{\partial \chi}\chi'\right)\frac{\partial x}{\partial \varphi} \\ + \left(\frac{\partial y}{\partial \varphi}\varphi' + \frac{\partial y}{\partial \psi}\psi' + \frac{\partial y}{\partial \chi}\chi'\right)\frac{\partial y}{\partial \varphi} \\ + \left(\frac{\partial z}{\partial \varphi}\varphi' + \frac{\partial z}{\partial \psi}\psi' + \frac{\partial z}{\partial \chi}\chi'\right)\frac{\partial z}{\partial \varphi} \end{array} \right.$$

und zwei entsprechende Gleichungen bestehen für q und r. Diese drei Gleichungen sind in φ', ψ', χ' linear: wenn wir sie nach φ', ψ', χ' auflösen, erhalten wir drei in p, q, r lineare Ausdrücke von der Form

$$(8) \qquad \left\{ \begin{array}{l} \varphi' = A\left(p, q, r, \frac{\partial x}{\partial \varphi}, \frac{\partial y}{\partial \varphi} \cdots\right) \\ \psi' = B\left(p, q, r, \frac{\partial x}{\partial \varphi} \cdots\cdots\right) \\ \chi' = C\left(p, q, r, \frac{\partial x}{\partial \varphi} \cdots\cdots\right) \end{array} \right.$$

wo A, B, C Functionszeichen, und zwar Quotienten von Determinanten sind. Diese Grössen denken wir uns in T eingesetzt, so dass also T die Form bekommt

$$(9) \qquad T = \tfrac{1}{2}\mu \left| \begin{array}{l} \left(\frac{\partial x}{\partial \varphi}A + \frac{\partial x}{\partial \psi}B + \frac{\partial x}{\partial \chi}C\right)^2 \\ + \left(\frac{\partial y}{\partial \varphi}A + \frac{\partial y}{\partial \psi}B + \frac{\partial y}{\partial \chi}C\right)^2 \\ + \left(\frac{\partial z}{\partial \varphi}A + \frac{\partial z}{\partial \psi}B + \frac{\partial z}{\partial \chi}C\right)^2 \end{array} \right.$$

und nunmehr eine Function von p, q, r und den Coordinaten φ, ψ, χ ist — denn die $\frac{\partial x}{\partial \varphi}$ u. s. w. sind ja bekannte Functionen der Coordinaten.

Zu Gleichung (9) können wir nun wieder das vollständige Differential von T bilden, wollen aber dabei, um daran zu erinnern, dass T bei der Differentiation nicht als Function von φ und φ' etc., sondern als Function von φ und p aufgefasst wird, die partiellen Differentialquotienten in Klammern setzen. Dann ist

$$(10) \qquad dT = \left(\frac{\partial T}{\partial p}\right)dp + \left(\frac{\partial T}{\partial q}\right)dq + \left(\frac{\partial T}{\partial r}\right)dr + \left(\frac{\partial T}{\partial \varphi}\right)d\varphi + \left(\frac{\partial T}{\partial \psi}\right)d\psi + \left(\frac{\partial T}{\partial \chi}\right)d\chi.$$

Vergleicht man nun (10) mit (5), so ergiebt sich, da beide Gleichungen, auf die Bewegung eines und desselben Punktes μ bezogen, identisch sein müssen:

$$(11) \quad \left(\frac{\partial T}{\partial p}\right) = \varphi' \qquad (12) \quad \left(\frac{\partial T}{\partial \varphi}\right) = -\frac{\partial T}{\partial \varphi}$$

und wenn man die zweite von diesen Gleichungen in (1) einführt, so erhält man das System

$$(11) \quad \left(\frac{\partial T}{\partial p}\right) = \varphi' \qquad (13) \quad \frac{dp}{dt} = -\left(\frac{\partial T}{\partial \varphi}\right) - \frac{\partial U}{\partial \varphi},$$

dem zwei ganz analoge Gleichungen in ψ und χ entsprechen, so dass man mit Gl. (11) und (13) für alle drei Coordinaten ausreicht, wenn man φ als Symbol einer beliebigen Coordinate ansieht. Die Gleichungen (11) und (13) heissen Hamilton's canonische Form der Bewegungsgleichungen.

Da U kein p etc. enthält, kann man Gl. (11) auch schreiben $\left(\frac{\partial(T+U)}{\partial p}\right) = \varphi'$ und hat dann das System

$$(14) \quad \varphi' = \left(\frac{\partial(T+U)}{\partial p}\right), \qquad (15) \quad \frac{dp}{dt} = -\left(\frac{\partial(T+U)}{\partial \varphi}\right).$$

Es sind also hier die beiden Grössen φ' und $\frac{dp}{dt}$ von ein- und derselben Function $T+U$, der „characteristischen Function" des Systems abhängig gemacht. $T+U$ ist aber die Energie, wir können also die Gleichungen, indem wir die Energie mit E bezeichnen, auch schreiben

$$(16) \quad \varphi' = \left(\frac{\partial E}{\partial p}\right), \qquad (17) \quad \frac{dp}{dt} = -\left(\frac{\partial E}{\partial \varphi}\right).$$

Es bestehen dabei zwischen φ' und p die reciproken Beziehungen

$$\varphi' = \left(\frac{\partial T}{\partial p}\right) \quad \text{und} \quad p = \frac{\partial T}{\partial \varphi'}.$$

Hamilton hat die Bewegungsgleichungen noch abhängig gemacht von einer besonderen, nicht linearen Differentialgleichung erster Ordnung. Näheres hierüber findet man in Jacobi's Vorlesungen, Seite 141 ff.

93. Die verlornen Kräfte und das Princip des kleinsten Zwanges. a) Es bezeichne, wie verabredet, X, Y, Z die expliciten, Ξ, H, Z die vollständigen Componenten der Beschleunigung bei einer gezwungenen Bewegung. Wir setzen abkürzend

$$(1) \quad X - \Xi = \mathfrak{x}, \quad Y - H = \mathfrak{y}, \quad Z - Z = \mathfrak{z}.$$

Dann kann man im d'Alembert'schen Princip jederzeit $\frac{d^2x}{dt^2} = \Xi$ u. s. w. setzen, also lässt sich dasselbe schreiben

$$(2) \quad \mathfrak{x}\,\delta x + \mathfrak{y}\,\delta y + \mathfrak{z}\,\delta z = 0.$$

Die Grössen $\mathfrak{x}$, $\mathfrak{y}$, $\mathfrak{z}$ nennt man die Componenten der verlornen Beschleunigung, oder nachdem sie mit μ multiplicirt sind, die Componenten der verlornen Kraft. Die vorstehende Gleichung sagt aus: Die verlorne Kraft leistet die Arbeit Null. Der Satz ist nur eine indirecte Art, das d'Alembert'sche Princip auszusprechen, und ist im übrigen selbstverständlich: denn $\mathfrak{x}$ ist nichts anderes als die x-Componente der Normalcomponente von der expliciten Kraft R plus der x-Componente der Zwangskraft, welche ja die Normalcomponente von R genau aufhebt. Er hat nur historisches Interesse: Man gründete auf ihn früher das d'Alembert'sche Princip, welches sich offenbar ableiten lässt, indem man erst die Gl. (2) ausspricht, dann in ihr $\mathfrak{x}$ durch $X - \Xi$ und schliesslich Ξ durch $\frac{d^2x}{dt^2}$ ersetzt.

Fig. 43.

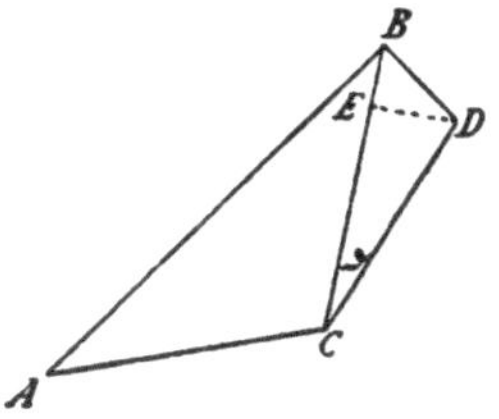

b) Es sei A der Platz, den μ zur Zeit t bei einer gezwungenen Bewegung einnimmt, B der Platz, an den er zur Zeit $t+dt$ gelangen würde, wenn die explicite gegebene Resultante r an ihm frei wirkte, C der Platz, an den er unter dem Einfluss des Zwanges und der expliciten Kraft wirklich gelangt. Die Totalkraft, welche den Punkt μ nach C führt, ist dann $r \hat{+} \mathfrak{r}$, wenn $\mathfrak{r}$ die Zwangskraft. Nach der Deviationsgleichung ist dann

$$AB \equiv vdt \hat{+} \frac{1}{2\mu} rdt^2, \quad AC \equiv vdt \hat{+} \frac{1}{2\mu}(r \hat{+} \mathfrak{r})dt^2,$$

also

$$(3) \qquad \overline{AC} \hat{-} \overline{AB} \equiv \overline{BC} \equiv \frac{1}{2\mu} \mathfrak{r} dt^2,$$

d. h. $\mathfrak{r}$ ist die Kraft, welche die Deviation BC hervorbringen würde, und das heisst $\mathfrak{r}$ fällt in die Richtung von BC. Es sei nun D ein von B verschiedener Punkt, der den Bedingungen des Problems genügt, und wir wollen annehmen, es seien Variationen der Bahn von μ möglich, so dass μ auch nach D gelangen könne. $\overline{CD}$ ist dann eine virtuelle Verrückung von μ, und wenn $\overline{CD}$ in die drei Componenten δx, δy, δz fällt, so ist, da $\mathfrak{x}$, $\mathfrak{y}$, $\mathfrak{z}$ die Componenten von $\mathfrak{r}$ sind

$$\mathfrak{x}\delta x + \mathfrak{y}\delta y + \mathfrak{z}\delta z = 0$$

oder

$$(4) \qquad \mathfrak{r}\,\overline{CD}\cos\vartheta = 0.$$

Nun ist

$$(5) \qquad \mathfrak{r} = \frac{2\mu}{dt^2} BC,$$

also nach (4) auch

$$(6) \qquad \overline{BC}.\overline{CD}\cos\vartheta = 0.$$

Ferner ist (vergl. Fig. 43)

$$(7) \qquad BD^2 = BC^2 + CD^2 - 2BC\cos\vartheta,$$

also nach (6)

$$BC^2 = BD^2 - CD^2,$$

d. h. BC^2 ist immer kleiner als BD^2. „Bei der wirklich stattfindenden Bewegung ist das Quadrat der Abweichung von der freien Bewegung kleiner als bei jeder andern Bewegung“

unter dem Einfluss der gegebenen Kräfte, die mit den Bedingungen des Problems verträglich wäre.

Die Arbeit der Kraft r kann man als das Maass des von μ erlittenen Zwanges ansehen. Sie ist $r.BC$, also nach Formel (5) $\frac{2\mu}{dt^2}(BC)^2$, also bei der wirklichen Bewegung ein Minimum. Der vorstehende Satz lässt sich also kürzer aussprechen: „Bei der wirklich stattfindenden Bewegung ist der Zwang ein Minimum." Dieser Satz ist das Gauss'sche „Princip des kleinsten Zwanges".

F. Besondere Fälle der Bewegung.

94. Momentanwirkungen. Der Punkt μ habe zur Zeit t die Coordinaten x, y, z, die Seitengeschwindigkeiten v_x, v_y, v_z. Auf ihn wirke eine Kraft R während der äusserst kurzen Zeit τ, und R sei so gross, dass es in dieser Zeit eine merkliche Geschwindigkeitsveränderung an μ hervorbringe. Zerfällt dann R in die Componenten X, Y, Z, und schreiben wir die Gleichungen der Bewegung

$$(1)\qquad \begin{cases} \mu \dfrac{d}{dt}\left(\dfrac{dx}{dt}\right) = X \\ \mu \dfrac{d}{dt}\left(\dfrac{dy}{dt}\right) = Y \\ \mu \dfrac{d}{dt}\left(\dfrac{dz}{dt}\right) = Z, \end{cases}$$

so kann man in denselben, da die Wirkungszeit von R so kurz ist, dass μ während derselben keinen merklichen Weg zurücklegt, die Coordinaten als constante Grössen ansehen, erhält also, wenn man die Gleichungen (1) mit dt multiplicirt und integrirt

$$\mu\int_0^\tau \frac{d}{dt}\left(\frac{dx}{dt}\right)dt = \int_0^\tau X dt,$$

d. i., wenn Anfangs- und Endwerth der Seitengeschwindigkeit v_{0x} und v_x heissen,

$$(2)\quad \begin{cases} \mu v_x - \mu v_{0x} = \int_0^\tau X\,dt \\ \mu v_y - \mu v_{0y} = \int_0^\tau Y\,dt \\ \mu v_z - \mu v_{0z} = \int_0^\tau Z\,dt. \end{cases}$$

Summirt man die drei Gleichungen geometrisch, so liefern sie

$$\mu v \stackrel{\frown}{-} \mu v_0 = \int_0^\tau R\,dt.$$

Die Bewegungsquantität von μ nimmt in der Zeit τ geometrisch zu um das Zeitintegral der Kraft.

Auf den Axen degenerirt die geometrische Zunahme selbstverständlich zur algebraischen.

Es wäre nun — die Betrachtung von Specialfällen ausgenommen — über die Momentanwirkungen nichts weiter zu sagen, wenn nicht in der Litteratur gewisse missbräuchliche Bezeichnungen und Verwendungen in Gebrauch wären. Nämlich

1) Man pflegt die Zeitintegrale $\int R dt$ oder $\int X dt$ u. s. w. als Momentankräfte zu bezeichnen, da sie doch nicht Kräfte sondern Zeitintegrale von Kräften sind. Wenn man sie „momentane Bewegungsquantitäten" nannte, so wären sie richtig bezeichnet. Man kann sie auch Impulse nennen (Thomson und Tait), wenn man die Definition aufstellt: Impuls ist das Zeitintegral einer Kraft von äusserst kurzer Dauer. Wir benutzen diese Benennung.

2) und hauptsächlich: für Zeit t sei der Punkt μ mit einer Geschwindigkeit v und mit der entsprechenden Bewegungsmenge μv gegeben. Will man sich um seine Vergangenheit nicht kümmern, so kann man sich vorstellen, der Zustand des Punkts sei durch einen Impuls vom Betrage μv hervorgebracht, der in dem Zeittheilchen, welches t unmittelbar vorangeht, und an der gerade betrachteten Stelle auf μ gewirkt hat. Es hat sich nun die phoronomische Betrachtungsweise der Bewegung viel später entwickelt, als die dynamische; wie man Kräfte zusammensetzen kann, wusste man seit Varignon, dass aber das Zusammensetzungsverfahren auf der Definition des Zeichens $\stackrel{\frown}{+}$ beruht, und dass man desswegen auch Ortsunterschiede, Geschwindigkeiten und Bewegungsmengen wie Vectoren zusammensetzen kann, das ist erst im laufenden Jahrhundert zu vollem Bewusstsein gekommen. Deshalb stellte man sich früher, wenn man mit Bewegungsmengen operiren wollte, diese Bewegungsmengen so vor, als wären sie an Ort und Stelle durch momentane Impulse hervorgebracht und operirte dann mit den Kräften dieser Impulse, zerlegte sie etc. Dies Verfahren ist jetzt überflüssig geworden, da wir wissen, dass man eine Bewegungsmenge μv direct zerlegen oder mit andern zusammensetzen kann. Trotzdem hat es sich erhalten und man findet in der Litteratur vielfach Sätze ausgesprochen, die sich auf die „Momentankräfte"

beziehen, welche eine zu untersuchende Geschwindigkeit v am Punkt μ „hervorbringen würden“. Das sind dann in Wirklichkeit Sätze über die Bewegungsmenge des Punktes μ. Wo man diese Ausdrucksweise findet, da lese man einfach „Bewegungsmenge“ statt „Momentankräfte, welche ··· hervorbringen würden“. Man braucht sich nicht damit aufhalten, erst an die Impulse zu denken, welche das gegebene μv hervorbringen würden, sondern operire mit der Bewegungsmenge selbst, was einfacher und natürlicher ist.

Mittelkraft zahlreicher Impulse. Von Interesse ist folgende Specialbetrachtung: Es seien t_1, t_2, ... bis t_n eine grosse Anzahl von Zeitpunkten, deren letzter vom ersten den Abstand t hat. In jedem dieser Zeitpunkte treffe den Punkt μ ein Impuls in x von der Dauer τ und vom Betrage $J_{xi} = \int_{t_i}^{t_i+\tau} X_i dt$, wo i der Reihe nach die Werthe 0 bis n annimmt. Welches ist die constante continuirliche Mittelkraft Ξ, welche die zahlreichen kleinen Impulse ersetzen kann? Wir führen die Untersuchung nur in x, da auf den andern Axen das Gleiche gilt.

Der erste Impuls liefert eine Zunahme von $\mu \frac{dx}{dt}$ um $\int_{t_1}^{t_1+\tau} X_1 dt$ oder um J_1; ist also $\mu \frac{dx_0}{dt}$ der Anfangswerth der Bewegungsquantität, so ist die Bewegungsquantität nach dem ersten Stoss $\mu \frac{dx_0}{dt} + J_1$, nach dem zweiten wird sie $\mu \frac{dx_0}{dt} + J_1 + J_2$ u. s. w. Zur Zeit t ist

$$\mu \frac{dx}{dt} = \mu \frac{dx_0}{dt} + \sum_0^n J.$$

Soll andererseits die constante Kraft Ξ denselben Werth von $\frac{dx}{dt}$ in der Zeit t hervorbringen, so muss

$$\mu \frac{dx}{dt} = \mu \frac{dx_0}{dt} + \int_0^t \Xi dt$$

$$= \mu \frac{dx_0}{dt} + \Xi t$$

sein. Also wird

$$\Xi = \frac{1}{t} \sum_0^n J.$$

Setzen wir $t = 1$, und ist ε die Zahl der Impulse, welche auf die Zeiteinheit fallen, so wird

$$\Xi = \sum_0^\varepsilon J.$$

Die Mittelkraft, welche bei continuirlicher Wirkung dieselbe Bewegungsmenge erzeugt, wie die Impulse, ist gleich der in der Zeiteinheit von den Impulsen gelieferten Bewegungsmenge. Das gilt auf jeder Coordinatenaxe, also auch im Raume.

95. Sehr kleine Bewegungen um eine stabile Gleichgewichtslage. Der Punkt μ sei an eine feste Fläche oder Curve gefesselt, und $x = a$, $y = b$, $z = c$ sei eine stabile Gleichgewichtslage desselben. Er sei irgendwie, z. B. durch Ertheilung einer kleinen Anfangsgeschwindigkeit, um eine sehr kleine Grösse aus der Anfangslage entfernt, während auf ihn die explicit gegebenen Kräfte X, Y, Z wirken. Dann wird er Schwingungen durch oder um die Gleichgewichtslage machen, und bei der Berechnung derselben werden wegen der Kleinheit der Elongationen Vereinfachungen eintreten. Es handelt sich darum, dieselben zu eruiren.

Die Bedingung oder Bedingungen, denen μ unterworfen ist, seien

$$(1) \qquad \begin{cases} L = 0 \\ K = 0, \end{cases}$$

von denen die zweite nicht zählt, wenn nur eine Bedingung vorhanden ist. Den Werth, welchen X, Y, Z in a, b, c haben, wollen wir mit A, B, C bezeichnen. Ferner setzen wir während der Bewegung von μ

$$(2) \qquad x = a + \xi, \quad y = b + \eta, \quad z = c + \zeta,$$

so dass also nunmehr ξ, η, ζ die variablen Coordinaten von μ sind. Wir haben dann zunächst nach der Taylor'schen Reihe, die wir wegen der Kleinheit von ξ, η, ζ mit dem zweiten Gliede abbrechen, wenn der Werth von $\frac{\partial X}{\partial x}$ im Punkte a, b, c mit $\frac{\partial X}{\partial a}$ bezeichnet wird etc.,

$$(3) \qquad \begin{cases} X = A + \frac{\partial X}{\partial a}\xi + \frac{\partial X}{\partial b}\eta + \frac{\partial X}{\partial c}\zeta \\ Y = B + \frac{\partial Y}{\partial a}\xi + \frac{\partial Y}{\partial b}\eta + \frac{\partial Y}{\partial c}\zeta \\ Z = C + \frac{\partial Z}{\partial a}\xi + \frac{\partial Z}{\partial b}\eta + \frac{\partial Z}{\partial c}\zeta. \end{cases}$$

Ferner ist bei entsprechender Bezeichnung, da die Gl. (1) sowohl in a als in $a + \xi$ etc. erfüllt sein müssen

$$(4)\quad \begin{cases} \dfrac{\partial L}{\partial x} = \dfrac{\partial L}{\partial a} + \dfrac{\partial^2 L}{\partial a^2}\xi + \dfrac{\partial^2 L}{d a \partial b}\eta + \dfrac{\partial^2 L}{d a \partial c}\zeta \\ \dfrac{\partial K}{\partial x} = \dfrac{\partial K}{\partial a} + \dfrac{\partial^2 K}{\partial a^2}\xi + \dfrac{\partial^2 K}{\partial a \partial b}\eta + \dfrac{\partial^2 K}{\partial a \partial c}\zeta \text{ u. s. w.} \end{cases}$$

Und schliesslich ist, da die Lagrange'schen Coefficienten λ, $\varkappa$ gleichfalls Functionen von x, y, z sind,

$$(5)\quad \begin{cases} \lambda = \lambda_a + \dfrac{\partial \lambda}{\partial a}\xi + \dfrac{\partial \lambda}{\partial b}\eta + \dfrac{\partial \lambda}{\partial c}\zeta \\ \varkappa = \varkappa_a + \dfrac{\partial \varkappa}{\partial a}\xi + \dfrac{\partial \varkappa}{\partial b}\eta + \dfrac{\partial \varkappa}{\partial c}\zeta. \end{cases}$$

Die in ξ, η, ζ wirkenden Totalkräfte sind nun in x

$$(6)\quad \begin{cases} \Xi = X + \mu\lambda\dfrac{\partial L}{\partial x} + \mu\varkappa\dfrac{\partial K}{\partial x} = A + \dfrac{\partial X}{\partial a}\xi + \dfrac{\partial X}{\partial b}\eta + \dfrac{\partial X}{\partial c}\zeta \\ \quad + \mu\left(\lambda_a + \dfrac{\partial \lambda}{\partial a}\xi + \dfrac{\partial \lambda}{\partial b}\eta + \dfrac{\partial \lambda}{\partial c}\zeta\right) \\ \qquad \cdot\left(\dfrac{\partial L}{\partial a} + \dfrac{\partial^2 L}{\partial a^2}\xi + \dfrac{\partial^2 L}{\partial a \partial b}\eta + \dfrac{\partial^2 L}{\partial a \partial c}\zeta\right) \\ \quad + \mu\left(\varkappa_a + \dfrac{\partial \varkappa}{\partial a}\xi + \dfrac{\partial \varkappa}{\partial b}\eta + \dfrac{\partial \varkappa}{\partial c}\zeta\right) \\ \qquad \cdot\left(\dfrac{\partial K}{\partial a} + \dfrac{\partial^2 K}{\partial a^2}\xi + \dfrac{\partial^2 K}{\partial a \partial b}\eta + \dfrac{\partial^2 K}{\partial a \partial c}\zeta\right). \end{cases}$$

Hierin ist nun $A + \mu\left(\lambda_a \dfrac{\partial L}{\partial a} + \varkappa_a \dfrac{\partial K}{\partial a}\right) = 0$, weil in a, b, c Gleichgewicht herrscht. Ferner kann bei der Ausmultiplication der beiden Klammerpaare wegen der Kleinheit von ξ, η, ζ jedes Quadrat und jedes Product dieser Grössen ausser Acht gelassen werden; es bleibt also schliesslich, wenn wir noch $\mu\dfrac{d^2\xi}{dt^2}$ für Ξ setzen

$$(7)\quad \begin{cases} \dfrac{d^2\xi}{dt^2} = \dfrac{1}{\mu}\left\{\left(\dfrac{\partial X}{\partial a}\xi + \dfrac{\partial X}{\partial b}\eta + \dfrac{\partial X}{\partial c}\zeta\right)\right. \\ \quad + \dfrac{\partial L}{\partial a}\left(\dfrac{\partial \lambda}{\partial a}\xi + \dfrac{\partial \lambda}{\partial b}\eta + \dfrac{\partial \lambda}{\partial c}\zeta\right) \\ \quad \left. + \lambda_a\left(\dfrac{\partial^2 L}{\partial a^2}\xi + \dfrac{\partial^2 L}{\partial a \partial b}\eta + \dfrac{\partial^2 L}{\partial a \partial c}\zeta\right) + \text{etc.}\right\}, \end{cases}$$

oder, indem wir die constanten Factoren von ξ, η, ζ mit l_1, l_2, l_3 bezeichnen,

$$(8)\quad \begin{cases} \dfrac{d^2\xi}{dt^2} = l_1\xi + l_2\eta + l_3\zeta \\[2ex] \dfrac{d^2\eta}{dt^2} = m_1\xi + m_2\eta + m_3\zeta \\[2ex] \dfrac{d^2\zeta}{dt^2} = n_1\xi + n_2\eta + n_3\zeta, \end{cases}$$

wo die analogen Gleichungen in y und z zugefügt sind. Die characteristische, durch die Kleinheit von ξ, η, ζ hervorgebrachte Vereinfachung besteht also darin, dass die Gleichungen der Bewegung in ξ, η, ζ linear werden. Aus dieser Eigenschaft folgt:

Es werde $\xi = \xi_1 + \xi_2$, $\eta = \eta_1 + \eta_2$, $\zeta = \zeta_1 + \zeta_2$ gesetzt, die Verrückung $\xi \hat{+} \eta \hat{+} \zeta$ also aufgefasst als die Resultante zweier Verrückungen, welche zu Componenten ξ_1, η_1, ζ_1 und ξ_2, η_2, ζ_2 haben. Dann würden für ξ_1 und ξ_2 die Gleichungen gelten

$$(9)\quad \frac{d^2\xi_1}{dt^2} = l_1\xi_1 + l_2\eta_1 + l_3\zeta_1, \quad \frac{d^2\xi_2}{dt^2} = l_1\xi_2 + l_2\eta_2 + l_3\zeta_2,$$

worin l_1, l_2, l_3 dieselben Werthe haben wie in (8). Durch Addition folgt

$$(10)\quad \frac{d^2\xi_1}{dt^2} + \frac{d^2\xi_2}{dt^2} = \frac{d^2\xi}{dt^2}$$

und das gleiche in y und z. Das heisst aber:

Setzt sich die Verrückung von μ zu irgend einer Zeit t aus zwei (oder mehreren) Einzelverrückungen zusammen, so ist auch die Gesammtbeschleunigung von μ die Resultante aus den durch die Einzelverrückungen hervorgebrachten Beschleunigungen. Dabei bleibt sich gleich, wie die Verrückungen entstanden sind; also folgt weiter:

Lässt sich der Anfangszustand von μ aus zwei oder mehreren Anfangszuständen, Verrückungen oder Geschwindigkeiten, zusammensetzen, so erhält man die ganze Bewegung von μ, wenn man die durch jede der anfänglichen Theilzustände hervorgebrachten Bewegungen allein verfolgt und nachher die zur Zeit t vorhandenen Theilbewegungen componirt.

Beispiel. Sphärisches Pendel. Die Anfangsbewegung desselben können wir hervorbringen, indem wir 1) dem μ eine sehr kleine Verrückung, 2) eine sehr kleine Geschwindigkeit v erteilen. Wir zerlegen also den Anfangszustand in zwei Theile: 1) habe μ die sehr kleine Verrückung δ; vermöge derselben beschreibt er eine einfache Schwingung in der Ebene, welche durch δ geht und senkrecht auf der Tangentialebene im Gleichgewichtspunkt steht. 2) habe μ, von a, b, c ausgehend, die sehr kleine Geschwindigkeit v; vermöge derselben beschreibt er gleichfalls eine einfache Schwingung in der durch v gehenden Normalebene der Kugel. Beide Schwingungen setzen sich zu einer Bewegung zusammen, deren Projection auf die Tangentialebene eine elliptische Schwingung ist.

Die Gleichungen (8) lassen sich mittels des vorstehenden Satzes sehr einfach integriren. Um dieses Geschäft für eine vorgeschriebene Fläche zu vereinfachen, denken wir uns, der Anfangspunkt sei in den Punkt a, b, c und die xy-Ebene in diejenige Ebene verlegt, welche die vorgeschriebene Fläche in a, b, c berührt. Um die Anschauung vollständig zu fixiren, mag man sich vorstellen, die x-Axe sei die Projection einer Hauptkrümmungslinie der Fläche; die y-Axe ist dann die Projection der zweiten Hauptkrümmungslinie. Es genügt offenbar, die Bewegung in x, y zu bestimmen. Zu dem Ende zerlegen wir die Gleichungen (8) unter Weglassung dessen, was sich auf ζ bezieht, in die Theilgleichungen

$$(11)\quad \begin{cases} \dfrac{d^2\xi_1}{dt^2} = l_1\xi \\[2ex] \dfrac{d^2\eta_1}{dt^2} = m_1\xi \end{cases} \quad \text{und} \quad (12)\quad \begin{cases} \dfrac{d^2\xi_2}{dt^2} = l_2\eta \\[2ex] \dfrac{d^2\eta_2}{dt^2} = m_2\eta, \end{cases}$$

integriren und addiren nachher die Resultate. Der erste Satz von Gleichungen giebt

$$(13)\quad \left\{\begin{aligned} \frac{d^2\xi_1}{dt^2} &= l_1\xi \\ \frac{d^2\eta_1}{dt^2} &= \frac{m_1}{l_1}\frac{d^2\xi}{dt^2} \end{aligned}\right\} \text{ integrirt } \left\{\begin{aligned} \xi_1 &= a\cos(t\sqrt{-l_1}+e) \\ \eta_1 &= \frac{m_1}{l_1}\xi_1 + pt + q. \end{aligned}\right.$$

Der zweite giebt ebenso

$$(14)\quad \begin{cases} \xi_1 = \dfrac{l_2}{m_2}\eta_2 + p't + q' \\[2ex] \eta_1 = a'\cos(t\sqrt{-m_2}+e'). \end{cases}$$

Die Addition ergiebt

$$(15)\quad \begin{cases} \xi = a\cos(t\sqrt{-l_1}+e) + \dfrac{l_2}{m_2}a'\cos(t\sqrt{-m_2}+e') + p't + q' \\[2ex] \eta = a'\cos(t\sqrt{-m_2}+e') + \dfrac{m_1}{l_1}a\cos(t\sqrt{-l_1}+e) + pt + q. \end{cases}$$

Hierin haben wir vorläufig 8 zu bestimmende Constanten, nämlich a, a', e, e', p, p', q, q'. Es muss nun aber offenbar p' und p gleich Null sein, weil sonst der Punkt μ sich bei fortschreitendem t ins Unendliche aus der Gleichgewichtslage entfernen würde, was nicht angeht; ebenso muss q und q' gleich Null sein, weil sonst die mittlere Lage von μ nicht in die Gleichgewichtslage fallen würde. Also bleibt

$$(16) \quad \begin{cases} \xi = a\cos(t\sqrt{-l_1} + e) + \dfrac{a' l_2}{m_2}\cos(t\sqrt{-m_2} + e') \\ \eta = \dfrac{a m_1}{l_1}\cos(t\sqrt{-l_1} + e) + a'\cos(t\sqrt{-m_2} + e'), \end{cases}$$

worin die 4 willkürlichen Constanten a, a', e, e' durch die Anfangsbedingungen zu bestimmen sind. Ist das Gleichgewicht in a, b, c stabil, so sind l_1 und m_2 nothwendig negativ, die Cosinus also reell. Der Anblick der Gleichungen (16) ergiebt den Satz: die äusserst kleinen Bewegungen eines Punkts um seine stabile Gleichgewichtslage auf einer Fläche lassen sich immer auf ein System von zwei einfach harmonischen Schwingungen zurückführen. Die Perioden derselben sind $\dfrac{2\pi}{\sqrt{-l_1}}$ und $\dfrac{2\pi}{\sqrt{-m_2}}$.

Liegt der Punkt auf einer vorgeschriebenen Curve, so können wir ebenso verfahren. Die Integration vereinfacht sich aber noch weiter durch die Bemerkung: Legen wir die Axe der x in die Tangente von a, b, c, so sind bei sehr kleinen Verrückungen die η Grössen zweiter Ordnung, können also ausser Betracht bleiben. Es bleibt also dann nur die Gleichung

$$(17) \qquad \frac{d^2\xi}{dt^2} = l_1\xi,$$

welche sofort ergiebt, dass μ eine harmonische Schwingung vollführt.

Durch Betrachtungen, welche den obigen analog sind, lässt sich noch folgender Satz beweisen: Tritt zu dem System der Kräfte X, Y, Z ein zweites X_1, Y_1, Z_1 welches für sich sehr nahe beim Punkte a, b, c im stabilen Gleichgewicht sein würde, so lagern sich die Wirkungen beider Kraftsysteme in der Weise übereinander, dass man die Verrückung von μ zur Zeit t erhält, wenn man 1) das System X, Y, Z beim gegebenen Anfangszustand allein wirken lässt, 2) den Punkt μ ruhend in a, b, c annimmt und das System X_1, Y_1, Z_1 allein auf ihn wirken lässt und darauf die aus (1) und (2) resultirenden Verrückungen componirt. Den Beweis unterdrücken wir aus Rücksicht auf den Raum. Selbstverständlich beschreibt μ nunmehr Schwingungen um eine neue, sehr wenig von a, b, c abweichende Gleichgewichtslage.

96. Stationäre Bewegungen. Stationär heisst eine Bewegung, bei der die Coordinaten des Punktes μ nicht mit der Zeit ins Unbegrenzte wachsen, sondern um gewisse Mittelwerthe schwanken. Derartige Bewegungen sind z. B. die Planetenbewegungen in einem durch die Sonne gelegten Coordinatensystem, oder die Bewegungen eines vollkommen elastischen Punkts, der in eine feste, ruhende Kapsel eingeschlossen ist. Die Eigentümlichkeit derartiger Bewegungen muss sich in einem analytischen Gesetz ausprägen; Clausius hat dasselbe folgendermaassen formulirt:

Die Gleichungen der Bewegung sind

$$(1) \qquad \mu \frac{d^2x}{dt^2} = X, \quad \mu \frac{d^2y}{dt^2} = Y, \quad \mu \frac{d^2z}{dt^2} = Z,$$

wenn X, Y, Z die Totalkräfte darstellen. Es ist nun in x

$$(2) \qquad \frac{d^2}{dt^2}(x^2) = \frac{d}{dt}\left(2x \frac{dx}{dt}\right) = 2\left(\frac{dx}{dt}\right)^2 + 2x \frac{d^2x}{dt^2}$$

oder, anders geordnet

$$(3) \qquad 2\left(\frac{dx}{dt}\right)^2 = -2x \frac{d^2x}{dt^2} + \frac{d^2(x^2)}{dt^2},$$

setzt man darin $\frac{X}{\mu}$ für $\frac{d^2x}{dt^2}$, so kommt nach Multiplication mit $\frac{\mu}{4}$

$$(4) \qquad \frac{\mu}{2}\left(\frac{dx}{dt}\right)^2 = -\tfrac{1}{2}xX + \frac{\mu}{4}\frac{d^2(x^2)}{dt^2}.$$

Diese Gleichung giebt, mit dt multiplicirt und von 0 bis t integrirt

$$(5) \qquad \frac{\mu}{2}\int_0^t \left(\frac{dx}{dt}\right)^2 dt = -\tfrac{1}{2}\int_0^t xX\,dt + \frac{\mu}{4}\left[\frac{d(x)^2}{dt} - \left(\frac{d(x)^2}{dt}\right)_0\right],$$

wo die Marke 0 den Werth zur Zeit Null bezeichnet. Dividirt man nun durch t, so stellen die Grössen $\frac{\mu}{2}\cdot\frac{1}{t}\int_0^t \left(\frac{dx}{dt}\right)^2 dt$ und $-\frac{1}{2t}\int_0^t xX\,dt$ die Mittelwerthe von $\frac{\mu}{2}\left(\frac{dx}{dt}\right)^2$ und $-\tfrac{1}{2}Xx$ für die Zeit von 0 bis t dar; bezeichnet man also die Mittelwerthe einer Grösse durch einen über die Grösse gesetzten Strich, so lautet Gl. (5)

nach der Division mit t

$$(6)\qquad \frac{\mu}{2}\overline{\left(\frac{dx}{dt}\right)^2} = -\tfrac{1}{2}\overline{Xx} + \frac{\mu}{4t}\left[\frac{d(x)^2}{dt} - \left(\frac{d(x)^2}{dt}\right)_0\right].$$

Macht nun μ regelmässige Umläufe, bei denen er nach der Periode T an seinen alten Ort zurückkehrt, und wählt man T für t, so gilt zur Zeit T die Gleichung $\frac{d(x)^2}{dt} = \left(\frac{d(x)^2}{dt}\right)_0$, die rechts stehende Klammer ist also Null, und es bleibt

$$(7)\qquad \frac{\mu}{2}\overline{\left(\frac{dx}{dt}\right)^2} = -\tfrac{1}{2}\overline{Xx}.$$

Dieselbe Gleichung gilt auf jeden Fall, wenn man für t eine Zeit wählt, die sehr gross ist gegen die Zeit, in welcher μ eine Einzelbewegung von bestimmter Richtung macht; denn da vorausgesetzt ist, dass μ sich nie über eine gewisse Grenze von seinem Anfangsort entfernt, kann $\frac{d(x^2)}{dt}$ nicht ins unbegrenzte mit der Zeit wachsen, sondern nur innerhalb bestimmter Grenzen schwanken. Bei hinreichend grossem t verschwindet also $\frac{1}{t}\left[\frac{d(x^2)}{dt} - \left(\frac{d(x^2)}{dt}\right)_0\right]$ und die Gleichung (7) bleibt allein übrig. Ihr entsprechen in y und z zwei ganz analoge Gleichungen; fasst man alle drei additiv zusammen, so erhält man

$$(8)\qquad \frac{\mu}{2}\overline{v^2} = -\tfrac{1}{2}(\overline{Xx + Yy + Zz}).$$

Clausius nennt die Grösse $-\frac{1}{2}(\overline{Xx + Yy + Zz})$ das **Virial** des Punktes μ. Manche neuere Autoren sind darin von ihm abgewichen, dass sie nicht den Mittelwerth, sondern den Momentanwerth $-\frac{1}{2}(Xx + Yy + Zz)$ das Virial nennen. Da wir für diesen Werth eine Bezeichnung brauchen, erlauben wir uns, der Abweichung uns anzuschliessen. Wir nennen $-\frac{1}{2}(Xx + Yy + Zz)$ das **Virial** von μ und $-\frac{1}{2}(\overline{Xx + Yy + Zz})$ das **mittlere Virial**. Gl. (8) heisst dann:

Bei der stationären Bewegung eines Punktes ist das mittlere Virial gleich der mittleren lebendigen Kraft. Der Satz gilt zugleich auf jeder einzelnen Coordinatenrichtung. Voraussetzung ist, dass t hinreichend lang gewählt werde. Der Satz heisst κατ' ἐξοχήν der Virialsatz.

Beim einzelnen Punkt lässt sich für die Bedingung, dass die Bewegung stationär sei, ein noch einfacherer Ausdruck geben. Die

Coordinate x in Gl. (7) enthält im Grunde immer eine willkürliche Constante; wir können ja, ohne die Gleichungen (1) zu stören, statt des angewandten Coordinatensystems ein neues der ξ, η, ζ einführen, in welchem $\xi = x + a$, $\eta = y + b$, $\zeta = z + c$ ist. Auch in diesem System gilt der obige Beweis, also die Gleichung

$$(9) \qquad \frac{\mu}{2}\overline{\left(\frac{d\xi}{dt}\right)^2} = -\tfrac{1}{2}\overline{X\xi}.$$

Zugleich ist $\frac{d^2\xi}{dt^2} = \frac{d^2x}{dt^2}$ und X hat in Gl. (9) denselben Werth wie in (7). Also muss auch

$$(10) \qquad \frac{\mu}{2}\overline{\left(\frac{dx}{dt}\right)^2} = -\tfrac{1}{2}(\overline{Xx + Xa})$$

oder, wenn (10) nicht mit (7) in Widerspruch stehen soll, $a\overline{X} = 0$, d. h., da a constant ist,

$$(11) \qquad \overline{X} = 0, \quad \overline{Y} = 0, \quad \overline{Z} = 0$$

sein. Der mittlere Werth der Kräfte, die auf μ im Laufe einer langen Zeit wirken, ist also Null, wenn die Bewegung stationär ist. Das ist auch leicht direct einzusehen. Der grosse Werth des Virialsatzes beruht darauf, dass er sich, wie wir sehen werden, unverändert auf Systeme von vielen Punkten übertragen lässt.

97. Eigenschaften des Virials. Bezeichnen wir die Resultante von X, Y, Z mit R und den vom Coordinatenanfang nach μ gezogenen Radiusvector mit r, so ist

$$xX + yY + zZ = Rr\left(\frac{X}{R}\frac{x}{r} + \frac{Y}{R}\frac{y}{r} + \frac{Z}{R}\frac{z}{r}\right) = Rr\cos(R, r).$$

Das Virial ist also $-\tfrac{1}{2}Rr\cos(R, r)$, das halbe negativ genommene Product aus dem Radiusvector r und der auf ihn projicirten Kraft, oder auch dasselbe aus der Kraft und der Projection des Radiusvectors auf sie.

Das mittlere Virial eines stationär bewegten Punktes μ ist vermöge der Gleichung (11) eine von der Wahl des Coordinatenanfangs unabhängige Grösse; das temporäre Virial dagegen hängt von der Wahl des Coordinatenanfangs ab, hat also einen bestimmten Sinn nur in Beziehung auf den bestimmten Anfangspunkt O. Dieser muss mit angegeben sein; übrigens kann selbstverständlich jeder Punkt des Raumes als Anfangspunkt angenommen werden. Wir haben die Abhängigkeit des Virials von der Lage von O festzustellen.

Ist $\cos(R, r) = 0$, so ist das Virial Null. Das tritt ein, wenn O in einer Ebene liegt, die durch μ geht und senkrecht auf R steht. Diese Nullebene theilt den Raum in zwei Theile; für den einen Theil ist $\cos(R, r) > 0$ für den andern < 0. In dem ersten ist also das Virial negativ, in dem zweiten positiv.

Nimmt man μ und R constant, entfernt sich O von μ auf einer Geraden, so bleibt $\cos(R, r)$ constant, das Virial wächst also proportional mit r. $r \cos(R, r)$ ist der Abstand des Punktes O von der Nullebene; also kann das Virial von μ in Bezug auf O auch definirt werden als das neg. gen. halbe Product aus der Kraft und dem Abstande des Punktes O von der Nullebene. Flächen gleichen Virials sind bestimmt durch die Gleichung $r \cos(R, r) = \text{const.}$; sie sind schildförmige Rotationsflächen, welche sich im Unendlichen der Nullebene asymptotisch nähern, und denen die Richtungslinie von R als Axe dient.

Nimmt man μ und O constant, und lässt R bei constanter Länge sich drehen, so wird das Virial Null, wenn R in die Ebene fällt, welche senkrecht zu r durch μ geht. Jenseit derselben ist das Virial negativ, diesseit (nach O zu) positiv. Errichtet man auf der Nullebene Ordinaten, welche die von R beschriebene Kugel schneiden, so sind diese Ordinaten, mit r multiplicirt, zugleich graphische Darstellungen des Virialwerthes für die verschiedenen Lagen von R.

Nimmt man O constant und Grösse und Richtung von R constant, lässt aber die Lage von μ variiren, so hat das Virial eine Nullebene, die durch O geht und senkrecht auf R steht. Die Flächen gleichen Virials haben dieselbe Gestalt, wie bei variablem O.

Zweite Unterabtheilung:

Die Relativbewegung eines Punktes in einem beweglichen Coordinatensystem.

98. Kinematisches. In dem Coordinatensystem der x, y, z sei irgend ein zweites, bewegliches Coordinatensystem des ξ, η, ζ gegeben.

Die Betrachtung der Vorgänge in beiden Systemen läuft im Grunde immer darauf hinaus, dass wir uns den Raum als die Superposition zweier Räume vorstellen, von denen der eine am System der x, y, z, der andere am System der ξ, η, ζ befestigt ist. Diese Befestigung kann man sich, ohne den Raum zu materialisiren, analytisch dadurch vorgenommen denken, dass man festsetzt: Wenn ein geometrischer Punkt des ersten Raums die Coordinaten x, y, z hat, so sollen x, y, z für ihn constante Grössen sein; ebenso, wenn ein geometrischer Punkt des zweiten Raums die Coordinaten ξ, η, ζ hat, so sollen ξ, η, ζ für ihn constante Grössen sein. Wir haben nun schon im Eingang des Buches darauf hingewiesen, dass alle Bewegung nur relativ bestimmbar ist. Wenn wir also sagen „das System der ξ, η, ζ (mit dem an ihm befestigten Raum) bewegt sich im Raume der x, y, z“, so heisst das kinematisch gerade so viel, wie „das System der x, y, z bewegt sich im Raum der ξ, η, ζ“. Ist ε ein im System der ξ, η, ζ ruhender Punkt, und e der Punkt des Raumes von x, y, z, mit dem ε zur Zeit t zusammenfällt, so hat ε gegen e eine gewisse Geschwindigkeit; ist die Verrückung, welche ε in dt gegen e erleidet, der Grösse und Richtung nach durch $\mathfrak{d}r$ dargestellt, so ist gleichzeitig $-\mathfrak{d}r$ die Verrückung, welche e gegen ε erleidet. Sprechen wir diesen Satz für alle Punkte beider Räume gleichzeitig aus, so lautet er:

Besitzt das System der ξ, η, ζ während des Zeitelements dt eine bestimmte Bewegung gegen das System der x, y, z, so hat das System der x, y, z die entgegengesetzte Bewegung im System der ξ, η, ζ.

Wir bezeichnen eine und dieselbe Thatsache, wenn wir einmal den Satz: „das System der ξ, η, ζ bewegt sich gegen das der x, y, z", und das anderemal den Satz „das System der x, y, z bewegt sich in dem der ξ, η, ζ" aussprechen. Es steht uns aber frei, willkürlich eines der beiden Systeme als das primär gegebene anzusehen; wir wählen das System der x, y, z, betrachten also dieses als das zuerst gegebene Hauptsystem, und stellen uns vor, dass das System der ξ, η, ζ auf jenes bezogen sei. In diesem Sinne nennen wir die Bewegung, welche in Punkt μ ein System der x, y, z hat, kurz die „absolute" Bewegung von μ; dagegen heisse die Bewegung von μ im System der ξ, η, ζ die „relative". Das Wort „absolut" soll dabei nur ein abgekürzter Ausdruck für „relativ zum primär gegebenen System" sein.

Ist das System der ξ, η, ζ gegen das der x, y, z in Ruhe, so ist die Geschwindigkeit und Beschleunigung von μ in beiden offenbar durch denselben Vector dargestellt; die Bewegung in beiden wird identisch. Ist statt der ξ, η, ζ irgend ein ruhendes System willkürlicher Coordinaten f, g, h gegeben, so kann man stets von den x, y, z zu den f, g, h durch eine einfache Substitution übergehen, wie wir dieselbe z. B. beim Uebergang von rechtwinkligen zu Polarcoordinaten schon öfter angenommen haben. Die Allgemeinheit der Untersuchung wird also nicht beeinträchtigt, wenn wir das sekundäre System, wie das primäre, cartesisch und rechtwinklig voraussetzen; denn ist z. B. als primäres System ein System der f, g, h, als sekundäres eines der φ, ψ, χ gegeben, so gehen wir von den f, g, h durch Substitution zu einem in f, g, h ruhenden rechtwinkligen System der x, y, z, von diesen zu einem System der ξ, η, ζ über, welches gegen die φ, ψ, χ ruht, und dann von den ξ, η, ζ wieder durch eine Substitution zu den φ, ψ, χ. Die Bewegung des zweiten Systems kommt dabei einzig in den Beziehungen zwischen den ξ, η, ζ und x, y, z zum Vorschein.

Die Bewegung des Systems der ξ, η, ζ wird practisch immer bestimmt sein durch die Bewegung eines materiellen Körpers K, an dem wir uns das System der ξ, η, ζ befestigt denken. Dabei steht es uns frei, die Lage der Axen ξ, η, ζ zu dem Körper beliebig zu wählen. Wir können also über die Anfangslage der sekundären Axen frei verfügen. Die Axen der x, y, z können in dem zu x, y, z gehörigen Raum ganz beliebig gelegt werden.

Erster Specialfall. Das System der ξ, η, ζ besitzt eine blosse

Verschiebungsbewegung, d. h. seine Axen rücken im Raume fort, ohne ihre Richtung zu ändern.

Dann legen wir die Axen der ξ, η, ζ zu Anfang parallel den Axen der x, y, z; sie bleiben ihnen dann stets parallel. Ist ω der Anfangspunkt der ξ, η, ζ, so hat ω im System der x, y, z drei Coordinaten x_ω, y_ω, z_ω; dieselben sind vermöge der Bewegung des sekundären Systems Funktionen der Zeit. Zwischen x, y, z und ξ, η, ζ bestehen nun die bekannten Gleichungen

$$(1)\quad \begin{cases} x = x_\omega + \xi \\ y = y_\omega + \eta \\ z = z_\omega + \zeta, \end{cases} \qquad (2)\quad \begin{cases} \xi = x - x_\omega \\ \eta = y - y_\omega \\ \zeta = z - z_\omega. \end{cases}$$

Daraus folgt:

$$(3)\quad \begin{cases} \dfrac{dx}{dt} = \dfrac{dx_\omega}{dt} + \dfrac{d\xi}{dt} \\ \dfrac{dy}{dt} = \dfrac{dy_\omega}{dt} + \dfrac{d\eta}{dt} \\ \dfrac{dz}{dt} = \dfrac{dz_\omega}{dt} + \dfrac{d\zeta}{dt}, \end{cases} \qquad (4)\quad \begin{cases} \dfrac{d\xi}{dt} = \dfrac{dx}{dt} - \dfrac{dx_\omega}{dt} \\ \text{u. s. w.,} \end{cases}$$

$$(5)\quad \begin{cases} \dfrac{d^2x}{dt^2} = \dfrac{d^2x_\omega}{dt^2} + \dfrac{d^2\xi}{dt^2} \\ \dfrac{d^2y}{dt^2} = \dfrac{d^2y_\omega}{dt^2} + \dfrac{d^2\eta}{dt^2} \\ \dfrac{d^2z}{dt^2} = \dfrac{d^2z_\omega}{dt^2} + \dfrac{d^2\zeta}{dt^2}, \end{cases} \qquad (6)\quad \begin{cases} \dfrac{d^2\xi}{dt^2} = \dfrac{d^2x}{dt^2} - \dfrac{d^2x_\omega}{dt^2} \\ \text{u. s. w.} \end{cases}$$

Bezeichnet man die absolute Geschwindigkeit von ω mit v_ω, die relative Geschwindigkeit von μ mit φ, die Beschleunigungen mit $\dot{v}$ und $\dot{\varphi}$, so liefert die geometrische Summation der vier vorstehenden Sätze von je drei Gleichungen

$$(3\text{a})\quad v = v_\omega \hat{+} \varphi, \qquad (4\text{a})\quad \varphi = v \hat{-} v_\omega,$$

$$(5\text{a})\quad \dot{v} = \dot{v}_\omega \hat{+} \dot{\varphi}, \qquad (6\text{a})\quad \dot{\varphi} = \dot{v} \hat{-} \dot{v}_\omega.$$

Die absolute Geschwindigkeit von μ ist also die geometrische Summe aus der relativen Geschwindigkeit von μ und der absoluten Geschwindigkeit des Anfangspunkts ω. Dasselbe gilt für die Beschleunigungen. Die Herstellung der absoluten Grössen aus den relativen und umgekehrt ist sonach ein einfaches Summations- oder Subtractionsexempel. Die Gleichungen (3a) bis (6a) gelten für die Vectoren, welche v,

φ, u. s. w. darstellen, gelten also auch dann, wenn wir für x, y, z ein beliebiges, gegen x, y, z ruhendes Coordinatensystem der f, g, h und für ξ, η, ζ ein beliebiges, gegen ξ, η, ζ ruhendes System der φ, ψ, χ, also ein beliebiges System, welches im Körper K festliegt, substituiren.

Zweiter Specialfall. Der Körper K und mit ihm das System der ξ, η, ζ dreht sich ohne Verschiebung um eine feste Axe.

Wir legen sowohl die Axe der ξ als auch die Axe der x in die Axe der Drehung und geben beiden Systemen den gleichen Anfangspunkt. ϑ sei der Winkel, den die Axe der η mit der y-Axe macht; dann macht ζ mit z den gleichen Winkel; (nach § 1. sind beide Systeme rechthändig). Die Gleichungen für die Coordinatenvertauschung lauten in diesem Fall

$$(7)\quad \begin{cases} x = \xi \\ y = \eta\cos\vartheta - \zeta\sin\vartheta \\ z = \eta\sin\vartheta + \zeta\cos\vartheta, \end{cases} \qquad (8)\quad \begin{cases} \xi = x \\ \eta = y\cos\vartheta + z\sin\vartheta \\ \zeta = -y\sin\vartheta + z\cos\vartheta, \end{cases}$$

und hierin ist ϑ Function der Zeit. Wir erhalten also aus (7)

$$(9)\quad \begin{cases} \dfrac{dx}{dt} = \dfrac{d\xi}{dt} \\ \dfrac{dy}{dt} = \cos\vartheta\dfrac{d\eta}{dt} - \sin\vartheta\dfrac{d\zeta}{dt} + (-\eta\sin\vartheta - \zeta\cos\vartheta)\dfrac{d\vartheta}{dt} \\ \dfrac{dz}{dt} = \sin\vartheta\dfrac{d\eta}{dt} + \cos\vartheta\dfrac{d\zeta}{dt} + (\eta\cos\vartheta - \zeta\sin\vartheta)\dfrac{d\vartheta}{dt}. \end{cases}$$

Dasselbe ist ausgedrückt in den Gleichungen

$$(10)\quad \begin{cases} \dfrac{dx}{dt} = \dfrac{d\xi}{dt} \\ \dfrac{dy}{dt} = \dfrac{\partial y}{\partial\eta}\dfrac{d\eta}{dt} + \dfrac{\partial y}{\partial\zeta}\dfrac{d\zeta}{dt} + \dfrac{\partial y}{\partial\vartheta}\dfrac{d\vartheta}{dt} \\ \dfrac{dz}{dt} = \dfrac{\partial z}{\partial\eta}\dfrac{d\eta}{dt} + \dfrac{\partial z}{\partial\zeta}\dfrac{d\zeta}{dt} + \dfrac{\partial z}{\partial\vartheta}\dfrac{d\vartheta}{dt}. \end{cases}$$

Denken wir uns nun zunächst, ein Punkt ε sei im System der ξ, η, ζ in Ruhe, habe also nur diejenige absolute Geschwindigkeit v_s, welche aus der Veränderlichkeit von ϑ hervorgeht; dann zerfällt v_s in die drei Componenten

$$(11)\quad \begin{cases} v_{s,x} = \dfrac{\partial x}{\partial \vartheta} \cdot \dfrac{d\vartheta}{dt} = 0 \\[2ex] v_{s,y} = \dfrac{\partial y}{\partial \vartheta} \cdot \dfrac{d\vartheta}{dt} \\[2ex] v_{s,z} = \dfrac{\partial z}{\partial \vartheta} \cdot \dfrac{d\vartheta}{dt}. \end{cases}$$

Denken wir uns ferner, das System der ξ, η, ζ sei in seiner augenblicklichen Stellung in Ruhe, und μ besitze in ihm die relative Geschwindigkeit φ; dann zerfällt φ nach x, y, z in die Componenten

$$(12)\quad \begin{cases} \varphi_x = \dfrac{\partial x}{\partial \xi} \cdot \dfrac{d\xi}{dt} + \dfrac{\partial x}{\partial \eta} \dfrac{d\eta}{dt} + \dfrac{\partial x}{\partial \zeta} \dfrac{d\zeta}{dt} = 1 \cdot \dfrac{d\xi}{dt} \\[2ex] \varphi_y = \dfrac{\partial y}{\partial \xi} \cdot \dfrac{d\xi}{dt} + \cdots\cdots\cdots\cdots = \dfrac{\partial y}{\partial \eta} \dfrac{d\eta}{dt} + \dfrac{\partial y}{\partial \zeta} \cdot \dfrac{d\zeta}{dt} \\[2ex] \varphi_z = \dfrac{\partial z}{\partial \xi} \cdot \dfrac{d\xi}{dt} + \cdots\cdots\cdots\cdots = \dfrac{\partial z}{\partial \eta} \cdot \dfrac{d\eta}{dt} + \dfrac{\partial z}{\partial \zeta} \cdot \dfrac{d\zeta}{dt}. \end{cases}$$

Aus dem Vergleich von (11) und (12) mit (10) ergiebt sich $\dfrac{dx}{dt} = v_{s,x} + \varphi_x$ u. s. w., oder

$$(13)\quad v = v_s \hat{+} \varphi \qquad \text{woraus} \qquad (14)\quad \varphi = v \hat{-} v_s.$$

Die absolute Geschwindigkeit von μ ist also die geometrische Summe aus (1) der relativen Geschwindigkeit von μ, 2) der Geschwindigkeit eines Punktes ε, der den Ort von μ im System der ξ, η, ζ einnimmt und sich nur vermöge der Rotation des Systems bewegt. Die relative Geschwindigkeit von μ ist dem entsprechend die geometrische Differenz von v und v_s.

Wir wenden uns nun zur Beschleunigung. Aus (9) folgt:

$$(13)\quad \begin{cases} \dfrac{d^2x}{dt^2} = \dfrac{d^2\xi}{dt^2} \\[2ex] \dfrac{d^2y}{dt^2} = \cos\vartheta \dfrac{d^2\eta}{dt^2} - \sin\vartheta \dfrac{d^2\zeta}{dt^2} - (\eta \sin\vartheta + \zeta\cos\vartheta) \dfrac{d^2\vartheta}{dt^2} \\[2ex] \qquad - (\eta\cos\vartheta - \zeta\sin\vartheta)\left(\dfrac{d\vartheta}{dt}\right)^2 - 2\sin\vartheta \dfrac{d\vartheta}{dt}\dfrac{d\eta}{dt} - 2\cos\vartheta \dfrac{d\vartheta}{dt}\dfrac{d\zeta}{dt} \\[2ex] \dfrac{d^2z}{dt^2} = \sin\vartheta \dfrac{d^2\eta}{dt^2} + \cos\vartheta \dfrac{d^2\zeta}{dt^2} + (\eta\cos\vartheta - \zeta\sin\vartheta) \dfrac{d^2\vartheta}{dt^2} \\[2ex] \qquad - (\eta\sin\vartheta + \zeta\cos\vartheta)\left(\dfrac{d\vartheta}{dt}\right)^2 + 2\cos\vartheta \dfrac{d\vartheta}{dt}\dfrac{d\eta}{dt} - 2\sin\vartheta \dfrac{d\vartheta}{dt}\dfrac{d\zeta}{dt}. \end{cases}$$

Wäre nun das System der ξ, η, ζ in Ruhe, so würden wir die Beschleunigungscomponenten von μ erhalten, indem wir die Gleichungen (7) zweimal bei constantem ϑ differentiiren. Die diesem Zustande entsprechende Beschleunigung wäre die relative Beschleunigung von μ im System der ξ, η, ζ; sie heisse $\dot{\varphi}$. Es ergäbe sich

$$(14) \quad \begin{cases} \dot{\varphi}_x = \dfrac{d^2\xi}{dt^2} \\ \dot{\varphi}_y = \cos\vartheta \dfrac{d^2\eta}{dt^2} - \sin\vartheta \dfrac{d^2\zeta}{dt^2} \\ \dot{\varphi}_z = \sin\vartheta \dfrac{d^2\eta}{dt^2} + \cos\vartheta \dfrac{d^2\zeta}{dt^2}. \end{cases}$$

Nehmen wir andererseits einen im Raum von ξ, η, ζ festen Hülfspunkt ε, der im System der ξ, η, ζ die augenblickliche Stellung von μ einnimmt und bloss die aus der Bewegung des sekundären Systems hervorgehende Beschleunigung hat, so erhalten wir die Componenten seiner absoluten Beschleunigung c_s, wenn wir die Gl. (7) zweimal bei constantem η und ζ differentiiren; es kommt

$$(15) \quad \begin{cases} c_{s,x} = 0 \\ c_{s,y} = -(\eta\sin\vartheta + \zeta\cos\vartheta)\dfrac{d^2\vartheta}{dt^2} - (\eta\cos\vartheta - \zeta\sin\vartheta)\left(\dfrac{d\vartheta}{dt}\right)^2 \\ c_{s,z} = (\eta\cos\vartheta - \zeta\sin\vartheta)\dfrac{d^2\vartheta}{dt^2} - (\eta\sin\vartheta + \zeta\cos\vartheta)\left(\dfrac{d\vartheta}{dt}\right)^2. \end{cases}$$

Der Vergleich von (14) und (15) mit (13) ergiebt

$$(16) \quad \begin{cases} \dfrac{d^2x}{dt^2} = \dot{\varphi}_x + c_{s,x} \\ \dfrac{d^2y}{dt^2} = \dot{\varphi}_y + c_{s,y} - 2\dfrac{d\vartheta}{dt}\left(\sin\vartheta \dfrac{d\eta}{dt} + \cos\vartheta \dfrac{d\zeta}{dt}\right) \\ \dfrac{d^2z}{dt^2} = \dot{\varphi}_z + c_{s,z} + 2\dfrac{d\vartheta}{dt}\left(\cos\vartheta \dfrac{d\eta}{dt} - \sin\vartheta \dfrac{d\zeta}{dt}\right). \end{cases}$$

Ausser den Beschleunigungen $\dot{\varphi}$ und c_s existirt also noch eine dritte; wir bezeichnen sie mit $\dot{\psi}$; es ist

$$(17) \quad \begin{cases} \dot{\psi}_x = 0 \\ \dot{\psi}_y = -2\dfrac{d\vartheta}{dt}\left(\sin\vartheta \dfrac{d\eta}{dt} + \cos\vartheta \dfrac{d\zeta}{dt}\right) \\ \dot{\psi}_z = +2\dfrac{d\vartheta}{dt}\left(\cos\vartheta \dfrac{d\eta}{dt} - \sin\vartheta \dfrac{d\zeta}{dt}\right). \end{cases}$$

Die Ausdrücke werden einfacher, wenn wir die Grösse $\dot{\psi}$ nicht nach x, y, z, sondern nach ξ, η, ζ zerlegen. Da die Axe der x mit der Axe der ξ zusammenfällt, ist

$$\dot{\psi}_\xi = \psi_x = 0.$$

Denken wir uns die Länge $\dot{\psi}$ am Coordinatenanfang angesetzt, so sind $\dot{\psi}_y$ und $\dot{\psi}_z$, so wie $\dot{\psi}_\eta$ und $\dot{\psi}_\zeta$ die Coordinaten ihres Endpunktes. Es bestehen also zwischen den 4 Grössen die Gleichungen (8)

$$\psi_\eta = \psi_y \cos\vartheta + \psi_z \sin\vartheta$$
$$\psi_\zeta = -\psi_y \sin\vartheta + \psi_z \cos\vartheta.$$

Rechnet man sie mit (17) aus, so findet sich

$$(18)\qquad \begin{cases} \dot{\psi}_\xi = 0 \\ \dot{\psi}_\eta = -2\dfrac{d\vartheta}{dt}\dfrac{d\zeta}{dt} \\ \dot{\psi}_\zeta = 2\dfrac{d\vartheta}{dt}\dfrac{d\eta}{dt}. \end{cases}$$

Die Grösse $\dot{\psi}$ nennt man recht unpassend die zusammengesetzte Centripetalbeschleunigung. Ihre Grösse ist

$$(19)\qquad \dot{\psi} = 2\frac{d\vartheta}{dt}\sqrt{\left(\frac{d\zeta}{dt}\right)^2 + \left(\frac{d\eta}{dt}\right)^2}.$$

Die Wurzel ist die Projection von φ auf die $\eta\zeta$-Ebene; nennt man also α den Winkel, welchen φ mit der Drehungsaxe macht, so ist auch

$$(20)\qquad \dot{\psi} = 2\frac{d\vartheta}{dt}\varphi\sin\alpha$$

und in dieser Form ist der Ausdruck für $\dot{\psi}$ unabhängig von der Coordinatenwahl.

$\dot{\psi}$ steht senkrecht auf der Drehungsaxe (weil seine ξ-Componente Null ist) und zugleich senkrecht auf der Geschwindigkeit φ, weil

$$(21)\qquad \dot{\psi}_\xi\frac{d\xi}{dt} + \dot{\psi}_\eta\frac{d\eta}{dt} + \dot{\psi}_\zeta\frac{d\zeta}{dt} = 0.$$

Da es zwei entgegengesetzte Richtungen giebt, welche die Eigenschaft haben, auf der Drehungsaxe und auf φ senkrecht zu stehen, muss noch entschieden werden, welche von beiden gemeint sei. Zu dem Ende projiciren wir φ auf die $\eta\zeta$-Ebene und nennen die Projection u. $\frac{d\vartheta}{dt}$ setzen wir zunächst positiv voraus und lassen den für die Betrachtung unwesentlichen Factor 2 fort. Die Winkelgeschwindigkeit $\frac{d\vartheta}{dt}$ lässt sich nun analog wie eine Streckengeschwindigkeit durch einen Winkel geometrisch darstellen, durch den Winkel nämlich, welchen die Axe der η in 1 Sekunde zurücklegen würde,

Fig. 44.

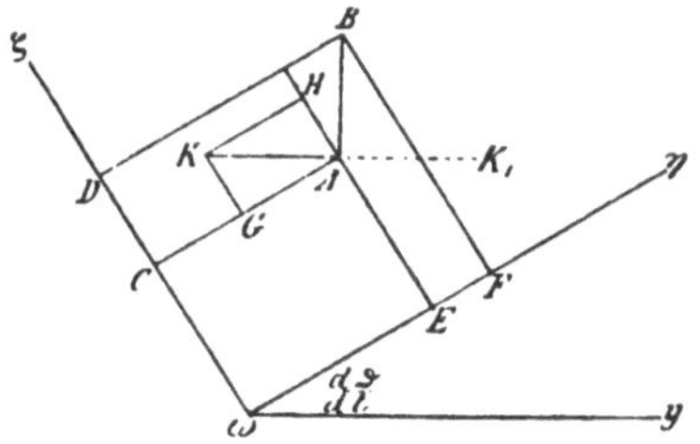

wenn sie sich während dieser Sekunde constant mit der Winkelgeschwindigkeit $\frac{d\vartheta}{dt}$ bewegte. In Fig. 44 sei der Winkel $\overline{\eta\omega y}$ diese geometrische Darstellung von $\frac{d\vartheta}{dt}$; AB sei u. Dann ist $\overline{CD} = u_\zeta = \frac{d\zeta}{dt}$ und $\overline{EF}$ ist $\frac{d\eta}{dt}$. Um die Grössen $-\frac{d\zeta}{dt}$ und $+\frac{d\eta}{dt}$ zusammenzusetzen, schneiden wir von A aus $\overline{AG} = -\overline{CD}$ und $\overline{AH} = +\overline{EF}$ ab, und vervollständigen das Rechteck $AGHK$. Dann ist AK die Richtung von ψ, wenn $\frac{d\vartheta}{dt} > 0$. Wäre $\frac{d\vartheta}{dt}$ negativ, so wären die Strecken $\overline{AG}$ und $\overline{AH}$ im umgekehrten Sinn aufzutragen, und AK_1 würde die Richtung von ψ sein. Beide Sätze fassen sich zusammen in den Satz: Der rechte Winkel, welchen ψ mit u macht, hat denselben Sinn, wie $\frac{d\vartheta}{dt}$. Denn im ersten Fall werden $\frac{d\vartheta}{dt}$ und $\angle BAK$ beide, von oben gesehen, von rechts nach links beschrieben, im zweiten Fall gehen $\frac{d\vartheta}{dt}$ und BAK_1 von links nach rechts.

Gl. (16) lautet nun, wenn man die drei Gleichungen durch geometrische Summation zusammenfasst

$$(22) \qquad \dot{v} = \dot{\varphi} \hat{+} \dot{v}_s \hat{+} \dot{\psi}, \qquad\qquad (23) \qquad \dot{\varphi} = \dot{v} \hat{-} \dot{v}_s \hat{-} \dot{\psi}.$$

Die absolute Beschleunigung hat zu Componenten 1) die relative Beschleunigung, 2) die Beschleunigung die μ haben würde, wenn er im System der ξ, η, ζ ruhte, 3) die zusammengesetzte Centripetalbeschleunigung. Für $\dot{\varphi}$ ergiebt sich daraus Gl. (23), in welcher $\dot{v}_s$ und $\dot{\psi}$ als Subtrahenden auftreten. Hätten wir statt der Gl. (7) die Gl. (8) differentiirt, so würden wir zuerst Gl. (23) und mit dieser Gl. (22) gefunden haben. Die Resultate sind in der Form (22) und (23) unabhängig von der Coordinatenwahl. Gl. (22) heisst der Satz von Coriolis.

Es ist noch der Mühe werth, die Bestandtheile von $\dot{v}_s$ ins Auge zu fassen. Gl. (15) lässt sich kürzer schreiben

$$(24)\quad \begin{cases} \dot{v}_{s,x} = 0 \\ \dot{v}_{s,y} = -z\dfrac{d^2\vartheta}{dt^2} - y\left(\dfrac{d\vartheta}{dt}\right)^2 \\ \dot{v}_{s,z} = y\dfrac{d^2\vartheta}{dt^2} - z\left(\dfrac{d\vartheta}{dt}\right)^2. \end{cases}$$

v_s besteht hiernach aus zwei Componenten. Nennen wir ϱ den Radiusvector, der die ξ-Axe mit μ verbindet, so ist die erste Componente

$$(25)\quad v_{s,1} = \sqrt{z^2+y^2}\,\frac{d^2\vartheta}{dt^2} = \varrho\,\frac{d^2\vartheta}{dt^2},$$

sie steht senkrecht auf ϱ, ist hervorgebracht durch die Winkelbeschleunigung des sekundären Systems und hat deren Richtung. Die zweite

$$(26)\quad v_{s,2} = \sqrt{y^2+z^2}\left(\frac{d\vartheta}{dt}\right)^2 = \varrho\left(\frac{d\vartheta}{dt}\right)^2.$$

Sie ist nach ω hin gerichtet und ist die wohlbekannte gewöhnliche Centripetalbeschleunigung.

Im allgemeinen Fall kann das System der ξ, η, ζ zur Zeit t gleichzeitig eine Verschiebung und eine Drehung besitzen. Wir denken uns dann durch die Drehungsaxe ein Hülfssystem der p, q, r gelegt, welches an der Drehung nicht Theil nimmt. Die relative Geschwindigkeit von μ in diesem System sei mit $\varkappa_r$ bezeichnet, und die absolute Geschwindigkeit seines Anfangspunktes sei $\varkappa_s$. Dann haben wir im Augenblick t nach Gl. (3a)

$$(27)\quad \begin{cases} \qquad\qquad\qquad\quad v = \varkappa_s \hat{+} \varkappa_r \\ \text{und nach Gl. (13)}\quad \varkappa_r = \lambda_s \hat{+} \varphi \end{cases}$$

wenn λ_s die Geschwindigkeit relativ zum System der p, q, r bezeichnet, welche μ haben würde, wenn er im System der ξ, η, ζ ruhte. Also ist

$$(28)\quad v = \varkappa_s \hat{+} \lambda_s \hat{+} \varphi.$$

Nimmt man nun aber an, μ ruhe im System der ξ, η, ζ und nennt die Geschwindigkeit, welche er dann in x, y, z haben würde, wie oben v_s, so ergiebt sich auf dieselbe Weise, dass

$$v_s = \varkappa_s \hat{+} \lambda_s.$$

Man kann also auch schreiben

$$(29) \qquad v = v_s \hat{+} \varphi,$$

wo v_s diejenige absolute Geschwindigkeit bezeichnet, die μ haben würde, wenn er im System der ξ, η, ζ ruhte. Practisch ist die aufgelöste Formel (28) meist brauchbarer als (29).

Ganz entsprechend findet sich für die durch übergesetzte Punkte bezeichneten Beschleunigungen

$$\dot{v} = \dot{\varkappa}_s \hat{+} \dot{\varkappa}_r,$$

$$\dot{\varkappa}_r = \dot{\lambda}_s \hat{+} \dot{\varphi} \hat{+} \dot{\psi}.$$

Also

$$(30) \qquad \dot{v} = \dot{\varkappa}_s \hat{+} \dot{\lambda}_s \hat{+} \dot{\varphi} \hat{+} \dot{\psi} \quad \text{oder}$$

$$(31) \qquad \dot{v} = \dot{v}_s \hat{+} \dot{\varphi} \hat{+} \dot{\psi}.$$

Die Componente $\dot{\psi}$ ist nur durch den augenblicklichen Rotationszustand, nicht durch die Verschiebungsgeschwindigkeit der ξ, η, ζ bestimmt. In $\dot{v}_s$ geht sowohl die Verschiebungsbeschleunigung als auch die Rotationsbeschleunigung und die gewöhnliche Centripetalbeschleunigung des Systems der ξ, η, ζ ein. (31) ist die allgemeine Gleichung der Relativbewegung, welche die vorhin besonders betrachteten Specialfälle mit umfasst. Ein in ξ, η, ζ ruhender Beobachter hat selbst die Beschleunigung $\dot{v}_s$, sieht also $\dot{\varphi} \hat{+} \dot{\psi}$.

Anmerkung. Die besondere gegenseitige Lage der beiden Coordinatensysteme, welche im obigen benutzt wurde, genügt für das nächste Bedürfniss, ist indessen keineswegs für alle Anwendungen bequem. Es ist vielmehr zweckmässig, die Coordinatenformeln herzustellen für den Fall, dass die Axe, um welche das System der ξ, η, ζ sich dreht, in dem System der x, y, z und auch im System der ξ, η, ζ eine beliebige Lage hat. Die Untersuchung würde aber an dieser Stelle weitläuftig sein und wird desshalb auf einen späteren Zeitpunkt (Schluss der Dynamik des einzelnen festen Körpers) verschoben, wo sie sich mit grosser Leichtigkeit ausführen lässt.

99. Dynamisches. Es sei nunmehr das System der x, y, z ein Fundamentalsystem, und es seien in ihm Körper $A, B, C \ldots$ gegeben, welche nach bekanntem Gesetz mit Kräften auf μ wirken; die Resultante dieser Kräfte, im Fundamentalsystem bestimmt, sei R und habe die Componenten X, Y, Z. Dann gelten im Fundamentalsystem die Gleichungen der Bewegung

$$(1) \qquad \mu \frac{d^2x}{dt^2} = X \quad \text{u. s. w.}$$

Es entsteht die Frage: welches sind die Gleichungen der Bewegung in einem System der ξ, η, ζ, dessen Bewegung gegen das Fundamentalsystem bekannt ist? Diese Frage hat für uns grosses Interesse, weil wir thatsächlich genöthigt sind, in einem bewegten Coordinatensystem zu beobachten, da ja die Erde, auf welche wir unsere Beobachtungen beziehen, unzweifelhaft in Bewegung ist.

Die drei Gleichungen (1) fassen wir zusammen in

$$(2) \qquad \dot{\vartheta} = \frac{R}{\mu}.$$

Die Antwort auf die obige Frage ist dann durch Gl. (30) des vorigen Paragraphen

$$(3) \qquad \dot{\vartheta} = \dot{\varkappa}_s \hat{+} \dot{\lambda}_s \hat{+} \dot{\varphi} \hat{+} \dot{\psi}$$

gegeben, welche mit (2) unmittelbar liefert

$$(4) \qquad \dot{\varphi} = \frac{R}{\mu} \hat{-} \dot{\varkappa}_s \hat{-} \dot{\lambda}_s \hat{-} \dot{\psi}.$$

Wir betrachten nun einzelne Specialfälle dieses Satzes, unterscheiden aber dabei zwei Hauptfälle, nämlich

I. Die Kräfte X, Y, Z enthalten nicht die Geschwindigkeiten etc. von A, B, C und μ.

II. Sie enthalten dieselben.

I. Kräfte, welche keine Geschwindigkeiten etc. enthalten. Sie können nur von Entfernungen abhängen, und die sind in jedem Augenblick durch den Momentanzustand von μ bestimmt. Insbesondere sind sie bestimmt, wenn die Stellung der A, B, C ... und des μ zur Zeit t im System der ξ, η, ζ gegeben sind.

Erster Specialfall: Das System der ξ, η, ζ besitzt bloss Verschiebung. Dann ist nach Gl. (5a) und (6a) des vorigen Paragraphen

$$\dot{\varphi} = \dot{\vartheta} \hat{-} \dot{\vartheta}_\omega,$$

also wird Gl. (4)

$$(5) \qquad \dot{\varphi} = \frac{R}{\mu} \hat{-} \dot{\vartheta}_\omega.$$

Erster Unterfall. Ist die Verschiebung gleichförmig, so ist $\dot{\vartheta}_\omega = 0$, also

$$\dot{\varphi} = \frac{R}{\mu}.$$

Die relative Beschleunigung ist identisch mit der absoluten. Zerlegen wir R im System der ξ, η, ζ in die drei Axencomponenten Ξ, H, Z, so ist

$$\mu \frac{d^2\xi}{dt^2} = \Xi$$

$$\mu \frac{d^2\eta}{dt^2} = H$$

$$\mu \frac{d^2\zeta}{dt^2} = Z$$

und die Resultante von Ξ, H, Z ist identisch mit R. D. h. mit anderen Worten: Jedes Coordinatensystem, welches sich gegen ein Fundamentalsystem gleichförmig verschiebt, ist selbst ein Fundamentalsystem. Die Kräfte R können in ihm, so wie sie durch die Abstände bestimmt sind, ohne Weiteres in die Bewegungsgleichungen eingeführt werden.

Zweiter Unterfall. ϑ_ω ist von Null verschieden.

$$\dot{\varphi} = \frac{R}{\mu} - \vartheta_\omega,$$

$$(6) \quad \begin{cases} \mu \dfrac{d^2\xi}{dt^2} = \Xi - \mu\left(\dfrac{d^2x_\omega}{dt^2}\dfrac{\partial x}{\partial \xi} + \dfrac{d^2y_\omega}{dt^2}\dfrac{\partial y}{\partial \xi} + \dfrac{d^2z_\omega}{dt^2}\dfrac{\partial z}{\partial \xi}\right) = \Xi - \mu\vartheta_{\omega\xi} \\ \mu \dfrac{d^2\eta}{dt^2} = H - \mu\left(\dfrac{d^2x_\omega}{dt^2}\dfrac{\partial x}{\partial \eta} + \dfrac{d^2y_\omega}{dt^2}\dfrac{\partial y}{\partial \eta} + \dfrac{d^2z_\omega}{dt^2}\dfrac{\partial z}{\partial \eta}\right) = H - \mu\vartheta_{\omega\eta} \\ \mu \dfrac{d^2\zeta}{dt^2} = Z - \mu\left(\dfrac{d^2x_\omega}{dt^2}\dfrac{\partial x}{\partial \zeta} + \dfrac{d^2y_\omega}{dt^2}\dfrac{\partial y}{\partial \zeta} + \dfrac{d^2z_\omega}{dt^2}\dfrac{\partial z}{\partial \zeta}\right) = Z - \mu\vartheta_{\omega\zeta}. \end{cases}$$

Das System der ξ, η, ζ ist also in diesem Fall kein Fundamentalsystem mehr; es müssen vielmehr von den absoluten Kräften Ξ, H, Z die Beschleunigungen des Anfangspunkts, mit μ multiplicirt, abgezogen werden, wenn man die Relativkräfte haben will. Kann man ϑ_ω direct in einem Coordinatensystem der x, y, z bestimmen, dessen Axen denen der ξ, η, ζ parallel sind, so hat man als Factoren von μ einfach $\vartheta_{\omega,\xi}$, $\vartheta_{\omega,\eta}$, $\vartheta_{\omega,\zeta}$ einzusetzen.

Zweiter Specialfall. Das System der ξ, η, ζ besitzt bloss Drehung. Dann kommen die Gleichungen (22), (23) des vorigen Paragraphen zur Anwendung, und wir erhalten

$$(7) \quad \dot{\varphi} = \frac{R}{\mu} \hat{-} \vartheta_s \hat{-} \dot{\psi}.$$

Erster Unterfall. μ ist im System der ξ, η, ζ in Ruhe. Dann ist $\dot{\psi} = 0$ und es bleibt

$$(8) \quad \dot{\varphi} = \frac{R}{\mu} \hat{-} \vartheta_s.$$

v_s besteht nach dem früheren aus der Centripetalkraft $\mu\varrho\left(\frac{d\vartheta}{dt}\right)^2$, und, wenn die Rotation nicht gleichförmig ist, aus der Kraft $\mu\varrho\frac{d^2\vartheta}{dt^2}$, welche in die Richtung der Rotationsbeschleunigung fällt. Denken wir uns die Rotationsaxe zur Axe der ξ genommen, so lautet Gl. (8), nach ξ, η, ζ zerlegt: (die Zerlegung wird ausgeführt, indem man in § **98.** Gl. (8) für x, y, z die Werthe der Kraftcomponenten einsetzt).

$$(9)\quad \begin{cases} \mu\frac{d^2\xi}{dt^2} = \Xi \\ \mu\frac{d^2\eta}{dt^2} = H + \mu\zeta\frac{d^2\vartheta}{dt^2} + \mu\eta\left(\frac{d\vartheta}{dt}\right)^2 \\ \mu\frac{d^2\zeta}{dt^2} = Z - \mu\eta\frac{d^2\vartheta}{dt^2} + \mu\zeta\left(\frac{d\vartheta}{dt}\right)^2 \end{cases}$$

wo nun Ξ, H, Z die Componenten von R nach ξ, η, ζ sind.

Zweiter Unterfall. μ bewegt sich im System der ξ, η, ζ. Dann hat $\mu\dot\psi$ einen endlichen Werth, und auch der ist noch zu subtrahiren. Da $\dot\psi$ in die beiden Componenten $-2\frac{d\vartheta}{dt}\frac{d\zeta}{dt}$ (nach η) und $2\frac{d\vartheta}{dt}\frac{d\eta}{dt}$ (in ζ), zerfällt, erhalten wir

$$(10)\quad \begin{cases} \mu\frac{d^2\xi}{dt^2} = \Xi \\ \mu\frac{d^2\eta}{dt^2} = H + \mu\zeta\frac{d^2\vartheta}{dt^2} + \mu\eta\left(\frac{d\vartheta}{dt}\right)^2 + 2\mu\frac{d\vartheta}{dt}\frac{d\zeta}{dt} \\ \mu\frac{d^2\zeta}{dt^2} = Z - \mu\eta\frac{d^2\vartheta}{dt^2} + \mu\zeta\left(\frac{d\vartheta}{dt}\right)^2 - 2\mu\frac{d\vartheta}{dt}\frac{d\eta}{dt}. \end{cases}$$

Allgemeiner Fall. Das System der ξ, η, ζ besitzt Drehung und Verschiebung; dann ist die allgemeine Gleichung (4) anzuwenden. Die Coordinatenzerlegung von $\dot\varphi$ erhält man, indem man (6) mit (10) combinirt.

Zweiter Hauptfall: Die Kräfte X, Y, Z enthalten Geschwindigkeiten etc. Die Gleichungen des ersten Hauptfalls bleiben vollständig bestehen, da ja die Grundgleichungen (28) und (30) keine Beschränkung für die eintretenden Kräfte enthalten. Nur muss man, ehe man sie anwendet, die betreffenden Geschwindigkeiten etc. ausgerechnet und in X, Y, Z eingeführt haben. Dabei sind zwei Unterfälle zu unterscheiden: Nämlich

1. Unterfall. Die in X, Y, Z eingehenden Geschwindigkeiten beziehen sich bloss auf die Entfernung des Punktes μ von andern, activen Punkten A, B, C . . .; es kommt also in X, Y, Z die Grösse $\frac{dr}{dt}$, etwa auch noch $\frac{d^2r}{dt^2}$, $\frac{d^3r}{dt^3}$ etc. vor. Oder sie sind von vorn herein Relativgeschwindigkeiten gegen Körper, die im System der ξ, η, ζ bestimmt sind, z. B. die Geschwindigkeit eines irdischen Punktes gegen die Erdatmosphäre, welche ja als Argument des „Widerstandes" in die auf μ wirkenden Kräfte eingeht. In diesem Fall kann man die fraglichen Geschwindigkeiten offenbar einfach im System der ξ, η, ζ ausrechnen und einführen.

2. Unterfall. Das Gesetz, wonach die A, B, C . . . auf μ wirken, ist so beschaffen, dass die auftretende Kraft von der absoluten Geschwindigkeit der A, B, C . . . μ in einem bestimmten Fundamentalsystem der x, y, z abhängt. In diesem Fall genügt es offenbar nicht, dass man die Geschwindigkeiten etc., im System der ξ, η, ζ ausrechnet, sondern nachdem das geschehen, muss man mittels der Gleichungen (3a), (5a), (29), (31) des vorigen Paragraphen aus den Relativgeschwindigkeiten und -beschleunigungen erst die absoluten Geschwindigkeiten und Beschleunigungen v, $\dot{v}$ herstellen und diese in X, Y, Z einführen.

Ein Coordinatensystem der ξ, η, ζ, welches sich im absoluten System der x, y, z gleichförmig verschiebt, ist im ersten Unterfall immer noch ein Fundamentalsystem, im zweiten nicht.

100. Anwendung. Schwere Punkte auf der bewegten Erde. Wir denken uns zunächst den Punkt μ auf ein Coordinatensystem bezogen, dessen Axe der ξ durch die Erdaxe geht. Ein irdischer Punkt μ unterliegt 1) der Anziehung der Sonne, 2) der Anziehung der Erde, 3) der des Mondes; ausserdem nimmt er an der Rotationsbewegung der Erde Theil.

Die Anziehung des Mondes vernachlässigen wir; die der Sonne liefert drei Componenten, Antheile von Ξ, H, Z, welche mit $\mu\mathfrak{x}$, $\mu\mathfrak{y}$, $\mu\mathfrak{z}$ bezeichnet seien. Vermöge der Revolution der Erde besitzt aber nun jeder Punkt der Erde drei thatsächliche Beschleunigungen $\mathfrak{x}$, $\mathfrak{y}$, $\mathfrak{z}$, welche eben die von jenen Kräften hervorgebrachten sind. Die Grössen $\mu\mathfrak{x}$, $\mu\mathfrak{y}$, $\mu\mathfrak{z}$ treten also 1) in Ξ, H, Z, 2) in der zu subtrahirenden Grösse $\mu\dot{v}_s$ auf; d. h. sie heben sich heraus, und der Einfluss der Sonne braucht nicht berücksichtigt zu werden, noch auch die Revolutionsbeschleunigung.

Es bleibt also die Anziehung der Erde und ihre Rotation zu untersuchen. Letztere ist gleichförmig; es fällt also aus den Gleichungen (10) des vorigen Paragraphen die Rotationsbeschleunigung heraus, und es bleibt

$$(1)\quad \begin{cases} \mu\dfrac{d^2\xi}{dt^2} = \Xi \\ \mu\dfrac{d^2\eta}{dt^2} = \mathrm{H} + \mu\eta\left(\dfrac{d\vartheta}{dt}\right)^2 + 2\mu\dfrac{d\vartheta}{dt}\dfrac{d\zeta}{dt} \\ \mu\dfrac{d^2\zeta}{dt^2} = \mathrm{Z} + \mu\zeta\left(\dfrac{d\vartheta}{dt}\right)^2 - 2\mu\dfrac{d\vartheta}{dt}\dfrac{d\eta}{dt} \end{cases}$$

wo Ξ, H, Z die Componenten der reinen Erdanziehung sind.

Denken wir uns nun zunächst μ in Ruhe auf der Erde. Dann wirken an μ die Componenten

$$\Xi,\quad \mathrm{H}+\mu\eta\left(\frac{d\vartheta}{dt}\right)^2,\quad \mathrm{Z}+\mu\zeta\left(\frac{d\vartheta}{dt}\right)^2,$$

deren Resultante die geometrische Summe aus reiner Erdanziehung und Centrifugalkraft ist. Diese Kraft ist es, die wir gewöhnlich schlechthin „Schwere" μg nennen, deren Richtung die „Verticale" bestimmt, und zu der die Niveauflächen der Erde, also alle „horizontalen" Oberflächen, normal sind.

Da die reine Erdanziehung nach dem Innern der Erde gerichtet ist, sind H und Z negativ, der absolute Werth der Schwere nimmt also durch die positiven Zusätze $\mu\eta\left(\frac{d\vartheta}{dt}\right)^2$ und $\mu\zeta\left(\frac{d\vartheta}{dt}\right)^2$ ab. η und ζ, somit auch der Drehungsradius ρ, erreichen den grössten absoluten Werth, den sie auf der Erdoberfläche haben können, unter dem Aequator; dort ist ρ gleich dem Erdradius; nach den Polen zu wird es kleiner und auf den Polen ist es Null. Wäre also die reine Erdanziehung auf der Erdoberfläche constant, so würde bloss vermöge der Rotation die Beschleunigung der Schwere am Aequator, wenn A der Erdradius, um

$$A\left(\frac{d\vartheta}{dt}\right)^2 = \frac{40\,000\,000\,00}{2\pi}\cdot\left(\frac{2\pi}{86164{,}1}\right)^2 = 3{,}38\,\frac{\mathrm{cm}}{\mathrm{sec}^2}$$

abnehmen; das ist, da g am Pol $= 983{,}09$, rund der 291. Theil der Polschwere. (Bei stark 17 mal schnellerer Drehung der Erde würde also die Schwere am Aequator Null sein.) Thatsächlich ist die Abnahme der Schwere erheblich grösser; das liegt theils an der Gestalt der Erde, deren Polradius kürzer ist, als der Aequatorradius, theils auch möglicher Weise an der inneren Vertheilung der Erdmasse.

Die mittlere Erdoberfläche ist ein Sphäroid von der Excentricität 0,00817. (Bessel.) Legt man durch μ einen Meridianschnitt der Erde, nennt den Polradius a, den Aequatorradius b, so ist die Gleichung des Schnittes, da die Axe der x mit der Erdaxe zusammenfällt, wenn wir die zweite Axe Axe der q nennen,

$$\frac{x^2}{a^2}+\frac{q^2}{b^2}=1.$$

β sei der Winkel, den die in μ an unseren Meridianschnitt gelegte Tangente mit der Erdaxe macht, d. i. die Polhöhe von μ. Dann ist nach bekannter Formel

$$\operatorname{tang}\beta = \pm\frac{b^2x}{a^2q}$$

woraus

$$q=\frac{b^2}{\sqrt{b^2+a^2\operatorname{tang}^2\beta}}.$$

Nennt man die Excentricität e, so ist $e = \sqrt{\frac{b^2 - a^2}{b^2}}$, also $\frac{a^2}{b^2} = 1 - e^2$, woraus

$$q = \frac{b}{\sqrt{1 + (1 - e^2)\operatorname{tang}^2\beta}}.$$

Da nun e eine recht kleine Grösse ist, kann sein Quadrat vernachlässigt werden: dann erhält man

$$(2) \qquad q = \frac{b}{\sqrt{1 + \operatorname{tang}^2\beta}} = b\cos\beta.$$

Nun ist aber q der Drehungsradius, den wir vorhin mit ρ bezeichneten. Daraus ergiebt sich zwischen μg und der reinen Erdanziehung R folgendes Verhältniss: Es sei $\overline{\mu A}$, Fig. 45, die geometrische Darstellung der Centrifugalkräfte. Sie ist nach aussen gerichtet: $\overline{\mu C}$, nach innen, sei R, $\overline{\mu B}$ sei die Resultante beider, also μg. Man sieht leicht, dass $\angle BCD = \beta$. Fällt man von B aus auf R ein Loth $\overline{BD}$, so ist

Fig. 45.

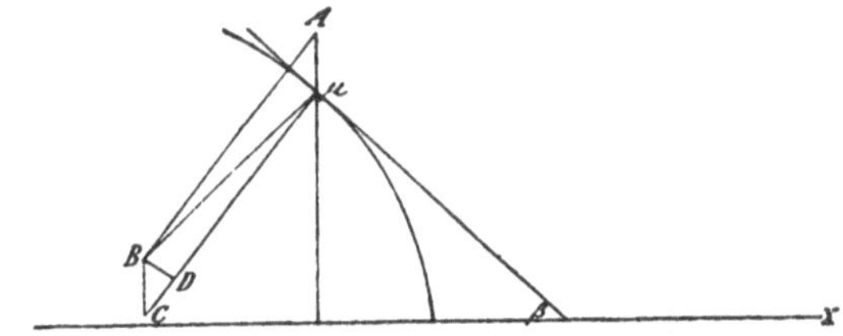

$$\overline{BD} = \overline{BC}\sin\beta = \overline{\mu A}\sin\beta, \quad \text{und} \quad DC = \overline{\mu A}\cos\beta.$$

Also ist, wenn man für μA seinen Werth einführt

$$(3) \qquad R = \sqrt{(\mu g)^2 - \left[\mu b\cos\beta\sin\beta\left(\frac{d\vartheta}{dt}\right)^2\right]^2} + \mu b\cos^2\beta\left(\frac{d\vartheta}{dt}\right)^2.$$

R ist grösser als μg und weicht bei uns nach Norden ab. Der Sinus des Abweichungswinkels $\overline{B\mu D}$ ist $\frac{\overline{BD}}{\mu g}$, was nach dem obigen leicht zu beziffern ist. Aus Gl. (3) folgt

$$(4) \qquad (\mu g)^2 = \left[R - \mu b\cos^2\beta\left(\frac{d\vartheta}{dt}\right)^2\right]^2 + \left[\mu b\cos\beta\sin\beta\left(\frac{d\vartheta}{dt}\right)^2\right]^2.$$

Da R gegen die übrigen Posten rechts gross ist, kann man annähernd die Quadratwurzel nach dem Schema $\sqrt{1+\varkappa} = 1 + \frac{1}{2}\varkappa$ ausziehen und erhält dann

$$(5) \qquad \mu g = R - \mu b\cos^2\beta\left(\frac{d\vartheta}{dt}\right)^2 + \frac{\left[\mu b\cos\beta\sin\beta\left(\frac{d\vartheta}{dt}\right)^2\right]^2}{2\left[R - \mu b\cos^2\beta\left(\frac{d\vartheta}{dt}\right)^2\right]}.$$

Hier kann der letzte Posten in roherer Annäherung noch weggelassen werden, weil er R im Nenner hat; dann bleibt

$$(6) \qquad \mu g = R - \mu b\cos^2\beta\left(\frac{d\vartheta}{dt}\right)^2.$$

Die Schwere würde also ungefähr mit dem Quadrat des Cosinus der geographischen Breite abnehmen, wenn die Erde so beschaffen wäre, dass ihre Anziehung an sich überall den gleichen Werth hätte.

Zweitens sei μ in Bewegung gegen die Erde. Dann tritt zu μg noch die Componente $-\dot{\psi}$, welche durch die letzten Glieder in (1) bestimmt ist. Wir haben also

$$(7)\quad \begin{cases} \dfrac{d^2\xi}{dt^2} = g\cos(g,\xi) \\ \dfrac{d^2\eta}{dt^2} = g\cos(g,\eta) + 2\dfrac{d\vartheta}{dt}\dfrac{d\zeta}{dt} \\ \dfrac{d^2\zeta}{dt^2} = g\cos(g,\zeta) - 2\dfrac{d\vartheta}{dt}\dfrac{d\eta}{dt} \end{cases}$$

als Gleichungen der Bewegung von μ.

Unter Umständen kann es vortheilhaft sein, nicht im System der ξ, η, ζ, sondern in einem andern System zu rechnen, in welchem die Beobachtung an der Erdoberfläche sich einfach präsentirt. Ein solches System wäre z. B. eins, dessen x-Axe an der Oberfläche der Erde nach Norden, die y-Axe nach Westen, die z-Axe vertical nach oben gerichtet ist. Wir wollen die vorstehenden Gleichungen noch auf dies System, welches nunmehr das System der x, y, z genannt werde, umrechnen. Dazu denken wir uns die Axe der ζ durch den Meridian von μ gelegt. Die Axe der y ist dann parallel der Axe der η, die der x macht mit ξ den Winkel β und mit ζ den Winkel $\frac{\pi}{2}+\beta$, die der z macht mit ζ den Winkel β, mit ξ aber $\frac{\pi}{2}-\beta$.

Demnach ist

$$(8)\quad \begin{cases} \xi = x\cos\beta + z\sin\beta \\ \eta = y \\ \zeta = -x\sin\beta + z\cos\beta, \end{cases} \qquad (9)\quad \begin{cases} x = \xi\cos\beta - \zeta\sin\beta \\ y = \eta \\ z = \xi\sin\beta + \zeta\cos\beta. \end{cases}$$

Die Componenten von $-\dot{\psi}$ werden also nach (9)

$$(10)\quad \begin{cases} -\dot{\psi}_x = 2\dfrac{d\vartheta}{dt}\dfrac{d\eta}{dt}\sin\beta \\ -\dot{\psi}_y = 2\dfrac{d\vartheta}{dt}\dfrac{d\zeta}{dt} \\ -\dot{\psi}_z = -2\dfrac{d\vartheta}{dt}\dfrac{d\eta}{dt}\cos\beta, \end{cases}$$

und wenn man hierin für $\frac{d\eta}{dt}$ und $\frac{d\zeta}{dt}$ ihre Werthe aus (8) setzt, so kommt

$$(11)\quad \begin{cases} -\dot{\psi}_x = 2\dfrac{d\vartheta}{dt}\dfrac{dy}{dt}\sin\beta \\ -\dot{\psi}_y = 2\dfrac{d\vartheta}{dt}\left(-\dfrac{dx}{dt}\sin\beta + \dfrac{dz}{dt}\cos\vartheta\right) \\ -\dot{\psi}_z = -2\dfrac{d\vartheta}{dt}\dfrac{dy}{dt}\cos\beta; \end{cases}$$

also sind die Totalbeschleunigungen aus Rotation und Schwere

$$(12)\quad\begin{cases}\dfrac{d^2x}{dt^2}=2\dfrac{d\vartheta}{dt}\dfrac{dy}{dt}\sin\beta\\[2mm]\dfrac{d^2y}{dt^2}=2\dfrac{d\vartheta}{dt}\left(-\dfrac{dx}{dt}\sin\beta+\dfrac{dz}{dt}\cos\beta\right)\\[2mm]\dfrac{d^2z}{dt^2}=-g-2\dfrac{d\vartheta}{dt}\dfrac{dy}{dt}\cos\beta.\end{cases}$$

Dabei ist indessen vorausgesetzt, die Bewegung von μ halte sich innerhalb derjenigen Grenzen, wo β als constant betrachtet werden kann; geht sie meilenweit, so müssen auch die Differentialcoefficienten von $\cos\beta$ und $\sin\beta$ eingeführt werden.

Multiplicirt man in (12) die erste Gleichung mit $\frac{dx}{dt}$, die zweite mit $\frac{dy}{dt}$, die dritte mit $\frac{dz}{dt}$ und addirt, so erhält man

$$\frac{d}{dt}(\tfrac{1}{2}v^2)=-\frac{d}{dt}(gz).$$

Das Princip der lebendigen Kräfte gilt also für unsern Fall gerade so, als ob die zusammengesetzte Centrifugalkraft nicht existirte.

Concrete Fälle. 1) μ ist frei. Wir setzen voraus, die Bewegung sei so klein, dass β und g constant bleiben, benutzen zur Integration das System (7) und denken uns dabei die Axe der ζ durch μ gelegt. Da in den Gleichungen nur Differentialquotienten der Coordinaten, nicht die Coordinaten selbst vorkommen, ändern sie sich nicht, wenn wir das Coordinatensystem parallel mit sich selbst an die Erdoberfläche schieben. Es ist

$$\cos(g,\xi)=-\sin\beta,\quad \cos(g,\eta)=0,\quad \cos(g,\zeta)=-\cos\beta;$$

wir bezeichnen nunmehr $\frac{d\vartheta}{dt}$ durch den einfachen Buchstaben w; wir haben also

$$(13)\quad\begin{cases}\dfrac{d^2\xi}{dt^2}=-g\sin\beta\\[2mm]\dfrac{d^2\eta}{dt^2}=2w\dfrac{d\zeta}{dt}\\[2mm]\dfrac{d^2\zeta}{dt^2}=-g\cos\beta-2w\dfrac{d\eta}{dt}.\end{cases}$$

Sind a, b, c die drei Componenten der Anfangsgeschwindigkeit, so liefern sie

$$\frac{d\xi}{dt}=a-gt\sin\beta,\quad \frac{d\eta}{dt}=2w\zeta+b,\quad \frac{d\zeta}{dt}=c-gt\cos\beta-2w\eta.$$

Die erste von diesen giebt unmittelbar, wenn wir die Anfangslage von μ zum Coordinatenanfang nehmen

$$(14)\qquad \xi=at-\tfrac{1}{2}gt^2\sin\beta.$$

Combinirt man die zweite Gl. (13) in der Art, wie es beim Princip der lebendigen Kräfte geschieht, mit der dritten, so erhält man

$$\frac{1}{2}\frac{d}{dt}\left[\left(\frac{d\eta}{dt}\right)^2+\left(\frac{d\zeta}{dt}\right)^2\right]=-g\cos\beta\frac{d\zeta}{dt},$$

also

$$\left(\frac{d\eta}{dt}\right)^2+\left(\frac{d\zeta}{dt}\right)^2=b^2+c^2-2g\cos\beta\,\zeta.$$

Setzt man hierin für $\frac{d\eta}{dt}$ seinen Werth $b+2w\zeta$, so kommt

$$4bw\zeta+4w^2\zeta^2+\left(\frac{d\zeta}{dt}\right)^2=c^2-2g\cos\beta\,\zeta,$$

$$dt=\frac{d\zeta}{\pm\sqrt{c^2-2(2bw+g\cos\beta)\zeta-4w^2\zeta^2}}.$$

Hier ist von den Vorzeichen der Wurzel das obere zu wählen, so lange μ steigt, das untere, so lange μ fällt. Setzt man abkürzend

$$\varkappa \text{ für } \frac{c}{2w},\quad \lambda \text{ für } \frac{2bw+g\cos\beta}{4w^2},$$

so ist

$$2w\,dt=\pm\frac{d\zeta}{\sqrt{\varkappa^2+\lambda^2-(\lambda+\zeta)^2}}.$$

Daraus findet man mit Rücksicht auf die Anfangsbedingung $\zeta=0$ für $t=0$

$$2wt\pm\arccos\frac{\lambda}{\sqrt{\varkappa^2+\lambda^2}}=\pm\arccos\frac{\lambda+\zeta}{\sqrt{\varkappa^2+\lambda^2}}.$$

Nimmt man auf beiden Seiten die Cosinus, so kommt, da

$$\sqrt{1-\frac{\lambda^2}{\varkappa^2+\lambda^2}}=\frac{\pm\varkappa}{\sqrt{\varkappa^2+\lambda^2}},$$

$$\zeta=\lambda\cos 2wt\pm\varkappa\sin 2wt-\lambda.$$

ζ muss jedenfalls, wenn wir irgend einen Punkt der Bahn zum Anfangspunkt nehmen, für unendlich kleines t das Vorzeichen von c haben; für unendlich kleines t reducirt sich aber der Ausdruck für ζ auf $\pm\varkappa\sin 2wt$; also ist für beide Bewegungen das positive Vorzeichen von $\varkappa$ zu wählen; denn ζ ist dann für $t=dt$ von gleichem Vorzeichen mit c. Führt man nun die Werthe von $\varkappa$ und λ wieder ein, so kommt

$$(15)\qquad 4w^2\zeta=(2bw+g\cos\beta)(\cos 2wt-1)+2wc\sin 2wt.$$

Damit liefert die Gleichung $\frac{d\eta}{dt}=2w\zeta+b$ nebst der Bedingung $\eta=0$ für $t=0$

$$(16)\qquad \eta=\frac{b}{2w}\sin 2wt+\frac{g\cos\beta}{4w^2}(\sin 2wt-2wt)-\frac{c}{2w}(\cos 2wt-1).$$

Die drei Gleichungen (14), (15), (16) enthalten die Lösung des Problems.

Erster Specialfall. Freier Fall aus der Ruhe. $a=b=c=0$. Wir haben

$$(17)\qquad \begin{cases} \xi=-\tfrac{1}{2}g\sin\beta\,.\,t^2 \\ \eta=\frac{g\cos\beta}{4w^2}(\sin 2wt-2wt) \\ \zeta=\frac{g\cos\beta}{4w^2}(\cos 2wt-1), \end{cases}$$

$$\begin{cases} \frac{d\xi}{dt} = -g\sin\beta . t \\ \frac{d\eta}{dt} = \frac{g\cos\beta}{2w}(\cos 2wt - 1) \\ \frac{d\zeta}{dt} = -g\cos\beta . t - \frac{g\cos\beta}{2w}(\sin 2wt - 2wt). \end{cases}$$

Die Gleichungen für η und ζ zeigen, dass die Projection der Bahn auf die Ebene der $\eta\zeta$ (Ebene des Parallelkreises) eine Cycloide ist; und da die Cycloide vom Wälzungsradius r mit dem Wälzungswinkel χ, welche im ersten Quadranten des Coordinatenfeldes liegt und der Axe der η ihre concave Seite zukehrt, die Gleichungen hat

$$\eta = r(\chi - \sin\chi), \qquad \zeta = r(1 - \cos\chi)$$

so folgt, dass unsere Cycloide auf der Seite der negativen η und ζ liegt, dass ihre Anfangselemente also nach Osten und nach der Erdaxe hin gerichtet sind, während ihre convexe Seite der Axe der ζ zugekehrt ist. Der Wälzungskreis hat den Radius $\frac{g\cos\beta}{4w^2}$; er dreht sich mit der doppelten Winkelgeschwindigkeit der Erde. Da η stets negativ ist, weicht μ nach Osten hin aus dem Meridian ab. Transformiren wir die Gleichungen (17) mittelst (9) auf das in (9) gebrauchte System der x, y, z, so findet sich

$$x = -\tfrac{1}{2}g\sin\beta\cos\beta . t^2 - \frac{g\cos\beta\sin\beta}{4w^2}(\cos 2wt - 1),$$

$$y = \frac{g\cos\beta}{4w^2}(\sin 2wt - 2wt),$$

$$z = -\tfrac{1}{2}g\sin^2\beta . t^2 + \frac{g\cos^2\beta}{2w^2}(\cos 2wt - 1).$$

Entwickeln wir $\cos 2wt$ und $\sin 2wt$ in Reihen, so wird

$$(\cos 2wt - 1) = -\frac{(2wt)^2}{2!} + \frac{(2wt)^4}{4!} \cdots$$

$$\sin 2wt = 2wt - \frac{(2wt)^3}{3!} \cdots$$

Da w sehr klein ist, und t nicht gross sein darf, weil g und β sonst nicht constant angenommen werden dürften, kann man die Potenzen von wt, welche höher als die zweite sind, vernachlässigen. Dann ergiebt sich

$$(18) \qquad \begin{cases} x = -\tfrac{1}{6}gw^2\sin\beta\cos\beta t^4 \\ y = -\tfrac{1}{3}gw\cos\beta t^3 \\ z = -\tfrac{1}{2}gt^2 + \tfrac{1}{6}gw^2\cos^2\beta t^4. \end{cases}$$

Es findet also eine Abweichung zweiter Ordnung nach Süden, eine erster Ordnung nach Osten und zugleich eine Verminderung der Fallhöhe statt, die zweiter Ordnung, also unbedeutend ist. Vernachlässigt man noch die Glieder mit w^2, so ist die Bahn eben und eine Neil'sche Parabel.

Die Rechnung gilt nicht in der Nähe der Pole, weil dort die Variation von β nicht mehr zu vernachlässigen ist. Sie ist ferner ohne Rücksicht auf die Variation der Erdanziehung mit der Höhe geführt. Page (Nouvelles Annales de Math,

Serie 2 Band 6) berechnet, dass bei nahe 30 Sekunden Fallzeit (4000 m Fallhöhe) die Variation der Schwere 0,006 ihres ursprünglichen Werthes beträgt, und schätzt hiernach die höchste zulässige Fallzeit auf etwa 30 Sekunden.

Zweiter Specialfall. μ besitzt eine vertical aufwärts gerichtete Anfangsgeschwindigkeit v_0; dann ist $a = v_0 \sin\beta$, $b = 0$, $c = v_0 \cos\beta$

$$(19)\quad \begin{cases} \xi = v_0 t \sin\beta - \frac{1}{2} g t^2 \sin\beta \\ \eta = \frac{g\cos\beta}{4w^2}(\sin 2wt - 2wt) - \frac{v_0\cos\beta}{2w}(\cos 2wt - 1) \\ \zeta = \frac{g\cos\beta}{4w^2}(\cos 2wt - 1) + \frac{v_0\cos\beta}{2w}\sin 2wt, \end{cases}$$

$$(20)\quad \begin{cases} \frac{d\xi}{dt} = v_0\sin\beta - gt\sin\beta \\ \frac{d\eta}{dt} = 2w\zeta \\ \frac{d\zeta}{dt} = v_0\cos\beta - gt\cos\beta - 2w\eta. \end{cases}$$

Setzt man

$$\eta' = \eta - \frac{v_0\cos\beta}{2w}(\cos 2wt - 1) = \frac{g\cos\beta}{4w^2}(\sin 2wt - 2wt)$$

$$\zeta' = \zeta + \frac{v_0\cos\beta}{2w}\sin 2wt \qquad = \frac{g\cos\beta}{4w^2}(\cos 2wt - 1),$$

so sieht man, dass die Projection von μ auf die $\eta\zeta$-Ebene in einem in dieser Ebene beweglichen Coordinatensystem der η', ζ' die Cycloide des ersten Specialfalls beschreibt. Das Coordinatensystem der η', ζ' hat Axen, welche denen der η, ζ parallel sind: sein Anfangspunkt ω hat die Coordinaten

$$\eta_\omega = \frac{v_0\cos\beta}{2w}(\cos 2wt - 1), \qquad \zeta_\omega = -\frac{v_0\cos\beta}{2w}\sin 2wt$$

unterliegt also der Bedingung

$$\left(\eta_\omega + \frac{v_0\cos\beta}{2w}\right)^2 + \zeta_\omega^2 = \left(\frac{v_0\cos\beta}{2w}\right)^2$$

d. h. ω bewegt sich auf einem Kreise vom Radius $\frac{v_0\cos\beta}{2w}$, dessen Mittelpunkt in $\zeta = 0$, $\eta = -\frac{v_0\cos\beta}{2w}$ liegt. Zieht man von diesem Mittelpunkt nach ω einen Radius, so macht dieser Radius mit der Axe der η den Winkel $\pm 2wt$ und mit der der ζ den Winkel, dessen Cosinus $-\sin 2wt$ ist; der Radius dreht sich also mit der Winkelgeschwindigkeit $2w$.

Führen wir die oben gegebenen Ausdrücke für $\sin wt$ und $\cos wt - 1$ ein, so kommt mit Weglassung eines Gliedes, welches w^3 enthält,

$$\eta = v_0\cos\beta\, wt^2 - \tfrac{1}{3} g\cos\beta\, wt^3$$
$$\zeta = v_0\cos\beta\, t - \tfrac{1}{2} g\cos\beta\, t^2 - \tfrac{2}{3} v_0\cos\beta\, w^2 t^3 + \tfrac{1}{6} g\cos\beta\, w^2 t^4.$$

Wir transformiren nunmehr mittels der Gleichung (9) auf das System der x, y, z, dessen Axen nach Norden, Westen und oben zeigen. Das ergiebt

$$(21)\quad \begin{cases} x = \frac{2}{3} v_0 \cos\beta \sin\beta\, w^2 t^3 - \frac{1}{8} g \cos\beta \sin\beta\, w^2 t^4 \\ y = \eta = v_0 \cos\beta\, w t^2 - \frac{1}{3} g \cos\beta\, w t^3 \\ z = v_0 t - \frac{1}{2} g t^2 - \frac{2}{3} v_0 \cos^2\beta\, w^2 t^3 + \frac{1}{6} g \cos\beta^2 w^2 t^4, \end{cases}$$

$$\frac{dz}{dt} = v_0 - gt - 2 v_0 \cos^2\beta\, w^2 t^2 + \frac{2}{3} g \cos^2\beta\, w^2 t^3.$$

In $\frac{dz}{dt}$ kommt w gar nicht in der ersten Potenz vor; man kann also mit grosser Annäherung $\frac{dz}{dt} = v_0 - gt$ setzen; das giebt für die Steigzeit $t_m = \frac{v_0}{g}$ und damit aus der Formel für z die Steighöhe

$$z_m = \frac{v_0^2}{2g}\left(1 - w^2 \cos^2\beta \frac{v_0^2}{g^2}\right).$$

In x tritt zuerst eine Abweichung nach Norden ein; dieselbe nimmt zu, bis $\frac{dx}{dt} = 0$ wird, was, wie man leicht findet, für $t = 3\frac{v_0}{g}$ der Fall ist, also erst nachdem μ beim Herabfallen die doppelte Steigzeit zurückgelegt hat; den höchsten Punkt seiner Bahn passirt also μ mit einer nach Norden gerichteten Geschwindigkeit; diese nimmt ab, wird vom Augenblick $t = 3\frac{v_0}{g}$ negativ, bringt μ zur Zeit, wo $x = 0$, d. i. zur Zeit $t = 4\frac{v_0}{g}$ wieder in die yz-Ebene, und von da ab ist die Abweichung nach Süden gerichtet. Aehnliches ist in y der Fall: $\frac{dy}{dt}$ ist erst nach Westen gerichtet, μ passirt seinen höchsten Punkt mit westlicher Geschwindigkeit; $\frac{dy}{dt}$ wird Null für $t = 2\frac{v_0}{g}$, also in der ursprünglichen Höhe; dabei ist aber y noch gleich $\frac{4}{3} w \cos\beta \frac{v_0^3}{g^2}$; erst für $t = 3\frac{v_0}{g}$ tritt μ wieder in den Meridian des Ausgangspunktes und weicht von da ab nach Osten hin ab. Die westliche Abweichung im höchsten Punkt ist $\frac{2}{3}\frac{v_0^3}{g^2} w \cos\beta$, also doppelt so gross, wie die östliche beim freien Fall aus der Steighöhe.

Der allgemeine Fall, dass a, b und c endliche Werthe haben, kann analog dem vorigen behandelt werden.

2) μ auf einer horizontalen Ebene. Wir beziehen die Gleichungen der Bewegung, um die Bedingung bequem ausdrücken zu können, auf das System der x, y, z, wo sie die Form (12)

$$(22)\quad \begin{cases} \frac{d^2x}{dt^2} = 2w \sin\beta \frac{dy}{dt} \\ \frac{d^2y}{dt^2} = 2w\left(-\sin\beta \frac{dx}{dt} + \cos\beta \frac{dz}{dt}\right) \\ \frac{d^2z}{dt^2} = -g - 2w \cos\beta \frac{dy}{dt} + N \end{cases}$$

mit der Bedingung

$$z = 0$$

haben, welche ohne Weiteres ergiebt, dass die von der Ebene zu liefernde Normalbeschleunigung

$$N = g + 2w \cos\beta \frac{dy}{dt} \quad \text{ist.}$$

Das Princip der lebendigen Kraft giebt, wenn die Anfangsgeschwindigkeiten a und b sind,

$$\left(\frac{dx}{dt}\right)^2 + \left(\frac{dy}{dt}\right)^2 = a^2 + b^2 \quad \text{oder}$$

$$v = v_0.$$

Wegen $\frac{dz}{dt} = 0$ reducirt sich die zweite Gleichung (22) auf ihr erstes Glied. Die beiden ersten geben dann

$$\frac{dx}{dt} = a + 2w \sin\beta y, \qquad \frac{dy}{dt} = b - 2w \sin\beta x.$$

Es ist also

$$(23) \qquad \left(y + \frac{a}{2w \sin\beta}\right)^2 + \left(x - \frac{b}{2w \sin\beta}\right)^2 = \left(\frac{v_0}{2w \sin\beta}\right)^2,$$

d. h. μ bewegt sich auf einem Kreise, dessen Mittelpunkt die Coordinaten $x_\omega = \frac{b}{2w \sin\beta}$, $y_\omega = -\frac{a}{2w \sin\beta}$ hat, und dessen Durchmesser $\frac{v^0}{2w \sin\beta}$ ist. Dividirt man v_0 durch diesen Radius, so erhält man die $\pm$ Winkelgeschwindigkeit von μ auf diesem Kreise; sie ist, wenn der laufende Winkel mit φ bezeichnet wird

$$\pm \frac{d\varphi}{dt} = 2w \sin\beta, \quad \text{woraus } \pm\varphi = 2w \sin\beta t,$$

wenn man φ vom Ausgangspunkte ab zählt. Der Ausdruck für φ und $\frac{d\varphi}{dt}$ ist unabhängig von v_0, also für alle Bewegungen von μ derselbe. $2w \sin\beta$ ist für die Breite von 50° rund 0,000115.

Die beiden vorstehenden Gleichungen enthalten die Lösung der Aufgabe, wenn man noch in ihnen das Vorzeichen bestimmt. Setzen wir β zunächst positiv, und lassen μ in den ersten Quadranten hineingehen ($a > 0$, $b > 0$), so liegt der Mittelpunkt des Kreises im letzten Quadranten ($x_\omega > 0$, $y_\omega < 0$), die Drehung geht also im gleichen Sinn wie eine Drehung von der y zur x-Axe hin vor sich, d. h. das negative Zeichen ist zu wählen:

$$(24) \qquad \frac{d\varphi}{dt} = -2w \sin\beta, \quad \varphi = -2w \sin\beta t.$$

Auf der nördlichen Halbkugel weicht μ für einen aufrecht hinter ihm herschauenden Beobachter stets nach rechts ab; auf der südlichen nach links. (Gesetz, wonach die Flüsse ihre Ufer unterwaschen.) Der Betrag der Abweichung ist zur Zeit t, wie man leicht findet, $D = \frac{v_0}{2w \sin\beta}(1 - \cos\varphi)$; die Projection der Bahn auf die Anfangsrichtung v_0 ist $\frac{v_0}{2w \sin\beta} \sin\varphi$. Da φ schon w enthält, kann annähernd $\sin\varphi = \varphi$ genommen werden, womit $1 - \cos\varphi = \frac{1}{2}\varphi^2$ wird. Damit wird die Abweichung $v_0 w t^2 \sin\beta$ und die Projection der Bahn auf die Anfangsrichtung $v_0 t$.

Unter dem Aequator fällt die Abweichung D ganz fort; die Bewegung verläuft, als ob die Erde in Ruhe wäre; nur bleibt für N die Formel $N = g + 2w\frac{dy}{dt}$. Ist also $\frac{dy}{dt}$ negativ, d. h. nach Osten gerichtet, so wird der Normaldruck verringert, und wenn dabei der absolute Werth von $\frac{dy}{dt}$ so gross ist, dass N zu Null oder negativ wird, so verlässt μ die Horizontalebene, bezw. steigt aufwärts. Die dazu erforderliche Geschwindigkeit müsste $6550\frac{\text{m}}{\text{sec}}$ übersteigen.

In der Nähe der Pole gilt die ganze Rechnung nicht mehr, weil dort die Variation der Breite, welche aus der Bewegung von μ hervorgeht, nicht mehr gegen die Breite selbst zu vernachlässigen ist.

Dort fällt g bis auf Grössen zweiter Ordnung in die Richtung der ξ. Zugleich ist nicht zu vergessen, dass die Horizontale unter dem Pol sogut wie überall die ganze Grösse g (Erdanziehung $\mp$ Centrifugalkraft) aufhebt. Es wird demnach aus Gl. (7)

$$(25)\qquad \begin{cases} \dfrac{d^2\xi}{dt^2} = 0 = -g + N \\[2mm] \dfrac{d^2\eta}{dt^2} = 2w\dfrac{d\zeta}{dt} \\[2mm] \dfrac{d^2\zeta}{dt^2} = -2w\dfrac{d\eta}{dt}. \end{cases}$$

Die beiden letzten Gleichungen geben

$$\frac{d\eta}{dt} = 2w\zeta + a, \qquad \frac{d\zeta}{dt} = -2w\eta + b,$$

wenn a und b die Anfangsgeschwindigkeiten in η und ζ sind. Man findet ausserdem sehr leicht $v^2 = a^2 + b^2$. Damit ergiebt sich aus den beiden vorstehenden Gleichungen

$$(2w\zeta + a)^2 + (2w\eta - b)^2 = a^2 + b^2,$$

d. i. wieder die Gleichung eines Kreises, der den Radius $\frac{\sqrt{a^2+b^2}}{2w}$ hat und dessen Mittelpunkt in $\zeta = -\frac{a}{2w}$, $\eta = \frac{b}{2w}$ liegt. Das übrige wie oben.

Anm. Die in der Litteratur sehr verbreitete Angabe, der Punkt μ beschreibe unter dem Pol eine archimedische Spirale, erhält man, wenn man zu den obigen Gleichungen noch die Centrifugalkräfte hinzufügt, wenn man also schreibt

$$\frac{d^2\eta}{dt^2} = 2w\frac{d\zeta}{dt} + w^2\eta, \qquad \frac{d^2\zeta}{dt^2} = -2w\frac{d\eta}{dt} + w^2\zeta.$$

Diese Gleichungen gelten für eine im Pol an die Erde gelegte Tangentialebene. Die Erdoberfläche selbst hebt aber die Centrifugalkraft mit auf; für die Bewegung eines Punktes μ auf der horizontalen Erdoberfläche muss man also consequenterweise die Kräfte $w^2\eta$ und $w^2\zeta$ als aufgehoben betrachten — das obige Resultat: „μ beschreibt einen Kreis“, ist genauer als das hier angeführte. Ein ganz zuverlässiges Resultat erhält man aber erst, wenn man ausser der Thatsache, dass die Erdoberfläche die Centrifugalkraft aufhebt, auch die berücksichtigt, dass sie gekrümmt ist.

3) Das sphärische Pendel auf der bewegten Erde. Die Gleichungen eines Punktes, der sich auf einer relativ zur Erde ruhenden Kugel bewegt, sind im System der x, y, z die Gleichungen (12) mit Rücksicht auf die Bedingung, wenn der Coordinatenanfang im tiefsten Punkt der Kugel liegt:

$$(26) \qquad x^2+y^2+(z-a)^2 = a^2,$$

$$(27) \qquad \begin{cases} \dfrac{d^2x}{dt^2} = 2w\sin\beta\dfrac{dy}{dt}+\lambda x \\ \dfrac{d^2y}{dt^2} = 2w\left(-\sin\beta\dfrac{dx}{dt}+\cos\beta\dfrac{dz}{dt}\right)+\lambda y \\ \dfrac{d^2z}{dt^2} = -g-2w\cos\beta\dfrac{dy}{dt}+\lambda(z-a). \end{cases}$$

Wir integriren dieselben unter der Voraussetzung, dass μ unendlich kleine Schwingungen mache. Dann ist aus (26)

$$2az-z^2 = x^2+y^2$$

also, weil z^2 gegen z vernachlässigt werden kann

$$z = \frac{x^2+y^2}{2a}$$

z und $\dfrac{dz}{dt}$ sind also unendlich klein zweiter Ordnung. Es kann somit z und $\dfrac{dz}{dt}$ überall gegen x, y etc. vernachlässigt werden. Damit liefert das Princip der lebendigen Kräfte

$$(28) \qquad \left(\frac{dx}{dt}\right)^2+\left(\frac{dy}{dt}\right)^2 = (-2gz+h) = -\frac{g}{a}(x^2+y^2)+h,$$

$$x\frac{d^2y}{dt^2}-y\frac{d^2x}{dt^2} = -2w\sin\beta\left(x\frac{dx}{dt}+y\frac{dy}{dt}\right),$$

$$(29) \qquad x\frac{dy}{dt}-y\frac{dx}{dt} = -w\sin\beta(x^2+y^2)+c.$$

Setzt man in (28) und (29) $x = r\cos\vartheta$, $y = r\sin\vartheta$, so bekommt man

$$(30) \qquad \left(\frac{dr}{dt}\right)^2+r^2\left(\frac{d\vartheta}{dt}\right)^2 = -\frac{g}{a}r^2+h$$

$$r^2\frac{d\vartheta}{dt} = c-wr^2\sin\beta.$$

Setzen wir nun

$$\vartheta+tw\sin\beta = \chi, \text{ also } \frac{d\vartheta}{dt} = \frac{d\chi}{dt}-w\sin\beta,$$

so wird die letzte Gleichung

$$(31) \qquad r^2\frac{d\chi}{dt} = c.$$

Aus Gl. (30) aber wird

$$\left(\frac{dr}{dt}\right)^2+r^2\left(\frac{d\chi}{dt}\right)^2-2r^2\frac{d\chi}{dt}w\sin\beta = -\left(\frac{g}{a}+w^2\sin^2\beta\right)r^2+h.$$

Setzt man hierin für $r^2 \frac{d\chi}{dt}$ seinen Werth aus (31) und vernachlässigt das Glied mit w^2, so kommt

$$\left(\frac{dr}{dt}\right)^2 + r^2\left(\frac{d\chi}{dt}\right)^2 = -\frac{g}{a}r^2 + 2cw\sin\beta + h.$$

Und wenn man nun $2cw\sin\beta + h$ in eine neue Constante H zusammenfasst, hat man die Gleichungen

$$(32)\qquad \begin{cases} r^2 \dfrac{d\chi}{dt} = c \\ \left(\dfrac{dr}{dt}\right)^2 + r^2\left(\dfrac{d\chi}{dt}\right)^2 = -\dfrac{g}{a}r^2 + H. \end{cases}$$

In diesen kommt aber w nicht mehr vor; sie sind also die Gleichungen für die unendlich kleinen Schwingungen eines Punktes μ, der auf der ruhenden Erde an eine Kugelfläche gefesselt wäre. D. h. μ bewegt sich wie ein gewöhnliches Raumpendel in einem Coordinatensystem, dessen Fundamentalebene durch die Bedingung

$$\chi = \vartheta + tw\sin\beta$$

bestimmt ist; d. h. diese Fundamentalebene dreht sich mit der Winkelgeschwindigkeit $-w\sin\beta$ um die Verticale. w ist positiv, lassen wir also das Pendel ebene Schwingungen ausführen, so dreht sich seine Schwingungsebene von $+x$ nach $-y$, von Norden nach Osten, gleichsinnig mit der scheinbaren Bewegung der Sonne.

101. Experimentelle Bestätigung; Folgerungen. Die im vorigen Capitel gezogenen Schlüsse sind, soweit der Versuch reicht, durch die Erfahrung bestätigt worden. Insbesondere fand Reich in Freiburg für $\beta = 50^0 57'$, $g = 981{,}1 \frac{\text{cm}}{\text{sec}^2}$, $z = 15850\text{cm}$, beim Fall eines kleinen schweren Körpers aus der Ruhelage $y = 28{,}4$, während die Rechnung 27,5 ergiebt. Die das Pendel betreffende Rechnung wurde durch Foucault's bekannten Versuch bestätigt.

Es folgt hieraus: 1) dass ein in der Erde festliegendes Coordinatensystem thatsächlich kein Fundamentalsystem ist;

2) dass wir aber mit der Genauigkeit, welche das Experiment zulässt, ein Fundamentalsystem angeben können.

Mit Rücksicht darauf, dass auch die Anziehung der Sonne bei der Bewegung schwerer Körper auf der Erde in Betracht gezogen wurde, ist dies Fundamentalsystem folgendermaassen zu bestimmen: es ist ein System, in welchem der Mittelpunkt der Sonne festliegt, und welches relativ zur Erde die Winkelgeschwindigkeit $-w$ hat.

In diesem System F und in jedem andern, welches relativ zu ihm ruht oder sich gleichförmig verschiebt, gilt das Trägheitsprincip;

in einem andern System aber, welches sich gegen F dreht, gilt es nicht mehr, wie die Erfahrung an der Erde zeigt. Daraus folgt aber der wichtige Satz:

Die Fundamentalsysteme müssen im realen Universum physisch bestimmt sein. Denn wenn das System F sich nicht physisch von dem in der Erde festliegenden Coordinatensystem unterschiede, wäre kein Grund vorhanden, warum die Kraftbestimmung in ihm anders ausfallen sollte, als in diesem.

Ein Coordinatensystem kann nun physisch nur bestimmt sein durch einen realen Körper, in dem es fest liegt. Es muss also ein Körper vorhanden sein, der das System F bestimmt, und die Existenz dieses Körpers muss sich im ganzen Weltraum geltend machen, wenn wir die unabweisbare Annahme machen, dass auf anderen Weltkörpern dieselben Bewegungsgesetze herrschen, wie auf der Erde. Die einfachste Vorstellung von dem fraglichen Körper erhalten wir, wenn wir annehmen: das Universum ist durchdrungen von einem Medium, welches einerseits die Kräfte vermittelt, die wir zwischen irgend zwei Körpern wahrnehmen, und aus dessen Eigenschaften andererseits die Trägheit der ponderablen Materie hervorgeht. Dies Medium ist dann der fragliche Körper; Coordinatensysteme, welche in demselben festliegen (oder nur gleichförmige Translation besitzen) sind Fundamentalsysteme. Das Trägheitsprincip ist im letzten Grunde eine Eigenschaft der Materie relativ zum Medium.

Schlussbemerkung. Durch die Untersuchung des § **99.** sind nun auch die Mittel zur Ergänzung der Lagrange'schen Methode gegeben, auf welche am Schluss der allgemeinen Entwicklungen von § **91.** verwiesen wurde. Sieht man sich veranlasst, ein Problem nach Lagrange in einem Coordinatensystem mit beweglichen Fundamentalpunkten und -linien zu behandeln, so kann man nach **99.** die Relativkräfte in diesem System bestimmen und dann auf sie die Lagrangesche Grundgleichung anwenden.

Zweite Abtheilung.
Zwei und viele Punkte.

Erste Unterabtheilung.
Zwei Punkte.

102. Die Naturkräfte sind Kräfte, mit welchen die Körper einander gegenseitig afficiren. Eine scharfe Betrachtung ihres Wesens wird also erst möglich, wenn wir wenigstens zwei gleichzeitig gegebene materielle Punkte untersuchen. In Folge dessen benutzen wir die specielle Untersuchung über zwei Punkte zur Verschärfung und Verallgemeinerung bisher gewonnener Begriffe, so wie zur Einführung einiger neuen Hülfsbegriffe; im Uebrigen lassen sich die allgemeinen Grundsätze der Behandlung eben so bequem für beliebig viele, wie für zwei Punkte aufstellen; wir werden daher die Theorie der Bewegung von zwei Punkten im Speciellen nur so weit durchführen, wie erforderlich ist, um die Gesetze der Bewegung zweier Punkte, die sich nach der Newton'schen Formel anziehen, abzuleiten; für das Weitere sei auf die zweite Unterabtheilung verwiesen.

So lange wir nur einen Punkt betrachteten, war es ziemlich gleichgültig, ob wir mit den kinematischen Begriffen Geschwindigkeit, Beschleunigung, etc. oder mit den dynamischen Begriffen Bewegungsmenge, Kraft etc. operirten. Denn der Quotient $\frac{\text{Bewegungsmenge}}{\text{Geschwindigkeit}}$ oder $\frac{\text{Kraft}}{\text{Beschleunigung}}$ ist ja einfach die constante Masse μ für den betrachteten Punkt. Untersuchen wir aber mehrere gleichzeitig gegebene Punkte μ_1, μ_2 u. s. w., so ist im allgemeinen μ_1 von μ_2 u. s. w. verschieden; jener Quotient ist also für die verschiedenen Punkte verschieden. Es ist also nicht mehr gleichgültig, ob wir mit Kräften und Bewegungsmengen, oder ob wir mit Beschleunigungen und Geschwindigkeiten rechnen; haben die ersteren einfache Verhältnisse, so ist das für die letzteren nicht mehr der Fall, und umgekehrt. Die directe Einwirkung der Naturkörper aufeinander wird nun durch Kräfte beziffert; es werden also die Kräfte und Bewegungsmengen einfachere Verhältnisse haben, als die Beschleunigungen und Geschwindigkeiten; demnach wird es geboten sein, von jetzt ab in sämmtlichen Begriffen die Massen von vorn herein einzuführen. (Das ist der Hauptgrund, wesshalb die technischen Ausdrücke „lebendige Kraft", „Arbeit" ursprünglich mit Rücksicht auf die Masse gebildet wurden.)

A. Schwerpunktseigenschaften.

103. Ortsquantität; Schwerpunkt. Gegeben sei zunächst ein Punkt μ im System der x, y, z. Wir kennen an demselben folgende Hauptbegriffe:

1a) Beschleunigung $\mathfrak{u}$; deren Componenten sind $\frac{d^2x}{dt^2}, \frac{d^2y}{dt^2}, \frac{d^2z}{dt^2}$.

1b) Kraft f oder $\mu\mathfrak{u}$; deren Componenten sind $\mu\frac{d^2x}{dt^2}, \mu\frac{d^2y}{dt^2}, \mu\frac{d^2z}{dt^2}$.

2a) Geschwindigkeit v; deren Componenten sind $\frac{dx}{dt}, \frac{dy}{dt}, \frac{dz}{dt}$.

2b) Bewegungsmenge μv; deren Componenten sind $\mu\frac{dx}{dt}, \mu\frac{dy}{dt}, \mu\frac{dz}{dt}$.

3a) Radiusvector vom Anfangspunkt ϱ; dessen Componenten sind x, y, z.

3b) fehlt.

In der dritten Kategorie haben wir noch keine Gelegenheit gehabt, den Begriff ad b) zu bilden, der aus dem entsprechenden ad a) durch Multiplication mit μ hervorgeht. Wir bilden denselben nunmehr willkürlich; er heisse Ortsquantität, und sei definirt als $\mu\varrho$. Dann ist also ad 3b) zu setzen

3b) Ortsquantität $\mu\varrho$; deren Componenten sind $\mu x, \mu y, \mu z$.

Die Componenten ad (2) sind dann die ersten, die ad (1) sind die zweiten Differentialquotienten von den Componenten ad (3); oder, was dasselbe sagt, es ist:

$$v = \frac{\hat{d}\varrho}{dt}, \quad \mathfrak{u} = \frac{\hat{d}v}{dt}; \quad \mu v = \frac{\hat{d}(\mu\varrho)}{dt}, \quad \mu\mathfrak{u} = \frac{\hat{d}(\mu v)}{dt}.$$

Es seien nunmehr zwei Punkte μ_1 und μ_2 gegeben; ihre Coordinaten seien x_1, y_1, z_1 und x_2, y_2, z_2. Die Ortsquantität des ersten hat die Componenten $\mu_1 x_1$, $\mu_1 y_1$, $\mu_1 z_1$; die des zweiten hat die Componenten $\mu_2 x_2$, $\mu_2 y_2$, $\mu_2 z_2$. Offenbar hängt die Ortsquantität eines jeden von der Wahl des Coordinatenanfangs ab; verlegen wir den Coordinatenanfang in einen Punkt, dessen Coordinaten ξ, η, ζ sind, so werden die Ortsquantitäten beider Punkte bestimmt durch die Componenten

$$\mu_1(x_1-\xi), \quad \mu_1(y_1-\eta), \quad \mu_1(z_1-\zeta),$$
$$\mu_2(x_2-\xi), \quad \mu_2(y_2-\eta), \quad \mu_2(z_2-\zeta).$$

Der Punkt ξ, η, ζ lässt sich nun so wählen, dass die Resultante der Ortsquantitäten beider μ für ihn den ausgezeichneten Werth Null annimmt. Zu dem Ende haben wir die drei Gleichungen

$$\mu_1(x_1-\xi)+\mu_2(x_2-\xi)=0, \qquad \mu_1(y_1-\eta)+\mu_2(y_2-\eta)=0$$
$$\mu_1(z_1-\zeta)+\mu_2(z_2-\zeta)=0$$

nach ξ, η, ζ aufzulösen. Das giebt

$$(1) \qquad \xi=\frac{\mu_1 x_1+\mu_2 x_2}{\mu_1+\mu_2}, \quad \eta=\frac{\mu_1 y_1+\mu_2 y_2}{\mu_1+\mu_2}, \quad \zeta=\frac{\mu_1 z_1+\mu_2 z_2}{\mu_1+\mu_2}.$$

Der so bestimmte Punkt ξ, η, ζ heisst der **Massenmittelpunkt** oder der **Schwerpunkt** der beiden materiellen Punkte μ_1 und μ_2. Der Ableitung gemäss lautet die Definition desselben: „Massenmittelpunkt zweier Punkte μ_1 und μ_2 ist derjenige Punkt, für den μ_1 und μ_2 entgegengesetzt gleiche Ortsquantitäten haben."

Nach der Definition muss der Massenmittelpunkt offenbar auf der geraden Linie liegen, die μ_1 mit μ_2 verbindet; nennt man ϱ_1 seinen Abstand von μ_1, und ϱ_2 seinen Abstand von μ_2, so muss

$$(2) \qquad \varrho_1\mu_1=-\varrho_2\mu_2$$

sein. Das findet sich auch leicht, wenn man ϱ_1 und ϱ_2 nach der Formel

$$\varrho_1=\sqrt{(x_1-\xi)^2+(y_1-\eta)^2+(z_1-\zeta)^2}$$

aus Gl. (1) berechnet. Da erhält man, wenn r den Abstand $\overline{\mu_1\mu_2}$ bezeichnet

$$(3) \qquad \varrho_1=\pm\frac{\mu_2}{\mu_1+\mu_2}r, \quad \varrho_2=\pm\frac{\mu_1}{\mu_1+\mu_2}r.$$

Dem absoluten Werth nach ist also $\varrho_1+\varrho_2=r$, woraus zu ersehen, dass ξ, η, ζ auf der geraden Linie $\mu_1\mu_2$ und zwar zwischen μ_1 und μ_2 liegt.

Nach Gl. (1) ist

$$(4)\quad \begin{cases} (\mu_1+\mu_2)\xi = \mu_1 x_1 + \mu_2 x_2, \quad (\mu_1+\mu_2)\eta = \mu_1 y_1 + \mu_2 y_2 \\ (\mu_1+\mu_2)\zeta = \mu_1 z_1 + \mu_2 z_2, \end{cases}$$

d. h. denkt man sich im Schwerpunkt die vereinigte Masse $\mu_1+\mu_2$ angebracht, so ist die Ortsquantität des Schwerpunkts gleich der geometrischen Summe der Ortsquantitäten von μ_1 und μ_2.

Es erleichtert für das Folgende den Ausdruck, wenn wir folgende Festsetzung treffen: Wir wollen uns ein für alle mal im Schwerpunkt von μ_1 und μ_2 die fingirte Masse $\mu_1+\mu_2$ angebracht denken; wenn von Bewegungsmenge, lebendiger Kraft etc. des Schwerpunkts die Rede ist, so ist damit die Bewegungsmenge, lebendige Kraft etc. gemeint, die der Schwerpunkt haben würde, wenn er die Masse $\mu_1+\mu_2$ enthielte.

Gemäss Gl. (3) ist die Lage des Schwerpunkts im Raum durch μ_1 und μ_2 ohne Rücksicht auf das gewählte Coordinatensystem bestimmt. Es versteht sich von selbst, dass der Schwerpunkt im Allgemeinen in Bewegung ist, wenn μ_1 und μ_2 sich bewegen.

104. Bewegungsmenge des Schwerpunkts. Der Schwerpunkt hat nach Gl. (1) des vorigen Paragraphen die Seitengeschwindigkeiten

$$(1)\quad \begin{cases} \dfrac{d\xi}{dt} = \dfrac{\mu_1 \dfrac{dx_1}{dt} + \mu_2 \dfrac{dx_2}{dt}}{\mu_1+\mu_2}, \quad \dfrac{d\eta}{dt} = \dfrac{\mu_1 \dfrac{dy_1}{dt} + \mu_2 \dfrac{dy_2}{dt}}{\mu_1+\mu_2}, \\ \dfrac{d\zeta}{dt} = \dfrac{\mu_1 \dfrac{dz_1}{dt} + \mu_2 \dfrac{dz_2}{dt}}{\mu_1+\mu_2}; \end{cases}$$

also, wenn wir ihm die fingirte Masse $\mu_1+\mu_2$ ertheilen, so hat seine Bewegungsmenge die Componenten

$$(2)\quad \begin{cases} (\mu_1+\mu_2)\dfrac{d\xi}{dt} = \mu_1 \dfrac{dx_1}{dt} + \mu_2 \dfrac{dx_2}{dt}, \\ (\mu_1+\mu_2)\dfrac{d\eta}{dt} = \mu_1 \dfrac{dy_1}{dt} + \mu_2 \dfrac{dy_2}{dt} \text{ etc.} \end{cases}$$

D. h. die Bewegungsmenge des Schwerpunkts ist die geometrische Summe der Bewegungsmengen beider Punkte μ_1 und μ_2.

Nehmen wir den Schwerpunkt zum Coordinatenanfang, so ist

$\frac{d\xi}{dt} = \frac{d\eta}{dt} = \frac{d\zeta}{dt} = 0$; also nach dem vorstehenden Satz: Die Bewegungsmenge der beiden Punkte μ_1 und μ_2 hat in einem durch den Schwerpunkt gelegten Coordinatensystem die geometrische Summe Null.

Hierin liegt der Satz, dass in dem genannten Coordinatensystem μ_1 und μ_2 stets antiparallele Geschwindigkeiten besitzen, deren Ebene durch den Schwerpunkt geht.

105. Lebendige Kraft des Schwerpunkts. Unter der lebendigen Kraft eines Systems verstehen wir die algebraische Summe der lebendigen Kräfte seiner Theile; die lebendige Kraft von $\mu_1 + \mu_2$ ist also $\frac{1}{2}\mu_1 v_1^2 + \frac{1}{2}\mu_2 v_2^2$. Nach den Gleichungen (1) des vorigen Paragraphen hat der Schwerpunkt die Seitengeschwindigkeiten

$$(1) \qquad \frac{d\xi}{dt} = \frac{1}{\mu_1 + \mu_2}\left(\mu_1 \frac{dx_1}{dt} + \mu_2 \frac{dx_2}{dt}\right) \text{ etc.}$$

Schreiben wir ihm die Masse $\mu_1 + \mu_2$ zu, so ist seine lebendige Kraft $\varLambda$

$$(2) \qquad \varLambda = \tfrac{1}{2}(\mu_1 + \mu_2)\left[\left(\frac{d\xi}{dt}\right)^2 + \left(\frac{d\eta}{dt}\right)^2 + \left(\frac{d\zeta}{dt}\right)^2\right].$$

Es hat ferner der Punkt μ_1 relativ zum Schwerpunkt die lebendige Kraft

$$(3) \qquad L_{r,1} = \tfrac{1}{2}\mu_1\left[\left(\frac{dx_1}{dt} - \frac{d\xi}{dt}\right)^2 + \left(\frac{dy_1}{dt} - \frac{d\eta}{dt}\right)^2 + \left(\frac{dz_1}{dt} - \frac{d\zeta}{dt}\right)^2\right].$$

Ebenso besitzt μ_2 relativ zum Schwerpunkt die lebendige Kraft

$$(4) \qquad L_{r,2} = \tfrac{1}{2}\mu_2\left[\left(\frac{dx_2}{dt} - \frac{d\xi}{dt}\right)^2 + \left(\frac{dy_2}{dt} - \frac{d\eta}{dt}\right)^2 + \left(\frac{dz_2}{dt} - \frac{d\zeta}{dt}\right)^2\right].$$

Um Summen der vorstehenden Art bequemer schreiben zu können, führen wir die schon bei den Lagrange'schen Gleichungen gebrauchte Abkürzung ein: „Das Zeichen $\sum_3$, vor einen Ausdruck in x gesetzt, soll bedeuten, dass der gleiche Ausdruck in y und z zu bilden und zu dem in x gegebenen Ausdruck zu addiren ist“. Die beiden vorstehenden Gleichungen lauten dann

$$(3) \qquad \begin{cases} L_{r,1} = \tfrac{1}{2}\mu_1 \sum_3 \left(\frac{dx_1}{dt} - \frac{d\xi}{dt}\right)^2 \\ \quad = \tfrac{1}{2}\mu_1 \sum_3 \left[\left(\frac{dx_1}{dt}\right)^2 - 2\frac{dx_1}{dt}\frac{d\xi}{dt} + \left(\frac{d\xi}{dt}\right)^2\right], \end{cases}$$

$$(4)\qquad L_{r,2}=\tfrac{1}{2}\mu_2\sum_3\left(\frac{dx_2}{dt}-\frac{d\xi}{dt}\right)^2.$$

Die Gleichungen (2), (3) und (4) addirt geben

$$(5)\qquad \begin{cases} A+L_{r,1}+L_{r,2}=\tfrac{1}{2}\mu_1\sum_3\left[\left(\frac{dx_1}{dt}\right)^2-2\frac{dx_1}{dt}\frac{d\xi}{dt}+2\left(\frac{d\xi}{dt}\right)^2\right] \\ \qquad\qquad +\tfrac{1}{2}\mu_2\sum_3\left[\left(\frac{dx_2}{dt}\right)^2-2\frac{dx_2}{dt}\frac{d\xi}{dt}+2\left(\frac{d\xi}{dt}\right)^2\right]. \end{cases}$$

Nun ist nach (1)

$$-\left(\mu_1\frac{dx_1}{dt}+\mu_2\frac{dx_2}{dt}\right)\frac{d\xi}{dt}=-(\mu_1+\mu_2)\left(\frac{d\xi}{dt}\right)^2,$$

und dasselbe gilt in y und z. Also heben sich die letzten Glieder in den beiden Klammern der Gl. (5), und es bleibt

$$(6)\qquad A+L_{r,1}+L_{r,2}=\tfrac{1}{2}\mu_1 v_1^2+\tfrac{1}{2}\mu_2 v_2^2.$$

D. h., bezeichnet man die lebendige Kraft, die der Schwerpunkt haben würde, wenn er die Masse $\mu_1+\mu_2$ enthielte, kurz als „lebendige Kraft des Schwerpunktes“, so ist die lebendige Kraft der beiden Punkte gleich der lebendigen Kraft des Schwerpunkts, vermehrt um die lebendigen Kräfte relativ zum Schwerpunkt.

106. Die Beschleunigung des Schwerpunkts. Aus Gl. (4) § **103.** folgt durch eine zweite Differentiation nach t

$$(1)\qquad (\mu_1+\mu_2)\frac{d^2\xi}{dt^2}=\mu_1\frac{d^2x_1}{dt^2}+\mu_2\frac{d^2x_2}{dt^2}\ \text{etc. in } y \text{ und } z.$$

Sind nun an μ_1 die Kraftcomponenten X_1, Y_1, Z_1, an μ_2 aber X_2, Y_2, Z_2 thätig, so ist

$$\mu_1\frac{d^2x_1}{dt^2}=X_1,\qquad \mu_2\frac{d^2x_2}{dt^2}=X_2\ \text{etc.}$$

also

$$(2)\qquad \begin{cases} (\mu_1+\mu_2)\frac{d^2\xi}{dt^2}=X_1+X_2 \\ (\mu_1+\mu_2)\frac{d^2\eta}{dt^2}=Y_1+Y_2 \\ (\mu_1+\mu_2)\frac{d^2\zeta}{dt^2}=Z_1+Z_2, \end{cases}$$

d. h. der Schwerpunkt bewegt sich gerade so, als hätte er die Masse $\mu_1+\mu_2$ und sämmtliche an μ_1 und μ_2 thätigen Kräfte griffen an ihm an.

B. Das Reactionsprincip und seine Folgen.

107. Reactionsprincip. Das sogenannte „Princip der Gleichheit von Action und Reaction“ lautet: Sind irgend zwei Punkte μ_1 und μ_2 gegeben, so ist die Kraft, welche μ_1 von μ_2 erleidet, entgegengesetzt gleich der Kraft, welche μ_2 von μ_1 erleidet.

Der Satz ist nicht a priori beweisbar. Newton hat ihn als Axiom eingeführt; aber er kann auch nicht sicher als solches gelten. Die Kräfte, mit denen μ_1 und μ_2 aufeinander wirken, werden, wenn beide Punkte endliche Entfernung von einander haben, durch ein Medium von dem einen zum andern hingeleitet. Sind μ_1 und μ_2 in Bewegung, so wird ihre Einwirkung auf das Medium im Allgemeinen von ihrer Bewegung beeinflusst, und da μ_1 im Allgemeinen eine andere Bewegung hat, als μ_2, so ist es nicht undenkbar, dass μ_1 durch das Medium anders auf μ_2 wirkt als μ_2 auf μ_1. Es kann also nicht behauptet werden, dass das Reactionsprincip ein absolut gültiger Satz sei, es stellt vielmehr eine Beschränkung der Bewegungsbedingungen dar, die in gewissen, sehr umfassenden Fällen eintritt, die der Bestätigung durch die Erfahrung bedarf, und die durch alle bis jetzt bekannten Erfahrungen wirklich bestätigt wird.

Insbesondere gilt es 1) wenn die Punkte μ_1 und μ_2 Kräfte auf einander üben, die bloss von ihrer Entfernung r, oder auch von $\frac{dr}{dt}$, $\frac{d^2r}{dt^2}$ u. s. w. abhängen. Speciell gilt es für das Newton'sche Gesetz, gilt also für alle kosmischen Bewegungen, soweit dieselben durch das Newton'sche Gesetz dargestellt werden. Und zwar beruht seine Gültigkeit in diesen Fällen einfach darauf, dass der concrete Ausdruck des Anziehungsgesetzes das Reactionsprincip schon enthält; er lautet nämlich: Die Punkte μ_1 und μ_2 ziehen einander mit der Kraft $f\left(r, \frac{dr}{dt} \text{ etc.}\right)$ an, d. h. μ_1 wirkt auf μ_2 in der Richtung von μ_2 nach μ_1 hin mit der Kraft f; und μ_2 wirkt auf μ_1 in der Richtung von μ_1 nach μ_2 hin mit der Kraft $-f$; darin liegt, dass beide Kräfte entgegengesetzt gleich sind.

2) gilt es unbedingt für Druckkräfte, die aus Berührungswirkungen hervorgehen und im Gleichgewicht sind. Denn wenn zwei Körper A und B, die berührend aufeinander drücken, im Gleichgewicht stehen, so müssen in der Berührungsfläche die Drucke einander aufheben, d. h. der Druck von B auf A ist entgegengesetzt gleich dem Druck von A auf B. Macht man die nahe liegende und bis jetzt durch die Erfahrung bestätigte Annahme, dass A und B, wenn sie in einem bestimmten Deformationszustand gegeben sind, mit Kräften aufeinander drücken, die nur vom Deformationszustand, nicht aber von den gleichzeitig vorhandenen Geschwindigkeiten abhängen, so ist leicht nachzuweisen, dass unser Princip für Druckkräfte, die aus Deformationen hervorgehen, überhaupt gilt; es findet also innerhalb der Grenzen der Beobachtungsgenauigkeit auf alle Deformationskräfte Anwendung.

3) gilt es für Reibung und verwandte Widerstände. Wird der Körper A durch die Reibung etc. eines Körpers B aufgehalten, so erleiden A und B ent-

gegengesetzt gleiche Kräfte. Das ist leicht durch physikalische Betrachtungen nachzuweisen, die wir hier aus Rücksicht auf den Raum unterdrücken.

Für die beiden Punkte μ_1 und μ_2 spricht sich das Reactionsprincip in den Gleichungen aus

$$(1) \qquad X_1 + X_2 = Y_1 + Y_2 = Z_1 + Z_2 = 0,$$

wenn X_1, Y_1, Z_1 die Kräfte sind, mit denen μ_2 auf μ_1, und X_2, Y_2, Z_2 diejenigen, mit denen μ_1 auf μ_2 wirkt.

108. Schwerpunktseigenschaften in Folge des Reactionsprincips. Mit der vorstehenden Gleichung wird, wenn wir voraussetzen, dass μ_1 und μ_2 nur ihren gegenseitigen Kräften unterliegen, Gl. (2) des § **106**

$$(\mu_1 + \mu_2)\frac{d^2\xi}{dt^2} = 0, \text{ etc., oder}$$

$$(1) \qquad \frac{d^2\xi}{dt^2} = \frac{d^2\eta}{dt^2} = \frac{d^2\zeta}{dt^2} = 0.$$

D. h. Unterliegen zwei Punkte nur ihren gegenseitigen Kräften, und gilt für diese das Reactionsprincip, so ist die Beschleunigung ihres Schwerpunkts Null; derselbe bewegt sich geradlinig und gleichförmig.

Legen wir durch den Schwerpunkt ein verschiebliches, d. h. mit dem Schwerpunkt sich verschiebendes Coordinatensystem, so ist dasselbe demnach ein Fundamentalsystem. Zugleich ist die Lage seines Anfangspunktes durch die Anfangsbedingungen vollständig bestimmt; denn die Werthe von $\frac{d\xi}{dt}$, $\frac{d\eta}{dt}$, $\frac{d\zeta}{dt}$, die sich aus diesen ergeben, bleiben während der ganzen Bewegung constant.

Sind fremde, d. h. nicht aus der gegenseitigen Einwirkung von μ_1 und μ_2 hervorgehende Kräfte vorhanden, so mögen dieselben mit griechischen Buchstaben Ξ, etc. bezeichnet werden. Wir haben dann

$$(1) \qquad (\mu_1 + \mu_2)\frac{d^2\xi}{dt^2} = X_1 + X_2 + \Xi_1 + \Xi_2 = \Xi_1 + \Xi_2$$

und andererseits

$$(2) \qquad \mu_1 \frac{d^2x_1}{dt^2} = X_1 + \Xi_1, \quad \mu_2 \frac{d^2x_2}{dt^2} = X_2 + \Xi_2.$$

Legen wir nun durch den Schwerpunkt ein verschiebliches Coordinatensystem und bezeichnen die Coordinaten in diesem durch kleine deutsche Buchstaben $\mathfrak{x}_1$ u. s. w., so ist

$$(3)\quad \begin{cases} \dfrac{d^2\mathfrak{x}_1}{dt^2} = \dfrac{d^2x_1}{dt^2} - \dfrac{d^2\xi}{dt^2} = \dfrac{X_1+\Xi_1}{\mu_1} - \dfrac{\Xi_1+\Xi_2}{\mu_1+\mu_2} \\ \dfrac{d^2\mathfrak{x}_2}{dt^2} = \qquad\qquad = \dfrac{X_2+\Xi_2}{\mu_2} - \dfrac{\Xi_1+\Xi_2}{\mu_1+\mu_2}. \end{cases}$$

Diese Gleichungen nehmen eine einfachere Form an, wenn $\Xi_1 : \Xi_2 = \mu_1 : \mu_2$, denn dann ist auch $\dfrac{\Xi_1+\Xi_2}{\mu_1+\mu_2} = \dfrac{\Xi_1}{\mu_1} = \dfrac{\Xi_2}{\mu_2}$. Es bleibt dann

$$\frac{d^2\mathfrak{x}_1}{dt^2} = \frac{X_1}{\mu_1}, \quad \frac{d^2\mathfrak{x}_2}{dt^2} = \frac{X_2}{\mu_2} \text{ etc. in } y \text{ und } z.$$

D. h. Wirken auf μ_1 und μ_2 fremde Kräfte ein, die sich jederzeit verhalten wie die Massen μ_1 und μ_2, so bewegt sich jeder Punkt in einem durch den Schwerpunkt gelegten Coordinatensystem so, als ob die fremden Kräfte nicht vorhanden wären.

109. Bewegungsmenge. Aus $X_1 + X_2 = 0$ folgt

$$(1)\qquad \mu_1 \frac{d^2x_1}{dt^2} + \mu_2 \frac{d^2x_2}{dt^2} = 0$$

$$(2)\qquad \mu_1 \frac{dx_1}{dt} + \mu_2 \frac{dx_2}{dt} = \text{const.} \quad \text{ebenso in } y \text{ und } z.$$

D. h. sind zwei Punkte nur ihrer gegenseitigen Reaction unterworfen, so ist die Summe ihrer Bewegungsmengen auf jeder Axe constant. Durch Addition der drei Gleichungen (2) ergiebt sich, dass die geometrische Summe $\mu_1 v_1 \hat{+} \mu_2 v_2$ constant ist; das folgt auch unmittelbar aus Gl. (1) und dem Schlusssatz von **104.**

C. Das Newton'sche Gesetz für zwei Punkte.

110. Anziehung des Schwerpunkts. Das Newton'sche Gesetz lautet: „Zwei Punkte μ_1 und μ_2, deren Abstand r ist, ziehen einander mit der Kraft $\varepsilon \frac{\mu_1 \mu_2}{r^2}$ an, wo ε eine Constante, die von den gewählten Einheiten der Masse, Zeit und Entfernung abhängt. Die auf μ_1 wirkende Kraft ist nach μ_2 hin gerichtet und umgekehrt."

Nennen wir R_1 die auf μ_1 wirkende Kraft, so ist demnach

$$R_1 = \varepsilon \frac{\mu_1 \mu_2}{r^2}$$

und nach R_2 gerichtet. Ist nun ϱ_1 der absolute Werth des Abstandes des Schwerpunktes beider Punkte von μ_1, so ist nach **103**

$$\varrho_1 = \frac{\mu_2}{\mu_1 + \mu_2} r, \qquad r = \frac{\mu_1 + \mu_2}{\mu_2} \varrho_1,$$

also ist

$$R_1 = \varepsilon \frac{\mu_1 \mu_2^3}{(\mu_1 + \mu_2)^2} \cdot \frac{1}{\varrho_1^2}$$

und ebenso bei entsprechender Bezeichnung

$$R_2 = \varepsilon \frac{\mu_1^3 \mu_2}{(\mu_1 + \mu_2)^2} \cdot \frac{1}{\varrho_2^2}.$$

Da der Schwerpunkt auf der geraden Linie $\mu_1 \mu_2$ liegt, heisst das: μ_1 verhält sich gerade so als würde er vom Schwerpunkt mit der Masse $\frac{\mu_1 \mu_2^3}{(\mu_1 + \mu_2)^2}$ angezogen;

μ_2 verhält sich gerade so, als würde er vom Schwerpunkt mit der Masse $\frac{\mu_2 \mu_1^3}{(\mu_1 + \mu_2)^2}$ angezogen. Oder:

Der Schwerpunkt hat für μ_1 die Potentialfunction $-\varepsilon \frac{\mu_1 \mu_2^3}{(\mu_1 + \mu_2)^2} \cdot \frac{1}{\varrho_1}$ und für μ_2 die Potentialfunction $-\varepsilon \frac{\mu_2 \mu_1^3}{(\mu_1 + \mu_2)^2} \cdot \frac{1}{\varrho_2}$.

111. Bewegung zweier Punkte nach dem Newton'schen Gesetz. Durch die vorstehenden Bemerkungen ist das Problem gelöst, die Bewegung zweier freien Punkte zu bestimmen, die keiner fremden Einwirkung unterworfen sind und einander nach dem Newton'schen Gesetz anziehen.

Denn 1) durch die Anfangsdaten ist die Bewegung ihres Schwerpunkts vollständig bestimmt (**108**).

2) Legen wir durch den Schwerpunkt ein verschiebliches Coordinatensystem, so wird μ_1 in diesem vom Coordinatenanfang mit der Masse $\frac{\mu_1 \mu_2^3}{(\mu_1 + \mu_2)^2}$ angezogen; es gelten also für μ_1 die Rechnungen des § **61,** wenn wir in diesem $\sigma = \varepsilon \frac{\mu_1 \mu_2^3}{(\mu_1 + \mu_2)^2}$ setzen; und dieselben gelten für μ_2, wenn $\sigma = \varepsilon \frac{\mu_2 \mu_1^3}{(\mu_1 + \mu_2)^2}$ gesetzt wird. Beide Punkte drehen sich planetarisch um ihren Massenmittelpunkt. Dabei liegt der letztere stets auf der Geraden, welche μ_1 mit μ_2 verbindet, beide Punkte haben also stets relativ zum Massenmittelpunkt entgegengesetzt gerichtete Geschwindigkeiten.

Das Problem ist auch dann noch gelöst, wenn auf die beiden Punkte μ_1 und μ_2 fremde, den Massen in jedem Augenblick proportionale, aber von der relativen Lage des Punkts μ_1 gegen μ_2 unabhängige Kräfte wirken. Denn nach **108** ist dann die Bewegung von μ_1 und μ_2 in einem durch den Schwerpunkt gelegten System gerade so wie in dem Fall der Abwesenheit fremder Kräfte zu behandeln, die Bewegung des Schwerpunkts aber ist nach **106** zu ermitteln.

Es ist dem absoluten Werth nach $R_1 = R_2$, also in der Relativbewegung $\frac{d^2x_1}{dt^2} : \frac{d^2x_2}{dt^2} = \mu_2 : \mu_1$. Die Beschleunigungen, und damit auch die Geschwindigkeiten in der Bewegung relativ zum Schwerpunkt verhalten sich umgekehrt, wie die Massen der Punkte.

112. Potential. Wir bilden mit Bezug auf μ_1 und μ_2 eine Grösse, die in derselben Art wie die Potentialfunction von der Entfernung abhängt, aber beide Massen enthält; nämlich die Grösse

$$W = -\varepsilon \frac{\mu_1 \mu_2}{r}.$$

Dieses W wird das Potential beider Punkte aufeinander genannt. Legen wir durch μ_1 irgend eine Richtung p_1 und durch μ_2 eine Richtung p_2, so ist $-\frac{1}{\mu_1}\frac{\partial W}{\partial p_1}$ die p_1-Componente der an μ_1 thätigen Beschleunigung, also ist

$-\frac{\partial W}{\partial p_1}$ die p_1-Componente der an μ_1 thätigen Kraft, und ebenso

$-\frac{\partial W}{\partial p_2}$ die p_2-Componente der an μ_2 thätigen Kraft.

Bewegt sich nun μ_1 um dp_1 und μ_2 gleichzeitig um dp_2, so ist die an μ_1 geleistete Arbeit der von μ_2 ausgehenden Kraft gleich $-\frac{\partial W}{\partial p_1}dp_1$, und die von μ_2 geleistete Arbeit der von μ_1 ausgehenden Kraft ist $-\frac{\partial W}{\partial p_2}dp_2$. Die Summe beider Arbeiten ist also

$$-\left(\frac{\partial W}{\partial p_1}dp_1 + \frac{\partial W}{\partial p_2}dp_2\right).$$

Dies ist aber das totale Differential $-dW$, welches durch die beiden Elementarbewegungen hervorgebracht wird. Also haben wir den Satz: bezeichnet dL die Elementararbeit der Kräfte, womit μ_1 und μ_2 aufeinander wirken, so ist

$$(1) \qquad dL = -dW,$$

woraus durch Integration, wenn endliche Zunahmen mit Δ bezeichnet werden

$$(2) \qquad \Delta L = -\Delta W.$$

Die bei einer Bewegung von den gegenseitigen Kräften geleistete Arbeit ist gleich der Abnahme des Potentials.

Sind keine fremden Kräfte vorhanden, so folgt ohne Weiteres:

Die Zunahme der lebendigen Kraft des Systems $\mu_1 + \mu_2$ ist gleich der Abnahme des Potentials.

Die Arbeit, welche an μ_1 und μ_2 geleistet wird, lässt sich auch aus den in **109.** gegebenen Ausdrücken für die Potentialfunction des Schwerpunkts mit Leichtigkeit bestimmen. Aendert sich ρ_1 um $d\rho_1$ und ρ_2 um $d\rho_2$, so ist sie offenbar

$$\varepsilon \frac{\mu_1 \mu_2}{(\mu_1+\mu_2)^2} \left[\mu_2^2\, d\left(\frac{1}{\rho_1}\right) + \mu_1^2\, d\left(\frac{1}{\rho_2}\right)\right]$$

oder

$$-\varepsilon \frac{\mu_1 \mu_2}{(\mu_1+\mu_2)^2} \left[\frac{\mu_2^2}{\rho_1^2}\, d\rho_1 + \frac{\mu_1^2}{\rho_2^2}\, d\rho_2\right],$$

d. i. aber gemäss den Werthen von ρ_1 und ρ_2

$$-\varepsilon \frac{\mu_1 \mu_2}{(\mu_1+\mu_2)^2} (\mu_1+\mu_2)^2 \frac{d\rho_1 + d\rho_2}{r^2}$$

oder

$$-\varepsilon \mu_1 \mu_2 \frac{dr}{r^2} \quad \text{oder} \quad -dW.$$

Das Potential spielt hiernach für die Bestimmung der **gegenseitigen** Kräfte und der gegenseitigen Arbeit zweier Punkte ganz dieselbe Rolle, wie die Potentialfunction für die Arbeit, die **feste** Kräfte an einem einzelnen Punkt verrichten.

Das Potential hat selbstverständlich die Dimension einer Arbeit, also „Kraft mal Länge", d. i. $\left(\frac{ML^2}{T^2}\right)$ wenn M Masse, L Länge, T Zeit bedeutet; denn sonst könnte Gl. (2) nicht bestehen.

113. Die Constante ε und die astronomische Masseneinheit.

Wir haben einerseits, da $W = -\varepsilon \frac{\mu_1 \mu_2}{r}$,

$$\text{Dim } W = \left(\varepsilon \frac{M^2}{L}\right),$$

andererseits, wie eben gesagt

$$\text{Dim}\, W = \left(\frac{ML^2}{T^2}\right).$$

Daraus ergiebt sich durch Gleichsetzung

$$\text{Dim}\, \varepsilon = \left(\frac{L^3}{MT^2}\right).$$

Der Werth der Constante ε hängt also von den gewählten Einheiten der L, M und T ab. Die Bestimmung von ε erfolgt experimentell dadurch, dass man zwei bekannte Massen μ_1 und μ_2 aus bekannter Entfernung r auf einander wirken lässt und die Kraft f bestimmt, welche sie auf einander üben. Wegen $f = \varepsilon \frac{\mu_1 \mu_2}{r^2}$ hat man dann

$$\varepsilon = \frac{fr^2}{\mu_1 \mu_2}.$$

Der Versuch hat für ε in cm gr sec den Werth $6{,}6.10^{-8}$ ergeben, der aber noch mit einer Unsicherheit von etwa $\frac{1}{30}$ seines Werths behaftet sein mag.

Wir wollen nunmehr m statt μ_1 und μ statt μ_2 schreiben und von den beiden vorhandenen Wirkungen diejenige ins Auge fassen, welche m auf μ übt. Es ist an μ thätig

$$(1) \qquad \text{die Kraft } f = \varepsilon \frac{m\mu}{r^2}, \quad \text{die Beschleunigung } \dot{u} = \varepsilon \frac{m}{r^2}.$$

Da wir nun ε durch Variation der Einheiten willkürlich variiren können, können wir auch ε den Werth 1 ertheilen. Dann ist

$$(2) \qquad f = \frac{m\mu}{r^2}, \quad \dot{u} = \frac{m}{r^2}.$$

Setzen wir darin r und $\dot{u}$ gleich 1, so wird $m = 1$; d. h. In denjenigen Einheiten, wo $\varepsilon = 1$ wird, ist die Masseneinheit diejenige Masse, welche einer beliebigen anderen Masse in der Entfernung 1 nach dem Newton'schen Gesetz die Beschleunigung 1 ertheilt. Diese Einheit nennt man die astronomische Masseneinheit.

Die Gleichung (2) sagt auch

$$(3) \qquad m = r^2 \dot{u}.$$

In denselben Einheiten ist eine Masse gleich dem Product aus der Beschleunigung, die sie einer andern, in der Entfernung r befindlichen Masse ertheilt, und dem Quadrat von r.

In astronomischen Einheiten kann man also die Masse aus der blossen Feststellung einer Beschleunigung und einer Entfernung berechnen, also z. B. aus der Umlaufszeit eines Planeten und seinem Abstand von dem Centralkörper.

Betrachten wir z. B. die Mondbahn als Kreis, nennen R den Radius der Erde, T die Umlaufszeit des Mondes, so ist der Abstand r des Mondes nahe $= 60R$, die Geschwindigkeit des Satelliten $\frac{2\pi . 60R}{T}$, also die von der Erde ausgehende Centripetalbeschleunigung $\frac{v^2}{r} = \left(\frac{120\pi R}{T}\right)^2 . \frac{1}{60R}$; diese ist das von der Erde geübte ů, also die Masse der Erde

$$\left(\frac{120\pi R}{T}\right)^2 . \frac{1}{60R} . (60R)^2 = \frac{120^2 . 60\pi^2 R^3}{T^2}.$$

Gl. (3) giebt unmittelbar die Dimensionsbestimmung

$$(4) \qquad \mathrm{Dim}\, M = \mathrm{Dim}(L^2 . \mathring{u}) = \left(\frac{L^3}{T^2}\right).$$

Wollen wir noch die astronomische Masseneinheit in Grammen bestimmen, so nennen wir die Masse eines Gramms in astronomischen Einheiten m'. Dann haben wir, wenn das Gramm auf eine andere Masse in der Entfernung r die Beschleunigung ů$'$ übt,

$$m' = \mathring{u}' r^2.$$

Andererseits ist, wenn wir die Masse des Gramms gleich 1 setzen, $\mathring{u}' = \frac{\varepsilon}{r^2}$, also

$$1 = \frac{\mathring{u}' r^2}{\varepsilon},$$

woraus

$$m' = \varepsilon,$$

oder die astronomische Masseneinheit wiegt $\frac{1}{\varepsilon}$ Gramm, d. i. etwa 15000 Kilo. In Meter/sec würde m' nach (4) 10^6 mal kleiner, also die Masseneinheit 10^6 mal grösser werden.

Magnetismus und Electricität werden stets in astronomischen Einheiten gemessen. D. h. man versteht unter der Mengeneinheit des Agens diejenige Menge, die auf eine ihr gleiche Menge in der Entfernung 1 die Kraft 1 übt. In Folge dessen lautet das Anziehungsgesetz für Magnetismus und Electricität, wenn q_1 und q_2 zwei Quantitäten von einem dieser Agentien sind

$$f = \frac{q_1 q_2}{r^2}.$$

Misst man also die ponderable Masse in astronomischen Einheiten, so hat man den Vortheil, dass die für die ponderable Masse gegebenen Sätze gleichzeitig für magnetische und electrische Quantitäten gelten. Nur ist zu beachten, dass f im Falle der Electricität und des Magnetismus Abstossung bedeutet, wenn das Product $q_1 q_2$ positiv ist. Das Potential von q_1 und q_2 aufeinander ist in Folge dessen nicht, wie bei der ponderablen Materie $-\frac{q_1 q_2}{r}$, sondern $+\frac{q_1 q_2}{r}$.

Hat man bei magnetischen und electrischen Punkten mit Beschleunigungen zu rechnen, so muss man bedenken, dass electrische und magnetische Quanta an materielle Massen angeheftet zu sein pflegen; in Folge dessen ist, wenn es sich um sogenannte ponderomotorische Wirkungen handelt, in den Gleichungen der Bewegung die Masse des ponderablen Trägers als Trägheitscoefficient einzuführen.

D. Allgemeine Kräfte; Ergale.

114. Beliebige Functionen von r. Die Kraft, mit welcher μ_1 und μ_2 aufeinander wirken, sei $\mu_1 \mu_2 f(r)$, wo f eine beliebige Function bezeichnet, und habe die Doppelrichtung von r. Dann erleidet

μ_1 die Beschleunigung $\mu_2 f(r)$
μ_1 „ „ $\mu_1 f(r)$.

Nach **53.** existirt

für μ_1 die Beschleunigungsfunction $-\mu_2 \int f(r) dr = P_1$

für μ_1 „ „ „ $-\mu_1 \int f(r) dr = P_2$

und für jeden der beiden Punkte ist $-\frac{\partial P}{\partial x}$ die x-Componente der von ihm erlittenen Beschleunigung. Wir bilden die Grösse

$$W = \mu_1 P_1 = \mu_2 P_2 = -\mu_1 \mu_2 \int f(r) dr;$$

sie ist das Analogon des Potentials, und wir nennen sie nach Clausius das Ergal von μ_1 und μ_2. (Das Potential ist das Ergal für den speciellen Fall wo $f(r) = \pm \frac{1}{r^2}$ ist.) Das Ergal hat folgende Haupteigenschaften:

1) Ist x eine beliebige Coordinatenrichtung, so ist $-\frac{\partial W}{\partial x_1}$ die nach dieser Richtung an μ_1 thätige Kraftcomponente, und ebenso $-\frac{\partial W}{\partial x_2}$ die entsprechende Kraftcomponente an μ_2.

Beweis. $-\frac{\partial W}{\partial x_1} = -\mu_1 \frac{\partial P_1}{\partial x_1}$; wir wissen aber, dass $-\frac{\partial P_1}{\partial x_1}$ die an μ_1 thätige, aus der Einwirkung von μ_2 hervorgehende Beschleunigung ist; also ist $-\mu_1 \frac{\partial P_1}{\partial x_1}$ die entsprechende Kraftcomponente etc.

2) Bewegen sich μ_1 und μ_2 beliebig, so ist die an ihnen geleistete Arbeit der gegenseitigen Kräfte gleich der Abnahme des Ergals.

Beweis wie in **111**. Ist dp_1 eine unendlich kleine Verrückung von μ_1, dp_2 eine solche von μ_2, so ist die bei beiden geleistete Arbeit, da die Kraftcomponenten $-\frac{\partial W}{\partial p_1}$ und $-\frac{\partial W}{\partial p_2}$ sind,

$$(1) \qquad \partial L = -\left(\frac{\partial W}{\partial p_1} dp_1 + \frac{\partial W}{\partial p_2} dp_2\right) = -dW.$$

Daraus folgt durch Integration, wenn der Anfangswerth von W mit W_1 bezeichnet wird

$$(2) \qquad L = -(W - W_1)$$

womit der Satz bewiesen ist.

Wir können Gl. (2) auch schreiben, wenn wir voraussetzen, dass μ_1 und μ_2 sich selbst überlassen sind

$$(3) \qquad \tfrac{1}{2}\mu_1 v_1^2 + \tfrac{1}{2}\mu_2 v_2^2 + W = E$$

wo E eine Constante. Diese Constante, die Summe aus lebendiger Kraft und Ergal des Systems $\mu_1 + \mu_2$, ist die Energie des Systems. Gl. (3) lautet also in Worten: Die Energie zweier Punkte ist constant, wenn sie ihrer gegenseitigen Anziehung überlassen sind, und wenn diese Anziehung irgend eine Function der Entfernung ist.

Der Begriff „Kräftefunction“ fällt hier, wie man leicht sieht, mit dem Begriff „Momentanwerth des Ergals“ zusammen.

115. Kräfte, welche Differentialquotienten nach der Zeit enthalten; Bedingung für die Erhaltung der Definition unseres Kraftbegriffs. Es sind Kräfte denkbar, welche nicht bloss die Coordinaten der thätigen Punkte, sondern auch Differentialquotienten der Coordinaten nach der Zeit enthalten. Derartige Kräfte haben eine Zeit lang eine wichtige Rolle in den electrologischen Hypothesen gespielt; augenblicklich lässt sich kein Kraftgesetz angeben, welches Differentialquotienten nach der Zeit enthält, und dem man praktische Zuverlässigkeit zuschreiben könnte. Dennoch ist die Möglichkeit, dass ein solches Gesetz für electrische Punkte wirklich besteht, nicht ausgeschlossen, und in der Litteratur (W. Weber, B. Riemann, Clausius) stösst man häufig auf Kraftformeln der angegebenen Art. Wir geben desshalb einige allgemeine Betrachtungen über solche Kräfte, ohne tief in die Einzelheiten einzugehen.

Soll unsere in § **40**ff. gegebene Definition des Begriffes „Kraft" überhaupt mit einem Anziehungsgesetz verträglich sein, in welchem Differentialquotienten nach der Zeit vorkommen, so muss die Anziehungsformel eine gewisse Bedingung erfüllen. Wir haben nämlich definirt: „Kraft f ist das Product aus Masse und Beschleunigung des afficirten Punktes". Wir haben ferner den Satz zu Grunde gelegt: Wirken zwei Körper A und B gleichzeitig auf einen Punkt μ, so ist die resultirende Kraft gleich der geometrischen Summe der Kraft, welche A für sich, und der Kraft, welche B für sich üben würde. Es sei nun der Punkt μ in x, und zwei Körper A und B wirken auf ihm mit den x-Componenten Ξ_1 und Ξ_2. Wirkte dann A allein, so würden wir haben

$$(1) \qquad \mu\left(\frac{d^2x}{dt^2}\right)_A = \Xi_1;$$

wirkte B allein, so würde sein

$$(2) \qquad \mu\left(\frac{d^2x}{dt^2}\right)_B = \Xi_2.$$

Wirken beide zusammen, so wird

$$(3) \qquad \mu\frac{d^2x}{dt^2} = \mu\left(\frac{d^2x}{dt^2}\right)_A + \mu\left(\frac{d^2x}{dt^2}\right)_B = \Xi_1 + \Xi_2.$$

Diese Gleichungen können offenbar immer miteinander bestehen, wenn Ξ_1 und Ξ_2 kein $\frac{d^2x}{dt^2}$ enthalten. Enthalten sie aber $\frac{d^2x}{dt^2}$, so lassen sich die beiden Gleichungen (1) und (2) nach $\frac{d^2x}{dt^2}$ auflösen, und die Lösungen lassen sich in der Form $\mu\left(\frac{d^2x}{dt^2}\right)_A = \dot{\Xi}_1 + P$, $\mu\left(\frac{d^2x}{dt^2}\right)_B = \Xi_2 + Q$ darstellen, wo P und Q irgendwelche, jedenfalls aber von Null verschiedene Grössen sind. Dann müsste also, wenn A und B zusammenwirken

$$\mu\frac{d^2x}{dt^2} = \Xi_1 + P + \Xi_2 + Q$$

sein. Man kann nun beispielsweise $\Xi_2 = \Xi_1$ wählen, wo dann auch $P = Q$ wird. Dann steht die vorstehende Gleichung in offenbarem Widerspruch mit (3), so lange P von Null verschieden ist. Es muss also $P = Q = 0$ sein, d. h. In dem Gesetz, welches die Wirkung eines Punktes A auf einen Punkt μ darstellt, darf die Beschleunigung von μ nicht vorkommen, wenn der Galilei-Newton'sche Kraftbegriff anwendbar bleiben soll.

Dagegen steht nichts im Wege, dass etwa die Beschleunigung von A in ihm auftrete. Auch folgt aus der Betrachtung nicht, dass ein Kraftgesetz, welches die Beschleunigung des passiven Punktes enthält, durchaus unmöglich sei, sondern nur, dass es eine von der Galilei'schen abweichende, weniger einfache Definition des Begriffes Kraft erfordert.

116. Ergal. Setzen wir nun voraus, dass die an μ thätige Kraft, deren Componenten X, Y, Z sind, die Grössen $\frac{dx}{dt}, \frac{dy}{dt}, \frac{dz}{dt}$ enthalte, so könnten wir unter Umständen eine Kräftefunction U bilden, deren Differentialquotienten die Eigenschaft hätten, dass

$$-\frac{\partial U}{\partial x} = X, \quad -\frac{\partial U}{\partial y} = Y, \quad -\frac{\partial U}{\partial z} = Z \quad \text{wäre.}$$

Damit wäre aber wenig gewonnen; denn, wie sich bald zeigen wird, würde für dieses U das Princip der lebendigen Kräfte nicht mehr gelten, es würde also gerade der Satz verloren gehen, der die Anwendung der Kräftefunctionen so werthvoll macht. Wir wollen vielmehr darauf ausgehen, eine Function W zu suchen, welche die Eigenschaft hat, dass ihre Aenderung bei irgend einer Bewegung die negativ genommene Arbeit bei derselben Bewegung darstellt. Und zwar beschränken wir uns dabei auf die Voraussetzung, W habe die einfachste Form, die noch möglich ist, wenn in ihm Differentialquotienten nach t vorkommen sollen, d. h. W enthalte keine höheren Differentialquotienten als die Geschwindigkeiten der thätigen Punkte. Dann wird also W im Allgemeinen die Form haben

$$(1) \qquad W = U + V,$$

wo U eine blosse Function der Coordinaten ist, V aber die Geschwindigkeiten enthält. Da alle physikalischen Functionen homogen sein müssen, wird V eine homogene Function der Geschwindigkeiten sein. Unter diesen Voraussetzungen wollen wir die Grundbeziehung zwischen W und den Kräften aufsuchen. Die beiden Punkte, zwischen denen W besteht, seien wieder μ_1 und μ_2, $\dot{x}_1$ bedeute $\frac{dx_1}{dt}$ etc. In dem Zeitelement dt ändert sich dann x_1 um $\frac{dx_1}{dt} \cdot dt$, $\dot{x}_1$ um $\frac{d\dot{x}_1}{dt} dt$ u. s. w. Das vollständige Differential von W wird

$$(2) \qquad dW = dU + dV.$$

Hierin ist

$$(3) \quad \begin{cases} dU = \frac{dU}{dt} dt = \left(\frac{\partial U}{\partial x_1} \frac{dx_1}{dt} + \frac{\partial U}{\partial y_1} \frac{dy_1}{dt} + \frac{\partial U}{\partial z_1} \frac{dz_1}{dt} + \frac{\partial U}{\partial x_2} \frac{dx_2}{dt} \right. \\ \qquad \left. + \frac{\partial U}{\partial y_2} \frac{dy_2}{dt} + \frac{\partial U}{\partial z_2} \frac{dz_2}{dt} \right) dt \end{cases}$$

oder, wie wir kürzer schreiben wollen

$$(4) \qquad dU = \sum_6 \frac{\partial U}{\partial x} \frac{dx}{dt} dt$$

wo das Zeichen $\sum\limits_6$ analog dem früheren $\sum\limits_3$ eine Summation bezeichnet, die sich über alle 6 Coordinaten für beide Punkte erstreckt. In entsprechender Bezeichnung ist

$$(5) \qquad dV = \frac{dV}{dt} dt = \sum_6 \left(\frac{\partial V}{\partial x} \frac{dx}{dt} + \frac{\partial V}{\partial \dot{x}} \frac{d\dot{x}}{dt} \right) dt.$$

Nun ist

$$(6)\qquad \frac{d}{dt}\left(\dot{x}\frac{\partial V}{\partial \dot{x}}\right) = \frac{\partial V}{\partial \dot{x}}\frac{d\dot{x}}{dt} + \dot{x}\frac{d}{dt}\left(\frac{\partial V}{\partial \dot{x}}\right),$$

also

$$(7)\qquad \frac{\partial V}{\partial \dot{x}}\frac{d\dot{x}}{dt} = \frac{d}{dt}\left(\dot{x}\frac{\partial V}{\partial \dot{x}}\right) - \dot{x}\frac{d}{dt}\left(\frac{\partial V}{\partial \dot{x}}\right).$$

Zugleich ist nach dem Lehrsatz von den homogenen Functionen

$$(8)\qquad \sum_6 \dot{x}\frac{\partial V}{\partial \dot{x}} = nV,$$

wenn n den Grad der Function V bezeichnet.

Also

$$(9)\qquad \sum_6 \frac{\partial V}{\partial \dot{x}}\frac{d\dot{x}}{dt} = n\frac{dV}{dt} - \sum_6 \dot{x}\frac{d}{dt}\left(\frac{\partial V}{\partial \dot{x}}\right).$$

Führt man dies in Gl. (5) ein, so wird sie

$$(10)\qquad dV = \sum_6 \left[\frac{\partial V}{\partial x}\frac{dx}{dt} - \dot{x}\frac{d}{dt}\left(\frac{\partial V}{\partial \dot{x}}\right)\right]dt + n\,dV,$$

$$(11)\qquad dV = \frac{1}{1-n}\sum_6 \left[\frac{\partial V}{\partial x}\frac{dx}{dt} - \dot{x}\frac{d}{dt}\left(\frac{\partial V}{\partial \dot{x}}\right)\right]dt.$$

Damit wird schliesslich

$$(12)\qquad dW = \sum_6 \frac{\partial U}{\partial x}\frac{dx}{dt}dt + \frac{1}{1-n}\sum_6 \left[\frac{\partial V}{\partial x}\frac{dx}{dt} - \dot{x}\frac{d}{dt}\left(\frac{\partial V}{\partial \dot{x}}\right)\right]dt$$

$$(13)\qquad = \sum_6 \frac{\partial U}{\partial x}dx + \frac{1}{1-n}\sum_6 \left[\frac{\partial V}{\partial x} - \frac{d}{dt}\left(\frac{\partial V}{\partial \dot{x}}\right)\right]dx.$$

Soll nun die Aenderung von W die negativ genommene Arbeit der Kräfte darstellen, so muss

$$(14)\qquad dW = -\sum_6 X dx, \text{ also,}$$

$$(15)\qquad -\sum_6 X dx = \sum_6 \frac{\partial U}{\partial x}dx + \frac{1}{1-n}\sum_6 \left[\frac{\partial V}{\partial x} - \frac{d}{dt}\left(\frac{\partial V}{\partial \dot{x}}\right)\right]dx$$

sein. Da die Geschwindigkeiten von μ_1 und μ_2, somit auch die Verrückungen dx_1, dy_1 etc. ganz willkürlich sind, kann diese Gleichung nur erfüllt sein, wenn die einzelnen Glieder der Summen, die mit dx_1, dy_1 u. s. w. multiplicirt sind, einander gleich sind: also muss sein

$$(16)\qquad \begin{cases} -X_1 = \dfrac{\partial U}{\partial x_1} + \dfrac{1}{1-n}\left[\dfrac{\partial V}{\partial x_1} - \dfrac{d}{dt}\left(\dfrac{\partial V}{\partial \dot{x}_1}\right)\right] \\ -Y_1 = \dfrac{\partial U}{\partial y_1} + \dfrac{1}{1-n}\left[\dfrac{\partial V}{\partial y_1} - \dfrac{d}{dt}\left(\dfrac{\partial V}{\partial \dot{y}_1}\right)\right] \\ \text{u. s. w.} \end{cases}$$

Diese Gleichungen enthalten das Gesetz, nach welchem die Kräfte abgeleitet werden, wenn die Grösse W gegeben ist. Wir brauchen für W den Namen **Ergal**. (Es kommt in der Litteratur auch unter dem Namen „Potential" in weiterem Sinne vor, wenn U und V den Factor $\frac{1}{r}$ haben.)

In dem besonderen Falle, wo $n = 2$, erhält man einfach

$$(17)\qquad X_1 = -\frac{\partial U}{\partial x_1} + \frac{\partial V}{\partial x_1} - \frac{d}{dt}\left(\frac{\partial V}{\partial \dot{x}_1}\right) \quad \text{u. s. w.}$$

Man bemerke, dass in dieser Formel $\frac{\partial U}{\partial x_1}$ und $\frac{\partial V}{\partial x_1}$ entgegengesetzte Vorzeichen haben, während U und V in Gl. (1) dasselbe Vorzeichen besitzen.

Da $\frac{\partial U}{\partial \dot{x}_1} = 0$, weil U kein $\dot{x}$ enthält, kann man die vorstehende Formel auch schreiben

$$(18)\qquad X_1 = \frac{\partial(V-U)}{\partial x_1} - \frac{d}{dt}\left(\frac{\partial(V-U)}{\partial \dot{x}_1}\right).$$

Man bemerke die vollständige Analogie dieses Ausdrucks mit dem Ausdruck in T, der in der zweiten Lagrange'schen Form der Bewegungsgleichungen vorkommt. Die letztere heisst für unsern Fall

$$(19)\qquad \frac{d}{dt}\left(\frac{\partial T}{\partial \dot{x}_1}\right) - \frac{\partial T}{\partial x_1} = \frac{d}{dt}\left(\frac{\partial(U-V)}{\partial \dot{x}_1}\right) - \frac{\partial(U-V)}{\partial x_1},$$

so dass $U - V$ und T in ganz identischer Art auf beiden Seiten derselben auftreten. Ist $n = 1$, so wird nach (16) $X_1 = \infty$; es sind also keine Ergalformeln möglich, in denen $\frac{dx_1}{dt}$ etc. nur in der ersten Dimension vorkommen.

Der Satz, dass die geleistete Arbeit gleich der Zunahme der lebendigen Kraft ist, gilt unbeschränkt. Sind also die beiden Punkte keiner fremden Einwirkung ausgesetzt, so ist

$$(20)\qquad d(\tfrac{1}{2}\mu_1 v_1^2 + \tfrac{1}{2}\mu_2 v_2^2) = -dW$$

oder, wenn die lebendige Kraft kurz mit T bezeichnet wird

$$(21)\qquad T + W = E$$

wo E die Integrationsconstante „Energie“ oder „Arbeitsinhalt“ ist.

Setzt man voraus, dass ursprünglich nicht W, sondern X_1 u. s. w. gegeben seien, so ist aus diesen das Ergal zu bilden gemäss der Gleichung

$$(22)\qquad -dW = \sum_6 X \frac{dx}{dt}\,dt.$$

Zweite Unterabtheilung.

Beliebig viele Punkte.

1. Schwerpunktseigenschaften.

117. Schwerpunkt. Gegeben seien n Punkte $\mu_1, \mu_2, \mu_3 \ldots\ldots$, deren Coordinaten durch entsprechende Marken bezeichnet werden. Die Gesammtheit derselben nennen wir den Punkthaufen M. Wie immer, sollen die Buchstaben μ zugleich die Massen der Punkte bezeichnen.

Analog dem, was wir bei zwei Punkten gethan haben, bilden wir die Coordinaten eines Hülfspunkts ξ, η, ζ, indem wir willkürlich setzen

$$(1a) \qquad \xi = \frac{\mu_1 x_1 + \mu_2 x_2 + \mu_3 x_3 + \cdots\cdot}{\mu_1 + \mu_2 + \mu_3 + \cdots\cdot}$$

oder kürzer

$$(1) \qquad \xi = \frac{\Sigma \mu x}{\Sigma \mu}, \quad \eta = \frac{\Sigma \mu y}{\Sigma \mu}, \quad \zeta = \frac{\Sigma \mu z}{\Sigma \mu},$$

wobei die Summen sich über alle Punkte des Haufens erstrecken. Den so gefundenen Punkt nennen wir den **Massenmittelpunkt** oder **Schwerpunkt** des Haufens M. Wir setzen conventionell fest, dass wir uns diesen Massenmittelpunkt immer mit der fictiven Masse $\Sigma\mu$ behaftet denken wollen, weil der Ausdruck der Sätze dann wesentlich vereinfacht wird.

Denken wir uns den Haufen M in Theilgruppen gespalten, von denen der erste etwa ν_1 der zweite ν_2, der dritte ν_3 u. s. w. von den Einzelpunkten μ enthält, so können wir für jede dieser Theilgruppen einen Schwerpunkt suchen. Sind die Coordinaten desselben ξ_1, ξ_2, ξ_3 u. s. w., so ist

$$\xi_1 = \frac{\overset{\nu_1}{\Sigma} \mu x}{\overset{\nu_1}{\Sigma} \mu}, \quad \xi_2 = \frac{\overset{\nu_2}{\Sigma} \mu x}{\overset{\nu_2}{\Sigma} \mu} \text{ u. s. w.,}$$

wobei das übergesetzte ν bedeutet, dass die Summation sich auf die Punkte der ersten, zweiten, u. s. w. Gruppe erstreckt. Dabei hat zugleich conventionsmässig

$$\xi_1, \eta_1, \zeta_1 \text{ die Masse } \overset{\nu_1}{\Sigma}\mu$$

$$\xi_2, \eta_2, \zeta_2 \text{ die Masse } \overset{\nu_2}{\Sigma}\mu \text{ u. s. w.}$$

Bilden wir also nunmehr den Schwerpunkt der sämmtlichen Theilschwerpunkte, so hat dieser die Coordinaten

$$\xi_n = \frac{\overset{\nu_1}{\Sigma}\mu \cdot \dfrac{\overset{\nu_1}{\Sigma}\mu x}{\overset{\nu_1}{\Sigma}\mu} + \dfrac{\overset{\nu_2}{\Sigma}\mu x}{\overset{\nu_2}{\Sigma}\mu} + \cdots}{\overset{\nu_1}{\Sigma}\mu + \overset{\nu_2}{\Sigma}\mu + \cdots}.$$

Das ist aber

$$(2) \qquad \xi_n = \frac{\Sigma\mu x}{\Sigma\mu}, \text{ ebenso } \eta_n = \frac{\Sigma\mu y}{\Sigma\mu}, \quad \zeta_n = \frac{\Sigma\mu z}{\Sigma\mu},$$

d. h.

$$(3) \qquad \xi_n = \xi, \quad \eta_n = \eta, \quad \zeta_n = \zeta.$$

Theilt man M in beliebige Theilhaufen, so ist der Schwerpunkt des ganzen Haufens M zugleich der Schwerpunkt der Schwerpunkte aller Theilhaufen.

Man kann also ξ, η, ζ, wenn es bequem ist, durch successive Combination von Theilschwerpunkten bilden.

Satz: Die Lage des Schwerpunkts ist unabhängig von der Wahl des Coordinatensystems.

Beweis. Wählen wir statt des ursprünglichen Systems der x, y, z ein anderes der x', y', z', so erhalten wir Transformationsformeln, die für einen ausgewählten Punkt μ_s lauten

$$(4) \qquad x_s = k + ax'_s + by'_s + cz'_s$$

und für den vorhin bestimmten Punkt ξ, η, ζ

$$(5) \qquad \xi = k + a\xi' + b\eta' + c\zeta'.$$

Die Grössen k, a, b, c haben für alle Punkte μ den gleichen Werth; bestimmen wir den Schwerpunkt ξ', η', ζ' im neuen System, so ist

$$\xi' = \frac{\Sigma\mu x'}{\Sigma\mu}, \quad \eta' = \frac{\Sigma\mu y'}{\Sigma\mu}, \quad \zeta' = \frac{\Sigma\mu z'}{\Sigma\mu}.$$

Der Ort dieses Punktes im System der x, y, z ist, wenn er mit (ξ) bezeichnet wird

$$(\xi) = k + a\frac{\Sigma\mu x'}{\Sigma\mu} + b\frac{\Sigma\mu y'}{\Sigma\mu} + c\frac{\Sigma\mu z'}{\Sigma\mu}.$$

Andererseits ist nach Gl. (4)

$$\xi = \frac{\Sigma\mu x}{\Sigma\mu} = k + a\frac{\Sigma\mu x'}{\Sigma\mu} + b\frac{\Sigma\mu y'}{\Sigma\mu} + c\frac{\Sigma\mu z'}{\Sigma\mu}.$$

Also ist (ξ) identisch mit ξ, womit der Satz bewiesen ist.

Nimmt man also eine beliebige feste Ebene im Raume an und nennt D den senkrechten Abstand eines Punktes μ von dieser Ebene, D_m aber den Abstand des Schwerpunktes von ihr, so ist immer

$$D_m = \frac{\Sigma\mu D}{\Sigma\mu}.$$

118. Bewegungsmenge. Satz: Die Bewegungsmenge des Schwerpunkts ist gleich der Resultante der Bewegungsmengen aller einzelnen Punkte des Haufens.

Beweis. Da wir uns den Schwerpunkt mit der Masse $\Sigma\mu$ behaftet denken, ist seine Bewegungsmenge in x gleich $(\Sigma\mu)\cdot\frac{d\xi}{dt}$. Das ist aber nach Gl. (1) des vorigen Paragraphen $\mu_1\frac{dx_1}{dt} + \mu_2\frac{dx_2}{dt} + \cdots$, also die Summe der Bewegungsmengen der einzelnen Punkte. Dasselbe gilt in y und z, womit der Satz bewiesen ist.

Legen wir durch den Schwerpunkt ein verschiebliches Coordinatensystem, so ist in diesem $\xi = \eta = \zeta = 0$. Daraus folgt:

Die geometrische Summe der Bewegungsmengen aller Punkte des ganzen Punkthaufens relativ zu ihrem Schwerpunkt ist Null.

119. Lebendige Kraft. Satz: Die lebendige Kraft des ganzen Punkthaufens ist gleich der lebendigen Kraft seines Schwerpunkts, vermehrt um die lebendige Kraft der einzelnen Punkte relativ zum Schwerpunkt.

Beweis. Es ist die relative Geschwindigkeit in x irgend eines Punktes μ in Bezug auf den Schwerpunkt gleich $\frac{dx}{dt} - \frac{d\xi}{dt}$, seine doppelte relative lebendige Kraft in x also $\mu\left(\frac{dx}{dt} - \frac{d\xi}{dt}\right)^2$, die doppelte lebendige Kraft des ganzen Haufens relativ zum Schwerpunkt ist also in x

$$(1) \qquad 2L_r = \Sigma\left[\mu\left(\frac{dx}{dt} - \frac{d\xi}{dt}\right)^2\right].$$

Die lebendige Kraft des Schwerpunkts, doppelt genommen, ist

$$(2)\qquad 2L_c = (\Sigma\mu)\cdot\left(\frac{d\xi}{dt}\right)^2.$$

Gl. (1) und (2) addirt, geben

$$(3)\qquad 2L_r + 2L_c = \Sigma\left[\mu\left(\frac{dx}{dt}\right)^2 - 2\mu\frac{dx}{dt}\frac{d\xi}{dt} + 2\mu\left(\frac{d\xi}{dt}\right)^2\right].$$

Nun ist aber

$$\frac{d\xi}{dt} = \frac{\Sigma\left(\mu\frac{dx}{dt}\right)}{\Sigma\mu},$$

also durch Multiplication mit $\Sigma\mu\cdot\frac{d\xi}{dt}$

$$(4)\qquad \Sigma\mu\left(\frac{d\xi}{dt}\right)^2 = \Sigma\left(\mu\frac{dx}{dt}\right)\frac{d\xi}{dt}.$$

Folglich heben sich die beiden letzten Glieder in der Klammer auf der rechten Seite von (3), und es bleibt

$$(5)\qquad 2L_r + 2L_c = \Sigma\left[\mu\left(\frac{dx}{dt}\right)^2\right],$$

und ebenso in y und z, was nach Division mit 2 den zu beweisenden Satz unmittelbar ergiebt.

120. Kräfte. Satz: Wirken an dem Punkthaufen M beliebige explicite Kräfte, und keine anderen Bedingungen als solche, welche die Punkte untereinander verknüpfen, so ist die Bewegung seines Schwerpunkts dieselbe, als ob die Resultante aller Kräfte an ihm angriffe.

Beweis. a) Es seien zunächst alle Punkte des Haufens frei. Aus der Gleichung des Schwerpunkts **116.** (1) folgt

$$(1)\qquad (\Sigma\mu)\frac{d^2\xi}{dt^2} = \Sigma\left(\mu\frac{d^2x}{dt^2}\right).$$

Sind aber X_s, Y_s, Z_s die an μ_s angreifenden Kräfte, so ist $\mu_s\frac{d^2x_s}{dt^2} = X_s$ u. s. w. also

$$(2)\qquad (\Sigma\mu)\frac{d^2\xi}{dt^2} = \Sigma X \text{ und ebenso in } y \text{ und } z.$$

Das ist aber der obige Satz, da ja $\Sigma\mu$ die fictive Masse des Schwerpunkts ist. Sind Bedingungen vorhanden, so sind die Punkte des Haufens frei, nachdem man die Zwangskräfte des Haufens eingeführt hat. Dann gilt also Gl. (2), wenn man unter ΣX die Summe der expliciten und impliciten Kräfte versteht. Gehen aber die Zwangskräfte bloss aus gegenseitiger Verknüpfung der Punkte hervor, so genügen sie paarweise dem Reactionsprincip; ihre Summe ist also Null, und Gl. (2) bleibt richtig, wenn man unter ΣX die Summe der expliciten Kräfte versteht.

Ist $\Sigma X = \Sigma Y = \Sigma Z = 0$, so folgt unmittelbar

$$(3) \qquad \frac{d^2\xi}{dt^2} = 0, \quad \frac{d\xi}{dt} = \text{const.}, \quad \text{ebenso in } y \text{ und } z.$$

Der Schwerpunkt bewegt sich dann gleichförmig und geradlinig. Dieser Satz gilt, 1) wenn die Punkte μ nur ihren gegenseitigen Anziehungs- und Druckkräften unterworfen sind, da für diese das Princip der Gleichheit von Action und Reaction gültig ist. Insbesondere also auch, wenn je zwei Punkte ein Ergal besitzen, in welchem bloss Abstände vorkommen. 2) Wenn die Punkte ausserdem elastisch mit einander verknüpft oder an Bedingungen geknüpft sind, die zwischen je zweien oder mehreren von ihnen existiren und durch angespannte Fäden zwischen Punkt und Punkt vertreten werden können; denn derartige Verbindungen genügen dem Reactionsprincip.

Er gilt aber im Allgemeinen nicht mehr, wenn die Bedingungen nicht zwischen den Punkten unter sich, sondern zwischen (allen oder einzelnen von) ihnen und dem Coordinatensystem gegeben sind, also, wenn einzelne Punkte im Coordinatensystem festliegen oder auf festen Flächen und Curven bleiben müssen. Denn die impliciten Kräfte, welche aus derartigen Bedingungen hervorgehen, afficiren direct nur die gefesselten Punkte und jeden einzelnen von diesen unabhängig von allen andern; die Reactionskräfte, welche den Zwangskräften entgegengesetzt gleich sind, afficiren nicht den Punkthaufen, sondern die Fesseln, kommen also beim Punkthaufen nicht in Rechnung, und die Summe der am Punkthaufen wirkenden Zwangskräfte ist nicht Null.

Auf Satz (2) beruht es, dass wir einen geworfenen Körper, einen Planeten und dergl. annähernd als schweren Punkt behandeln können. Wir untersuchen dabei in Wirklichkeit die Bewegung seines Schwerpunkts.

Satz (3) heisst das Princip der Erhaltung des Schwerpunkts. Er findet Anwendung auf den Schwerpunkt des Sonnensystems, weil die Fixsterne so weit abliegen und annähernd gleichmässig um dasselbe vertheilt sind, dass ihre

Anziehung auf dasselbe unbeträchtlich ist: auf explodirende Körper, so weit bei diesen bloss innere Kräfte ins Spiel kommen: der Schwerpunkt sämmtlicher Theile einer geplatzten Bombe z. B. (die Pulvergase mit eingerechnet) würde im leeren Raum fortfahren, die ursprüngliche Wurfparabel zu beschreiben. Ein Mensch würde auf einer vollkommen glatten Fläche seinen Schwerpunkt nie in horizontaler Richtung verlegen können: jede Bewegung eines irdischen Körpers k afficirt auch die Lage der ganzen Erde, da der Schwerpunkt des Systems (Erde $+ k$) durch dieselbe nicht afficirt werden kann, u. s. w.

Schreibt man die Gleichung (3)

$$\Sigma\left(\mu \frac{d^2x}{dt^2}\right) = 0,$$

so liefert sie integrirt

$$\Sigma\left(\mu \frac{dx}{dt}\right) = \text{const.}$$

D. h. wenn das Princip der Erhaltung des Schwerpunkts gilt, so ist die Summe der Bewegungsmengen für alle Punkte des Haufens auf jeder Axe constant. Dasselbe sagt: Die Resultante der Bewegungsmengen aller Punkte ist constant. Rückstoss der Geschütze, Aufsteigen von Raketen, Segner'sches Wasserrad.

2. Die integrirenden Principien.

Schon das Princip der Erhaltung des Schwerpunkts ist ein integrirendes Princip; die Gleichungen $\frac{d\xi}{dt} = \text{const.}$ und $\Sigma\left(\mu \frac{dx}{dt}\right) = \text{const.}$, von denen jede so viel sagt wie die andere, liefern **ein** erstes Integral der Bewegungsgleichungen in x, wenn die Kräfte dem Princip der Gleichheit von Action und Reaction unterliegen. Wir wenden uns nun zu denjenigen Principien, die schon beim einzelnen Punkt für die Integration benutzt wurden.

a. Das Princip der Momente oder der Flächen.

121. Die Gleichungen der Bewegung für einen einzelnen Punkt μ_s lauten

$$(1)\quad \begin{cases} \mu_s \dfrac{d^2x_s}{dt^2} = X_s \\ \mu_s \dfrac{d^2y_s}{dt^2} = Y_s \\ \mu_s \dfrac{d^2z_s}{dt^2} = Z_s, \end{cases}$$

wenn die X etc. die Componenten der an μ_s wirkenden Resultante sind. Combiniren wir die (1) in der Weise, wie es beim Princip der Flächen für den einzelnen Punkt geschieht, und summiren über sämmtliche Punkte des Haufens, so erhalten wir

$$(2)\quad \begin{cases} \Sigma\left[\mu\left(y\frac{d^2z}{dt^2}-z\frac{d^2y}{dt^2}\right)\right]=\Sigma(yZ-zY)\\ \Sigma\left[\mu\left(z\frac{d^2x}{dt^2}-x\frac{d^2z}{dt^2}\right)\right]=\Sigma(zX-xZ)\\ \Sigma\left[\mu\left(x\frac{d^2y}{dt^2}-y\frac{d^2x}{dt^2}\right)\right]=\Sigma(xY-yX). \end{cases}$$

Auf der linken Seite dieser Gleichungen stehen genaue Differentialquotienten. Es ist nämlich

$$x_s\frac{d^2y_s}{dt^2}-y_s\frac{d^2x_s}{dt^2}=\frac{d}{dt}\left(x_s\frac{dy_s}{dt}-y_s\frac{dx_s}{dt}\right).$$

Also liefert Gl. (2) durch Integration

$$(3)\quad \begin{cases} \Sigma\left[\mu\left(y\frac{dz}{dt}-z\frac{dy}{dt}\right)\right]=\int\Sigma(yZ-zY)dt\\ \Sigma\left[\mu\left(z\frac{dy}{dt}-x\frac{dz}{dt}\right)\right]=\int\Sigma(zX-xZ)dt\\ \Sigma\left[\mu\left(x\frac{dy}{dt}-y\frac{dx}{dt}\right)\right]=\int\Sigma(xY-yX)dt. \end{cases}$$

Hier stehen rechts und links wohlbekannte Momente. Die Gleichungen (3) heissen in Worten: „In jeder Ebene ist die Summe der Momente der Bewegungsmengen das Integral der in dieselbe Ebene fallenden Kraftmomentsumme; dabei ist als selbstverständlich vorausgesetzt, dass alle Momente auf den gleichen, übrigens willkürlichen, Anfangspunkt bezogen sind.

Statt „Moment in der xy-Ebene“ können wir auch sagen „Moment um die z-Axe“, und da das Geschwindigkeitsmoment in der xy-Ebene gleich der doppelten Sectorengeschwindigkeit in derselben Ebene ist, so kann der Satz auch die Form annehmen:

Multiplicirt man die doppelte Sectorengeschwindigkeit jedes Punktes um irgend eine Axe mit der Masse des Punktes und bildet die Summe dieser Producte, so ist diese Summe das Integral der Summe aller auf die gleiche Axe bezogenen Kraftmomente.

Jede beliebige Ebene oder Axe kann dabei als Coordinatenebene oder -Axe aufgefasst werden; der Satz gilt also in beiden Formen für jede Ebene und jede Axenlinie.

Die Gleichungen (3) sprechen den allgemeinsten Inhalt des „Princips der Momente" aus. Ihre rechten Seiten sind aber im Allgemeinen nicht integrabel. Sie sind evident integrabel, wenn sie Null sind, und dieser Specialfall umfasst eine wichtige Reihe von Problemen. Ist z. B. $\Sigma(yZ - zY) = 0$, so hat man sofort

$$\Sigma\left[\mu\left(y\frac{dz}{dt} - z\frac{dy}{dt}\right)\right] = a,$$

wo a eine (aus den Anfangsdaten zu bestimmende) Constante.

Ist also die Summe aller auf eine Ebene projicirten Kraftmomente gleich Null, so ist die Summe der Momente der Bewegungsmengen in derselben Ebene constant.

[Oder: Ist die Summe der Kraftmomente, bezogen auf eine Axe, gleich Null, so ist die Summe der Quantitätsmomente für dieselbe Axe constant.]

[Oder: Unter der gleichen Bedingung ist die Summe der mit den Massen multiplicirten Sectorengeschwindigkeiten, bezogen auf die Axe, constant.]

Rückläufige Sectorengeschwindigkeiten sind dabei selbstverständlich als negativ zu zählen.

Die Bedingung, dass die Summe der Kraftmomente verschwindet, ist nun für alle drei Coordinatenaxen erfüllt, 1) wenn die Punkte frei ihren gegenseitigen Einwirkungen unterworfen sind, und wenn dabei diese Einwirkungen a) dem Reactionsprincip unterliegen, b) in die Richtung der Abstände fallen. Denn dann wirken auf irgend zwei Punkte μ_r und μ_s vermöge ihrer gegenseitigen Anziehung zwei entgegengesetzte Kräfte $+R$ und $-R$, die auf derselben Geraden liegen; die Summe der Momente von $+R$ und $-R$ ist also Null, und da die ganze Summe $\Sigma(xY - yX)$ etc. sich aus lauter solchen Dyaden zusammensetzt, von denen jede einzelne Null ist, ist sie selbst Null.

Dasselbe gilt, wenn zwischen den Punkten Nahewirkungen durch Stoss, Reibung etc. vorkommen; denn wenn μ_r und μ_s sich berühren, stossen, reiben etc., so erleiden sie entgegengesetzt gleiche Kräfte, die am gleichen Berührungspunkt angreifen, deren Momentsumme also wieder Null ist.

Dasselbe gilt ferner, wenn zwischen den Punkten μ Bedingungen bestehen, die so beschaffen sind, dass die aus ihnen hervorgehenden impliciten Kräfte für je zwei Punkte entgegengesetzt gleich sind und in ihre Verbindungslinie fallen, z. B. wenn irgend welche Punktpaare durch geradlinige Fäden verknüpft sind.

Endlich ist die obige Bedingung erfüllt, wenn auf die μ noch fremde Kräfte wirken, die für jeden einzelnen Punkt beständig durch den Coordinatenanfang gehen. Denn dann ist jedes einzelne Moment $xY-yX$ gleich Null.

(Sie ist aber im Allgemeinen nicht mehr erfüllt, wenn für die Punkte Bedingungen bestehen, bei welchen die dem Reactionsprincip entsprechende Gegenkraft nicht die Punkte trifft, z. B. wenn einzelne derselben an festen Orten oder auf festen Flächen bleiben müssen).

In den recht umfassenden Fällen, wo alle Summen der Kraftmomente verschwinden, haben wir nun

$$(4)\quad \begin{cases} \Sigma\left[\mu\left(y\frac{dz}{dt}-z\frac{dy}{dt}\right)\right]=a \\ \Sigma\left[\mu\left(z\frac{dx}{dt}-x\frac{dz}{dt}\right)\right]=b \\ \Sigma\left[\mu\left(x\frac{dy}{dt}-y\frac{dx}{dt}\right)\right]=c. \end{cases}$$

W e n n d i e o b i g e B e d i n g u n g e r f ü l l t i s t, s o i s t d i e S u m m e d e r M o m e n t e d e r B e w e g u n g s m e n g e n f ü r j e d e C o o r d i n a t e n - e b e n e c o n s t a n t.

Oder, wenn wir uns in den drei Gleichungen (4) die einzelnen, auf denselben Punkt bezüglichen Grössen geometrisch addirt denken:

W e n n d i e o b i g e B e d i n g u n g e r f ü l l t i s t, s o i s t d i e g e o - m e t r i s c h e S u m m e d e r M o m e n t e s ä m m t l i c h e r B e w e g u n g s - q u a n t i t ä t e n c o n s t a n t.

Diese geometrische Summe hat, wenn sie auf ihrer Axe in bekannter Weise dargestellt wird, die Länge

$$(5)\qquad m=\sqrt{a^2+b^2+c^2}$$

und sie macht mit den Coordinatenaxen die Winkel α, β, γ, wo

$$(6)\quad \begin{cases} \cos\alpha=\frac{a}{\sqrt{a^2+b^2+c^2}}, \quad \cos\beta=\frac{b}{\sqrt{a^2+b^2+c^2}}, \\ \cos\gamma=\frac{c}{\sqrt{a^2+b^2+c^2}}. \end{cases}$$

Dabei geht die Axe durch den Coordinatenanfang, der übrigens willkürlich ist; in Folge dieser Willkürlichkeit hat die Axe nur eine bestimmte Richtung, keine bestimmte Lage, sofern nicht etwa die Kraftbedingungen an eine feste Lage des Anfangspunkts geknüpft sind.

m und die Winkel α, β, γ sind von der Zeit unabhängig. Die Grösse m hat also nicht bloss fortwährend dieselbe Länge, sondern auch stets dieselbe Richtung: Die Axe des resultirenden Moments ist ein unveränderlicher freier Vector. Mit ihr ist die auf ihr senkrecht stehende Ebene, die Ebene des resultirenden Moments, unveränderlich, d. h. stets ein und derselben Ebene parallel. Man nennt jene Axe nach Laplace, der diese Eigenschaft entdeckte, die unveränderliche Axe, diese Ebene die unveränderliche Ebene des Punkthaufens; auch werden sie als Laplace'sche Axe und Ebene bezeichnet. Ihre Lage kann nach (5) und (6) jederzeit aus den Anfangsbedingungen bestimmt werden. Da die unveränderliche Ebene nur durch Projectionsbedingungen bestimmt ist, sind alle mit ihr parallelen Ebenen ihr selbst gleichwerthig.

Die Sätze gelten in jedem Coordinatensystem, in welchem die X, Y, Z die verlangten Eigenschaften haben. Man muss sich also eventuell, um die Sätze zu benutzen, ein solches Coordinatensystem herrichten, z. B., indem man die Coordinatenaxen durch den Schwerpunkt des Haufens legt, wo sich die Kräfte meistens am einfachsten präsentiren.

Wählt man eine beliebige Axe und bildet für sie die Momentensumme m' aller Bewegungsmengen, so ist, wenn m' mit der unveränderlichen Axe den Winkel λ macht, weil die Momentensummen genau wie Kraftsummen gebildet und zusammengesetzt werden,

$$(7) \qquad m' = m \cos \lambda.$$

Daraus folgt, dass die unveränderliche Axe zugleich die Axe ist, für welche die uns beschäftigende Momentensumme den grössten Werth hat (weil $\cos \lambda < 1$).

Dasselbe sagt: Die Summe der Momente der Bewegungsmengen in der Projection der Bewegung auf irgend eine Ebene erlangt ihren grössten Werth, wenn diese Ebene die unveränderliche Ebene ist. Für Axen, die in der unveränderlichen Ebene liegen, ist $m' = 0$. Ferner folgt, dass die Sätze (4), wenn sie für die drei Coordinatenebenen gelten, für jede im Coordinatensystem feste Ebene gelten müssen.

Die Sätze (4) nebst Zubehör nennt man gewöhnlich κατ' ἐξοχήν das Princip der Flächen oder das Princip der Momente.

Anwendungen. Das Flächenprincip hat grosse Analogie mit dem Princip der Erhaltung des Schwerpunkts. Wie dieses sich in die Worte fassen lässt: „Ein sich selbst überlassener Punkthaufen kann seinen Schwerpunkt nicht beschleunigen“, so führt das Flächenprincip zu der Folgerung: Ein sich selbst überlassener Punkthaufen kann seine Momente um die Coordinatenaxen nicht abändern. Man kann geradezu das Moment m als das „Quantitätsmoment der Laplace'schen Axe“ bezeichnen und hat dann an den beiden Sätzen:

1) die Bewegungsmenge des Schwerpunkts ist constant,

2) das Quantitätsmoment der Laplace'schen Axe ist constant,

zwei einander analoge Sätze, in welchen Schwerpunkt und Laplace'sche Axe entsprechende Rollen spielen, und die beide auf dem Princip der Gleichheit von Action und Reaction beruhen. Der tiefere Sinn dieser Analogie beruht auf dem Dualismus von Verschiebung und Drehung, den wir später kennen lernen werden.

Wenn ein Theil eines ruhenden, sich selbst überlassenen Punkthaufens ein Quantitätsmoment q um irgend eine Axe annimmt, so muss nach den obigen Sätzen der andere Theil gleichzeitig das Moment $-q$ um dieselbe Axe annehmen. Ein sich selbst überlassener, d. h. von allem reibenden Contact abgelöster Mensch würde sich hiernach niemals umdrehen können, sondern wenn er ein Glied dreht, so dreht sich der übrige Körper um einen entsprechend kleineren Winkel in der entgegengesetzten Richtung. Soll ein Luftballon ohne Störung durch Propellerschrauben mit verticaler Axe in die Höhe getrieben werden, so müssen wenigstens zwei solche Schrauben vorhanden sein, die in entgegengesetztem Sinn wirken, sonst rotirt der Ballon etc. Das ganze Sonnensystem hat, soweit es von der Anziehung der Fixsterne unabhängig ist, eine invariable Ebene.

Verschwindet die Summe der Kraftmomente nicht für die Projection auf jede Ebene, sondern nur für die Projection auf eine bestimmte Ebene, so gilt das Princip der Flächen in dieser Ebene, bezw. für eine auf ihr senkrechte Axe. Dann ist in jener Ebene, bezw. auf dieser Axe die Summe der Quantitätsmomente constant.

Setzen wir nun voraus, das Flächenprincip gelte in der yz-Ebene, und verstehen unter F_s die von der Zeit t_1 ab gerechnete Fläche, welche der vom Anfangspunkt nach der Projection von μ_s hin gezogene Radiusvector beschreibt, so ist die Gleichung

$$\Sigma\left[\mu\left(y\frac{dz}{dt}-z\frac{dy}{dt}\right)\right]=a$$

gleichbedeutend mit

$$\frac{d}{dt}\Sigma\mu F=\tfrac{1}{2}a;$$

sie liefert also das weitere Integral

$$\Sigma\mu F=\tfrac{1}{2}at+\text{const.}$$
$$=\tfrac{1}{2}a(t-t_1).$$

„Die Summe der mit den Massen multiplicirten, in der yz-Ebene beschriebenen Flächenräume ist der von t_1 ab gerechneten Zeit proportional.“

Dasselbe gilt in den andern Coordinatenebenen (und in jeder Ebene), wenn die Bedingungen des Flächenprincips in ihnen erfüllt sind. Ist das für alle drei Coordinatenebenen der Fall, so folgt, dass die geometrische Summe der mit den Massen multiplicirten Flächenräume, welche die vom Anfangspunkt nach den μ gezogenen Radienvectoren im Raume beschreiben, der von t_1 ab gerechneten Zeit proportional ist. Die Axe, auf welcher diese geometrische Summe abzuschneiden ist, ist die Laplace'sche Axe.

b. Das Princip der lebendigen Kräfte.

122. Arbeit und lebendige Kraft.

„Lebendige Kraft des Punkthaufens M“ nennen wir die algebraische Summe der lebendigen Kräfte seiner einzelnen Punkte, $\frac{1}{2}\Sigma\mu v^2$.

Unter der „Arbeit, die am Punkthaufen geleistet wird“, verstehen wir die algebraische Summe der Arbeiten, welche an seinen einzelnen Punkten geleistet werden. Heisst also L die Arbeit am einzelnen Punkt, so ist die Arbeit am ganzen Haufen einfach ΣL.

Da für den einzelnen Punkt μ_s

$$(1)\qquad d(\tfrac{1}{2}\mu_s v_s^2) = dL_s,$$

so ist durch einfache Summirung

$$(2)\qquad d(\tfrac{1}{2}\Sigma\mu v^2) = d(\Sigma L);$$

der Satz, dass die Zunahme der lebendigen Kraft gleich der geleisteten Arbeit ist, gilt also für den Punkthaufen, wie für den einzelnen Punkt.

Sind X_s, Y_s, Z_s die an μ_s thätigen Kräfte, so ist

$$\Sigma L = \Sigma(Xdx + Ydy + Zdz).$$

123. Das innere Potential. Wir setzen voraus, dass die Punkte μ des Haufens von fremder Einwirkung frei sind und einander nach dem Newton'schen Gesetz anziehen, und rechnen in astronomischen Einheiten. Wir wählen einen Punkt μ_s willkürlich aus, combiniren ihn mit sämmtlichen andern Punkten des Systems, bilden für jede Combination des Punkts μ_s mit einem andern Punkt μ_i die Grösse $-\frac{\mu_s . \mu_i}{r_{i,s}}$, wo $r_{i,s}$ den Abstand zwischen μ_i und μ_s bezeichnet, und addiren alle diese Grössen; so erhalten wir die Summe

$$-\mu_s \sum_{i=1}^{i=n} \frac{\mu_i}{r_{i,s}} \quad (i = s \text{ auszulassen}).$$

Für μ_s setzen wir hierin der Reihe nach alle Punkte des Haufens, und summiren aufs Neue über den ganzen Haufen; dann entsteht die Summe

$$-\sum_{s=1}^{s=n} \mu_s \sum_{i=1}^{i=n} \frac{\mu}{r_{i,s}} \quad (i = s \text{ auszulassen}).$$

In dieser Summe kommt jede Combination von zwei Punkten μ_k und μ_l zweimal vor, nämlich einmal für $k = s$ und $l = i$, einmal für $k = i$ und $l = s$. Dividiren wir sie also durch 2, so erhalten wir den Werth, welchen jene Summe haben wird, wenn jede Combination nur einmal in ihr auftritt. Die so erhaltene Grösse

$$(1) \qquad -\tfrac{1}{2}\sum_{s=1}^{s=n} \mu_s \sum_{i=1}^{i=n} \frac{\mu_i}{r} = P$$

heisst das innere Potential des Punkthaufens oder das Potential des Punkthaufens auf sich selbst. Beim Niederschreiben derselben haben wir die Bemerkung „$i = s$ ist auszulassen" und die Marke (i, s) an r als selbstverständlich getilgt.

Cum grano salis kann man die Summe P auch einfacher $-\tfrac{1}{2}\Sigma \frac{\mu_i \mu_s}{r}$ schreiben; man muss dann aber im Auge behalten, dass unter dem Zeichen Σ jedes Product zweier μ zweimal vorkommen soll. Die Schreibart der Gleichung (1) ist frei von jeder Unsicherheit.

Es ist nun $-\sum_{i=1}^{i=n} \frac{\mu_i}{r_{i,s}}$ die wohlbekannte Potentialfunction V, welche alle andern Punkte des Haufens in der zur Zeit t gegebenen Stellung auf μ_s üben. Wir können also auch schreiben

$$(2) \qquad P = \tfrac{1}{2}\sum_{s=1}^{s=n} \mu_s V_s.$$

Wir wissen, dass $-\frac{\partial V_s}{\partial x_s}$ die auf μ_s zur Zeit t von sämmtlichen μ geübte Beschleunigung in x ist; also ist auch $-\mu_s \frac{\partial V_s}{\partial x_s}$ die auf μ_s von sämmtlichen andern Punkten geübte Kraft in x, welche wir X_s nennen.

Wir untersuchen nun, welche Aenderung von P hervorgebracht wird, wenn zur Zeit t der Punkt μ_s allein eine Verrückung dx_s erleidet, während alle andern Punkte μ in ihrer jeweiligen Stellung festgehalten werden. Die Wirkung, welche diese Verrückung auf den Werth der Summe $-\sum_{s=1}^{s=n} \mu_s \sum_{i=1}^{i=n} \frac{\mu_i}{r}$ oder, wie wir sie abkürzend schreiben, $2P$ übt, ist eine doppelte.

Erstens nämlich ändert sich V_s, und zwar um $\frac{\partial V_s}{\partial x_s} dx_s$; die hierdurch entstehende Aenderung von $2P$ ist $\mu_s \frac{\partial V_s}{\partial x_s} dx_s$.

Zweitens aber ändern sich gleichzeitig alle andern μV, die in $2P$ vorkommen. Es enthält nämlich

$$\mu_1 V_1 \text{ den Summanden } -\frac{\mu_1 \mu_s}{r_{1,s}}$$

$$\mu_2 V_1 \text{ den Summanden } -\frac{\mu_2 \mu_s}{r_{2,s}}$$

u. s. w.

Diese ändern sich um

$$-\frac{\partial}{\partial x_s}\left(\frac{\mu_1 \mu_s}{r_{1,s}}\right) dx_s, \quad -\frac{\partial}{\partial x_s}\left(\frac{\mu_2 \mu_s}{r_{2,s}}\right) dx_s \quad \text{u. s. w.}$$

Addiren wir sämmtliche Aenderungen der zweiten Klasse, so erhalten wir

$$\frac{\partial}{\partial x_s}\left(-\sum_{i=1}^{i=n} \frac{\mu_i \mu_s}{r_{i,s}}\right) dx_s \quad (i = s \text{ auszulassen}).$$

Was aber in dieser Klammer steht, ist nichts anderes als $\mu_s V_s$. Also beträgt die zweite Aenderung von $2P$ nochmals

$$\mu_s \frac{\partial V_s}{\partial x_s} dx_s.$$

Folglich ist nach den Grundsätzen der Differentialrechnung die Gesammtänderung

$$(3) \qquad \frac{\partial (2P)}{\partial x_s} dx_s = 2\mu_s \frac{\partial V_s}{\partial x_s} dx_s,$$

d. h.

$$(4) \qquad \frac{\partial P}{\partial x_s} = \mu_s \frac{\partial V_s}{\partial x_s}$$

und das heisst nach dem obigen

$$(5) \qquad -\frac{\partial P}{\partial x_s} = X_s.$$

Der nach x_s genommene Differentialquotient des Potentials ist, negativ genommen, die x-Componente der an μ_s thätigen Kraft. Dabei kann x_s eine beliebige Richtung haben, der Satz gilt also ohne weiteres in y, z und jeder andern Richtung p.

Erleiden die Punkte μ beliebige unendlich kleine Verrückungen, so ist die Gesammtarbeit, die von ihren gegenseitigen Kräften an ihnen geleistet wird

$$(6)\qquad dL = \Sigma(Xdx + Ydz + Zdz), \text{ d. i. nach (5),}$$

$$(7)\qquad dL = -\Sigma\left(\frac{\partial P}{\partial x}dx + \frac{\partial P}{\partial y}dy + \frac{\partial P}{\partial z}dz\right)$$

und das ist

$$(8)\qquad dL = -dP,$$

wenn dP das totale, durch sämmtliche Verrückungen hervorgebrachte Differential von P bedeutet. Also ist die geleistete Arbeit gleich der Abnahme des Potentials, wenn beide sich auf die inneren Kräfte des Punkthaufens beziehen. Wir wollen in diesem Fall die Arbeit als „innere Arbeit" des Haufens bezeichnen; dann heisst der vorstehende Satz, schärfer ausgedrückt: „Die Zunahme der inneren Arbeit ist gleich der Abnahme des inneren Potentials" und in dieser Form gilt er durch einfache Integration auch für endliche Aenderungen beider Grössen.

Ist der Haufen sich selbst überlassen, so ist

$$(9)\qquad dL = d\Sigma(\tfrac{1}{2}\mu v^2),$$

also

$$(10)\qquad d(\Sigma\tfrac{1}{2}\mu v^2) = -dP,$$

oder

$$(11)\qquad \Sigma\tfrac{1}{2}\mu v^2 + P = E_i,$$

wo die Integrationsconstante E_i die „innere Energie" des Haufens heisst.

124. Das innere Ergal. Ziehen sich je zwei Punkte μ_i und μ_s nach einem Kraftgesetz an, in welchem eine beliebige Function der Entfernung, aber keine Geschwindigkeit vorkommt, so besteht für sie eine Beschleunigungsfunction; ist bei positiv gerechneter Abstossung $\mu_s\mu_i f(r)$ die Kraftwirkung von μ_s auf μ_i, so ist $-\mu_s\mu_i\int_0^r f(r)dr$ die Kräftefunction; diese bezeichnen wir mit $-\mu_s F_i$. Wir bilden nun die Summe

$$-\mu_s \sum_{i=1}^{i=n} F_i \qquad (i = s \text{ auszulassen}).$$

Diese ist die Kräftefunction aller andern Punkte auf μ_s; wir bezeichnen sie mit U_s. Bilden wir nun durch eine zweite Summirung und Division mit 2 die Grösse

$$(1)\qquad P = \tfrac{1}{2}\sum_{s=1}^{s=n} \mu_s U_s,$$

so heisst P das innere Ergal des Punkthaufens. In dem Specialfalle, wo $f(r) = -\frac{1}{r^2}$, also $F_i = -\frac{\mu_i}{r}$, wird das Ergal zum Potential.

Man beweist nun leicht in ganz derselben Art, wie es im vorigen Paragraphen geschehen ist, die Sätze

$$(2)\qquad -\frac{\partial P}{\partial x_s} = -\mu_s \frac{\partial U_s}{\partial x_s} = X_s \text{ u. s. w. in } y, z, p,$$

$$(3)\qquad dL = -dP,$$

und wenn die Punkte nur ihren gegenseitigen Kräften unterliegen,

$$(4)\qquad \Sigma\tfrac{1}{2}\mu v^2 + P = E_i.$$

Also:

Die Kraftcomponente, welche auf μ_s nach der *R*ichtung p wirkt, ist der negativ genommene Differentialquotient des Ergals nach dp.

Die Zunahme der inneren Arbeit ist gleich der Abnahme des Ergals.

Wirken auf den Haufen keine fremden Kräfte, so ist die Summe aus lebendiger Kraft und Ergal eine Constante, die innere Energie des Haufens.

Zweiter Fall: Wir wollen nun annehmen, je zwei Punkte des Haufens, μ_s und μ_i, besitzen für ihre gegenseitige Einwirkung ein Ergal, in welchem die Geschwindigkeiten von μ_s und μ_i vorkommen, und zwar fügen wir die Beschränkung hinzu, dass die Geschwindigkeiten in diesem in der zweiten Dimension auftreten, da Ergale mit anderen Dimensionen wohl so bald nicht verwendbar sein werden. (Die Verallgemeinerung ist übrigens leicht.) Das Ergal von μ_i auf μ_s wird die Form haben

$$\mu_s \mu_i (\varphi_{s,i} + \psi_{s,i}),$$

wo φ bloss Coordinaten, ψ aber Geschwindigkeiten enthält. Wir bilden die Summe

$$(5)\qquad \mu_s (U_s + V_s) = \mu_s \sum_{i=1}^{i=n} \mu_i (\varphi_{s,i} + \psi_{s,i}) \quad (i = s \text{ auszulassen}).$$

Diese Summe ist dann das Ergal sämmtlicher anderen Punkte auf μ_s: es sei dabei V der Theil der Summe, welcher aus den ψ entstanden ist, also die Geschwindigkeiten enthält. Wir summiren zum zweitenmal über s und setzen

$$(6)\qquad W = P + Q = \tfrac{1}{2}\sum_{s=1}^{s=n} \mu_s \sum_{i=1}^{i=n} (\varphi_{s,i} + \psi_{s,i}) \quad (i = s \text{ auszulassen}).$$

Dann ist zugleich

$$(7)\qquad W = P + Q = \tfrac{1}{2}\Sigma\mu_s (U_s + V_s),$$

und es sei Q der Theil von W, welcher die Geschwindigkeiten enthält. Ganz wie im vorigen Paragraphen beweist man nun, dass $\frac{\partial P}{\partial x_s}$ nicht $\frac{1}{2}\mu_s\frac{\partial U_s}{\partial x_s}$, sondern

$$(8)\quad \begin{cases} \frac{\partial P}{\partial x_s} = \mu_s \frac{\partial U_s}{\partial x_s} \\ \frac{\partial Q}{\partial x_s} = \mu_s \frac{\partial V_s}{\partial x_s} \text{ und} \\ \frac{\partial Q}{\partial \dot{x}_s} = \mu_s \frac{\partial V_s}{\partial \dot{x}_s} \text{ ist.} \end{cases}$$

Nun ist aus **116.** bekannt, dass

$$(9)\qquad X_s = \mu_s\left[-\frac{\partial U}{\partial x_s} + \frac{\partial V}{\partial x_s} - \frac{d}{dt}\left(\frac{\partial V}{\partial \dot{x}_s}\right)\right],$$

also ist nach (8)

$$(10)\qquad X_s = -\frac{\partial P}{\partial x_s} + \frac{\partial Q}{\partial x_s} - \frac{d}{dt}\left(\frac{\partial Q}{\partial \dot{x}_s}\right).$$

Die Bildung einer Kraftcomponente aus dem Ergal unterliegt bei n Punkten derselben Regel wie bei zweien.

Ferner wissen wir aus **116.**, dass, wenn in der Zeit dt sich x um dx und $\dot{x}$ um $d\dot{x}$ ändert, die an μ_s geleistete Arbeit in x

$$(11)\qquad dL_{s,x} = -\mu_s\left[\frac{\partial(U_s+V_s)}{\partial x_s}dx + \frac{\partial V_s}{\partial \dot{x}}d\dot{x}\right] = Xdx \text{ ist.}$$

Das giebt aber mit (8)

$$(12)\qquad dL_{s,x} = -\left(\frac{\partial P}{\partial x_s}dx_s + \frac{\partial Q}{\partial x_s}dx_s + \frac{\partial Q}{\partial \dot{x}_s}d\dot{x}_s\right) = -\left(\frac{\partial W}{\partial x_s}dx_s + \frac{\partial W}{\partial \dot{x}_s}d\dot{x}_s\right).$$

Und wenn wir die entsprechenden Ausdrücke für alle Punkte und für alle drei Coordinatenrichtungen summiren, so kommt, wenn dL das totale Differential der Arbeit bezeichnet

$$(13)\qquad dL = \sum_3 \sum Xdx = -\sum_3 \sum_{s=1}^{s=n}\left(\frac{\partial W}{\partial x_s}dx_s + \frac{\partial W}{\partial \dot{x}_s}d\dot{x}_s\right).$$

Hier steht aber rechts das totale Differential von W, da ja in dieser Grösse die x, y, z und $\dot{x}, \dot{y}, \dot{z}$ die unabhängigen Veränderlichen sind. Also haben wir

$$(14)\qquad dL = -dW.$$

Die Zunahme der inneren Arbeit ist gleich der Abnahme des innern Ergals. M. a. W. die Gleichung der lebendigen Kraft gilt für diese Ergale in derselben Form, wie für gewöhnliche Ergale, welche die Geschwindigkeiten nicht enthalten. Sind die Punkte sich selbst überlassen, so folgt

$$(15)\qquad \Sigma\tfrac{1}{2}\mu v^2 + W = E_i.$$

Lebendige Kraft und inneres Ergal haben die constante Summe innere Energie.

Dieser Satz gilt demnach unter den allgemeinsten Bedingungen, wo noch ein inneres Ergal existirt; insbesondere gilt er für die Welt als Ganzes, bedarf aber da der Erfahrungsbestätigung, weil die Annahme, dass die Welt ein inneres Ergal besitze, hypothetisch ist. Er heisst das Princip der Erhaltung der Energie.

Man nennt die lebendige Kraft auch den kinetischen, das Ergal den potentiellen Bestandtheil der Energie, oder kürzer, man unterscheidet $\Sigma\frac{1}{2}\mu v^2$ und W als „kinetische“ und „potentielle“ Energie. Nach Gl. (15) bestehen alle Bewegungsprocesse eines Punkthaufens bloss darin, dass kinetische Energie sich in potentielle, oder potentielle sich in kinetische verwandelt. Letzteres findet statt, wenn die inneren Kräfte des Haufens positive Arbeit thun, ersteres im entgegengesetzten Fall. Potentielle Energie lässt sich aufspeichern (Hebung eines schweren Steins gegen die Schwere und festlegen desselben in der Höhe, dauernde Anspannung einer elastischen Feder); sie ist in diesem Zustande unabhängig von Reibung etc., hält aber practisch nicht ewig wegen der desintegrirenden Aenderungen, welche die zeitlichen Einwirkungen an dem Träger der Energie hervorbringen (Verwittern des Steins oder seiner Unterstützung, Elasticitätsverlust der Feder). Kinetische Energie lässt sich nicht aufspeichern, wohl aber lassen sich ihre Wirkungen auf kleine Räume concentriren (Stoss eines schweren Körpers gegen eine Spitze, Concentration der Wärmeentwicklung eines galvanischen Stroms auf den kleinen Raum des galvanischen Lichtbogens). Sie leidet unter der Einwirkung der Bewegungshindernisse; bei der Bewegung eines messbaren Körpers mit Widerstand oder Reibung, und, wie wir später sehen werden, beim unelastischen Stoss geht lebendige Kraft verloren, und zwar ohne dass man direct einen Ersatz derselben in Form potentieller Energie auftreten sähe. Wenn die Welt ein Ergal besitzt, so muss in solchen Fällen die scheinbar verlorne Energie in einer Form, welche weder Bewegung messbarer Massen, noch Ergal messbarer Massen ist, zum Vorschein kommen; sie thut das in der That, als Wärme oder als Wärmewirkung irgendwelcher Art, als electrische Energie etc. Auf diesem Satz beruht die Lehre von der Verwandlung der Energie in der Physik.

Gewisse Körpergebilde, die man Motoren nennt, (geheizte Dampfmaschinen, electrische Motoren, die Wasserdünste, welche vom Meer aufsteigen und als Regen wieder herabfallen etc.) zeigen ein Verhalten, welches dem der Widerstände entgegengesetzt ist; sie liefern lebendige Kraft messbarer Massen, ohne dass man dafür eine entsprechende Menge von potentieller Energie messbarer Massen verloren gehen sieht; in diesen Fällen entsteht die scheinbar neu gelieferte Energie aus denselben Quellen, in welchen sie beim vorigen Falle unscheinbar wird.

Schneidet man aus dem Universum einen bestimmten Theil F heraus und isolirt ihn nach Möglichkeit von allen fremden Einwirkungen, so würde derselbe, wenn in ihm keine Widerstände existirten, dem Princip der Erhaltung der Energie für sich unterliegen. Da aber die Widerstände unvermeidlich sind, ist die lebendige Kraft der endlichen Massen von F nach irgend einer Zeit t immer kleiner, als sie nach dem Energieprincip sein müsste, die scheinbare Energie der endlichen Massen von F nimmt also fortwährend ab und nähert sich der Null; kein endlicher Theil der Welt kann ein perpetuum mobile sein, so weit man die Mobilität auf die Massenbewegung bezieht.

125. Aeussere Arbeit und äusseres Ergal. Genau genommen giebt es in der Welt nur Einwirkungen, die alle Punkte der Welt afficiren; es kann aber im Interesse der Betrachtung liegen, einen bestimmten Theil M derselben für die Untersuchung abzusondern, die Einwirkungen, welche entfernte Punkte auf M üben, zu vernachlässigen, und entweder alle fremde Einwirkung auf M ausgeschlossen zu denken, oder nur diejenigen Einwirkungen zu berücksichtigen, welche von einer bestimmten Gruppe N ausgehen. (Ersteres thut man z. B., wenn man die Bewegungen in unserm Sonnensystem so berechnet, als ob ausser dem Sonnensystem nichts existirte, letzteres, wenn man die Zustände einer eingeschlossenen Gasmasse untersucht, wobei die einschliessenden Wände die Gruppe N bilden.) Im ersten Falle kommen in M nur innere Kräfte in Betracht und das erforderliche ist bereits abgehandelt; wir wenden uns zum zweiten.

Zwei Unterfälle sind da möglich. 1. alle N sind ähnlich beweglich, (d. h. beweglich in demjenigen Coordinatensystem, in welchem die Untersuchung geführt wird,) wie die M. Dann bilden M und N zusammen einen grösseren Punkthaufen, und in diesem gelten die im vorigen Paragraphen entwickelten Gesetze. Das Ergal des Gesammthaufens lässt sich folgendermaassen darstellen: die Punkte von M bezeichnen wir durch μ; einer derselben sei μ_s und das auf ihn bezügliche Ergal, welches von den Punkten des Haufens M ausgeht, sei $\mu_s V_{s,m}$, das auf ihn bezügliche Ergal, welches von den Punkten des zweiten Haufens N ausgeht, aber sei $\mu_s V_{s,n}$. Die Punkte von N dagegen seien mit ν bezeichnet, einer von ihnen sei ν_τ und die entsprechenden Ergale für ihn $\nu_\tau V_{\tau,m}$ und $\nu_\tau V_{\tau,n}$. Dann ist das Gesammtergal des Haufens $(M+N)$ auf sich selbst

$$(1) \qquad P = \tfrac{1}{2}\Sigma\mu_s V_{s,m} + \tfrac{1}{2}\Sigma\mu_s V_{s,n} + \tfrac{1}{2}\Sigma\nu_\tau V_{\tau,m} + \tfrac{1}{2}\Sigma\nu_\tau V_{\tau,n}.$$

Hierin ist

$\tfrac{1}{2}\Sigma\mu_s V_{s,m}$ das innere Ergal von M

$\tfrac{1}{2}\Sigma\nu_\tau V_{\tau,n}$ das innere Ergal von N

$(\tfrac{1}{2}\Sigma\mu_s V_{s,n} + \tfrac{1}{2}\Sigma\nu_\tau V_{\tau,m})$ das gegenseitige Ergal von M auf N

und die Arbeit, welche je eine Klasse von Kräften leistet, ist gleich der Abnahme des ihr entsprechenden Ergals.

2. Eine Anzahl der N ist im Coordinatensystem fest. Dann rechnen wir die beweglichen Punkte, die in der Betrachtung vorkommen, sämmtlich zum Haufen M, haben also nunmehr den Fall zu betrachten, wo feste Punkte N auf einen beweglichen Haufen M wirken. Das Gesammtergal der Punktsumme $(M+N)$ wird wieder durch den Ausdruck (1) dargestellt. In diesem sind aber nunmehr sämmt-

liche ν als fest zu denken, d. h. das innere Ergal von N ist constant, also für das Problem bedeutungslos, da ja die Arbeit nur von den Aenderungen des Ergals abhängt. Das innere Ergal von M verhält sich, wie oben, und in dem Ergal, welches M und N gegenseitig aufeinander üben, sind nur die Punkte μ als veränderlich zu denken. Es sei nun $\mu_s \nu_\tau \varphi_{\tau,s}$ das Ergal des einzelnen Punkts ν_τ auf μ_s. Dann ist $\mu_s \Sigma \nu_\tau \varphi_s$ das Ergal des Haufens N auf den Punkt μ_s und $\sum_{s=1}^{s=m} \mu_s \Sigma \nu_\tau \varphi_{\nu,s}$ das Ergal von N auf sämmtliche Punkte von M. (Der Factor $\frac{1}{2}$ fällt hier fort, weil das Ergal von M auf sämmtliche Punkte von N nicht berücksichtigt wird.) Das Gesammtergal, dem M unterliegt, ist also, soweit es veränderlich sein kann

$$P = \tfrac{1}{2}\Sigma \mu_s V_{s,m} + 1 . \Sigma \mu_s \Sigma \nu_\tau \varphi_{\nu,s},$$

der erste Theil ist das innere Ergal von M, den zweiten können wir als äusseres Ergal von M bezeichnen. Die geleistete Arbeit ist gleich der Abnahme von P. Wir bezeichnen die beiden Summanden von P jetzt kürzer als P_i und P_e.

126. Vorübergehende Einwirkungen. Von der Zeit Null bis zur Zeit t_1 sei der Punkthaufen M bloss seinen inneren Kräften überlassen, von der Zeit t_1 bis t_2 wirken irgendwelche äussere Kräfte an ihm, von t_2 ab hören die fremden Kräfte auf, zu wirken; wie äussert sich ihre Einwirkung auf M?

Von $t = 0$ bis $t = t_1$ haben wir die Gleichung

$$(1) \qquad L + P_i = E_1,$$

wenn L die lebendige Kraft, P_i das innere Ergal von M, und E_1 die bis t_1 vorhandene Energie bezeichnet. Während der Zeit t_1 bis t_2 leisten die fremden Kräfte an M irgend eine Arbeit, die mit $K_{1,2}$ bezeichnet werde. Dann gilt während dieser Zeit die Gleichung

$$(2) \qquad dL = -dP_i + dK_{1,2},$$

d. i. am Ende derselben ist

$$(3) \qquad L + P_i = E_1 + K_{1,2}.$$

Von da ab ist nun wieder $L + P_i$ constant, also zu jeder späteren Zeit

$$L + P_i = E_1 + K_{1,2},$$

d. h. die Einwirkung der vorübergehenden Kräfte stellt sich dadurch dar, dass die Energie von M um $K_{1,2}$ gewachsen ist.

Princip des letzten Multiplicators.

127. Ausser den Principien der Flächen und der lebendigen Kraft giebt es noch ein integrirendes Princip; das ist das von Jacobi aufgestellte „Princip des letzten Multiplicators“. Die Anwendung desselben geht über den Rahmen dieses Buches hinaus; wir verweisen dafür auf Jacobi's Vorlesungen.

3. Die Principien, welche zur Bildung der Differentialgleichungen dienen.

128. Haufen freier Punkte. Ist jeder einzelne Punkt μ des Haufens frei, so muss eben auch jeder für sich als freier Punkt behandelt werden. Es hat also jeder seine drei Differentialgleichungen

$$(1) \quad \begin{cases} \mu_1 \dfrac{d^2x}{dt^2} = X_1 \\ \mu_1 \dfrac{d^2y}{dt^2} = Y_1 \\ \mu_1 \dfrac{d^2z}{dt^2} = Z_1 \quad \text{u. s. w.,} \end{cases}$$

wo X_1, Y_1, Z_1 die expliciten Kräfte am Punkt μ_1 sind. Diese Differentialgleichungen müssen einzeln aufgestellt, und nachher, wenn möglich, integrirt werden. Besitzen die Punkte bloss ein inneres Ergal P, welches eine Function der Abstände ist, so ist $X_1 = -\dfrac{\partial P}{\partial x_1}$ u. s. w. Die Integration kann dann, wie wir gesehen haben, geleistet werden, wenn das Ergal das Newton'sche ist, und wenn nur zwei Punkte gegeben sind; schon wenn der Haufen aus drei Punkten besteht, ist die Integration so schwierig, dass sie bis jetzt nicht gefunden wurde; das „Problem der drei Körper“ ist noch ungelöst.

Die Mittel zur Aufstellung der Differentialgleichungen (1) sind im concreten Fall immer vorhanden, da ja, wenn die Punkte frei sind, alle an ihnen thätigen Kraftcomponenten explicite gegeben sein müssen. Will man statt der Coordinaten x, y, z andere, φ, ψ, χ in die Differentialgleichungen einführen, so gilt für jeden einzelnen Punkt μ_s der Lagrange'sche Satz

$$(2) \quad \frac{d}{dt}\left(\frac{\partial T}{\partial \dot{\varphi}}\right) - \frac{\partial T}{\partial \varphi} = X\frac{\partial x}{\partial \varphi} + Y\frac{\partial y}{\partial \varphi} + Z\frac{\partial z}{\partial \varphi},$$

was keines besonderen Beweises bedarf, da ja dieser Satz für jeden freien Punkt gilt.

Kurz: sind alle Punkte des Haufens frei, so stehen sie ohne Zusammenhang nebeneinander, und jeder einzelne bildet ein System für sich, welches, nachdem die an ihm wirksamen Kräfte einmal eruirt sind, seine besonderen Bewegungsgleichungen (1) oder (2) hat.

129. Bedingungen. Sind die Punkte μ des Haufens Bedingungen unterworfen, so können diese von zweierlei Art sein. Nämlich:

1) die Bedingungen verknüpfen irgend welche Punkte des Haufens mit dem Coordinatensystem, bzw. mit einer im Coordinatensystem gegebenen Fessel; Bedingungen dieser Art wollen wir kurz Absolutbedingungen nennen.

2) die Bedingungen verknüpfen irgend welche Punkte des Haufens miteinander; Relativbedingungen.

Beispiele für absolut bedingte Probleme: n schwere Punkte bewegen sich auf einer zur Erde festen Curve; 2 Punkte, die einander nach dem Newton'schen Gesetz anziehen, bewegen sich auf der Aussenfläche einer im Coordinatensystem ruhenden (oder auch nach Vorschrift bewegten) Kugel.

Beispiele für relativ bedingte Probleme: Zwei Punkte μ_1 und μ_2, die irgend welchen Kräften unterliegen, sind durch einen Faden von unveränderlicher Länge mit einander verknüpft. Vier Punkte sind so miteinander verbunden, dass der vierte stets mit den drei andern ein Tetraeder von constantem Inhalt bilden muss.

Im allgemeinen Fall werden gemischte Bedingungen vorhanden sein; die Punkte des Haufens werden 1) unter sich verknüpft und 2) werden sie selbst oder die verknüpfenden Bedingungen mit dem Coordinatensystem in Beziehung gesetzt sein.

Beispiel: Sind zwei schwere Punkte einfach durch einen Faden miteinander verknüpft, so ist ihre Bedingtheit bloss relativisch; hängen wir aber den Faden über eine feste Rolle, so ist eine Fesselung hergestellt, welche sich auf das gegenseitige Verhalten der Punkte und zugleich auf ein in der Erde festes Coordinatensystem bezieht; die Bedingung ist also dann gemischt.

Sind nun die Bedingungen eines Punkthaufens M sämmtlich reine Absolutbedingungen, so stehen die Punkte desselben wieder unverbunden, vereinzelt nebeneinander. Die Bedingungen und die Kräfte, welche den Punkt μ_σ treffen, lassen sich isolirt herstellen, und insbesondere beziehen sich die Bedingungen für μ_σ eben nur auf μ_σ, ohne dass irgend ein anderer Punkt des Haufens direct durch sie mit afficirt wird. Man kann und muss also, gerade wie beim Haufen freier Punkte, die Differential- und Bedingungsgleichungen jedes einzelnen Punktes besonders aufstellen; das Problem erfordert keine besondere Untersuchung, so weit es die Aufstellung der Differentialgleichungen betrifft.

Beispiel. Die vorhin erwähnten zwei Punkte, die sich nach dem Newton'schen Gesetz anziehen und sich auf der Aussenfläche einer festen Kugel bewegen können. Wir nehmen den Mittelpunkt der Kugel zum Coordinatenanfang; der eine Punkt sei μ und habe die Coordinaten x, y, z; der andere sei μ' und habe x', y', z'. Die x-Componente der Anziehung von μ' auf μ ist $\mu'\mu\frac{x'-x}{r^3}$, wo $r = \sqrt{(x-x')^2+(y-y')^2+(z-z')^2}$, u. s. w. Wir haben also die 6 Bewegungsgleichungen

$$\frac{d^2x}{dt^2} = \mu'\frac{x'-x}{r^3}+N_x, \qquad \frac{d^2x'}{dt^2} = \mu\frac{x-x'}{r^3}+N'_x$$

$$\frac{d^2y}{dt^2} = \mu'\frac{y'-y}{r^3}+N_y, \qquad \frac{d^2y'}{dt^2} = \mu\frac{y-y'}{r^3}+N'_y$$

$$\frac{d^2z}{dt^2} = \mu'\frac{z'-z}{r^3}+N_z, \qquad \frac{d^2z'}{dt^2} = \mu\frac{z-z'}{r^3}+N'_z$$

und dazu die Bedingungen, wenn a der Kugelradius,

$$x^2+y^2+z^2 = a^2, \qquad x'^2+y'^2+z'^2 = a^2$$

$$N_x^2+N_y^2+N_z^2 = N^2, \qquad N_x'^2+N_y'^2+N_z'^2 = N'^2$$

$$N_x : N_y : N_z = x:y:z, \qquad N'_x : N'_y : N'_z = x' : y' : z'.$$

Das sind die 14 Gleichungen für die 14 Unbekannten $x, y, z, N_x, N_y, N_z, N$ u. s. w. Man bemerkt, dass der Satz der Gleichungen für μ unabhängig von dem für μ' aufgestellt werden kann, wie oben behauptet wurde, und man sieht, wie dies eben daran liegt, dass die beiden Bedingungsgleichungen unabhängig nebeneinander stehen.

Erst durch Relativbedingungen zwischen seinen Punkten wird der Haufen M zu einem einheitlichen System, und erst wenn Relativbedingungen für ihn gegeben sind, bedarf es einer besonderen Untersuchung über die Art, wie diese Bedingungen sich in den Differentialgleichungen der Bewegung darstellen. Selbstverständlich können dabei neben den Relativbedingungen auch noch Absolutbedingungen bestehen, ohne dass der Punkthaufen deshalb aufhört, ein zusammenhängendes Ganzes zu bilden.

Es kann der Fall sein, dass eine gegebene Punktsumme in mehrere Systeme M_1, M_2, etc. zerfällt, in der Art, dass die Punkte von M_1 unter sich, die von M_2 unter sich etc. durch Bedingungen verknüpft sind, während zwischen M_1 und M_2, M_2 und M_3 etc. keine Relativ-Verknüpfung besteht. In diesem Fall betrachten wir jeden einzelnen Theilhaufen M_σ als ein System für sich, auf welches die späteren Sätze anzuwenden sind. Wir werden demgemäss, wenn wir ein Punktsystem M in Untersuchung ziehen, voraussetzen, dass alle Punkte μ desselben an irgendwelche Relativbebingungen gefesselt sind, und dass alle diese Relativbedingungen unter einander zusammenhängen; denn wären in M Theile vorhanden, die dieser Voraussetzung nicht genügen, so hätten wir diese Theile als gesondertes Punktsystem in Betracht zu nehmen.

Die allgemeinen Sätze, welche wir im Folgenden aufstellen, gelten für Absolut- wie für Relativbedingungen; wirkliches Interesse besitzen sie aber nur für den Fall, dass Relativbedingungen gegeben sind, denn im andern Fall sagen sie nicht mehr aus, als das, was in den Paragraphen **87.** bis **93.** bereits für vereinzelte Punkte dargelegt wurde. Der Leser möge sich demgemäss in erster Linie die zugelassenen Bedingungen als relativische oder gemischte denken.

Wir stellen nun zuerst die allgemeinen Principien auf, um nachher ihre Anwendung zu zeigen. Von vorn herein ist wieder zu bemerken, dass die Principien aus dem im Anfang der zweiten Abtheilung angegebenen Grunde nicht ohne Rücksicht auf die Massen hingestellt werden können.

a. Die Bewegungsprincipien.

130. Princip der kleinsten Wirkung. Bezeichnet μ die Masse, v die Geschwindigkeit, ds das Bahnelement eines Punktes, so lautet das Princip der kleinsten Wirkung für das Punktsystem M: Für die wirklichen Wege ist, wenn die Summirung über alle Punkte des Haufens erstreckt wird

$$\delta\int_{s_1}^{s_2}\Sigma\mu v\,ds = 0,$$

wobei vorausgesetzt wird: 1) Der Punkthaufen M besitze ein Ergal, in welchem nur die Coordinaten vorkommen, 2) jedes v sei durch die Coordinaten ausgedrückt. 3) Bei der Variation sei die Anfangs- und Endlage der Punkte unveränderlich zu denken.

Beweis.

$$\delta\int\Sigma\mu v\,ds = \int\Sigma\mu\delta(v\,ds).$$

Nach (**86.**) ist nun für jeden einzelnen Punkt μ_σ, wenn X, Y, Z die Beschleunigung,

$$\delta(v\,ds) = dt(X\delta x + Y\delta y + Z\delta z) + \frac{dx}{dt}\,d\delta x + \frac{dy}{dt}\,d\delta y + \frac{dz}{dt}\,d\delta z.$$

Also

$$\delta\int_{s_1}^{s_2}\Sigma\mu v\,ds = \int_{s_1}^{s_2}\Sigma\left[\mu\,dt(X\delta x + Y\delta y + Z\delta z) + \mu\left(\frac{dx}{dt}\,d\delta x + \frac{dy}{dt}\,d\delta y + \frac{dz}{dt}\,d\delta z\right)\right].$$

Hier steht rechts unter dem Integralzeichen das genaue Differential von

$$\Sigma\mu\left(\frac{dx}{dt}\,\delta x + \frac{dy}{dt}\,\delta y + \frac{dz}{dt}\,\delta z\right).$$

Also ist

$$\delta\int\Sigma\mu v ds = \Sigma\mu\left(\frac{dx}{dt}\delta x+\frac{dy}{dt}\delta y+\frac{dz}{dt}\delta z\right)_{s=s_2}-\Sigma\mu\left(\frac{dx}{dt}\delta x+\frac{dy}{dt}\delta y+\frac{dz}{dt}\delta z\right)_{s=s_1},$$

d. i.

$$\delta\int_{s_1}^{s_2}\Sigma\mu v ds = 0,$$

weil die Endlagen s_1 und s_2 bei der Bildung der Variationen als festliegend gedacht sind, also in den Endlagen jedes $\delta x = \delta y = \delta z = 0$ ist.

In Betreff der Bedeutung und Anwendbarkeit des Princips ist hier nur zu wiederholen, was schon in **86.** gesagt wurde.

131. D'Alembert's Princip. An irgend einem Punkt μ_σ des Punktsystems M sei die explicite Kraft X_σ, Y_σ, Z_σ gegeben. Wäre er frei, so würde er irgend eine Bahn beschreiben, ist er Bedingungen unterworfen, so zwingen ihn diese, eine im Allgemeinen andere Bahn zu beschreiben. Die Wirkung der Bedingungen ist also unter allen Umständen dieselbe, als würden den expliciten Kräften X_σ, Y_σ, Z_σ gewisse Zwangskräfte $N_{x\sigma}$, $N_{y\sigma}$, $N_{z\sigma}$ zugesetzt. Setzen wir also

$$(1)\qquad \Xi_\sigma = X_\sigma+N_{x\sigma},\quad H_\sigma = Y_\sigma+N_{y\sigma},\quad Z_\sigma = Z_\sigma+N_{z\sigma},$$

so bewegt sich μ_σ als ein freier Punkt, der unter dem Einfluss der Totalkräfte Ξ_σ, H_σ, Z_σ steht. Die Gleichungen seiner Bewegung sind also

$$(2)\qquad \begin{cases} \mu_\sigma \dfrac{d^2x_\sigma}{dt^2} = \Xi_\sigma \\ \mu_\sigma \dfrac{d^2y_\sigma}{dt^2} = H_\sigma \\ \mu_\sigma \dfrac{d^2z_\sigma}{dt^2} = Z_\sigma, \end{cases}$$

und die entsprechenden Gleichungen existiren für jeden andern Punkt des Systems M. Besteht dasselbe aus m Punkten, so existiren $3m$ derartige Gleichungen. Bezeichnen wir nun mit

$$\delta x_1,\ \delta x_2,\ \ldots\ \delta y_1,\ \delta y_2,\ \ldots\ \delta z_1,\ \delta z_2,\ \ldots$$

$3m$ vollkommen willkürliche Grössen, so können wir die $3m$ Gleichungen (2) in eine zusammenfassen; diese lautet

$$(3)\qquad \begin{cases} 0 = \sum\limits_{\sigma=1}^{\sigma=m}\left[\left(\Xi_\sigma-\mu_\sigma\dfrac{d^2x_\sigma}{dt^2}\right)\delta x_\sigma+\left(H_\sigma-\mu_\sigma\dfrac{d^2y_\sigma}{dt^2}\right)\delta y_\sigma\right. \\ \qquad\qquad \left.+\left(Z_\sigma-\mu_\sigma\dfrac{d^2z_\sigma}{dt^2}\right)\delta z_\sigma\right]. \end{cases}$$

Dass diese Gleichung richtig ist, ergiebt sich durch directe Summation der (2), und dass aus ihr die $3m$ Gleichungen (2) einzeln folgen, sieht man, wenn man bedenkt, dass sämmtliche δ vollkommen willkürlich sind; denn sie kann in Folge dessen nur erfüllt sein, wenn jeder Factor eines jeden δ Null ist. Man kann sie noch kürzer schreiben

$$(4) \qquad \sum_3 \sum_{\sigma=1}^{\sigma=m} \left(\Xi_\sigma - \mu_\sigma \frac{d^2 x_\sigma}{dt^2}\right) \delta x_\sigma = 0.$$

Die Gleichungen (3) und (4) gelten nun auch in dem Specialfall, wo wir unter δx_σ etc. virtuelle, d. h. mit den Bedingungen des Systems verträgliche, übrigens innerhalb dieser Bedingungen willkürliche Verrückungen der Punkte μ_σ etc. verstehen.

Wie nun auch die am Punkt μ_σ vorhandenen Bedingungen beschaffen sein mögen, sie bedeuten jedenfalls, dass der Punkt zur Zeit t bei der in diesem Augenblick gegebenen Configuration des Systems M sich während des Zeittheilchens dt nur auf einem bestimmten Flächen- oder Linienelement bewegen kann, auf diesem aber ohne Hinderniss, wenn wir von der Reibung absehen. Die resultirende Zwangskraft, welche aus den Bedingungen hervorgeht, steht demnach senkrecht auf dem fraglichen Flächen- oder Linienelement. D. h. die erlaubte, virtuelle Bewegung jedes Punktes μ_σ steht senkrecht auf der resultirenden Zwangskraft, welche den Punkt afficirt; m. a. W. die Zwangskräfte leisten bei der Bewegung, welche in dem betrachteten Zeittheilchen wirklich stattfindet, die Arbeit Null. Schreiben wir also die Gleichung (4) aus, indem wir Ξ u. s. w. gemäss (1) in seine beiden Bestandtheile spalten,

$$\sum_3 \sum_{\sigma=1}^{\sigma=m} \left(X_\sigma + N_{x\sigma} - \mu_\sigma \frac{d^2 x_\sigma}{dt^2}\right) \delta x_\sigma = 0,$$

so ist in dieser Gleichung die Arbeit der Zwangskräfte

$$(5) \qquad \sum_3 \sum_{\sigma=1}^{\sigma=m} N_{x,\sigma} \delta x_\sigma = 0.$$

Also bleibt

$$(6) \qquad \sum_3 \sum_{\sigma=1}^{\sigma=m} \left(X_\sigma - \mu_\sigma \frac{d^2 x_\sigma}{dt^2}\right) \delta x_\sigma = 0$$

oder

$$(7) \qquad \left\{ \begin{aligned} \sum_{\sigma=1}^{\sigma=m} \left(X_\sigma - \mu_\sigma \frac{d^2 x_\sigma}{dt^2}\right) \delta x_\sigma &+ \left(Y_\sigma + \mu_\sigma \frac{d^2 y_\sigma}{dt^2}\right) \delta y_\sigma \\ &+ \left(Z_\sigma - \mu_\sigma \frac{d^2 z_\sigma}{dt^2}\right) \delta z_\sigma = 0. \end{aligned} \right.$$

Diese Gleichung (6) oder (7), in der die X, Y, Z explicite Kräfte, die δx, δy, δz Componenten virtueller Verrückungen sind, ist das d'Alembert'sche Princip. Zu seiner Gültigkeit ist nach dem obigen erforderlich, dass jeder Punkt μ sich ohne Reibung innerhalb der gegebenen Bedingungen bewegen könne. Sind also im System M Reibungen vorhanden, so muss man dieselben zunächst bei Aufstellung der Gleichung (6) unberücksichtigt lassen, und erst nachträglich, wenn man mit Hülfe von (6) die Normalkräfte eruirt hat, kann man die Reibungscomponenten ermitteln und zu den expliciten Kräften hinzufügen. Wie die Ermittlung der Normalkräfte zu leisten sei, wird in § **134** und **136** auseinandergesetzt.

Vorausgesetzt ist bei der ganzen Entwicklung, dass die gegebenen Bedingungen während der Zeit, wo man sie betrachtet, sämmtlich wirkliche Gültigkeit haben, d. h. dass die vorhandenen Fesseln thatsächlich wirken. Ist die Fesselung der Punkte allseitig, so ist diese Voraussetzung immer erfüllt; ist sie einseitig, z. B. eine Fadenfesselung, so muss die Annahme gemacht werden, dass die Fessel thatsächlich bei der vorhandenen Bewegung angespannt sei. Ist das in dem Intervall t_1 bis t_2 nicht der Fall, ist etwa eine Fessel während dieses Zeitraums nicht angespannt, so gilt eine auf die Existenz dieser Fessel gegründete Bedingung während dieses Zeitraums nicht, ist also ausser Betracht zu lassen; eventuell sind die Bedingungsgleichungen so umzuformen, dass sie den Zustand ausdrücken, welcher gegeben wäre, wenn die betreffende Fessel nicht existirte. (Ist z. B. ein Punkt μ_σ an zwei Fäden von der Länge l_1 und l_2 geknüpft, die ihn mit zwei Punkten a_1 und a_2 verbinden, so ist der Faden l_1 als nicht vorhanden zu betrachten, wenn der Abstand $a_1\mu_\sigma$ kleiner als l_1 wird u. s. w.) Wie lange eine Fessel für den Punkt μ_σ als wirksam zu betrachten sei, das ergiebt sich aus der Berechnung der Zwangskräfte, welche diese Fessel liefert; ihre Wirkung hört auf in dem Augenblick, wo diese Zwangskräfte durch Null gehen, um negativ zu werden.

Im Folgenden ist immer angenommen, dass die Bedingungsgleichungen des gerade untersuchten Problems während der Zeit der Betrachtung nicht überflüssig sondern wirklich in Geltung seien.

Anmerkung. Die physikalische Natur der praktisch herstellbaren Fesseln kann wohl dazu verführen, dass man jede Art der Verknüpfung von Punkten als eine „Bedingung" auffasst. Verknüpfungen stellen aber nur in dem Fall Bedingungen dar, wo sie nicht von vorn herein explicite Kräfte liefern. Wir wollen das zunächst an einem Faden darthun: Der physikalische Faden ist im Allgemeinen elastisch dehnbar. Verknüpft er zwei Punkte μ und μ' miteinander, so hat er jederzeit eine bestimmte Länge l, und so lange er (der letzten Voraussetzung gemäss) wirkt, ist l wenigstens eben so gross, im Allgemeinen aber grösser als seine natürliche Länge l_0. Nun lehrt die Elasticitätstheorie, dass die Kraft, mit welcher l auf seine Enden wirkt, eine Function seiner Verlängerung, also $f(l-l_0)$ ist. Nehmen wir also den Ort der Punkte μ und μ' willkürlich an, so kennen wir ihren Abstand l, und damit auch sofort explicite die Kraft $f(l-l_0)$. Der elastische Faden liefert also gar keine Bedingung, sondern von vorn herein explicite bestimmbare Kräfte X, Y, Z. Erst wenn wir die Elasticität des Fadens vernachlässigen (was der Natur gegenüber immer nur eine ungenaue vereinfachende Annahme ist) und ihm die abstracte Eigenschaft der Unausdehnbarkeit zuschreiben, wird die Grösse $l-l_0$ zu Null und die vom Faden gelieferte Kraft unbestimmt; sie hat nicht einen festen, von der Lage der Endpunkte abhängigen Werth, sondern sie hebt jede explicite Kraft auf, welche den Faden verlängern will, einerlei, wie gross diese sei. Dann also ist die Fadenkraft rein implicite gegeben, die Existenz des Fadens wird mathematisch ausgedrückt durch die Gleichung $l =$ const., und dies ist dann eine wirkliche Bedingung, d. h. eine Gleichung, welche implicite Zwangskräfte liefert.

Das hier über einen Faden gesagte lässt sich leicht zu dem folgenden, unmittelbar einleuchtenden Satz verallgemeinern: Wirkliche Bedingungen beruhen immer darauf, dass gewissen verknüpfenden oder absolut fesselnden Linien, Flächen oder Körpern in abstracto eine Grösse, Form oder Lage zugeschrieben wird, die von den Coordinaten der bewegten Punkte und von den explicite gegebenen Kräften unabhängig ist. Denn nur in diesem Falle lassen sich die Kräfte, welche aus der Fesselung hervorgehen, nicht von vorn herein angeben. Sind die Linien dehnbar, die Flächen und Körper dehnbar oder elastisch biegsam, so sind die aus ihrer Existenz hervorgehenden Kräfte von vorn herein durch das physikalische Gesetz ihrer Deformation explicite bestimmt; sie liefern also dann explicite Kräfte, d. h. freie, nicht bedingte Bewegungen. Auf Grund dieser Bemerkung lässt sich nun auch das d'Alembert'sche Princip von einer andern Seite her beleuchten: Eine Zwangskraft erleidet Arbeit, wenn die Fessel, von der sie geübt wird, sich verändert, wenn die fesselnde Linie gedehnt, der fesselnde Stab verbogen etc. wird. Denn die Zwangskraft ist ja eben die Kraft, womit die Fessel ihrer Veränderung widerstrebt, ist also gegen die Veränderung gerichtet, und wenn eine Veränderung der Fessel durch die expliciten Kräfte oder Centrifugalkräfte statt findet, so bewegt sich dabei der Angriffspunkt irgendwie gegen die Kraft der Fessel. Da nun aber die physikalische Fessel, wenn sie als Bedingung gelten soll, in Bezug auf ihre gegenwirkende Eigenschaft als unveränderlich vorausgesetzt werden muss, so folgt, dass gerade die Aenderungen, bei welchen die Fessel Arbeit erleiden oder leisten würde, ausgeschlossen sind. Also: Die Fesseln, insofern sie Bedingungen repräsentiren, leisten bei der wirklich stattfindenden Bewegung die Arbeit Null, und das ist, wie oben gezeigt wurde, der in Gl. (5) enthaltene Grundsatz, aus welchem das d'Alembert'sche Princip unmittelbar folgt.

Es handelt sich nun darum, die Anwendung des d'Alembert-schen Princips zu zeigen. Dazu wollen wir es aber auf eine allgemeinere Form bringen, in welcher es von den Cartesischen Coordinaten unabhängig wird.

132. Hamilton's Princip für Kräfte und Ergale, welche keine Geschwindigkeiten enthalten. Zur Zeit t_1 hat das Punktsystem M eine bestimmte Gestaltung A, zu einer späteren Zeit t_2 hat es eine zweite Gestaltung B. Seine Punkte können rein geometrisch auf je unendlich vielen Wegen aus der Gestaltung A in B übergehen; von allen diesen Wegen ist aber für jeden Punkt μ_σ nur einer der wirkliche, der bei gegebenen Kräften und Bedingungen zurückgelegt wird. Unter δ verstehen wir eine virtuelle Variation des Weges, d. h. eine willkürlich angenommene, aber mit den vorhandenen Bedingungen verträgliche Abweichung von der wirklichen Lage zur Zeit t, (t liegt zwischen t_1 und t_2) die wir den Punkten μ ertheilt denken. Dann lautet das Hamilton'sche Princip für den in der Ueberschrift ausgesprochenen Fall, wenn T die lebendige Kraft des Systems M ist, und X_σ, Y_σ, Z_σ die an μ_σ thätigen Kräfte sind

$$(1) \qquad \delta\int_{t_1}^{t_2} T dt + \int_{t_1}^{t_2} \Sigma(X\delta x + Y\delta y + Z\delta z)dt = 0,$$

oder, wenn ein Ergal U vorhanden ist, welches natürlich gleichfalls keine Geschwindigkeiten enthält,

$$(2) \qquad \delta\int_{t_1}^{t_2}(T - U)dt = 0.$$

Beweis. Es ist

$$T = \tfrac{1}{2}\Sigma\mu v^2 = \tfrac{1}{2}\Sigma\mu\left[\left(\frac{dx}{dt}\right)^2 + \left(\frac{dy}{dt}\right)^2 + \left(\frac{dz}{dt}\right)^2\right]$$

also

$$\delta T = \Sigma\mu\left[\frac{dx}{dt}\frac{d\delta x}{dt} + \frac{dy}{dt}\frac{d\delta y}{dt} + \frac{dz}{dt}\frac{d\delta z}{dt}\right].$$

Gerade wie in § 88 wird nun mittels der Integration durch Theile bewiesen, dass für jeden Punkt μ_σ

$$(3) \qquad \int_{t_1}^{t_2}\frac{dx_\sigma}{dt}\frac{d\delta x_\sigma}{dt}dt = -\int_{t_1}^{t_2}\delta x_\sigma \frac{d^2 x_\sigma}{dt^2}dt.$$

Also ist

$$(4) \qquad \delta\int_{t_1}^{t_2} T dt = -\int_{t_1}^{t_2} dt\, \Sigma\left(\mu_\sigma \frac{d^2 x_\sigma}{dt^2}\delta x_\sigma + \mu_\sigma \frac{d^2 y_\sigma}{dt^2}\delta y_\sigma + \mu_\sigma \frac{d^2 z_\sigma}{dt^2}\delta z_\sigma\right).$$

Die linke Seite von Gl. (1) ist also

$$(5) \qquad \int_{t_1}^{t_2} dt\left[\sum_3 \sum_{\sigma=1}^{\sigma=m}\left(X_\sigma - \mu_\sigma\frac{d^2 x_\sigma}{dt^2}\right)\delta x_\sigma\right],$$

und da die hierin vorkommende Doppelsumme nach dem d'Alembert'schen Princip gleich Null ist, so ist Gl. (1) richtig.

Ist ein Ergal U vorhanden, so ist

$$(7) \qquad -\delta U = -\sum_3 \frac{\partial U}{\partial x}\delta x = \Sigma(X\delta x + Y\delta y + Z\delta z),$$

also Gl. (2) identisch mit (1). U darf die Zeit enthalten, im Uebrigen ist der Satz an dieselbe Begriffsbestimmung der Bedingungen geknüpft, wie das d'Alembert'sche Princip.

183. Hamilton's Princip für Ergale, welche die Geschwindigkeiten enthalten. Das Ergal des Haufens sei W oder $U+V$, wo V die Geschwindigkeiten seiner Punkte enthält. Dann besteht die Gl. (1) des vorigen Paragraphen unverändert; es ist

$$(1) \qquad \delta\int_{t_1}^{t_2} T dt + \int_{t_1}^{t_2} \Sigma(X\delta x + Y\delta y + Z\delta z)\,dt = 0,$$

denn zum Beweise dieses Satzes dient nur die Gl. (4), die von der Natur der X, Y, Z unabhängig ist. Aber es ist nicht mehr $\delta W = \frac{\partial W}{\partial x}\delta x + \frac{\partial W}{\partial y}\delta y + \frac{\partial W}{\partial z}\delta z$, sondern

$$(2) \qquad \delta U = \frac{\partial U}{\partial x}\delta x + \frac{\partial U}{\partial y}\delta y + \frac{\partial U}{\partial z}\delta z,$$

aber

$$(3) \qquad \delta V = \frac{\partial V}{\partial x}\delta x + \frac{\partial V}{\partial y}\delta y + \frac{\partial V}{\partial z}\delta z + \frac{\partial V}{\partial \dot x}\delta \dot x + \frac{\partial V}{\partial \dot y}\delta \dot y + \frac{\partial V}{\partial \dot z}\delta \dot z,$$

und nach Gl. (15) des § **116.**

$$(4) \qquad -\sum_3 \sum_{\sigma=1}^{\sigma=m} X\delta x = \sum_3 \sum_{\sigma=1}^{\sigma=m} \frac{\partial U}{\partial x}\delta x + \frac{1}{1-n}\sum_3 \sum_{\sigma=1}^{\sigma=m}\left[\frac{\partial V}{\partial x} - \frac{d}{dt}\left(\frac{\partial V}{\partial \dot x}\right)\right]\delta x,$$

wo n die Dimensionszahl von V bezüglich der Geschwindigkeiten ist. Es ist nun aber für jeden Punkt

$$(5) \qquad \begin{cases} \int_{t_1}^{t_2} \frac{\partial V}{\partial \dot x}\delta \dot x\, dt = \int_{t_1}^{t_2} \frac{\partial V}{\partial \dot x}\frac{d\delta x}{dt}dt \\ = \left(\frac{\partial V}{\partial \dot x}\delta x\right)_{t=t_2} - \left(\frac{\partial V}{\partial \dot x}\delta x\right)_{t=t_1} - \int_{t_1}^{t_2} dt \frac{d}{dt}\left(\frac{\partial V}{\partial \dot x}\right)\delta x, \end{cases}$$

und hier ist rechts der vom Integralzeichen freie Theil gleich Null, weil in den als fest angenommenen Endconfigurationen δx für jeden Punkt gleich Null ist. Also bleibt

$$(6) \qquad +\int_{t_1}^{t_2} \frac{\partial V}{\partial \dot x}\delta \dot x\, dt = -\int dt \cdot \frac{d}{dt}\left(\frac{\partial V}{\partial \dot x}\right).\delta x.$$

Führen wir dies im letzten Glied von Gl. (4) ein, so kommt

$$(7)\quad \left\{\begin{aligned} &-\int_{t_1}^{t_2}\Sigma\sum_3 X\delta x\,dt \\ &=\int_{t_1}^{t_2}\Sigma\sum_3\frac{\partial U}{\partial x}\delta x\,dt+\frac{1}{1-n}\int_{t_1}^{t_2}\Sigma\sum_3\left(\frac{\partial V}{\partial x}\delta x+\frac{\partial V}{\partial \dot{x}}\delta\dot{x}\right)dt.\end{aligned}\right.$$

Damit wird Gl. (1)

$$(8)\qquad \delta\int_{t_1}^{t_2}\left(T-U-\frac{1}{1-n}V\right)dt=0,$$

und für den bis jetzt einzig angewendeten Fall, wo $n=2$,

$$\delta\int_{t_1}^{t_2}(T-U+V)\,dt=0.$$

Dies ist das Hamilton'sche Princip für Ergale, die Geschwindigkeiten enthalten. Für $V=0$ zieht es sich auf Gl. (2) des vorigen Paragraphen zurück.

b. Die Anwendung: Bildung der Bewegungsgleichungen.

134. Erster Fall; reine Punktcoordinaten. Gegeben sei das Punktsystem M, welches aus m Punkten besteht, zwischen denen k Bedingungen vorhanden sind. Wir können jedem der m Punkte 3 Coordinaten zuschreiben, so dass die m Punkte zusammen $3m$ Coordinaten besitzen, und nebenher die k Bedingungen durch Gleichungen

$$(1)\qquad \Psi_1=c_1,\quad \Psi_2=c_2,\ \ldots\ \Psi_k=c_k$$

ausdrücken, in welchen die Ψ Functionen der Coordinaten und eventuell der Zeit, die c Constanten sind. Aus diesen Bedingungen werden im Allgemeinen implicite Kräfte hervorgehen, die in irgend welcher Form eruirt werden müssen.

Die $3m$ Coordinaten seien $\varphi_1, \varphi_2 \ldots \varphi_{3m}$. Der Punkt μ_σ wird deren 3 besitzen, die $\varphi_\sigma, \varphi_{\sigma+m}, \varphi_{\sigma+2m}$ sein mögen.

Wir nehmen nun das Hamilton'sche Princip in seiner allgemeinsten Form

$$(2)\qquad \delta\int_{t_1}^{t_2}T\,dt+\int_{t_1}^{t_2}\Sigma(X\delta x+Y\delta y+Z\delta z)\,dt=0.$$

Dann ist zunächst

$$(3)\qquad \delta\int_{t_1}^{t_2}T\,dt=\int_{t_1}^{t_2}dt\,.\,\Sigma\left(\frac{\partial T}{\partial\varphi}\delta\varphi+\frac{\partial T}{\partial\dot\varphi}\delta\dot\varphi\right),$$

wo die Summation rechts über alle $3m$ vorhandenen φ zu erstrecken ist. Wir wissen ferner aus mehrfach wiederholten Beweisen, dass

$$\int_{t_1}^{t_2} \Sigma \frac{\partial T}{\partial \dot{\varphi}} \delta \dot{\varphi}\, dt = -\int_{t_1}^{t_2} dt\, \Sigma \frac{d}{dt}\left(\frac{\partial T}{\partial \dot{\varphi}}\right) \delta \varphi$$

ist, also

$$(4) \qquad \delta \int T dt = \int \Sigma \delta \varphi \left[\frac{\partial T}{\partial \varphi} - \frac{d}{dt}\left(\frac{\partial T}{\partial \dot{\varphi}}\right)\right] dt.$$

Ferner ist für den Punkt μ_σ

$$\delta x_\sigma = \frac{\partial x_\sigma}{\partial \varphi_\sigma} \delta \varphi_\sigma + \frac{\partial x_\sigma}{\partial \varphi_{\sigma+m}} \delta \varphi_{\sigma+m} + \frac{\partial x_\sigma}{\partial \varphi_{\sigma+2m}} \delta \varphi_{\sigma+2m}$$

$$\delta y_\sigma = \frac{\partial y_\sigma}{\partial \varphi_\sigma} \delta \varphi_\sigma + \frac{\partial y_\sigma}{\partial \varphi_{\sigma+m}} \delta \varphi_{\sigma+m} + \frac{\partial y_\sigma}{\partial \varphi_{\sigma+2m}} \delta \varphi_{\sigma+2m}$$

$$\delta z_\sigma = \frac{\partial z_\sigma}{\partial \varphi_\sigma} \delta \varphi_\sigma + \frac{\partial z_\sigma}{\partial \varphi_{\sigma+m}} \delta \varphi_{\sigma+m} + \frac{\partial z_\sigma}{\partial \varphi_{\sigma+2m}} \delta \varphi_{\sigma+2m}.$$

Also

$$X_\sigma \delta x_\sigma + Y_\sigma \delta y_\sigma + Z_\sigma \delta z_\sigma$$

$$= \left(X_\sigma \frac{\partial x_\sigma}{\partial \varphi_\sigma} + Y_\sigma \frac{\partial y_\sigma}{\partial \varphi_\sigma} + Z_\sigma \frac{\partial z_\sigma}{\partial \varphi_\sigma}\right) \delta \varphi_\sigma$$

$$+ \left(X_\sigma \frac{\partial x_\sigma}{\partial \varphi_{\sigma+m}} + Y_\sigma \frac{\partial y_\sigma}{\partial \varphi_{\sigma+m}} + Z_\sigma \frac{\partial z_\sigma}{\partial \varphi_{\sigma+m}}\right) \delta \varphi_{\sigma+m}$$

$$+ \left(X_\sigma \frac{\partial x_\sigma}{\partial \varphi_{\sigma+2m}} + Y_\sigma \frac{\partial y_\sigma}{\partial \varphi_{\sigma+2m}} + Z_\sigma \frac{\partial z_\sigma}{\partial \varphi_{\sigma+2m}}\right) \delta \varphi_{\sigma+2m}.$$

Gl. (2) wird also

$$(5) \qquad \int_{t_1}^{t_2} dt \sum_{i=1}^{i=3m} \left[\frac{\partial T}{\partial \varphi_i} - \frac{d}{dt}\left(\frac{\partial T}{\partial \dot{\varphi}_i}\right) + X \frac{\partial x}{\partial \varphi_i} + Y \frac{\partial y}{\partial \varphi_i} + Z \frac{\partial z}{\partial \varphi_i}\right] \delta \varphi_i = 0,$$

wo in jedem Posten der Summe in allen Gliedern ein und dasselbe φ_i, wie in $\delta \varphi_i$ auftritt. Zugleich ist jedes X, Y, Z eine Kraft an demjenigen Punkt μ_σ, dem φ_i als Coordinate angehört.

Gl. (5) kann nun nur erfüllt sein, wenn in jedem Augenblick die unter dem Integralzeichen stehende Summe Null ist, da ja die $\delta \varphi_i$ von Augenblick zu Augenblick willkürlich variirt werden können. Also muss sein

$$(6) \qquad \Sigma \left[\frac{\partial T}{\partial \varphi_i} - \frac{d}{dt}\left(\frac{\partial T}{\partial \dot{\varphi}_i}\right) + X \frac{\partial x}{\partial \varphi_i} + Y \frac{\partial y}{\partial \varphi_i} + Z \frac{\partial z}{\partial \varphi_i}\right] \delta \varphi_i = 0.$$

Die Variation $\delta \varphi_i$ muss nun so beschaffen sein, dass die Bedingungsgleichungen

$$\Psi_1 = 0, \quad \Psi_2 = 0, \quad \ldots . \quad \Psi_k = 0$$

immer noch erfüllt sind, wenn man in ihnen $\varphi_i + \delta \varphi_i$ für φ_i setzt;

d. h. es muss für jedes Ψ

$$\frac{\partial \Psi}{\partial \varphi_i} \delta \varphi_i = 0$$

sein. Sind $\lambda_1, \lambda_2, \lambda_3 \ldots$ unbestimmte Factoren, so muss also auch

$$(7) \qquad 0 = \lambda_1 \Sigma \frac{\partial \Psi_1}{\partial \varphi_i} \delta \varphi_i + \lambda_2 \Sigma \frac{\partial \Psi_2}{\partial \varphi_i} \delta \varphi_i + \lambda_3 \Sigma \frac{\partial \Psi_3}{\partial \varphi_i} \delta \varphi_i \ldots$$

sein. Führen wir diese Bedingung in (6) ein, so kommt

$$(8) \quad \begin{cases} 0 = \Sigma \Big[\dfrac{\partial T}{\partial \varphi_i} - \dfrac{d}{dt} \left(\dfrac{\partial T}{\partial \dot{\varphi}_i} \right) + X \dfrac{\partial x}{\partial \varphi_i} + Y \dfrac{\partial y}{\partial \varphi_i} + Z \dfrac{\partial z}{\partial \varphi_i} \\ \qquad + \lambda_1 \dfrac{\partial \Psi_1}{\partial \varphi_i} + \lambda_2 \dfrac{\partial \Psi_2}{\partial \varphi_i} + \text{etc.} \ldots \Big] \delta \varphi_i , \end{cases}$$

und hierin muss nun wegen der Willkürlichkeit von $\delta \varphi_i$ jeder einzelne Posten der Summe Null sein; wir erhalten also

$$(9) \quad \begin{cases} \dfrac{d}{dt} \left(\dfrac{\partial T}{\partial \dot{\varphi}_1} \right) - \dfrac{\partial T}{\partial \varphi_1} = X \dfrac{\partial x}{\partial \varphi_1} + Y \dfrac{\partial y}{\partial \varphi_1} + Z \dfrac{\partial z}{\partial \varphi_1} \\ \qquad + \lambda_1 \dfrac{\partial \Psi_1}{\partial \varphi_1} + \lambda_2 \dfrac{\partial \Psi_2}{\partial \varphi_1} \cdots\cdots + \lambda_k \dfrac{\partial \Psi_k}{\partial \varphi_1} \\ \dfrac{d}{dt} \left(\dfrac{\partial T}{\partial \dot{\varphi}_2} \right) - \dfrac{\partial T}{\partial \varphi_2} = X \dfrac{\partial x}{\partial \varphi_2} + Y \dfrac{\partial y}{\partial \varphi_2} + Z \dfrac{\partial z}{\partial \varphi_2} \\ \qquad + \lambda_1 \dfrac{\partial \Psi_1}{\partial \varphi_2} + \lambda_2 \dfrac{\partial \Psi_2}{\partial \varphi_2} \cdots\cdots + \lambda_k \dfrac{\partial \Psi_k}{\partial \varphi_2} \end{cases}$$

u. s. w. für jede einzelne Coordinate bis φ_{3m}. X, Y, Z sind hierin die Kräfte, welche an dem durch φ_i bestimmten Punkt μ_σ thätig sind, und in $\dfrac{\partial x}{\partial \varphi_i}$, $\dfrac{\partial y}{\partial \varphi_i}$, $\dfrac{\partial z}{\partial \varphi_i}$ sind x, y, z die dreiaxigen Coordinaten des Punkts μ_σ. Es sind so viele λ wie Bedingungsgleichungen vorhanden. Um diese λ zu bestimmen, haben wir die aus (1) folgenden Gleichungen

$$(10) \qquad \frac{d^2 \Psi_1}{dt^2} = 0, \quad \frac{d^2 \Psi_2}{dt^2} = 0, \ldots \quad \frac{d^2 \Psi_k}{dt^2} = 0.$$

Diese stellt man ausführlich her in Gleichungen, die der Gl. (7) des § **76.** analog sind. In ihnen kommen $\dfrac{d^2 \varphi_1}{dt^2}$, $\dfrac{d^2 \varphi_2}{dt^2}$ etc. vor. Hat man nun in den Gleichungen (9) die $\dfrac{d}{dt} \left(\dfrac{\partial T}{\partial \dot{\varphi}_i} \right)$ aus den Eigenschaften der Coordinaten hergestellt, so steht in ihnen auf der linken Seite wenigstens je ein $\frac{d^2\varphi_i}{dt^2}$. Nach diesen $\frac{d^2\varphi_i}{dt^2}$ löse man die Gleichungen (9) auf und setze die erhaltenen Werthe in die Gleichungen (10). Dann sind die (10) k lineare Gleichungen in Bezug auf die λ. Aus diesen hat man die λ durch einfache Elimination zu bestimmen und dann ihre Werthe in die (9) einzusetzen. Hiernach sind die (9) zur Integration reif.

Besitzen die expliciten Kräfte X, Y, Z ein Ergal U, welches die Geschwindigkeiten nicht enthält, so ist

$$X\frac{\partial x}{\partial \varphi_i}+Y\frac{\partial y}{\partial \varphi_i}+Z\frac{\partial z}{\partial \varphi_i}=-\frac{\partial U}{\partial \varphi_i}.$$

Die Gleichungen (9) vereinfachen sich also in

$$(11)\qquad \frac{d}{dt}\left(\frac{\partial T}{\partial \dot{\varphi}_i}\right)-\frac{\partial T}{\partial \varphi_i}=-\frac{\partial U}{\partial \varphi_i}+\lambda_1\frac{\partial \Psi_1}{\partial \varphi_i}+\lambda_2\frac{\partial \Psi_2}{\partial \varphi_i}\cdots+\lambda_\varkappa\frac{\partial \Psi_k}{\partial \varphi_i},$$

und (11) nebst (10) enthalten dann die Lösung des Problems.

Wählt man als φ die $3m$ cartesischen Coordinaten x, y, z (rechtwinklig) der Punkte μ, so ist

$$\frac{d}{dt}\left(\frac{\partial T}{\partial \dot{x}_\sigma}\right)-\frac{\partial T}{\partial x_\sigma}=\mu_\sigma\frac{d^2x_\sigma}{dt^2},\quad \text{und}\quad \frac{\partial y_\sigma}{\partial x_\sigma}=\frac{\partial z_\sigma}{\partial x_\sigma}=0$$

für jeden Punkt, also sind dann die Bewegungsgleichungen

$$(12)\qquad \begin{cases} \mu_\sigma\frac{d^2x_\sigma}{dt^2}=X_\sigma+\lambda_1\frac{\partial \Psi_1}{\partial x_\sigma}+\lambda_2\frac{\partial \Psi_2}{\partial x_\sigma}\cdots\cdot \\ \mu_\sigma\frac{d^2y_\sigma}{dt^2}=Y_\sigma+\lambda_1\frac{\partial \Psi_1}{\partial y_\sigma}+\lambda_2\frac{\partial \Psi_2}{\partial y_\sigma}\cdots\cdot \\ \text{u. s. w.} \end{cases}$$

welche mit den aus $\Psi_1(x, y, z, t)=c_1$ u. s. w. folgenden Gleichungen

$$(13)\qquad \frac{d^2\Psi_1}{dt^2}=0,\quad \frac{d^2\Psi_2}{dt^2}=0,\ \ldots.$$

die Lösung des Problems enthalten. Die Grössen

$$N_{x,\sigma}=\lambda_1\frac{\partial \Psi_1}{\partial x_\sigma}+\lambda_2\frac{\partial \Psi_2}{\partial x_\sigma}+\cdots\cdot$$

$$N_{y,\sigma}=\lambda_1\frac{\partial \Psi_1}{\partial y_\sigma}+\lambda_2\frac{\partial \Psi_2}{\partial y_\sigma}+\cdots\cdot$$

$$N_{z,\sigma}=\lambda_1\frac{\partial \Psi_1}{\partial z_\sigma}+\lambda_2\frac{\partial \Psi_2}{\partial z_\sigma}+\cdots\cdot$$

sind dann die Componenten der an μ_σ thätigen Zwangskraft. Verwendet man in Gl. (6) rechtwinklige cartesische Coordinaten x, y, z als φ, so reducirt sie sich, wie leicht zu sehen, auf das d'Alembert'sche Princip. Im Vorstehenden ist also die directe Anwendung des d'Alembert'schen Princips mit enthalten.

Man ist aber durch nichts gehindert, auch andere als cartesische Coordinaten, z. B. Polarcoordinaten, in den Gl. (9), (10) und (11) zu verwenden. In diesem Fall ist

$$\lambda_1 \frac{\partial \Psi_1}{\partial \varphi_i} + \lambda_2 \frac{\partial \Psi_2}{\partial \varphi_i} + \cdots + \lambda_k \frac{\partial \Psi_k}{\partial \varphi_i}$$

die eine der an μ_σ thätigen Zwangsactionen; es giebt deren für jeden Punkt 3, und sie können an dem Punkt nach dem in **91.** gegebenen Verfahren auf Kräfte reducirt und zusammengesetzt werden.

135. Zweiter Eall; reine Systemcoordinaten. Sind, wie vorhin, m Punkte mit k Bedingungen gegeben, so sind von den $3m$ Coordinaten der m Punkte k durch die übrigen bestimmt, also $3m-k$ sind frei. Kann man also $3m-k$ Coordinaten $\varphi_1 \varphi_2 \cdots \varphi_{3m-k}$ so wählen, dass sie sämmtliche Bedingungen des Punkthaufens identisch erfüllen, so braucht man nur diese $3m-k$ Coordinaten zu bestimmen und hat auf keine Bedingungsgleichungen mehr Rücksicht zu nehmen. Die Grössen φ sind aber dann nicht mehr Coordinaten der einzelnen Punkte μ, sondern sie sind als Coordinaten des ganzen Punktsystems aufzufassen; es kann ganz wohl vorkommen, dass z. B. ein System von 50 Punkten μ nur eine oder zwei freie Coordinaten φ besitzt, (d. i. der Fall, wenn $k = 149$ oder 148 ist); jedes φ kann im Allgemeinen mehr als einen Punkt μ, es kann eventuell alle m Punkte bestimmen.

In diesem Fall nehmen wir wieder die allgemeinste Form des Hamilton'schen Princips zur Grundlage:

$$(1) \qquad \delta \int_{t_1}^{t_2} T dt + \int_{t_1}^{t_2} \Sigma (X \delta x + Y \delta + Z \delta z) dt = 0,$$

und haben

$$(2) \qquad \delta \int_{t_1}^{t_2} T dt = \int_{t_1}^{t_2} \sum_{i=1}^{i=3m-k} \delta \varphi_i \left[\frac{\partial T}{\partial \varphi_i} - \frac{d}{dt} \left(\frac{\partial T}{\partial \dot{\varphi}_i} \right) \right] dt.$$

Ferner ist, wenn μ_σ ein Punkt

$$(3) \qquad \delta x_\sigma = \frac{\partial x_\sigma}{\partial \varphi_1} \delta \varphi_1 + \frac{\partial x_\sigma}{\partial \varphi_2} \delta \varphi_2 + \cdots \frac{\partial x_\sigma}{\partial \varphi_{3m-x}} \delta \varphi_{3m-k}.$$

Entsprechendes gilt in y und z. Also ist

$$(4)\quad \begin{cases} \Sigma(X_\sigma \delta x_\sigma + Y_\sigma \delta y_\sigma + Z_\sigma \delta z_\sigma) \\ = \sum_{i=1}^{i=3m-k} \sum_{\sigma=1}^{\sigma=m} \left(X_\sigma \frac{\partial x_\sigma}{\partial \varphi_i} + Y_\sigma \frac{\partial y_\sigma}{\partial \varphi_i} + Z_\sigma \frac{\partial z_\sigma}{\partial \varphi_i}\right) \delta\varphi_i . \end{cases}$$

Führt man nun diesen Ausdruck nebst (2) in (1) ein, so kommt

$$0 = \int_{t_1}^{t_2} dt \sum_{i=1}^{i=3m-k} \delta\varphi_i \left[\frac{\partial T}{\partial \varphi_i} - \frac{d}{dt}\left(\frac{\partial T}{\partial \dot{\varphi}_i}\right) + \sum_{\sigma=1}^{\sigma=m} \left(X_\sigma \frac{\partial x_\sigma}{\partial \varphi_i} + Y_\sigma \frac{\partial y_\sigma}{\partial \varphi_i} + Z_\sigma \frac{\partial z_\sigma}{\partial \varphi_i}\right)\right].$$

Da nun die δ willkürlich sind, folgt hieraus

$$(5)\quad \frac{d}{dt}\left(\frac{\partial T}{\partial \dot{\varphi}_i}\right) - \frac{\partial T}{\partial \varphi_i} = \sum_{\sigma=1}^{\sigma=m} \left(X_\sigma \frac{\partial x_\sigma}{\partial \varphi_i} + Y_\sigma \frac{\partial y_\sigma}{\partial \varphi_i} + Z_\sigma \frac{\partial z_\sigma}{\partial \varphi_i}\right).$$

Die Summe rechts erstreckt sich über alle Punkte des Haufens; hängt aber ein Punkt μ_ϱ nicht von φ_i ab, so wird $\frac{\partial x_\varrho}{\partial \varphi_i}$ etc. von selbst zu Null, es liefern also alle die und nur die Punkte μ wirkliche Beiträge zur Summe, die von φ_i abhängen. Gl. (5) unterscheidet sich von der entsprechenden Gl. (9) des vorigen Paragraphen eben durch die Anwesenheit des Summenzeichens auf der rechten Seite, ausserdem aber dadurch, dass keine Zwangsactionen in ihr auftreten.

Besitzen die Kräfte X, Y, Z ein Ergal, in welchem keine Geschwindigkeiten auftreten, so ist

$$-\frac{\partial U}{\partial \varphi_i} = \Sigma\left(X_\sigma \frac{\partial x_\sigma}{\partial \varphi_i} + Y_\sigma \frac{\partial y_\sigma}{\partial \varphi_i} + Z_\sigma \frac{\partial z_\sigma}{\partial \varphi_i}\right).$$

Gl. (5) nimmt also die kürzere Form an

$$(6)\quad \frac{d}{dt}\left(\frac{\partial T}{\partial \dot{\varphi}_i}\right) - \frac{\partial T}{\partial \varphi_i} = -\frac{\partial U}{\partial \varphi_i}.$$

Im Allgemeinen ist das Verfahren dieses Paragraphen, die Herstellung der Gleichungen (5) oder (6), viel bequemer und brauchbarer für das concrete Problem, als das Verfahren der Punktcoordinaten. Besonders tritt das hervor, wenn m und k grosse Zahlen sind, während $3m-k$ eine kleine Zahl ist; dann bekommt man nach **134.** sehr viele Bewegungs- und Bedingungsgleichungen, nach **135.** aber nur $3m-k$ Bewegungsgleichungen. Wird m unendlich, während $3m-k$ endlich bleibt, so ist das erste Verfahren, **134.,** überhaupt nicht mehr anwendbar, während das zweite, **135.,** anwendbar bleibt.

Dagegen hat das Verfahren **134.** allerdings den Vortheil, dass es die Zwangskräfte schliesslich explicite hervortreten lässt; wo man also die Zwangskräfte an den einzelnen Punkten haben will, ist es vorzuziehen.

136. Gemischtes Verfahren. Es sei γ eine ganze positive Zahl, die kleiner als k ist. Man kann in die Lage kommen, dass die Coordinaten $\varphi_1, \varphi_2 \ldots .$, welche man wählt, nicht so eingerichtet sind, dass sie alle k Bedingungen identisch erfüllen, sondern, dass sie γ von den k Bedingungen identisch erfüllen, $k-\gamma$ aber nicht. Dann bleiben aus den Bedingungen $k-\gamma$ Bedingungsgleichungen

$$(1) \qquad \Psi_1 = c_1, \quad \Psi_2 = c_2, \quad \ldots \quad \Psi_{k-\gamma} = c_{k-\gamma}$$

expresse übrig, während die übrigen Bedingungen schon in der Coordinatenwahl berücksichtigt sind, also nicht mehr besonders ausgedrückt werden. Das Verfahren setzt sich in diesem Fall aus dem der beiden vorigen Fälle zusammen; man erhält als Gleichung für φ_i offenbar

$$(2) \qquad \frac{d}{dt}\left(\frac{\partial T}{\partial \dot{\varphi}_i}\right) - \frac{\partial T}{\partial \varphi_i} = -\frac{\partial U}{\partial \varphi_i} + \lambda_1 \frac{\partial \Psi_1}{\partial \varphi_i} + \lambda_2 \frac{\partial \Psi_2}{\partial \varphi_i} + \cdots \lambda_{k-\gamma} \frac{\partial \Psi_{k-\gamma}}{\partial \varphi_i},$$

wo nunmehr $k-\gamma$ Grössen λ aus den Gleichungen

$$\frac{d^2 \Psi_1}{dt^2} = 0, \quad \frac{d^2 \Psi_2}{dt^2} = 0, \quad \ldots .$$

zu bestimmen sind. Ist kein U vorhanden, so hat man in (2) nur einzusetzen

$$\Sigma\left(X_\sigma \frac{\partial x_\sigma}{\partial \varphi_i} + Y_\sigma \frac{\partial y_\sigma}{\partial \varphi_i} + Z_\sigma \frac{\partial z_\sigma}{\partial \varphi_i}\right) \quad \text{statt} \quad -\frac{\partial U}{\partial \varphi_i}.$$

Dies Verfahren kann für eine endliche Zahl von Punkten μ besonders dann praktisch werden, wenn man wissen will, wie gross einzelne Zwangskräfte sind, während man sich um andere nicht kümmert; man wird dann die Bedingungen, deren Zwangskräfte man kennen will, durch Gleichungen ausdrücken, die übrigen durch Coordinatenwahl zum Verschwinden bringen.

Die Gl. (2) dieses Paragraphen ist die allgemeine Gleichung, welche die Fälle **134.** und **135.** mit umfasst. Wählt man nämlich reine Punktcoordinaten, so ist $\gamma = 0$, und in $-\frac{\partial U}{\partial \varphi_i}$ ist φ_i von selbst eine Coordinate eines einzigen bestimmten Punktes μ_σ, $-\frac{\partial U}{\partial \varphi_i}$ ist also gleichbedeutend mit dem $X\frac{\partial x}{\partial \varphi_i} + Y\frac{\partial y}{\partial \varphi_i} + Z\frac{\partial z}{\partial \varphi_i}$ der Gleichung **134.** (8) bezw. (9). Wählt man reine Systemcoordinaten, so ist $\gamma = k$, und die Ψ fallen von selbst fort, $-\frac{\partial U}{\partial \varphi}$ ist gleichbedeutend mit dem $\Sigma\left(X_\sigma \frac{\partial x_\sigma}{\partial \varphi_i} + Y_\sigma \frac{\partial y_\sigma}{\partial \varphi_i} + Z_\sigma \frac{\partial z_\sigma}{\partial \varphi_i}\right)$ von **135.** Gl. (5).

Der Leser hat also die Formel für das ganze Verfahren, wenn er sich die obige Gleichung (2) merkt, und dazu im Auge behält, dass $-\frac{\partial U}{\partial \varphi_i}$ in Fällen, wo kein Ergal existirt, durch

$$\Sigma\left(X\frac{\partial x}{\partial \varphi_i} + Y\frac{\partial y}{\partial \varphi_i} + Z\frac{\partial z}{\partial \varphi_i}\right)$$

zu ersetzen ist. Auch in dieser Summe wird das Summenzeichen von selbst hinfällig, wenn man reine Punktcoordinaten wählt, weil dann jedes φ_i nur von den x_σ, y_σ, z_σ eines einzelnen Punktes μ_σ abhängt.

Concrete Fälle.

137. Die Schlussgleichungen der §§ **134.**, **135.**, **136.** enthalten das Hamilton'sche Princip, mithin auch das d'Alembert'sche, mithin die ganze allgemeine Theorie der Bewegung eines Punktsystems, in einer zur directen Anwendung vorbereiteten Form. Sie bilden also das eigentliche Handwerkszeug des Kinetikers, und man wird sich ihrer zur praktischen Lösung der Aufgaben bedienen. Wir wollen nun zunächst eine und dieselbe Aufgabe nach den 3 Methoden **134.**, **135.** und **136.** behandeln, um zu zeigen, wie dieselben das Gewünschte leisten.

Fig. 46.

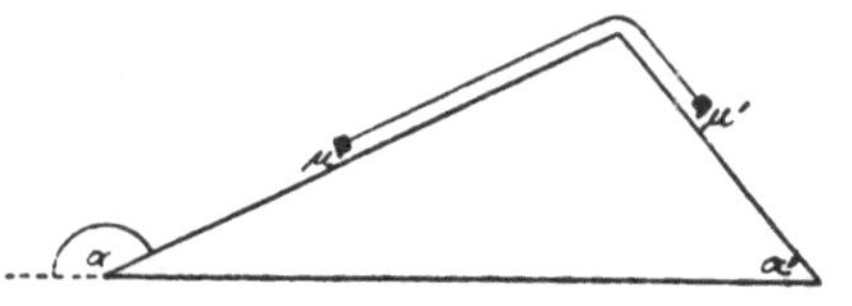

No. 1. Gegeben seien zwei schiefe Ebenen, die mit der horizontalen die Winkel α und α' bilden und oben in einer horizontalen Kante zusammenstossen. Auf der einen liege der schwere Punkt μ, auf der andern μ', beide Punkte sind durch einen schwerlosen Faden von der unveränderlichen Länge l miteinander verknüpft, der ohne Reibung über die Durchschnittskante der Ebenen gleitet. Es werde angenommen, dass die Ebene des Fadens zur Zeit Null eine Verticalebene sei, und dass beide Punkte, also auch der Faden, sich nur in dieser Verticalebene bewegen. Welches wird die Bewegung der Punkte?

Erste Lösung nach **134.** Wir legen durch die Ebene des Fadens die Ebene der x, z, legen die Axe der x horizontal, die der z vertical abwärts und legen den Anfangspunkt in denjenigen Punkt, in welchem die Coordinatenebene von der Durchschnittskante getroffen wird. Es hat dann μ die beiden Coordinaten x, z, und μ' habe x', z'. Die gerade Linie, in welcher die erste Ebene die Coordinatenebene schneidet, hat die Gleichung, wenn die x nach der Seite des spitzen Winkels α' positiv gerechnet werden,

$$(1) \qquad z = x \operatorname{tang} \alpha \quad \text{oder} \quad z - x \operatorname{tang} \alpha = 0,$$

und dies ist die erste Bedingung des Problems; denn μ muss ja auf dieser Geraden bleiben. Ebenso ergiebt sich die zweite

$$(2) \qquad z' - x' \operatorname{tang} \alpha' = 0.$$

Die dritte ergiebt sich, wenn man die Länge des Fadens gleich l setzt; man findet leicht

$$(3) \qquad x \cos \alpha + z \sin \alpha + x' \cos \alpha' + z' \sin \alpha' = l.$$

Die explicite gegebenen Kräfte sind

$$(4) \qquad \text{für } \mu: \quad X = 0, \quad Z = \mu g; \qquad \text{für } \mu': \quad X' = 0, \quad Z' = \mu' g.$$

Bezeichnen wir die Polynome der Bedingungsgleichungen mit Ψ_1, Ψ_2, Ψ_3, so ist

$$\frac{\partial \Psi_1}{\partial x} = -\operatorname{tang} \alpha, \quad \frac{\partial \Psi_1}{\partial z} = 1, \quad \frac{\partial \Psi_1}{\partial x'} = \frac{\partial \Psi_1}{\partial z'} = 0,$$

$$\frac{\partial \Psi_2}{\partial x'} = -\operatorname{tang} \alpha', \quad \frac{\partial \Psi_2}{\partial z'} = 1, \quad \frac{\partial \Psi_2}{\partial x} = \frac{\partial \Psi_2}{\partial z} = 0,$$

$$\frac{\partial \Psi_3}{\partial x} = \cos \alpha, \quad \frac{\partial \Psi_3}{\partial z} = \sin \alpha, \quad \frac{\partial \Psi_3}{\partial x'} = \cos \alpha' \quad \frac{\partial \Psi_3}{\partial z'} = \sin \alpha'.$$

Also sind die Bewegungsgleichungen

$$(5) \qquad \begin{cases} \mu \dfrac{d^2 x}{dt^2} = -\lambda_1 \operatorname{tang} \alpha + \lambda_3 \cos \alpha \\[2ex] \mu \dfrac{d^2 z}{dt^2} = \mu g + \lambda_1 + \lambda_3 \sin \alpha \\[2ex] \mu' \dfrac{d^2 x'}{dt^2} = -\lambda_2 \operatorname{tang} \alpha' + \lambda_3 \cos \alpha' \\[2ex] \mu' \dfrac{d^2 z'}{dt^3} = \mu' g + \lambda_2 + \lambda_3 \sin \alpha'. \end{cases}$$

Dazu

$$(6) \qquad \begin{cases} \dfrac{d^2 \Psi_1}{dt^2} = \dfrac{d^2 z}{dt^2} - \operatorname{tang} \alpha \dfrac{d^2 x}{dt^2} = 0, \quad \dfrac{d^2 z'}{dt^2} - \operatorname{tang} \alpha' \dfrac{d^2 x'}{dt^2} = 0, \\[2ex] \dfrac{d^2 x}{dt^2} \cos \alpha + \dfrac{d^2 z}{dt^2} \sin \alpha + \dfrac{d^2 x'}{dt^2} \cos \alpha' + \dfrac{d^2 z'}{dt^2} \sin \alpha' = 0. \end{cases}$$

Setzt man hierin für die zweiten Differentialquotienten ihre Werthe aus (5), so kommt

$$\lambda_1 (1 + \operatorname{tang}^2 \alpha) = -\mu g$$

$$\lambda_2 (1 + \operatorname{tang}^2 \alpha') = -\mu' g$$

$$\lambda_3 (\mu' + \mu) = -\mu \mu' g (\sin \alpha' + \sin \alpha),$$

d. i.

$$\lambda_1 = -\mu g \cos^2\alpha$$
$$\lambda_2 = -\mu' g \cos^2\alpha'$$
$$\lambda_3 = -\frac{\mu\mu'}{\mu+\mu'} g(\sin\alpha + \sin\alpha').$$

Setzt man diese Werthe in (5) ein, so erhält man

$$(7)\quad \begin{cases} \mu\frac{d^2x}{dt^2} = \mu g\cos\alpha\sin\alpha - \frac{\mu\mu'}{\mu+\mu'} g\cos\alpha(\sin\alpha+\sin\alpha') \\ \mu\frac{d^2z}{dt^2} = \mu g - \mu g\cos^2\alpha - \frac{\mu\mu'}{\mu+\mu'} g\sin\alpha(\sin\alpha+\sin\alpha') \\ \mu'\frac{d^2x'}{dt^2} = \mu' g\cos\alpha'\sin\alpha' - \frac{\mu\mu'}{\mu+\mu'} g\cos\alpha'(\sin\alpha+\sin\alpha') \\ \mu'\frac{d^2z'}{dt^2} = \mu' g - \mu' g\cos^2\alpha' - \frac{\mu\mu'}{\mu+\mu'} g\sin\alpha'(\sin\alpha+\sin\alpha') \end{cases}$$

oder

$$(8)\quad \begin{cases} \frac{d^2x}{dt^2} = g\cos\alpha\left(\sin\alpha - \frac{\mu'}{\mu+\mu'}(\sin\alpha+\sin\alpha')\right) = \frac{g\cos\alpha}{\mu+\mu'}(\mu\sin\alpha - \mu'\sin\alpha') \\ \frac{d^2z}{dt^2} = g\sin\alpha\left(\sin\alpha - \frac{\mu'}{\mu+\mu'}(\sin\alpha+\sin\alpha')\right) = \frac{g\sin\alpha}{\mu+\mu'}(\mu\sin\alpha - \mu'\sin\alpha') \\ \frac{d^2x'}{dt^2} = g\cos\alpha'\left(\sin\alpha' - \frac{\mu}{\mu+\mu'}(\sin\alpha'+\sin\alpha)\right) = \frac{g\cos\alpha'}{\mu+\mu'}(\mu'\sin\alpha' - \mu\sin\alpha) \\ \frac{d^2z'}{dt^2} = g\sin\alpha'\left(\sin\alpha' - \frac{\mu}{\mu+\mu'}(\sin\alpha'+\sin\alpha)\right) = \frac{g\sin\alpha'}{\mu+\mu'}(\mu'\sin\alpha' - \mu\sin\alpha). \end{cases}$$

Ist $\mu\sin\alpha = \mu'\sin\alpha'$, so ist die Klammer in allen 4 Gleichungen gleich Null, also keine Beschleunigung, d. h. Gleichgewicht vorhanden. Ist $\mu\sin\alpha > \mu'\sin\alpha'$, so ist die Klammer in den beiden ersten Gleichungen positiv, in den beiden letzten negativ; μ ist also abwärts, μ' aufwärts beschleunigt, etc.

Die Zwangskräfte treten in (7) deutlich heraus. Die von der ersten Ebene gelieferte Normalkraft ist, bloss an μ thätig,

$$N_1 = \sqrt{\left(\lambda_1\frac{\partial\Psi_1}{\partial x}\right)^2 + \left(\lambda_1\frac{\partial\Psi_1}{\partial z}\right)^2}$$
$$= \sqrt{(\mu g\cos\alpha\sin\alpha)^2 + (\mu g\cos^2\alpha)^2} = \mu g\cos\alpha.$$

Die zweite Ebene liefert ebenso, bloss an μ'

$$N_2' = \mu' g\cos\alpha'.$$

Die dritte an μ

$$N_3 = \lambda_3\sqrt{\left(\frac{\partial\Psi_3}{\partial x}\right)^2 + \left(\frac{\partial\Psi_3}{\partial z}\right)^2} = \pm\frac{\mu\mu'}{\mu+\mu'} g(\sin\alpha+\sin\alpha'),$$

und an μ'

$$N_3' = \lambda_3\sqrt{\left(\frac{\partial\Psi_3}{\partial x'}\right)^2 + \left(\frac{\partial\Psi_3}{\partial z'}\right)^2} = \pm\frac{\mu\mu'}{\mu+\mu'} g(\sin\alpha+\sin\alpha').$$

Es ist für die Wurzel dasjenige Vorzeichen zu wählen, welches die Kraft als nach oben gerichtet erscheinen lässt, also wenn der Faden von μ nach μ' hin als positiv gilt, ist N_3 positiv, N_3' negativ. Die Kräfte, welche beide Enden des Fadens liefern, sind einander gleich und in Bezug auf den Faden entgegengesetzt: beide wirken fadeneinwärts.

Zweite Lösung. **(135.)** Wir nennen q den Abstand des Punktes μ von der Durchschnittskante. Ist q bekannt, so ist die Lage beider Punkte μ und μ' bestimmt; wir können also q als die (einzige) Coordinate, die beiden Punkten gemeinsam ist, ansehen.

1. Bestimmung von T. Aendert sich q in dt um dq, so ist $\frac{dq}{dt}$ der absolute Werth der Geschwindigkeit von μ und zugleich der der Geschwindigkeit von μ'; also ist die lebendige Kraft des Punktsystems

$$T = \tfrac{1}{2}(\mu+\mu')\left(\frac{dq}{dt}\right)^2$$

$$\frac{\partial T}{\partial \dot{q}} = (\mu+\mu')\frac{dq}{dt},$$

$$(9) \qquad \frac{d}{dt}\left(\frac{\partial T}{\partial \dot{q}}\right) = (\mu+\mu')\frac{d^2q}{dt^2}, \qquad \frac{\partial T}{\partial q} = 0.$$

2. Bestimmung von U. Es ist $U = -(\mu g z+\mu' g z')$, und, da $z = q\sin\alpha$, $z' = (l-q)\sin\alpha'$, so ist

$$U = -g(\mu q\sin\alpha+\mu'(l-q)\sin\alpha'),$$

$$(10) \qquad -\frac{\partial U}{\partial q} = +g(\mu\sin\alpha-\mu'\sin\alpha').$$

Also ist die Bewegungsgleichung

$$(11) \qquad \frac{d^2q}{dt^2} = \frac{g}{\mu+\mu'}(\mu\sin\alpha-\mu'\sin\alpha').$$

Gleichgewicht ist vorhanden, wenn $\mu\sin\alpha-\mu'\sin\alpha' = 0$ ist; vergl. die erste Lösung. Ist $\mu\sin\alpha > \mu'\sin\alpha'$, so wächst $\frac{dq}{dt}$ etc. Ueber die Zwangskräfte erfahren wir nichts, die Darstellung der Bewegung beider Punkte ergiebt sich aber in Gl. (11) nicht bloss ausserordentlich viel einfacher, sondern zugleich viel anschaulicher, als in Gl. (8): wir sehen in (11) die gemeinschaftliche Bewegung beider Punkte, wie die anschaulichen Bedingungen sie verlangen, während (8) die Bewegungen beider von einander absondert.

Dritte Lösung. Wir wünschen etwa die vom Faden ausgehende Zwangskraft kennen zu lernen, während die Zwangskräfte der beiden Ebenen uns nicht interessiren. Dann werden wir den beiden Punkten μ und μ' je eine Coordinate geben, die den Bedingungen, dass sie auf den Ebenen bleiben sollen, identisch genügt. Solche Coordinaten sind

für μ der Abstand q des Punktes μ von der Durchschnittskante.

für μ' der Abstand q' des Punktes μ' von der Durchschnittskante.

Diese Coordinaten behandeln wir als frei, und führen ausserdem expresse die Bedingung, dass die Fadenlänge gleich l ist, welche, als Gleichung geschrieben, lautet,

$$q+q' = l.$$

1) Bestimmung von T. Hat q die Geschwindigkeit $\frac{dq}{dt}$ und q' die Geschwindigkeit $\frac{dq'}{dt}$, so ist

$$T = \tfrac{1}{2}\left[\mu\left(\frac{dq}{dt}\right)^2 + \mu'\left(\frac{dq'}{dt}\right)^2\right],$$

$$\frac{\partial T}{\partial \dot{q}} = \mu\frac{dq}{dt}, \quad \frac{\partial T}{\partial \dot{q}'} = \mu'\frac{dq'}{dt},$$

$$(12) \qquad \frac{d}{dt}\left(\frac{\partial T}{\partial \dot{q}}\right) = \mu\frac{d^2q}{dt^2}, \quad \frac{d}{dt}\left(\frac{\partial T}{\partial \dot{q}'}\right) = \mu'\frac{d^2q'}{dt^2}, \quad \frac{\partial T}{\partial q} = \frac{\partial T}{\partial q'} = 0.$$

2) Bestimmung von U. Es ist $U = -g(\mu z + \mu' z')$, und $z = q\sin\alpha$, $z' = q'\sin\alpha'$, also

$$U = -g(\mu q\sin\alpha + \mu' q'\sin\alpha')$$

$$(13) \qquad -\frac{\partial U}{\partial q} = g\mu\sin\alpha, \quad -\frac{\partial U}{\partial q'} = g\mu'\sin\alpha'.$$

Also sind die Bewegungsgleichungen, da $\frac{\partial \Psi}{\partial q} = 1$ und $\frac{\partial \Psi}{\partial q'} = 1$,

$$(14) \qquad \begin{cases} \mu\dfrac{d^2q}{dt^2} = g\mu\sin\alpha + \lambda \\ \mu'\dfrac{d^2q'}{dt^2} = g\mu'\sin\alpha' + \lambda. \end{cases}$$

Dazu

$$\frac{d^2q}{dt^2} + \frac{d^2q'}{dt^2} = 0.$$

Setzt man hierin Gl. (14) ein, so erhält man

$$g\sin\alpha + \frac{\lambda}{\mu} + g\sin\alpha' + \frac{\lambda}{\mu'} = 0,$$

$$(15) \qquad \lambda = -\frac{\mu\mu'}{\mu+\mu'}g(\sin\alpha + \sin\alpha'),$$

$$(16) \qquad \begin{cases} \dfrac{d^2q}{dt^2} = +\dfrac{g}{\mu+\mu'}(\mu\sin\alpha - \mu'\sin\alpha') \\ \dfrac{d^2q'}{dt^2} = -\dfrac{g}{\mu+\mu'}(\mu\sin\alpha - \mu'\sin\alpha'). \end{cases}$$

Die Zwangskraft ist $\pm\lambda$ in Uebereinstimmung mit dem früheren. Die Integration der Gleichungen ist in allen 3 Fällen sehr leicht.

No. 2. Zwei Punkte werden mittels eines unausdehnbaren Fadens verknüpft und dieser wird über eine Rolle gehängt. Die Punkte bewegen sich bloss in verticaler Richtung. Welches wird ihre Bewegung? Die Ausarbeitung bleibe dem Leser überlassen.

No. 3. Das Rad an der Welle. Zwei Kreise von den Radien a und a' sind centrisch mit einander verbunden; ihr Gewicht sei zu vernachlässigen. Ueber jeden von beiden ist ein Faden gewickelt, der eine rechts, der andere links herum; der eine trägt den schweren Punkt μ, der andere trägt μ': wie bewegen sich beide Punkte, wenn ihre Anfangsgeschwindigkeiten Null oder rein vertical sind?

Fig. 47.

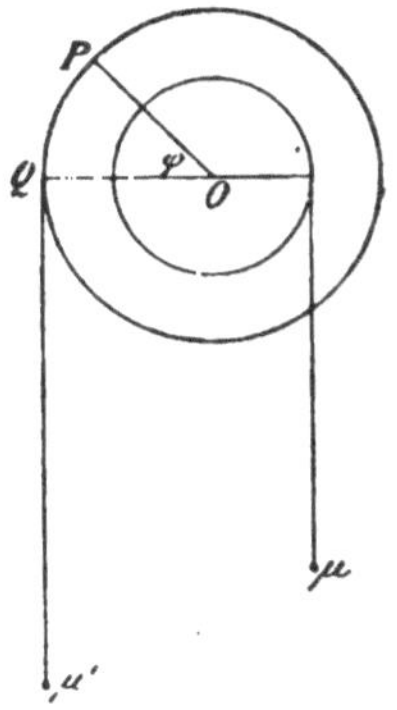

Die Geschwindigkeit bleibt offenbar auf Grund der letzten Bedingung immer rein vertical, es ist also, wenn wir die vertical abwärts gehende Richtung als Richtung der z bezeichnen, nur die Coordinate z resp. z' in Betracht zu ziehen.

Erste Lösung. μ habe z, μ' habe z'. Die Kräfte der Schwere an ihnen sind $Z = \mu g$ und $Z' = \mu' g$. Verlängert sich der Faden von μ um Δz, so verkürzt sich der von μ' um $\frac{a'}{a}\Delta z'$. Die Bedingung ist also

$$a' dz = -a\, dz'$$

oder

$$(1) \qquad a'z + az' = c,$$

wo c eine Constante. Die Gleichungen sind also

$$(2) \qquad \begin{cases} \mu \dfrac{d^2 z}{dt^2} = \mu g + a'\lambda \\ \mu' \dfrac{d^2 z'}{dt^2} = \mu' g + a\lambda, \end{cases}$$

$$a' \frac{d^2 z}{dt^2} + a \frac{d^2 z'}{dt^2} = 0.$$

Letzteres giebt mit (2)

$$\left(\frac{a'^2}{\mu} + \frac{a^2}{\mu'}\right)\lambda = -(a+a')g$$

$$\lambda = -g \frac{\mu\mu'(a+a')}{\mu a^2 + \mu' a'^2}.$$

Die Fadenkräfte sind $a'\lambda$ und $a\lambda$. Die Gleichungen der Bewegung werden

$$\frac{d^2 z}{dt^2} = ga \frac{\mu a - \mu' a'}{\mu a^2 + \mu' a'^2}$$

$$\frac{d^2 z'}{dt^2} = ga' \frac{\mu' a' - \mu a}{\mu a^2 + \mu' a'^2}.$$

Die Bewegung ist im Allgemeinen gleichmässig beschleunigt; ist $\mu' a' = \mu a$, so ist Gleichgewicht vorhanden; ist $\mu a > \mu' a'$, so sinkt μ, im andern Fall sinkt μ'.

Zweite Lösung. Als gemeinschaftliche Coordinate beider Punkte können wir etwa das z des einen Punktes betrachten, da durch dies das z' des andern offenbar mitbestimmt ist. Oder auch: Wir legen durch O einen Radius OP, der sich mit dem Wellrad dreht; die Anfangslage desselben sei OQ, der Winkel POQ, den OP zur Zeit t mit OQ macht, heisse φ und sei positiv, wenn μ gesunken ist. Dann bestimmt dieser Winkel die Lage beider Punkte, kann also ihre gemeinschaftliche Coordinate sein.

Ist $d\varphi$ ein unendlich kleiner Zuwachs von φ, so entspricht dem $d\varphi$ eine Senkung von μ um $a d\varphi$ und eine Steigung von μ' um $a' d\varphi$; der Winkelgeschwindigkeit $\frac{d\varphi}{dt}$ entspricht also die Geschwindigkeit

$$a\frac{d\varphi}{dt} \text{ von } \mu \quad \text{und} \quad -a'\frac{d\varphi}{dt} \text{ von } \mu',$$

also die lebendige Kraft

$$T=\tfrac{1}{2}\left\{\mu\left(a\frac{d\varphi}{dt}\right)^2+\mu'\left(a'\frac{d\varphi}{dt}\right)^2\right\},$$

$$\frac{\partial T}{\partial\dot\varphi}=(\mu a^2+\mu' a'^2)\frac{d\varphi}{dt},$$

$$\frac{d}{dt}\left(\frac{\partial T}{\partial\dot\varphi}\right)=(\mu a^2+\mu' a'^2)\frac{d^2\varphi}{dt^2}, \quad \frac{\partial T}{\partial\varphi}=0.$$

Andererseits ist $z=a\varphi+\text{const.}$, $z'=-a'\varphi'\text{const.}$, also die Potentialfunction $U=-g(\mu z+\mu' z')=-g\varphi(\mu a-\mu' a')+\text{const.}$

$$-\frac{\partial U}{\partial\varphi}=g(\mu a-\mu' a').$$

Also

$$\frac{d^2\varphi}{dt^2}=g\frac{\mu a-\mu' a'}{\mu a^2+\mu' a'^2}.$$

Das giebt sofort dieselbe Gleichgewichtsbedingung, wie oben. Aus $z=a\varphi+\text{const.}$ folgt $\frac{d^2z}{dt^2}=a\frac{d^2\varphi}{dt^2}$ etc., was dieselben Gleichungen für z und z' giebt, wie die erste Lösung.

No. 3. Zwei schwere Punkte μ und μ', die durch einen unveränderlichen Faden von der Länge l verknüpft sind, werden auf horizontaler Ebene mit beliebigen Anfangsgeschwindigkeiten geworfen. Welches ist ihre Bewegung von dem Augenblick an, wo der Faden angespannt wird?

Die Schwere ist aufgehoben, kann also, wenn es sich bloss um die Herstellung der Bewegung handelt, ausser Acht gelassen werden. Nehmen wir die Horizontalebene zur Ebene der xy, so ist die dritte Coordinate z nicht zu berücksichtigen. Nach dem Princip der Erhaltung des Schwerpunkts beschreibt der Schwerpunkt der beiden Punkte eine gerade Linie (der Faden genügt dem Reactionsprincip) und seine Lage kann jederzeit aus den Anfangsbedingungen hergestellt werden. Legt man durch den Schwerpunkt ein verschiebliches Coordinatensystem, so gilt in diesem, weil der Faden durch den Anfangspunkt geht, das Princip der Flächen, beide Punkte drehen sich also gleichförmig um den Schwerpunkt (gleichförmig, weil ihr Abstand vom letzteren constant ist), ihre Winkelgeschwindigkeit ist aus den Anfangsbedingungen zu bestimmen. Die Principien allein liefern also in diesem Fall die Lösung des Problems. Wie viel Tragkraft muss nun aber der Faden besitzen, um nicht zu reissen?

Fig. 48.

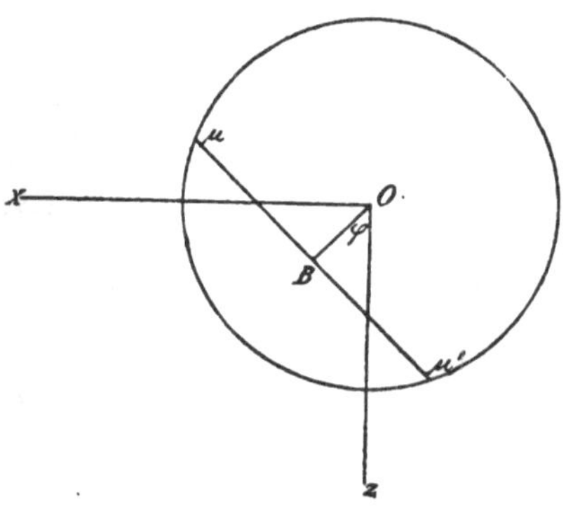

No. 4. Zwei schwere Punkte

μ und μ' sind durch eine starre Linie miteinander verbunden, von deren Gewicht man absehen kann. Sie werden in einen verticalen Kreis gelegt und der Schwere überlassen; wie bewegen sie sich? (Vergl. Fig. 48.)

Erste Lösung. Durchmesser des Kreises a, Länge der starren Linie l; wir nehmen die Ebene des Kreises zur Ebene der xz, rechnen die z senkrecht abwärts vom Mittelpunkt des Kreises aus. Die expliciten Kräfte sind

$$X = 0, \quad Z = \mu g, \quad X' = 0, \quad Z' = \mu' g.$$

Die Bedingungen

$$x^2 + z^2 = a^2, \qquad x'^2 + z'^2 = a^2,$$
$$(x - x')^2 + (z - z')^2 = l^2,$$

woraus der Leser die Differentialgleichungen selbst herstellen möge.

Zweite Lösung. Wir fällen vom Anfangspunkt (Mittelpunkt des Kreises) ein Perpendikel auf die Gerade l oder $\mu\mu'$ und nennen φ den Winkel, welchen dies Perpendikel mit der z-Axe macht. Dann bestimmt φ die Lage beider Punkte, kann also als ihre gemeinschaftliche Coordinate dienen.

Bestimmung von T. Aendert sich φ mit der Winkelgeschwindigkeit $\frac{d\varphi}{dt}$, so haben μ und μ' die Geschwindigkeiten $a\frac{d\varphi}{dt}$, also ist

$$T = \tfrac{1}{2} a^2 [\mu + \mu'] \left(\frac{d\varphi}{dt}\right)^2,$$

$$(1) \qquad \frac{d}{dt}\left(\frac{\partial T}{\partial \dot\varphi}\right) = a^2 (\mu + \mu') \frac{d^2\varphi}{dt^2}.$$

Bestimmung von U. $\angle\, \mu OB$ sei mit α bezeichnet; es ist $\sin\alpha = \frac{l}{2a}$. $\angle\, \mu O z = \alpha + \varphi$, $\angle\, \mu' O z = -\alpha + \varphi$. Also ist $z = a\cos(\alpha + \varphi)$, $z' = a\cos(\alpha - \varphi)$, und, da $U = -g(\mu z + \mu' z')$

$$U = -ga[\mu\cos(\alpha + \varphi) + \mu'\cos(\alpha - \varphi)],$$
$$-\frac{\partial U}{\partial \varphi} = -ga[\mu\sin(\alpha + \varphi) - \mu'\sin(\alpha - \varphi)].$$

Hiernach ist die Gleichung der Bewegung

$$\frac{d^2\varphi}{dt^2} = -\frac{g}{a(\mu + \mu')}[\mu\sin(\alpha + \varphi) - \mu'\sin(\alpha - \varphi)].$$

Gleichgewicht ist vorhanden, wenn $\mu\sin(\alpha + \varphi) = \mu'\sin(\alpha - \varphi)$ ist. Die Integration führt im Allgemeinen auf elliptische Integrale; sie vereinfacht sich

1) wenn $\mu = \mu'$ ist; dann giebt Gl. (3)

$$\frac{d^2\varphi}{dt^2} = -\frac{g}{a}\cos\alpha . \sin\varphi \quad \text{d. i. die Pendelgleichung.}$$

2) wenn man voraussetzt, dass die Elongation φ immer sehr klein bleibe. Dann kann $\cos\varphi = 1$ und $\sin\varphi = \varphi$ gesetzt werden; man erhält

$$\frac{d^2\varphi}{dt^2} = -\frac{g\sin\alpha}{a} - \frac{g\cos\alpha(\mu - \mu')}{a(\mu + \mu')} . \varphi,$$

was nach Multiplication mit $\frac{d\varphi}{dt}$ leicht zu integriren ist. Am einfachsten setzt man

$$\varphi = \psi - \frac{\sin\alpha(\mu + \mu')}{\cos\alpha(\mu - \mu')},$$

woraus sich ergiebt

$$\frac{d^2\psi}{dt^2} = -\text{const.}\,\psi,$$

also harmonische Schwingungen um die Gleichgewichtslage.

No. 5. Aufgaben. 1) Zwei schwere Punkte μ und μ' sind in verschiedener Höhe an einem Faden befestigt, der von einem festen Punkt O vertical herabhängt. Man ertheilt ihnen eine sehr kleine Abweichung aus der Gleichgewichtslage; wie bewegen sie sich? Die Abweichung beider falle *a*) in dieselbe *b*) in verschiedene Ebenen.

2) Von zwei durch einen Faden verknüpften schweren Punkten liegt der eine auf einem glatten horizontalen Tisch, während der andere über den Rand des Tisches herabhängt. Welches wird ihre Bewegung? (Anleitung zur Behandlung nach **135:** Als Coordinaten wähle man *a*) den Abstand des einen Punkts vom Tischrande, *b*) den Winkel, welchen der horizontale Theil des Fadens mit dem Perpendikel auf die Tischkante macht).

3) Zwei schwere Punkte, die durch eine starre Stange verbunden sind, können sich auf den beiden Seiten eines gleichschenkligen Dreiecks bewegen, dessen Grundlinie horizontal, dessen Spitze nach unten liegt; welches wird das Gesetz ihrer Bewegung bei sehr kleiner Amplitude?

4) Drei schwere Punkte sind sternförmig durch drei gleichlange Fäden  mit einander verknüpft. Zu Anfang werden sie vom Mittelpunkt des Sterns aus geworfen, und zwar der erste mit den Componenten a nach Süden b nach oben, der zweite mit a' nach Nordwesten b' nach oben, der dritte mit a' nach Nordosten b' nach oben. Wann ziehen die Fäden an, und welches wird von da ab die Bewegung der Punkte?

Fig. 49.

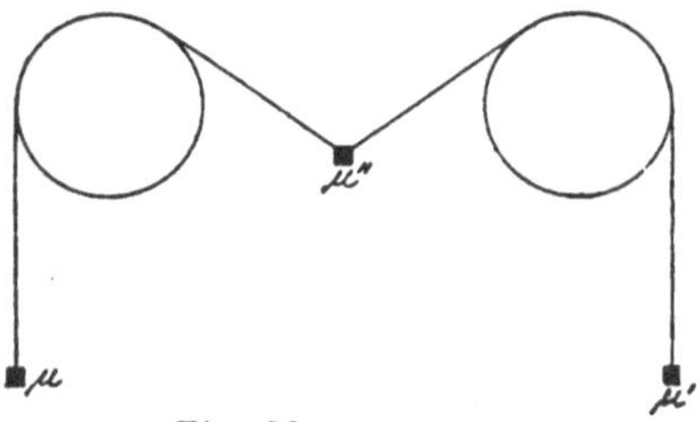

5) An einem Faden hängen 3 Punkte, wie Fig. 49 zeigt; $\mu = \mu'$ und $\mu + \mu' > \mu''$, μ'' hängt in der Mitte zwischen den beiden Rollen; welches wird die Bewegung?

Beispiele mit Reibung und Widerstand.

6) Von zwei schweren Punkten μ und μ', die durch einen Faden verknüpft sind, liegt der eine, μ, auf einer horizontalen Linie AB, der andere, μ', hängt über das Ende derselben am Faden senkrecht herab; μ habe den Reibungscoefficienten η, während die Reibung im übrigen vernachlässigt werden kann; welches wird die Bewegung, wenn vorausgesetzt wird, dass μ' sich rein vertical bewege? Vergl. Fig. 50.

Fig. 50.

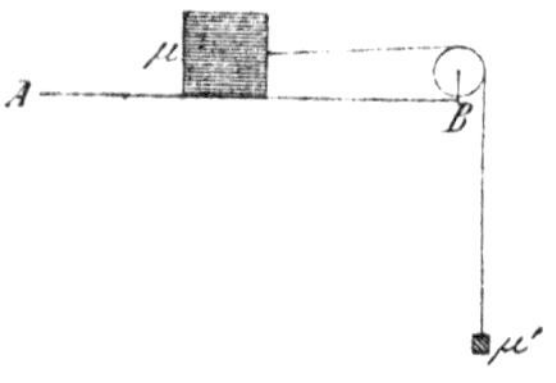

Wir nehmen die Ebene des Fadens zur xz-Ebene und legen den Anfangspunkt an die Stelle, wo die verticale Fadenrichtung die horizontale schneidet: die Axe der x sei nach μ, die der z nach μ' hingerichtet. Die expliciten Kräfte sind dann

$$X = 0, \quad Z = \mu g, \quad X' = 0, \quad Z' = \mu' g,$$

die Bedingungen

$$\Psi_1 = z = 0, \quad \Psi_2 = x' = 0, \quad \Psi_3 = x + z' = \text{const.},$$

woraus

$$\frac{\partial \Psi_1}{\partial x} = 0, \quad \frac{\partial \Psi_1}{\partial z} = 1, \quad \frac{\partial \Psi_1}{\partial x'} = \frac{\partial \Psi_1}{\partial z'} = 0,$$

$$\frac{\partial \Psi_2}{\partial x} = \frac{\partial \Psi_2}{\partial z} = 0, \quad \frac{\partial \Psi_2}{\partial x'} = 1, \quad \frac{\partial \Psi_2}{\partial z'} = 0,$$

$$\frac{\partial \Psi_3}{\partial x} = 1, \quad \frac{\partial \Psi_3}{\partial z} = \frac{\partial \Psi_3}{\partial x'} = 0, \quad \frac{\partial \Psi_3}{\partial z'} = 1.$$

Wäre keine Reibung vorhanden, so würden die Gleichungen der Bewegung lauten

$$\mu \frac{d^2x}{dt^2} = 0 + \lambda_1 \frac{\partial \Psi_1}{\partial x} + \lambda_2 \frac{\partial \Psi_2}{\partial x} + \lambda_3 \frac{\partial \Psi_3}{\partial x}$$

$$\mu \frac{d^2z}{dt^2} = \mu g + \lambda_1 \frac{\partial \Psi_1}{\partial z} + \lambda_2 \frac{\partial \Psi_2}{\partial z} + \lambda_3 \frac{\partial \Psi_3}{\partial z}$$

$$\mu' \frac{d^2x'}{dt^2} = 0 + \lambda_1 \frac{\partial \Psi_1}{\partial x'} + \lambda_2 \frac{\partial \Psi_2}{\partial x'} + \lambda_3 \frac{\partial \Psi_3}{\partial x'}$$

$$\mu' \frac{d^2z'}{dt^2} = \mu' g + \lambda_1 \frac{\partial \Psi_1}{\partial z'} + \lambda_2 \frac{\partial \Psi_2}{\partial z'} + \lambda_3 \frac{\partial \Psi_3}{\partial z'}.$$

Die Reibung bringt nun an μ eine neue explicite Kraft an: und diese ist gleich η mal der Normalkraft, welche die Linie AB auf μ übt. Diese Normalkraft ist $\lambda_1 \sqrt{\left(\frac{\partial \Psi_1}{\partial x}\right)^2 + \left(\frac{\partial \Psi_1}{\partial z}\right)^2}$, das ist λ_1: die Reibung liefert also die Kraft $\eta\lambda_1$. Diese Reibungskraft wirkt der vorhandenen Geschwindigkeit entgegen; und da sind zwei Fälle möglich, nämlich a) $\frac{dx}{dt}$ hat dasselbe Vorzeichen wie $\frac{d^2x}{dt^2}$, d. h. $\frac{dx}{dt}$ ist nach B hin gerichtet; b) $\frac{dx}{dt}$ hat das entgegengesetzte Vorzeichen wie $\frac{d^2x}{dt^2}$, d. h. $\frac{dx}{dt}$ ist nach A hin gerichtet.

Im ersten Fall ist die Reibungskraft gegen, im zweiten mit $\frac{d^2x}{dt^2}$ gerichtet, im ersten Fall also liefert die Reibung an $\frac{d^2x}{dt^2}$ die Zusatzkraft $-\eta\lambda_1$, im zweiten $+\eta\lambda_1$. Wir erhalten also zwei verschiedene Sätze von Bewegungsgleichungen; dieselben lauten, wenn nunmehr für die $\frac{\partial \Psi}{\partial x}$ etc. ihre Werthe eingesetzt werden

Für negative $\frac{dx}{dt}$	Für positive $\frac{dx}{dt}$
$\mu \frac{d^2x}{dt^2} = \lambda_3 - \eta\lambda_1$	$\mu \frac{d^2x}{dt^2} = \lambda_3 + \eta\lambda_1$
$\mu \frac{d^2z}{dt^2} = \mu g + \lambda_1$	$\mu \frac{d^2z}{dt^2} = \mu g + \lambda_1$
$\mu' \frac{d^2x'}{dt^2} = \lambda_2$	$\mu' \frac{d^2x'}{dt^2} = \lambda_2$
$\mu' \frac{d^2z'}{dt^2} = \mu' g + \lambda_3.$	$\mu' \frac{d^2z'}{dt^2} = \mu' g + \lambda_3.$

Dazu in beiden Fällen

$$\frac{d^2z}{dt^2} = 0, \qquad \frac{d^2x'}{dt^2} = 0, \qquad \frac{d^2x}{dt^2} + \frac{d^2z'}{dt^2} = 0.$$

Die beiden ersten Bedingungen ergeben in beiden Fällen $\lambda_2 = 0$ und $\lambda_1 = -\mu g$; die letzte gilt

bei negativem $\frac{dx}{dt}$	bei positivem $\frac{dx}{dt}$
$\lambda_3 = -\frac{\mu\mu' g}{\mu+\mu'}(\eta+1)$	$\lambda_3 = \frac{\mu\mu' g}{\mu+\mu'}(1-\eta).$

Damit wird

bei negativem $\frac{dx}{dt}$	bei positivem $\frac{dx}{dt}$
$\frac{d^2x}{dt^2} = g\frac{\eta\mu - \mu'}{\mu+\mu'}$	$\frac{d^2x}{dt^2} = -g\frac{\eta\mu + \mu'}{\mu+\mu'}$
$\frac{d^2z}{dt^2} = 0 \qquad \frac{d^2x'}{dt^2} = 0$	$\frac{d^2z}{dt^2} = 0 \qquad \frac{d^2x'}{dt^2} = 0$
$\frac{d^2z'}{dt^2} = g\frac{\mu' - \eta\mu}{\mu+\mu'}$	$\frac{d^2z'}{dt^2} = g\frac{\eta\mu + \mu'}{\mu+\mu'}.$

Bei positivem $\frac{dx}{dt}$ wirken hiernach Reibung und Schwere in gleichem Sinn; die Bewegung ist stets verlangsamt; das erste Integral derselben lautet, wenn die Anfangsgeschwindigkeit in x mit $v_{x,0}$ bezeichnet wird

$$\frac{dx}{dt} = v_{x,0} - g\frac{\eta\mu+\mu'}{\mu+\mu'}t, \qquad \frac{dz'}{dt} = -\frac{dx}{dt}, \quad \frac{dz}{dt} = \frac{dx}{dt} = 0.$$

Die Bewegung kommt zur Ruhe, wenn $t = \frac{(\mu+\mu')v_{x,0}}{g(\eta\mu+\mu')}$ geworden ist. Von da ab tritt das zweite, links aufgeführte System von Gleichungen in Geltung. Ist zunächst $\eta\mu = \mu'$, so bleibt das Punktsystem in der Ruhelage im Gleichgewicht; dasselbe ist der Fall, wenn $\eta\mu > \mu'$ ist, da die überwiegende Reibung keine Bewegung erzeugt. Ist aber $\eta\mu < \mu'$, so geht die Bewegung nunmehr rückwärts, und es wird

$$\frac{dx}{dt} = g\frac{\eta\mu - \mu'}{\mu+\mu'}(t - t_m),$$

wenn t_m die Zeit bezeichnet, wo die Ruhelage erreicht wurde.

War von Anfang an ein negatives $\frac{dx_0}{dt}$ gegeben, so fehlen die ersten Phasen der Bewegung.

Zweite Lösung. Die Lösungsmethode des § **135** liefert die Zwangskräfte nicht, kann also nicht allgemein benutzt werden, um Reibungsprobleme zu lösen, weil ja zur Bestimmung der Reibung die Kenntniss der Zwangskräfte erforderlich ist. Kann man aber im einzelnen Fall die Zwangskräfte direct bestimmen, so ist es auch leicht, sie in das System der Lagrange'schen Gleichungen einzuführen. Im vorliegenden Fall z. B. sieht man direct, dass μ mit der Kraft μg auf die Unterlage drückt, dass also $\eta\mu g$ die Reibung ist. Dann hat man, wenn man x zur einzigen Coordinate nimmt

$$T = \tfrac{1}{2}\mu\left(\frac{dx}{dt}\right)^2 + \tfrac{1}{2}\mu'\left(\frac{dx}{dt}\right)^2$$

$$\frac{d}{dt}\left(\frac{\partial T}{\partial \dot{x}}\right) = (\mu+\mu')\frac{d^2x}{dt^2}$$

$$U = -\mu' g z = -\mu' g(l-x),$$

wenn l die Fadenlänge.

Also

$$(\mu+\mu')\frac{d^2x}{dt^2} = -\mu' g \pm \eta\mu g,$$

weil die Reibungskraft einfach als explicites X den $-\frac{\partial U}{\partial x}$ zuzusetzen ist. Die vorstehende Gleichung ist identisch mit der oben entwickelten Gleichung für $\frac{d^2x}{dt^2}$, liefert aber die Bewegungsart des Systems in einer Form, die sich sofort anschaulich in die Worte fassen lässt: „Als Masse functionirt die Gesammtmasse $\mu+\mu'$ des Systems, als Triebkraft die Schwere von μ', d. i. $-\mu' g$, und die Reibung $\pm\eta\mu g$."

No. 7. Aufgabe No. 1, wenn Reibung an beiden Ebenen vorausgesetzt wird.

No. 8. n schwere Punkte, $\mu_1 \ldots \mu_n$, sind durch starre Stangen mit einer gemeinschaftlichen drehbaren Axe in Verbindung gesetzt, welche horizontal liegt; sie erleiden bei ihrer Bewegung einen Luftwiderstand, der dem Quadrat der Geschwindigkeit für jeden einzelnen Punkt proportional ist. Welches wird ihre Bewegung?

Wir betrachten zunächst einen einzelnen Punkt.

Die Drehungsaxe sei die Axe der y; der Punkt μ_i habe von ihr den Abstand ρ_i und dieser Abstand mache mit der horizontalen Axe der x den Winkel α_i. Aendert sich α_i mit der Winkelgeschwindigkeit $\frac{d\alpha_i}{dt}$, so hat μ_i die Geschwindigkeit $\rho_i \frac{d\alpha_i}{dt}$, also die lebendige Kraft $\frac{1}{2}\mu_i\left(\rho_i \frac{d\alpha_i}{dt}\right)^2$.

Ferner hat μ_i die Coordinaten

$$x_i = \rho_i \cos\alpha_i, \quad z_i = \rho_i \sin\alpha_i.$$

Die Potentialfunction der Schwere von μ_i ist, wenn wir die z nach unten positiv rechnen, $-\mu_i g z_i$, also $-\mu_i g \rho_i \sin\alpha_i$.

Das Wegelement, welches μ_i beschreibt, ist $ds_i = \sqrt{(dx_i)^2 + (dz_i)^2}$, also, da $dx_i = -\rho_i \sin\alpha_i d\alpha_i$ und $dz_i = \rho_i \cos\alpha_i d\alpha_i$ ist, so ist $ds_i = \rho_i d\alpha_i$, und

$$\frac{\partial x_i}{\partial s_i} = -\sin\alpha_i, \quad \frac{\partial z_i}{\partial s_i} = \cos\alpha_i.$$

Der Widerstand, den μ_i erleidet, wenn es die Geschwindigkeit 1 hat, sei $\varkappa g$; dann erleidet es den Widerstand $\varkappa g \left(\rho_i \frac{d\alpha_i}{dt}\right)^2$, wenn es die Winkelgeschwindigkeit $\frac{d\alpha_i}{dt}$ besitzt, und diese Kraft ist gegen ds gerichtet, macht also mit x und z Winkel, deren Cosinus $-\frac{\partial x_i}{\partial s_i}$ und $-\frac{\partial z_i}{\partial s_i}$ sind; die Componenten des Widerstandes von μ_i sind also

$$\mathfrak{x}_i = +kg\left(\rho_i \frac{d\alpha_i}{dt}\right)^2 \sin\alpha_i \quad \text{und} \quad \mathfrak{z}_i = -kg\left(\rho_i \frac{d\alpha_i}{dt}\right)^2 \cos\alpha_i.$$

Hiernach ist nun

die lebendige Kraft sämmtlicher Punkte

$$T = \tfrac{1}{2}\Sigma\mu_i\left(\rho_i \frac{d\alpha_i}{dt}\right)^2.$$

Da aber alle Punkte starr mit der Axe verbunden sind, ist die Winkelgeschwindigkeit $\frac{d\alpha_i}{dt}$ für alle die gleiche; wir können also statt $\frac{d\alpha_i}{dt}$ in allen Posten der Summe ein und dieselbe Winkelgeschwindigkeit einsetzen, die wir mit $\frac{d\varphi}{dt}$ bezeichnen; dann ist

$$T = \tfrac{1}{2}\left(\frac{d\varphi}{dt}\right)^2 \Sigma\mu_i\rho_i^2.$$

Die hier noch vorkommende Summe ist eine ein für allemal durch die Configuration der Punkte bestimmte Grösse, die wir mit K bezeichnen. Dann ist

$$T = \tfrac{1}{2}K\left(\frac{d\varphi}{dt}\right)^2.$$

Die Potentialfunction sämmtlicher Punkte ist

$$U = -\Sigma\mu_i g\rho_i \sin\alpha_i.$$

Nun besitzen die n Punkte einen Schwerpunkt, dessen Coordinaten sind

$$\xi = \frac{\Sigma\mu_i\rho_i\cos\alpha_i}{\Sigma\mu_i} \quad \text{und} \quad \zeta = \frac{\Sigma\mu_i\rho_i\sin\alpha_i}{\Sigma\mu_i}.$$

Denken wir uns also die Masse aller Punkte im Schwerpunkt vereinigt, so ist dessen Potentialfunction $-\Sigma\mu_i . g\zeta$, d. i. U. Wir können also kürzer setzen

$$U = -g\zeta.$$

Verbinden wir nun den Schwerpunkt durch ein auf die Axe gefälltes Perpendikel mit der Axe, so macht dies Perpendikel mit der Verticalen einen Winkel; diesen Winkel wählen wir als das vorhin genannte φ; dann ist

$$\zeta = \rho\cos\varphi,$$

wenn ρ den Abstand des Schwerpunkts von der Axe bezeichnet. Also ist

$$U = -g\rho\cos\varphi.$$

Dies φ wollen wir nunmehr als Coordinate des ganzen Systems von Punkten ansehen. Dann haben wir die am Punkt μ_i thätigen Widerstände $\mathfrak{x}_i$ und $\mathfrak{z}_i$ in Form der Actionen

$$\sum_{i=1}^{i=n}\left(\mathfrak{x}_i\frac{\partial x_i}{\partial\varphi}+\mathfrak{z}_i\frac{\partial z_i}{\partial\varphi}\right)$$

in die Bewegungsgleichung einzuführen; es müssen also $\frac{\partial x_i}{\partial\varphi}$ und $\frac{\partial z_i}{\partial\varphi}$ bestimmt werden, ferner müssen $\mathfrak{x}_i$ und $\mathfrak{z}_i$ so ausgedrückt werden, dass φ die einzige Variable in ihnen ist. Wir nennen ϑ_i den Winkel, welchen ρ_i mit ρ macht; dann ist jedes ϑ vermöge der Constitution des Punkthaufens unveränderlich, und $\alpha_i = \varphi + \vartheta_i$; also ist

$$x_i = \rho_i\cos(\varphi+\vartheta_i), \qquad z_i = \rho_i\sin(\varphi+\vartheta_i).$$

Demnach

$$\frac{\partial x_i}{\partial\varphi} = -\rho_i\sin(\varphi+\vartheta_i), \qquad \frac{\partial z_i}{\partial\varphi} = \rho_i\cos(\varphi+\vartheta_i)$$

und

$$\mathfrak{x}_i = kg\left(\rho_i\frac{d\varphi}{dt}\right)^2\sin(\varphi+\vartheta_i),$$

$$\mathfrak{z}_i = -kg\left(\rho_i\frac{d\varphi}{dt}\right)^2\cos(\varphi+\vartheta_i).$$

Also ist

$$\Sigma\left(\mathfrak{x}_i\frac{\partial x_i}{\partial\varphi}+\mathfrak{z}_i\frac{\partial z_i}{\partial\varphi}\right) = -kg\Sigma\left(\rho_i\frac{d\varphi}{dt}\right)^2$$

$$= -kg\left(\frac{d\varphi}{dt}\right)^2\Sigma\rho_i^2 = -kg\,F.\left(\frac{d\varphi}{dt}\right)^2,$$

wenn wir für die direct bestimmbare $\Sigma\rho_i^2$ den einfachen Buchstaben F einführen. Wir haben also nun

$$\frac{d}{dt}\left(\frac{\partial T}{\partial\dot\varphi}\right) = K\frac{d^2\varphi}{dt^2}, \qquad -\frac{\partial U}{\partial\varphi} = -g\rho\sin\varphi,$$

also

$$K\frac{d^2\varphi}{dt^2} = -g\rho\sin\varphi - kgF\left(\frac{d\varphi}{dt}\right)^2.$$

Ist φ klein, so kann man φ statt $\sin\varphi$ setzen, und dann stimmt die Gleichung in der Form mit der in § **69.** behandelten Gleichung des einfachen Pendels mit Luftwiderstand überein, kann also nach der dort gegebenen Methode integrirt werden.

No. 9. Zwei gleich grosse und gleich schwere Kugeln, die durch einen Faden von der Länge l miteinander verknüpft sind, werden geworfen; es werde vorausgesetzt, dass sie als Punkte behandelt werden können, und dass sie in ein Medium eingetaucht sind, dessen Widerstand proportional der Geschwindigkeit ist; welches wird ihre Bewegung?

Anleitung. Die Bedingungsgleichung ist, wenn x, y, z, x', y', z' die Coordinaten sind,

$$(1)\qquad \Psi = (x-x')^2+(y-y')^2+(z-z')^2 = l^2.$$

Die z-Axe gehe vertical abwärts. Dann sind die expliciten Kräfte $Z = Z' = \mu g$. Der Widerstand, den der erste Punkt μ erfährt, ist $\varkappa v$, wenn v seine Geschwindigkeit bezeichnet; er macht mit den Axen Winkel, welche den Winkeln von v entgegengesetzt sind; v macht aber die Winkel, deren Cosinus sind $\frac{\frac{dx}{dt}}{v}$, $\frac{\frac{dy}{dt}}{v}$, $\frac{\frac{dz}{dt}}{v}$, also sind die Componenten des Widerstandes an μ

$$-\varkappa\frac{dx}{dt},\qquad -\varkappa\frac{dy}{dt},\qquad -\varkappa\frac{dz}{dt},$$

entsprechend sind die an μ'

$$-\varkappa\frac{dx'}{dt},\qquad -\varkappa\frac{dy'}{dt},\qquad -\varkappa\frac{dz'}{dt}.$$

Somit werden die Gleichungen der Bewegung

$$\mu\frac{d^2x}{dt^2} = \lambda\frac{\partial\Psi}{\partial x}-\varkappa\frac{dx}{dt},\qquad \mu\frac{d^2x'}{dt^2} = \lambda\frac{\partial\Psi}{\partial x'}-\varkappa\frac{dx'}{dt}.$$

$$\mu\frac{d^2y}{dt^2} = \lambda\frac{\partial\Psi}{\partial y}-\varkappa\frac{dy}{dt}\qquad\qquad \text{u. s. w.}$$

$$\mu\frac{d^2z}{dt^2} = \lambda\frac{\partial\Psi}{\partial z}-\varkappa\frac{dz}{dt}+\mu g.$$

Der Schwerpunkt beider Punkte hat die Coordinaten $\xi = \frac{x+x'}{2}$, $\eta = \frac{y+y'}{2}$, $\zeta = \frac{z+z'}{2}$, und bewegt sich so, als ob alle vorstehenden Kräfte zugleich an ihm angriffen. Er hat also, da seine Masse 2μ ist, die Gleichungen

$$2\mu\frac{d^2\xi}{dt^2} = \lambda\left(\frac{\partial\Psi}{\partial x}+\frac{\partial\Psi}{\partial x'}\right)-\varkappa\left(\frac{dx}{dt}+\frac{dx'}{dt}\right)\ \text{u. s. w.}$$

Nun ist aber $\frac{\partial\Psi}{\partial x}+\frac{\partial\Psi}{\partial x'} = 0$ nach Gl. (1), und $\frac{dx}{dt}+\frac{dx'}{dt} = 2\frac{d\xi}{dt}$. Also werden die Gleichungen des Schwerpunkts

$$\mu\frac{d^2\xi}{dt^2} = -\varkappa\frac{d\xi}{dt},\qquad \mu\frac{d^2\eta}{dt^2} = -\varkappa\frac{d\eta}{dt},\qquad \mu\frac{d^2\zeta}{dt^2} = -\varkappa\frac{d\zeta}{dt}+\mu g.$$

Diese liefern als erste Integrale

$$\mu\frac{d\xi}{dt} = a-\varkappa\xi,\qquad \mu\frac{d\eta}{dt} = b-\varkappa\eta,\qquad \mu\frac{d\zeta}{dt} = c-\varkappa\zeta+\mu g t,$$

und als zweite

$$a-\varkappa\xi = Ae^{-\frac{\varkappa}{\mu}t},\quad b-\varkappa\eta = Be^{-\frac{\varkappa}{\mu}t},\quad \zeta-\frac{c}{\varkappa} = g\frac{\mu^2}{\varkappa^2}\left\{\left(\frac{\varkappa t}{\mu}-1\right)+Ce^{-\frac{\varkappa t}{\mu}}\right\}.$$

Damit ist die Bewegung des Schwerpunkts bestimmt; man sieht, seine Bahn nähert sich asymptotisch der verticalen Geraden $a-\varkappa\xi = 0$, $b-\varkappa\eta = 0$, und seine Geschwindigkeit nähert sich asymptotisch der Gleichförmigkeit.

Legen wir nun durch den Schwerpunkt ein neues Coordinatensystem der $\mathfrak{x}, \mathfrak{y}, \mathfrak{z}$, so sind in diesem die Gleichungen der Punkte $\mu \frac{d^2\mathfrak{x}}{dt^2} = \mu \frac{d^2x}{dt^2} - \mu \frac{d^2\xi}{dt^2}$ u. s. w., während die Bedingungsgleichung dieselbe Form behält, die sie in (1) hat. Wir erhalten also in $\mathfrak{x}$

$$\mu \frac{d^2\mathfrak{x}}{dt^2} = \lambda \frac{\partial \Psi}{\partial \mathfrak{x}} - \varkappa \left(\frac{dx}{dt} - \frac{d\xi}{dt}\right).$$

Nun ist aber $\frac{d\mathfrak{x}}{dt} = \frac{dx}{dt} - \frac{d\xi}{dt}$, also

$$\mu \frac{d^2\mathfrak{x}}{dt^2} = 2\lambda(\mathfrak{x} - \mathfrak{x}') - \varkappa \frac{d\mathfrak{x}}{dt}, \quad \mu \frac{d^2\mathfrak{x}'}{dt^2} = 2\lambda(\mathfrak{x}' - \mathfrak{x}) - \varkappa \frac{d\mathfrak{x}'}{dt}$$

$$\mu \frac{d^2\mathfrak{y}}{dt^2} = 2\lambda(\mathfrak{y} - \mathfrak{y}') - \varkappa \frac{d\mathfrak{y}}{dt} \qquad \text{u. s. w.}$$

$$\mu \frac{d^2\mathfrak{z}}{dt^2} = 2\lambda(\mathfrak{z} - \mathfrak{z}') - \varkappa \frac{d\mathfrak{z}}{dt}$$

Die weitere Behandlung sei dem Leser überlassen.

No. 10. **Man** behandle das Beispiel No. 3 erst mit Reibung an der Horizontalebene, dann mit Reibung und Luftwiderstand.

No. 11. Ein schwerer Faden wird reibungsfrei über eine schwerlose Rolle gehängt; wie bewegt er sich, wenn die herabhängenden Enden immer vertical bleiben?

Lösung. Der Faden stellt ein Gebilde von unendlich vielen Elementen dar; er kann also nur nach **185.** behandelt werden. Seine Länge sei l; der eine Endpunkt befinde sich in der Tiefe z, der andere in z' unter dem Mittelpunkt der Rolle; z allein genügt, um die Lage des ganzen Fadens zu bestimmen, es kann also als Coordinate desselben dienen. Ein Stück des Fadens, welches 1 cm lang ist, wiege ε Gramm; dann wiegt der ganze Faden $l\varepsilon$ Gramm. Hat sein Endpunkt die Geschwindigkeit $\frac{dz}{dt}$, so hat jeder Punkt des Fadens die gleiche Geschwindigkeit, also ist die lebendige Kraft $\frac{l\varepsilon}{2}\left(\frac{dz}{dt}\right)^2$, und

$$\frac{d}{dt}\left(\frac{\partial T}{\partial \dot{z}}\right) = \varepsilon l \frac{d^2z}{dt^2}.$$

Die Potentialfunction, welcher der Faden unterliegt, setzt sich aus 3 Theilen zusammen. Der erste betrifft den Theil des Fadens, der von z bis a reicht, d. h. bis zu dem Punkte, in welchem der Faden die Rolle auf der Seite von z berührt. Ein Element dz dieses Theils hat die Masse εdz und die Potentialfunction $-g\varepsilon z\,dz$, also hat das ganze Stück $\overline{za}$ die Potentialfunction $-g\varepsilon \int_0^z z\,dz$ oder $-\frac{1}{2} g\varepsilon z^2$. Das Stück ab des Fadens, welches der Rolle anliegt, hat, wenn ρ der Radius der Rolle ist, die Länge $\rho\pi$: es bleibt während der Bewegung immer ein gleich grosses und gleich geformtes Fadenstück mit der Rolle in Berührung, dieses Fadenstück hat also eine constante Potentialfunction, die wir mit P bezeichnen können. Das dritte Stück des Fadens endlich reicht von b bis z', d. i. von $z = 0$ bis $z = l - \pi\rho - z$, seine Potentialfunction ist also $-g\varepsilon \int_0^{l-\pi\rho-z} z\,dz$ oder $-\frac{1}{2} g\varepsilon (l - \pi\rho - z)^2$. Im Ganzen ist also

$$U = P - \tfrac{1}{2}g\varepsilon z^2 - \tfrac{1}{2}g\varepsilon(l - \pi\rho - z)^2,$$

und

$$-\frac{\partial U}{\partial z} = g\varepsilon(2z - l + \pi\rho).$$

Also ist

$$(1) \qquad \frac{d^2z}{dt^2} = \frac{g}{l}(2z - l + \pi\rho).$$

Für die Discussion werde angenommen, dass der Faden zu Anfang in Ruhe sei. Ist $2z = l - \pi\rho$, d. h. sind beide herabhängenden Fäden gleich lang, so ist Gleichgewicht vorhanden; ist z von Anfang an grösser als z', so ist $2z > l - \pi\rho$ und z wächst fortwährend; das umgekehrte tritt ein, wenn z' von Anfang an $> z$ ist. Die Gleichung gilt bis zu dem Augenblick, wo eins der Fadenenden im Niveau des Rollenmittelpunkts angekommen ist; von da ab wird P veränderlich, und eine neue Gleichung tritt ein, die der Leser selbst herstellen möge. Gl. (1) giebt integrirt, wenn man abkürzend q statt $\frac{g}{l}$ schreibt,

$$\tfrac{1}{2}\left(\frac{dz}{dt}\right)^2 = a + qz^2 - q(l - \pi\rho)z,$$

$$\sqrt{2}\,dt = \frac{dz}{\sqrt{a - q(l - \pi\rho)z + qz^2}},$$

woraus

$$\sqrt{2}\,t = C + \frac{1}{\sqrt{q}}\cdot\log\left[\frac{-(l - \pi\rho)}{2\sqrt{q}} + z\sqrt{q} + \sqrt{a - q(l - \pi\rho)z + qz^2}\right].$$

Wir wollen die Zeit von dem Augenblick an rechnen, wo $z = \frac{l - \pi\rho}{2}$ ist; dann ist

$$C = -\frac{1}{\sqrt{q}}\log\left[\tfrac{1}{2}(l - \pi\rho)\frac{q - 1}{\sqrt{q}} + \sqrt{a - \tfrac{1}{4}q(l - \pi\rho)^2}\right.,$$

also

$$\sqrt{2q}\,t = \log\frac{-(l - \pi\rho) + 2zq + 2\sqrt{q}\sqrt{a - q(l - \pi\rho) + qz^2}}{(l - \pi\rho)(q - 1) + 2\sqrt{q}\sqrt{a - \tfrac{1}{4}q(l - \pi\rho)^2}}.$$

No. 12. Dasselbe Beispiel, wie 11, nur soll die Masse der Rolle berücksichtigt werden, indem angenommen wird, der Umfang der Rolle bewege sich eben so schnell, wie der Faden.

Anleitung. Die Potentialfunction für die Rolle ist constant; die Winkelgeschwindigkeit derselben ist $\frac{1}{\rho}\frac{dz}{dt}$; ein Element der Rolle, welches vom Mittelpunkt um r absteht, hat die Fläche $r\,dr\,d\varphi$, also die Masse $kr\,dr\,d\varphi$, wenn k die Masse der Flächeneinheit der Rolle ist. Dies Element hat wegen der Winkelgeschwindigkeit $\frac{1}{\rho}\frac{dz}{dt}$ die Geschwindigkeit $\frac{r}{\rho}\frac{dz}{dt}$, also die lebendige Kraft $\tfrac{1}{2}\left(\frac{r}{\rho}\frac{dz}{dt}\right)^2 . kr\,dr\,d\varphi$, und deren Integral $\int_{\varphi=0}^{\varphi=2\pi}\int_{r=0}^{r=\varrho}$ ist die lebendige Kraft, mit welcher die Rolle in das Problem eingeht.

Die letzten Beispiele zeigen bereits, dass man mit der Lagrange-schen Form der Bewegungsgleichungen auch solche Gebilde behandeln kann, die durch das Zusammenwachsen unendlich vieler Elemente entstehen, wenn nur die Zahl der zwischen den Elementen bestehenden Bedingungen so gross ist, dass bloss eine endliche Zahl von freien Coordinaten für die Gesammtheit des Gebildes übrig bleibt. Es wird also möglich sein, von dieser Stelle aus zur Behandlung beliebiger Gebilde überzugehen, insbesondere zur Behandlung starrer Gebilde von beliebiger Art; nur wird eine Voruntersuchung über dieselben erforderlich sein, die sich wesentlich auf die Frage der passendsten Coordinateneinrichtung bezieht.

138. Nebenformen der Lagrange'schen Grundgleichung. Das Punktsystem M habe n freie Coordinaten $\varphi_1, \varphi_2, \ldots \varphi_n$. Aendert sich φ_σ um die virtuelle Grösse $d\varphi_\sigma$, so werden im Allgemeinen die Punkte von M ihre Lage ändern. Und zwar wird sich die Lage irgend eines Punktes μ_i ändern um eine Grösse $A_{i,\sigma} d\varphi_\sigma$, wo A_i eine Function der Coordinaten von μ_i ist. Hat also φ_σ allein die Aenderungsgeschwindigkeit $\frac{d\varphi_\sigma}{dt}$, so hat der Punkt μ_i die räumliche Geschwindigkeit $A_{i,\sigma} \frac{d\varphi_\sigma}{dt}$, und seine lebendige Kraft ist $\frac{1}{2}\mu_i \left(A_{i,\sigma} \frac{d\varphi_\sigma}{dt}\right)^2$.

Aendern sich sämmtliche φ, so ist die Geschwindigkeit von μ_i

$$(1) \qquad v_i = A_{i,1} \frac{d\varphi_1}{dt} \hat{+} A_{i,2} \frac{d\varphi_2}{dt} \hat{+} A_{i,3} \frac{d\varphi_3}{dt} \hat{+} \cdots \hat{+} A_{i,n} \frac{d\varphi_n}{dt}.$$

Die Art, in welcher die geometrische Summirung auszuführen ist, hängt von der Natur des Coordinatensystems ab; allgemein kann man sich ein rechtwinkliges Coordinatensystem der x, y, z eingeschoben denken; in diesem hat irgend einer der Posten von v_i, etwa $A_{i,\varrho} \frac{d\varphi_\varrho}{dt}$ die Coordinaten

$$A_{i,\varrho} \frac{\partial x}{\partial \varphi_\varrho} \frac{d\varphi_\varrho}{dt}, \qquad A_{i,\varrho} \frac{\partial y}{\partial \varphi_\varrho} \frac{d\varphi_\varrho}{dt}, \qquad A_{i,\varrho} \frac{\partial z}{\partial \varphi_\varrho} \frac{d\varphi_\varrho}{dt}.$$

Die x Componente von v_i ist also die Summe $\sum_{\varrho=1}^{\varrho=n} A_{i,\varrho} \frac{\partial x}{\partial \varphi_\varrho} \frac{d\varphi_\varrho}{dt}$; entsprechende Ausdrücke erhält man in y und z, und in allen dreien sind die $\frac{\partial x}{\partial \varphi}, \frac{\partial y}{\partial \varphi}, \frac{\partial z}{\partial \varphi}$ Functionen der Coordinaten φ. Die lebendige Kraft des Punktes μ_i lässt sich also darstellen in der Form

$$\frac{1}{2}\mu_i v_i^2 = \frac{1}{2}\mu_i \left[\sum_3 \sum_{\varrho=1}^{\varrho=n} A_{i,\varrho} \frac{\partial x}{\partial \varphi_\varrho} \frac{d\varphi_\varrho}{dt}\right]^2,$$

oder wenn man unter $B_{i,\varrho}$, $C_{i,\varrho}$ u. s. w. entsprechende Coordinatenfunctionen versteht,

$$(2)\quad \tfrac{1}{2}\mu_i v_i^2 = \tfrac{1}{2}\mu_i\Big\{B_{i,1}\Big(\frac{d\varphi_1}{dt}\Big)^2 + B_{i,2}\Big(\frac{d\varphi_2}{dt}\Big)^2 + B_{i,3}\Big(\frac{d\varphi_3}{dt}\Big)^2 + \cdots + B_{i,n}\Big(\frac{d\varphi_n}{dt}\Big)^2$$
$$+ C_{i,2}\frac{d\varphi_1}{dt}\frac{d\varphi_2}{dt} + C_{i,3}\frac{d\varphi_1}{dt}\frac{d\varphi_3}{dt} + C_{i,4}\frac{d\varphi_1}{dt}\frac{d\varphi_4}{dt} + \cdots$$
$$+ D_{i,3}\frac{d\varphi_2}{dt}\frac{d\varphi_3}{dt} + D_{i,4}\frac{d\varphi_2}{dt}\frac{d\varphi_4}{dt} + \cdots$$
$$+ E_{i,4}\frac{d\varphi_3}{dt}\frac{d\varphi_4}{dt} \cdots$$
$$+ \text{u. s. w.}$$

Hierin sind sämmtliche Grössen B, C, D etc. reine Functionen der Coordinaten. Denken wir uns alle derartigen Ausdrücke für jedes μ gebildet und addirt, so wird die lebendige Kraft des ganzen Punkthaufens die Form haben,

$$(3)\quad T = \tfrac{1}{2}\sum_{i=1}^{i=m}\mu_i.\Bigg|\; Q_{i,1,1}\Big(\frac{d\varphi_1}{dt}\Big)^2 + Q_{i,2,2}\Big(\frac{d\varphi_2}{dt}\Big)^2 + Q_{i,3,3}\Big(\frac{d\varphi_3}{dt}\Big)^2 + \cdots\; Q_{i,n,n}\Big(\frac{d\varphi_n}{dt}\Big)^2$$
$$+ Q_{i,1,2}\frac{d\varphi_1}{dt}\frac{d\varphi_2}{dt} + Q_{i,1,3}\frac{d\varphi_1}{dt}\frac{d\varphi_3}{dt} + \cdots$$
$$+ Q_{i,2,3}\frac{d\varphi_2}{dt}\frac{d\varphi_3}{dt} + Q_{i,2,4}\frac{d\varphi_2}{dt}\frac{d\varphi_4}{dt} + \cdots$$
$$+ Q_{i,3,4}\frac{d\varphi_3}{dt}\frac{d\varphi_4}{dt} + \cdots$$
$$\vdots$$

wo die Q blosse Functionen der Coordinaten sind. Es ist also die lebendige Kraft immer eine homogene Function zweiten Grades der Differentialquotienten $\frac{d\varphi_\varrho}{dt}$. Wir schreiben nunmehr $\dot\varphi$ statt $\frac{d\varphi}{dt}$. Die vorstehende Summe lässt sich dann so gruppiren:

$$(4)\quad T = \tfrac{1}{2}\dot\varphi_1\sum_{i=1}^{i=m}\mu_i(Q_{i,1,1}\dot\varphi_1 + Q_{i,1,2}\dot\varphi_2 + Q_{i,1,3}\dot\varphi_3 + \cdots\; Q_{i,1,n}\dot\varphi_n$$
$$+ \tfrac{1}{2}\dot\varphi_2\sum\mu_i(Q_{i,2,2}\dot\varphi_2 + Q_{i,2,3}\dot\varphi_3 + Q_{i,2,4}\dot\varphi_4 + \cdots\cdots\; Q_{i,2,n}\dot\varphi_n$$
$$+ \tfrac{1}{2}\dot\varphi_3\sum\mu_i(Q_{i,3,3}\dot\varphi_3 + Q_{i,3,4}\dot\varphi_4 + \cdots\cdots\cdots\; Q_{i,3,n}\dot\varphi_n$$
$$+ \tfrac{1}{2}\dot\varphi_4\sum \text{ u. s. w.}$$
$$\text{u. s. w.}$$

oder auch, indem wir $\frac{1}{2}Q_{i,\lambda,\mu}$, wo λ, μ zwei verschiedene Zahlen sind, gleich $K_{i,\lambda,\mu} = K_{i,\mu,\lambda}$, und $Q_{i,\lambda,\lambda} = K_{i,\lambda,\lambda}$ setzen

$$(5)\quad \begin{cases} T = \tfrac{1}{2}\dot\varphi_1\sum_{i=1}^{i=m}\mu_i(K_{i,1,1}\dot\varphi_1 + K_{i,1,2}\dot\varphi_2 + \cdots\cdots\; K_{i,1,n}\dot\varphi_n \\ + \tfrac{1}{2}\dot\varphi_2\sum\mu_i(K_{i,2,1}\dot\varphi_1 + K_{i,2,2}\dot\varphi_2 + K_{i,2,3}\dot\varphi_3 + \cdots\; K_{i,2,n}\dot\varphi_n \\ + \tfrac{1}{2}\dot\varphi_3\sum\mu_i(K_{i,3,1}\dot\varphi_1 + K_{i,3,2}\dot\varphi_2 + \cdots \\ + \text{u. s. w.} \end{cases}$$

Bei dieser letzten Anordnung ist $K_{i,2,1}+K_{i,1,2}=Q_{i,1,2}$ etc., so dass also die Summe mit der vorigen übereinstimmt.

Wir setzen nun abkürzend

$$(6)\quad \begin{cases} p_1 = \Sigma\mu_i(K_{i,1,1}\dot\varphi_1 + K_{i,1,2}\dot\varphi_2 + \cdots K_{i,1,n}\dot\varphi_n) \\ p_2 = \Sigma\mu_i(K_{i,2,1}\dot\varphi_1 + K_{i,2,2}\dot\varphi_2 + \cdots K_{i,2,n}\dot\varphi_n) \\ \text{u. s. w. bis } p_n. \end{cases}$$

Dann retrahirt sich (5) auf

$$(7)\qquad T = \tfrac{1}{2}\Sigma\dot\varphi p.$$

Ferner sind die (6) lineare Gleichungen in $\dot\varphi$; es lassen sich also aus ihnen die $\dot\varphi$ in der Form

$$(8)\quad \begin{cases} \dot\varphi_1 = P_{1,1}p_1 + P_{2,2}p_2 + P_{1,3}p_3 + \cdots P_{1,n}p_n \\ \dot\varphi_2 = P_{2,1}p_1 + P_{2,2}p_2 + \cdots\cdots\cdots P_{2,n}p_n \\ \dot\varphi_3 = P_{3,1}p_1 + P_{3,2}p_2 + \cdots\cdots\cdots P_{3,n}p_n \\ \text{u. s. w.} \end{cases}$$

durch blosse Elimination herstellen; die P sind dann Quotienten von Determinanten aus den Coefficienten der Gleichung (6), sind also reine Functionen der Coordinaten. Denkt man sich dies ausgeführt und die so erhaltenen Werthe der $\dot\varphi$ in (7) eingesetzt, so hat man T in der Form

$$(9)\qquad T = \tfrac{1}{2}\Sigma p_\sigma(P_{\sigma,1}p_1 + P_{\sigma,2}p_2 + P_{\sigma,3}p_3 + \cdots P_{\sigma,n}p_n).$$

Wir haben also nun T in drei Formen dargestellt:

1) in Gl. (3) bis (5) als homogene Function zweiten Grades der $\dot\varphi$, in welcher Coordinatenfunctionen als Coefficienten vorkommen; dies T möge nunmehr als $T_{\varphi\dot\varphi}$ bezeichnet werden;

2) in Gl. (7) als Function ersten Grades von den Grössen $\dot\varphi$ und p; dies T sei als $T_{p\dot\varphi}$ bezeichnet;

3) in Gl. (9) als Function zweiten Grades der p; dies T heisse $T_{p\varphi}$.

Man kann nun in $T_{\varphi\dot\varphi}$ die Grössen φ und $\dot\varphi$, in $T_{p\dot\varphi}$ die Grössen $\dot\varphi$ und p, in $T_{p\varphi}$ die Grössen φ und p als unabhängige Variable betrachten. Thun wir das und differentiiren Gl. (5) partiell nach irgend einem $\dot\varphi$, welches mit $\dot\varphi_\sigma$ bezeichnet werde, so erhalten wir unter Beachtung des Umstandes, dass $\dot\varphi_\sigma$ einmal vor einem Σ und einmal in jedem Σ auftritt

$$(9)\quad \begin{cases} \dfrac{\partial T_{\varphi\dot\varphi}}{\partial\dot\varphi_\sigma} = \tfrac{1}{2}\sum\limits_i \mu_i(K_{i,\sigma,1}\dot\varphi_1 + K_{i,\sigma,2}\dot\varphi_2 + \cdots K_{i,\sigma,n}\dot\varphi_n) \\ +(\sum\limits_i K_{i,1,\sigma}\mu_i)\cdot\tfrac{1}{2}\dot\varphi_1 + (\sum\limits_i K_{i,2,\sigma}\mu_i)\cdot\tfrac{1}{2}\dot\varphi_2 + \cdots (\sum\limits_i K_{i,n,\sigma}\mu_i)\cdot\tfrac{1}{2}\dot\varphi_n. \end{cases}$$

Nun ist aber nach der Art, wie wir die K gebildet haben, $K_{i,\sigma,n}=K_{i,n,\sigma}$, also ist die zweite Zeile dieses Ausdrucks gleich der ersten, d. h.

$$(10)\qquad \frac{\partial T_{\varphi\dot\varphi}}{\partial\dot\varphi_\sigma} = \Sigma\mu_i(K_{i,\sigma,1}\dot\varphi_1 + K_{i,\sigma,2}\dot\varphi_2 + \cdots),$$

d. h.

$$(11)\qquad \frac{\partial T_{\varphi\dot\varphi}}{\partial\dot\varphi_\sigma} = p_\sigma.$$

Da ferner in den Gleichungen (6) die Coefficienten $K_{i,m,n}$ und $K_{i,n,m}$ einander gleich sind, werden die Determinanten, welche sich in den P finden, identisch für $P_{\varrho,\sigma}$ und $P_{\sigma,\varrho}$, also ist auch in Gl. (8) $P_{\sigma,\varrho} = P_{\varrho,\sigma}$; daraus findet sich, analog, wie oben, mit Gl. (9)

$$(12) \qquad \frac{\partial T_{p\varphi}}{\partial p_\sigma} = 2 \cdot \tfrac{1}{2} \sum_{\varrho=1}^{\varrho=n} P_{\varrho,\sigma} p_\varrho , \quad \text{d. i. nach (8)}$$

$$(13) \qquad = \dot\varphi_\sigma .$$

Differentiirt man aber Gl. (7) partiell nach $\dot\varphi$ und p, so bekommt man

$$(14) \qquad \frac{\partial T_{p\dot\varphi}}{\partial \dot\varphi_\sigma} = \tfrac{1}{2} p_\sigma ; \qquad (15) \qquad \frac{\partial T_{p\dot\varphi}}{\partial p_\sigma} = \tfrac{1}{2} \dot\varphi_\sigma .$$

Somit folgt aus (11), (13), (14), (15)

$$(16) \qquad \frac{\partial T_{\varphi\dot\varphi}}{\partial \dot\varphi_\sigma} = 2 \frac{\partial T_{p\dot\varphi}}{\partial \dot\varphi_\sigma} \qquad (17) \qquad \frac{\partial T_{p\varphi}}{\partial p_\sigma} = 2 \frac{\partial T_{p\dot\varphi}}{\partial p_\sigma} .$$

Nun sind aber die als verschiedenartige Functionen ausgedrückten T ihrem Werth nach einander jederzeit gleich, also ist jederzeit

$$T_{p\varphi} + T_{\varphi\dot\varphi} - 2 T_{p\dot\varphi} = 0 .$$

Bilden wir die vollständige Variation dieser Gleichung mit Bezug auf die Marke σ, so erhalten wir

$$0 = \frac{\partial T_{p\varphi}}{\partial p_\sigma} \delta p_\sigma + \frac{\partial T_{p\varphi}}{\partial \varphi_\sigma} \delta \varphi_\sigma + \frac{\partial T_{\varphi\dot\varphi}}{\partial \varphi_\sigma} \delta \varphi_\sigma + \frac{\partial T_{\varphi\dot\varphi}}{\partial \dot\varphi_\sigma} \delta \dot\varphi_\sigma - 2 \left(\frac{\partial T_{p\dot\varphi}}{\partial \dot\varphi_\sigma} \delta \dot\varphi_\sigma + \frac{\partial T_{p\dot\varphi}}{\partial p_\sigma} \delta p_\sigma \right),$$

hierin hebt sich nach (16) und (17) das fünfte Glied gegen das vierte, und das sechste gegen das erste; es bleibt also

$$(18) \qquad \frac{\partial T_{p\varphi}}{\partial \varphi_\sigma} = - \frac{\partial T_{\varphi\dot\varphi}}{\partial \varphi_\sigma} .$$

Geht man nun mit den Gleichungen (16), (17), (18) in die Lagrange'sche Bewegungsgleichung

$$(19) \qquad \frac{d}{dt} \left(\frac{\partial T_{\varphi\dot\varphi}}{\partial \dot\varphi_\sigma} \right) - \frac{\partial T_{\varphi\dot\varphi}}{\partial \varphi_\sigma} = - \frac{\partial U}{\partial \varphi_\sigma}$$

ein, so erhält man folgende Nebenformen derselben

$$(20) \qquad \begin{cases} 2 \dfrac{d}{dt} \left(\dfrac{\partial T_{p\dot\varphi}}{\partial \dot\varphi_\sigma} \right) - \dfrac{\partial T_{\varphi\dot\varphi}}{\partial \varphi_\sigma} = - \dfrac{\partial U}{\partial \varphi_\sigma} \\ 2 \dfrac{d}{dt} \left(\dfrac{\partial T_{p\dot\varphi}}{\partial \dot\varphi_\sigma} \right) + \dfrac{\partial T_{p\varphi}}{\partial \varphi_\sigma} = - \dfrac{\partial U}{\partial \varphi_\sigma} \\ \dfrac{d}{dt} \left(\dfrac{\partial T_{\varphi\dot\varphi}}{\partial \dot\varphi_\sigma} \right) + \dfrac{\partial T_{p\varphi}}{\partial \varphi_\sigma} = - \dfrac{\partial U}{\partial \varphi_\sigma} . \end{cases}$$

Nach Gl. (11) kann man in (19) und in die letzte Gleichung (20) p_σ statt $\dfrac{\partial T_{\dot\varphi\varphi}}{\partial \dot\varphi_\sigma}$ einsetzen, wodurch dieselben etwas kürzer lauten

$$(21) \qquad \frac{dp_\sigma}{dt} - \frac{\partial T_{\varphi\dot\varphi}}{\partial \varphi_\sigma} = - \frac{\partial U}{\partial \varphi_\sigma}$$

und

$$(22) \qquad \frac{dp_\sigma}{dt} + \frac{\partial T_{p\varphi}}{\partial \varphi_\sigma} = -\frac{\partial U}{\partial \varphi_\sigma}.$$

Die beiden ersten Gleichungen (20) sind von Weinstein (Wied. Ann. Bd. 15, 1882) auf anderem Wege abgeleitet, die letzte Gl. (20) und (22) rühren von Hamilton her. Sie sind, namentlich in Maxwells Händen, für feinere physikalische Fragen nutzbar geworden. Man kann noch weitere Unterformen ableiten, wenn man $T_{p\varphi}$ in das Hamilton'sche Princip einführt, was aber hier nicht geschehen soll.

Zur Verdeutlichung des Gesagten möge nun die obige Rechnung an dem einfachen Beispiel eines freien Punktes wiederholt werden, der in Polarcoordinaten bestimmt ist. Es sei r sein Radiusvector, ω der Meridian-, ψ der Längenwinkel. Die folgenden Gleichungen sind in eckigen Klammern ebenso numerirt, wie diejenigen Gleichungen der allgemeinen Ableitung, denen sie entsprechen. Es ist, wie bekannt

$$[3] \qquad T_{\varphi\dot\varphi} = \tfrac{1}{2}\mu\left[\left(\frac{dr}{dt}\right)^2 + \left(r\,\frac{d\omega}{dt}\right)^2 + \left(r\sin\omega\,\frac{d\psi}{dt}\right)^2\right],$$

$$[5] \qquad T_{\varphi\dot\varphi} = \tfrac{1}{2}\dot r\,.\,\mu\dot r + \tfrac{1}{2}\dot\omega\,.\,\mu r^2\dot\omega + \tfrac{1}{2}\dot\psi\,.\,\mu r^2\sin^2\omega\,\dot\psi.$$

Also ist zu setzen, wenn die p entsprechend den Coordinaten markirt werden

$$[6] \qquad p_r = \mu\dot r, \qquad p_\omega = \mu r^2\dot\omega, \qquad p_\psi = \mu r^2\sin^2\omega\,\dot\psi.$$

Damit wird aus [5]

$$[7] \qquad T_{p\dot\varphi} = \tfrac{1}{2}[\dot r p_r + \dot\omega p_\omega + \dot\psi p_\psi].$$

Nach [6] ist nun

$$[8] \qquad \dot r = \frac{p_r}{\mu}, \qquad \dot\omega = \frac{p_\omega}{\mu r^2}, \qquad \dot\psi = \frac{p_\psi}{\mu r^2\sin^2\omega}.$$

Dies in [7] eingesetzt giebt

$$[9] \qquad T_{p\varphi} = \tfrac{1}{2}\left[\frac{p_r^2}{\mu} + \frac{p_\omega^2}{\mu r^2} + \frac{p_\psi^2}{\mu r^2\sin^2\omega}\right].$$

Wählen wir nun zur Differentiation etwa die Coordinate ω aus, so ergiebt sich aus [3], [7], [8] der Reihe nach

$$\frac{\partial T_{\varphi\dot\varphi}}{\partial\dot\omega} = \mu r^2\dot\omega = p_\omega, \qquad \frac{\partial T_{p\dot\varphi}}{\partial\dot\omega} = \tfrac{1}{2}p_\omega$$

und

$$[11] \qquad \frac{\partial T_{\varphi\dot\varphi}}{\partial\omega} = \mu r^2\dot\psi^2\sin\omega\cos\omega,$$

$$[14] \qquad \frac{\partial T_{p\varphi}}{\partial\omega} = -\frac{p_\psi^2}{\mu r^2\sin^3\omega}\cos\omega = -\frac{\mu^2 r^4\sin^4\omega\,\dot\psi^2}{\mu r^2\sin^3\omega}\cos\omega$$

$$= -\mu r^2\dot\psi^2\sin\omega\cos\omega = -\frac{\partial T_{\varphi\dot\varphi}}{\partial\omega},$$

womit (18) verificirt ist. Endlich ist nach [7] und [9]

$$[15] \qquad \frac{\partial T_{p\dot\varphi}}{\partial p_\omega} = \tfrac{1}{2}\dot\omega. \qquad [13] \qquad \frac{\partial T_{p\varphi}}{\partial p_\omega} = \frac{p_\omega}{\mu r^2} = \dot\omega.$$

Die Gleichung der Bewegung in ω wird, einerlei nach welcher von den Formen

(19), (20), (21), (22) man sie bildet,

$$\frac{d}{dt}\left(\mu r^2 \frac{d\omega}{dt}\right) - \mu r^2 \dot{\psi}^2 \sin\omega \cos\omega = -\frac{\partial U}{\partial \varphi}.$$

Der Leser führe das Entsprechende für die Coordinaten r und ψ selbst durch. Wir empfehlen ihm ferner, die Umformungen für andere Beispiele nachzurechnen. Z. B. Zwei schwere Punkte sind durch einen Faden verknüpft; T soll nach (3), (7), (9) dargestellt werden (Passende Coordinaten: das x, y, z des Schwerpunkts und zwei Winkel, welche die Lage des Fadens bestimmen).

Wendet man die Gl. (7) auf die rechtwinkligen Coordinaten eines Punkts, x, y, z an, so nimmt sie die Form an

$$T = \tfrac{1}{2}(\dot{x}.\mu\dot{x} + \dot{y}.\mu\dot{y} + \dot{z}.\mu\dot{z}),$$

es ist also dann

$$p_x = \mu\frac{dx}{dt}, \qquad p_y = \mu\frac{dy}{dt}, \qquad p_z = \mu\frac{dz}{dt},$$

d. h. die drei p sind im einfachsten Falle die drei Componenten der Bewegungsmenge. Allgemein kann man demnach die p als Analoga auffassen, welche bei beliebigen Coordinaten und Verknüpfungen dasjenige repräsentiren, was die Bewegungsmengen in dreiaxigen Coordinaten sind. Bei den englischen Schriftstellern, wo „Bewegungsmenge" durch „momentum" wiedergegeben wird, heissen sie desshalb „kinetic momenta"; wir können dementsprechend die Grössen p als „verallgemeinerte Bewegungsmengen" bezeichnen.

c. Der Specialfall des Gleichgewichts.

139. Das Princip der virtuellen Geschwindigkeiten. Sollen die am Punktsystem M thätigen Kräfte im Gleichgewicht sein, so müssen im d'Alembert'schen Princip sämmtliche $\frac{d^2x}{dt^2}, \frac{d^2y}{dt^2}, \frac{d^2z}{dt^2}$ verschwinden; es muss also sein

$$(1) \qquad \Sigma(X\delta x + Y\delta y + Z\delta z) = 0.$$

wenn die δ virtuelle Verrückungen bedeuten. Verstehen wir unter P_σ die an μ_σ thätige Kraft, unter δp_σ die auf die Richtung von P projicirte (virtuelle) Verrückung von μ_σ, so ist die bei dieser Verrückung an P geleistete Arbeit einerseits $P_\sigma \delta p_\sigma$, andererseits $X_\sigma \delta x_\sigma + Y_\sigma \delta y_\sigma + Z\delta z_\sigma$, also kann (1) auch geschrieben werden

$$(2) \qquad \Sigma P\delta p = 0.$$

In dieser Form ist der Satz von den dreiaxigen Coordinaten unabhängig. Er heisst „das Princip der virtuellen Geschwindigkeiten", und enthält die allgemeine Gleichgewichtsbedingung.

140. Die Anwendung des Princips. Sind alle Punkte des Haufens frei, oder sind sie bloss an Absolutbedingungen gebunden, so muss eben jeder für sich behandelt werden, und die Untersuchung ist in der Theorie des einzelnen Punktes bereits abgethan. Wir setzen also, wie beim allgemeinen Fall der Bewegung, voraus, dass die Punkte des Haufens durch Relativbedingungen miteinander verknüpft seien. Es giebt dann zwei Arten, die Gleichung (2) des vorigen Paragraphen zu benutzen, welche den beiden Arten, die Lagrange'sche Bewegungsgleichung zu verwenden, vollkommen analog sind, nämlich

1) man giebt jedem Punkt des Systems 3 Coordinaten und führt die k Bedingungsgleichungen expresse neben her,

2) man giebt dem ganzen Punktsystem $3m-k$ Coordinaten, welche den Bedingungsgleichungen identisch genügen, und bestimmt $P\delta p$ aus diesen $3m-k$ Coordinaten.

Selbstverständlich müssen Widerstände, Reibungen etc. von vorn herein oder nachträglich als explicite Kräfte eingeführt werden.

Erste Methode. Jeder der m Punkte hat 3 Coordinaten; als solche nimmt man am bequemsten cartesische Coordinaten x, y, z. Dann ist das Princip der virtuellen Geschwindigkeiten ausgesprochen durch die Gleichung:

$$(1) \qquad \Sigma(X\delta x + Y\delta y + Z\delta z) = 0$$

in der X, Y, Z die expliciten Kräfte sind. Dazu haben wir die Bedingungsgleichungen

$$(2) \qquad \Psi_1 = 0, \quad \Psi_2 = 0, \quad \ldots, \quad \Psi_k = 0.$$

Die letztern müssen auch noch gelten, wenn man in ihnen $(x+\delta x)$ statt x u. s. w. setzt, wo die δ natürlich wieder virtuell sind; daraus folgt

$$(3) \qquad \begin{cases} \sum\limits_{\sigma=1}^{\sigma=m}\left(\dfrac{\partial\Psi_1}{\partial x_\sigma}\delta x_\sigma + \dfrac{\partial\Psi_1}{\partial y_\sigma}\delta y_\sigma + \dfrac{\partial\Psi_1}{\partial z_\sigma}\delta z_\sigma\right) = 0 \\ \sum\limits_{\sigma=1}^{\sigma=m}\left(\dfrac{\partial\Psi_2}{\partial x_\sigma}\delta x_\sigma + \dfrac{\partial\Psi_2}{\partial y_\sigma}\delta y_\sigma + \dfrac{\partial\Psi_2}{\partial z_\sigma}\delta z_\sigma\right) = 0 \\ \text{u. s. w.} \end{cases}$$

Die k Gleichungen $\Psi = 0$ liefern k Gleichungen (3); mit Hülfe der letzteren können k von den in (1) auftretenden Variationen eliminirt werden; es bleiben also in (1) noch $3m-k$ freie Variationen übrig; setzt man die Factoren derselben einzeln gleich Null, so hat man die $3m-k$ Gleichungen, denen die X, Y, Z und die Coordinaten genügen müssen, wenn Gleichgewicht bestehen soll.

Die Elimination kann man direct ausführen; man kann aber auch — und das wird meistens das bequemste sein — die Elimination mittels der Lagrange'schen unbestimmten Coefficienten λ vornehmen. Man setze

$$(4)\quad \left\{\begin{array}{l} \text{für den ersten Punkt } \mu_1 \\ \left\{\begin{array}{l} X_1+\lambda_1\frac{\partial\Psi_1}{\partial x_1}+\lambda_2\frac{\partial\Psi_2}{\partial x_1}+\cdots+\lambda_k\frac{\partial\Psi_k}{\partial x_1}=0 \\ Y_1+\lambda_1\frac{\partial\Psi_1}{\partial y_1}+\lambda_2\frac{\partial\Psi_2}{\partial y_1}+\cdots+\lambda_k\frac{\partial\Psi_k}{\partial y_1}=0 \\ Z_1+\lambda_1\frac{\partial\Psi_1}{\partial z_1}+\lambda_2\frac{\partial\Psi_2}{\partial z_1}+\cdots+\lambda_k\frac{\partial\Psi_k}{\partial z_1}=0 \end{array}\right. \\ \text{für den zweiten } \mu_2 \\ \left\{\begin{array}{l} X_2+\lambda_1\frac{\partial\Psi_1}{\partial x_2}+\lambda_2\frac{\partial\Psi_2}{\partial x_2}+\cdots+\lambda_k\frac{\partial\Psi_k}{\partial x_2}=0 \\ Y_2+\lambda_1\frac{\partial\Psi_1}{\partial y_2}+\lambda_2\frac{\partial\Psi_2}{\partial y_2}+\cdots+\lambda_k\frac{\partial\Psi_k}{\partial y_2}=0 \end{array}\right. \\ \text{u. s. w.} \\ \text{u. s. w. bis} \\ \quad X_m+\lambda_1\frac{\partial\Psi_1}{\partial z_m}+\lambda_2\frac{\partial\Psi_2}{\partial z_m}+\cdots+\lambda_k\frac{\partial\Psi_k}{\partial z_m}=0. \end{array}\right.$$

So hat man $3m$ Gleichungen, in denen k unbestimmte Coefficienten λ vorhanden sind. Zu denselben Gleichungen gelangt man auch unmittelbar, wenn man in den Gleichungen der Bewegung **134** Gl. (12) alle Grössen $\frac{d^2x}{dt^2}$, $\frac{d^2y}{dt^2}$ u. s. w. gleich Null setzt. Die λ haben also hier auch dieselbe Bedeutung wie dort. Dass die Gleichungen (4) dem Princip (1) genügen, ist offenbar; denn man braucht sie nur der Reihe nach mit δx, δy, δz, δx_2, ..., δz_m multipliciren und addiren, so erhält man vermöge der (3) die Gleichung (1).

Man eliminire nun aus den $3m$ Gleichungen (4) die k Grössen λ; dann bleiben $3m-k$ Gleichungen übrig, welche zusammengenommen die Gleichgewichtsbedingung darstellen.

Als Beispiel nehmen wir dasselbe, welches zu No. 1 des § **137.** gedient hat. Zwei schwere, durch einen Faden von der Länge l verknüpfte Punkte liegen auf zwei Seiten eines verticalen Dreiecks, welche mit dem Horizont die Winkel α und α' machen. Die Gleichgewichtsbedingung soll nach (4) hergestellt werden.

Wählen wir die Coordinaten, wie oben in **137.**, so sind die expliciten Kräfte $Z=\mu g$ und $Z'=\mu' g$, die Bedingungen

$$\Psi_1 = z - x\tan\alpha = 0, \qquad \Psi_2 = z' - x'\tan\alpha' = 0,$$
$$\Psi_3 = x\cos\alpha + z\sin\alpha + x'\cos\alpha' + z'\sin\alpha' = 0.$$

Also

$$\frac{\partial\Psi_1}{\partial x} = -\tan\alpha, \quad \frac{\partial\Psi_1}{\partial z} = 1, \quad \frac{\partial\Psi_1}{\partial x'} = \frac{\partial\Psi_1}{\partial z'} = 0,$$

$$\frac{\partial\Psi_2}{\partial x} = \frac{\partial\Psi_2}{\partial z} = 0, \quad \frac{\partial\Psi_2}{\partial x'} = -\tan\alpha', \quad \frac{\partial\Psi_2}{\partial z'} = 1,$$

$$\frac{\partial\Psi_3}{\partial x} = \cos\alpha, \quad \frac{\partial\Psi_3}{\partial z} = \sin\alpha, \quad \frac{\partial\Psi_3}{\partial x'} = \cos\alpha' \quad \frac{\partial\Psi_3}{\partial z'} = \sin\alpha'.$$

Folglich

$$\begin{aligned} -\tan\alpha\lambda_1 + \cos\alpha\lambda_3 &= 0 \\ \mu g + \lambda_1 + \sin\alpha\lambda_3 &= 0 \\ -\tan\alpha'\lambda_2 + \cos\alpha'\lambda_3 &= 0 \\ \mu' g + \lambda_2 + \sin\alpha'\lambda_3 &= 0. \end{aligned}$$

Die erste und dritte Gleichung liefern

$$\lambda_3 = \frac{\sin\alpha}{\cos^2\alpha}\lambda_1, \qquad \lambda_3 = \frac{\sin\alpha'}{\cos^2\alpha'}\lambda_2.$$

Damit die zweite und vierte

$$\begin{aligned} \lambda_1 &= -\mu g\cos^2\alpha, & \lambda_2 &= -\mu' g\cos^2\alpha' \\ \lambda_3 &= -\mu g\sin\alpha, & \lambda_3 &= -\mu' g\sin\alpha'. \end{aligned}$$

Also ist die Gleichgewichtsbedingung $\lambda_3 = \lambda_3$

$$\mu\sin\alpha = \mu'\sin\alpha'.$$

Die Normalkraft, welche die erste Ebene liefert, ist

$$\lambda_1\sqrt{\left(\frac{\partial\Psi_1}{\partial x}\right)^2 + \left(\frac{\partial\Psi_1}{\partial z}\right)^2} = \mu g\cos\alpha.$$

Die der zweiten Ebene ist entsprechend $\mu' g\cos\alpha'$; die Zwangskraft des Fadens ist $\lambda_3\sqrt{\left(\frac{\partial\Psi_3}{\partial x}\right)^2 + \left(\frac{\partial\Psi_3}{\partial z}\right)^2}$ am einen und $\lambda_3\sqrt{\left(\frac{\partial\Psi_3}{\partial x'}\right)^2 + \left(\frac{\partial\Psi_3}{\partial z'}\right)^2}$ am andern Ende, d. i. beiderseits λ_3 oder $\mu g\sin\alpha$, nach oben gerichtet.

Ist Reibung vorhanden, so muss dieselbe aus den Normalkräften hergestellt, und, wie gesagt, als besondere Kraft eingeführt werden.

Wir wollen z. B. annehmen, die beiden Punkte des vorigen Beispiels reiben sich an den beiden Unterlagen mit den Coefficienten η und η'; die Normalkräfte, welche von den Dreiecksseiten ausgehen, sind dann

$$\lambda_1\sqrt{\left(\frac{\partial\Psi_1}{\partial x}\right)^2 + \left(\frac{\partial\Psi_1}{\partial z}\right)^2} = \frac{\lambda_1}{\cos\alpha}$$

und entsprechend $\frac{\lambda_2}{\cos\alpha'}$. Die Reibungskräfte sind also $\frac{\eta\lambda_1}{\cos\alpha}$ und $\frac{\eta'\lambda_2}{\cos\alpha'}$. Diese wirken tangential vor- und rückwärts, machen also mit der Axe der x Winkel, deren Cosinus sind $\pm\cos\alpha$ und $\mp\cos\alpha'$, mit der Axe der z aber die Winkel, deren Cosinus sind $\pm\sin\alpha$ und $\mp\sin\alpha'$. Die Gleichungen des Gleichgewichts werden also

$$-\operatorname{tang}\alpha\lambda_1+\cos\alpha\lambda_3\pm\eta\lambda_1=0$$
$$\mu g+\lambda_1+\sin\alpha\lambda_3\pm\eta\lambda_1\operatorname{tang}\alpha=0$$
$$-\operatorname{tang}\alpha'\lambda_2+\cos\alpha'\lambda_3\mp\eta'\lambda_2=0$$
$$\mu' g+\lambda_2+\sin\alpha'\lambda_3\mp\eta'\lambda_2\operatorname{tang}\alpha'=0.$$

Die weitere Ausführung sei dem Leser überlassen.

Zweite Methode. Das System M hat $3m-k$ Coordinaten, welche die physisch gegebenen Bedingungen identisch erfüllen. Ist φ eine derselben, so setze man in der Gleichung

$$(1)\qquad \frac{d}{dt}\left(\frac{\partial T}{\partial\dot\varphi}\right)-\frac{\partial T}{\partial\varphi}=-\frac{\partial U}{\partial\varphi}$$

sowohl $\frac{d^2\varphi}{dt^2}$ wie $\frac{d\varphi}{dt}=0$. So erhält man für jede freie Coordinate eine Bedingungsgleichung, zusammen $3m-k$ Gleichungen; diese sind die Gleichgewichtsbedingungen. Da T eine homogene Function zweiten Grades der Grössen $\dot\varphi$ ist, fällt die linke Seite von (1) von selbst fort, und es bleibt für jedes φ eine Gleichung $\frac{\partial U}{\partial\varphi}=0$, bezw.

$$\Sigma\left(X\frac{\partial x}{\partial\varphi}+Y\frac{\partial y}{\partial\varphi}+Z\frac{\partial z}{\partial\varphi}\right)=0.$$

Beispiel. Das vorige, zunächst ohne Reibung. Das System von zwei Punkten mit drei Bedingungen hat, da das Problem sich in zwei Dimensionen bewegt, $2.2-3=1$ freie Coordinate. Als solche wählen wir den Abstand q des Punktes μ von der Spitze des Dreiecks. Dann ist $T=\frac{1}{2}\mu\left(\frac{dq}{dt}\right)^2+\frac{1}{2}\mu'\left(\frac{dq}{dt}\right)^2$, also wird, wenn man in der Lagrange'schen Gleichung $\frac{dq}{dt}$ und $\frac{d^2q}{dt^2}$ gleich Null setzt, die linke Seite derselben einfach zu Null, und es bleibt als Gleichgewichtsbedingung

$$\frac{\partial U}{\partial q}=0.$$

Nun ist

$$U=-g(\mu q\sin\alpha+\mu'(l-q)\sin\alpha'),$$

also

$$\frac{\partial U}{\partial q}=-g(\mu\sin\alpha-\mu'\sin\alpha')=0$$

oder

$$\mu\sin\alpha=\mu'\sin\alpha'$$

die Gleichgewichtsbedingung.

Man erfährt aber hierbei nichts über die Zwangskräfte. Kann man die letzteren direct (constructiv) herstellen, so kann man auch Reibungen einführen, sonst nicht.

Im vorliegenden Fall z. B. findet man die Zwangskräfte, welche von der Unterlage ausgehen, leicht direct. Die Schwere bringt an μ die Kraft μg an, diese hat senkrecht zur Dreiecksseite die Componente $\mu g \cos\alpha$, und da der Faden rein tangential wirkt, muss diese Componente durch die blosse Zwangskraft der Dreiecksseite aufgehoben werden; also ist letztere $-\mu g \cos\alpha$. Die Reibung von μ ist also $\pm\eta\mu g\cos\alpha$, diejenige von μ' ist $\mp\eta'\mu' g\cos\alpha'$. Beide zusammen wirken der Action $-\frac{\partial U}{\partial q}$ gerade entgegen. Diese ist selbst eine Kraft, da q eine Linie ist; beide Reibungen wirken mit ihrem absoluten Werth im gleichen Sinn; zugleich ist zu bedenken, dass keine Bewegung entsteht, wenn die Reibungskräfte überwiegen; ist also α' der spitze Winkel, so ist die Gleichgewichtsbedingung

$$\text{Abs. Werth } [\mu\sin\alpha - \mu'\sin\alpha'] \gtreqless -\eta\mu\cos\alpha + \eta'\mu'\cos\alpha'.$$

Anderes Beispiel. Auf einem verticalen Kreise liegen zwei schwere Punkte μ und μ' mit dem Reibungscoefficienten η, welche durch einen über den Kreisumfang gelegten Faden von der Länge l verbunden sind. Wann sind sie im Gleichgewicht?

Fig. 51.

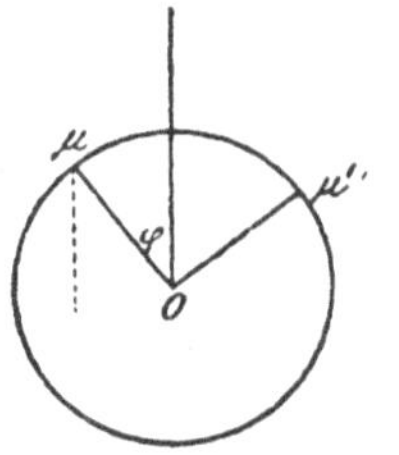

Wir nennen a den Radius des Kreises, φ den Winkel, welchen der nach μ gezogene Radius mit der Verticalen macht, und nehmen dies φ als Coordinate des Punktsystems. Der nach μ' gezogene Radius macht dann mit der Verticalen den Winkel $\frac{l}{a} - \varphi$. Man verificirt leicht, dass $\frac{d}{dt}\left(\frac{\partial T}{\partial \dot\varphi}\right) - \frac{\partial T}{\partial \varphi} = 0$ sein muss. Es bleibt also 1) die Action $-\frac{\partial U}{\partial \varphi}$, 2) die Action der Reibung; beide zusammen müssen Null sein.

Die Normalkraft, welche der Kreis auf μ übt, ist entgegengesetzt gleich der in den Radius μO fallenden Componente der Schwere; d. i. $\mu g\cos\varphi$; die Reibung von μ ist also $\eta\mu g\cos\varphi$. Dies ist eine Kraft, welche die Richtung des Kreiselements ds hat; die Componenten derselben sind also

$$X = \pm\frac{\partial x}{\partial s}\eta\mu g\cos\varphi \quad \text{und} \quad Z = \pm\frac{\partial z}{\partial s}\eta\mu g\cos\varphi$$

und die entsprechende Action ist

$$X\frac{\partial x}{\partial \varphi} + Z\frac{\partial z}{\partial \varphi} = \pm\left(\frac{\partial x}{\partial s}\cdot\frac{\partial x}{\partial \varphi} + \frac{\partial z}{\partial s}\frac{\partial z}{\partial \varphi}\right)\eta\mu g\cos\varphi.$$

Nun ist $x = a\sin\varphi$, $s = a\varphi$, $z = a\cos\varphi$, also $\partial s = ad\varphi$ und

$$\frac{\partial x}{\partial s} = \cos\varphi, \quad \frac{\partial x}{\partial \varphi} = a\cos\varphi, \quad \frac{\partial z}{\partial s} = -\sin\varphi, \quad \frac{\partial z}{\partial \varphi} = -a\sin\varphi,$$

$$\frac{\partial x}{\partial s}\frac{\partial x}{\partial \varphi} + \frac{\partial z}{\partial s}\frac{\partial z}{\partial \varphi} = a.$$

Demnach ist die Action der Reibung an μ gleich $\pm a\eta\mu g\cos\varphi$. Das hätte sich kürzer aus den Grundsätzen des § **91.** ergeben: der Zunahme $\partial\varphi$ entspricht die Verrückung $ds = ad\varphi$; also ist für φ der Coefficient $A = \frac{\text{Kraft}}{\text{Action}} = a$, also die Action der Reibung $\pm a\eta\mu g\cos\varphi$. Ganz ebenso wird die Action der Reibung an μ' gleich $\pm a\eta\mu' g\cos\left(\frac{l}{a} - \varphi\right)$.

Das Ergal U ist $g\left[\mu\cos\varphi+\mu'\cos\left(\frac{l}{a}-\varphi\right)\right]$, also

$$-\frac{\partial U}{\partial\varphi}=g\left[\mu\sin\varphi-\mu'\sin\left(\frac{l}{a}-\varphi\right)\right].$$

Die Gleichgewichtsbedingung wird demnach

$$\mu\sin\varphi-\mu'\sin\left(\frac{l}{a}-\varphi\right)\pm\eta a\left[\mu\cos\varphi+\mu'\cos\left(\frac{l}{a}-\varphi\right)\right]=0,$$

womit die Grenzen des Gleichgewichts festgestellt sind.

141. Ergal; Stabilität. Besitzen die Kräfte, welche auf den Punkthaufen M wirken, ein Ergal U, so ist

$$(1) \qquad \Sigma P\delta p=-\delta U.$$

Das Ergal ist also in der Gleichgewichtslage unter den vorhandenen Bedingungen ein Maximum oder Minimum oder ein Maximum-minimum, da die Bedingung $\Sigma P\delta p=0$ identisch wird mit

$$(2) \qquad \delta U=0.$$

Die Gleichgewichtsbedingung lässt sich dann einfach schreiben (indem man δU nach den freien Coordinaten auflöst)

$$(3) \qquad \frac{\partial U}{\partial\varphi_1}\delta\varphi_1+\frac{\partial U}{\partial\varphi_2}\delta\varphi_2+\cdots+\frac{\partial U}{\partial\varphi_{3m-k}}\delta\varphi_{3m-k}=0,$$

eine Form, die uns in dem obigen Beispiel ohne Reibung bereits entgegengetreten ist. Sie zerfällt in die Einzelbedingungen

$$(4) \qquad \frac{\partial U}{\partial\varphi_1}=0,\quad \frac{\partial U}{\partial\varphi_2}=0,\quad \frac{\partial U}{\partial\varphi_3}=0,\quad \ldots,\quad \frac{\partial U}{\partial\varphi_{3m-k}}=0.$$

Dabei kann U auch Geschwindigkeiten enthalten, weil im Falle des Gleichgewichts alle $\frac{d\varphi}{dt}$ Null sind.

Beispiel, welches der Leser selbst bearbeiten möge: Ein schwerer Punkt μ kann sich auf einer Kugel bewegen; an ihn ist mittels eines Fadens ein zweiter schwerer Punkt μ' geknüpft; wann sind beide im Gleichgewicht?

Die Eigenschaft des Ergals liefert nun ein einfaches Kriterium für die Stabilität des Gleichgewichts. Ist nämlich U ein Maximum, und man ändert eine der freien Coordinaten, etwa φ_σ, um eine kleine Grösse $\Delta\varphi_\sigma$, so erleidet U eine Aenderung ΔU_σ, welche negativ ist. Geht darauf φ_σ wieder in seine alte Lage zurück, so ist die der Rückbewegung entsprechende Aenderung von U, welche durch $-\Delta U_\sigma$ ausgedrückt wird, positiv. Da nun die Zunahme der Arbeit gleich der Abnahme des Ergals ist, so ist bei der Rückbewegung die Arbeit negativ, d. h. die Rückbewegung erfolgt gegen den Sinn der auf μ_σ wirkenden Resultante, m. a. W. diese Resultante hat nicht die Tendenz, die Rückbewegung einzuleiten, sondern die entgegengesetzte, d. h. das Gleichgewicht ist labil.

Ist dagegen U in der Gleichgewichtslage von μ_σ ein Minimum, so ist bei demselben Process die Aenderung $-\Delta U_\sigma$ negativ; also die Arbeit der Kräfte bei der Rückbewegung positiv, d. h. das Gleichgewicht $-\mu_\sigma$ ist stabil, wenn U durch die Lage von μ_σ zu einem Minimum gemacht wird.

Dasselbe gilt für alle anderen Punkte; man übersehe nicht, dass ein gegebener Gleichgewichtszustand für einzelne Punkte des Haufens stabil sein kann, während er für andere labil ist. (Beispiel: zwei durch eine starre Linie verbundene schwere Punkte μ und μ', von denen μ auf dem tiefsten Punkt einer Kugel aufliegt, während μ' vertical über μ ruht). Soll das Gleichgewicht für den ganzen Haufen schlechthin stabil sein, so muss U ein Minimum sein, derart, dass jede Verrückung eines Punktes von M den Werth von U vergrössert.*)

Sind einzelne Punkte so gefesselt, dass ΔU für sie Null wird, so ist für sie das Gleichgewicht indifferent; sie können dann virtuell verschoben werden, ohne das Gleichgewicht zu stören.

142. Einführung des Reibungswinkels. a) Bei festen Curven. Es seien Absolutbedingungen vorhanden, vermöge deren einzelne Punkte μ sich auf festen Curven bewegen müssen, an denen sie sich zugleich reiben. Dann giebt es Indifferenzbezirke, deren Grenzen, wie folgt, mit Einführung des Reibungswinkels ψ festgestellt werden können. Es ist, wie bekannt, $\operatorname{tang}\psi_\sigma = \eta_\sigma$, wenn η_σ der Reibungscoefficient von μ_σ. Der Punkt μ_σ ist, wenn er auf einer Curve gleiten soll, an zwei Absolutbedingungen gebunden; diese seien mit $\Psi'_\sigma = 0$ und $\Psi''_\sigma = 0$ bezeichnet, die zugehörigen λ mit λ' und λ''. Wir setzen nun abkürzend

---

*) Wir erinnern hier noch einmal daran, dass manche Autoren unter U nicht diejenige Function verstehen, deren negativ genommener Differentialquotient nach x die Kraft X ist, sondern U durch die Gleichung $+\frac{\partial U}{\partial x} = X$ definiren. Dadurch kehrt sich natürlich in allen Beziehungen zwischen Ergal und Arbeit das Vorzeichen des Ergals um; bei den hier erwähnten Autoren ist also U ein Maximum, wenn das Gleichgewicht stabil ist.

$$(1)\quad \begin{cases} Q_x = X_\sigma + \lambda_1 \dfrac{\partial \Psi_1}{\partial x_\sigma} + \lambda_2 \dfrac{\partial \Psi_2}{\partial x_\sigma} + \cdots + \lambda_k \dfrac{\partial \Psi_k}{\partial x_\sigma} \\ \qquad - \lambda' \dfrac{\partial \Psi'_\sigma}{\partial x_\sigma} - \lambda'' \dfrac{\partial \Psi''}{\partial x_\sigma}. \end{cases}$$

Die Reihe der $\lambda \dfrac{\partial \Psi}{\partial x}$ ist dabei vollständig zu denken; es sollen also durch die Subtraction der beiden letzten Glieder in Gl. (1) die Glieder $\lambda' \dfrac{\partial \Psi'}{\partial x_\sigma}$ und $\lambda'' \dfrac{\partial \Psi''}{\partial x_\sigma}$ einfach aus der Gesammtreihe fortfallen. Entsprechend sei

$$Q_y = Y_\sigma + \lambda_1 \frac{\partial \Psi_1}{\partial y_\sigma} + \cdots + \lambda_k \frac{\partial \Psi_k}{\partial y_\sigma} - \lambda' \frac{\partial \Psi'}{\partial y_\sigma} - \lambda'' \frac{\partial \Psi''}{\partial y_\sigma}$$

$$Q_z = Z_\sigma + \lambda_1 \frac{\partial \Psi_1}{\partial z_\sigma} + \cdots + \lambda_k \frac{\partial \Psi_k}{\partial z_\sigma} - \lambda' \frac{\partial \Psi'}{\partial z_\sigma} - \lambda'' \frac{\partial \Psi''}{\partial z_\sigma}.$$

Dann sind Q_x, Q_y, Q_z die drei Componenten der vollständigen Kraft, welche an μ_σ wirkt, abgesehen von der Normalkraft und der Reibung der Curve $\Psi' = 0$, $\Psi'' = 0$. Jene Totalkraft wird nun aufgehoben, wenn sie mit der Normalebene der Curve einen Winkel macht, der kleiner ist als der Reibungswinkel. Setzen wir also (vergl. **84,** a)

$$l = \frac{\partial \Psi'}{\partial y_\sigma} \frac{\partial \Psi''}{\partial z_\sigma} - \frac{\partial \Psi'}{\partial z_\sigma} \frac{\partial \Psi''}{\partial y_\sigma}, \quad m = \frac{\partial \Psi'}{\partial z_\sigma} \frac{\partial \Psi''}{\partial x_\sigma} - \frac{\partial \Psi'}{\partial x_\sigma} \frac{\partial \Psi''}{\partial z_\sigma}$$

$$l = \frac{\partial \Psi'}{\partial x} \frac{\partial \Psi''}{\partial y} - \frac{\partial \Psi'}{\partial y} \frac{\partial \Psi''}{\partial x},$$

so muss an den Grenzen des Gleichgewichtsbezirkes sein

$$\frac{l Q_x + m Q_y + n Q_z}{\sqrt{l^2 + m^2 + n^2}\sqrt{Q_x^2 + Q_y^2 + Q_z^2}} = \pm \sin \psi = \frac{\pm \eta_\sigma}{\sqrt{1 + \eta_\sigma^2}},$$

wo sämmtliche Wurzeln positiv zu nehmen sind. Hat man γ Punkte, die analogen Bedingungen unterliegen, so erhält man γ analoge Gleichungspaare. Zwischen diesen und den übrigen $3m - 3\gamma$ Gleichungen eliminire man die $(k - 2\gamma)$ übrigen λ, so bleiben $(3m - \gamma - k)$ Gleichungen übrig; da jeder von den γ absolut bedingten Punkten auf seiner Curve nur eine freie Coordinate hat, sind durch γ Gleichungen auch γ Punkte bestimmt; die $(3m - \gamma - k)$ Gleichungen bestimmen also vollständig die Grenzen der Indifferenzbezirke.

b) Auf Flächen. Ist analog der Punkt μ_σ an eine feste Fläche gefesselt, deren Gleichung $\Psi' = 0$ ist, so setze man

$$Q_x = X_\sigma + \lambda_1 \frac{\partial \Psi_1}{\partial x_\sigma} + \lambda_2 \frac{\partial \Psi_2}{\partial x_\sigma} + \cdots + \lambda_k \frac{\partial \Psi_k}{\partial x_\sigma} - \lambda' \frac{\partial \Psi'}{\partial x_\sigma}$$

und entsprechend in y und z. Dann muss die Kraft, deren Componenten Q_x, Q_y, Q_z sind, mit der Normale der Fläche $\Psi' = 0$ einen Winkel machen, der kleiner ist, als der Reibungswinkel, d. h. es muss an der Grenze sein (vergl. (84) (b))

$$\frac{Q_x \frac{\partial \Psi'}{\partial x_\sigma} + Q_y \frac{\partial \Psi'}{\partial y_\sigma} + Q_z \frac{\partial \Psi'}{\partial z_\sigma}}{\sqrt{Q_x^2 + Q_y^2 + Q_z^2} \sqrt{\left(\frac{\partial \Psi'}{\partial x}\right)^2 + \left(\frac{\partial \Psi'}{\partial y}\right)^2 + \left(\frac{\partial \Psi'}{\partial z}\right)^2}} = \cos\psi = \frac{1}{\sqrt{1+\eta_0^2}}.$$

Nach der Elimination der λ bestimmen diese Gleichungen in Verbindung mit den übrigen die Gleichgewichtsflächenbezirke.

Besondere Fälle der Bewegung.

143. Momentane Impulse. An dem Punkthaufen M seien zur Zeit Null Kräfte gegeben, die sehr gross aber von äusserst kurzer Dauer sind, so dass man annehmen kann, während ihrer Wirkungszeit τ haben sämmtliche Punkte keine merkliche Ortsveränderung erlitten. Dann kann man im d'Alembert'schen Princip jedes Glied mit dt multipliciren, erhält also

$$(1) \qquad \sum_3 \Sigma \left(X - \mu \frac{d^2x}{dt^2}\right) dt\,\delta x = 0,$$

und kann hierin, indem man die Coordinaten jedes einzelnen Punktes als constant ansieht, von 0 bis τ integriren. So findet man

$$(2) \qquad \sum_3 \Sigma \left[\left(\mu \frac{dx_\tau}{dt} - \mu \frac{dx_0}{dt}\right) - \int_0^\tau X dt\right] \delta x = 0,$$

wo $\frac{dx_0}{dt}$ den Anfangswerth von $\frac{dx}{dt}$ bezeichnet und der Differentialausdruck vornhingesetzt ist, um keine Undeutlichkeit in der Schreibweise entstehen zu lassen.

Bezeichnet man $\int_0^\tau X dt$ abkürzend mit $\mathfrak{x}$, $\int_0^\tau Y dt$ mit $\mathfrak{y}$ u. s. w., so schreibt sich Gl. (2) mit Weglassung der Marke τ

$$(3) \qquad \sum_3 \Sigma \left[\left(\mu \frac{dx}{dt} - \mu \frac{dx_0}{dt}\right) - \mathfrak{x}\right] \delta x = 0.$$

Die Grössen $\mathfrak{x}$, $\mathfrak{y}$, $\mathfrak{z}$ nennt man missbräuchlich „Momentankräfte"; wir wollen sie „Impulse" nennen. Gl. (3) zeigt, dass man den Einfluss derselben auf die Bewegung des Punkthaufens bestimmen kann, wenn man sämmtliche $\mathfrak{x}$, $\mathfrak{y}$, $\mathfrak{z}$ kennt, ohne sich dabei um die Momentanwerthe zu kümmern, welche die Kräfte X, Y, Z zu irgend einer Zeit t während des Intervalls τ haben. Sind

$$(4) \qquad \Psi_1 = 0, \quad \Psi_2 = 0, \quad \ldots, \quad \Psi_k = 0$$

die Bedingungen des Haufens, so lässt sich Gl. (3) gerade so behandeln, wie das d'Alembert'sche Princip selbst. Setzt man

$$(5) \quad \begin{cases} \mu_1 \dfrac{dx_1}{dt} = \mathfrak{x}_1 + \lambda_1 \dfrac{\partial \Psi_1}{\partial x_1} + \lambda_2 \dfrac{\partial \Psi_2}{\partial x_1} \cdots + \lambda_k \dfrac{\partial \Psi_k}{\partial x_1} + \mu_1 \dfrac{dx_{1,0}}{dt} \\ \mu_1 \dfrac{dy_1}{dt} = \mathfrak{y}_1 + \lambda_1 \dfrac{\partial \Psi_1}{\partial y_1} + \lambda_2 \dfrac{\partial \Psi_2}{\partial y_1} \cdots + \lambda_k \dfrac{\partial \Psi_k}{\partial y_1} + \mu_1 \dfrac{dy_{1,0}}{dt} \\ \vdots \qquad\qquad \vdots \qquad\qquad \vdots \\ \mu_m \dfrac{dz_m}{dt} = \mathfrak{z}_m + \lambda_1 \dfrac{\partial \Psi_1}{\partial z_m} + \lambda_2 \dfrac{\partial \Psi_2}{\partial z_m} \cdots + \lambda_k \dfrac{\partial \Psi_k}{\partial z_m} + \mu_m \dfrac{dz_{m,0}}{dt}, \end{cases}$$

so genügen diese Gleichungen dem Princip (3), wie man leicht findet, wenn man sie der Reihe nach mit δx_1, δy_1, ..., δz_m multiplicirt und summirt.

Zur Bestimmung der λ hat man die Gleichungen

$$(6) \qquad \frac{d\Psi_1}{dt} = 0, \quad \frac{d\Psi_2}{dt} = 0, \quad \ldots, \quad \frac{d\Psi_k}{dt} = 0,$$

in denen nach der Ausführung der Differentiation für jedes $\frac{dx}{dt}$, $\frac{dy}{dt}$, $\frac{dz}{dt}$ sein Werth aus Gl. (5) einzuführen ist; man erhält dann k lineare Gleichungen für die k Grössen λ. Das Verfahren ist dem für continuirliche Kräfte ganz analog, nur haben die Grössen $\lambda_n \frac{\partial \Psi_n}{\partial x_o}$ etc. hier nicht die Dimension „Kraft", sondern die Dimension „Impuls", welche „Kraft mal Zeit" ist.

Ist der Punkthaufen, statt in dreiaxigen cartesischen, in allgemeinen Coordinaten φ bestimmt, so hat man einfach die Gleichung

$$(7) \qquad \frac{d}{dt}\left(\frac{\partial T}{\partial \dot{\varphi}}\right) - \frac{\partial T}{\partial \varphi} = \Sigma \left(X \frac{\partial x}{\partial \varphi} + Y \frac{\partial y}{\partial \varphi} + Z \frac{\partial z}{\partial \varphi}\right)$$

mit dt zu multipliciren und von 0 bis τ zu integriren, indem man die in dem einzelnen System etwa vorkommenden Veränderlichen als constant nach der Zeit ansieht. Dann sind aber auch $\frac{\partial x}{\partial \varphi}$, $\frac{\partial y}{\partial \varphi}$, $\frac{\partial z}{\partial \varphi}$, während der Integration constant, also ist $\int_0^\tau x\frac{\partial x}{\partial\varphi}dt = \mathfrak{x}\frac{\partial x}{\partial\varphi}$ etc.; die Ausführung der Operation giebt also

$$(8)\qquad \left(\frac{\partial T}{\partial\dot\varphi}\right)_\tau-\left(\frac{\partial T}{\partial\dot\varphi}\right)_0-\int_0^\tau\frac{\partial T}{\partial\varphi}dt=\Sigma\left(\mathfrak{x}\frac{\partial x}{\partial\varphi}+\mathfrak{y}\frac{\partial y}{\partial\varphi}+\mathfrak{z}\frac{\partial z}{\partial\varphi}\right),$$

wobei in $\int\frac{\partial T}{\partial\varphi}dt$ die Veränderlichen als unabhängig von der Zeit zu behandeln sind. Sind $\mathfrak{x}$, $\mathfrak{y}$, $\mathfrak{z}$ in diesem Falle die drei negativen Differentialquotienten nach x, y und z von ein und derselben Grösse, der „Impulsfunction" $\mathfrak{u}$, so kann man kürzer schreiben

$$(9)\qquad \left(\frac{\partial T}{\partial\dot\varphi}\right)_\tau-\left(\frac{\partial T}{\partial\dot\varphi}\right)_0-\int_0^\tau\frac{\partial T}{\partial\varphi}dt=-\frac{\partial\mathfrak{u}}{\partial\varphi}.$$

Sollen die Impulse im Gleichgewicht sein, d. h. sollen sie keine angebbare Aenderung der Bewegungsmengen hervorbringen, so ist in den Gleichungen (5) jedes $\left(\frac{dx}{dt}-\frac{dx_0}{dt}\right)$ etc. gleich Null zu setzen, bezw. in der integrirten Gleichung (9) jedes $\left(\frac{d\varphi}{dt}-\frac{d\varphi_0}{dt}\right)$. Eliminirt man dann die etwa vorhandenen λ, so ist das übrig bleibende System von Gleichungen die Gleichgewichtsbedingung.

Ueber die missbräuchliche Verwendung von „Momentankräften" zur Darstellung der Bewegungsmengen siehe § **94.**

144. Sehr kleine Schwingungen. Besitzt der Haufen M eine stabile Gleichgewichtslage A und entfernt man einzelne oder alle Punkte desselben sehr wenig aus derselben, so beschreibt jeder Punkt μ, wie aus **95.** bekannt ist, eine einfach harmonische Schwingung um seinen Gleichgewichtsort. Die ganze Bewegung des Haufens resultirt also aus einfachen Schwingungen. Und zwar sind so viele Arten dieser Schwingungen möglich, als freie Coordinaten vorhanden sind, d. h. $3m-k$. An jedem Punkt superponiren sich sämmtliche vorhandenen Schwingungen nach **95.** Die Periode der einzelnen Schwingung erfährt man aus der Lagrange'schen Grundgleichung, indem man die φ von der Gleichgewichtslage aus rechnet, und ihre höheren Potenzen vernachlässigt.

145. Stationäre Bewegungen. Die Grösse

$$(1)\qquad -\tfrac{1}{2}\Sigma(Xx+Yy+Zz),$$

in der X, Y, Z die Kräfte sind, und die Summirung sich über alle

Punkte des Haufens M erstreckt, nennen wir das Virial des Haufens. Sind die Bewegungen des Haufens stationär, so gilt für jeden seiner Punkte der Clausius'sche Satz **96**: „Das mittlere Virial ist gleich der mittleren lebendigen Kraft". Folglich gilt er (durch Summation) für den ganzen Haufen M; und er gilt hier, wie beim einzelnen Punkt auch für jede Coordinatenrichtung; es ist

$$(2) \qquad \overline{\Sigma(\tfrac{1}{2}\mu v_x)^2} = -\tfrac{1}{2}\overline{\Sigma X x} \quad \text{u. s. w.}$$

Besteht der Haufen aus einer sehr grossen Zahl von Punkten, die sich ungeordnet durcheinander bewegen, so dass das Vorkommen der verschiedenen Kräfte und Geschwindigkeiten in ihm den Gesetzen der Wahrscheinlichkeitsrechnung unterliegt, so treten die Kräfte und Geschwindigkeiten, welche während des grossen Intervalls von $t = 0$ bis $t = T$ den einzelnen Punkt μ_σ nacheinander ergreifen, gleichzeitig zur Zeit t an den verschiedenen Punkten des Haufens auf. Der temporäre Durchschnittswerth des Virials und der lebendigen Kraft für den ganzen Haufen zu irgend einer Zeit t ist also dann gleichzeitig der Mittelwerth derselben Grössen für eine längere Periode T; d. h. der Virialsatz gilt nicht bloss für den zeitlichen Mittelwerth des Virials und der lebendigen Kraft, sondern für deren Gesammtwerth in jedem Augenblick; es ist jederzeit das Virial des ganzen Haufens gleich der lebendigen Kraft desselben.

Die lebendige Kraft ist eine Grösse, welche von der Wahl des Coordinatenanfangs unabhängig ist. Also muss das mittlere Virial die gleiche Eigenschaft haben. Verschieben wir nun den Anfangspunkt der Coordinaten irgendwie, so wird im allgemeinen $x' + \xi$ an die Stelle von x, $y' + \eta$ an die Stelle von y und $z' + \zeta$ an die von z treten. Der Ausdruck für das Virial nimmt dann, da die Kräfte durch blosse Coordinatenverschiebung nicht geändert werden, in x die Form an

$$-\tfrac{1}{2}\overline{(\Sigma X x' + \xi \Sigma X)},$$

und es muss nach wie vor $-\tfrac{1}{2}\overline{\Sigma X x'}$ gleich der lebendigen Kraft in x sein. Also ist eine stationäre Bewegung nur möglich, wenn

$$(3) \qquad \overline{\Sigma X} = 0, \quad \text{ebenso} \quad \overline{\Sigma Y} = 0, \quad \overline{\Sigma Z} = 0$$

ist. Diese Gleichungen sind offenbar identisch erfüllt, wenn die Kräfte, welche auf die Punkte des Haufens wirken, dem Princip der Gleichheit von Action und Reaction unterliegen, und wenn alle Punkte, die bei Ausübung dieser Kräfte in Frage kommen, mit zum Haufen M

gerechnet werden. Ist das aber nicht der Fall, so stellen die Gleichungen (3) besondere Bedingungen dar, die erfüllt sein müssen, wenn der Haufen stationär bleiben soll.

Das Virial ist für die beiden wichtigsten in der Natur vorkommenden Fälle leicht herzustellen:

1) Die Kräfte, welche auf die Punkte des Haufens wirken, seien gegenseitige (positive oder negative) Anziehungen derselben, die nach irgend einem Gesetz von der Entfernung abhängen. Sind μ und μ' irgend zwei Punkte des Haufens, ist r ihre Entfernung, so sei $f(r)$ die Abstossung, welche μ' von μ erleidet. Die drei Componenten derselben sind dann

$$f(r)\frac{x'-x}{r}, \qquad f(r)\frac{y'-y}{r}, \qquad f(r)\frac{z'-z}{r},$$

und die Componenten der Abstossung, die μ erleidet, sind

$$f(r)\frac{x-x'}{r}, \qquad f(r)\frac{y-y'}{r}, \qquad f(r)\frac{z-z'}{r}.$$

Also ist für beide Punkte

$$Xx+X'x'=f(r)\left\{\frac{x-x'}{r}x+\frac{x'-x}{r}x'\right\}=f(r)\frac{(x-x')^2}{r},$$

$$\sum_3 (Xx+X'x')=f(r)\frac{(x-x')^2+(y-y')^2+(z-z')^2}{r}=rf(r).$$

Folglich ist das ganze Virial des Haufens, welches aus der Summirung von lauter derartigen Posten entsteht

$$-\tfrac{1}{2}\Sigma(Xx+Yy+Zz)=-\tfrac{1}{2}\Sigma rf(r)$$

wo in der Summe rechts alle im Haufen vorkommenden r einzusetzen sind.

2) Der Punkthaufen sei eingeschlossen in ein Gefäss, dessen Innenfläche mit F bezeichnet werde. Jedes Element dF dieser Innenfläche drücke auf die eingeschlossene Masse mit einer Kraft, welche die Grösse pdF hat, wo p eine Constante, und welche die Richtung der einwärts gerichteten Normale von dF besitzt. Das Virial dieser Kräfte pdF soll bestimmt werden.

Fig. 52.

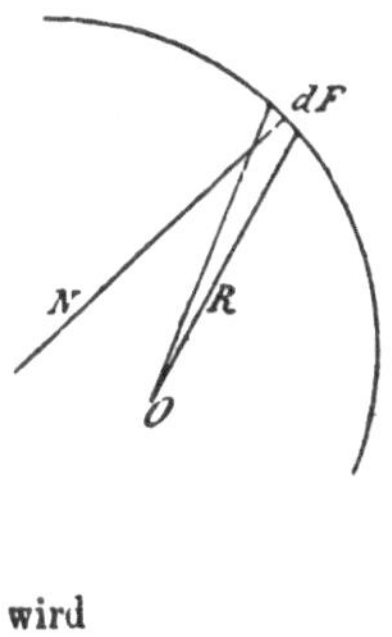

Wir legen den Coordinatenanfang irgendwie in das Innere des Gefässes. Die Kraft pdF hat die Richtung der nach innen gerechneten Normale N; sie zerfällt also in die drei Componenten

$$pdF\frac{dx}{dN}, \qquad pdF\frac{dy}{dN}, \qquad pdF\frac{dz}{dN}.$$

Folglich ist das Virial, da die Summe rechts zum Integral wird

$$-\tfrac{1}{2}\Sigma(Xx+Yy+Zz)=-\tfrac{1}{2}p\int\left(x\frac{dx}{dN}+y\frac{dy}{dN}+z\frac{dz}{dN}\right)dF.$$

Nennen wir R den Abstand des Elements dF vom Coordinatenanfang, so ist

$$R\frac{dR}{dN}=x\frac{dx}{dN}+y\frac{dy}{dN}+z\frac{dz}{dN},$$

also

$$-\tfrac{1}{2}\Sigma(Xx+Yy+Zz)=-\tfrac{1}{2}p\int R\frac{dR}{dN}dF.$$

Nun ist aber $\frac{dR}{dN}$ der Cosinus des Winkels (R, N), also ist, wenn man vom Coordinatenanfang eine Elementarpyramide durch den Rand des Elements dF legt, der Inhalt dieser Elementarpyramide, den wir mit dK bezeichnen wollen

$$dK=-\tfrac{1}{3}dF.R\cos(R,N)=-\tfrac{1}{3}R\frac{dR}{dN}dF.$$

Also ist das gesuchte Virial

$$\tfrac{3}{2}p\int dK$$

d. i.

$$\tfrac{3}{2}pK,$$

wenn K das Volumen des Gefässes bezeichnet.

146. Geometrische Verwandtschaften. Man erhält besonders specialisirte Probleme, wenn man den untersuchten Gebilden geometrische Verwandtschaftsbedingungen vorschreibt, also z. B. wenn man die Bewegung eines Punkthaufens untersucht, der sich selbst immer affin bleibt, oder wenn man zwei Punkthaufen untersucht, die zu einander während der Bewegung projectivisch bleiben. Derartige Aufgaben können grosses geometrisches Interesse haben; der Raum verbietet uns aber, hier auf sie einzugehen. Wir erwähnen nur einen von Newton herrührenden Satz, der vielfache Verwendung finden kann. Er lautet:

Wenn zwei Gebilde einander ähnlich sind nach dem Aehnlichkeitsverhältniss α, wenn ihre homologen Punkte Massen vom Verhältniss β besitzen, wenn an den homologen Punkten Kräfte von ähnlicher Richtung wirken, deren Intensitätsverhältniss constant gleich γ ist, wenn sie ferner von homologen Stellungen mit ähnlich gerichteten Geschwindigkeiten ausgehen, deren Verhältniss $\sqrt{\frac{\alpha\gamma}{\beta}}$ ist, so führen sie ähnliche Bewegungen in Zeiten aus, deren Verhältniss $\sqrt{\frac{\alpha\beta}{\gamma}}$ ist; das Geschwindigkeitsverhältniss bleibt dabei stets $\sqrt{\frac{\alpha\gamma}{\beta}}$.

Beweis. Die Coordinaten, Massen, Zeiten etc. für die Punkte des ersten Gebildes seien mit lateinischen, die für das zweite mit griechischen Buchstaben bezeichnet. Die Bewegungsgleichungen des ersten Systems können wir dann schreiben

$$(1)\quad\begin{cases}\Sigma\left[\left(X-m\frac{d^2x}{dt^2}\right)\delta x+\left(Y-m\frac{d^2y}{dt^2}\right)\delta y+\left(Z-m\frac{d^2z}{dt^2}\right)\delta z\right]=0\\ =\lambda_1\Sigma\left(\frac{\partial L_1}{\partial x}\delta x+\frac{\partial L_1}{\partial y}\delta y+\frac{\partial L_1}{\partial z}\delta z\right)+\\ \qquad+\lambda_2\Sigma\left(\frac{\partial L_2}{\partial x}\delta x+\frac{\partial L_2}{\partial y}\delta y+\frac{\partial L_2}{\partial z}\delta z\right)+\text{etc.}\end{cases}$$

wenn $L_1=0$, $L_2=0$ etc. die Bedingungsgleichungen sind.

Die des zweiten Systems sind entsprechend

$$(2)\quad \begin{cases} \Sigma\left[\left(\Xi-\mu\frac{d^2\xi}{d\tau^2}\right)\delta\xi+\left(\mathrm{H}-\mu\frac{d^2\eta}{d\tau^2}\right)\delta\eta+\left(\mathrm{Z}-\mu\frac{d^2\zeta}{d\tau^2}\right)\delta\zeta\right]=0 \\ =\lambda_1\Sigma\left(\frac{\partial\Lambda_1}{\partial\xi}\delta\xi+\frac{\partial\Lambda_1}{\partial\eta}\delta\eta+\frac{\partial\Lambda_1}{\partial\zeta}\delta\zeta\right)+ \\ \qquad +\lambda_2\Sigma\left(\frac{\partial\Lambda_2}{\partial\xi}\delta\xi+\frac{\partial\Lambda_2}{\partial\eta}\delta\eta+\frac{\partial\Lambda_2}{\partial\zeta}\delta\zeta\right)+\text{etc.} \end{cases}$$

Die Bedingungsgleichungen des zweiten Systems können sich von denen des ersten nur dadurch unterscheiden, dass ξ, η, ζ in jenen αmal grösser ist, als in diesen; folglich ist $\frac{\partial\Lambda_1}{\partial\xi}$ der Form nach identisch mit $\frac{\partial L}{\partial x}$ u. s. w. Es ist nun

$$\xi=\alpha x,\qquad \mu=\beta m,\qquad \Xi=\gamma X,$$

und wir nehmen willkürlich an, dass für das zweite Gebilde die Zeiteinheit εmal grösser gerechnet werde, als für das erste. Dann ist auch $d\tau$ in Gl. (2) εmal grösser, als dt in Gl. (1). Wir können also dann die Bewegungsgleichung des zweiten Systems schreiben

$$(3)\quad \Sigma\left[\left(\gamma X-\frac{\alpha\beta}{\varepsilon^2}m\frac{d^2x}{dt^2}\right)\delta\xi+\left(\gamma Y-\frac{\alpha\beta}{\varepsilon^2}m\frac{d^2y}{dt^2}\right)\delta\eta+\left(\gamma Z-\frac{\alpha\beta}{\varepsilon^2}m\frac{d^2z}{dt^2}\delta\zeta\right]=0.$$

Setzt man hier $\gamma=\frac{\alpha\beta}{\varepsilon^2}$, so wird daraus, indem γ oder $\frac{\alpha\beta}{\varepsilon^2}$ als gemeinschaftlicher Factor vor die Summe tritt

$$\Sigma\left[\left(X-m\frac{d^2x}{dt^2}\right)\delta\xi+\left(Y-m\frac{d^2y}{dt^2}\right)\delta\eta+\left(Z-m\frac{d^2z}{dt^2}\right)\right]=0.$$

Also verhält sich dann $\frac{d^2\xi}{dt^2}:\frac{d^2\eta}{dt^2}:\frac{d^2\zeta}{dt^2}=\frac{d^2x}{dt^2}:\frac{d^2y}{dt^2}:\frac{d^2z}{dt^2}$ d. h. die Bewegungen beider Systeme sind ähnlich, wenn die Anfangsbedingungen ähnlich sind. Die Bedingung hierfür war $\gamma=\frac{\alpha\beta}{\varepsilon^2}$ oder

$$\varepsilon=\sqrt{\frac{\alpha\beta}{\gamma}},$$

d. h. $\sqrt{\frac{\alpha\beta}{\gamma}}$ ist das Verhältniss der homologen Zeiträume. Die homologen Geschwindigkeiten verhalten sich dabei wie $\frac{\text{Länge}}{\text{Zeit}}:\frac{\text{Länge}}{\text{Zeit}}$, d. i. wie $1:\frac{\alpha}{\varepsilon}$, d. i. wie $1:\sqrt{\frac{\alpha\gamma}{\beta}}$. Die Anfangsgeschwindigkeiten müssen demnach auch das Verhältniss

$$\sigma=\sqrt{\frac{\alpha\gamma}{\beta}}$$

haben, wenn die Anfangsbedingungen ähnlich sein sollen. Die impliciten Normalkräfte werden, wo die Kräfte selbst, für das zweite System γmal so gross wie für das erste, indem die λ entsprechende Werthe annehmen.

Man kann den Newton'schen Satz u. A. benutzen, um zu beurtheilen, wie eine Maschine arbeiten wird, wenn die Arbeitsweise eines Modells derselben bekannt ist. Die Maschine wird nach allen Dimensionen αmal grösser sein, als das Modell. Dann ist das Verhältniss der Massen α^3, das der Schwerkräfte also auch

α^3; also müssen auch die übrigen Kräfte das Verhältniss α^3 haben. Dann ist $\varepsilon = \sqrt{\frac{\alpha . \alpha^3}{\alpha^3}} = \sqrt{\alpha}$, $\sigma = \sqrt{\alpha}$ und das Verhältniss der Arbeiten α^4. Der Luftwiderstand ist proportional den Flächen α^2 und dem Quadrat der Geschwindigkeiten α, also hat er das Verhältniss α^3. Die gleitende Reibung ist proportional dem Druck, also α^3, die wälzende Reibung aber, welche dem Druck proportional und dem Durchmesser der wälzenden Theile umgekehrt proportional angenommen wird, hat die Verhältnisszahl α^2, stellt sich demnach in der Maschine günstiger als im Modell. Ist in der Maschine die Schwere durch passende Vertheilung der Lasten aufgehoben, so wirken die Schwerkräfte nur indirect durch die Reibung. Der Leser berechne selbst, welches das Verhältniss der Kräfte sein muss, wenn man dann für die Geschwindigkeiten willkürlich das Verhältniss η annimmt. Einzelne Aufgaben über Bewegungsverhältnisse lassen sich leicht mit Hülfe des Newton'schen Satzes lösen. Z. B.

Zwei ähnliche Körper vom Dimensionsverhältniss $l : l'$ sind an homologen Punkten aufgehängt und schwingen als Pendel unter dem Einfluss der Schwere. Welches ist das Verhältniss ihrer Perioden? Es ist für sie

$$\alpha = \frac{l'}{l}, \quad \beta = \frac{m'}{m} = \frac{l'^3}{l^3}, \quad \gamma = \frac{m'}{m},$$

also $\varepsilon = \sqrt{\frac{\alpha\beta}{\gamma}} = \sqrt{\frac{l'}{l}}$ ist das Verhältniss der homologen Zeiten, d. i. der Perioden.

Zwei Fäden von den Längen l, l' und den Massen m, m' sind durch zwei Gewichte P, P' gespannt. Welches ist das Verhältniss ihrer Schwingungszeiten? Es ist $\alpha = \frac{l'}{l}$, $\beta = \frac{m'}{m}$, $\gamma = \frac{P'}{P}$, also $\varepsilon = \sqrt{\frac{l'}{l}\frac{m'}{m}\frac{P}{P'}}$.

Zwei Planeten von den Massen m und m' bewegen sich in ähnlichen Bahnen um zwei Centralkörper von den Massen M und M'; homologe Dimensionen der Bahn seien r und r', die Umlaufszeiten T und T'; wie verhält sich M zu M'? Es ist $\alpha = \frac{r'}{r}$, $\beta = \frac{m'}{m}$, $\varepsilon = \frac{T'}{T}$, also

$$\frac{T'}{T} = \sqrt{\frac{1}{\gamma} \cdot \frac{r'}{r} \cdot \frac{m'}{m}},$$

$$\gamma = \frac{T^2}{T'^2} \frac{r'}{r} \frac{m'}{m}$$

ist das Verhältniss der Centralkräfte.

Nun ist

$$\gamma = \frac{M'm'}{Mm} \cdot \frac{r^2}{r'^2},$$

woraus

$$\frac{M'}{M} = \frac{r'^3 T^2}{r^3 T'^2}$$

woraus, wenn man $M = M'$ setzt, sich das dritte Kepler'sche Gesetz ergiebt.

Einen ähnlichen Satz hat v. Helmholtz speciell für Flüssigkeiten in seiner Abhandlung über die Lenkung des Luftballons (Monatsberichte der berl. Academie, 1873 p. 501) aufgestellt und angewendet.

FSC
www.fsc.org
MIX
Papier | Fördert
gute Waldnutzung
FSC® C083411

Kolibri 360 GmbH
Ferdinand-Jühlke-Straße 7
99095 Erfurt, Deutschland
produktsicherheit@kolibri360.de